ZEMENT

Herstellung und Eigenschaften

Fritz Keil

Springer-Verlag Berlin · Heidelberg · New York 1971

Dr. phil. FRITZ KEIL

apl. Professor an der TH Aachen

ehem. Direktor des Forschungsinstituts der Zementindustrie, Düsseldorf

(Verein deutscher Zementwerke VDZ)

Mit 96 Abbildungen

ISBN-13: 978-3-642-80578-3   e-ISBN-13: 978-3-642-80577-6
DOI: 10.1007/978-3-642-80577-6

Das Werk ist urheberrechtlich geschützt. Die dadurch begründeten Rechte, insbesondere die der Übersetzung, des Nachdrucks, der Entnahme von Abbildungen, der Funksendung, der Wiedergabe auf photomechanischem oder ähnlichem Wege und der Speicherung in Datenverarbeitungsanlagen bleiben, auch bei nur auszugsweiser Verwertung, vorbehalten. Bei Vervielfältigungen für gewerbliche Zwecke ist gemäß § 54 UrhG eine Vergütung an den Verlag zu zahlen, deren Höhe mit dem Verlag zu vereinbaren ist.
© by Springer-Verlag, Berlin/Heidelberg 1971.   Library of Congress
Softcover reprint of the hardcover first edition 1971
                             Catalog Card Number: 74-143988.

Die Wiedergabe von Gebrauchsnamen, Handelsnamen, Warenbezeichnungen usw. in diesem Buche berechtigt auch ohne besondere Kennzeichnung nicht zu der Annahme, daß solche Namen im Sinne der Warenzeichen- und Markenschutz-Gesetzgebung als frei zu betrachten wären und daher von jedermann benutzt werden dürften.

Vorwort

Dieses Buch behandelt die chemischen und verfahrenstechnischen Grundlagen der Zementherstellung. Außerdem beschreibt es wesentliche Eigenschaften von Beton und Mörtel. Diese Eigenschaften hängen von Rohstoffen, Brand und Feinheit des Zements, von Zusätzen und Zumahlungen ab und werden vom Mischen, Verarbeiten und Behandeln des Betons beeinflußt. Einbezogen sind andere Fragen, wie z. B. die Staub- und Lärmbekämpfung, mit denen sich ein Zementwerk in zunehmendem Maße befassen muß.

Die Rohstoffe des Betons, besonders die des Zements, verdanken den mächtigen Kräften der Verwitterung ihr Entstehen. Dem Wirken dieser Kräfte ist aber auch der Beton häufig unmittelbar ausgesetzt. Diese Beanspruchung wird durch die hochentwickelte Technik und Zivilisation noch wesentlich gesteigert. Ihr hat der Beton bisher überaus gut widerstanden.

Nicht alle Tatsachen und Gedanken haben in dem Buch Platz gefunden. Die aus dem Düsseldorfer Forschungsinstitut hervorgegangenen und die übrigen deutschsprachigen Arbeiten nehmen einen Vorrang ein. Dafür werden, so hoffe ich, die nicht namentlich erwähnten oder nur sehr kurz zitierten Kollegen Verständnis haben.

Der Verzicht auf viele Einzelheiten und Hinweise hat es ermöglicht, den Zusammenhang zwischen den einzelnen Fachrichtungen der Chemie und Physik des Zements und Betons stärker als bisher üblich zu betonen. Dadurch sollen vor allem dem Nachwuchs in unserer Wissenschaft die Ansatzpunkte für eigene Forschungs- und Entwicklungsarbeit deutlich werden.

Dieses Buch schöpft aus vielen Quellen. Das dreibändige Werk des im vorigen Jahr verstorbenen deutschen Zementseniors HANS KÜHL hat griffbereit neben mir gestanden. Die andere Quelle war mir im Forschungsinstitut der Zementindustrie unmittelbar zugänglich. Dafür habe ich dem Vorstand des Vereins und meinem Nachfolger KURT WALZ zu danken, für Anregungen und Hinweise vor allem J. BONZEL, F. W. LOCHER, G. WISCHERS, ferner R. FRANKENBERGER, G. FUNKE, H. MATHIEU und W. RICHARTZ.

Dem Buch liegen Gedanken zugrunde, die von meinen Lehrmeistern GOTTLOB LINCK, RICHARD GRÜN, ARTHUR GUTTMANN geweckt und während meiner Tätigkeit in Herstellung, Forschung und Lehre, besonders in der langjährigen Zusammenarbeit mit FRITZ GILLE, weiter entwickelt worden sind. Es soll zeigen, wie Zementchemie, Zementtechnik sowie Betontechnologie, von denen jede auf mehreren Fachwissenschaften fußt, die Entwicklung der Betontechnik auch auf ihren neuen Wegen zu fördern vermögen.

Ratingen, im Januar 1971   Fritz Keil

Inhaltsverzeichnis

1 Zement als Bindemittel in der Bautechnik 1
  1.1 Grundbegriffe der Verwendung von Zement 1
    1.1.1 Anforderungen an Zement, an Beton, Stahlbeton und Spannbeton 1
    1.1.2 Weitere Begriffe der Beton- und Mörteltechnologie 8
    1.1.3 Geschichtlicher Überblick 12
  1.2 Genormter und anderer üblicher Zement 15
    1.2.1 Einteilung, Bezeichnung und Klassifizierung 15
    1.2.2 Zusammensetzung und Eigenschaften 19
    1.2.3 Sulfathüttenzement 25
  1.3 Zement für besondere Verwendungszwecke (außer Quellzement und Tonerdezement) 26
    1.3.1 Hydrophober Zement zur Bodenvermörtelung 26
    1.3.2 Tiefbohrzement (oil well cement) 28
    1.3.3 Asbestzement 31

2 Chemie des Zementklinkers 35
  2.1 Chemismus und Eigenschaften des Klinkers sowie der hydraulischen Stoffe 35
    2.1.1 Zementchemie und Zementtechnik 35
    2.1.2 Wesen und Möglichkeiten der Klinkerrechnung 37
    2.1.3 Klinkerphasen und Klinkereigenschaften 43
    2.1.4 Berechnungsbeispiele und Variationsbreite 49
    2.1.5 Weißer und farbiger Zement 51
    2.1.6 Herstellen von Klinker mit hohem Kieselsäuregehalt 54
    2.1.7 Chemische Zusammensetzung von Klinker und Zement ... 57
    2.1.8 Chrom als Ursache der Chromatallergie 65
  2.2 Reaktionen beim Sintern und Hydratisieren des Klinkers 66
    2.2.1 Reaktionen beim Klinkerbrand, auch mit besonderem Rohmehl 66
    2.2.2 Klinkerphasen 68
    2.2.3 Klinkerstruktur als Folge des Sinterns, Schmelzens und Kühlens 72
    2.2.4 Klinker aus besonderen Herstellungsverfahren (Basset-, Séailles-, Bayer-Verfahren) 75
    2.2.5 Gleichgewichte beim Schmelzen und Sintern 77
    2.2.6 Gleichgewichte beim Hydratisieren (Hydrolyse) 80
    2.2.7 Reaktionsgeschwindigkeit und spezifische Oberfläche (Gips und Kalk als Beispiele) 83
  2.3 Hydratationsprodukte 86
    2.3.1 Silicatische Hydratphasen 87
    2.3.2 Aluminatische und ferritische Hydratphasen 89
    2.3.3 Chemische Wirkungen auf die Hydratphasen (CO_2, $CaCl_2$, Zn- und Mg-Salze) 91

2.3.4 Bemessung des Kalksulfats 95
2.3.5 Verlauf der Hydratation 99
2.3.6 Ursachen der Erhärtung und Beständigkeit 104
2.4 Hüttenzement und Puzzolanzement 111
    2.4.1 Zusammensetzung von Hüttensand, Puzzolane und anderen hydraulischen Stoffen 111
    2.4.2 Hochofenschlacke für Hüttenzement (Hüttensand) 114
    2.4.3 Puzzolane (Traß) 121
    2.4.4 Flugasche und Schmelzgranulat 123
    2.4.5 Bewertung von Puzzolane 125
2.5 Forschungseinrichtungen und Bestimmungsverfahren 129
    2.5.1 Porenmessung 129
    2.5.2 Thermische Verfahren 130
    2.5.3 Lichtmikroskop 132
    2.5.4 Elektronenmikroskop 135
    2.5.5 Spektrographische Verfahren und Kernresonanz 136
    2.5.6 Röntgenbeugungsanalyse 140
    2.5.7 Betriebliche Anwendung von Prüf- und Meßverfahren (Automation) 142

3 Physikalische Eigenschaften des Zements und Betons 144

3.1 Vorgeschichte, Grobstruktur und Zuschlagstoffe 144
    3.1.1 Zement und Wasser beim Anmachen 144
    3.1.2 Störungen des Erstarrens und warmer Zement 146
    3.1.3 Bestimmung von Normsteife, Erstarren und Konsistenz . . . 149
    3.1.4 Mischen, Verdichten und Nachverdichten (Ausgußbeton, Injektionsmörtel, Pumpbeton Rüttelbeton, Vacuumbeton) . . . 152
    3.1.5 Grobstruktur von Normalbeton und Leichtbeton 157
        3.1.5.1 Strukturmerkmale 157
        3.1.5.2 Leichtzuschlag für Stahlleichtbeton 158
        3.1.5.3 Gas- und Schaumbeton 161
    3.1.6 Eignung der Zuschlagstoffe und Haftfestigkeit 162
    3.1.7 Alkali-Zuschlag-Reaktion 165
3.2 Feinstruktur des Zementsteins 170
    3.2.1 Festigkeitsformeln 170
    3.2.2 Gelmodell von POWERS 172
    3.2.3 Eigenschaften von Porensystemen 176
    3.2.4 Wasserundurchlässigkeit 177
    3.2.5 Luftporengehalt und Frostbeständigkeit 180
    3.2.6 Zement und Beton im Straßenbau 187
3.3 Festigkeit und deren Prüfung 192
    3.3.1 Zerstörende Prüfung 192
    3.3.2 Zerstörungsfreie Prüfung 196
    3.3.3 Einflüsse auf die Festigkeit (Winterbau) 198
    3.3.4 Entwicklung der Normenprüfung in Deutschland 202
    3.3.5 Schnellprüfung von Zement (Prüfung von Mörtelkleinzylindern) 203
    3.3.6 Festigkeit-Zuwachs-Diagramm (FZ-Diagramm) Bewertung hydraulischer Stoffe 206
    3.3.7 Auswertung und Darstellung von Ergebnissen 211
3.4 Räumliche Veränderungen von Beton 216
    3.4.1 Schwinden, Schrumpfen, Kriechen 216
    3.4.2 Schwindprüfung und Schwindwerte 218

3.4.3 Kriechen 221
3.4.4 Raumbeständigkeit des Klinkers. Kalk- und Magnesiatreiben . 222
3.4.5 Quellzement 227
3.5 Änderungen durch die Temperatur 229
    3.5.1 Hydratationswärme und Massenbeton 229
    3.5.2 Beschleunigen des Erhärtens durch Wärme (Allgemeines) ... 236
    3.5.3 Autoklavhärtung 237
    3.5.4 Wärmebehandlung unter 100 °C 240

4 Natürliche und technische Einflüsse auf Beton 244

4.1 Verwitterung und ihre Produkte (Zementrohstoffe) 244
    4.1.1 Wasser, Kohlensäure und Kalk in der Natur 244
    4.1.2 Kalkstein, Kreide, Kalkmergel 248
    4.1.3 Ton 250
    4.1.4 Übrige Carbonate und Calciumsulfate 252
4.2 Korrosion und Korrosionsschutz der Bewehrung 256
    4.2.1 Betonangreifende Kohlensäure und pH-Wert von Lösungen . . 256
    4.2.2 Korrosion und Korrosionserlaß 259
    4.2.3 Einfluß von Zementstein und Chlorid besonders auf Stahl . 263
    4.2.4 Carbonatisierung 266
4.3 Chemischer Angriff und Schutzmaßnahmen 268
    4.3.1 Übersicht über Versuche, Erfahrungen und Vorschriften 268
    4.3.2 Angreifende Wässer, Lösungen und Gase 272
    4.3.3 Prüfung des chemischen Angriffs 276
    4.3.4 Versuche mit Meerwasser 278
    4.3.5 Einwirkung von Öl 279
    4.3.6 Betonzusatzmittel und Schutzanstriche 280
    4.3.7 Verfärbungen, Ausblühungen und Aussinterungen 287
    4.3.8 Besonderheiten von Hüttenzement 289
4.4 Tonerdezement, feuerfester und feuerbeständiger Beton aus Tonerdezement und Portlandzement 293
    4.4.1 Tonerdezement 293
    4.4.2 Tonerdezement in Stahlbeton 296
    4.4.3 Feuerfester Beton (Feuerbeton) 297
    4.4.4 Wärme- und Feuerbeständigkeit von Stahl- und Spannbeton . . 301

5 Verfahrenstechnik des Brennens und Mahlens 303

5.1 Entwicklung der Brennöfen 304
    5.1.1 Vom Schachtofen zum Drehofen 304
    5.1.2 Sinterband 307
    5.1.3 Neuzeitliche Trockenverfahren. Wirbelschicht-Verfahren 309
    5.1.4 Herstellung und Eigenschaften der Granalien 311
5.2 Heutige Brennöfen 314
    5.2.1 Schachtofen 414
    5.2.2 Lepolverfahren (Drehofen mit Rostvorwärmer) 317
    5.2.3 Schwebegas-Wärmetauscher-Verfahren (SWT-Verfahren, Drehofen mit Mehlvorwärmer) 320
    5.2.4 Langer Trockenofen 325
    5.2.5 Naßofen 326
    5.2.6 Vergleich der Brennverfahren 327
    5.2.7 Kühlen 334
    5.2.8 Theoretischer Wärmebedarf und Verbrennung 337

5.3 Feuerfestes Futter, Brenngut und Gasphase 343
   5.3.1 Anforderungen an das Futter und Futterarten 343
   5.3.2 Bildung von Ansatz und Ansatzringen (Granulationsmodell) . . 347
   5.3.3 Einfluß der Asche 349
   5.3.4 Alkali- und Sulfatkreislauf 351
   5.3.5 Ansatzringe und ihre Beseitigung 356
   5.3.6 Veränderungen der ff. Steine im Ofen 358
5.4 Ofenstaub, Entstaubung, Emission und Immission 359
   5.4.1 Ofenabgase und behördliche Anforderungen 359
   5.4.2 Schwefel- und Fluorverbindungen im Ofenstaub 362
   5.4.3 Ofenstaub und Landwirtschaft 366
   5.4.4 Entstaubungseinrichtungen 369
   5.4.5 Verringerung der Geräuschemission 371
5.5 Mahlfeinheit, Mahlwiderstand und Mahlhilfen 372
   5.5.1 Wesen der Zerkleinerung 372
   5.5.2 Bestimmung der Mahlfeinheit von Rohmehl und Zement . . . 375
   5.5.3 Mahlwiderstand von Klinker 381
   5.5.4 Mahlhilfen 384

Literaturverzeichnis 387

Sachverzeichnis 421

1 Zement als Bindemittel in der Bautechnik

1.1 Grundbegriffe der Verwendung von Zement

1.1.1 Anforderungen an Zement, an Beton, Stahlbeton und Spannbeton

Aus Beton in seinen verschiedenen Abarten entstehen heute Bauwerke größter Abmessungen und Beanspruchung, wie Hochhäuser, Hallen, Brücken, Fernsehtürme, Fahrbahnen und Talsperren. Aller dieser *Beton* verdankt seine wesentlichen Eigenschaften, das sind Druckfestigkeit und Beständigkeit, dem Zement. Durch die chemische Reaktion des Zements mit dem Anmachwasser entsteht aus *Zementleim* der *Zementstein*, nach englischem Sprachgebrauch aus der frischen die erhärtete *Zementpaste*. Der Zementstein verbindet das aus Sand, Kies, Splitt oder Schotter sorgfältig zusammengesetzte Zuschlaggerüst des Betons in dauerhafter Weise zu dem einheitlichen Kunstgestein Beton. Dem Zuschlaggerüst kommt dabei eine große Bedeutung zu. Das geht aus den vielen in diesem und im nächsten Abschnitt erläuterten Begriffen hervor, die zu den wesentlichen Grundlagen von Betontechnologie und Betontechnik gehören.

Vom *Zement* erwartet der Verbraucher, daß er daraus einen für möglichst viele Aufgaben geeigneten Beton herstellen kann, und zwar möglichst einfach und schnell. Beton ist dabei im weitesten Sinne als zementgebundener Baustoff zu verstehen und schließt z. B. Mörtel und Asbestzement ein. Der Beton soll beständig sein und die Stahlbewehrung vor Korrosion schützen.

Der Zement beeinflußt zunächst alle Einzelvorgänge beim *Herstellen* des Betons: das Verhalten bei kurzem oder durch Transportwege verlängertem *Mischen*, dann beim *Transportieren* in Gefäßen, auf Bändern oder in Rohrleitungen wie beim Pumpbeton, beim Schütten und Verteilen, dann beim *Verdichten* durch Stampfen, Rütteln, Schleudern, Pressen, Schocken, das in einem mehrmaligen Aufstoßen besteht, sowie

---

Abkürzungen: Zemente: PZ = Portlandzement, EPZ = Eisenportlandzement, HOZ = Hochofenzement, TrZ = Traßzement, SHZ = Sulfathüttenzement; Klinkerminerale s. Tab. 9 unter 2.1.3; weitere Abkürzungen s. Literaturverzeichnis nach dem Textteil.

sein Verhalten bei der Herstellung von Spritzbeton, endlich auch sein Verhalten während des Erhärtens auf der Baustelle und im Betonwerk.

Die Anforderungen des Verbrauchers beziehen sich vor allem auf den fertigen Baustoff *Beton*, der den von ihm erwarteten Beanspruchungen über eine lange Zeit standhalten muß. Solche Beanspruchungen können konstruktiver Art sein und z. B. darin bestehen, daß der Beton Druck- und Zugspannungen aufnehmen, verteilen und weitergeben muß. Sie schließen meist die Widerstandsfähigkeit gegen die Kräfte der Verwitterung wenigstens an Außenflächen ein, oft Wasserundurchlässigkeit, manchmal Widerstandsfähigkeit gegen angreifende Wässer und umgebende Böden, einlagernde Flüssigkeiten oder gasförmige Stoffe. Durch Wahl des Zements, durch betontechnische und bautechnische Maßnahmen läßt sich Eignung bzw. Widerstand des üblichen Betons erhöhen. Imprägnierung, Anstrich und Beschichtung, notfalls Verkleidung, können zusätzlichen Schutz bewirken. — Alle diese Verwendungszwecke stellen besondere Anforderungen an das Herstellen, Verarbeiten und Nachbehandeln des Betons. Das gilt neben dem erwähnten Spritzbeton auch für Schockbeton und Pumpbeton, vor allem für Sichtbeton. Über Spritzbeton, Pumpbeton und Sichtbeton finden sich zu Beginn von Abschn. 1.1.2 weitere Angaben.

Betonwaren und Betonfertigteile machen einen zunehmenden Anteil des Zementverbrauchs aus. Ebenso wie den Sichtbeton am Bauwerk (s. dort) macht man die Oberfläche vieler *Betonwaren* an der Außenseite nicht nur widerstandsfähig gegen Wind und Wetter und ggf. Abrieb, sondern auch abwechslungsreich und dekorativ, z. B. durch Abreiben, Abwaschen (Waschbeton), Absäuern, Bearbeiten mit Sandstrahl oder steinmetzartigen Geräten, Schleifen oder Beschichten, wie u. a. das Betonstein-Jahrbuch darlegt. Das Bauen mit *Betonfertigteilen* gewinnt zunehmend an Umfang, weil es die witterungsabhängige Arbeit auf der Baustelle durch fabrikmäßiges Herstellen unter günstigen konstanten Bedingungen ersetzt. Betonfertigteile verwendet man heute im Hallenbau, Brückenbau, Industriebau, sogar Feuerungsbau, auch im Wohnbau als Großplattenbauweise, worüber K. BERNDT 1967 [B 22] eine Zusammenstellung gegeben hat. Dabei spielen die verbindenden *Fugenmassen* eine besondere Rolle. Für ihre Prüfung bestehen in der BRD seit 1967 Vorläufige Richtlinien[1], bei denen die Prüfung auf künstliche Alterung als wesentlich angesehen wird und die Einzelheiten der Prüfverfahren Gegenstand von Erörterungen geworden sind.

Maßstäbe für das Beurteilen und Unterscheiden von Zement sind *Prüfungen* über den Verlauf des Erstarrens, das sich im Beton als Versteifung bemerkbar macht und die Verarbeitung behindern kann, auf

---

[1] Normblätter, Richtlinien, Merkblätter s. Lit. III.1 bis III.11.

1.1.1 Anforderungen an Zement, an Beton, Stahlbeton und Spannbeton

seine Festigkeitsentwicklung, auf die sie begleitenden Volumenveränderungen, ggf. auch auf Wärmeentwicklung sowie auf mancherlei Sondereigenschaften, die sich aus seiner unterschiedlichen Anwendung ergeben. Die meisten *Überwachungs*prüfungen führt man mit einer Zementpaste oder einem Mörtel durch, weil die Beziehung von deren Verhalten zu dem des Betons hinreichend bekannt ist. Die wichtigste Eigenschaft des Zements ist die an dem Prüfmörtel nach DIN 1164 ermittelte Druckfestigkeit; das kommt in der Einteilung und der Bezeichnung der Festigkeitsklassen als Z 250 für die beiden Zemente mit Sondereigenschaften, Z 350, Z 450 und Z 550 nach den 28 tägigen Mindestwerten der Druckfestigkeit zum Ausdruck. Auch für *Beton* jeder Art ist das vorrangige Unterscheidungsmerkmal seine Druckfestigkeit. Seine Festigkeitsklassen enthält Tab. 1 mit den jetzt eingeführten Bezeichnungen Bn 50 bis Bn 550, die den früheren Güteklassen B 80 bis B 600 entsprechen.

Tabelle 1. *Festigkeitsklassen des unbewehrten und — ab Bn 150 — auch des bewehrten*[+] *Betons nach DIN 1045 E*

Bn^1 und β_{w28}^1:	50	100	150[+]	250[+]	350[+]	450[+]	550[+]
Herstellung als[2]	•	B I		•	B II		•

[1] Bn = Festigkeitsklasse des Betons (Nennwert),
β_{w28} = Mindestdruckfestigkeit von *jedem* Probewürfel im Alter von 28 Tagen.
Bn und der Mindestwert jedes *einzelnen* Betonwürfels haben gleiche Zahlenwerte.

Das *Mittel* der Druckfestigkeit einer *Serie* von 3 nacheinander aus verschiedenen Mischerfüllungen stammenden Betonwürfeln muß jeweils mindestens 50 kp/cm² höher liegen, z. B. für Bn 150 bei 200 kp/cm²; für den Bn 50 jedoch nur 30 kp/cm² höher, d.h. bei mindestens 80 kp/cm².
(Bem.: Der bisherige B 400 wird also künftig Bn 350 heißen.)

[2] Im Bereich des B I ist im Gegensatz zu dem des B II die Betonherstellung auch *ohne* Eignungsprüfung zulässig, sofern der jeweils vorgegebene Mindestgehalt an Zement eingehalten wird.

[+] Siehe Überschrift.

Vom Zement wird außerdem verlangt, daß er einen im erhärteten Zementstein eingebetteten Stahl vor *Korrosion* schützt, den der in herkömmlicher Weise hergestellte *Stahlbeton* als *Bewehrung* enthält, über den u. a. die Darstellung von A. Pucher [P 28] 1961 (3. Aufl.) Auskunft gibt. Die Bewehrung besteht aus Stäben oder Matten von Rundstahl oder aus besonderen Betonformstählen, die man zum Unterschied von der des Spannbetons (s. unten) als *schlaffe* Bewehrung bezeichnet. Der Stahl übernimmt dabei die auftretenden Zugspannungen, die der Beton wegen seiner geringen Zugfestigkeit nicht in der Lage ist aufzunehmen. Infolge des zwischen Beton und Stahl entstehenden Verbunds und infolge annähernd gleicher Wärmedehnung ergibt sich eine dauerhafte Wirkung. Der den Stahl einhüllende Zementstein und die damit verbundene *Betondeckung* des Stahls (früher auch: Beton*über*deckung), die in den einzelnen Baubestimmungen für die verschiedenen Zwecke und Beanspruchungen durch Mindestwerte von 1 bis 3 cm, im Höchstfall 5 cm, vorgeschrieben ist, müssen Haftung und Unverschieblichkeit der Bewehrung sowie ihren Schutz gegen korrodierende Einflüsse, auch gegen Feuer, sichern. Ungenügend überdeckter Betonstahl beginnt zu rosten, dehnt sich dabei aus und hebt die Betondeckung an und kann nicht nur das Aussehen, sondern in schwierigen Fällen die Tragfähigkeit eines Bauwerks beeinträchtigen; bei einem Schadenfeuer führt er zu frühzeitigem Abplatzen der Betondeckung.

Die Herkunft der Begriffe Mörtel und Beton ist unter 1.1.3 erläutert. Die Erfindung des *Stahlbetons* schreibt man im allgemeinen dem Gärtner JOSEF MONIER (1823—1906) zu, der mit seinem Patent von 1867 auf Herstellung von Gartenkübeln und Behältern die Entwicklung des Stahlbetons wesentlich gefördert hat. Das gleiche hatten vor ihm aber COIGNET, HYATT, LAMBOT und WILKINSON schon erdacht und ausgeführt [H 4]. Der Gedanke, die im Beton eingebettete Stahlbewehrung vorzuspannen, stammt schon aus den 80er Jahren des vorigen Jahrhunderts, wie G. HUBERTI [H 48] und H. MÖLL [M 47] 1964 dargelegt haben.

Die Herstellung von *Spannbeton* begann um 1920 mit Brettern; ihnen folgten Rohre, Betonfertigteile, Decken, Dächer, Behälter und Brücken zum Teil im freien Vorbau. Im Autobahnbau der BRD werden heute mehr als 90% aller Brücken in Spannbeton gebaut. Beim Spannbeton oder vorgespannten Beton, zusammenfassend von F. LEONHARDT [L 28] 1962 (2. Aufl.) und von A. MEHMEL [M 29] 1963 (2. Aufl.), ferner von G. FRANZ und Mitarbeitern [F 13] fortlaufend in Jahresübersichten, zuletzt 1969 dargestellt, sind die Anforderungen an den Zement und den Beton noch größer, weil außer einem teilweise erhöhten Korrosionsschutz noch eine hohe Druckfestigkeit des Betons von 400 bis 600 kp/cm² mit hohen Anfangswerten gefordert wird. Dieser Beton wird durch vorgespannte Zugglieder einer starken Druckbeanspruchung unterworfen. Im Beton können keine Zugspannungen auftreten und sich deshalb keine Betonzugrisse wie beim Stahlbeton bilden, wo man sie in Rechnung stellt. Auf diese Weise entsteht ein einheitlicher Baustoff. Die Zugglieder sind Drähte, Stäbe, Seile oder Kabel aus hochfestem Stahl. Der heute gebräuchliche Spannstahl hat eine Zugfestigkeit von 9000 bis zu 16000 kp/cm² gegenüber dem Betonstahl mit nur 3400 bis 5500 kp/*cm*² für schlaffe Bewehrung. Die Kennzeichnung der Stähle geschieht in zwei Zahlenwerten nach Streckgrenze und Zugfestigkeit in kp/*mm*, deshalb heißt der *Betonstahl* für Stahlbeton nach DIN 488 kurz BS 22/34, BS 42/50 und BS 50/55. Der *Spannstahl* bewegt sich von St 60/90 bis

1.1.1 Anforderungen an Zement, an Beton, Stahlbeton und Spannbeton

St 160/180 [W 26 b], wobei die jeweils erste Zahl die Streckgrenze, die zweite die Zugfestigkeit bedeutet. Die vorgespannten Stähle liegen bei *sofortigem* Verbund unmittelbar im Beton, bei *nachträglichem* Verbund in besonderen Hüllrohren; im ersten Falle werden sie vor, im zweiten Falle nach dem Erhärten des Betons gespannt. Der in DIN 4227 behandelte dritte Fall *ohne* Verbund ist in diesem Zusammenhang weniger interessant. Beim sofortigen Verbund wird der Beton auf und um die bereits vorgespannten, in einem Widerlager befestigten Zugglieder eingebracht. Nach seinem Erhärten wird die Befestigung gelöst. Das vom Beton festgehaltene Zugglied übt dann auf den umgebenden Beton die beabsichtigte Druckspannung aus.

Die Anfälligkeit der in diesem Falle unter ständiger Spannung stehenden hochfesten Stähle gegen die bis dahin unbekannte *Spannungsrißkorrosion* hat in jüngster Zeit umfassende Untersuchungen ausgelöst und besonders strenge Vorschriften für die Betondeckung und die Auswahl der mit dem Stahl in Berührung stehenden Zemente zur Folge gehabt, weil mit dem Reißen einer solchen Bewehrung der Bestand des Bauteils unmittelbar gefährdet ist. Dabei ist man darauf aufmerksam geworden, daß der den Stahl einbettende Zementstein, besonders dann, wenn er zementarm und porig ist, unter dem Einfluß der Luftkohlensäure *carbonatisiert* wird, dadurch im pH-Wert absinkt und an Schutzwirkung einbüßt. Nach den bisherigen Feststellungen darf man annehmen, daß durch den *Korrosionserlaß*, der eingehend behandelt ist, mit seinen Anforderungen die Beständigkeit der Bauwerke aus Spannbeton ausreichend gesichert ist.

Der *Wasser-Zement-Wert* kurz W/Z-Wert als das Verhältnis von Wasser zu Zement W : Z ist beim üblichen dichten Schwerbeton die wichtigste Bezugszahl für die Voraussage der Festigkeit, der Wasserundurchlässigkeit und damit auch des Rostschutzes. Bei der teigigen Zementpaste mit rd. 27% Wasser, mit der man an einem daraus geformten Kuchen das Erstarren und die Raumbeständigkeit prüft, beträgt W/Z = 0,27, beim ISO-Prüfmörtel aus 1 Teil Zement, 3 Teilen Sand und 0,5 Teilen Wasser, also mit $\frac{0,5}{4} \cdot 100\% = 12,5\%$ Wasserzusatz zum Mörtel, W/Z = 0,5, in einem üblichen Kiesbeton B 300 aus Zement mittlerer Festigkeit ist W/Z = 0,6 und in einem B 100 ist er bereits etwa 1,0. Der Wasserbedarf einer Mörtel- oder Betonmischung hängt also nicht nur von dem Wasserbedarf des Zements mit W/Z = 0,27 ab, sondern vorrangig von der zum Benetzen und Umhüllen der Zuschlagkörner erforderlichen Wassermenge, mit der man die für eine bestimmte Verdichtungsart notwendige Konsistenz des Frischbetons erreichen kann.

Von dem ihm angebotenen Wasser vermag der Zement im Laufe der Zeit höchstens rd. 40% zu binden, so daß der Zementstein von W/Z = 0,6 ab auch nach dem Erhärten noch entsprechend viele Poren besitzt.

Mit Bild 1 hat K. WALZ [W 3a] 1960 den Zusammenhang zwischen dem Verhältnis B 28/N 28 (für B setzt man heute β_{w28}) und dem von 0,3 auf 1,0 ansteigenden W/Z-Wert in einem Nomogramm wiedergegeben, das für die N 28-Werte des bisherigen wasserreicheren Mörtels mit W/Z = 0,6 gilt. B und N ist die Druckfestigkeit im Alter von 28 Tagen nach der Prüfung für Beton und für Normenmörtel. Das eingezeichnete Beispiel [W 72] zeigt folgendes: Wenn ein Beton 518 kp/cm²

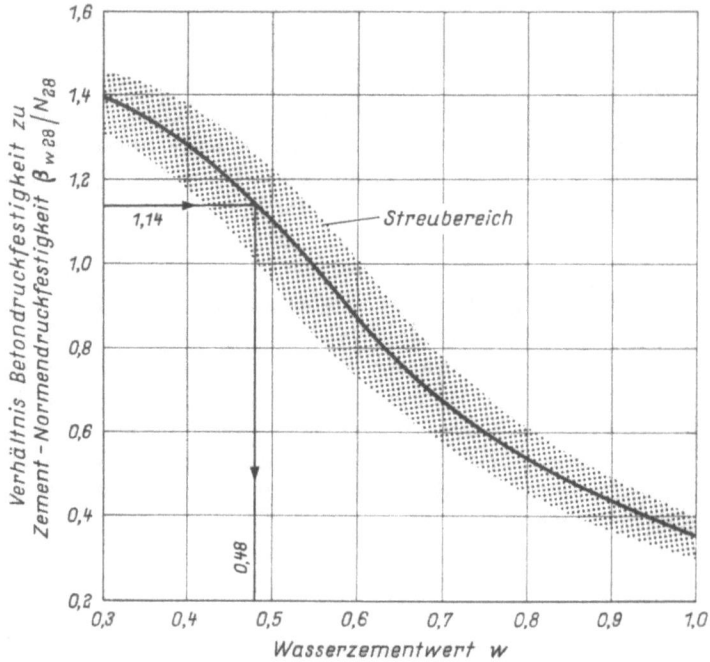

Bild 1. Abfall des Verhältnisses Betondruckfestigkeit zu Zement-Normdruckfestigkeit mit zunehmendem Wasserzementwert bei Prüfmörtel nach DIN 1164-1958 (W/Z = 0,6). Bei einem Wasserzementwert von 0,55 ist das Verhältnis 1. Nach K. WALZ [W 3a] 1960.

Druckfestigkeit erreichen soll, um nach einem Aufschlag von 15% mit Sicherheit die Druckfestigkeit von 450 kp/cm² zu erreichen, und mit einem Zement hergestellt werden soll, der ein N 28 von 455 kp/cm² besitzt, dann beträgt B 28/N 28 = 1,14. Dafür ist aus dem Nomogramm ein W/Z-Wert von 0,48 abzulesen. Beträgt der Wasseranspruch des Zuschlagsgemischs 160 l Wasser, dann errechnet sich der erforderliche Zementgehalt zu 160 : 0,48 = rd. 335 kg/m³ (s. auch 3.2.1).

Auch der Gehalt an Luft kann in Gestalt von *Luftporen* bis zu einigen mm Dmr., von denen aber nur die bis zu 0,3 mm Dmr. wirksam sind, im Zementstein ein wertvoller Bestandteil des Betons sein; das hat man erst seit drei Jahrzehnten allgemein erkannt. Bei einem Gehalt

1.1.1 Anforderungen an Zement, an Beton, Stahlbeton und Spannbeton

an solchen Luftporen zwischen 4 und 5% mit einem Abstandsfaktor von höchstens 0,25 mm hat das Wasser bei plötzlichem Gefrieren in unmittelbarer Nähe genügend Ausweichraum für die dabei auftretende Volumenvergrößerung. Der Beton wird dann durch Frost-Tau-Wechsel nicht geschädigt und widersteht auch der Einwirkung der zur Eisbeseitigung im Straßenbau verwendeten Tausalze besser. Gelegentlich faßt man diese Eigenschaft als Frost-Tausalz-Widerstand zusammen. Den dabei entstehenden Beton nennt man *LP-Beton* [K 35], in USA *AEA-Beton*, d. h. Beton mit einem air-entraining-agent (deutsch: Luft einziehenden Stoff); die zu seiner Herstellung nötigen Stoffe heißen *LP-Mittel*. In USA ist auch ein im Zementwerk hergestellter *AEA-Zement* im Handel, der mit einem A hinter der Typenbezeichnung als I A II A, III A kenntlich gemacht wird. In den meisten Ländern, auch in Deutschland, ist man diesem Beispiel nicht gefolgt und setzt das LP-Mittel dem Beton erst im Mischer zu.

Beim *Transportbeton* (Lieferbeton, ready mixed concrete), den H.-D. STEEGE [S 96] 1967 eingehend behandelt hat, müssen einmal das Verhältnis von Zement zu Wasser, d. h. der W/Z-Wert, zum anderen auch eine bestimmte Konsistenz (Steife) genau eingehalten werden, weil davon die dafür gewährleistete Druckfestigkeit des von dort zumeist gelieferten Bn 250, Bn 350 oder Bn 450 abhängt und weil die Konsistenz auf die Transport- und Verdichtungsmittel der Baustelle abgestimmt sein muß. Man unterscheidet nach den in der BRD dafür maßgeblichen Vorläufigen Richtlinien für die Herstellung und Lieferung von *Transportbeton* von 1961 (s. Lit. III. 6 und 11) folgende Konsistenzbereiche:

K_1 steifer Beton	Eindringungsmaß	$e =$ 2 bis 6 cm
K_2 plastischer Beton	Ausbreitmaß	$a =$ 36 bis 40 cm
K_3 weicher Beton	Ausbreitmaß	$a =$ 42 bis 50 cm

Prüfung und Bezeichnung der Konsistenz werden unter 3.1.3 behandelt. — Der Transportbeton hat sich in der BRD im Laufe des letzten Jahrzehnts allgemein durchgesetzt, und zwar wird wesentlich mehr fahrzeuggemischter Beton mit der Konsistenz K_3 weich als fabrikgemischter Beton mit der Konsistenz K_2 weich geliefert. Der Anteil an dem zu Transportbeton verarbeiteten Zement betrug in USA 1965 rd. 60% der gesamten Erzeugung an Portlandzement, in der BRD 1969 etwa 20%. In den Großstädten ist der Anteil des zu Transportbeton verwendeten Zements wesentlich höher [M 34]. 1250 Werke der BRD stellten 1969 mit 29 Mill. m³ rd. 26% des gesamten Betons her [s. Lit. III. 10 BDZ 1969/70]. Neuerdings kommt auch als *Trockenbeton* eine in Säcken abgepackte Mischung aus getrocknetem Zuschlag und Zement in den Handel.

Durch Höchstwerte für den W/Z-Wert, durch Mindestwerte für die Betondeckung des Stahls, durch Mindestgehalte an Zement im Beton und für die Eindringtiefe des Wassers sind in den amtlichen Bestimmungen Festigkeit, Rostschutz und Beständigkeit gesichert. Von der Beziehung zwischen W/Z-Wert, Festigkeit, Wasserundurchlässigkeit, Frostwiderstand handelt Abschn. 3.2.4 mit Tab. 31.

1.1.2 Weitere Begriffe der Beton- und Mörteltechnologie

Der Erläuterung der Begriffe Normalbeton, Leichtbeton und Mörtel sollen zunächst die im vorigen Abschnitt angekündigten Ergänzungen vorangestellt werden. Das American Concrete Institute hat 1967 eine Cement and Concrete Terminology herausgegeben.

Spritzbeton (Torkretbeton, shotcrete) ist ein pneumatisch von der Mischanlage durch Schläuche zur Einbaustelle geförderter und mit hoher Geschwindigkeit aufgetragener Feinbeton. Seine Verwendung nimmt ständig auch für feuerfeste Auskleidungen (s. 4.4.3) zu. A. LITVIN und J. J. SHIDELER [L 42] haben 1966 über Laborversuche berichtet. Das ACI-Committee 506 hat 1966 Richtlinien für Herstellung und Ausführung [Lit. III. 2] herausgegeben. Von der Möglichkeit, das durch Sprengen freigelegte Gebirge mit einer dünnen Schale aus Spritzbeton zu versehen, macht man neuerdings auch im Tunnelbau Gebrauch, nachdem man mit der Herstellung u. a. von Behältern und Wasserbecken, Schwimmbädern, erfolgreich gewesen war [B 35]. Hierüber berichtet R. LINDER im Zement-Taschenbuch 1970/71. Bei *Pumpbeton*, den R. WEBER [W 37] 1963 zusammenfassend behandelt hat, kommt es vor allem darauf an, daß der Beton in der Förderleitung einen lückenlosen Strang bildet. Unter 3.1.4 sind weitere Besonderheiten erwähnt. Der *Sichtbeton* ist in den letzten Jahren u. a. von W. KÜNZEL [K 60] 1965 und J. G. WILSON [W 64] 1967 zusammenfassend dargestellt worden. Er ist unbearbeitet ein Spiegelbild der Schalung mit der Verteilung und Struktur ihrer Bretter und eingelegter Leisten. Als *Waschbeton* macht er nach Abbürsten oder Abspritzen der noch nicht verfestigten Schicht von Zementmörtel das weiße oder farbige Zuschlagkorn sichtbar (engl.: exposed aggregate concrete). Man wendet die bei Betonwaren und Betonfertigteilen bewährte Technik an (s. oben). Sichtbeton ist heute nach einem vielzitierten Ausspruch zum Pflichtbeton geworden.

Der übliche *Normal*beton (bisher: Schwerbeton) hat dichtes Gefüge, eine entsprechend große Rohdichte und Festigkeit und unterscheidet sich dadurch von dem mit Luft auf verschiedene Weise durchsetzten Leichtbeton. Die Rohdichte des Normalbetons hängt vorwiegend von der Dichte seiner Zuschlagstoffe und der Schüttdichte des Gesamtzuschlags ab. Quarz mit der Dichte von 2,6 kg/dm^3 und der Schüttdichte seines

1.1.2 Weitere Begriffe der Beton- und Mörteltechnologie

Kiessandes nach Sieblinie E von rd. 3/4 dieses Wertes, das sind 1,9 kg/dm³, kann infolgedessen im fertigen Beton durch das Ausfüllen der Hohlräume seines Gesteinsgerüstes mit zementreichem Zementstein, der nach POWERS, nur mit Gelporen durchsetzt, etwa dieselbe Dichte hat, zu einem Beton mit einer Rohdichte — auch unter Anwendung von Druck — von höchstens 2,6 kg/dm³ führen. Mir *Schwerspat* $BaSO_4$, der als Mineral eine Dichte von 4,6 g/cm³ hat, oder mit Eisenerz von 4 bis 5 g/cm³ oder mit Stahlkugeln oder -stücken mit 7,8 g/cm³ Dichte als Zuschlag läßt sich ein *Schwerbeton* als *Strahlenschutzbeton* in erster Linie für Kernreaktoren herstellen, wie K. WALZ und G. WISCHERS [W 24] 1961 gezeigt haben. Mit diesen schweren Betonzuschlagstoffen lassen sich Rohdichten des Betons von 3,0 bis 5 kg/dm³ erreichen. Die bei der Kernspaltung auftretenden *γ-Strahlen* werden durch Stoffe mit hoher Rohdichte absorbiert. Die ebenfalls entstehenden schnellen Neutronen werden von den leichten Atomen wie Wasserstoff, der sich in verschiedener Form als H_2O im Beton findet, in erwünschter Weise abgebremst.

Für Verkehrsflächen mit starker Beanspruchung werden *Hartbeton*-beläge und Hartbetonplatten hergestellt, deren oberste Schicht verschleißfeste Hartbetonstoffe enthält. Das sind Siliciumcarbid SiC, Elektrokorund Al_2O_3, Metallkörnungen oder -späne, Körnungen aus hartem Naturstein oder aus harten Schlacken. Hierfür besteht das Normblatt DIN 1100, außerdem das Arbeitsblatt 10 (1962) der Arbeitsgemeinschaft Industriebau e. V. (AGI).

Beim Herstellen von *Leicht*beton hat man sich ursprünglich nur von dem Bestreben leiten lassen, die hohe Wärmeleitfähigkeit des *dichten* Normalbetons durch Lufteinschlüsse im Zuschlag oder im Zuschlagsgerüst zu vermindern. Der Beton soll dadurch einen besseren *Wärmeschutz* gewähren und sich vor allem für den Wohnungsbau eignen. Nach dem Prinzip der *Kornporosität* erreicht man das in Beton mit geschlossenem Gefüge durch einen porigen Zuschlag wie Bims, Tuff, Ziegelsplitt, Blähton oder Holzspäne, nach dem Prinzip der *Haufwerksporosität* durch Vermindern oder Weglassen der feinen Zuschlagskörner mit dem Grenzfall des punktförmig verkitteten *Einkornbetons*. Bei den bekannten Hohlblocksteinen und Vollsteinen aus Leichtbeton nach DIN 18151 und 18152 macht man von beiden Prinzipien Gebrauch; die erste Steinart enthält außerdem noch räumliche Aussparungen. In allen diesen Fällen nimmt mit der Rohdichte auch die Druckfestigkeit stark ab.

Nachdem in der Bundesrepublik porige Zuschlagstoffe *hoher* Festigkeit in Form von Blähton oder Blähschiefer zur Verfügung stehen, hat sich der Stahlleichtbeton mit geschlossenem Gefüge im Bauwesen zunehmend eingeführt. Der Vorteil seiner Anwendung besteht darin, daß das Eigengewicht von Konstruktionsteilen merklich geringer ist und die Bauwerke dadurch wirtschaftlicher werden können. Seine Rohdichte bewegt sich zwischen 1,2 und 2,0 kg/dm³ (s. Tab. 2): dementsprechend reichen seine Festigkeitsklassen von LB 160 bis LB 450. Leichtbeton läßt sich auch durch Auflockern eines flüssigen Mörtels mit Gasblasen herstellen, die beim Zusatz von Aluminiumpulver entwickelt werden. Die bekanntesten Vertreter dieses in der Regel anschließend dampfgehärteten *Gas*betons sind *Siporex*, aus Zement und Sand, und *Ytong*, aus vorwiegend Kalk und Schlacke verschiedener Art hergestellt. Geschieht das Auflockern eines flüssigen Mörtels mit feinen Luftblasen im Mischer durch Zusatz eines Schäummittels, dann entsteht *Schaumbeton*, dessen bekanntester Vertreter der Iporit ist.

Tabelle 2. *Kennzeichen von Normalbeton, Stahlleichtbeton und Leichtbeton*

	Rohdichte kg/dm³	Druckfestigkeit kp/cm²	Wärmeleitzahl kcal/(m · h · grd)
Normalbeton	2,0—2,8[1]	50—1000[3]	0,9 —1,4
Stahlleichtbeton	1,2—2,0 (1,5—1,9)[2]	120— 600 (300— 500)[2]	0,4 —1,0
Leichtbeton			
Wärmedämmung normal	0,8—1,2	25— 120	0,25—0,4
Wärmedämmung hoch	0,3—0,8	2— 25	0,05—0,25

[1] Im Schwerbeton für Sonderzwecke beträgt die Rohdichte bis zu 5,0 kg/dm³.
[2] Vorwiegend.
[3] Bei Vorpressen des Frischbetons und Nachverdichten bis 1400 kp/cm².

Mörtel kann man als Feinbeton bezeichnen, weil er sich von Beton nur dadurch unterscheidet, daß sein Zuschlag höchstens 7 mm Dmr. hat. Bevor die Herstellung von Betonwaren und von Beton an der Baustelle begann, war der Zement einige Jahrzehnte nur das Bindemittel des hydraulischen d. h. wasserbeständigen Mörtels, den man für das Verfugen und Verputzen von Mauerwerk aus Bruchsteinen oder Mauerziegeln im Wasserbau, Behälterbau und Tiefbau brauchte (s. 1.1.3). Vom *Grobmörtel*, der den gesamten Kornbereich von 0 bis 7 mm enthält, unterscheidet man oft noch den *Fein*mörtel bis 3 mm oder nur 1 mm Korn, wozu u. a. gehören: der Prüfmörtel nach DIN 1164, der Einpreßmörtel zum Ausfüllen der Hüllrohre beim Spannbeton und der Injektionsmörtel, der im Tiefbau, besonders auch im Schachtbau, zum Verfestigen des Untergrunds oder des umgebenden Erdreichs und Gesteins dient. Die verschiedenen Mörtelarten für *Mauerwerk, Putz* und *Estrich* liefern Schutz-, Deck-, Verbindungs- und Ausgleichsschichten. Vom Zementestrich abgesehen enthalten sie vorwiegend *Baukalk* nach DIN 1060 in Form von Luftkalk (Weißkalk, Dolomitkalk, ihm gleichgestellt ist auch Carbidkalk), Wasserkalk (mindestens 10 kp/cm²), hydraulischem Kalk (mindestens 20) und hochhydraulischem Kalk (min-

1.1.2 Weitere Begriffe der Beton- und Mörteltechnologie

destens 50), wovon die beiden letzten auch hydraulische Stoffe enthalten können oder nur aus Luft- oder Wasserkalk und einem hydraulischen Stoff zu bestehen brauchen. Für Innenräume enthalten sie auch *Baugips* nach DIN 1168 in der Form von Stuckgips (mindestens 60), Putzgips (mindestens 60) oder Estrichgips (etwa 280 bis 300), oder *Anhydritbinder* (mindestens 50 oder 125 oder 200) nach DIN 4208. Die zuletzt genannte Gipsart stammt in der Regel aus der chemischen Industrie. Die in Klammern beigefügten Zahlenwerte beziehen sich bei Baukalk und Anhydritbinder auf die Mindestfestigkeit des Mörtels 1 : 3 in Anlehnung an das Zementprüfverfahren, bei Baugips stellen sie Anhaltszahlen für die Festigkeit von *ungemagertem* Gipsbrei dar (s. 4.1.4).

Nach DIN 1053 „Mauerwerk, Berechnung und Ausführung" und etwa gleichlautend nach DIN 18550 „Putz, Baustoffe und Ausführung" enthält *Mörtelgruppe* I (ohne besondere Festigkeitsanforderungen) nur Luftkalk, Wasserkalk oder hydraulischen Kalk, Mörtelgruppe II (mit etwa 25 kp/cm^2) entweder die beiden ersten mit Zement oder nur hochhydraulischem Kalk, *Mörtelgruppe* III (mit etwa 100 kp/cm^2) nur Zement, ggf. mit einem Zusatz bis zu 20% Kalkhydratpulver zur Verbesserung der Geschmeidigkeit. Während bei Mauermörtel II und III die entstehende, in Klammern beigefügte Festigkeit — wenn auch bisher noch nicht verbindlich — in Rechnung gestellt wird, spielt sie beim Putzmörtel auf Mauerwerk an Außenwänden keine oder eine nur untergeordnete Rolle; eine zu hohe Festigkeit und dadurch bedingte Starrheit des Putzes kann sogar nachteilig sein. Putz muß, wie A. Hummel [H 51] es formuliert, in seiner Zusammensetzung auf das zu putzende Bauglied abgestimmt werden. Verschleißfesten oder sonst harten Putz kann man nur auf einen starren Untergrund aufbringen. Bei gemauerten Wänden und Leichtbetonwänden muß der Mörtel wie sein Untergrund leichte Formänderungen ohne Rißbildung und ohne abzufallen mitmachen können (s. oben). — Die Mörtel der Gruppe IV enthalten Baugips als Bindemittel.

Als einen Sonderfeinbeton kann man den Asbestzement ansprechen, der wegen seiner vom üblichen Mörtel und Beton abweichenden Zusammensetzung und Herstellung unter 1.3.3 in seinen besonderen Eigenschaften behandelt wird. — Das *Zementsand-Formverfahren* [Z 5a] wird im Gießereibetrieb beim Abguß sehr schwerer Graugußstücke angewendet. Das Zement-Sand-Gemisch mit max. 8% Zement erhält organische Zusätze, damit es schnell erhärtet und nach dem Abguß leicht zerfällt. Mit dem Fließsandverfahren durch Zusatz von Verflüssigern erspart man die Verdichtungsarbeit. 50 bis 80% des aufbereiteten und entstaubten Zement-Altsandes der verlorenen Formen und Kerne kann dem Neusand zugesetzt werden. An den Zement werden keine besonderen Anforderungen gestellt.

1.1.3 Geschichtlicher Überblick [d 9]

Die großen römischen Baumeister des Altertums um die Zeitenwende haben, wie ihre Bäder, Wasserleitungen, Brücken und Ufermolen beweisen, nicht nur das Herstellen von Mauerwerk, sondern auch das von Beton aus Flußgeröll und Gesteinstrümmern für Hochbauten und Wasserbauten sicher beherrscht. Sie haben zwischen einem Stampfbeton in einer Holzschalung und einem Füllbeton zwischen Mauerwerk und einem sehr weichen Beton für den Unterwasserbau und für besondere Arbeiten des Hochbaus, z. B. für die in Rippen aufgelöste und mit Kassetten unterteilte Kuppel des Pantheon unterschieden. Sie haben es auch schon verstanden, das Korngerüst der Zuschlagstoffe zweckmäßig aufzubauen und das Betongewicht durch einbetonierte Tonhohlkörper zu verringern. Sie haben dem Mörtel offenbar *Blutalbumin* oder anderes Eiweiß zugesetzt und dadurch, wie G. M. IDORN [I 3] gezeigt hat, Luftbläschen von 0,1 bis 1 mm Dmr. eingeführt, die den Luftporen des heutigen LP-Betons in Größe und Wirkung ähneln. N. B. DJABAROV [D 12] erwähnt 1968 hydrolysiertes Blut als Schaumbildner von Zellenbeton (s. 3.1.5.3). — In einem bei Iversheim (Krs. Euskirchen) ausgegrabenen römischen Kalkofen aus dem 3. Jahrhundert n. Chr. hat man nach einem Bericht von W. SÖLTER [S 76] 1969 Dolomitstückkalk brennen können. — IDORN hat außerdem festgestellt, daß die in einem alten Römerbeton aus Ziegelbrocken und Ziegelmehl angehäuft als submikroskopische Kristalle auftretenden Calciumsilicathydrate dieselben waren, wie sie auch bei der Dampfbehandlung von Beton im Autoklaven entstehen; er folgert daraus, daß in 1700 Jahren etwas Ähnliches geschieht wie bei der Dampfdruckhärtung, und daß der alte Römerbeton diesen Neubildungen seine Festigkeit verdankt.

Das eigentliche Bindemittel in allem Beton und Mörtel der Römer für den *Wasserbau* war Kalkmörtel mit einem Zusatz von *Puzzolanerde*, jenem „Staub, der von Natur aus wunderbare Dinge bewirkt", wie sich P. VITRUVIUS [H 4] im Jahre 13 v. Chr. ausgedrückt hatte, und „auch Dämme unter Meerwasser fester macht". Die *Puzzolanen* des Altertums waren vor allem die vulkanische Asche der griechischen Cykladeninsel *Santorin* und die von *Pozzuoli* am alten Hafen von Neapel, von der sich ihr Name herleitet. Auf deutschem Boden haben die Römer als Puzzolane in der Regel Ziegelmehl, vielleicht auch schon Traß verwendet. Traß gehört vorwiegend zu den vulkanischen Aschen und ist als rheinischer *Traß* des Neuwieder Beckens das Auswurfprodukt des Laacher-See-Vulkans (Eifel), als bayerischer Traß wahrscheinlich das Produkt eines in das Nördlinger Ries eingeschlagenen Meteoriten. Traß leitet sich von terra = Erde ab, worauf auch Terrazzo zurückgeht.

1.1.3 Geschichtlicher Überblick

Puzzolane war um das Jahr 1750 der „Cement" für den bis dahin allein bekannten Weißkalk, ebenso wie z. B. in der Eisenhüttenkunde der Kohlenstoff als ein „Cement" für das Eisen galt, weil sich damit die Oberfläche von Eisen zementieren, d. h. verbessern ließ, woran der Name *Zementit* für das Eisencarbid FeC_3 erinnert. Caement oder Cement hieß damals also ein Stoff, mit dem man einen anderen Stoff veredeln konnte. Caementation bedeutete das gegenseitige Durchdringen starrer Körper mit der Tendenz, ihre Widerstandsfähigkeit zu verbessern. — Das Wort Zement ist ursprünglich von caedere = fällen, behauen abgeleitet; caedimentum war zuerst ein Quader oder Bruchstein. — Erst PARKER (s. unten) hat den Begriff Zement im heutigen Sinne verwendet. Den Weg vom Caementum zum Zement hat G. HAEGERMANN [H 4] 1964 eingehend beschrieben und 1970 ergänzt. — *Zementation* und *Zementieren* sind heute nach DIN 17014 in der Stahlindustrie Gleichworte für Aufkohlen und Einsetzen; in der Einpreßtechnik werden sie gelegentlich für das Verfestigen des Gebirges durch Zementinjektionen (s. 3.1.4) verwendet.

Den hydraulischen *Mörtel* hat man bis zur Erfindung des selbständig erhärtenden Portlandzements nach altem römischem Rezept in einem Gefäß ähnlich dem alten *mortarium* (= Mörtelpfanne) hergestellt, und zwar nicht wie heute nur durch Mischen, sondern auch durch Zerschlagen und Zerstoßen, wie es der Apotheker und Chemiker in dem Mörser zu tun gewohnt ist. Wegen der Formähnlichkeit hat die großkalibrige Kanone im 15. Jahrhundert denselben Namen — *Mörser*, mortar, mortier — erhalten.

Das zuerst von BÉLIDOR (s. unten) verwendete Wort *Beton* geht auf Bitumen zurück und hat wahrscheinlich ursprünglich zähflüssiger, festwerdender Schlamm bedeutet. Die englische Bezeichnung *concrete* ist lateinischen Ursprungs und bedeutet: zusammengewachsen, verdichtet. *Bitumen* ist heute das Bindemittel im Naturasphalt oder der Destillationsrückstand des Erdöls. Im bituminösen Straßenbau nennt man *Asphalt-* oder *Teerbeton* ein wie im „Zementbeton" kornabgestuftes hohlraumarmes Sand-Splitt-Schotter-Gemisch, das heiß eingebaut und für die Deckschichten verwendet wird. Sonst versteht man unter Beton vorherrschend das mit *Zement* verfestigte künstliche Gestein. Dampfgehärtete Bauteile aus Kalksandstein werden heute häufig als *Kalksilikatbeton* bezeichnet.

Der Übergang vom hydraulischen Mörtel aus Kalk und Puzzolanerde (Traß oder Ziegelmehl), auf dem das Bauen bis um 1750 noch fußte, zum Portlandzement hat sich zwischen 1800 und 1850 im westlichen Europa vollzogen. Der Franzose B. F. BÉLIDOR (1698—1761) wies in seinem Buch über den Wasserbau nicht nur auf den alten hydraulischen Mörtel hin, sondern auch auf die Eignung des gelb brennenden

Kalks für den Wassermörtel. Nach H. B. DE SAUSSURE (1740–1799) fiel der Kieselsäure dabei eine entscheidende Rolle zu. Erst der mit dem Wiederaufbau des Eddystone-Leuchtturms beauftragte J. SMEATON (1724–1792) überzeugte durch viele Versuche und durch den in der ganzen Welt bewunderten Bau seine Kollegen davon, daß der Tongehalt die Hauptursache für die Wasserbeständigkeit von gebranntem Kalk ist. Der Begriff Zement erhielt im Zuge dieser Entwicklung um das Jahr 1800 erstmalig seinen heutigen Sinn als Bezeichnung für ein *selbständig erhärtendes* Bindemittel. Seine Herstellung entwickelte sich in Frankreich und Süddeutschland auf dem Wege über den Wasserkalk und hydraulischen Kalk zum Naturzement. In England lief der Weg über den *Romanzement* von J. PARKER (nach einem Patent von 1796), dessen Bezeichnung auf die Ebenbürtigkeit mit dem römischen Mörtel hinweisen sollte, dem er wegen seines Eisengehalts farblich ähnelte, und führte zu dem JOSEPH ASPDIN am 12. Oktober 1824 patentierten Portlandzement als dem Brennprodukt einer *künstlichen* Mischung *zweier* Bestandteile. Mit dieser Bezeichnung nahm ASPDIN für sein Erzeugnis den guten Ruf in Anspruch, den heute noch der als Werkstein beliebte graustichigweiße Portlandstein von der Insel *Portland* an der englischen Südküste, dem „Steinbruch Englands", genießt.

Das nach dem Wortlaut des Patents nur auf völliges Austreiben der Kohlensäure gerichtete Verfahren hat J. ASPDIN in der Folgezeit bis zur Herstellung des gesinterten Portlandzements entwickelt. Sein Sohn WILLIAM hat für die Anwendung des Verfahrens auch in Deutschland gesorgt [H 4]. Der durch seine bahnbrechenden Arbeiten und durch sein Gerät zur Bestimmung des Erstarrens bekannte Franzose L. J. VICAT (1786–1861) und der Deutsche J. F. JOHN (1782–1847) fanden in den Jahren 1815 bis 1819 mit späteren Ergänzungen unabhängig voneinander durch planmäßige wissenschaftliche Arbeit 27 bis 30% Tongehalt im Kalkstein oder 1 Teil Ton auf 3 Teile ätzenden Kalks als günstigste Zusammensetzung für den Zementklinker. In der ersten Hälfte des 19. Jahrhunderts beanspruchten zunächst noch der natürliche, später der künstliche Romanzement das Interesse der Baumeister, bis sich von der Londoner Ausstellung 1851 ab der gesinterte Portlandzement allmählich überall durchzusetzen begann.

Als Beginn der *deutschen* Zementindustrie betrachtet man die Versuche von HERMANN BLEIBTREU (1824–1881) vom Jahre 1852, denen er die Gründung der beiden Zementwerke in Züllchow bei Stettin (1855) und in Oberkassel bei Bonn (1859) folgen ließ, und als Beginn der neuzeitlichen deutschen *Zementwissenschaft* das von W. MICHAËLIS (1840 bis 1911) 1868 herausgegebene Buch über die hydraulischen Mörtel. Ein wesentlicher Einfluß auf die Anfänge der Zementwissenschaft ging von dem großen französischen Chemiker H. LE CHATELIER (1850–1936) aus, der vor allem die Nachbarwissenschaften Mineralogie und physikalische Chemie zur Deutung ihrer Fragen heranzog. Im ersten Jahrzehnt dieses Jahrhunderts hat dann H. KÜHL (1879—1969) seine Arbeit für den Zement begonnen und in der auf einer großen Anzahl eigener Arbeiten fußenden dreibändigen Zementchemie [k 55], zuletzt von 1961, die Wissenschaft vom Zement in ihrem heutigen breiten Rahmen dargestellt, 1963 auch in gekürzter Form. — Weitere geschichtliche Angaben finden sich außerdem bei G. HAEGERMANN [H 4], F. KEIL [k 16, K 19], ferner über Hüttenzement und Puzzolane unter 2.4, über die Alitforschung unter 2.2.2, über das Klinkerbrennen unter 5.1, über Stahl- und Spannbeton unter 1.1.1. Zusammenfassende Darstellungen über die Herstellung von Zement und dessen Eigenschaften sind am Anfang des Literaturverzeichnisses unter I. 1 bis I. 4 aufgeführt.

Mit der Gründung des *Vereins* Deutscher Cement-Fabrikanten im Jahre 1877 begannen die Arbeiten zur Normung zunächst des Portlandzements; unter seiner Mitarbeit erschien 1878 die erste deutsche Zementnorm [d 9], deren heutigen Stand der nächste Abschnitt behandelt. Zu dem Portlandzement sind ab 1901 der Eisenportlandzement, ab 1907 der Hochofenzement getreten, der eine mit einem geringeren, der andere mit einem höheren Gehalt an Hüttensand, beide betreut von einem eigenen Verein, und ab 1929 der Traßzement. — Seit dem Jahre 1948 sind alle Zementwerke der BRD zum Verein Deutscher Zementwerke mit dem Forschungsinstitut der Zementindustrie in Düsseldorf zusammengeschlossen. Die russische Entwicklung von hydraulischen Bindemitteln und Zement hat J. L. SNATSCHKO-JAWORSKI 1961 und 1963 [S 75a] behandelt.

1.2 Genormter und anderer üblicher Zement

1.2.1 Einteilung, Bezeichnung und Klassifizierung

Das wesentliche Merkmal eines hydraulischen Bindemittels ist seine Eigenschaft, nach dem Anmachen mit Wasser sowohl an der Luft als auch unter Wasser steinartig zu erhärten und hart zu bleiben. Nicht hydraulisch sind daher unter den Baukalken der Luftkalk, ferner alle Arten von Baugips, denn sie sind nicht wasserbeständig. Vom Zement als dem Bindemittel für den Baustoff Beton verlangt man außerdem, daß er eine bestimmte Mindestfestigkeit schon im Alter von 7 Tagen überschreitet, außerdem eine sehr hohe Raumbeständigkeit und ein zeitlich genügend verzögertes Erstarren von mindestens 1 Stunde besitzt. Deshalb ist ein wasserbeständiges hydraulisches Kalkbindemittel kein Zement.

Die untere Festigkeitsgrenze für Zement liegt in der BRD nach Einführung des ISO-Mörtels bei 250 kp/cm² als 28-Tage-Mindestwert.

Die hydraulischen Bindemittel *unter* dieser Grenze heißen Binder. *Mischbinder* nach DIN 4207 hat man 1943 unter dem Zwang der Kohlenknappheit als Zwischengruppe zwischen hochhydraulischem Kalk mit dem 28-Tage-Mindestwert 50 kp/cm² und Zement mit jetzt 250 kp/cm² eingefügt. Er besteht aus höchstens 30% Portlandzement, Weißkalk, Dolomit oder Gips mit hydraulischen Stoffen und muß einen 28-Tage-Mindestwert von 150 kp/cm² erreichen. Er darf nur für unbewehrten Beton — also nicht für Stahlbeton — bis zum B 160 bzw. Bn 200 verwendet werden (s. Tab. 1 unter 1.1.1).

Zu den Bindern gehört auch der *Putz*- und *Mauer*binder, kurz PM-Binder, der etwa dem masonry-cement (masonry = Mauerwerk) der ASTM C 91-68 (in Frankreich: ciment à maconner CM) entspricht. Er ist ein feingemahlenes Gemisch aus Zementklinker mit Zusätzen von Steinmehl (Rohmehl) und Luftporenbildnern, die Verarbeitbarkeit, Wasserhaltevermögen und Ergiebigkeit erhöhen sollen.

Die niedrigste *Festigkeitsklasse* des Z 250 ist nur für den HS-Typ mit hohem Sulfatwiderstand und den NW-Typ mit niedriger Wärmeentwicklung geschaffen worden. In England und USA ist der zweite Typ als low-heat-cement schon längere Zeit genormt, in USA jedoch bisher nur als Portlandzement (s. Tab. 5). Nach DIN 1164 kann jede Zementart PZ, EPZ, HOZ und TrZ den Zusatz NW führen, wenn der geforderte 7-Tage-Höchstwert an Hydratationswärme von 65 cal/g gewährleistet wird; den Zusatz HS können nur PZ mit höchstens 3% C_3A und höchstens 5% Al_2O_3 und HOZ mit mindestens 70% Hüttensand führen. Die nächsten drei Festigkeitsklassen folgen im Abstand von 100 kp/cm² aufeinander, wobei die ersten beiden nach den Typen L und F unterschieden werden, die auf die langsamere Anfangserhärtung oder die höhere Frühfestigkeit hinweisen, die in den 7- und 2-Tage-Werten zum Ausdruck kommen.

Z 550 ist der Zement mit der höchsten Festigkeit; sein charakteristisches Merkmal stellen die hohen 2-Tage-Werte und die in DIN nicht festgelegten 1-Tage-Werte dar. Zur Erleichterung der Prüfarbeit wird die Anfangserhärtung nur noch zu *einem* Termin geprüft, in den beiden unteren Festigkeitsbereichen nach 7, in den übrigen nach 2 Tagen. Neu ist in DIN 1164 die *obere Begrenzung* der Festigkeitsklassen, außer der des Z 550, durch einen Höchstwert in einem 200-kp/cm²-Abstand vom Mindestwert. Beide Neuerungen entsprechen dem Wunsch der Verbraucher und der Baubehörden nach Zement mit möglichst klarer Abstufung besonders gegenüber den höheren Festigkeitsklassen. Tab. 3 enthält nach DIN 1164 die gültigen Festigkeitswerte und die vorgeschriebene Farbe für Sack und Aufdruck auch auf dem Kennblatt und die international angewendeten Kennbuchstaben, die mit denen von DIN 1164 nicht identisch sind. Nicht alle Zemente fügen sich in

1.2.1 Einteilung, Bezeichnung und Klassifizierung

dieses ziemlich enge Schema ein. — 1969 wurden in der BRD 35% des Zements in Säcken verladen, 65% lose in Silowagen [s. Lit. III. 10 BDZ 1969/70].

Tabelle 3. *Festigkeitsklassen und deren Kennzeichen nach DIN 1164 (neu) und englische Bezeichnungen des CEM-Bureau*

Bisher	Nicht genormt	Z 275		Z 375		Z 475
Jetzt	Nur für den Typ NW HS					
Oberer Grenzwert nach 28 Tagen	450	550		650		
Festigkeitsklasse	Z 250	Z 350 L	Z 350 F	Z 450 L	Z 450 F	Z 550
Mindestwert						
28 Tage	250	350	350	450	450	550
7 Tage	100	175				
2 Tage			100	100	200	300
Kennfarbe Säcke oder Kennblatt	violett	hellbraun		grün		rot
Aufdruck	*schwarz*	*schwarz*	*rot*	*schwarz*	*rot*	*schwarz*
Bezeichnung durch CEM-Bureau	LHC SRC	OPC		RHC		HSC

Bedeutung der Kennbuchstaben:
deutsch: NW = niedrige Hydratationswärme
HS = hoher Sulfatwiderstand

engl.: LHC = low heat cement
SRC = sulphate resisting cement
OPC = ordinary portland cement
RHC = rapid hardening cement
HS = high strength cement

In den Normen *anderer* Industrieländer unterscheidet man neben den erwähnten Typen NW und HS oft nur zwei *Festigkeitsklassen*, den normalen (ordinary) Handelszement gemäß Typ I der ASTM und den frühhochfesten RH- oder HRI-Zement (rapid hardening oder à haute résistance initiale) gemäß Typ III ASTM, daneben aber auch den High-Strength-Typ (CEM: HS), den Supertyp oder DR-Typ (durcissement rapide). Oft werden sie wie in Deutschland mit einer oder auch wie z. B. in Frankreich mit zwei der maßgeblichen Mindestfestigkeiten gekennzeichnet, wovon dann die erste den 7-Tage-Wert angibt, z. B. 160/250 und 210/325. In USA beginnt Zement nach deutschem Begriff bei Typ I bzw. IA (s. Tab. 5) oder IS (mit Hochofenschlacke) oder IP (mit Puzzolane), wovon beiden ein leichter Festigkeitsnachlaß zugestanden wird; Zemente mit deutlich geringerer Festigkeit tragen die Bezeichnung I nicht, z. B. P oder S.

In der UdSSR und vielen Ländern von Osteuropa verwendet man, wie es jetzt auch in DIN 1164 der Fall ist, die Einteilung in Hunderter- und Halbhunderterklassen, die für Hüttenzement und Puzzolanzement bei 200 beginnt und ab 250 zusammen mit PZ über 300, 400 und 450 fortschreitet, wonach die oberste Klasse 500 wie in DIN nur von PZ erreicht wird. Die GOST-Norm der UdSSR verwendet allerdings einen Mörtel mit einem W/Z-Wert von nur 0,4 statt 0,5, der dadurch etwas höhere Prüfwerte als das ISO-Verfahren ergibt.

Will man die Festigkeitswerte nach ASTM, die in p.s.i. (pounds per square inch) angegeben werden und mit einem anderen Mörtel ermittelt sind, auf die Werte nach ISO umrechnen, kann man gemäß der von K. WALZ [W 3b] angegebenen Rechnung für Werte nach 3 Tagen den Faktor 0,08 und nach 28 Tagen 0,09 anwenden. Die 28-Tage-Mindestwerte von Typ I und II mit 3500 p.s.i. liegen also bei 315 kp/cm² nach ISO, d. h. ähnlich niedrig, wie es früher nach DIN 1164 der Fall war.

Das ISO-Verfahren (s. 3.3.4) ist von einer 1949 gegründeten Arbeitsgruppe westdeutscher Fachleute innerhalb von CEM-Bureau, eines Zusammenschlusses westeuropäischer Zementwerke, unter dem Vorsitz von P. HÅKANSON im wesentlichen von R. DUTRON unter Beteiligung u. a. von G. HAEGERMANN ausgearbeitet worden. Seine Zuverlässigkeit ist in vielen Gemeinschaftsversuchen der in ISO-TC 74 vertretenen Länder sowie von RILEM (Réunion Internationale des Laboratoires d'Essais et de Recherches sur les Matériaux et les Constructions) nachgeprüft worden. Veröffentlicht ist 1965 ein Bericht über norwegische Versuche von A. MARKESTAD und A. RUDJORD [M 16]). Der Übergang von DIN 1164 zum ISO-Verfahren bedeutet eine Steigerung der Prüfwerte um im Durchschnitt 6%, wie unter 3.3.4 näher dargelegt wird.

Nach Feststellung des VDZ mit 29 Zementen (s. unter 3.3.7) besaß das ISO-Verfahren das höchste Bestimmtheitsmaß von r = 0,91 für die Beziehung $D_B = a + b \cdot D_M$. Darin bezeichnet D_B die Druckfestigkeit des Betons und D_M die des Mörtels.

Als *Feinheit* des Zements fordert DIN 1164 einen Mindestwert der spezifischen Oberfläche nach BLAINE von 2200 cm²/g und läßt in Sonderfällen auch 2000 cm²/g zu; ASTM fordert 2800 cm²/g (kein Einzelwert unter 2600); BSS fordert für normalen Handelszement 2250 cm²/g, für Zement des RHC-Typs 3250 cm²/g.

Nach dem „Gesetz über Einheiten im Meßwesen" der BRD vom 3. Juli 1970 sind das Kilopond kp und die von ihm abgeleiteten Einheiten ebenso wie „technische" und „physikalische Atmosphäre" nur noch für eine Übergangszeit zulässig. An die Stelle von 1 kp/cm² werden künftig 9,81 N/cm² (N = Newton) mit der demnach rd. 10mal größeren Wertzahl treten. In Deutschland und anderen Ländern gibt man bisher einer vorangegangenen Vereinbarung folgend Mengen in g, kg und t, Kräfte in p, kp und Mp (Megapond) an; die Dichte also in kg/dm³, die Festigkeit in kp/cm² (bei Stahl in kp/mm²).

Nachstehend sind nach der Aufstellung von CEM-Bureau 1968 die Bezeichnungen einiger Zementnormen aufgeführt: DDR: TGL 9271/2, 16 691 · 13 635 neben DIN 1164, Belgien: NBN 48 · 198 · 130/1, England (UK): BS 12 · 1370 · 1427 · 146, Frankreich: NF P 302/5 · 311, Japan: JIS R 5210/3, Niederlande: N 481/4, Österreich: ÖNORM B 3310, Schweiz: SIA 115, UdSSR: GOST 10178, USA: ASTM C 150 · 175 · 205-64 T · C 340-66 T.

1969 stellte die UdSSR mit 89,4 Mill. t 16,6%, USA mit 68,5 Mill. t 12,7%, Japan mit 50,8 Mill. t 9,4% und die Bundesrepublik mit 34,4 Mill. t 6,4% der Weltproduktion an Zement von rd. 540 Mill. t her [s. Lit. III. 10 BDZ 1969/70].

1.2.2 Zusammensetzung und Eigenschaften

Der älteste Zement ist der *Portlandzement*; er wird aus Zementklinker unter Zusatz von Gips oder einem anderen Kalksulfat wie z. B. Anhydrit durch Feinmahlen hergestellt. Der Zementklinker wird aus einem vorgefertigten Rohmehl oder Rohschlamm im Drehofen oder Schachtofen bis zum völligen Sintern gebrannt. Das unterscheidet ihn von dem aus stückigem Kalksteinmergel (s. 5.1.1) im Schachtofen gebrannten hydraulischen Kalkbindemittel (s. 1.1.2). Zementklinker ist infolgedessen sehr gleichmäßig, enthält wenig freien Kalk, löscht nicht ab und ist deshalb so raumbeständig, daß er die Kochprobe nach DIN 1164 besteht. Der aus Kalkmergel idealer Zusammensetzung stückig erbrannte Naturzement (franz.: CN) kommt heute nur noch selten, in Deutschland nicht mehr vor. Portlandzement ist immer der aus einem *künstlichen*, feingemahlenen Brenngut hergestellte Zement und heißt deshalb in Frankreich auch CPA = ciment portland artificiel.

Die in USA übliche Autoklavprobe mit dem dortigen Grenzwert von 0,8% Dehnung (früher 0,5%) wird in Deutschland nicht verlangt. Bei Zement aus neuzeitlichen Anlagen kann eine mangelnde *Raumbeständigkeit*, wenn man von dem erwähnten, selten mit mehr als 2% auftretenden freien CaO absieht, nur noch von freiem MgO herrühren. Daher hält man nach DIN eine obere Grenze von 5% MgO für ausreichend, in USA neuerdings auch, während England nur 4% zuläßt. Auch die in Frankreich und in England eingeführte und von ISO empfohlene *Le Chatelier*-Probe mit Messung der Ausdehnung nach 1- oder 3 stündigem Kochen wird nach DIN nicht verlangt. Sie spricht nur auf den Gehalt an freiem CaO an. Bei sofortiger Prüfung des Zements darf die maximale Ausdehnung in der Regel 10%, nach 7 tägiger Ablagerung des Zements an der Luft 5% nicht überschreiten. — In DIN 1164 ist ebenfalls eine Wiederholung des Kochversuchs nach 3 tägigem Lagern des ausgebreiteten Zements vorgesehen. Auch bei der Festlegung der oberen zulässigen Grenze von unlöslichem Rückstand mit 3% (nicht für Traßzement), von CO_2 mit 2,5% und von Glühverlust mit 5% (bei Traßzement 7%) ist man weniger „dogmatisch" verfahren. Es hat sich gezeigt, daß das Vorhandensein einer so geringen Menge an feingemahlenen sozusagen „arteigenen" Stoffen das Verhalten des Zements bei der Verarbeitung verbessern kann.

Der Zusatz an *Gips* dient zum zeitlichen Verzögern des Erstarrens. Der übliche natürliche Gipsstein $CaSO_4 \cdot 2 H_2O$ wird vor allem in feingemahlenem Zement durch den ebenfalls natürlich vorkommenden *Anhydrit* teilweise oder ganz ersetzt (s. 2.3.4). Nach DIN 1164 beträgt der zulässige Höchstwert für Portland-, Eisenportland- und Traßzement 3,5% SO_3, sofern sie auf über 4000 cm²/g spezifische Oberfläche feingemahlen sind 4,0%, für Hochofenzement 4,0% und mit mehr als 70% Hüttensand (wobei er in der Regel feiner gemahlen ist) 4,5% SO_3. In USA gilt für den normalen Handelszement Typ I bis zu 8% C_3A — was nicht der normale Fall ist — als Höchstgrenze 2,5% SO_3, über 8% C_3A hinaus jedoch 3% und bei dem feiner gemahlenen Typ III in beiden Fällen ein weiteres halbes Prozent mehr, d. h. 3% und 4% SO_3. Die *Grenzwerte* in USA liegen also etwa $1/2$% niedriger als nach DIN. Tab. 4 gibt die Menge an Anhydrit und Gipsstein an, die sich aus den SO_3-Gehalten im Zement durch Umrechnung ergibt. Die Höchstgrenze an SO_3 kann man für die *Zugabe* eines Kalksulfats nicht voll ausnutzen, weil Klinker aus neuzeitlichen Anlagen immer auch SO_3, manchmal bis zu 1,5% enthält (s. 2.3.4).

Tabelle 4. *Umrechnung des Gehalts an SO_3 auf Anhydrit $CaSO_4$ und auf Gipsstein $CaSO_4 \cdot 2 H_2O$ und dessen Gehalt an H_2O*

		Normaler Handelszement					Sulfathüttenzement	
SO_3	%	2,5	3,0	3,5	4,0	4,5	5,9	8,2
Anhydrit[1]	%	4,3	5,1	6,0	6,8	7,7	10,0	14,0
Gipsstein[2]	%	5,4	6,4	7,5	8,6	9,7	12,7	17,7
davon H_2O[3]	%	1,1	1,4	1,6	1,8	2,0	— Anhydrit —	

Umrechnungsfaktoren [1] 1,7; [2] 2,15; [3] 0,45

Dem Portlandzement der unteren Festigkeitsklasse dürfen in einigen Ländern *Zusätze* bis zu 15%, manchmal auch 20% *zugemahlen* werden, in Frankreich unter besonderer Kennzeichnung z. B. dem ciment

1.2.2 Zusammensetzung und Eigenschaften

portland au laitier CPL bis zu 20% Hüttensand, dem CPCV bis zu 20% Flugasche (= cendre volant), in verschiedenen anderen Ländern, z. B. Österreich, Schweiz und Finnland, der *unteren* Festigkeitsklasse von 5 bis zu 15% Hüttensand, Traß, Flugasche oder anderes Gesteinsmehl; in UdSSR und verschiedenen osteuropäischen Ländern ist ein Zusatz von entweder 15% an aktivem (hydraulischem) Material oder 10% an inaktivem (inertem) Material erlaubt. Nach den Normen von USA und England, auch nach DIN ist das nicht zulässig.

Die ASTM-Norm C 150-68 der USA (Tab. 5) enthält die am weitesten gehende Unterteilung des *Portlandzements* gleichzeitig nach Chemismus *und* Festigkeit und ist deshalb in ihren Einzelheiten wiedergegeben. Sie ist in USA (s. unten) aber *nicht* wie in anderen Ländern, u. a. in Deutschland, ohne weiteres (s. unten) auch für Lieferungen verbindlich: sie beruht auf der ungewöhnlich breiten Grundlage der dort in systematischen Versuchen gesammelten Erfahrungen in arktischem bis tropischem Klima; zur Zeit laufen dort die LTS-Versuche [K 18] des *Long-Time-Study*-Programms, die ständig durch Zusatzreihen erweitert werden (s. 3.2.5). Von den 5 Typen entspricht I etwa dem normalen Handelszement von DIN 1164 Z 350, Typ III entspricht etwa dem Z 450 und z. T. wahrscheinlich dem Z 550. Typ II verbindet eine mäßige (moderate) Hydratationswärme (MH) mit einer Widerstandsfähigkeit gegen mäßigen Sulfatangriff (MS), Typ IV ist der ursprüngliche low-heat-cement der ASTM-Norm, den die Federal Stand. Spec. kurz FSS, das ist die Norm der USA-Bundesregierung, nicht enthält und für den auch keine Mindestwerte an Hydratationswärme mehr gefordert werden, und Typ V der sulfatresistente Zement gegen hohen Sulfatangriff. Ähnlich sind auch die beiden DIN-Zemente, der NW-Typ mit niedriger Hydratationswärme und der HS-Typ mit hohem Sulfatwiderstand definiert. DIN schließt wie erwähnt die Hüttenzemente mit entsprechenden Eigenschaften ein. In USA ist für die IS-Zemente (s. unten) der Zusatz MS und MH, gegebenenfalls auch MH-MS nach C 595-68, bisher einer Versuchsnorm, vorgesehen, wobei das MS „gegen mäßigen Sulfatangriff" und MH „mit mäßiger bzw. mittlerer Hydratationswärme" bedeuten soll, was einem früheren internationalen Normvorschlag entspricht.

Die Gruppe des *Hüttenzements* (engl.: blast furnace slag cement, franz.: ciment métallurgique) zeigt eine große Vielfalt der Bezeichnung und Zusammensetzung. Ihr Hauptbestandteil ist neben dem Zementklinker der Hüttensand (granulierte Hochofenschlacke), dessen Zusammensetzung DIN 1164 folgendermaßen begrenzt:

$$\frac{CaO + MgO + Al_2O_3}{SiO_2} \text{ größer als } 1.$$

Diese weitgefaßte Formulierung läßt den verhältnismäßig hohen SiO_2-Gehalt von 45% als Grenzwert in einem Hüttensand zu, wenn man den Gehalt an anderen als den in der Formel genannten Stoffen mit etwa 10% annimmt. Der SiO_2-Gehalt heutiger Hüttensande liegt unter 40% (s. Tab. 24 unter 2.4.1).

Tabelle 5. *Anforderungen an Portlandzement nach ASTM C 150—68 (USA)*

Typ		I[a]	II[a, c, f]	III[a]	IV[g]	V
		Normaler Handelszement	Mit mäßiger Hydratationswärme und gegen mäßigen Sulfatangriff	Frühhochfester Zement	Mit niedriger Hydratationswärme	Mit hohem Sulfatwiderstand
SiO_2	min. %	—	21,0	—	—	—
Al_2O_3	max. %	—	6,0	—	—	b
Fe_2O_3	max. %	—	6,0	—	6,5	b
MgO	max. %	5,0	5,0	5,0	5,0	5,0
SO_3						
C_3A bis 8%	max. %	2,5	2,5	3,0	2,3	2,3
C_3A über 8%	max. %	3,0	—	4,0	—	—
Glühverlust	max. %	3,0	3,0	3,0	2,5	3,0
Unlöslicher Rückstand	max. %	0,75	0,75	0,75	0,75	0,75
$3\,CaO \cdot SiO_2$, C_3S	max. %	—	—	—	35	—
$2\,CaO \cdot SiO_2$, C_2S	min. %	—	—	—	40	—
$3\,CaO \cdot Al_2O_3$, C_3A	max. %	—	8	15[d]	7	5
$C_3S + C_3A$	max. %	—	58[e]	—	—	—
Prüftermine für Festigkeit im Alter von Tagen		3·7·28	3·7·28	1·3	7·28	7·28

Autoklav-Prüfung: Ausdehnung max. 0,8%.
Spezifische Oberfläche nach BLAINE: min. 2800 cm²/g (Einzelwert min. 2600 cm²/g).
Erstarrungsbeginn (Vicatprobe): mindestens 45 min.

[a] Als Typ IA, IIA oder IIIA enthalten sie luftporenbildenden Zusatz (air entraining agent) bei verminderter Mindestfestigkeit.

[b] $3\,CaO \cdot Al_2O_3$ nicht über 5%; $4\,CaO \cdot Al_2O_3 \cdot Fe_2O_3 + 2(3\,CaO \cdot Al_2O_3)$ nicht über 20% (Typ V).

[c] Hydratationswärme nach 7 Tagen max. 70 cal/g, nach 28 Tagen max. 80 cal/g.

[d] Wird Sulfatwiderstand für Typ III verlangt, dann darf $3\,CaO \cdot Al_2O_3$ höchstens 8% sein; wird hoher Sulfatwiderstand verlangt höchstens 5%.

[e] Nur wenn mäßige Hydratationswärme erforderlich ist, aber deren Prüfung nicht verlangt wird.

[f] Nach C 595-68 bedeutet bei IS (Hochofenzement) und IP (Puzzolanzement) der Zusatz MS = gegen mäßigen Sulfatangriff und MH = mit mäßiger Hydratationswärme; MH-MS ist auch zulässig.

[g] In Federal-Standard-Specification FSS nicht enthalten.

1.2.2 Zusammensetzung und Eigenschaften

Nach DIN 1164 unterscheidet man zwischen *Eisen*portlandzement EPZ mit mindestens 65 Gew.-Teilen Zementklinker und *Hochofen*zement HOZ unmittelbar anschließend mit mindestens 64 bis 15 Gew.-Teilen Zementklinker und dem jeweiligen Restgehalt auf 100 an Hüttensand, wobei der Gehalt an dem zugesetzten Kalksulfat nicht berücksichtigt wird. Ähnliche Regelungen bestehen in Belgien, Frankreich, den Niederlanden mit der Trennung in ciment portland de fer CPF und ciment de haut fourneau CFH auch HF, in Frankreich mit der zusätzlichen Zwischenstufe des ciment métallurgique mixte CMM 50 : 50 und dem schlackenreichsten Sonderzement ciment de laitier au clinker CLK, in Belgien des ciment permétallurgique PM in einer oder mehreren Festigkeitsklassen. — Ein Hüttenzement wird mit abnehmendem Gehalt an Hüttensand dem Portlandzement ähnlicher. Mit zunehmendem Gehalt an Hüttensand kommen seine Besonderheiten in steigendem Maße zur Geltung, das ist seine schwächere Anfangs- und stärkere Nacherhärtung und sein hoher Sulfatwiderstand. Mit dem Gehalt an Sulfidschwefel im Hüttensand und seiner Bedeutung für die Verwendung des Hüttenzements haben sich seit Anfang des Jahrhunderts viele Arbeiten befaßt. Nur bei unmittelbarer Berührung des Zement mit dem gegen Korrosion empfindlichen Spannstahl hat man vorsorglich die Verwendung von Hochofenzement mit mehr als 50% Hochofenschlacke ausgeschlossen. In allen anderen Fällen des Betonbaus darf Hochofenzement ebenso wie Eisenportlandzement gleichberechtigt mit Portlandzement verwendet werden. — Die weiteren Besonderheiten des Hüttenzements behandeln spätere Abschnitte (s. 2.4.1, 2.4.2 und 4.3.8). Den Anteil an Hüttensand kann man mikroskopisch bestimmen, s. 2.5.3.

In USA sieht die Versuchsnorm ASTM C 595-68 für portland blast furnace slag cement nur Typ IS und Typ IS-A mit etwas ermäßigter Festigkeit vor. Darin bedeutet A den Zusatz an LP-Stoffen (air entraining agents). Er darf 25 bis 65% Schlacke enthalten. In England gibt es nach BSS 146 : 1958 einen portland blastfurnace cement mit mindestens 35% Klinker und nur einer Mörtelmindestfestigkeit. — Sulfathüttenzement s. nächster Abschnitt, Traßhochofenzement s. unten.

Neben Portland- und Hüttenzement wird in verschiedenen Ländern Zement auch durch gemeinsames Vermahlen von Zementklinker und einer *Puzzolane* hergestellt. Als Puzzolane gilt ein kieselsäurehaltiger oder kieselsäure- und tonerdehaltiger natürlicher oder künstlicher Stoff ohne selbständiges Bindevermögen, der zusammen mit Kalk und Wasser unlösliche Verbindungen mit zementartigen Eigenschaften bildet. Bis zur Entwicklung der hydraulischen Kalke und Zemente verwendete man für Wasserbauten und Hafenbauten nur Kalk-Puzzolan-Mörtel (s. 1.1.3). Eine Puzzolane erhärtet also auch mit Kalk allein; davon macht man praktisch nur noch in verhältnismäßig geringem, örtlich begrenztem Umfang wie z. B. beim *Traßkalk* Gebrauch. Oft verwendet man das Kalkbindungsvermögen oder die Festigkeit von Traß-Kalk-Mörtel zur Beurteilung der puzzolanischen Eigenschaften (s. 2.4.5).

Die Menge an Traß im *Traßzement* beträgt nach DIN 1164 20 bis 40%. Die Wirkung des Trasses hängt von einer äquivalenten Menge an Kalk ab, die der Zementklinker liefert. In anderen Ländern gelten ähnliche Grenzen. Nach DIN 1164, Blatt 3, kann man den Traßanteil aus dem CaO-Gehalt errechnen, wenn man für den Klinker 65%, für rheinischen Traß 3% und für bayerischen Traß 5% CaO annimmt.

Neben den schon erwähnten (s. 1.1.3) „klassischen" Puzzolanen und dem Traß werden auch andere natürliche Stoffe ohne und nach vorheriger Wärmebehandlung als Puzzolane meist in Mengen von 15 bis 40% dem Zement zugemahlen, z. B. in Dänemark die *Molererde*, in Frankreich die „*Gaize*" und in der UdSSR das *Tripel*, als künstliche Puzzolane in einigen Ländern auch *Steinkohlenflugasche*.

Baubehördliche *Zulassungen* für Zemente ähnlicher Art, die nicht in DIN 1164 aufgeführt sind und z. T. ein begrenztes Anwendungs- und Verbreitungsgebiet haben, bestehen in der BR Deutschland noch für den *Suevit-Traß-Zement* (Suevia = Schwaben), der etwa 20% bayerischen Traß enthält und dessen Traß DIN 51043 nicht völlig entspricht, für einen *Ölschieferzement* mit 30% einer bei einem besonderen Verfahren anfallenden mineralischen Ölschieferschlacke, sowie für 2 *Traßhochofenzemente*, die besonders für den Wasserbau entwickelt worden sind; von ihnen enthält der eine 50, der andere nur 25% Zementklinker; ihr Rest besteht im Verhältnis von etwa 1:2 aus Traß und Hüttensand.

Der bereits erwähnte Typ NW des Zements nach DIN 1164 mit *niedriger* Hydratationswärme darf, nach dem Lösungswärmeverfahren fast ebenso wie nach ASTM und BSS geprüft, nach 7 Tagen nicht mehr als 65 cal/g Wärme entwickelt haben. Dieser Wert liegt zwischen dem low-heat-cement nach BSS mit 60 cal/g und dem von ASTM für Typ II mit 70 cal/g. Werte für 28 Tage sind in DIN nicht aufgenommen. ASTM begrenzt außerdem auch den C_3A- und C_3S-Gehalt der Typen II und IV (s. Tab. 5).

Als Zement des Typs HS mit hohem Widerstand gegen *sulfathaltiges* Wasser gilt nach DIN 1164 ohne eine besondere Prüfung PZ mit max. 3% C_3A und max. 5% Al_2O_3 sowie Hochofenzement mit mindestens 70% Hüttensand. ASTM fordert neben anderem von Typ II gegen mäßigen Sulfatangriff max. 8% C_3A und von Typ V mit hohem Sulfatwiderstand max. 5% C_3A (s. Tab. 5).

K. KÅWERT [K 8] berichtet 1968 über die Dreiteilung der *schwedischen* Portlandzemente in schnell (SH), langsam (LH) erhärtenden PZ und in Standard-Portlandzement (Std), die, wenn sie mit SRC gekennzeichnet sind, einen erhöhten Sulfatwiderstand besitzen. Der dort entwickelte C_3A-freie LH-PZ mit einem rechnerischen Gehalt von 16% C_3S, 55% C_2S und 21% C_4AF ist gleichzeitig sulfatwiderstandsfähig. Soll er schneller erhärten, dann mischt man ihm Standardzement zu.

Im deutschen Straßenbau (Bundesminister für Verkehr, Allgem. Rundschreiben Straßenbau Nr. 9/1965) wird von einem Zement für Straßenbetondecken, kurz *Straßenbauzement* genannt, eine Begrenzung der Mahlfeinheit auf eine spezifische Oberfläche von max. 4000 cm²/g gefordert, ein Erstarren des Zements bei 20 °C nicht vor 2 Stunden, bei 30 °C nicht vor 1 Stunde, und eine 28-Tage-Mindestdruckfestigkeit von 425 kp/cm², damit die Festigkeit von 400 kp/cm² bei einem Beton, der 350 kg Zement und 3,5% Luftporen enthält, gesichert ist.

Nach einer seit 1943 gültigen deutschen baubehördlichen Zulassung ist in einem besonderen Fall das Zusammenmischen von fertigem Portlandzement mit zementfein gemahlenem Hüttensand an der *Baustelle* erlaubt. Dieser *Thurament* enthält bereits die entsprechende Menge an Kalksulfat und ist nach Thüringen, dem Ausgangsland seiner Herstellung, benannt. Das entstehende Portlandzement-Thurament-Gemisch darf im Regelfall höchstens 0,5 Gew.-Teile Thurament enthalten. Thurament ist auf den Mindestgehalt an Bindemittel anrechnungsfähig. Bei der Normprüfung muß ein Gemisch 50 + 50 aus Portlandzement und Thurament nach 28, spätestens nach 56 Tagen, mindestens 70% der Druckfestigkeit des reinen Portlandzements im gleichen Prüfalter erreichen. — In Südafrika, wo Hochofenwerke und Portlandzementwerke weit voneinander entfernt sein können, ist dieses Verfahren in größerem Umfang üblich.

Auch ein erst auf der Baustelle zugegebener *Traß* ist bis zu einer Höchstmenge von 20% auf den Mindestgehalt an Bindemittel dann anrechnungsfähig, wenn der Beton mindestens 240 kg *Portland*zement je m³ enthält. Die Zugabe von Traß, wenn er DIN 51043 entspricht, kann die Verarbeitbarkeit des Betons, besonders von Pumpbeton verbessern und dadurch seine Wasserdichtigkeit und seinen Widerstand gegen angreifende Wässer erhöhen. — Die Baupraxis gibt dem Traßzement und Traß-Hochofen-Zement in der Regel den Vorzug.

1.2.3 Sulfathüttenzement

Sulfathüttenzement SHZ (franz.: ciment sursulfaté CSS) hat unter den Hüttenzementen eine Sonderstellung. Nach DIN 4210 besteht er zu mindestens 75% aus Hüttensand mit einem, wie die französische Bezeichnung ausdrückt, übergroßen Sulfatgehalt an Anhydrit von 10 bis 14%, für dessen untere Grenze in DIN ein Wert von 3% SO_3, in Frankreich und Belgien von 5% SO_3 (8,5% $CaSO_4$) eingesetzt ist, sowie mit einem geringen Zusatz von bis zu 5% Zementklinker, in der Regel jedoch nur 1 bis 3%. Er erfordert einen verhältnismäßig Al_2O_3-reichen Hüttensand nach DIN 4210 von mindestens 13% Al_2O_3. Die für Hüttensand in DIN 1164 gültige Formel $(CaO + MgO + Al_2O_3):SiO_2$ muß statt 1 mindestens 1,6 ergeben. Er darf mit anderen Bindemitteln nicht gemischt werden und wird für Stahlbeton im allgemeinen nicht mehr verwendet, da seine Oberfläche gelegentlich Absanden zeigt. Das Absanden und die später erwähnte erhöhte Neigung zum Carbonatisieren beruht nach J. D'Ans und H. Eick [D 3] 1954 auf der Zersetzung des beim Erhärten in größerer Menge entstehenden Ettringits durch die CO_2 der Luft. Er hat sehr hohen Sulfatwiderstand. Nach den von S. Reinsdorf [R 14] 1962 aus der DDR berichteten Erfahrungen ist er für feingliedrige Bauteile und wärmebehandelte Fertigteile nicht geeignet, jedoch im Wasser- und Grundbau, weniger im Hochbau zu empfehlen. Das stimmt mit den Feststellungen von K. Wesche und W. Manns [W 57] 1966 an altem Beton aus Sulfathüttenzement „Halit" überein. Sie haben die Befürchtungen von K. Gaede [G 1] entkräftet, daß Beton aus SHZ Halit im Laufe der Zeit an Festigkeit verliert, und an den Bewehrungsstählen keine fortschreitende Rostbildung feststellen können; wegen der offenbar deutlich geringeren Druckfestigkeit der carbonatisierten Schicht von SHZ-Beton empfehlen sie aber aus Sicherheitsgründen, nicht bis an die Mindestmaße der Vorschriften heranzugehen. Sie halten aber die Verwendung von SHZ für Massenbeton und für schlankere Bauteile, die nicht der Luftkohlensäure ausgesetzt sind, für unbedenklich. Die *Herstellung* von SHZ ist wegen dieser Besonderheiten, vor allem wegen des Mangels an geeignetem Hüttensand, auch in den europäischen Nachbarländern eingestellt worden, in denen mit der lothringischen Minette eine tonerdereiche Schlacke mit 15 bis 20% Al_2O_3 anfiel. Chemische Zusammensetzung in Tab. 15 unter 2.1.7.

1.3 Zement für besondere Verwendungszwecke (außer Quellzement und Tonerdezement)

Quellzement wird unter 3.4.5 behandelt, *Tonerdezement* unter 4.4.

1.3.1 Hydrophober Zement zur Bodenvermörtelung

Hydro*phober* Zement (wasserabweisender Zement, Pectacretezement, soil cement) ist ein mit wasserabweisenden Stoffen beim Mahlen versetzter Normzement, in der Regel Portlandzement — der wie alle hydraulischen Bindemittel sonst hydro*phil*, d. h. wasserfreundlich ist — vor allem für die Bodenvermörtelung. Die Zementkörner erhalten auf diese Weise eine wasserdichte Hülle, die erst beim Verarbei-

1.3.1 Hydrophober Zement zur Bodenvermörtelung

ten mit Sand, Kies oder mit dem Boden zerstört wird und die Oberfläche der Zementkörner freilegt. Solcher Zement kann deshalb, wie das bei der Bodenvermörtelung oft nicht zu umgehen ist, auch unter ungünstigen Witterungsbedingungen in Säcken oder sogar lose auf einem Boden ausgebreitet lagern, ohne durch Aufnahme von Feuchtigkeit oder Kohlensäure an Erhärtungsfähigkeit einzubüßen. Erst wenn durch das Verarbeiten die Hüllen verletzt werden, beginnt der Zement sein Erstarren und Erhärten. Von der erfolgreichen Anwendung des deutschen Pectacretezements beim Bau von Autobahnen und im ländlichen Wegebau handeln drei neuere Beiträge von R. KIPP [K 31] 1966, E. LÜTH [L 65] 1961 und H. OTTO [O 11] 1961. Vergleichende Laborversuche haben 1968 H. WEIGLER und J. NICOLAY [W 42] veröffentlicht. — Nach Berichten u. a. aus Italien und den UdSSR verwendet man als *Zusätze* Fettsäuren (Öl-, Lauryl- und Stearinsäure), Pentachlorphenol, Naphtensäure (Asidol) und deren Natriumsalze (Mylonapht). Die Zusätze wirken wie Mahlhilfen, erhöhen den Mühlendurchsatz, verringern die Staubbildung und bieten einen Schutz vor Umschlagen bei hohem Alkaligehalt. Sie können auch die Wasserundurchlässigkeit und die Frostbeständigkeit der daraus hergestellten Mörtelkörper verbessern; eine wasserabweisende Wirkung war bei den erwähnten Versuchen [W 42] im Mörtel und Beton nicht mehr nachzuweisen.

Was die besonderen Bedingungen der Boden*verfestigung*, die früher auch Boden*vermörtelung* oder Boden*stabilisierung* hieß, angeht, so sei auf die Arbeiten von R. SPRINGENSCHMID [S 89] mit H. HELMS-DERFERT 1963 und mit H. SOMMER 1969 hingewiesen. Danach nehmen Druckfestigkeit und Frostbeständigkeit mit dem Gehalt an Zement und in der Regel mit dessen Normfestigkeit zu, was 1967 G. PAULMANN [P 7] mit dem Hinweis auf das etwas günstigere Abschneiden von Hochofenzement und hydrophobem Zement bei Sanden und Kiessanden bestätigt hat. PAULMANN, bei dem auch die wesentliche Literatur zu finden ist, hebt besonders hervor, daß der günstigste Wassergehalt nach bodenphysikalischen Prüfverfahren zu bemessen ist. Bei den eben erwähnten Böden, die ein körniges Stützgerüst haben und als *rollige*, nicht bindige Böden durch einen völligen Mangel oder nur geringen Anteil an der Körnung kleiner als 60 μm (= 0,06 mm) gekennzeichnet sind, muß man wie beim Mörtel durch das Verfestigen eine möglichst große Lagerungsdichte anstreben. Bei *bindigen* Böden stellt dieser in größerer Menge vorhandene Anteil unter 60 μm beim Austrocknen selbst schon ein Bindemittel dar, das aber nicht hydraulisch und irreversibel ist, sondern beim Durchfeuchten aufweicht. In diesem Fall hat der Zement die Aufgabe, den Tonmineralien von etwa gleicher Korngröße die Wasseraufnahme- und Quellfähigkeit zu nehmen und eine Krümelstruktur, d. h. eine Auflockerung zu bewirken.

H. E. SCHWIETE, K. GÜNTHER und U. LUDWIG [S 40] haben 1968 in einem Überblick über die Untersuchungs- und Prüfverfahren in der Bodenverfestigung das Ergebnis von Proctor-, Druckfestigkeits- und Frost/Tauwechselversuchen von tonhaltigen Böden mit Portlandzement, Hüttenzement, Pectacretezement, Kalk sowie Kalk und Gips mitgeteilt. Bei einem Tonanteil zwischen 1 und 5% entstanden die besten Festigkeiten.

Die mit Zement verfestigte Schicht ist im allgemeinen 12 bis 18 cm dick, ihre Druckfestigkeit liegt zwischen 25 und 75 kp/cm² und sollte 125 kp/cm² nicht überschreiten, damit breite Rißbildungen in diesen fugenlosen Schichten vermieden werden. Der auf diese Weise mit einer Zugabe von 2 bis zu 16 Gew.-Teilen Zement verfestigte Boden dient u. a. als *Tragschicht* im Unterbau von Flugplätzen, Autobahnen und klassifizierten Straßen, zum Bau von land- und forstwirtschaftlichen Wegen und sonstigen Verkehrsflächen [P 7].

1.3.2 Tiefbohrzement (oil well cement)[1]

Bei den Bohrarbeiten zur Gewinnung von Erdöl verwendet man Tiefbohrzement für die Zementschlämme, die nach dem Erhärten die niedergebrachte Verrohrung gegen das Gebirge abschließen soll, öl- und gasführende Horizonte gegeneinander und gegen wasserführende Schichten absperren und die Verrohrung in ihrer Lage fixieren soll. Nur in einfachen Fällen, d. h. bis zu einer Tiefe von rd. 1200 bis 1800 m, kann man für eine solche Zementierung üblichen Bauzement verwenden, in größerer Tiefe ist Tiefbohrzement erforderlich. Seine Eigenschaften und deren Prüfung sind von dem Amerikanischen Petroleuminstitut in der Vorschrift API STD 10A und 10B festgelegt. Der Gehalt des Zements an C_3A ist auf max. 3% begrenzt, denn die Zementschlämme mit 38 bis 46% Wasser muß gegen eine *Verunreinigung* durch salzhaltiges Gestein, auch durch die Bohrspülung unempfindlich sein, die außer Ton noch Natriumlauge, -carbonat, -silicat, -phosphat und -chlorid, auch organische Stoffe, wie Stärke, Methylzellulose, Tannin oder Quebracho enthalten kann. Sie soll kein Wasser absondern, möglichst 3 Stunden lang pumpfähig bleiben und in möglichst kurzer Zeit etwa 35 kp/cm² Druckfestigkeit erreichen, aber auch nicht zu fest werden. — Die Gebirgstemperatur kann schon in 1800 m Tiefe mehr als 60 grd über der Außentemperatur liegen, in 4500 m Tiefe hat man bei einer Ausgangstemperatur von rd. 15 °C schon mit einer Gebirgstemperatur von mehr als 150 °C zu rechnen. Erstarren und Festigkeit der Schlämme ändern sich nicht in so ungünstiger Weise, wie das über 60 bis 90 °C unter atmosphärischen Bedingungen der Fall ist, weil

---

[1] well = Brunnen, Bohrloch; bei Kühl unter Tamponagezement.

gleichzeitig der *Druck* ansteigt. Deshalb müssen Versteifung und Festigkeit von Zement für Tiefen von z. B. 3600 m (12.000 ft), 4200 m (14.000 ft), 4800 m (16.000 ft) bei einer von 82 auf 115, dann 160 °C usw. ansteigenden Temperatur und einem entsprechend erhöhten Druck geprüft werden. — Ein bekannter Tiefbohrzement ist z. B. Halliburtonzement, eine Entwicklung der gleichnamigen Bohrloch-Zementierungsgesellschaft in Duncan/USA (Okla.), in der BRD als gemeinsam entwickelter Dyckerhoff-Halliburton-Zement. Auf weitere Tiefbohrzemente ist weiter unten eingegangen. Über Tiefbohrzement haben W. C. HANSEN [H 12] 1952, W. WITTEKINDT [W 78] 1954, W. STRIEBEL [S 110] 1961 sowie K.-H. GRODDE, H. SCHWARZ und W. STRIEBEL 1966 [G 27] näher berichtet. Die letzte Arbeit hat sich mit dem Sonderfall befaßt, daß beim Durchteufen von Trias und Zechstein Salzlager durchbohrt werden müssen.

Zur Prüfung von Tiefbohrzement unter atmosphärischem Druck dient das Halliburton-*Konsistometer*, mit dem man die Versteifung der Zementschlämme bei Temperaturen zwischen 50 und 93 °C (das sind 120 bis 240 °F) von anfangs 5 bis 10 Poise bis zu 60 bis 70 Poise [W 78] verfolgen kann, unter hohem Druck das *Hochdruckkonsistometer* (American Thickening Time Tester), das Temperaturen bis 200 °C und einen Druck bis etwa 210 at zuläßt. In beiden Fällen geschieht die Prüfung nach dem Prinzip des *rotierenden Zylinders*, der in diesem Falle mit Zementschlämme gefüllt ist und sich nach dem Aufheizen in einem auf konstanter Temperatur — im zweiten Fall auch konstantem Druck — gehaltenen Ölbad mit konstanter Geschwindigkeit dreht. Die zunächst unbewegte dünnflüssige Schlämme nimmt mit zunehmender Steife an der Drehung teil und ist bestrebt, auch ein in dem Schlamm hängendes Paddelrührwerk mitzunehmen, was aber nur durch zunehmendes und in Poise aufgezeichnetes Anheben eines über einen Seilzug daran hängenden Gewichts möglich ist.

W. C. HANSEN [H 12] nennt 1952 als Verzögerer *Stärkemehl-* und *Zelluloseprodukte, Zucker* sowie organische Säuren und Salze mit einer oder mehreren Gruppen von HO−C−H, während nach H. H. STEINOUR die OH-Gruppe vor allem bei sehr schwacher Dissoziation zum Verzögern von β-C_2S, auf das es bei Tiefbohrzement ankommt, nötig ist; mit zunehmender Anzahl der OH-Gruppen im Molekül sei eine stark verzögernde Reaktion wahrscheinlich. Die spezifische Oberfläche der *erhärteten* Zementpaste nahm über 100 °C mit zunehmender Temperatur stark ab. Die Tatsache, daß eine *Belüftung* (aeration) den Zement sowohl verzögernd als auch schnellbindend machen kann, was bei der Lagerhaltung von Tiefbohrzement eine Rolle spielt, deutet HANSEN damit, daß das Verzögern ähnlich wie bei den Verzögerern eine (physikalische) Adsorption von Feuchtigkeit auf C_3S und C_3A ist, daß aber nach P. S. ROLLER ein Überfluß an (chemisch) absorbiertem Wasserdampf das C_3A und C_3S so stark aktivieren kann, daß beide schnellbindend werden. Physi- und Chemisorption, wie sie heute genannt werden, spielen auch bei den *Mahlhilfen* eine Rolle (s. 5.5.4).

Bei den erwähnten deutschen Nordseebohrungen [G 27] war eine wasser*arme* Schlämme aus reinem deutschem Tiefbohrzement bei Teufen bis zu 3500 m beständig; wasser*reiche* Zementschlämme war besonders anfällig gegen die Salzlösungen und wurde durch geringe Zusätze von Traß, Flugasche, Kieselgur und Schwerspat in ihrer Beständigkeit gegen Laugen nicht verbessert, durch größere Zusätze aber wesentlich verschlechtert. — Um in einer *druckschwachen* Gebirgsformation das Gewicht der Zementschlämme zu verringern, kann man nach STRIEBEL *Bentonit* zusetzen, von dem jedes Prozent den Wasserbedarf um 4% erhöht. — Bentonit ist ein Ton mit einem hohen Gehalt an Montmorillonit (s. 4.1.3), dessen Name von seinem ersten Fundort Fort Benton (USA) stammt. Als Aktivbentonit kommt er in Geisenheim vor, ferner im bayrischen Raum Moosburg-Mainburg-Landshut. Bentonit kann das Fünf- bis Sechsfache seines Gewichts an H_2O aufnehmen und dabei seinen Rauminhalt verzehnfachen. Er ist vorwiegend das Verwitterungsprodukt sauer-vulkanischer Tuffe. — Mit einem unter Zusatz von Bentonit entstehenden *Gelzement* erhält man nach STRIEBEL [S 110] zwar eine Leichtzementschlämme, aber auch niedrigere Festigkeit und eine höhere Wasserdurchlässigkeit. — Nach API STD darf der pH-Wert des Bentonits nicht größer als 9,5 sein. Mit den ergiebigsten Sorten der in steigendem Maße verwendeten Diatomeenerde (Kieselgur) kann man Schlämmegewichte von nur 1,40 kg/l und weniger erreichen. In USA wird außerdem ein „Leichtzement" *Gilsonit* mit einer Reindichte von nur 1,05 kg und einem Erweichungspunkt von rd. 140 °C empfohlen. — Über Versuche und Erfahrungen der UdSSR berichten u. a. S. A. VOLOSTNOV und I. P. KUPREJČUK 1969 [V 20].

Während der zur Wärme- und Schalldämmung verwendete Perlit für diesen Zweck weniger geeignet erscheint, sind die Eigenschaften von *Pozmix 80* insofern bemerkenswert, als dieses Gemisch aus Zement + Traß + Kieselgur mit einem Wassergehalt von 70% ein Schlämmegewicht von 1,60 kg/l ergibt, die Bedingung für die Versteifungszeit von etwa 3 Stunden für 1800 m Tiefe bei günstiger Festigkeitsentwicklung erfüllt und infolge der Quellung des Trasses vor allem sehr dicht wird.

Bei Tiefen über 4500 m fällt die Druckfestigkeit von Tiefbohrzement stark ab, wie schon HANSEN festgestellt hat. Der Festigkeitsrückgang setzt im Temperaturbereich um 120 °C ein und ist mit einer Zunahme der Permeabilität verbunden. — Erwähnenswert ist noch der sogenannte *L-W-L-Zement* (low-water-loss-cement) mit dem Vorteil eines geringen

Wasserverlustes, weil das aus der Zementschlämme herausgedrückte Wasser die Bohrung erschweren und den Abfluß des Öls beeinträchtigen kann (water-blocking). Als Zementzusatz wird Carboxymethylhydroäthylzellulose (CMHEC) empfohlen. Bei der entsprechenden API-Prüfung auf Wasserverlust wird der im hochtourigen Mischer hergestellte Zementschlamm in einer Filterpresse einem konstanten Luftdruck von 7 atü ausgesetzt und die innerhalb von 30 Minuten abgegebene Wassermenge gemessen. Einige Anforderungen an die Zementschlämme ähneln denen an Injektions- und Einpreßmörtel (s. 3.1.4).

F. D. PATCHEN [P 5] hat mit den auf Tab. 6 wiedergegebenen Werten, die auf 4 Temperaturen und einen Prüftermin beschränkt sind, gezeigt, daß durch Zugabe von feinem Quarzmehl die Festigkeit mit zunehmender Temperatur (und zunehmendem Druck) nicht mehr abfällt, sondern nach 1 Tag von niedrigeren Werten ganz erheblich ansteigt und mit 35% Quarzmehl Höchstwerte erreicht. Diese Erscheinung ist von der Dampfdruckhärtung als Kalksandsteinreaktion oder Michaëlissche Dampfhärtung bekannt (Hydrothermalsynthese) (s. 3.5.3 und Bild 68).

Tabelle 6. *Druckfestigkeit eines Tiefbohrzements ohne und mit Quarzmehlzusatz bei 4 verschiedenen Temperaturen nach 1 und 30 Tagen gemäß der API-Prüfung (Auszug) im Autoklaven nach F. D. PATCHEN [P 5]*

Temperatur	110 °C		127 °C		160 °C		177 °C	
nach Tagen	1	30	1	30	1	30	1	30
Tiefbohrzement ohne Zusatz								
nach 1 Tag	369		562		125		130	
nach 30 Tagen		594		421		92		140
Tiefbohrzement mit 35% Quarzmehl								
nach 1 Tag	286		245		542		594	
nach 30 Tagen		903		762		562		416
Tiefbohrzement mit 100% Quarzmehl								
nach 1 Tag	176		257				476	
nach 30 Tagen		779		571				458

1.3.3 Asbestzement

Asbestzement ist nicht, wie seine Bezeichnung vermuten läßt, ein pulveriger mit Asbestfasern durchsetzter Zement, sondern der mit Asbestfasern „bewehrte" bereits erhärtete Zementstein in Form verschiedener Fertigfabrikate, wie Dachsteine, Platten, Rohre, für die die Eternit-Erzeugnisse Schrittmacher gewesen sind. Asbestzementwaren,

1 Zement als Bindemittel in der Bautechnik

in Deutschland neben Eternit auch als Fulgurit und Wanit bekannt, sind die Erzeugnisse mit einem höchsten Zementgehalt von etwa rd. 85 auf rd. 15 Gew.-% Asbest. 1965 hat es in der Welt 200 Asbestzementfabriken [F 15] gegeben, seitdem sind weitere Werke hinzugekommen. In der BRD arbeiten 14 Werke, davon 1 Werk in Westberlin. Da Asbestzement das zementreichste Erzeugnis und als ein mit Asbestfasern bewehrter Zementstein anzusprechen ist, wird etwas näher darauf eingegangen.

Asbestzement kann man nach dem Naß-, Feucht- und Trockenverfahren herstellen. Die größte Bedeutung hat das von dem Österreicher Ludwig Hatschek 1900 bis 1903 entwickelte Verfahren mit der Rundsiebmaschine erlangt. Asbest und Zement werden mit großem Wasserüberschuß gemischt; dem erzeugten wäßrigen Brei wird auf Papier- bzw. Kartonmaschinen das Überschußwasser entzogen. Aufbauend auf dem Hatschek-Verfahren erfand der Italiener Mazza 1913 eine Maschine zur Herstellung nahtloser Druckrohre aus Asbestzement.

Die Fachwelt war 1907 [k 55] vor allem davon überrascht, daß man Zement ohne Einbuße seiner Erhärtungsfähigkeit mit so großen Wassermengen verarbeiten kann. Zement wird beim Entwässern auf der Papiermaschine nahezu vollständig von den Asbestfasern festgehalten. Nach R. Hayden [H 20] 1940 beruht die große Adhäsion zwischen Asbest und Zement auf der Feinheit der Asbestfasern, die selbst in der aufgeschlossenen Form mit 1 bis 3 μm Dmr. noch fein verästelte Faserbündel darstellen, wie Bild 2 von W. Richartz erkennbar macht; ihnen gegenüber würden sich die künstlichen Fasern aus Gesteins- oder Mineralwolle wie „dicke Balken" ausnehmen. Nach Hayden wird eine anfänglich trübe Aufschlämmung von aufgeschlossenem Asbest mit Zement sowohl in Wasser als auch in Benzin oder Alkohol allmählich klar. Sogar bei trockenem Mischen nimmt Asbest den Zement auf, was Glaswolle, Steinwolle und andere Mineralfasern nicht tun. Über neuere Bemühungen zu deren Verwendung berichtet G. E. Monfore 1968 [M 50]. Danach kommen Kunststoff- und Stahlfasern nur für Sonderzwecke in Frage, die ersten wegen ihrer zu großen Dehnung, die zweiten wegen der zu hohen Kosten. Gesteinswolle und Glaswolle werden von der alkalischen Zementpaste stark angegriffen. Offenbar begünstigen beim Asbest neben der großen Oberfläche der Einzelfasern auch Chemismus und Molekularstruktur die Reaktion zwischen Asbestfaser und Zement, wobei möglicherweise auch das Kristallwasser des Chrysotilasbestes eine Rolle spielt. Den Fasern und der Faserstruktur messen W. Richartz und F. W. Locher [R 19] einen wesentlichen Einfluß auf die Festigkeit des Zementsteins zu (s. 2.3.5).

In der Natur kommen zwei Minerale in der verfilzt-faserigen Form des Asbests vor, dessen Name (griech.: unauslöschbar, unvergänglich)

1.3.3 Asbestzement

auf die Widerstandsfähigkeit vor allem gegen hohe Temperaturen hinweist, und zwar *Serpentin*, ein kristallwasser*haltiges* Magnesiumsilicat, Umwandlungsprodukt des Olivins $2\,(\text{MgO, FeO}) \cdot \text{SiO}_2$, und *Hornblende*, auch Amphibol genannt, ein wasser*freies* Magnesia- oder Eisensilicat.

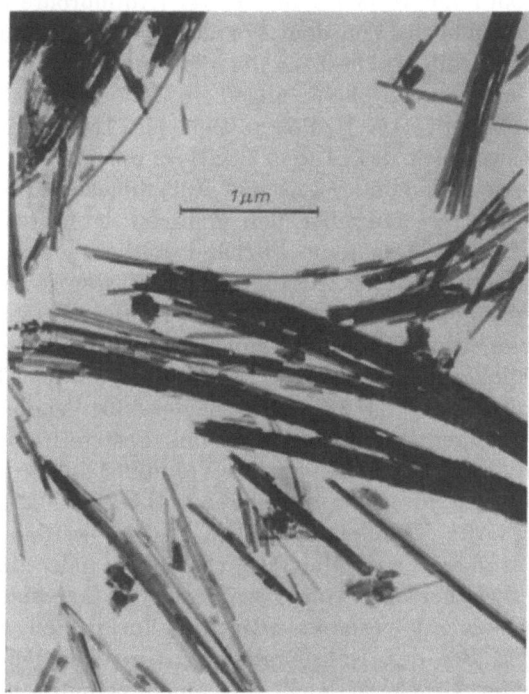

Bild 2. Asbestfasern unter dem Elektronenmikroskop. Ein Zementkorn mit der „repräsentativen Korngröße" von 4 bis 8 μm würde das ganze Bild bedecken. Aufn.: W. RICHARTZ.

Der für die Asbestzementherstellung wichtigste Serpentinasbest heißt *Chrysotil* und macht 90% der Weltproduktion aus. Nach H. KLOS [K 37] besteht er aus rd. 40% SiO_2 und 40% MgO, außerdem 15% H_2O, während der Amphibolasbest mehr als 50% SiO_2 und daneben rd. 30% FeO oder MgO, höchstens aber 5% H_2O enthält.

Als Zerreißfestigkeit der Faser aus Chrysotil gibt PÖSCH 70 kp/mm², das sind 7000 kp/cm² an, als die von Blauasbest, einer eisenhaltigen Art des Hornblendeasbests, max. 225 kp/mm² = 22500 kp/cm². Die Tatsache, daß sich die Asbestfasern vorzugsweise tangential auf der Oberfläche des Siebzylinders, d. h. annähernd parallel ablagern, erklärt die hohe und gleichzeitig richtungsabhängige Festigkeit besonders gegen Zug und Biegung. Nach dem Entwurf DIN 274, Bl. 1, Asbestzement-Wellplatten vom März 1970 wird eine Biegezugfestigkeit von mindestens $\sigma_{BZ} = 200$ kp/cm² gefordert. Sie ist das Ergebnis einer dort beschriebenen Prüfung an den 6,5 mm dicken Wellplatten mit den Profilen 177/51 und 130/30. (Die erste Zahl ist die Länge, die zweite die Höhe in mm jeder ,,Welle".)

Für die Rohre verschiedener Art aus Asbestzement sind DIN 19800/01 (Druckrohre 1956) und 19830/31 und 19841 (Abflußrohre mit und ohne Muffe 1961) maßgeblich. Von dem Vorschlag von G. MORBELLI [C 16], bei nachträglicher Autoklavhärtung der Platten Zement zum Teil durch Quarzmehl zu ersetzen, wird heute allgemein Gebrauch gemacht (s. 3.5.3).

Nach dem Bericht von H. PÖSCH 1966 [P 17] mit vielen anderen Einzelheiten belegt sich der in dem Stoffbrei aus Asbest, Zement und Wasser rotierende Siebzylinder an seiner Außenfläche mit einem dünnen Asbestzementfilm, den ein über den Zylinder laufendes unendliches Filzband übernimmt. Das dem Filzband aufliegende Asbestzement-,,Vlies" wird durch weiteres Absaugen von Wasser soweit verfestigt, daß es durch die Formatwalze abgehoben und dort bis zu der nötigen Plattendicke aufgewickelt werden kann. Durch automatisch arbeitende Abschneidevorrichtungen wird die Stoffbahn von der Formatwalze getrennt. — I. I. BERNEJ [B 23] unterscheidet 1964 bei diesem Vorgang vier Stadien, die Trennung von Wasser und Feststoff zuerst nach der Schwere, dann unter der Wirkung des Vakuums, im dritten Stadium die Wasserbewegung durch die Kapillaren und zuletzt das Durchsaugen von Luft durch die Kapillaren. — Die Platten werden dann durch Onduliereinrichtungen zu Wellplatten verarbeitet oder durch schwere Pressen unter Zwischenlegen von Eisenblechen zu Asbestzementplatten mit höherer Festigkeit verpreßt oder zur Formwaren verschiedener Art verarbeitet. Bei der Rohrherstellung wird das feuchte Asbestzementvlies unter Druck so lange auf einen zylindrischen Stahlkern gewickelt, bis die Rohrwand die geforderte Wanddicke erreicht hat. Das Asbestzementrohr wird nach genügender Erhärtung vom Stahlkern abgezogen und anschließend in Wasser gelagert. Die anderen Asbestzementerzeugnisse lagern, wenn sie nicht im Autoklav gehärtet werden, an der Luft und sind in der Regel nach 28 Tagen versandbereit. Die bekannten Dachsteine, die Platten und Tafeln für Wandverkleidungen und Wandbauelemente werden neuerdings auch farbig hergestellt. Rohre für Betriebsdrücke bis zu 16 kp/cm^2 haben bei Nennweiten von 50 bis 1000 mm, neuerdings 2000 mm, Baulängen von 4 bis 5 m. Asbestzementrohre werden wegen ihrer Maßgenauigkeit als verlorene Schalung von Stahlbetonsäulen verwendet. Weitere Einzelheiten finden sich bei K. HÜNERBERG [H 49].

G. FRIKELL [F 15] hat 1965 die Patentliteratur behandelt, während sich H. KLOS [K 37] 1967 mit der Fabrikation von Asbestzementplatten und -rohren in erster Linie aus der Sicht des projektierenden Ingenieurs befaßt hat. KLOS erwähnt u. a. die Arbeit des zuständigen zentralen wissenschaftlichen Forschungslaboratoriums der Sowjetunion nach einem Bericht von E. N. KITAJEV [K 32]. Bei den Versuchen hat sich ganz allgemein gesehen als günstige Vorbedingung für hohe Leistung und gute Qualität die Verwendung von Portlandzement mit etwa 60% C_3S, nicht mehr als 20% C_2S und nicht mehr als 7% C_3A und mit einer Feinheit von 3500 bis 4000 cm²/g spezifische Oberfläche ergeben. Dieser Zement weicht nur in seinem niedrigen C_3A-Gehalt von der Zusammensetzung und Feinheit eines hochfesten Portlandzements ab. Im allgemeinen wird [P 17] normaler Handelszement verwendet.

2 Chemie des Zementklinkers

2.1 Chemismus und Eigenschaften des Klinkers sowie der hydraulischen Stoffe

2.1.1 Zementchemie und Zementtechnik

Das einzige unmittelbar aus Rohstoffen hergestellte Erzeugnis eines Zementwerks ist der Zementklinker oder kurz Klinker. Auf die Ursache der Namensgleichheit mit dem gebrannten Mauerklinker nach DIN 105 ist unter 5.1.1 hingewiesen. Spricht man von *Portland*zementklinker, dann will man damit zum Ausdruck bringen, daß er aus feingemahlenem Rohmehl oder Rohschlamm von *natürlichen* Rohstoffen erbrannt ist. Ihm wesensgleich ist der auf gleiche Weise aus Hochofenschlacke und Kalkstein heute allerdings nur noch selten hergestellte *Hüttenzementklinker*. Auch Drehofen- und Schachtofenklinker bezeichnen zementtechnisch denselben Stoff; der durch einen Granulationsvorgang (s. 5.3.2) im Drehofen entstandene rundkörnige Klinker ist als Schütt- und Lagergut einfacher zu handhaben. Im Gegensatz zu diesen Klinkerarten steht nur der Naturzementklinker, der wie ein Kalk aus *stückigem* Kalkmergel im Schachtofen gebrannt ist; *Naturzement* wird aber in den Industrieländern nicht mehr hergestellt. Da der Zementklinker auch der wesentliche Bestandteil der Hüttenzemente und des Puzzolanzements ist und da somit alle Eigenschaften des Zements vom Klinker abhängen, ist der Klinker das *Hauptthema* der Zementchemie.

Die Bemühungen der *Zementchemie* galten zuerst der Suche nach der oberen Kalkgrenze, um die Raumbeständigkeit des Klinkers zu sichern, und führten zur Abstimmung des CaO-Gehaltes auf die „Hydraulefaktoren"[1] SiO_2 und Al_2O_3, später einschließlich des Fe_2O_3, dann

---

[1] Hydraulefaktor hat — im Gegensatz zu dem heutigen rhetorisch abgegriffenen Gebrauch des Wortes Faktor — hier noch die Bedeutung von „Hydraulischmacher", wonach SiO_2 und Al_2O_3 als *Ursachen* der Hydraulizität zu gelten haben.

der Suche nach dem günstigsten Verhältnis dieser Bestandteile zueinander für die Herstellung von Klinker mit besonders vorteilhaften Eigenschaften beim Brennen sowie beim und nach dem Erhärten. Auf den Daten der chemischen Analyse fußend entstand daraus das System der Moduln. Es ist dann in verschiedentlicher Abwandlung auch auf den Hüttensand, allerdings mit wesentlich schwächerer Aussagekraft, übertragen worden.

Die wissenschaftliche *Mikroskopie* hat die Bestandteile des Zementklinkers erkennbar gemacht und sie in Gemeinschaft mit der *Röntgenbeugungsanalyse* im einzelnen erforscht. Elektronenmikroskop, Röntgenfluoreszenz und Mikrosonde haben die Forschungsmöglichkeiten wesentlich erweitert. — Von besonderer Bedeutung wurde die *physikalische Chemie* mit der Lehre von den Gleichgewichten in Schmelzen, wie sie für den Klinkerbrand gelten, und von den Gleichgewichten in wäßrigen Lösungen, wie sie für die Hydratation maßgeblich sind. Sie führte zur Einführung der Phasenrechnung. — Der *Kolloidchemie* verdankt die Zementchemie wesentliche Begriffe und Vorstellungen über die Bildung des Hydrogels und dessen Festwerden, über Schrumpfen, Quellen, Schwinden und Kriechen. Die Kolloidchemie hat die Begriffe Reife und Alterung eingeführt und die vergleichende Betrachtung mit der Makromolekularchemie der Kunststoffe (plastics) ermöglicht. — Endlich haben *Betontechnologie* und *Materialprüfung* eine zuverlässige wissenschaftliche Kennzeichnung der technischen Eigenschaften von Zement, Mörtel und Beton geschaffen.

Die eigentliche *Industrialisierung* der Zementindustrie hat um die Jahrhundertwende mit der Einführung des Drehofens und der Rohrmühle begonnen. Zur Zeit werden die Abmessungen der Öfen und Mühlen immer größer. In zunehmendem Umfang werden Betriebsteile automatisiert. Nur ein in Zusammenhang und Feinheit gleichmäßiges Brenngut gewährleistet einen störungsfreien Betrieb der großen Ofeneinheiten, und nur ein gleichmäßiger Zement ist die Grundlage für die Herstellung eines guten Betons in den neuzeitlichen, häufig schon automatisierten Betrieben und Mischerstationen. Hierfür zu sorgen, ist die wesentliche Aufgabe des Zementchemikers und des Laboratoriums in einem Zementwerk.

Das Kernstück eines Zementwerks ist die *Ofenanlage* zum Brennen des Klinkers. Das Brenngut des Ofens liefert die *Mahlanlage* in Form des *Rohmehls* beim Trockenverfahren, in Form des *Rohschlammes* beim Naßverfahren. Den versandfertigen Zement aus Klinker, ggf. mit Hüttensand oder Traß und mit Gips stellt die Zementmahlanlage oder auch eine Gruppe von Zementmühlen in der gemeinsamen Mahlanlage her. Die Größe der *Verladeanlage* richtet sich nach Menge und Vielfalt der hergestellten Zementarten, nach den Transportmitteln für die Abfuhr

(Eisenbahn, Kraftwagen, Schiff) und nach dem Anteil der Sackverladung am Versand. Zu diesen Anlagen gehören große Aufgabe-, Misch- und Verladesilos sowie Transportvorrichtungen. Der in der Regel außerhalb des Werks aber in seiner Nähe liegende Steinbruch oder die Kreide- oder Tongrube sind gesonderte Teile des Zementwerks und werden oft

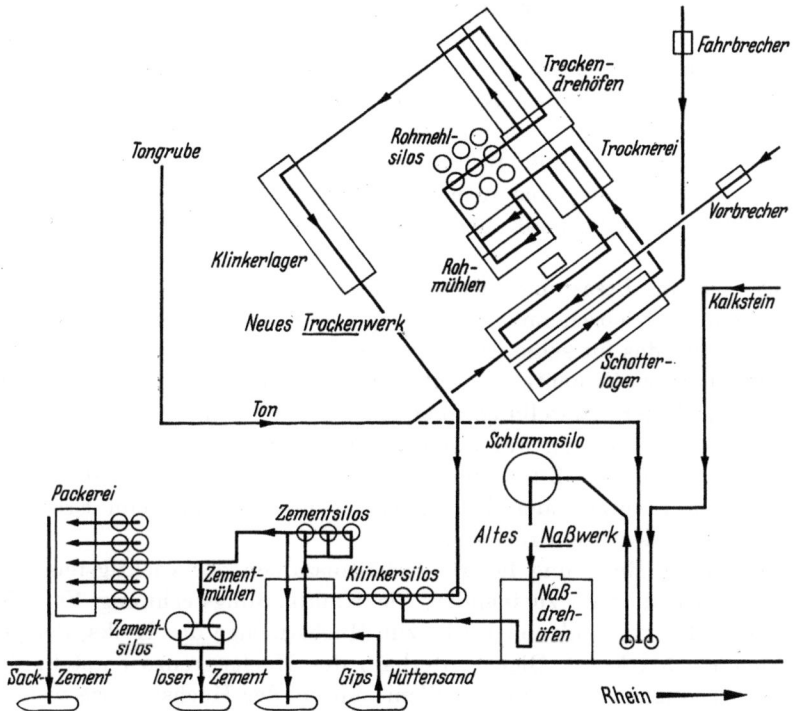

Bild 3. Lageplan und Produktionsverlauf des Zementwerkes Weisenau der Portland-Zementwerke Heidelberg mit altem Naßwerk und neuem Trockenwerk.

bereits in die Aufbereitung und Homogenisierung einbezogen, ehe der Rohstoff vor die Mühle gelangt. Einen schematischen Grundriß eines neuzeitlichen Zementwerks nach dem Trockenverfahren neben dem alten Naßwerk zeigt Bild 3.

2.1.2 Wesen und Möglichkeiten der Klinkerrechnung

Die Modul- einschließlich der bis in unsere Zeit hinein vervollständigten Kalkbindungsrechnung und die neuzeitliche Phasenrechnung enthalten das wesentliche praktische und theoretische Wissensgut der eigentlichen Zementchemie. Sie beruhen beide auf der chemischen Analyse des Rohmehls, Klinkers oder Portlandzements; den Analysenwerten eines Portland*zements* muß man, um daraus die Zusammensetzung des Klinkers zu errechnen, vorher das dem zugemahlenen Gips $CaSO_4 \cdot 2 H_2O$ oder Anhydrit $CaSO_4$ zugehörige SO_3, CaO und ggf. H_2O abziehen und den Restbetrag auf 100 umrechnen. Das im Klinker meist auch vorhandene SO_3 und die ihm entsprechende Menge CaO wird man, weil sie meist unbekannt sind, damit in der Regel ebenfalls abziehen. Geht man unmittelbar vom *Klinker* aus, dann kann man bei der einfachen Modulrechnung, auch bei der Kalkbindungsrechnung das SO_3 unberücksichtigt lassen, wie die in Fußnote 3 angegebenen Differenzen für HM, KSt und KSG auf der späteren Tab. 11 zeigen, bei denen das an 1% SO_3 gebundene 0,7% CaO — ferner 0,8% freies CaO — abgezogen wurde. Bei der Phasenrechnung wird $CaSO_4$ in der Regel als besondere, aus dem SO_3-Gehalt ausgerechnete Phase geführt. Das gilt sinngemäß auch für den freien Kalk CaO des Klinkers (s. 2.1.7).

Die Tafeln dieses und der folgenden Abschnitte sollen in erster Linie dem Betriebschemiker und -ingenieur sowie dem Planer eines Zementwerks das für seine Arbeit notwendige Rüstzeug geben und dem Verbraucher des Zements im weitesten Sinne des Wortes die Möglichkeiten der Zementherstellung, aber auch deren Grenzen zeigen. Sie erstrecken sich vorrangig auf solche Veränderungen in der chemischen und mineralogischen Zusammensetzung, die das Verhalten des Rohmehls beim Brennen oder das Verhalten des Zements beim Erhärten begünstigen oder beeinträchtigen.

Die *Modul*-Rechnung liefert Verhältniszahlen der wichtigsten chemischen Bestandteile zueinander, die Kalkbindungsrechnung Verhältniszahlen des vorhandenen Kalks zur Höchstmenge des Kalks, der gebunden werden kann. Dicht unterhalb der Höchstgrenze entsteht die höchste Festigkeit, an und vor allem jenseits der Höchstgrenze wächst die Gefahr, daß freier Kalk ungebunden bleibt und die Raumbeständigkeit durch Kalktreiben beeinträchtigt. Im Zusammenhang mit den anderen Moduln, die eine Beurteilung des Brennverhaltens und des Sulfatwiderstands ermöglichen, kann der kundige Fachmann Rohstoffe auswählen und verbessern und die Eigenschaften des Zements voraussagen. Deshalb bevorzugt er meist die Kalkbindungsrechnung, weil sie ihm die durch Erfahrung bekannten Grenzen erkennbar macht, jenseits deren das störungsfreie Brennen eines guten Klinkers schwierig wird. Zudem sind die nicht mit Index versehenen Moduln durch Addition und eine einfache Division schnell überschlägig auszurechnen.

Die *Phasen*rechnung geht wesentlich weiter und macht eine Aussage über die *Menge* der in einem Klinker unter bestimmten Voraussetzungen vorhandenen oder zu erwartenden 4 Klinkerphasen C_3S, C_2S, C_3A und C_4AF, die man unter dem Mikroskop unterscheiden und mengenmäßig bewerten kann und die sich auch nach dem für Schmelzen und Kristallisieren maßgeblichen Zustandsdiagramm des Dreistoffsystems $SiO_2-CaO-Al_2O_3$, meist kurz „Dreistoffsystem" bezeichnet, und dem durch Fe_2O_3 oder MgO erweiterten Zustandsdiagramm eines entsprechenden Vierstoffsystems ergeben. Die Phasenrechnung gibt als ausgesprochene Modellrechnung nur *potentielle* oder rechnerische Gehalte an, die von den tatsächlichen Werten fast immer etwas, manchmal sogar stärker abweichen. Man nimmt diesen Fehler aber ebenso in Kauf wie die Ungenauigkeiten bei der Anwendung einer *Dreistoff-* oder *Vierstoff*system-Betrachtung, weil man die Abweichungen inzwischen kennt und sie mit der Entwicklung der neuen großen Öfen in den meisten Fällen nach Richtung und Größe ähnlicher werden, vor allem aber, weil sich bei dem Vergleich der Eigenschaften mit den potentiellen Phasen des Klinkers rechnerische Beziehungen besonders im Verlauf der umfangreichen Versuche mit den *LTS*-Zementen ergeben haben. Der tatsächliche Gehalt an Alit und der tatsächliche Gehalt an Belit sind im Durchschnitt um rd. 2% größer als die errechneten potentiellen Gehalte an C_3S und C_2S (s. Tab. 18 unter 2.2.2).

A. GLAUSER [G 15] geht 1962 bis 1968 bei seinen Phasenberechnungen und Mischungsgleichungen von der Äquivalentnorm von NIGGLI und dem Kalkstandard von KÜHL aus. Zur Berechnung von Brownmillerit verwendet er als „atomare" Äquivalenzzahl bei normalem Portlandzement $f = \frac{1}{2} Fe_2O_3$ und bei eisenoxidreichem Zement $a = \frac{1}{2} Al_2O_3$, legt der Berechnung der Aluminatphase die theoretische Verbindung C_2A anstatt C_3A zugrunde und erhält dadurch eine bessere Übereinstimmung mit dem mikroskopischen Befund, eine einfachere Rechnung und selbst bei den eisenoxidreichen Zementen praktisch belanglose Differenzen zu der Bogueschen Berechnung.

Die *Entwicklung* der *Modul*rechnung mit ihren vielen Vorschlägen haben besonders BOGUE [b 40] und KÜHL [k 55] ausführlich geschildert. Nachstehend werden nur die heute noch üblichen Vorschläge erwähnt. Den hydraulischen Modul HM hat W. MICHAËLIS schon verwendet, den Silicatmodul SM und den Tonerdemodul TM (engl. Eisenmodul) hat KÜHL eingeführt; den Kieselsäuremodul KM, von R. K. MEADE [k 55] schon einmal als Aktivitätsindex vorgeschlagen, hat G. MUSSGNUG [M 60] 1948 zur Beurteilung der Ansatzbildung vorgeschlagen. Mit dem KM läßt sich auch die Sinterbarkeit eines Rohmehls beurteilen (s. 2.1.6). H. KÜHL hat aus dem hydraulischen Modul durch Indizierung die Berechnung zunächst des Sättigungskalkes, dann des Standardkalkes entwickelt, den letzten unter Mitarbeit von E. SPOHN und S. SOLACOLU. Der Sättigungskalk bezeichnet die Kalkmenge, die SiO_2, Al_2O_3 und Fe_2O_3 zu binden vermögen, wenn das System so langsam erkalten kann, daß es bei gewöhnlicher Temperatur im *Gleichgewicht* ist. Der wichtigere Standardkalk ist die unter *normalen* Brenn- und Abkühlungsbedingungen bindungsfähige Kalkmenge. KÜHL hat dann den tatsächlichen Kalkgehalt des Klinkers in eine *Prozent*beziehung zu diesen beiden höchstmöglichen Kalkgehalten gesetzt und sie *Kalksättigungsgrad KSG* — mit nur theoretischem Interesse — und *Kalkstandard KSt* genannt. Bei einem KSt von 100 enthält der Klinker soviel CaO, wie die Hydraulefaktoren praktisch zu binden vermögen. Der Wert des KSt liegt in der Regel zwischen 90 und 100, bei Klinker mit hoher Anfangsfestigkeit in der oberen Hälfte und z. T. über 100, der weniger wichtige Wert des Kalksättigungsgrades KSG in üblichem Klinker um 4 bis 5, in Al_2O_3-armem um 2 bis 3 niedriger (s. Tab. 11 zu 2.1.4). Nach dem vorher Gesagten erhält man auf diese Weise eine sehr zuverlässige Charakteristik über die zu erwartende Festigkeit und Raumbeständigkeit eines Klinkers. Die einzelnen Formeln mit dem bei Zementen üblichen Schwankungsbereich der Werte enthält Tab. 7. In dieser Tabelle ist auch die den Moduln ähnliche Formel von K. KONOPICKY [K 45] über den Ansatzwert aufgenommen, die sich im Unterschied zu der von G. MUSSGNUG auf die Phasenrechnung stützt (s. unten und 5.3.2).

KÜHL hat nach einem Vorschlag von S. SOLACOLU in einem rechtwinkligen Koordinatensystem die Grenzen angegeben, innerhalb deren sich die verschiedenen Portlandzemente und deren Klinker mit ihrem Silicatmodul als Ordinate (Senkrechte) und ihrem Tonerdemodul als Abszisse (Waagerechte) bewegen. Über dem normalen Portlandzement liegt dann ab SM = 3 der kieselsäurereiche, darunter ab SM = 1,8 der kieselsäurearme Portlandzement, alle drei zwischen 1,5 und 4,0 Tonerdemodul. Rechts von diesem Streifen, also über TM = 4,0, liegen die *Alumino*zemente, links davon unter TM = 1,5 die *Ferro*zemente. In dem linken Teil finden sich die eine Zeitlang wegen der Patente wichtigen Felder für die einzelnen Abarten dieser Ferrozemente, die in ihrer Namensgebung ein Stück Zementgeschichte widerspiegeln, nach dem *Erzzement* von W. MICHAËLIS 1901, der *Ferrari*zement, von dem Italiener F. FERRARI 1920, zum ersten Male unter Verwendung des TM von 0,64 abgegrenzt, der *Kühl*zement von H. KÜHL 1924, der *Albert*zement von H. ALBERT 1938 und der Rüdersdorfer Sonderzement kurz RSZ-Zement von G. FRENKEL.

Über die Beziehung zwischen dem Kalksättigungsgrad von Klinker aus zwei Lepolöfen mit einem Litergewicht von mehr als 1350 g und einer Le-Chatelier-Dehnung von höchstens 10 mm und der Festigkeit von Normenmörtel aus Zement mit rd. 3000 cm²/g spezifischer Oberfläche hat F. MATOUSCHEK [M 24 b] 1970 nach einem umfangreichen Zahlenmaterial berichtet. Danach steigt die Normfestigkeit des Zements im allgemeinen mit höherem Kalksättigungsgrad, der daneben aber die Ofenproduktion verringert und den Wärmeverbrauch erhöht. Der Zusammenhang zwischen beiden ist jedoch nur lose. Das Bestimmtheitsmaß

2.1.2 Wesen und Möglichkeiten der Klinkerrechnung

ist bei der Biegezugfestigkeit geringer als bei der Druckfestigkeit und nimmt mit dem Prüfalter im allgemeinen ab.

Tabelle 7. *Berechnung und Grenzwerte der Moduln*
(Al_2O_3, SiO_2, usf. bedeuten Gew.-% dieser Oxide)

			Üblicher Zement von	bis
1. Hydraulischer Modul	HM	$CaO : (SiO_2 + Al_2O_3 + Fe_2O_3)$	2,0	2,4
2. Kalkstandard (nach Kühl Bd. II, S. 341)	KSt I	$\dfrac{100\, CaO}{2{,}8\, SiO_2 + 1{,}1\, Al_2O_3 + 0{,}7\, Fe_2O_3}$	90	102
3. Silicatmodul	SM	$SiO_2 : (Al_2O_3 + Fe_2O_3 + Mn_2O_3)$	1,8	3,4
4. Tonerdemodul (engl.: Eisenmodul)	TM	$Al_2O_3 : Fe_2O_3$	1,5	2,5
5. Kieselsäuremodul	KM	$SiO_2 : Al_2O_3$	3	4
6. Ansatzwert	AW	$(C_3A + C_4AF) + 0{,}2\, C_2S + 2\, F$ oder $(C_2F + C_4AF) + 0{,}2\, C_2S + 2\, F$	25	35

Zu 1: schon von W. Michaëlis verwendet.
Zu 2 bis 4: von H. Kühl eingeführt.
Zu 2: Lea und Parker verwenden 1,18 Al_2O_3 und 0,65 Fe_2O_3 (auch: KSt II).
E. Spohn, E. Woermann und D. Knoefel [S 87] haben 1969 dem KSt die nachstehenden beiden „verfeinerten" Fassungen gegeben:

für MgO bis zu 2%: $KSt\ III = \dfrac{100\,(CaO + 0{,}75\, MgO)}{2{,}80\, SiO_2 + 1{,}18\, Al_2O_3 + 0{,}65\, Fe_2O_3}$,

für MgO über 2%: $KSt\ III = \dfrac{100\,(CaO + 1{,}5)}{2{,}80\, SiO_2 + 1{,}18\, Al_2O_3 + 0{,}65\, Fe_2O_3}$.

Darin ist berücksichtigt, daß bis zu 2% MgO im Klinker gebunden werden und 1 Teil gebundenes MgO 0,75 Teile CaO freisetzt und daß das über 2% hinausgehende MgO ohne Einfluß auf die Kalksättigung als Periklas kristallisiert.

Bei dem nicht angegebenen Kalksättigungsgrad KSG hat Al_2O_3 statt 1,1 den Faktor 1,65; deshalb liegen seine Werte bei üblichem Klinker um 4 bis 5 niedriger (s. a. Tab. 11, Fußnote 3).

Zu 5: von G. Mussgnug zur Beurteilung der Ansatzbildung vorgeschlagen, die bei KM 2,5 bis 3,5 und gleichzeitigem TM 1,8 bis 2,3 am günstigsten ist; s. a. Anmerkung zu 6.

Zu 6: von K. Konopicky [K 45] vorgeschlagen, und zwar auf Grund der *mineralogischen* Bestimmung der Schmelzphase als Restwert auf 100 über der Summe von C_3S und C_2S. An die Stelle der Schmelzphase hat der Verfasser die potentiellen Gehalte $(C_3A + C_4AF)$ bzw. $(C_4AF + C_2F)$ eingesetzt. Wahrscheinlich liegen wegen dieses anderen Bezugs und wegen des Übergangs zu den größeren Drehöfen die Werte AW heute niedriger. .

K. gibt an: Ofen bei 30 ohne Ansatz, ab 33 gute, ab 40 mäßige Ansatzbildung. Die „üblichen" Zemente (Tab. 11, *A, B, C*) haben nur 29, 27 und 25.

C_3A, C_4AF sind die in der Zementchemie üblichen Kurzbezeichnungen (s. Tab. 9 unter 2.1.3).

Wesentlich umständlicher und von vornherein unübersichtlicher ist die Berechnung der *Klinkerphasen*. Sie geht davon aus, daß von den vier Hauptbestandteilen das Fe_2O_3 ganz als C_4AF und das dann noch verbleibende Al_2O_3 ganz als C_3A gebunden wird. Der übrig bleibende Kalk reicht dann im Regelfalle noch aus, um 40 bis 65% C_3S neben 30 bis 15% C_2S zu bilden; der Berechnung des C_3S-Gehaltes wird die über das Molverhältnis $CaO : SiO_2 = 2:1$ hinausgehende CaO-Menge zugrunde gelegt. Die rechnerische Durchführung des üblichen Falls 1 gibt Tab. 8 an. Ist der restliche CaO-Gehalt größer als es dem Molver-

Tabelle 8. *Zusammensetzung und Berechnung der Klinkerphasen nach ASTM C 150-68, Fall 2 für ss ergänzt*

Zusammensetzung der Phasen		Kurzbezeichnung	CaO	SiO_2	Al_2O_3	Fe_2O_3
Tricalciumsilicat	$3\,CaO \cdot SiO_2$	C_3S	73,7	26,3		
Dicalciumsilicat	$2\,CaO \cdot SiO_2$	C_2S	65,1	34,9		
Tricalciumaluminat	$3\,CaO \cdot Al_2O_3$	C_3A	62,3		37,7	
Tetracalciumaluminatferrit	$4\,CaO \cdot Al_2O_3 \cdot Fe_2O_3$	C_4AF	46,1		21,0	32,9
Dicalciumferrit		C_2F	41,3			58,7

Berechnung nach ASTM C 150-68. Für alle Oxide und Phasen (in Kurzbezeichnung) sind die Gewichtsprozente einzusetzen.
Fall 1: Gewichtsverhältnis $Al_2O_3 : Fe_2O_3 = 0{,}64$ oder größer: Handelsüblicher Klinker
   Phasen: $C_3S + C_2S + C_3A + C_4AF$
$C_3S\ \ = 4{,}071\ CaO^1 - 7{,}600\ SiO_2 - 6{,}718\ Al_2O_3 - 1{,}430\ Fe_2O_3 - 2{,}852\ SO_3$
$C_2S\ \ = 2{,}867\ SiO_2{}^1 - 0{,}7544\ C_3S$
$C_3A\ \ = 2{,}650\ Al_2O_3{}^1 - 1{,}692\ Fe_2O_3$ (in DIN: $2{,}65\ Al_2O_3 - 1{,}69\ Fe_2O_3$)
$C_4AF = 3{,}043\ Fe_2O_3{}^1$

Fall 2: Gewichtsverhältnis $Al_2O_3 : Fe_2O_3$ kleiner als 0,64: Eisenoxidreicher Klinker
   Phasen: $C_3S + C_2S + C_4AF + C_2F$
$C_3S\ \ = 4{,}071\ CaO^1 - 7{,}600\ SiO_2 - 4{,}479\ Al_2O_3 - 2{,}860\ Fe_2O_3 - 2{,}852\ SO_3$
$C_2S\ \ = 2{,}867\ SiO_2{}^1 - 0{,}7544\ C_3S$
$ss^2 (C_4AF + C_2F) = 2{,}100\ Al_2O_3{}^1 + 1{,}702\ Fe_2O_3$
   oder getrennt: $C_2F\ \ = 1{,}702\ Fe_2O_3 - 2{,}665\ Al_2O_3$
                   $C_4AF = 4{,}766\ Al_2O_3$

Ergibt die Rechnung unter Fall 1 oder Fall 2 für C_2S negative Werte, dann enthält der Klinker neben C_3S anstelle von C_2S einen potentiellen Gehalt an *freiem CaO*. Dann ist $C_3S = 3{,}800\ SiO_2$: die Rechnung für C_3A und C_4AF bleibt in beiden Fällen gleich: Von der Gesamtmenge an CaO ist zur Errechnung des potentiellen Gehalts an freiem CaO das für C_3S, C_3A, C_4AF und $CaSO_4$ notwendige CaO abzuziehen.

---

[1] 4,071 CaO bedeutet: $4{,}071 \times$ Gewichtsprozent CaO; 2,867 SiO_2 bedeutet: $2{,}867 \times$ Gewichtsprozent SiO_2 usw.

[2] ss = solid solution (feste Lösung).

hältnis CaO : SiO$_2$ = 3 : 1 entspricht, was an einem negativen Wert für C$_2$S erkennbar wird, dann kann sich kein C$_3$S mehr bilden; anstelle von C$_2$S entsteht freies CaO (auch Freikalk genannt). Bei dem nur selten vorkommenden C$_3$A-freien sulfatwiderstandsfähigen Klinker mit einem Al$_2$O$_3$: Fe$_2$O$_3$-Verhältnis kleiner als 0,64 — das entspricht einem Molverhältnis von 1 : 1 — bei dem sich also kein C$_3$A mehr bilden kann, muß man nach Fall 2 rechnen. Der Schmelze, die sich dann als feste Lösung ss bildet, wird die Zusammensetzung (C$_4$AF + C$_2$F) zugrunde gelegt.

Was den Gehalt an *freiem Kalk* angeht, so kann er in einem Klinker nicht nur infolge eines zu hohen Kalkstandards, sondern auch als Folge einer zu schwachen Sinterung auftreten. In eine *Voraus*rechnung der Klinkerphasen aus dem Rohmehl kann man einen solchen freien Kalk nur dann einsetzen, wenn man z. B. weiß, daß unter bekannten Betriebsverhältnissen bei einem Klinker mit mittlerem C$_3$S-Gehalt üblicherweise ein Gehalt an freiem Kalk von 0,5 bis 1% oder — bei einem hohen C$_3$S-Gehalt — von 1 bis 2% auftritt und nicht stört. Bei der *Nach*rechnung eines fertigen Klinkers muß man den Gehalt an freiem CaO, auch den Gehalt an CaSO$_4$ getrennt ausweisen, wie er sich aus dem SO$_3$-Gehalt des Klinkers ergibt. Dabei wird die tatsächlich vorhandene Bindung von SO$_3$ an K$_2$O und Na$_2$O nicht berücksichtigt.

Aus den Ergebnissen der Phasenrechnung erhält der Verarbeiter eine zuverlässige, verbindliche und vergleichbare Charakterisierung des Zements, wie im nächsten Abschnitt näher gezeigt wird. Der Zementfachmann kann sich die Menge der Schmelzphase und den auf Tab. 7 gekennzeichneten Ansatzwert ausrechnen.

2.1.3 Klinkerphasen und Klinkereigenschaften

Entscheidend für die Übernahme der Phasenrechnung in die Zementnormen zuerst von USA, später in die Normen vieler anderer Länder, jetzt für C$_3$A auch in DIN, ist die gute Beziehung einiger wesentlicher Eigenschaften, u. a. der Festigkeit, zu dem berechneten Gehalt an den Klinkerphasen. Bild 4 mit der Druckfestigkeit der vier Klinkerphasen bis zu 360 Tagen Alter zeigt nach R. H. BOGUE [b 40] die hohe Anfangsfestigkeit von reinem C$_3$S, den langsameren aber stetigen Festigkeitsanstieg des β-C$_2$S und den minimalen Beitrag, den die Phasen C$_3$A und C$_4$AF liefern. Bild 5 zeigt die Druckfestigkeit eines Mörtels mit einem C$_3$S-reichen Klinker *A* und einem C$_3$S-armen Klinker *B* bis zu 28 Tagen.

R. E. DAVIS und Mitarbeiter haben 1946 nach der Vorarbeit von H. F. GONNERMANN 1934 [D 5] aus den bis zu 10 Jahren vorliegenden Festigkeitswerten der für den Boulder Damm untersuchten Mörtelproben den Beitrag der einzelnen Klinkerphasen an der Festigkeit und an dem Schwinden statistisch errechnet. Danach wird der geringe, bis

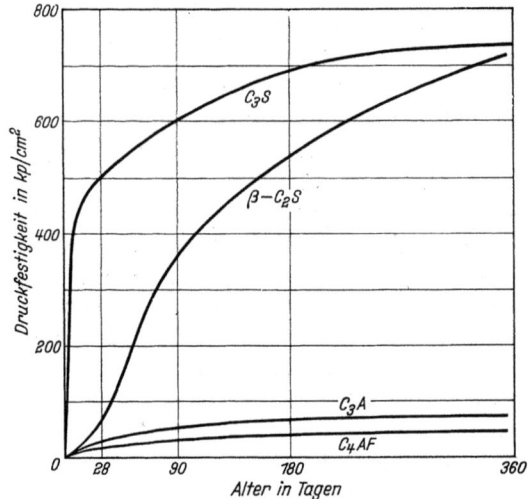

Bild 4. Druckfestigkeit der *reinen* Klinkerphasen C_3S, β-C_2S, C_3A und C_4AF bis zu 360 Tagen Alter. Nach R. H. BOGUE und W. LERCH [b 40].

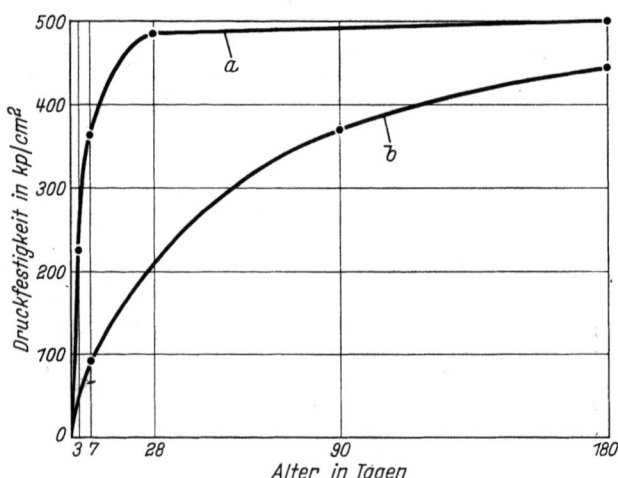

Bild 5. Druckfestigkeit von Mörtel 1 : 3 aus 2 *Portlandzementen* mit hohem und niedrigem C_3S-Gehalt. *a*: mit 70% C_3S und 10% C_2S, *b*: mit 30% C_3S und 50% C_2S. Nach H. WOODS, H. R. STARKE und H. H. STEINOUR 1932 und 1933 [1 9].

zu 28 Tagen vorhandene Festigkeitsbeitrag des C_3A bei längerer Wasserlagerung negativ und nimmt nur bei Luftlagerung stark zu. Bei C_4AF verläuft diese Entwicklung ähnlich, ist aber weniger ausgeprägt.

2.1.3 Klinkerphasen und Klinkereigenschaften

Demgegenüber liefern die beiden Kalksilicate C_3S und C_2S, wie es auch in den Bildern 4 und 5 zum Ausdruck kommt, nach dem unterschiedlichen Anstieg anschließend bis zu 10 Jahren Alter nahezu denselben Festigkeitsbeitrag, C_2S auch für die luftgelagerten Proben, während der Beitrag des C_3S bei Luftlagerung deutlich höher wird. Wenn man als besonders gutes *hydraulisches* Verhalten das *Gleichbleiben* von „nasser" und „trockener" Festigkeit bis zu 10 Jahren ansieht, dann hat sich C_3A am wenigsten hydraulisch und C_2S etwas günstiger als C_3S verhalten. Mit der höheren Festigkeit des C_3S ist auch eine doppelt so hohe Hydratationswärme von 120 cal/g gegenüber 60 cal/g des C_2S verbunden. C_3A liefert mit 320 cal/g die etwa dreifache Hydratationswärme und C_4AF mit 100 cal/g die etwa gleiche Hydratationswärme wie C_3S, ohne aber zur hydraulischen Festigkeit beizusteuern.

Der Gehalt an C_3A hat sich wie der auf derselben Basis errechnete Tonerdemodul (engl.: Eisenmodul) als maßgebliches Kriterium für den *Sulfatwiderstand* des Klinkers erwiesen und ist deshalb Maßstab für die Bewertung von Klinker gegen Sulfatangriff in verschiedenen Normen mit oberen Grenzwerten von 3 (DIN 1164), 5 oder 8% aufgenommen (s. 1.2.2). Das Vorhandensein von mehr als 12% C_3A hat nicht nur eine unerwünscht hohe Hydratationswärme und die eben erwähnte Empfind-

Tabelle 9. *Klinkerphasen und deren Eigenschaften*

		Übliche Abkürzung	Zementtechnische Eigenschaften
Tricalciumsilicat	$3\,CaO \cdot SiO_2$	C_3S	schnelle Erhärtung, hohe Hydratationswärme
Dicalciumsilicat	$2\,CaO \cdot SiO_2$	C_2S	langsame, stetige Erhärtung, niedrige Hydratationswärme
Tricalciumaluminat	$3\,CaO \cdot Al_2O_3$	C_3A	in größerer Menge: schnelleres Erstarren, höhere Hydratationswärme, Schwindneigung und Empfindlichkeit gegen Sulfatwässer
Calciumaluminatferrit	$2\,CaO\,(Al_2O_3, Fe_2O_3)$	$C_2\,(A, F)$	langsame Erhärtung, widerstandsfähig gegen Sulfatwässer
Freier Kalk CaO		C	in geringer Menge: unschädlich; in größerer Menge: Treiben und Schnellbinden
Freie Magnesia MgO		M	in größerer Menge: Magnesiatreiben
Ferner			
Wasser H_2O		H	
Calciumhydroxid $Ca(OH)_2$		CH	

lichkeit gegen sulfathaltige Lösungen zur Folge, sondern fördert auch das *schnelle Erstarren* des Zements, das man dann nur durch Zusatz von Kalksulfat sorgfältig steuern kann. Deshalb wird bei vielen Sonderzementen eine Herabsetzung des C_3A-Gehaltes gefordert oder angestrebt. Einen schnellen Überblick über den Zusammenhang zwischen Klinkerphasen und ihren Eigenschaften gibt Tab. 9. — Das Reaktionsvermögen eines fertigen Zements ist aber, wenn man die ebenfalls einflußreichen Brenn- und Kühlbedingungen als konstant unterstellt, nicht nur aus dem Chemismus herzuleiten, sondern hängt auch wesentlich von der Feinheit des Zements ab. Für das Verhalten von Mörtel und Beton ist außerdem der Wasserzementwert als eine Art Abstandsfaktor der Zementteilchen voneinander maßgeblich. Kann man den Wassergehalt verringern oder den Zementgehalt erhöhen, dann verbessert man für viele Verwendungszwecke den Beton meist mehr, als das mit dem Wechsel des Zements möglich ist. —

Mit Hilfe der potentiellen Gehalte kann man sich eine Übersicht über den verhältnismäßig schmalen *Schwankungsbereich* der Phasengehalte in einem normalen Klinker und über die Ausweitung dieses Schwankungsbereichs bei den Klinkern für Sonderzemente verschaffen, was mit Tab. 10 beabsichtigt ist. In dieser Tabelle folgen in üblicher

Tabelle 10. *Schwankungsbereich der potentiellen Gehalte der Klinkerphasen für normalen Klinker (Mitte) und dessen beiderseitige Ausweitung bei den Sonderzementen*

		Klinker für				
	Sonderzement	üblichen Zement		Sonderzement		
→ C_3S	40^{nh}	45 → 65	70^{hf}	80^w	90^{kk}	C_3S
C_2S	40^{nh}	30 ← 10	5^{hf}			C_2S ←
C_3A		15 11 5	3^s	0^s		C_3A ←
→ C_4AF	$1^{w,kk}$	5 8 12	18^s			C_4AF
C_2F	. . . .	0	3^s			

hf = hohe Anfangsfestigkeit (RH-Typ),
nh = niedrige Hydratationswärme (LH-Typ), s. auch [K 8],
s = erhöhter Sulfatwiderstand (SR-Typ), s. auch [K 8],
w = weißer Klinker,
kk = Kieselkalkklinker.

Weise auf die Kalksilicate C_3S und C_2S die beiden rechnerischen Bestandteile der Schmelzphase C_3A und C_4AF, ergänzt durch C_2F. Die Gehalte an C_3S und C_2S sind, wie die Pfeile andeuten, gegenläufig aufgetragen, ebenso die Gehalte an C_3A und C_4AF. Von 0% C_3A läuft ein weiterer Pfeil zu dem C_2F, weil das C_2F wenigstens rechnerisch erst entstehen kann, wenn die Bildung von C_4AF alles Al_2O_3 verbraucht hat,

2.1.3 Klinkerphasen und Klinkereigenschaften

aber noch Fe_2O_3 an CaO als C_2F gebunden werden muß; dann liegt ein „C_3A-freier" Klinker vor. Der Grenzwert, oberhalb dessen C_3A, unterhalb dessen C_2F entsteht, ist der Tonerdemodul $Al_2O_3 : Fe_2O_3 = 0{,}64$ mit einem Mol-Verhältnis von 1:1. Auf dieser Darstellung werden die Möglichkeiten, aber auch die Grenzen für die Herstellung von Zement verschiedener Eigenschaften erkennbar. In der Mitte der Tafel steht der Schwankungsbereich der Phasen in *normalem* Klinker, an beide Seiten lehnen sich die Klinker für Sonderzemente an.

Ein Erhöhen des C_3S-Gehaltes hat zwangsläufig ein Vermindern des C_2S zur Folge. Jenseits des Höchstgehaltes von 65% C_3S und des ihm entsprechenden Niedrigstgehaltes von 10% C_2S für normalen Klinker liegt der Klinker hf mit hoher Anfangsfestigkeit, ihm folgen der hellfarbige und weiße Klinker w und der Klinker kk aus Kieselkalk. Wenn man umgekehrt C_2S erhöht, um z. B. einen Klinker mit niedriger Hydratationswärme nh herzustellen, dann wird zwangsläufig der C_3S-Gehalt niedriger. Die Summe ($C_3S + C_2S$) bewegt sich bei üblichem Klinker zwischen 70 und 75. Den mittleren Schwankungsbereich zwischen C_3S und C_2S kann ein Zementwerk unter günstigen Umständen z. B. durch Verändern des Mischungsverhältnisses von kalkärmerem und kalkreicherem Kalkmergel oder auch von Ton mit reinem Kalkstein oder reiner Kreide verhältnismäßig leicht ausfüllen. Bei einem ungünstigen, d. h. niedrigen Silicatmodul $SiO_2 : (Al_2O_3 + Fe_2O_3)$ unter 2 wächst aber mit dem Gehalt an C_2S zwangsläufig der Gehalt an SiO_2 und damit auch der Gehalt an ($Al_2O_3 + Fe_2O_3$), auf den ein Drehofen manchmal empfindlich reagiert. Das beruht auf der besonderen Rolle dieser Phasen bei der Klinkerbildung.

Zwar gilt auch für die Beziehung zwischen C_3A und C_4AF eine ähnliche Gegenläufigkeit wie zwischen C_3S und C_2S, aber mit anderen und für die Fabrikation einschneidenderen Folgerungen. C_3A und C_4AF bilden unter den Bedingungen des Ofenbetriebs bei 1250 bis 1290 °C die *Schmelzphase* des Klinkers, die zwei wesentliche, eng miteinander verknüpfte Aufgaben, eine physikalisch-chemische und eine verfahrenstechnische, zu erfüllen hat. Ihr Vorhandensein ermöglicht einmal die erforderliche *schnelle Bildung* der kalkreichsten Klinkerphasen C_3A (aus $C_{12}A_7$) und C_3S (aus C_2S) und damit die völlige Sinterung, zum anderen gewährleistet sie den reibungslosen Ablauf des *Granulationsvorgangs* im Drehofen, bei dem ein dichtes, festes und homogenes Klinkerkorn entsteht, ohne daß das Ofenfutter angegriffen wird oder sich darauf mehr als ein dünner Ansatz bildet.

Die Bedeutung von Menge und Art der *Schmelzphase* kommt vielleicht in der Tatsache am besten zum Ausdruck, daß in USA nach BOGUE und in der Bundesrepublik nach LOCHER die *Durchschnittsgehalte* von normalem Klinker mit 11% C_3A und 8% C_4AF, das entspricht 5,8% Al_2O_3 und 2,6% Fe_2O_3, genau *übereinstimmen*. Deshalb sind diese Werte auch den ersten drei Beispielen in Tab. 11 des nächsten Abschnitts zugrunde gelegt. Wenn eine solche Übereinstimmung bei den Werten für C_3S mit 45% (1955) und 65% (1968) nicht vorhanden ist, dann liegt das sicher vornehmlich an dem zeitlichen Abstand der Werte, weil in den letzten 10 Jahren der sogenannte „normale Handelszement" in den Industrieländern allgemein die Tendenz zu höheren C_3S-Gehalten gehabt hat.

Nach Auffassung von KÜHL müssen 20 bis 25%, in besonderen Fällen sogar 30% der Gesamtmasse eines Klinkers in den flüssigen Zustand übergehen, um eine gute Sinterung zu gewährleisten. Seine zweite Forderung, „schnell zu brennen und schnell zu kühlen", erfüllen wahrscheinlich alle neuzeitlichen Drehofensysteme. Wenn man den eben genannten Werten $11 + 8 = 19\%$ ($C_3A + C_4AF$) noch die bei der Temperatur von rd. 1250 °C ebenfalls zur Schmelze gehörenden Mengen an MgO und Alkalien zurechnet, dann kommt man schon in die Nähe der Werte von KÜHL. Zu beachten ist aber, daß ein zunehmender Gehalt an Fe_2O_3 nach vielen Feststellungen und Erfahrungen die Dünnflüssigkeit der Schmelze und damit ihre Wirkung über den Mengenzuwachs hinaus wesentlich erhöht, so daß dann die zur „Granulation" erforderliche Klebkraft schon eher und mit weniger Schmelzphase vorhanden ist. Außerdem ist zu beachten, daß bei 1250 bis 1290 °C, d. h. ehe die Bildung der kalkreichsten Verbindungen C_3A und C_3S einsetzt und das „übriggebliebene" CaO alle SiO_2 für sich beansprucht, auch ein Teil des SiO_2, sozusagen ein Bestandteil des C_2S, der Schmelze zuzurechnen ist. Diese beiden Tatsachen kommen in dem Ansatzwert von K. KONOPICKY [K 45] zum Ausdruck, in den neben der eigentlichen Schmelzphase noch $1/5$ des Gehalts an C_2S aufgenommen ist und in dem die Rolle des Eisenoxids durch das Hinzufügen von $2 Fe_2O_3$ stark zur Geltung gebracht wird.

Die Formel von KONOPICKY stützt sich, wie am Schluß von Tab. 7 angegeben ist, auf die *mineralogischen* Feststellungen an den Klinkern der LTS-Zemente, wobei *er* als Schmelzphase den Restbetrag von der Summe der Gehalte an C_3S und C_2S (oder genauer an Alit und Belit) auf 100, also einen schon deshalb etwas größeren Wert zugrunde gelegt hat und daher zu etwas höheren Werten kommt, als es bei den berechneten Klinkern auf der späteren Tab. 11 der Fall ist; er hat auch nicht Klinker mit einem Gehalt an C_2F einbezogen. Diese Ansatzwerte sind ebenso wie die Kieselsäuremoduln in die Tabelle aufgenommen.

Die Umstellung eines Klinkers von der Phase C_3A auf C_4AF ist verhältnismäßig einfach, wenn man das Anwachsen der Schmelzphase nicht zu fürchten hat. Dieser Weg ist bei der Herstellung von C_3A-armem oder C_3A-freiem Klinker für Zement mit niedriger Hydratationswärme oder hohem Sulfatwiderstand, auch für Tiefbohrzement, meist möglich. Diese Zunahme des Ansatzwertes mit zunehmendem C_4AF und C_2F-Gehalt zeigen die Klinker D und E, das zusätzliche Ansteigen bei Erhöhung des C_2S-Gehalts Klinker F; dafür wird bei Klinker F aber die Forderung von ASTM für Typ II mit ($C_3S + C_3A$) max. 58% erfüllt. Die Forderung von DIN 1164 für HS-Zement (CEM-Bureau: SR-Zement) erfüllen die Klinker D, E, F.

Will man C_3A vermindern oder muß man mit wenig Schmelzmasse auskommen, dann muß man außer dem Fe_2O_3-Gehalt gleichzeitig den Gehalt an den Kalksilicaten, das bedeutet entweder nur SiO_2 oder SiO_2 *und* CaO erhöhen. Der Bedarf an Schmelzphase kann noch dadurch verringert werden, daß die wenige Schmelze mehr Fe_2O_3 als Al_2O_3 enthält oder daß man *Flußmittel* zusetzt. Ein Gehalt an Eisenoxid verbietet sich bei weißem Zement, der deshalb in seiner Herstellung besonders hohe Ansprüche stellt.

2.1.4 Berechnungsbeispiele und Variationsbreite

In Tab. 11 sind die Analysen der Klinker *A* bis *G* einschließlich ihrer Phasen nach BOGUE und ihrer Moduln angegeben. Diese Werte sollen vor allem den Zusammenhang zwischen Analyse sowie Phasen- und Modulrechnung erkennbar machen.

A, *B*, *C* sind Klinker üblicher Zusammensetzung von normalem bis zu hochfestem Klinker; sie haben 11% C_3A und 8% C_4AF (Zeilen 13 und 14); das entspricht den von BOGUE 1955 für Klinker mit 45% C_3S und von LOCHER 1967 für Klinker mit 60% C_3S übereinstimmend angegebenen Durchschnittswerten; damit bleiben auch der TM, ferner die Summe ($C_3S + C_2S$) konstant; der Gesamtkalk nimmt von 64,5 auf 66,2%, der C_3S-Gehalt von 50 auf 70%, HM von 2,16 auf 2,35, KSt von 94 auf 104 zu, dagegen nehmen C_2S, SiO_2 und SM entsprechend ab. Der Wert für KSt von 104 bezieht sich auf Gesamt-CaO — er wäre nur 102 (nicht angegeben), wenn er auf das Rest-CaO nach Abzug des an SO_3 gebundenen und des freien CaO bezogen worden wäre —; er bewegt sich an oder über der Höchstgrenze. Der Abfall des SM (2,56 auf 2,36) von Klinker *A* nach *C* würde bei üblichem technischem Rohmehl aus einem Vorkommen in der Regel nicht eintreten, weil dann SiO_2 mit Al_2O_3 und Fe_2O_3 gleichsinnig steigt oder fällt. Ebenso nehmen KM und AW als Anhaltswerte für Ansatzbildung und Schmelzphase ab.

Von den nächsten 3 eisenreichen Klinkern ist *D* C_3A-arm, *E* und *F* sind C_3A-frei, *E* mit hohem, *F* mit niedrigem C_3S-Gehalt. Die Forderung von ASTM C 150-68 für Typ V mit hohem Sulfatwiderstand, wonach C_3A max. 5% und die Summe $C_4AF + 2 C_3A$ max. 20% betragen darf, erfüllen Klinker *D*, *E* und *F*. Klinker *D* erfüllt daneben auch die Forderung nach „mäßiger" Hydratationswärme des Typs II, wonach die Summe $C_3S + C_3A$ max. 58% betragen darf, während Klinker E wegen seines höheren C_3S-Gehaltes diesen Wert überschreitet.

Tabelle 11. *Phasen und Moduln von Klinker und Sonderklinker üblicher Zusammensetzung mit gleichgehaltenen Nebenbestandteilen*

Analyse Phasen Moduln	Üblicher Klinker C_3A und C_4AF konstant C_3S ansteigend			C_3A-arm weniger C_3S niedrig	C_3A-freier Klinker mehr Schmelzmasse hoch	niedrig	Weißer Klinker (Modell)
	A^1	B^1	C^1	D^1	E^1	F	G^2
1. SiO_2	21,5	20,7	19,8	21,9	20,2	21,2	23,1
2. Al_2O_3	.5,8⁴	.5,8	.5,8	3,6	.3,5	.3,5	4,5
3. Fe_2O_3	.2,6⁴	.2,6	.2,6	5,0	.6,5	.6,5	0,5
4. CaO^1 ges.	64,5	65,3	66,2	63,9	64,2	63,3	67,0
5. CaO^1 rest.	63,0	63,9	64,7	62,4	62,7	61,7	66,0
6. freies CaO	0,8						
7. SO_3	1,0						
8. $CaSO_4$	1,7						
9. MgO	2,0						
10. Alkalien	1,0						
11. C_3S	50	60	70	56,2	67,1	56,1	62,5
12. C_2S	24	14	4	20,3	7,4	18,4	19,0
13. C_3A	.11⁴	.11	.11	1,1	—	—	11,1
14. C_4AF	.8⁴	.8	.8	15,2	.16,7⁴	.16,7	1,5
15. C_2F	—	—	—	—	.1,7	.1,7	—
16. HM³ CaO ges.	2,16	2,24	2,35	2,09	2,13	2,03	2,38
17. KSt³ CaO ges.	94	99	104	93	99	93	96
18. SM Silicatmodul	2,56	2,46	2,36	2,55	2,02	2,12	4,62
19. TM Tonerdemodul	.2,23	.2,23	.2,23	0,72	0,54	0,54	9,00
20. KM Kieselsäuremodul	3,7	3,6	3,4	6,1	5,8	6,1	5,1
21. AW Ansatzwert	29	27	25	30	33	35	18

[1] Bei Klinker A bis F sind konstant:
$6 + 7 + 9 + 10 = 4,8\%$; $6 + 8 + 9 + 10 = 5,5\%$.
$6 + (8-7) = 1,5\%$ CaO, das ist auch die Differenz 4—5.
Unter technischen Bedingungen würde 6 bei A kleiner und könnte bei C größer sein. Die Werte für 7 und 9 liegen über dem Mittel. Die Summe 1 bis 4 ist 94,4 oder 94,5.

[2] G ist ein Modellklinker für weißen Zement; darin ist der Gehalt an Nebenbestandteilen konstant mit dem in A bis F.

[3] Der auf CaO_{rest} bezogene HM ist bei Klinker A bis F um 0,04 bis 0,05 kleiner, der KSt um 2 bis 3 kleiner. Der nicht angegebene *Kalksättigungsgrad* KSG ist wegen seines im Nenner stehenden größeren Faktors 1,65 (statt 1,10) für Al_2O_3 bei den Klinkern A, B, C und G um 4 bis 5, bei D, E, F um 2 bis 3 kleiner, sofern er auf CaO_{rest} statt CaO_{ges} bezogen wird, um weitere 2.

[4] Konstant gehalten (der Punkt · bedeutet bei Aufeinanderfolgen: „konstant").

Die DIN-Forderung an Zement HS mit hohem Sulfatwiderstand wird von D, E und F erfüllt; für die Zuordnung zu dem Typ NW mit niedriger Hydratationswärme nach DIN 1164 ist der — gegenüber ASTM — um 5 cal/g niedriger angesetzte Wert der Lösungswärme (65 cal/g) maßgeblich. Infolge des höheren Fe_2O_3- und C_4AF-Gehaltes haben alle diese Klinker D, E, F einen niedrigen TM, einen hohen HM und einen hohen Ansatzwert. — Modellklinker G nähert sich in der Zusammensetzung weißem Klinker. Sein Kennzeichen ist der niedrige Gehalt an Fe_2O_3, dementsprechend auch C_4AF, der hohe Tonerdemodul und der niedrige Ansatzwert.

Die Tabellen und Rechenbeispiele der vorangegangenen Abschnitte haben die Richtung gezeigt, in der man, von einem Zement mittlerer Grundzusammensetzung mit rd. 60% C_3S + 14% C_2S + 11% C_3A + 8% C_4AF ausgehend, zu den extremen Klinkertypen mit Sondereigenschaften gelangen kann. Die *Variationsbreite* der chemischen Zusammensetzung wird, wie erwähnt, dadurch eingeengt, daß bei dem Brennen im Drehofen ein nach unten und oben begrenzter Anteil an Schmelzphase eingehalten werden muß und aus wirtschaftlichen Gründen wenig Spielraum vorhanden ist, um zusätzlich ortsfremde Rohstoffe heranzuschaffen. Man muß sich manchmal damit begnügen, einer Beeinträchtigung erwünschter Eigenschaften durch betriebliche Maßnahmen oder durch Zusätze entgegenzuwirken. Als solche Zusätze bieten sich die an anderer Stelle behandelten hydraulischen Stoffe, z. B. Hüttensand und Puzzolane, an.

2.1.5. Weißer und farbiger Zement

Die Bedingungen für die Herstellung von weißem und farbigem Klinker und Zement ähneln sich. Die Rohstoffe Kalkstein und Ton bzw. Kaolin und gegebenenfalls Sand müssen von großer Reinheit sein. Während der Herstellung muß der Zutritt oder das Entstehen der färbenden Oxide des Eisens und Mangans verhindert werden. Deshalb wird *Weißzement* in Mühlen mit keramischen Mahlplatten und Mahlkugeln gemahlen. Der Eisengehalt des heutigen weißen Klinkers entspricht durchschnittlich einem Fe_2O_3-Gehalt von rd. 0,2 bis 0,5%,

Tabelle 12. *Chemische Zusammensetzung von weißem Zement in* %
(Mittlere abgerundete Werte)

SiO_2	Al_2O_3	Fe_2O_3	CaO	MgO	SO_3	Glühverlust
22—24	2,5—6,0	0,2—0,5	65—69	0,5—1,0	1,5—2,5	1,0—2,5

wie die Tab. 12 angibt. Weißer Klinker wird mit Öl oder Gas und nicht mit Kohle gebrannt, um die Verunreinigung durch Asche zu vermeiden, außerdem mit reduzierend wirkender Flamme, damit sich nicht das farbkräftige 3wertige Ferri-Ion bildet, und wird so schnell abgekühlt, gegebenenfalls mit Wasser abgeschreckt, damit es auch nicht nachträglich beim Abkühlen entstehen kann. Infolge der geringen Menge an Schmelzphase treten die im nächsten Abschnitt erwähnten Futterschwierigkeiten [T 18] auf. Man erleichtert das Sintern durch Zugabe von Flußspat CaF_2, Kryolith Na_3AlF_6 aber auch von Kalium- und Calciumchlorid, von denen man annimmt, daß sie Eisenoxid in flüchtiges Eisenchlorid umwandeln. Der Zusatz von Flußspat soll den reduzierenden Brand und das Abschrecken mit Wasser entbehrlich machen. Die Verwendung solcher Zusätze, die den Gehalt der Abgase an flüchtigen Bestandteilen erhöhen, läßt sich wahrscheinlich in manchen Fällen nicht umgehen [T 13], ihre Menge muß aber mit den für die betreffenden Gegenden maßgeblichen Bestimmungen für Luftreinhaltung in Einklang gebracht werden und ist ebenso wie bei der Herstellung von Zementklinker dadurch außerordentlich eingeengt (s. 5.4.1 und 5.4.2).

Zur Kennzeichnung eines Weißzementes bestimmt man in der Regel die spektrale Rückstrahlung einer mit der Normlichtart C, die ein mittleres Tageslicht repräsentiert, belichteten Oberfläche, und zwar mit einem Remissionsgerät, z. B. dem Elrepho von Zeiß. Vor die Photozelle setzt man nacheinander drei Filter (sogenannte Tristimulusfilter) und mißt die drei zugehörigen Werte des Remissionsgrades für die Farben X rot, Y grün und Z blau. Durch diese drei Farben pflegt man gleichzeitig alle anderen Farben zu charakterisieren. Der Wert für das Filter Y gibt unmittelbar den *Hellbezugswert* an, das ist die Leuchtdichte, wie der Normalbeobachter sie empfindet (s. hierzu DIN 5033 Farbmessung Blatt 2, 1964; über die Anwendung auf Zement s. auch P. JANSSENS [J 3]). Ein Hellbezugswert, gelegentlich auch als Brillanz bezeichnet, von 80% [T 13] und mehr ist für Weißzement charakteristisch. Er bedeutet, daß in dem betreffenden Farbgebiet mehr als 80% des auffallenden Tageslichtes remittiert wird, daß das Produkt somit als nahezu weiß erscheint. — Die Messung der Helligkeit L und des Farbtons von Zement nach der Skala von R. H. HUNTER ist bei der Farbveränderung des C_4AF durch MgO [M 46] (s. unten) erwähnt. — Die Verwendung von weißem Zement ermöglicht dekorative Wirkungen des Betons an Wand- und Sichtflächen. Bild 6 zeigt eine Fußgängerbrücke mit Leichtspannbeton aus weißem Zement über einen Rheinarm bei Wiesbaden. Weißer Zement ist auch der Ausgangspunkt für alle Arten von gefärbtem Zement, Mörtel und Beton, für Putz, für Wand- und Fußbodenplatten, weil der übliche graue Zement das Entstehen von klareren Farbtönen verhindert und beim Wechsel von Feucht zu Trocken störende Farbänderungen zeigt. Die Verwendung von weißem Zement befindet sich im Anstieg.

2.1.5 Weißer und farbiger Zement

Da die Farbwirkung meist noch durch weiße oder bunte Zuschlagstoffe verstärkt wird, muß man deren Wetterbeständigkeit und ihr Verhalten bei nachträglicher Bearbeitung kennen. — Zur Herstellung von weißem und farbigem Mörtel für Platten, Estrich und Putz, auch Betondachsteine, kann man nach B. HENK [H 26] dem Zement im äußersten Fall bis zu 10 Gew.-% an anorganischen Weiß- und Buntpigmenten (früher: Zementfarben) [S 120] meist ohne Festigkeitseinbuße beimischen. Als Buntpigmente dienen künstlich hergestellte anorganische Mineralfarben, u. a. Eisenoxid und Eisenoxidhydrat für

Bild 6. Dyckerhoff-Brücke mit Leichtspannbeton und Weißzement im Freivorbau über die Einfahrt des Wiesbadener Hafens (erbaut 1966).

gelb, orange, rot, braun, schwarz; Chromoxid und Chromoxidhydrat für grün; Manganblau und Ultramarinblau, Rußschwarz, ferner auch Weißpigmente, bei denen Zinksalze und Gips ausscheiden. Zum Schwarzfärben dienen Metalloxide und Ruß [R 2].

Von den Farbpigmenten wird in erster Linie Unempfindlichkeit gegen Alkalien, außerdem auch Farbbeständigkeit im Sonnenlicht, manchmal auch bei Wärmebehandlung und Härtung im Dampf verlangt. Farbigen Zement oder *Color*zement stellt sich der Betonsteinhersteller in der Regel an Ort und Stelle in der für sein Erzeugnis nötigen Menge und Tönung durch trockenes Vermischen von weißem Zement mit dem Farbstoff in einem schnellaufenden Mischer selbst her; nur in Ausnahmefällen geschieht das in einem Zementwerk.

Die Herstellung von *farbigem Klinker* ist im Zementwerk über Vorschläge und Versuche, die u. a. KÜHL [k 55] aufführt, bisher nicht hinausgekommen. Das beruht sicher darauf, daß die färbenden und auch teuren Metalloxide (s. unten) ähnlich wie bei dem eben behandelten Färben von Zement nur dann zur Wirkung kommen, wenn man von möglichst reinen Rohstoffen ausgeht. Der *übliche* Klinker erhält durch den Fe_2O_3-Gehalt seine dunkle schiefergraue Farbe, durch MgO oft mit einem grünbraunen Stich. Alle Hauptgemengteile [Lit. III. 10 Klinkeratlas] sind durch Mischkristallbildung mit Fe_2O_3 braun gefärbt. Der färbende Hauptbestandteil des Klinkers ist das Ferrit. Während reiner Ferrit sattbraun mit leicht rötlichem Stich ist, lassen schon geringe Beimengungen an MgO die Farbe nach Braungrün umschlagen, das dem technischen Klinker die typische Farbe gibt. K. MIYAZAWA und K. TOMITA [M 46] fanden 1966 die Farbe von Portlandzement mit 1 bis 2% MgO am dunkelsten und der Farbe des MgO-haltigen C_4AF bzw. $C_2(A, F)$ gleichlaufend. (Das bestätigt die Feststellungen von H. E. SCHWIETE und H. ZUR STRASSEN [S 54] von 1936.) Die Farbänderungen haben sie mit einem photoelektrischen Kolorimeter gemessen und in die Skala von R. H. HUNTER eingetragen (J. opt. Soc. Amer. 32 (1942) 509). Darin gibt der Wert L die Helligkeit an; der Wert $+a$ bedeutet rötlichen, $-a$ grünlichen, $+b$ gelblichen und $-b$ bläulichen Farbton. Der Gesamtfarbton ist durch $\sqrt{a^2 + b^2}$ gegeben. Sowohl L als auch b werden durch einen Gehalt bis zu 2% MgO deutlich verringert.

Eine *rötliche* Verfärbung, besonders dann, wenn sie betont im Kern großer Klinkerkörner auftritt, deutet auf Reduktionserscheinungen infolge von Sauerstoffmangel im Ofen oder von zu frühzeitiger oder zu reichlicher Bildung der Schmelzphase hin. Der eisenoxidreiche Klinker hat eine kräftige dunkelbraune oder bräunlichschwarze Farbe. P. I. BOZENOV und L. I. CHOLOPOVA [B 52] 1965 erhielten bei Versuchen, farbigen Klinker aus weißem Kalkstein, Sand und Kaolin unter Zusatz von Metalloxiden zu brennen, mit nachstehenden Metalloxiden Färbungen, die sich auch nach einer Autoklavbehandlung als beständig erwiesen: Durch Cr_2O_3: grüngelb, smaragdgrün, blaugrün; durch MnO_2: hellblau, grün, schwarz; durch Co_2O_3: intensiv gelb bis rotbraun; durch Ni_2O_3: hellgelbgrün bis violettbraun; durch Fe_2O_3: gelb. — Belitzemente mit Chrom-, Mangan- und Kobaltoxiden waren besonders farbbeständig. Die farbigen Zemente hatten z. T. höhere Festigkeiten als die entsprechenden weißen Zemente.

2.1.6 Herstellen von Klinker mit hohem Kieselsäuregehalt

Die Besonderheiten beim Herstellen von Klinker mit geringem Gehalt an Schmelzphase, insbesondere mit zusätzlich eingeschränktem

2.1.6 Herstellen von Klinker mit hohem Kieselsäuregehalt

Fe_2O_3-Gehalt wie bei den eben behandelten Weißzementen, aber auch bei solchen Rohstoffen, die anstelle von Ton nur SiO_2, und dann meist in der Form von Quarz enthalten wie die Kieselkalke, und bei Rohmehlen, denen man Quarzsand hat zumahlen müssen, sind in der Literatur schon häufig behandelt worden, u. a. von G. MUSSGNUG [M 61], K. DYCKERHOFF [D 24] und neuerdings von P. THORMANN [T 8]. Daß bei der Feinstmahlung von Quarz nach H. LEHMANN und K. H. LINDNER [L 19] eine Amorphisierung der Oberfläche eintritt und die Reaktionsbereitschaft fördert, wird wahrscheinlich das Sintern des Rohmehls nicht merkbar begünstigen. F. TROJER [T 18] hat auf die Futterschwierigkeiten infolge des Mangels an Schmelzphase hingewiesen, die bei der Herstellung von Klinker mit hohem Silicatmodul, besonders bei Klinker für *Weißzement* entstehen, und die bei reduzierendem Brand des Bayer-Verfahrens auftretende Alkalisulfidphase $KFeS_2$ beschrieben.

Besonders aufschlußreich sind die Versuche von K. DYCKERHOFF [D 24] 1958. Er hat an Dünnschliffen nachgewiesen, daß in den bekannten Kieselkalken, z. B. von Bologna mit 5,5, von Noworossijsk mit 11,7 und den eben erwähnten von Le Teil in Frankreich mit 19,5 Silicatmodul die meisten Quarzkörner 2 bis 5 µm, nur vereinzelt 20 bis 30 µm groß sind und daß Feinheit und gleichmäßige Verteilung die Ursachen dafür sind, daß sich die Kieselkalke trotz ihres hohen Silicatmoduls oder — anders ausgedrückt — trotz der geringen Menge an Schmelzphase sintern lassen. Im Laboratorium hat er aus praktisch reinem Quarz und $CaCO_3$ im Versuchsofen einwandfreien Klinker hergestellt, wenn er das Gemisch bei 1450 °C mindestens 45 min brannte und das Quarzmehl eine spezifische Oberfläche von 15000 cm²/g nach BLAINE besaß. Ähnlich verhielt sich auch wenig verunreinigter Quarzsand und gefällte Kieselsäure, wie es Bild 7 deutlich macht, auf dem die Abnahme des freien CaO als das Maß für die Sinterbarkeit mit zunehmender spezifischer Oberfläche dargestellt ist. Etwa vom Silicatmodul 10 ab, das entspricht 2,0 bis 2,5% (Al_2O_3 + Fe_2O_3) ist mikroskopisch keine Grundmasse mehr nachzuweisen, weil diese beiden Oxide vom Alit und Belit völlig aufgenommen wurden. In einigen Bränden war der SM mit 50 und 75 noch höher als in dem theoretischen Alit von J. W. JEFFERY mit dem SM von 9,4 und der Formel 54 CaO · 16 SiO_2 · Al_2O_3 · MgO (kurz $C_{54}S_{16}AM$).

Die Festigkeit der Klinker mit 81 bis 96% C_3S, 1 bis 2% Schmelze (C_3A + C_4AF) und C_2S als Rest zeigte *nicht* einen entsprechend hohen Wert. Wie schon GUTTMANN und GILLE festgestellt haben, erreicht reines Tricalciumsilicat C_3S nach 28 Tagen höchstens die Hälfte der Festigkeit bester Portlandzemente. Nach BOGUE gleicht sich dieser Unterschied nach etwa einem Jahr aus. DYCKERHOFF hat auch auf die

Zunahme des Mahlwiderstandes mit dem Anstieg des SiO_2-Gehaltes der Kieselkalke hingewiesen. Er folgert aus seinen Versuchen, daß zur Alitbildung keine Restschmelze nötig ist, daß aber die Kosten für das Feinmahlen des Quarzes auf eine so hohe Feinheit wirtschaftlich untragbar sind. Es ist wahrscheinlich nicht möglich, solchen Klinker in einem Drehofen zu brennen, weil ihm durch den Mangel an Schmelzphase die zusammenhaltend und verfestigend wirkende Grundmasse fehlt.

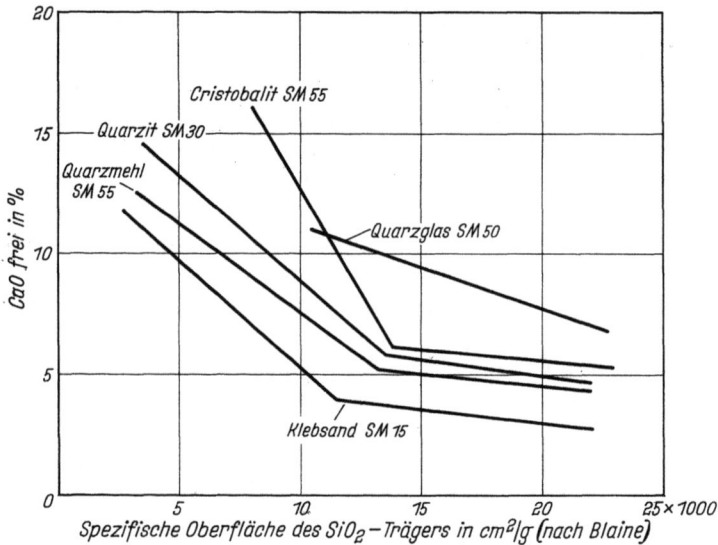

Bild 7. Gehalt an Freikalk als Maßstab der Sinterfähigkeit in Abhängigkeit von der spezifischen Oberfläche verschiedener Kieselsäureträger. Nach K. DYCKERHOFF [D 24]. SM = Silicatmodul.

Den Einfluß eines hohen Kieselsäuregehaltes auf übliches Zementrohmehl hat G. MUSSGNUG [M 61] 1953 als Ergebnis vieler auch im nächsten Abschnitt erwähnter Versuchsbrände dargestellt. Danach verschlechtert sich die Sinterfähigkeit nahezu linear mit steigendem *Kieselsäuremodul*, d. h. mit dem Verhältnis von $SiO_2 : Al_2O_3$, weil bei Zement üblicher Zusammensetzung, in dem wie bei seinen Versuchsbränden das Verhältnis $Al_2O_3 : Fe_2O_3$ mehr als 2 beträgt — in seinem Falle ist es 2,5 —, mit steigendem Kieselsäuremodul gleichzeitig die Schmelzphase abnimmt.

Die Förderung der Sinterfähigkeit von Rohmehl durch feinere Mahlung des zugesetzten *Quarzsandes* zeigt P. THORMANN [T 8] 1968 an dem Brennverhalten des aus Kalkmergel mit nur 13,6% SiO_2 hergestellten Rohmehls 1, das dementsprechend einen Zusatz von 6% Sandmehl brauchte. Diese 6% setzte er, wie Bild 8 es zeigt, in den drei Fraktionen 63 bis 125 µm, 32 bis 63 µm und 0 bis 32 µm zu und er-

2.1.7 Chemische Zusammensetzung von Klinker und Zement

reichte dadurch schrittweise das Brennverhalten von Rohmehl 2, das aus dem günstiger zusammengesetzten Kalkmergel mit 16,6% SiO_2 und dementsprechend nur 3% Sandzusatz bestand. Die Sinterfähigkeit

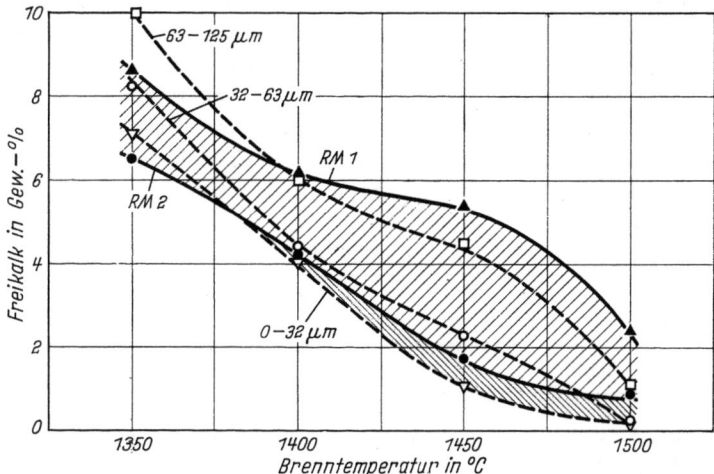

Bild 8. Verbesserung der Sinterfähigkeit als Abnahme des Freikalks von Rohmehl 1 mit 6% Sandmehl durch Verwendung feinerer Körnungen (63/125, 32/63 und 0/32 mm) des Sandmehls bis zur Sinterfähigkeit und von Rohmehl 2 aus günstiger zusammengesetztem Kalkmergel mit nur 3% nicht fraktioniertem Sandmehl zwischen 1350 und 1500 °C. Nach P. THORMANN [T 8]. Freikalk über und unter Rohmehl 2 in gegenläufiger Schraffur.

hat er zwischen 1350 und 1450 °C durch den Gehalt an Freikalk gekennzeichnet. THORMANN empfiehlt auf Grund seiner u. a. auch auf die Alitbildung ausgedehnten Versuche, den zuzusetzenden Quarzsand so fein zu mahlen, daß etwa 70% kleiner als 63 μm sind. Man erhält dann eine ausreichende Sinterfähigkeit, ohne dabei die Grenze zu überschreiten, bei der die spezifische Mahlarbeit, s. 5.5.3, für den Quarzsand stark anzusteigen beginnt und einen erhöhten Stromaufwand erfordert.

2.1.7 Chemische Zusammensetzung von Klinker und Zement

Die fast ausschließlich oxidischen Bestandteile des Zementklinkers mit ihrem üblichen Schwankungsbereich gibt Tab. 13 in drei Gruppen an. Die *Haupt*bestandteile sind SiO_2, Al_2O_3, Fe_2O_3, CaO, die man nur zur Modul- und Phasenrechnung heranzuziehen pflegt. Ebenso wie in Tab. 10 unter 2.1.3 liegen links und rechts von den mittleren Werten des Klinkers für normalen Handelszement die des Klinkers für Portlandzement mit hoher Anfangsfestigkeit hf, erhöhtem Sulfatwiderstand s, niedriger Hydratationswärme nh, für weißen Zement w und für Klinker aus Kieselkalk kk. — Als *Neben*bestandteile I sind bezeichnet: Unlöslicher Rückstand, freies CaO (auch: freier Kalk oder kurz:

Freikalk), MgO, Na_2O, K_2O und SO_3. Diesen 6 Bestandteilen ist gemeinsam, daß man für bestimmte Voraussagen und Verwendungszwecke ihre, wenn auch geringe, Menge kennen muß. Bei genaueren Phasen- und Modulrechnungen muß man sie berücksichtigen. — *Unlöslicher Rückstand* ist im Drehofenklinker bis höchstens 0,5% enthalten. Im Schachtofenklinker kann er bis zu 1% als noch nicht aufgeschlossener Ton vorkommen und ist dann die Folge ungleichmäßiger Sinterung. Im Zement kann er von Verunreinigungen oder Zusätzen herrühren. In jedem Falle kann er auch aus dem in HCl unlöslichen $BaSO_4$ bestehen. — *Freies CaO* bestimmt man in der Regel nach B. FRANKE

Tabelle 13. *Chemische Zusammensetzung von Klinker in Gew.-%*

Hauptbestandteile[1]	Abk.	Sonder-Z	Klinker für üblichen Zement		Sonder-Z	
			von	bis		
SiO_2	S		18^{hf}	19	22	24^w	26^{kk}
Al_2O_3	A	3^s	$4^{w, nh}$	5	7		
Fe_2O_3	F	$<0,5^w$	1^{kk}	2	5	7^s	
Gesamt CaO	C		60^{nh}	62	66	$68^{w, kk}$	

Nebenbestandteile I[2]	Abk.	von %	bis %	Durchschnitt %	Nebenbestandteile II[2]	von %	bis %	Durchschnitt %
Unlösl. R.	UR	0,0	$0,5^4$		Cl	0,00	0,06	0,007
					F	0,05	0,10	
Freies CaO	C	0,3	2,0		TiO_2	0,17	0,30	0,24
MgO	M	0,5	3,5		P_2O_5	0,04	0,26	0,12
Na_2O	N	0,04	0,4	0,2	Mn_2O_3	0,0	0,4	
K_2O	K	0,30	1,9	0,9	BaO	0,01	0,06	0,02
Gesamtalkali[5]				0,8				
SO_3[3]		0,01	1,5		SrO	0,01	0,18	0,09
					Cr p.p.m.	6	70	47

[1] Abkürzungen (wie Tab. 10):
 hf = hohe Anfangsfestigkeit (RH-Typ),
 nh = niedrige Hydratationswärme (LH-Typ) s. a. [K 8],
 s = Sulfatwiderstand (SR-Typ),
 w = weißer Klinker,
 kk = Kieselkalke.
[2] Im wesentlichen aus Ergebnissen des VDZ (Bundesrepublik Deutschland).
[3] Der nicht angeführte Sulfidschwefel kommt nur in Schachtofenklinker vor.
[4] In Schachtofenklinker bis 1,0%.
[5] Gesamtalkali = $Na_2O + 0,658\ K_2O$; arithmetischer Mittelwert (VDZ Tätigkeitsbericht 1967/68).

2.1.7 Chemische Zusammensetzung von Klinker und Zement

(VDZ-Analysengang), weil dabei das C_3S im Gegensatz zur Methode nach SCHLÄPFER-BUKOWSKI [S 19] nicht angegriffen wird. Diese zweite Methode hat K. SÜSSMUTH [S 19] 1970 durch 80 °C warmes Äthylenglykol auf insgesamt 9 min verkürzt. Freies CaO ist in Mengen bis zu 1% im üblichen Klinker vorhanden, bis 2% tragbar. Die Raumbeständigkeit des Klinkers beeinträchtigt der freie Kalk um so stärker, je größer die CaO-Kristalle sind, deren Entstehen ein scharfer Brand begünstigt, und je stärker die Beanspruchung bei der Prüfung oder bei der Herstellung von Beton ist, wie z. B. beim Härten im Autoklaven. — Der Gehalt an *MgO* ist durch die verschiedenen Normen auf 3, 4 oder wie in Deutschland auf 5% begrenzt. Es wird bis zu 2% in die Klinkerphasen aufgenommen, und zwar von Alit zu 1 bis 2%, von C_4AF unter Dunkelfärbung ebenfalls zu 1 bis 2%, von C_3A zu nur 0,4%. Erst darüber hinaus kristallisiert es in regulären Periklaskristallen, wirkt ähnlich quellend und gegebenenfalls treibend wie CaO, jedoch insofern unangenehmer, als die Quellwirkung bei dem üblichen Kochversuch nicht erkennbar wird und sich im Mörtel oder Beton erst einige Monate nach dem Erhärten bemerkbar macht, wie unter 3.4.4 näher gezeigt wird. Schnelles Abkühlen des Klinkers vermindert die Menge und Größe der MgO-Kristalle und das dadurch ausgelöste Quellen. — Die beiden Alkalioxide K_2O und Na_2O nimmt man als Alkalibelit nach der Formel $Na_2O \cdot 23\,CaO \cdot 12\,SiO_2$ oder als Alkali-Aluminat nach der Formel $K_2O \cdot 8\,CaO \cdot 3\,Al_2O_3$, dann als leistenförmige Kristalle, an oder sie kommen als Alkalisulfat vor. Das Alkalisulfat, meist K_2SO_4, bildet sich beim Abkühlen der Gasphase im Klinker, auch im Futter. Alkalisulfatschmelzen mischen sich nicht mit der aluminatisch-ferritischen Schmelzphase (s. unten). Als Alkalicarbonat wirkt es beschleunigend auf das Erstarren (s. 4.3.6).

Bei Vorliegen von alkaliempfindlichem Zuschlag wird in USA im Zement ein Höchstwert von 0,6% Gesamtalkali (Na_2O + 0,658 K_2O) gefordert. Nach K. KÅWERT [K 8] 1968 sind aber sogar 0,9% K_2O neben sehr wenig Na_2O nicht schädlich. Weitere Einzelheiten s. 3.1.7. — Das im Klinker vorhandene SO_3 stammt größtenteils aus dem Brennstoff und wird im Ofen über die Gasphase bevorzugt an CaO, K_2O oder Na_2O gebunden, wie unter 5.4.2 gezeigt wird. Gelegentlich wird $CaSO_4$ dem Rohmehl zugegeben, um Alkali zu binden. Im Zement wirkt es teilweise wie Gips und Anhydrit verzögernd auf das Erstarren, nicht jedoch bei Alkaliüberschuß, wenn es als Alkalicarbonat vorliegt (s. oben). Das Vorhandensein von Alkalisalzen fördert offenbar das Kleben des Zements in Silos und die nachträgliche *Klumpenbildung* (s. 5.4.2). Menge und Wirkung von SO_3 s. 2.3.4.

Die *Neben*bestandteile II verändern in den angegebenen Mengen, wie sie in den *meisten* Ländern ebenso wie in der BRD vorkommen, den Brennvorgang und die Eigenschaften des Klinkers nur sehr wenig oder gar nicht. Man muß sich in der Regel mit ihrem Vorhandensein abfinden. — Der Cl-Gehalt im Klinker ist sehr gering, da die *Chloride* meist flüchtig sind oder beim Brennen zersetzt werden. Im *Zement* bedarf der Chlorgehalt wegen der Korrosionsgefahr sorgfältiger Beachtung, weil dem Klinker oder einem anderen Zementbestandteil vor oder während des Mahlens $CaCl_2$ oder ein anderes Chlorid zugesetzt worden sein kann. Nach DIN 1164 ist das nicht erlaubt. — Der Gehalt an *Fluor F* stammt, wie unter 5.4.2 gezeigt wird, aus den Rohstoffen, vorwiegend aus dem Ton. 88 bis 98% des dem Ofen zugeführten Fluors werden im Klinker gebunden, wahrscheinlich in der Restschmelze. Fluor hat in so geringer Menge keinen Einfluß auf die technischen Eigenschaften des Klinkers. —

Fluor ist das „elektronegativste" und reaktionsfähigste Element. Daher löst Flußsäure HF sogar Quarz, Glas und viele andere Silicate unter Bildung des gasförmigen Siliciumtetrafluorids nach der Reaktionsgleichung $SiO_2 + 4\,HF = SiF_4 + 2\,H_2O$ und dient daher auch bei der chemischen Analyse zum Abrauchen der Kieselsäure. — Die wasserlöslichen *Fluate* sind Salze der Kieselflußsäure und unten erwähnt.

Früher wurde einem schwer zu sinternden Rohmehl, z. B. für die höchste Gütestufe, für Weißzement oder phosphathaltiges Rohmehl (s. unten) bis zu 1% Flußspat CaF_2 zugesetzt, weil *Flußspat*, wie sein Name sagt und eben erläutert wurde, ein starkes Flußmittel ist. Heute unterbleibt meist der Zusatz aus Gründen der Luftreinhaltung; die Eigenschaften des Klinkers hat er aber nicht beeinträchtigt. Bei höheren Zusätzen und den sogenannten Flußspatzementen verfärbt sich der Klinker violett bis bläulich und verändert seine brenntechnischen und hydraulischen Eigenschaften in meist negativem Sinne.

Ein Teil des F, bei geringem Zusatz das meiste F, geht in die Gasphase über. Das in dem Klinker verbleibende F nimmt die Schmelzphase wahrscheinlich in chemischer Bindung als C_2F auf (s. unten). F beeinflußt die Wirkung von P_2O_5 und SO_3 im Klinker (s. unten).

TiO_2 enthält jeder Ton und deshalb fast jeder Klinker; nach KÜHL [k 55] beeinträchtigt es bis zu 3% die Festigkeit nicht. Mit 1% zugemahlenem TiO_2 erhielt L. D. JERZSZOW [J 7] 1967 eine Steigerung der Frühfestigkeit um das Doppelte, mit 0,2% des anschließend erwähnten P_2O_5 sogar um das Dreifache. — P_2O_5 wirkt nach KÜHL und auch nach dem Bericht von J. H. WELCH und W. GUTT [W 46] 1960 über die Nebenbestandteile in geringen Mengen, nach Versuchen von F. GUYE (Rev. Mat. 460 (1954) S. 7) sogar bis zu 2% nicht nachteilig. Nach R. W. NURSE [N 19] behindert es die Bildung von C_3S und bildet eine feste Lösung mit C_2S. Für jedes % P_2O_5 wird der C_3S-Gehalt um

2.1.7 Chemische Zusammensetzung von Klinker und Zement

9,9% erniedrigt und der C_2S-Gehalt um 10,9% erhöht. Aus dem „Karbonatit" von Uganda mit bis zu 6% P_2O_5 wird auf Grund der Untersuchungen von NURSE seit 1953 durch Aufbereiten des Kalksteins und durch Zugabe von SO_3 und Flußspat zum Rohmehl Klinker mit rd. 2% P_2O_5 und rd. 0,9% F mit einem Kalksättigungsgrad um 1 hergestellt, der der englischen Zementnorm BS 12 entspricht, und zwar in einer Jahresmenge von 100000 t.

W. GUTT [G 36] hat 1968 den Einfluß von SO_3 untersucht, das einen zuerst langsamen, kurz nach 3% SO_3 einen starken vorübergehenden Festigkeitsverlust verursacht. Diese 3% SO_3 sind mit dem Maximum an SO_3 identisch, das C_3S in fester Lösung aufnimmt. SO_3 verhält sich danach ähnlich wie P_2O_5. Zusätzliche 0,5% F verursachen niedrigere Festigkeiten bei einem ähnlichen Kurvenverlauf mit zunehmendem SO_3. Einige Klinkerproben hatten nach 1 Tag noch keine Festigkeit, weil Alit vermutlich etwas SO_3 und F löst.

Tabelle 14. *Grenzwerte von phosphathaltigem Klinker niedriger Festigkeit*

Für	Alit	Belit	Zwischenmasse			
Bei %	53—72	35—9	12—20			
Für	F	SO_3	P_2O_5	K_2O	Na_2O	Freies CaO
Bei %	0,6—1,4	1,35—1,75	2,3—2,7	1,0—1,2	0,65—1,05	0,2—1,8

M. M. SYČEV und V. I. KORNEEV [S 117] haben 1965 die Verbesserung der hydraulischen Eigenschaften bei einem Klinker bestätigt, der durch Zugabe von Phosphorit oder Apatit 0,10 bis 0,15% P_2O_5 enthielt, was nach JERZSZOW 1967 auch für 0,2% zugemahlenes P_2O_5 gilt (siehe oben).

Mn_2O_3 ähnelt in seinem Verhalten dem FeO_3 und kann deshalb dem Fe_2O_3, z. B. beim Silicatmodul, zugerechnet werden (Tab. 8 unter 2.1.2). Die geringen Mengen an *BaO* und *SrO* im üblichen Klinker bewirken nach bisherigen Erfahrungen ebenfalls keine bemerkenswerte Veränderung (Ba- und Sr-Zement siehe unten). Jedoch berichtet der bereits bei TiO_2 und P_2O_5 erwähnte JERZSZOW 1967 nach Zusätzen von BaO, SrO, B_2O_3, Ni_2O_3, CoO_3 von einer hohen Anfangsfestigkeit bei 3% BaO und einer hohen Endfestigkeit mit 2% B_2O_3 von 1167 kp/cm². Nach I. ODLER und J. SKALNY [O 1] nimmt mit einem von 0,1 auf 1,0% ansteigenden Gehalt an Lithiumoxid Li_2O der Alitgehalt von Klinker ab, während Belit und Freikalk zunehmen, und zwar Freikalk ab 0,1% Li_2O von 1% schnell bis auf 16%; damit wird auch die Mahlbarkeit besser. Mit über 0,2% Li$_2$O besteht Klinker die Kochprobe daher nicht; ab 0,1% Li$_2$O fällt die Festigkeit der Normenprüfkörper ab, die bei 1% Li$_2$O bereits zerfallen.

Die geringe Menge von *Chrom* im Zement ist in p.p.m., das entspricht g/t, angegeben. Sie hat nur wegen der von ihr verursachten Chromatallergie Bedeutung, die im nächsten Abschnitt kurz behandelt wird.

Sulfide kommen nur in reduzierend gebranntem Klinker vor, wie das bei Schachtofenklinker teilweise der Fall ist, ferner bei weißem Klinker und dem Klinker des Gips-Schwefelsäure-Verfahrens (siehe Abschn. 2.2.4). Die dabei auftretende KFeS$_2$-Phase hat F. TROJER [T 18] 1961 und 1966 beschrieben. Beispiele von Sulfiden im Klinker enthält der Klinkeratlas. Der in Hüttenzement vorkommende Sulfidschwefel stammt aus der zugemahlenen Hochofenschlacke.

W. RICHARTZ und F. W. LOCHER [R 19] haben 1965 bei Festigkeitsprüfungen das C$_3$S als Bindemittel von Kleinzylindern stufenweise durch 5 bis 40% Tricalcium*germanat* C$_3$Ge als Modellsubstanz ersetzt.

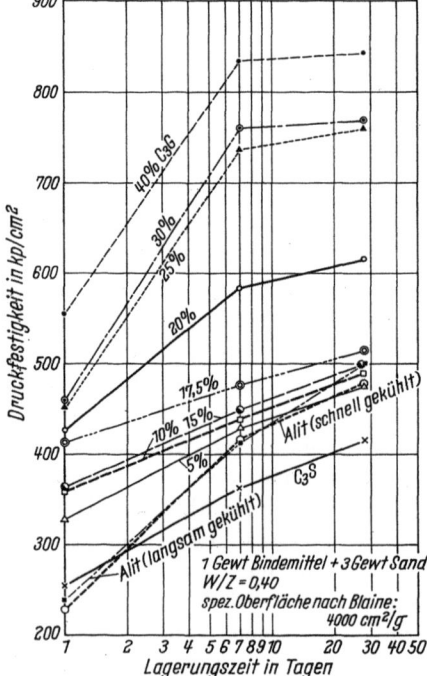

Bild 9. Druckfestigkeit von Mörtelkleinzylindern mit folgenden Bindemitteln in der Reihenfolge der Festigkeitszunahme: C$_3$S, langsam und schnell gekühlter Alit, Gemische aus C$_3$S mit C$_3$Ge (Tricalciumgermanat) in von 5 bis 40% zunehmendem Anteil. Nach W. RICHARTZ und F. W. LOCHER [R 19].

In diesem Tricalciumgermanat ist also an die Stelle von SiO$_2$ das schwerere aber sehr teure Oxid GeO des Germaniums getreten, das in derselben IV. Gruppe des Periodischen Systems steht; dadurch ergab sich, wie

2.1.7 Chemische Zusammensetzung von Klinker und Zement

Bild 9 zeigt, ein außerordentlich starker Anstieg der Druckfestigkeit der sehr kristallinen Erhärtungsprodukte. Das Vorhandensein der schnell gebildeten langfaserigen Kristalle mit hohem Ordnungszustand halten sie für die Ursache der wesentlich erhöhten Anfangsfestigkeit. Aus dem Bild ist ferner gleichzeitig die günstige Wirkung einer schnellen Abkühlung auf die Festigkeit des Alits erkennbar.

Mit diesem und den meisten der vorher angegebenen festigkeitsverbessernden Zusätzen zum Rohmehl oder zum Zement wird man aus wirtschaftlichen Gründen keine technische Entwicklung aufbauen können. Die meisten *Nebenbestandteile* sind *zwangsläufige* Begleiter der Rohstoffe und, wie zum Abschluß von 2.1.3 gesagt, in ihrer Menge nicht, bestenfalls in ihrer Wirkung zu beeinflussen. Von völlig anderen Rohstoffen gehen die nachstehenden Zemente aus.

Nach den seit 1949 veröffentlichten Arbeiten von A. BRANISKI [B 54, B 55a], zuletzt 1965 und 1967, kann das Calcium in den Silicaten, Aluminaten und Ferriten des Zementklinkers durch Barium und Strontium ersetzt werden, woraus sich eine Anzahl von Sonderzementen ergibt, z. B. *Bariumzement* aus Ba-Klinker mit Ba-Alit, Ba-Belit usw. und *Strontiumzement* aus Sr-Klinker mit Sr-Alit und Sr-Belit usw. Neben diesen silicatischen Sr- und Ba-Zementen gibt es auch Sr-Tonerdezemente und Ba-Tonerdezemente. Bei einem teilweisen Ersatz des Ca oder einem gleichzeitigen Ersatz durch Sr *und* Ba kann es bei den Trisilicaten zur Bildung von $2\,CaO \cdot SrO \cdot SiO_2$ oder $2\,SrO \cdot BaO \cdot SiO_2$ oder auch $CaO \cdot BaO \cdot SrO \cdot SiO_2$ kommen. Mit den Bildungsbedingungen solcher Verbindungen haben sich auch die bei BRANISKI angeführten Arbeiten u. a. von R. W. NURSE 1952, N. A. TOROPOW et al. 1963, F. MASSAZZA 1957 befaßt.

BRANISKI hat bei Bariumhochofenzement aus 70% Hochofenschlacke mit 30% Barium-Zement-Klinker, zum Teil auch mit einer besonderen Ba-Schlacke, eine hohe Widerstandsfähigkeit gegen Meerwasserangriff festgestellt und empfiehlt den Ba-Zement wegen seines hohen Ba-Gehaltes für Schutzbauten gegen γ-Strahlen. — Das Tristrontiumsilicat $3\,SrO \cdot SiO_2$ und auch das Disilicat $2\,SrO \cdot SiO_2$ haben hydraulische Eigenschaften. Solche Sr-Klinker entstehen bei 1460 bis 1520 °C aus *Strontianit* $SrCO_3$ oder *Coelestin* $SrSO_4$ mit kalkfreiem Kaolin oder Ton. BRANISKI gibt folgende Grenzwerte für *silicatische Strontiumzemente* an:

SiO_2	Al_2O_3	Fe_2O_3	SrO	MgO
14−12	6−7	6−3	73−75	1−2%

Potentielle Analyse:	$3\,SrO \cdot SiO_2$	$2\,SrO \cdot SiO_2$
	14−22	50−40%

Gute silicatische Sr-Klinker und brauchbare silicatische Ba-Klinker sollen viel Sr- bzw. Ba-Belit und wenig des entsprechenden Alits enthalten. Sr-Klinker soll außerdem Al_2O_3-arm, Ba-Klinker Al_2O_3-reich sein. Mit dem aluminatischen Sr-Tonerdezement als Bindemittel konnte BRANISKI hochfeuerfesten Beton unter Verwendung der Abfälle von Korund- und Magnesitsteinen als Zuschlag herstellen, der auf der Basis des Monoaluminats $SrO \cdot Al_2O_3$ mit 47% Al_2O_3 und 52% SrO dem Sr-Tonerdezement auf der Basis des Dialuminats $SrO \cdot 2\,Al_2O_3$ mit 63% Al_2O_3 und 36% SrO überlegen war. Die aluminatischen Ba-Zemente sind nicht wasserbeständig, aber billiger als die entsprechenden Sr-Zemente. —

Abschließend seien noch die in Tab. 15 aufgeführten *Analysen* der fertigen *Zemente* kurz betrachtet. Portlandzement unterscheidet sich von Klinker nur durch den Gehalt an Gips oder Anhydrit, die beide den Gehalt an SO_3 erhöhen — Gips erhöht den Glühverlust. Das Gewichtsverhältnis von SO_3 zu Anhydrit und Gips enthält die frühere Tab. 4, Abschn. 1.2.2. Zu 1% SO_3 gehört beim Gipsstein 0,45%, also rund die Hälfte Wasser, umgekehrt entspricht 1% Glühverlust, den man bei Drehofenzement in der Regel als aus dem Gips stammendes H_2O annehmen kann, 2,2% oder rund doppelt so viel SO_3 und 4,9% Gipsstein. Ist der Glühverlust geringer, als diesem $H_2O : SO_3$ entspricht, dann kann entweder der Klinker SO_3 enthalten, was heute meist der Fall ist (s. oben Tab. 13), oder es kann der zugegebene Gipsstein beim Mahlen entwässert worden oder es kann endlich Anhydrit zugegeben worden sein, was heute bei hohen Zusätzen an Kalksulfat häufig der Fall ist. Unter dem Mikroskop sind der monokline Gips und der rhombische Anhydrit gut zu unterscheiden.

Tabelle 15. *Chemische Zusammensetzung der Zemente in Gew.-% Anhaltswerte*[1]

Zementart	PZ	EPZ	HOZ	TrZ	SHZ
CaO	61 —67	53 —65	44 —63	48—53	42—46
SiO_2	19 —23	20 —26	22 —29	21—23	23—26
Al_2O_3[2]	3 — 7	4 —10	6 —13	6 — 9	12—15
Fe_2O_3[3]	1,4— 4	1,4— 4,5	1,0— 4,2	2 — 4	0 — 1
MgO	0,6— 3	0,9— 4,6	1,6— 6,7	1 — 2	3 — 4
SO_3	1,5— 4	1,5— 3,5	1,5— 4,0	2 — 3	8 — 9
Glühverlust	0,6— 4	0,8— 4,0	0,6— 4,4	2 — 4	
Unlöslicher Rückstand	0,0— 1,8	0 — 2,0	0,1— 2,8	4 — 9	
Mittlere Dichte[4]	3,11	3,03	2,99 in g/dm³		

[1] VDZ Tät.Ber. 1967/68. [2] Einschließlich TiO_2.
[3] $+ Mn_2O_3$ (im Hüttenzement z. T. als FeO und MnO).
[4] VDZ Tät.Ber. 1965/66, S. 64.

Die Verminderung des CaO-Gehaltes und die Erhöhung des SiO_2- und Al_2O_3-Gehaltes rührt bei Eisenportlandzement und Hochofenzement von dem Gehalt an Hochofenschlacke, beim Traßzement von dem Gehalt an Traß her, deren Analysen unter 2.4.1 auf der Tab. 24 wiedergegeben sind.

2.1.8 Chrom als Ursache der Chromatallergie

Der Gesamtgehalt an *Chrom* in den Zementen der BRD beträgt nach dem zusammenfassenden Bericht 1966 von H. PISTERS [P 13] mit einem Überblick über die wichtigste Literatur 20 bis 100 p.p.m., d.s. parts per million oder g/t, oder 0,020 bis 0,100 g in einem kg Zement oder 0,002 bis 0,01%; er ist also sehr gering. Er muß deshalb erwähnt werden, weil er nachweislich in seiner 6wertigen Form als Chromat Cr^{6+} eine dafür empfindliche, bevorzugt blonde, zu Sommersprossen neigende Person „sensibilisieren" und bei ihr eine von anderen Betrieben schon lange bekannte Chromatallergie oder auch Chromallergie (s. unten) auslösen kann, die zu Hautekzemen führt. Man hat sie früher vulgär als Maurerkrätze oder *Maurerekzem* bezeichnet und als eine Wirkung der alkalischen Kalklösung angesehen, die wahrscheinlich auch beim Auslösen der Ekzembildung durch Zement beteiligt ist. In der BRD ist diese Allergie auf Grund der 6. Berufskrankheiten-Verordnung als Berufskrankheit anerkannt.

Das Chrom stammt zum weitaus größten Teil aus den Rohstoffen, vornehmlich aus den Glimmerbestandteilen des Tons. Durch die Abnutzung von chromhaltigem Ofenfutter oder von Mahlkugeln und Mahlplatten aus chromhaltigem Stahl konnte eine meßbare Anreicherung an Chrom, wie man sie zunächst als Ursache vermutet hat, nicht nachgewiesen werden. Deshalb läßt sich auch der Chromgehalt der Zemente durch Verwendung chromfreier Werkstoffe in Öfen und Mühlen nicht senken.

Eine *Reduktion* des 6wertigen Chroms zu 3wertigem Chrom tritt nach PISTERS beim betrieblichen Zumahlen der reduzierend geschmolzenen Hochofenschlacke zu chromathaltigem Klinker entgegen einer früheren Annahme *nicht* ein. Man hatte sich eine Zeitlang von einer solchen Reduktion, auch durch Zusatz von Schwefel oder Kohle eine Verringerung der Wirkung auf die menschliche Haut versprochen. Die Vorgänge bei der Entstehung der Chromatallergie sind jedoch noch nicht endgültig geklärt.

Von dem Gesamtchromgehalt lösen sich im Anmachwasser kurzfristig im Durchschnitt nur 20%, das sind 1 bis 30 p.p.m. oder 0,0001 bis 0,003%. In einer Zementsuspension liegt aber nach 24 Stunden praktisch kein gelöstes Chromat mehr vor, was als Adsorption an Hydratationsprodukte oder als Einbau in den Ettringit gedeutet wird. Dagegen wurde beim Auslaugen von Zement mit Salzlösungen, die eine Adsorption oder den Einbau in den Ettringit verhindern, das gesamte Chrom als Chromat ausgelaugt. Es ist deshalb möglich, daß das *gesamte* Chrom des Zements in wäßriger Lösung als Chromat wirksam wird und auch die erweiterte Bezeichnung Chromallergie berechtigt ist.

In zementverarbeitenden Betrieben mit großem Wasserumlauf, z. B. in Asbestzementwerken, ist zur Behebung der durch gelöstes Chromat ebenfalls hervorgerufenen gelben Verfärbung des Wassers die Zugabe des reduzierend wirkenden Ferrosulfats $FeSO_4$ verschiedentlich empfohlen worden.

2.2 Reaktionen beim Sintern und Hydratisieren des Klinkers

2.2.1 Reaktionen beim Klinkerbrand, auch mit besonderem Rohmehl

Bild 10 zeigt die Reaktionsfolge beim Sintern von Klinker nebst den Reaktionsgleichungen 1 bis 9 in schematisch vereinfachter Weise. Dasselbe Brenngut liegt auch der Wärmeberechnung von Tab. 58 in Abschn. 5.2.8 zugrunde. Es besteht aus einem Kalkmergel, dargestellt durch seinen Gehalt an $CaCO_3$ und Ton, wobei der Ton als reiner Kaolinit angenommen wurde, ferner aus einem Zusatz an Sand, dargestellt als SiO_2, und dem weiteren Zusatz eines Eisenträgers als Fe_2O_3. In dieser Darstellung sind nicht alle Durchgangsstadien angegeben, die sich aus den Gleichgewichten in den Drei- und Vierstoffsystemen ergeben und die zum Teil auch in Röntgenbildern von erhitztem Rohmehl erkennbar sind. Die Reaktionstemperaturen sind ebenfalls nur in mittleren Werten erfaßt und auf 550, 1000, 1200 und 1400 °C beschränkt. Die *Reaktionsfolge* beginnt mit der Abgabe des chemisch gebundenen Wassers aus den Tonmineralen, wodurch Al_2O_3 und SiO_2 reaktionsbereit werden und sich mit dem CaO des $CaCO_3$ zu verbinden anfangen. — Aus CaO und SiO_2 entsteht sofort C_2S, dessen Menge sich bis rd. 1000 °C dadurch vermehrt, daß ein Teil der Quarzkieselsäure aus dem Sand an das nunmehr laufend aus $CaCO_3$ entstehende CaO gebunden wird. Ab 1000 °C überholt dann die Entstehung von CaO aus $CaCO_3$ die Bindung des CaO an SiO_2 so stark, daß bei rd. 1200 °C in einem exothermen Effekt das restliche CaO an SiO_2 gebunden wird. Ab rd. 1400 °C geht der größte Teil des C_2S durch Aufnahme von weiterem CaO in die maximal mögliche Menge an C_3S über. — Als erstes *Aluminat* bildet sich aus dem bei 550 °C freiwerdenden Al_2O_3 zunächst das kalkarme CA, das ab rd. 1000 °C zum größeren Teil bis zum C_3A mit Kalk angereichert wird, während ein anderer Teil zur Bildung von C_4AF verbraucht wird. Das als Zwischenstufe auftretende $C_{12}A_7$ bleibt unberücksichtigt. — Eisenoxid Fe_2O_3 beginnt in dem Schema seine Reaktion gleichzeitig mit dem CaO und dem Al_2O_3 und bildet danach eine Schmelze der Zusammensetzung C_2F, die sich mit den aluminatischen Schmelzen der Zusammensetzung von CA bis zu C_3A bei rd. 1400 °C zu C_4AF, oder für den schmelzflüssigen Zustand

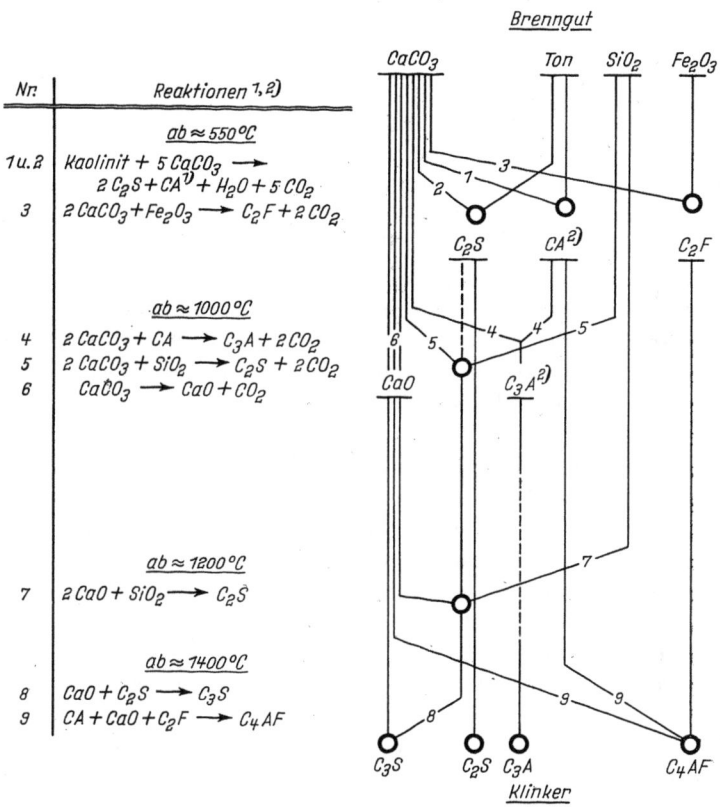

Bild 10. Reaktionsfolge beim Klinkerbrand, schematisch vereinfacht, ohne Berücksichtigung 1) von MgO, Brennstoffrückstand und 2) der Bildung von $C_{12}A_7$ und von Spurrit (s. Tab. 58 unter 5.2.8).

etwas zutreffender $C_2(A, F)$ geschrieben, umsetzt. C_3A und C_4AF treten nicht wie C_3S und C_2S als Kristalle im Klinker auf; es sind nur zwei Bestandteile der etwa 25 bis 30% betragenden schmelzflüssigen Grundmasse des Klinkers, die sich meist erst beim Erstarren in einen aluminatischen und einen ferritischen Teil mit kristallographischer Orientierung aufteilt.

Das Rohmehl aus *Hochofenschlacke* und Kalkstein verhält sich, wie G. Mussgnug in verschiedenen Arbeiten, u. a. 1939 und 1951 [M 59] gezeigt, und J. Endell [E 10] auch mit J. Müller 1964 zusammenfassend dargestellt hat, insofern anders, als die Reaktionen erst bei etwa 900 °C und damit beginnen, daß glasige Hochofenschlacke zu Gehlenit und C_2S kristallisiert und dann erst mit dem CaO aus dem zugesetzten Kalkstein reagiert. Die schnellere Kalkbindung des Rohmehls mit Hochofenschlacke bei Temperaturen von 1300 bis 1400 °C zeigt das spätere Bild 13 unter 2.2.7 nach G. MUSSGNUG.

Bei einem Rohmehl, das anstelle von Kalkstein einen *gebrannten* oder *gelöschten* Kalk enthält, erweist sich die voraufgegangene Erhitzung nicht als Vorteil, sondern sogar als eine Erschwerung, weil das CaO und das $Ca(OH)_2$ beim Erhitzen des Rohmehls durch *Recarbonatisierung* zunächst erst wieder in $CaCO_3$ übergeht. Die Recarbonatisierung erreicht nach J. WUHRER [W 88] bei 600 bis 800 °C auch mit völlig trockenem CO_2 ein Maximum. W. QUITTKAT [Q 1] hat 1963 an 4 synthetischen Rohmehlen aus Ton mit Kalkstein, Hartbrand, Weichbrand und Kalkhydrat festgestellt, daß für die Reaktionsfähigkeit der Kalkkomponente bei gleicher Feinheit der Recarbonatisationsgrad ausschlaggebend ist. Der Kalk aus dem Hydrat und Carbonat wird schneller umgesetzt, d. h. silicatisch gebunden als der aus dem Weichbrand und Hartbrand stammende Kalk. Die dem Drehofen der Rheinischen Kalksteinwerke entnommene Probe zeigte, daß bei allen Rohmehlen eine Recarbonatisierung stattgefunden hat, die bei Hartbrandmehl 5%, bei sehr hydrathaltigem Mehl 9% des CaO erfaßte. Recarbonatisation „verkürzt" die Sinterzone und beeinträchtigt dadurch die Bindung des CaO, was auch bei Gemischen des Hydrats mit Hartbrandkörnern der Fall ist. Die durch das Entwässern und Entsäuern des mit Absiebkalk von 3 bis 8 mm und mit Hydratgrießen hergestellten Rohmehls entstehenden Wärmeverluste werden mit 85 kcal/kg Klinker angegeben, wovon allein 40 kcal, das sind 10% des mit 400 kcal angenommenen Gesamtwärmebedarfs, auf die Recarbonatisierung entfallen. Die Ergebnisse der Differential-Thermo-Analyse seiner Versuche sind in Bild 27 unter 2.5.2 wiedergegeben.

2.2.2 Klinkerphasen

Die damals 40jährige Geschichte der Forschung über die wesentliche Klinkerphase C_3S oder Alit hat TH. HAHN [H 6] 1965 kurz zusammengefaßt. H. LE CHATELIER hat den Alit schon 1882 im Dünnschliff festgestellt und 1887 das C_3S im Portlandzement als Hauptträger der hydraulischen Eigenschaften bezeichnet. A. E. TÖRNEBOHM gab 1897 dieser nach seiner Ansicht dem C_3S chemisch ähnlichen, unter dem Mikroskop (s. 2.5.3) in großen Kristallen vorhandenen Kristallphase unter Benutzung der Anfangsbuchstaben des Alphabets den Namen *Alit*. Die weiteren *Klinkerphasen* nannte er *Belit, Celit* und *Felit*.

2.2.2 Klinkerphasen

Den Namen Alit hat man als Bezeichnung für das im Klinker vorkommende stets etwas verunreinigte (s. unten) C_3S beibehalten, aus dem gleichen Grunde auch den Namen Belit für das C_2S des Klinkers. Felit hat sich als eine besondere kristallographische Ausbildungsform des Belits herausgestellt. Celit, das nicht in guten Kristallen vorkommt, ist heute zusammen mit der glasigen Restschmelze unter der Bezeichnung Zwischenmasse zusammengefaßt, von der man eine helle und eine dunkle Zwischenmasse unterscheidet. Der helle eisenoxidreiche Teil wirft das Licht bei der üblichen Betrachtung von Anschliffen im Auflicht stärker zurück als die dadurch dunkler erscheinende aluminatische Schmelze (vgl. Bild 11). Im durchfallenden Licht ist umgekehrt

Bild 11. Klinker mit Kristallen und Grundmasse im Auflicht. Alit C_3S: geradlinig begrenzt, grau rechts unten; Belit C_2S: verrundet, Lamellenbildung schwarz/weiß gestreift, Grundmasse aus aluminatischer (C_3A, dunkel) und ferritischer (C_4AF, hell) Schmelze. Anschliff, mit H_2O und Dimethylammoniumcitrat, kurz: DAC, geätzt.

der eisenoxidreiche Anteil der Zwischenmasse bräunlichdunkel, der aluminatische helldurchsichtig.

A. GUTTMANN und F. GILLE haben im Verfolg längerer Untersuchungen und Erörterungen, an denen auch W. DYCKERHOFF beteiligt war, 1931 endgültig beweisen können, daß Alit mit C_3S identisch ist. J. W. JEFFERY hat 1950 drei Modifikationen und A. GUINIER und Mitarbeiter 6 Alitmodifikationen unterscheiden können. In einem gemeinsamen abschließenden Bericht von 1967 über den Polymorphismus des Tricalciumsilicats hat eine französisch-deutsche Gruppe von Fachleuten[1] an Hand von Röntgen- und DTA-Untersuchungen als Umwandlungs-

---

[1] M. BIGARÉ, A. GUINIER, C. MAZIÈRES, M. REGOURD und N. YANNAQUIS, sowie W. EYSEL, TH. HAHN und E. WOERMANN aus der Schule von H. O'DANIEL [B 29, W 83].

temperaturen für die 6 Modifikationen, von denen R rhombisch, M II und M I monoklin und T III, T II und T I triklin sind, in nur geringer Abweichung von denen englischer und japanischer Fachleute folgendermaßen angegeben:

Tabelle 16. *Die sechs C_3S-Modifikationen mit ihren Umwandlungstemperaturen*

T I	T II	T III	M I	M II	R
~600 °C	920 °C	980 °C	990 °C	1050 °C	2070 °C

Nach F. TROJER [T 23] kommen im technischen Klinker nur die unterstrichenen Modifikationen R und M II vor. Diese beiden Hochtemperaturmodifikationen werden durch den Einbau fremder Atome (s. unten) stabilisiert. Die japanischen Arbeiten stammen von G. YAMAGUCHI [Y 1] und K. KATO 1962, von denen sich der erstere in einer Arbeit mit J. ONO 1966 [Y 1] u. a. auch mit der Zwillingsbildung befaßt hat. C_3S nimmt in sein Gitter 1 bis 2% MgO auf, wobei äquivalente Mengen CaO freigesetzt werden, und bei 1500 °C nach dem englischen Beitrag von H. G. MIDGLEY und K. E. FLETCHER [M 43] bis zu 0,9% Al_2O_3; dabei nimmt eingebautes Al die Plätze des Si ein; die Art des Einbaus ändert sich jedoch bei 0,5% Al_2O_3. Alit kann auch bis zu 0,33% Na_2O aufnehmen.

Das Erscheinungsbild des schwach doppelbrechenden *Alits* unter dem Mikroskop ist bereits kurz beschrieben worden. Die Feststellungen an Sinterbandklinker sind unter 5.1.2 erwähnt [S 20]. *Dicalciumsilicat* C_2S kommt im Klinker als *Belit* vor; seine Menge beträgt im üblichen Klinker 15 bis 30% und in Sonderklinker mit sehr niedriger Hydratationswärme bis zu 40%. C_2S kommt in 4 Modifikationen vor, deren Umwandlungstemperaturen, Dichte und hydraulischen Eigenschaften nach R. W. NURSE in Tab. 17 angegeben sind. Die in schnell gekühltem Klinker vorkommende α'-Modifikation und die im üblichen Klinker vorhandene β-Modifikation sind wie beim C_3S unterstrichen.

Tabelle 17. *Die vier C_2S-Modifikationen und ihre Umwandlungstemperaturen*

	γ	β	α'	α
Umwandlungstemperatur		670 °C		1420 °C
Kristallsystem	monoklin	rhombisch	monoklin	trigonal
Dichte in g/m³	2,97	3,28	3,31	3,035
Hydraulizität[1]	keine	gut	geringer	fast keine
Festigkeit[2] nach 28 Tagen		(niedrig)	(mittel)	(hoch)

[1] Nach R. W. NURSE [N 19], J. H. WELCH und W. GUTT [W 46]
[2] Nach Angabe von Y. ONO etal. 1968 Tokio [Lit. I. 2, sy 68].

2.2.2 Klinkerphasen

Eine eingehende Zusammenstellung über die Stabilitätsbereiche der Modifikationen des Dicalciumsilicats haben 1967 K. NIESEL und P. THORMANN [N 14] gegeben. TROJER [T 23] hat 1966 die Umwandlung β zu γ mikroskopisch nachgewiesen. Sie vollzieht sich unter Volumenvermehrung, wie die Abnahme der Dichte zeigt, und kann auch beim Klinker in extremen Fällen zum Zerrieseln führen. Beim Séailles-Verfahren wird es bei dem für das Auslaugen des Al_2O_3 hergestellten Zwischenprodukt angestrebt.

Auf Zusammensetzung und Vorkommen von C_3A und des C_4AF oder $C_2(A, F)$ als aluminatische und ferritische Schmelze im Klinker ist bereits hingewiesen worden. Beide erstarren nicht, wie man früher annahm, als Gläser, sondern sind kristallisiert. Beide nehmen MgO in fester Lösung auf, C_3A nur bis 0,4%, C_4AF dagegen zu 1 bis 2%, das C_4AF unter zunehmender Dunkelfärbung. Bei den Hydratationsprodukten besteht eine fast nahezu durchlaufende Mischungsreihe (s. unter 2.3.2).

Was die Beziehung zwischen tatsächlichem Gehalt und errechnetem potentiellem Gehalt an den Klinkerphasen angeht, so haben D. L. KANTRO, L. E. COPELAND, C. H. WEISE und ST. BRUNAUER [K 4] 1964 mit den Ergebnissen der von ihnen auch durch Anregungen von H. G. SMOLCZYK [S 73] verbesserten Röntgenbeugungsanalyse (XR) und des von ihnen entwickelten combinierten Chemisch-Röntgenographischen Verfahrens (CCX) die Genauigkeit der Aussage über den Gehalt an den Klinkerphasen im Zement wesentlich erhöht und dabei u. a. festgestellt, daß im Klinker keine wesentlichen Mengen an gegenüber Röntgenstrahlen amorphem Material zu sein scheinen. Die von ihnen bei 66, darunter 22 LTS-Zementen gefundenen durchschnittlichen Abweichungen sind, wie Tab. 18 zeigt, nicht erheblich und zeigen vor allem die höheren Werte des Alit und Belit und die niedrigeren von C_4AF

Tabelle 18. *Durchschnittliche Abweichungen im %-Gehalt der 4 Klinkerphasen nach dem CCX- und XR-Berechnungsverfahren untereinander und von den Werten der potentiellen Analyse nach ASTM C 150.* (Nach KANTRO et al. [K 4] 1964)

Für die Klinkerphase	Alit	Belit	C_4AF	C_3A
sind die Werte mit dem Verfahren	höher (+) oder niedriger (−) als die Werte der potentiellen Analyse			
CCX	+2,4	+1,8	−0,9	
XR				−2,9
Abweichung XR/CCX	2,2	1,5	1,1	
XR größer als CCX			0,2	

CCX = kombiniertes Chemisch-Röntgenographisches Verfahren
XR = Röntgenverfahren.

und C_3A gegenüber der potentiellen Analyse, was F. W. LOCHER [L 47] 1961 bestätigt. Die Verfasser halten die Ergebnisse des CCX-Verfahrens für genauer als die des XR-Röntgenverfahrens. Nach den Ergebnissen von P. TERRIER et al. 1968 [T 5] mit der Mikrosonde ist auch das Mol-Verhältnis CaO/SiO_2 im C_3S größer als 3 und im C_2S größer als 2.

2.2.3 Klinkerstruktur als Folge des Sinterns, Schmelzens und Kühlens

Der Sintervorgang läßt sich somit darstellen als: Dehydratation von Ton bzw. Kaolin, Decarbonatisierung von $CaCO_3$ und maximale Kalkbindung an die „Hydraulefaktoren" SiO_2, Al_2O_3 und Fe_2O_3. Man kann ihn am Brenngut, z. B. durch Probenahme aus Löchern des Ofenmantels, analytisch verfolgen, zuerst als Abnahme des H_2O-, dann des CO_2-Gehaltes und schließlich über 1000 °C an dem zunächst zunehmenden und dann wieder völlig verschwindenden Gehalt an freiem CaO, wie es u. a. P. WEBER [W 30] getan hat. Daß zum Ablauf dieser Reaktionen die Zufuhr von Wärme, und zwar von sehr hochwertiger Wärme nötig ist, zeigt die Angabe der Temperaturen in Bild 10 unter 2.2.1. Eine thermochemische Betrachtung des Sinterns und auch des Kühlens einschließlich von Wärmebilanzen und verfahrenstechnischen Angaben über die üblichen Ofensysteme s. unter 5.2.

Auch die stofflichen Veränderungen sind mit der chemischen Formulierung noch nicht hinreichend gekennzeichnet. Das zeigt anschaulich das Bild 11 des Klinkeranschliffs (s. 2.2.2). Darauf erkennt man die großen meist geradlinig begrenzten Kristalle von Alit und die verrundeten Kristalle des Belit, die in einer teils hellen, teils dunklen Zwischenmasse liegen. Auf anderen Bildern, wie z. B. denen im Klinkeratlas, kann man erkennen, daß der Alit oft Einschlüsse enthält, Belit wahrscheinlich als Folge einer Zwillingslamellierung meist gestreift ist. Eine Röntgenbeugungsanalyse und das Rasterbild einer Mikrosonde würden weitere typische Unterschiede erkennbar machen. Diese Ungleichmäßigkeiten beruhen darauf, daß sich beim Erhitzen und beim Abkühlen nicht nur die chemischen Bindungen zwischen den Oxiden der Rohmehlbestandteile ändern, sondern auch ihr Aggregatzustand und ihre kristallographische Struktur. Deshalb werden nachstehend einige wesentliche Begriffe kurz erläutert.

Jede chemische Verbindung, die sich nicht vorher zersetzt wie $CaCO_3$, hat nach Überschreiten des *Schmelzpunktes* das Bestreben, aus dem kristallisierten festen Zustand in eine flüssige als homogen und ungeordnet anzunehmende *Schmelze* überzugehen; beim Abkühlen hat sie das Bestreben, nicht in diesem ungeordneten oder nur „nahgeordneten" Zustand zu verharren, d. h. *glasig* zu bleiben und dann optisch

2.2.3 Klinkerstruktur als Folge des Sinterns, Schmelzens und Kühlens 73

isotrop zu erstarren, sondern in den über größere Bereiche hinweg d. h. auch „ferngeordneten" d. h. *kristallisierten* Zustand überzugehen bzw. dahin zurückzukehren. Das Schmelzen hängt im wesentlichen nur von der Temperatur und der verfügbaren Zeit ab, die Kristallisation dagegen von der chemischen Zusammensetzung der Schmelze und der Abkühlungsgeschwindigkeit. Das Schmelzen wird durch hohe Temperatur der Flammengase und durch eine große Oberfläche des Brennguts beschleunigt, deshalb werden Güte und Gleichmäßigkeit des Klinkers durch Feinmahlen des Rohmehls gefördert, wie an der größeren Abnahme des Gehalts an freiem CaO erkennbar wird (s. Bild 13 unter 2.2.7). Beim keramischen Brennen und beim Zementbrennen geht *nur ein Teil* des Brennguts in die Schmelzphase über, im Klinker ist es die aluminatische und ferritische Zwischenmasse; C_3S und C_2S bzw. Alit und Belit als deren Repräsentanten im Klinker muß man sich bei der Sintertemperatur als feste, aus der Schmelzphase langsam wachsende oder sich darin langsam auflösende Phasen vorstellen. — Ohne Schmelzphase verlaufende Wechselwirkungen nennt man *Festkörperreaktionen* oder Reaktionen im festen Zustand.

Das *Abkühlen* einer Schmelze, z. B. der flüssigen Hochofenschlacke, kann man künstlich durch *Tempern* (von tempus = Zeit), d. h. künstlich verlängerte Abkühlungsdauer, so stark verzögern, daß sie vollständig auskristallisiert und daraus ein kristallisiertes schlagfestes Gestein wird. Man kann die Kristallisation auch durch *Impfen*, d. h. die Zugabe eines kristallisierten Stoffes fördern. Schreckt man flüssige Hochofenschlacke mit Wasser ab, dann entsteht der glasige und deshalb hydraulische Hüttensand; die Einstellung der Schmelze auf ihr Gleichgewicht bei niedriger Temperatur wird damit verhindert. Man spricht von einem *eingefrorenen* Gleichgewicht und einer *unterkühlten* Schmelze. Als *labil* bezeichnet man ein solches eingefrorenes Gleichgewicht, bei dem nur eine geringe äußere Einwirkung nötig ist, um das System zu aktivieren, als *meta*stabil, wenn eine merkliche Aktivierungsenergie dazu erforderlich ist; am wirksamsten ist Wärme. Bei technischen Erzeugnissen bleiben viele Verbindungen im metastabilen Zustand, wie das Beispiel des C_3S, C_2S und C_4AH_{13} zeigt. Selbst in der Natur verbleibt z. B. $CaCO_3$ in der metastabilen Modifikation des Aragonits über geologische Zeiträume, ohne sich in den stabilen Calcit umzuwandeln. Das *instabile* CAH_{10} dagegen zerfällt freiwillig in Hydrogranat, Aluminiumhydroxid und Wasser.

Je *CaO*-reicher eine Schmelze ist, um so größer ist ihre Neigung zu kristallisieren; je saurer, d. h. je SiO_2-reicher sie ist, um so stärker ist sie bestrebt, glasig zu erstarren. Deshalb muß man die kalkreiche geschmolzene Hochofenschlacke sehr schnell, d. h. mit Wasser abschrecken, damit sie glasig bleibt. — Deshalb kristallisieren auch die aluminatische und die ferritische Schmelze des Klinkers, die z. T. noch kalkreicher sind, trotz der verhältnismäßig *schnellen Kühlung* des technischen *Klinkers* in der Regel aus. Ein schnelles Kühlen des Klinkers, ggf. erst ab 1200 °C, kann zwar die Güte des Klinkers fördern, weil dann z. B. Periklas MgO in kleineren Individuen kristallisiert, weil der Klinker dadurch nach verschiedenen Autoren eine höhere Festigkeit ergibt oder besser mahlbar ist. Ein solcher Vorgang würde aber den Fluß der Produktion behindern, ohne einen entsprechenden Gegenwert zu bringen. Ein Abschrecken wird nur bei Weißklinker empfohlen, wo man die Farbveränderung durch Oxydation vermeiden will. Jede überschnelle Abkühlung besonders mit Wasser bedeutet einen erheblichen Wärmeverlust (s. 5.2.7 und 5.2.8).

Das Bestreben der SiO_2-reichen Schmelzen, im *glasigen* Zustand zu verharren, beruht darauf, daß die Kieselsäure ein *Netzwerkbildner* ist und daß sich schon in der Schmelze die SiO_4-Bausteine beim Abkühlen zu einem Netzwerk verknüpfen. In diesem Netzwerk sind jeweils zwei SiO_4-Tetraeder durch ein gemeinsames Sauerstoffion räumlich miteinander verbunden. Infolge dieser Verknüpfung von ganzen Molekülgruppen wird mit sinkender Temperatur die SiO_2-reiche Schmelze so zähe, daß sie sich nicht mehr zu einem stabilen Kristallgitter zu ordnen vermag. Das Bindeglied des Netzwerks ist die *Sauerstoff-Brücke(n-Bindung)*, die auch die anderen Schicht- und Kettensilicate miteinander verbindet. Flüssiges Wasser bildet ähnliche Netzwerke aus OH_4-Gruppen, die durch *Wasserstoff-Brücken-Bindungen* zusammengehalten werden. Von den anderen am Aufbau der Silicate beteiligten Oxiden kann das Al_2O_3 bis zu einem gewissen Grad in das Netzwerk aufgenommen werden oder sich vielleicht sogar daran beteiligen, während CaO, Na_2O, K_2O insofern als ausgesprochene *Netzwerkwandler* wirken, als sie das Netzwerk in kleine Stücke zerreißen. Deshalb zeigen kalkreiche Kalksilicatschmelzen beim Abkühlen nicht die allmähliche Zunahme der Viskosität und kristallisieren fast immer aus.

Gemäß den Werten von Tab. 16 und 17 in 2.2.2 müßten die dicht unterhalb ihres Schmelzpunktes stabilen R- und α-Modifikationen des C_3S und C_2S auch bestrebt sein, in ihre bei Zimmertemperatur stabile TI- und γ-Modifikation überzugehen. Das geschieht nur teilweise oder überhaupt nicht. Ähnlich wie bei den sauren Schmelzen ist die innere Beweglichkeit nicht mehr groß genug, um den Umbau oder die Verschiebung des Kristallgitters ein oder gar mehrere Male zu ermöglichen. Eine solche Veränderung kann auch durch andere in das Gitter eingebaute Oxide behindert oder ganz verhindert werden, die als *Stabilisatoren* wirken. Die Stabilisatoren haben technische und wissenschaftliche Bedeutung nur für den Übergang von β-C_2S in γ-C_2S, weil dieser Übergang mit einer starken Raumvergrößerung verbunden ist und weil deshalb z. B. C_2S-reiche Hochofenschlacke, auch C_2S-reicher Klinker bei langsamem Kühlen zu einem feinen, nicht mehr hydraulischen Pulver *zerrieseln* können. Das für wissenschaftliche Zwecke verwendete β-C_2S wird in der Regel durch B_2O_3 stabilisiert, wovon nur $^1/_2\%$ genügt.

Im Hinblick auf die Güte des ,,technischen" Klinkers und die Wirtschaftlichkeit seiner Herstellung ist bisher kein Bestreben erkennbar geworden, das Entstehen oder Überwiegen einer bestimmten Modifikation von C_3S oder C_2S durch besondere Maßnahmen zu fördern. Alit gibt im allgemeinen bessere Festigkeiten als reines C_3S, besonders nach schneller Kühlung (s. auch Bild 9 unter 2.1.7).

2.2.4 Klinker aus besonderen Herstellungsverfahren (Basset-, Séailles-, Bayer-Verfahren)

Nachdem C. PRÜSSING [P 27] 1923 vergeblich versucht hatte, durch das Erschmelzen sehr kalkreicher Schlacken ein dem Portlandzement ähnliches Erzeugnis herzustellen, hat W. LENNINGS 1935 im *Hochofen* mit *sauerstoff*angereichertem Wind neben Roheisen einen *geschmolzenen Portlandzement* als Schlacke herstellen können. Nach der Untersuchung von G. MUSSGNUG [M 57] erreichten einzelne dieser Schlacken zwar die Festigkeit von hochwertigem Zement, sie besaßen jedoch fast durchweg einen zu kurzen Erstarrungsbeginn, der auf ihren hohen Tonerdegehalt bei gleichzeitig geringem Eisenoxidulgehalt zurückzuführen war. Vor allem enthielten sie 1 bis 3% Calciumcarbid CaC_2, das beim Anmachen mit Wasser Acetylen C_2H_2 entwickelt. Dieses Calciumcarbid ließ sich zwar versuchsmäßig zum größten Teil, jedoch nicht völlig zerstören, so daß der nicht dem Acetylen selbst, aber seinen zwangsläufigen Verunreinigungen (H_2S, PH_3, NH_3, organische S- und P-Verbindungen) anhaftende unangenehme *Geruch* nicht zu beseitigen war. Bei dem nach L. BASSET genannten Verfahren fällt in einem Drehofen neben einem Spezial*roheisen* eine Schlacke mit einem CaO/SiO_2-Verhältnis von 2,8 bis 3,0 an, die dem gewöhnlichen Portlandzement in Aalborg (Dänemark) beigemischt wurde [k 16, k 55]. Auch die Werke in Spanien, Portugal und Japan haben dieses Verfahren eingestellt. — Die ebenfalls in einem Drehofen anfallende sehr kieselsäurereiche (50 bis 62% SiO_2) und zähflüssige Schlacke bei dem *Rennverfahren* [k 16] war als Rohstoff und Bestandteil des Zements nicht geeignet.

Auch das Verfahren von J. C. SÉAILLES und W. DYCKERHOFF [k 55, S 57] zur gleichzeitigen Gewinnung von *Tonerde* aus silicatischen Rohstoffen wie z. B. Aschen und Schlacken, auch aus Ton anstatt aus SiO_2-armem Bauxit (s. 4.4.1) [R 28] und Portlandzement, hat wegen seiner hohen Kosten die Kriegszeit nicht überlebt. Man brennt im Drehofen zunächst ein kalkniedriges Rohmehl aus Ton oder dem tonerdehaltigen silicatischen Abfallstoff und Kalkstein. Das Brennprodukt zerrieselt infolge seines hohen Gehalts an Disilicat zum Teil und läßt sich deshalb leicht mahlen. Bei schwach alkalischem Auslaugen geht die Tonerde fast völlig in Lösung. Der verbleibende Rückstand besteht im wesentlichen aus Calciumsilicaten und -ferriten und wird nach Zusatz der erforderlichen Menge an Kalkstein in üblicher Weise nach dem Naßverfahren zu einem in diesem Falle sehr tonerdearmen Klinker gebrannt, der vom Standpunkt des Sulfatwiderstands eine günstige Zusammensetzung besitzt. Aber diese zementtechnisch ins Gewicht fallende Werterhöhung wiegt die Mehrkosten für die Tonerdegewinnung gegenüber den üblichen Verfahren nicht auf. Zwei Berichte von 1946 und 1947 [S 57] enthalten nähere Einzelheiten über die beiden seinerzeit in Rüdersdorf bei Berlin und in Stramberg (Tschechoslowakei) betriebenen Anlagen. — J. GRZYMEK und Mitarbeiter [G 31] haben 1969 natürliche Rohstoffe, z. B. tonerdehaltige Letten und Kohleschiefer, herangezogen und dabei die Bedingungen für den Zerfall verbessert.

Dagegen wird das *Gips-Schwefelsäure*-Verfahren auch *Zement-Schwefelsäure-* oder *Bayer-Zement*-Verfahren nach MÜLLER-KÜHNE noch heute zur gleichzeitigen Herstellung von Schwefelsäure und Zementklinker betrieblich angewandt, und zwar in der ersten 1935/36 errichteten und 1953 wieder aufgebauten Anlage in Wolfen (Kreis Bitterfeld) und bei den Österreichischen Stickstoffwerken in Linz/Donau. H. KÜHNE [K 56] hat 1949 die Entwicklung des Verfahrens mit Gips oder Anhydrit beschrieben. Die Verarbeitung der in großer Menge anfallenden Gipsschlämme hat sich als zu schwierig erwiesen.

Die rein thermische Zersetzung von reinem $CaSO_4$ ist nicht wirtschaftlich, weil die SO_2-Tension bei 1000 °C nur 8 mm und bei 1250 °C erst 98 mm Hg (Torr) beträgt. Der Zusatz von Ton und Sand erhöht die Tension schon bei 1100 °C auf 1 at. Die Reaktion beginnt bei 700°, die SO_2-Bildung ist bei 1200° beendet. Sie läßt sich mit folgenden zwei Gleichungen formulieren:

1. $\quad CaSO_4 + 2\,C \rightarrow CaS + 2\,CO_2$
2. $\quad CaS + 3\,CaSO_4 \rightarrow 4\,CaO + 4\,SO_2$

Ergebnis: $4\,CaSO_4 + 2\,C \rightarrow 4\,CaO + 2\,CO_2 + 4\,SO_2$

$\qquad$ Anhydrit $\quad$ Kohle $\quad +\ |\quad$ Abgas $\quad$ zur Schwefelsäure-
$\qquad\qquad\qquad\qquad\qquad$ Ton $\ |\qquad\qquad$ anlage
$\qquad\qquad\qquad\qquad\ =\ \downarrow$
$\qquad\qquad\qquad\qquad$ Klinker

Danach setzt sich das zunächst aus $CaSO_4$ gebildete CaS mit weiterem $CaSO_4$ anschließend zu CaO und SO_2 um. Das SO_2-haltige Abgas geht zur Schwefelsäureanlage, während das zurückbleibende CaO mit dem Ton in der heißesten Zone Klinker bildet. Da ein Überschuß an Kohle einen sulfidhaltigen, ein Unterschuß einen sulfathaltigen Klinker gibt, der z. B. beim Stillsetzen des Ofens entsteht, muß die Kohlenmenge sorgfältig dosiert werden. Dem Drehofen werden nach ULLMANN [U 1] 1964 78 bis 80% Anhydrit, der sich als Rohstoff am besten eignet, ferner 9 bis 10% Ton, 4 bis 5% Sand und 7% Koks, in Wolfen mit geringen Mengen Pyritabbrand aufgegeben. Die 350 bis 420 °C heißen Ofenabgase enthalten 8 bis 9 Vol.-% SO_2.

In der DDR arbeitet ein zweites Werk in Coswig. In England sind drei Werke, in Linz (Österreich) ein Werk in Betrieb, ferner drei Werke in Polen und ein Werk in der UdSSR. F. TROJER [T 18] hat 1966 über das Vorkommen von $KFeS_2$ in dem Klinker dieses Verfahrens berichtet. — Der bei der jetzigen VEB Farbenfabrik Wolfen hergestellte Anhydritportlandzement mit 0,4 bis 1,2% CaS hat nach F. WOLF und J. HILLE [W 84] 1967 niedrigere Anfangs-, aber höhere Endfestigkeiten als die vergleichbaren Kalkstein-Portlandzemente der DDR. Der Klinker läßt sich bis zur spezifischen Oberfläche von 2500 cm²/g leicht zerkleinern, beginnt aber dann zu schmieren, was mit dem Zerfall des Alits unter 1250 °C in $2 CaO \cdot SiO_2$ und CaO erklärt wird.

Unabhängig von der Gewinnung von Eisen, Schwefel oder Tonerde hat man in der UdSSR nach L. JA. GOLDSTEJN [G 20] 1962 *geschmolzenen* Klinker im elektrischen Ofen aus Kalkstein und aus gebranntem Ölschiefer hergestellt, der sich selbst mit 7 bis 8% freiem CaO und auch mit *MgO-Gehalten* bis zu 12% infolge der Kleinheit der Kristalle (max. 10 bzw. 5 μm) bei der *Autoklavprüfung* gleichmäßig ausdehnte. — Die Besonderheiten beim Brennen von Zementklinker aus Kalkstein und Hochofenschlacke sowie aus gebranntem Kalk sind am Schluß von Abschn. 2.2.7 behandelt.

2.2.5 Gleichgewichte beim Schmelzen und Sintern

Die Reaktionen der Hauptbestandteile des Klinkers bei höherer Temperatur und bei Berührung mit Wasser sind genau untersucht worden. Die dabei auftretenden Reaktionsenthalpien werden laufend nachgeprüft und berichtigt. Das Schmelzverhalten von Gemischen aus CaO und SiO_2 gibt das thermische Zustandsdiagramm $CaO\text{-}SiO_2$ wieder. Aus diesem *Zwei*stoffsystem ist als wichtigster Tatbestand für die Zementchemie ablesbar, daß das bei 2572 °C schmelzende CaO mit dem bei 1713 °C schmelzenden SiO_2 die Verbindungen CS, C_3S_2 und die bereits behandelten C_2S und C_3S bildet, von denen C_3S inkongruent schmilzt, d. h. sich in einem Bereich zuerst ausscheidet, der den Punkt nicht einschließt, der seiner Zusammensetzung entspricht (s. unten).

78   2 Chemie des Zementklinkers

Noch aufschlußreicher ist das *Dreistoffsystem* CaO−Al$_2$O$_3$−SiO$_2$, das unter 2.4.1 als Bild 23 später ganz wiedergegeben ist, und von dem hier in Bild 12 nur die Kalkecke dargestellt ist. Auf der horizontalen Dreieckseite liegen, von dem reinen CaO beginnend, alle Mischungen,

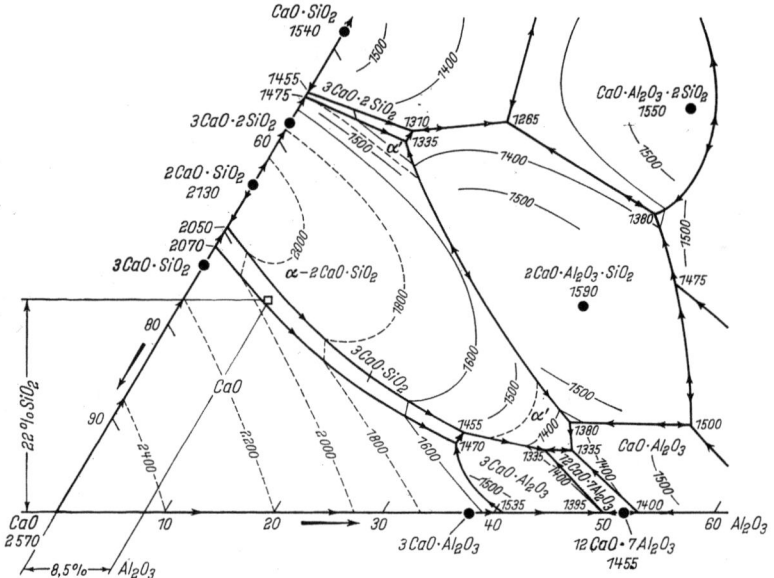

Bild 12. Kalkecke des Dreistoffsystems CaO−Al$_2$O$_3$−SiO$_2$ mit eingezeichnetem Klinker *B*: 69,5% CaO + 8,5% Al$_2$O$_3$ + 22% SiO$_2$ als quadratischer Punkt links im Feld.

in denen CaO zunehmend durch Al$_2$O$_3$ ersetzt wird. Das sind alle Kalkaluminate von dem bereits behandelten C$_3$A und dem erwähnten C$_{12}$A$_7$ an bis zum CA; CA$_2$, CA$_6$ und die Tonerde-Ecke liegen außerhalb dieses Bildes. Während somit die von der Kalkecke ausgehende horizontale Dreieckseite die Verbindungen und Eutektika des Zweistoffsystems nebst ihren Temperaturen ablesbar macht, ermöglicht die von der Kalkecke nach oben ansteigende Gerade dasselbe für den kalkreichen Abschnitt des Zweistoffsystems CaO−SiO$_2$. C$_3$S mit 73,7% CaO und 26,3% SiO$_2$ liegt links neben seinem schmalen weit ins Innere verlaufenden Existenz- und Erstausscheidungsgebiet, während C$_2$S mit 65,1% CaO und 34,9% SiO$_2$ mitten in seinem ausgedehnten Stabilitätsbereich liegt, über 1420 °C in seiner α-, darunter in seiner α'-Modifikation. Jeder Punkt im Inneren des Dreiecks stellt ein Dreistoffgemisch dar, wie z. B. der eingezeichnete Modellklinker *B* mit der Zusammensetzung 69,5% CaO + 8,5% Al$_2$O$_3$ + 22% SiO$_2$; diese Zahlen wurden aus denen der Tab. 11 unter 2.1.4 in der Weise errechnet, daß die Summe der Werte für CaO, SiO$_2$ und Al$_2$O$_3$, der letzte um einen geschätzten Betrag

2.2.5 Gleichgewichte beim Schmelzen und Sintern

für das vorhandene, ähnlich wie Al_2O_3 wirkende Fe_2O_3 erhöht, auf 100 umgerechnet wurde. Der Punkt B kommt dadurch in das Feld C_3S zu liegen und hat, wie die als Höhenschichten eingezeichneten Temperaturlinien zeigen, als reine Dreistoffschmelze einen Schmelzpunkt über 1900 °C. Ein entsprechend zusammengesetzter *Klinker* erreicht dagegen beim Brennen *nur* 1420 bis 1450 °C, weil er nur gesintert, nicht geschmolzen wird und weil er neben dem Fe_2O_3, das Schmelz- und Sinterpunkt schon stärker herabsetzt als Al_2O_3, noch MgO und Alkalien enthält, die beide zusätzlich erniedrigen. Die Pfeile auf den Feldergrenzen der Existenzbereiche zeigen den weiteren Ausscheidungsverlauf bei fallender Temperatur an. In unserem Beispiel scheidet sich zunächst C_3S aus, bis die Zusammensetzung erreicht wird, die dem Punkt auf der Feldgrenze C_3S/C_2S entspricht, an dem die von C_3S ausgehende Gerade über B diese Feldgrenze trifft. Dann scheidet sich ein Gemisch aus C_3S und C_2S aus, bis der Punkt 1455 °C erreicht wird, an dem sich der dann noch flüssige Rest einschließlich des C_3A ausscheidet. An die oben angegebenen Unterschiede zum Verhalten von technischem Klinker ist dabei zu erinnern. — Immerhin ist auch der umgekehrte Weg von den Oxiden zu der Schmelze in seinen Wesenszügen daraus erkennbar. Nach Überschreiten einer Temperatur von 1300 °C bildet sich die erste Schmelze zwischen den beiden mit 1335 °C bezeichneten Punkten — rechts vom Punkt 1455°, die sich aus CA und C_2S zusammensetzt; aus CA wird über $C_{12}A_7$ zuletzt C_3A, während sich daneben weiteres C_2S bildet, bis dann über 1455 °C C_3S zu entstehen beginnt. Beim technischen Klinker liegen auch diese Werte 200 bis 250 °C niedriger (s. Bild 10 unter 2.2.1).

Man kann die Aussagekraft einer solchen △-Darstellung durch Hinzunahme von MgO oder Fe_2O_3 erweitern. Bei der Darstellung von Vierstoffsystemen in einer Ebene geht aber für das ungeübte Auge ihr eigentlicher Zweck, anschaulich zu wirken, verloren. Man kann sich dann mit der Darstellung von Schnitten durch das Vierstoffsystem mit einem Grundgehalt von 3, 4 oder 5% Fe_2O_3 oder MgO helfen und diese wieder auf den Summenmaßstab 100 ausdehnen, wie das bei der Darstellung von Viskositätskurven im Dreistoffsystem häufiger geschieht.

Bei der Benutzung solcher Zustandsdiagramme ist weiter zu bedenken, daß sie den Gleichgewichtszustand nur *dicht* unterhalb der Schmelztemperatur angeben, womit über die bei *Zimmer*temperatur stabile Modifikation noch nichts ausgesagt zu sein braucht. Das zeigen die Beispiele C_3S und C_2S deutlich, wo instabile Modifikationen im Erzeugnis vorherrschen (s. Tab. 16 und 17 unter 2.2.2). Der *Vorteil* der Dreistoffbetrachtung im Zustandsdiagramm $CaO-SiO_2-Al_2O_3$ auch für technische Zwecke besteht darin, daß man die wesentlichen Schmelzeigenschaften aller Stoffe aus dem gesamten Gebiet der Steine- und

Erdenindustrie daraus erkennen kann, daß man vor allem weiß, welche chemische Verbindung oder Modifikation bei Zimmertemperatur stabil ist und daß man mit den einzelnen reinen stabilen und instabilen Modifikationen wissenschaftliche *Versuche* über ihr Verhalten durchführen kann, ohne immer mit dem manchmal zufälligen Gemisch der technischen Produkte arbeiten zu müssen. Auf diese Weise ist es meist einfacher, *ursächliche* Zusammenhänge zu erkennen. Eine besonders eindrucksvolle Darstellung über die Schmelzgebiete im Innern des $\triangle$-Systems bei 1300, 1500 und 1600 °C zeigt das spätere Bild 24 nach F. KÖRBER und W. OELSEN unter 2.4.1; daraus wird der für das Sintern und Schmelzen notwendige starke Temperaturanstieg sowohl zum C_3S als auch zu den auf der gegenüberliegenden Dreiecksseite liegenden Phasen der feuerfesten Stoffe erkennbar.

2.2.6 Gleichgewichte beim Hydratisieren (Hydrolyse)

Formulierung und Darstellung der Hydratationsvorgänge beim Zementklinker sind wesentlich schwieriger als die der eben behandelten Schmelz- und Sintervorgänge. Zwar gelten für die Beziehung der Reaktionspartner zueinander dieselben Gesetze über die Gleichgewichte, wonach sich z. B. aus einem bestimmten Gemisch verschiedener Oxide oder Hydroxide mit Wasser bei einer bestimmten Temperatur ein Hydrat bestimmter Zusammensetzung als Bodenkörper ausscheiden muß und somit stabil ist.

Die Suche nach solchen stabilen Verbindungen geschieht jedoch üblicherweise in Gemischen mit Wasserüberschuß. Demgegenüber ist die in einer Zement*paste* zur Verfügung stehende Wassermenge in der Regel viel geringer und vermindert sich während des Erhärtens ständig; die Hydratationsprodukte bilden sich somit bei ständig veränderter Konzentration. Durch die Reaktion der kalkreichen Silicate und Aluminate mit Wasser wird gleichzeitig *Wärme* entwickelt, und zwar in abgerundeten Kaloriewerten je g:

C_3S	C_2S	C_3A [1]	C_4AF
120	60	320	100

Die Temperatur bleibt also in den immer enger werdenden Reaktionsräumen der Zementpaste nicht konstant. Wasser als die wichtigste Komponente steht außerdem, auch wenn es schon als Hydrat gebunden ist, mit dem in der *Luft* als Gas vorhandenen Wasserdampf im Gleichgewicht, dessen Menge als relative Feuchte in % ausgedrückt wird. An der Oberfläche der Zementpaste verdunstet mit einer erheblichen Saugspannung vor, während und nach ihrer Erhärtung Wasser, solange

---

[1] In Gegenwart von Sulfat.

2.2.6 Gleichgewichte beim Hydratisieren (Hydrolyse)

der Beton wärmer oder feuchter ist als die Luft, und zwar in Abhängigkeit von dem erreichten Bindungszustand des Wassers, daher aus jungem Beton schneller und mehr als aus altem Beton. (Im umgekehrten Fall wird Wasser infolge des in der Zementpaste durch die Hydratation entstehenden Kapillarsystems auch unmittelbar aus feuchter Luft und nicht nur in bereits verflüssigter Form als Tau und Niederschlag aufgenommen.) Hinzu kommt die an anderen Stellen erwähnte und behandelte Einwirkung der in der Luft vorhandenen als Säure wirkenden CO_2 (Carbonatisierung).

Der Hydratationsvorgang läßt sich auch deshalb nicht mit einer üblichen chemischen Reaktion in einer Lösung oder Schmelze vergleichen, in der eine freie Beweglichkeit der Moleküle und Ionen herrscht und z. B. eine Neutralisation in Bruchteilen einer Sekunde verläuft, weil beim Zement die Reaktion als *Oberflächen*reaktion beginnt und durch *Diffusion* langsam unter dauernd sich ändernden Konzentrationsbedingungen in das Innere vordringt. Entscheidend ist aber, daß sich das System Klinker—Wasser auch nach dem Erhärten, d. h. der Bildung der Hydratationsprodukte, sogar nach dem Verbrauch des gesamten Wassers *nicht im Gleichgewicht* befindet. Der Kern zum mindesten der gröberen Zementkörner bleibt trocken und hygroskopisch. Die Hydratation kommt nur deshalb zum Stillstand, weil die Zementpaste bei ihrem Entstehen alles verfügbare Wasser verbraucht, die zunächst vorhandenen Wasserporen mit Gel erfüllt und somit „austrocknet". Die Zementpaste wird gleichzeitig undurchlässig. Die Hydratation schreitet dann sehr langsam weiter und führt ohne Quellung zu einem Ausgleich in der Verteilung des Wassers zwischen den Hydratationsprodukten (s. unter 3.2.3 und 3.2.4).

Wesentlich schneller verläuft die Hydratation bei der künstlichen Erhöhung der Reaktionstemperatur durch Dampfbehandlung und Dampfdruckhärtung im Autoklaven. Doch ist bei der Autoklavhärtung zu berücksichtigen, daß sich auch der feine silicatische Zuschlag, besonders Quarz, an der Bildung der Hydratationsprodukte und der Festigkeit beteiligt (s. 3.5.3). — Die Dampfdruckhärtung ist chemisch betrachtet eine *Hydrothermalsynthese*, d. h. ein aufbauender Vorgang, die Hydratation des Zements eigentlich eine *Hydrolyse*, d. h. ein Zersetzungsvorgang. Bei der Hydrolyse werden die Klinkerphasen zerlegt und *Bestandteile* des Wassers in die Spaltprodukte aufgenommen. Das besondere Kennzeichen der Hydrolyse beim Zement ist, daß die Hydrolyse nicht bis zu einem Gleichgewicht führt, sondern daß „das Hydratationsprodukt ein noch instabiles Gebilde, in fortschreitender Veränderung begriffenes, zunächst kolloidales Gebilde ist, das mehr und mehr mikrokristalline Struktur annimmt", wie H. Kühl [k 55] es ausdrückt. Daß diese Neigung über lange Zeiträume und auch zwischen den reinen

Stoffen Quarz und Ca(OH)$_2$ wirksam bleibt, zeigen die Untersuchungen von G. M. IDORN [I 3] an altem Beton und die von W. OHNEMÜLLER und G. SCHIMMEL (O 2) (s. unten) an Quarzplatten, die in Calciumhydroxid eingebettet waren. Für die Hydratation bzw. die Hydrolyse von Zementklinker ist aber nicht nur die CaO/SiO$_2$-Reaktion charakteristisch, sondern auch die kolloide Beschaffenheit der Hydratationsprodukte.

In diesem Zusammenhang seien noch einige für die Erhärtung des Zements und die Beständigkeit des Betons wichtige Vorgänge der Hydrolyse und Hydratation erwähnt. Eine für den Beton wichtige *Hydrolyse* ist z. B. die Reaktion von CaS oder von FeS in natürlichen Wässern und Abwässern, wobei sich Ca(OH)$_2$ und Fe(OH)$_2$ und das Gas H$_2$S bildet, das durch Oxydation in SO$_2$ und SO$_3$ übergehen und dann z. B. den Beton schädigen kann (s. unter 4.3.2). Auf der hydrolytischen Spaltung beruht auch der saure Charakter von Salzen mit schwach alkalischem Kation und stark saurem Anion, z. B. von Ferrosulfat FeSO$_4$, und der basische Charakter der Soda Na$_2$CO$_3$ im umgekehrten Falle (s. Bild 69 pH-Werte unter 4.2.1).

Bei der „eigentlichen" *Hydratation* werden im Gegensatz zur Hydrolyse „ganze" *Wassermoleküle* an Ionen, an Feststoffe und an Kolloide angelagert. In wäßriger Lösung umgibt sich z. B.

das Ion des	Na	Cl	Mg	CaO	
mit	4	3	14	10 bis 12	Wassermolekülen.

Im festen Zustand enthalten viele Kristalle z. T. erhebliche Mengen an Kristallwasser, z. B. die Salze mit stark hydratisierenden Metallionen wie die Al-, Fe- und Cr-Salze, und mit stark hydratisierendem Säurerest-Ion, wie es z. B. die SO$_4^{2+}$-Ionen sind. Typisch wasserreiche Hydrate sind die *Alaune*, zu denen man auch die beiden bei der Hydratation von Aluminaten erwähnten aus C$_3$A, CaSO$_4$ und H$_2$O bestehenden Calcium-Aluminat-Sulfat-Hydrat-Kristalle: Ettringit, das sogenannte *Trisulfat* und das *Monosulfat*, rechnet. Das erste, auf dessen Entstehen man das Sulfattreiben zurückführt, enthält 32 Mol Kristallwasser, das sind 45,9 Gew.-% Wasser, das zweite 12 Mol, das sind 34,7 Gew.-% H$_2$O. — Wichtig ist auch die Bindung des Wassers an *elektrisch geladene* Kolloidteilchen, die wie z. B. das Silicatgel einen nicht stöchiometrischen, d. h. zahlenmäßig festgelegten Wassergehalt haben, der durch Wasserzufuhr größer, durch Austrocknung oder *Kondensation*, d. h. Teilchenkonzentration unter Wasserabgabe, kleiner werden kann und zum Hartwerden führt. Man spricht im Fall einer klaren Lösung von Hydro*sol*, nach beginnender Trübung durch das Ausflocken von einem Hydro*gel*. Der Übergang eines durch Calciumionen ausgefällten Kieselsäuregels und dessen Erhärtung ist der Grundgedanke der später behandelten Kolloidtheorie (s. 2.3.6).

2.2.7 Reaktionsgeschwindigkeit und spezifische Oberfläche (Gips und Kalk als Beispiele)

Die Geschwindigkeit jeder Reaktion nimmt mit der Oberfläche der reagierenden Stoffe zu. Das Verhalten von Baugips, Baukalk und Ton beim Erhitzen und Verfestigen zeigt die Ähnlichkeit, aber auch den Unterschied zu den Vorgängen beim Zementklinker deutlich. Nach der späteren Tab. 49 des Abschn. 4.1.4 mit den Eigenschaften der Carbonate des Calciums und Magnesiums und der Kalksulfate erreicht der Verdampfungsdruck des H_2O im $CaSO_4 \cdot 2\,H_2O$ den Wert von 760 Torr oder 1 at schon bei 101,5 °C und der Dissoziationsdruck des CO_2 im $CaCO_3$ den Wert von 1 at schon bei 885 °C. Von da ab stellt bereits im ersten Falle das Halbhydrat, im zweiten Fall das CaO die stabile Modifikation dar. Es gilt sogar sowohl für das H_2O im Gips als auch für das CO_2 im $CaCO_3$ dieselbe Beziehung wie für das flüssige Wasser, wonach sie *schon unterhalb* dieser beiden Temperaturen zu verdampfen bestrebt sind. Die Reaktionen unterhalb und nahe oberhalb des Verdampfungs- und Dissoziationsdruckes schreiten aber so langsam voran, daß man die in der letzten Spalte der Tabelle angegebenen erheblich höheren Temperaturen von 130 bis 160 °C bzw. 1000 bis 1200 °C anwenden muß, damit man das angestrebte Produkt in einer wirtschaftlich vertretbaren Verweilzeit in einem *technischen* Ofen herstellen kann. Beim *Kalk* kommt noch hinzu, daß er, vom Rohstoff Kreide abgesehen, in stückiger Form gebrannt wird und die zunächst auf die Oberfläche des verhältnismäßig grobkörnigen Rohsteins übertragene Wärmeenergie in den Kern der Stücke weitergeleitet werden muß, was ebenfalls durch hohe Brenntemperatur beschleunigt werden muß. Diesem Bestreben nach hohen Temperaturen steht der Wunsch entgegen, die beim Brennen durch das Austreten der CO_2 entstehende große innere Porigkeit möglichst zu erhalten und zu verhindern, daß die Restteilchen des CaO durch Sammelkristallisation wieder zu einer *geringeren* Zahl größerer Individuen mit *kleinerer* spezifischer Oberfläche zusammenwachsen. Es hat sich gezeigt, daß ein weichgebrannter Kalk einen leichter und schneller zu hydratisierenden und zu verarbeitenden plastischen Mörtel ergibt.

Für den Einfluß der Oberfläche auf den Ablauf einer Reaktion hat V. Satava [S 5] 1967 mit dem Dehydratationsvorgang von Gipsstein bei 125 °C unter Wasser im Mikro-Autoklaven ein gutes Beispiel gegeben. In einem Gipssteinkristall von 1 mm Größe vollzog sich die Dehydratation topochemisch unter *Beibehaltung* der Struktur aus Ca^{2+}- und SO_4^{2-}-Ionenketten mit einer rechnerischen inneren Porosität von 29,8%; praktisch fand er immer größere Werte. Dagegen erfolgte die Dehydratation bei den kleineren Kristallen und während der Endperiode durch die Lösung. Das ist gleichzeitig ein Beispiel für das Nebeneinander von topochemischen und Lösungsvorgängen.

Die Übergangsstadien von dem bei etwa 1000 °C hergestellten *Weichbrand*, der sich nach H. BÖRNER [B 38] 1968 in Federrollenmühlen besonders gut mahlen läßt, bis zum *Hartbrand*, der bei etwa 1200 °C zu sintern beginnt, wirken sich als Zunahme der Rohdichte, der Größe der Aggregate und der Größe der Poren aus, wie H. E. SCHWIETE, L. W. BERENS und W. KRÖNERT [S 38] 1968 außer den in Tab. 19 angegebenen Meßergebnissen durch Aufnahmen mit dem Auflichtelektronenmikroskop deutlich gemacht haben. Die Tabelle ist ergänzt durch die auch in Tab. 49 unter 4.1.4 aufgeführten Ergebnisse an einem von W. A. FISCHER [F 4a] 1964 im Max-Planck-Institut für Eisenforschung im elektrischen Lichtbogen hergestellten Schmelzkalk mit einer Dichte von 3,22 bis 3,40 g/cm^3 und einer Härte nach MOHS von 5,0 bis 5,5. Er bildet große reguläre Kristalle mit würfeliger Spaltbarkeit und ist gegenüber der wasserdampfhaltigen atmosphärischen Luft beständig. — J. WUHRER [W 89] hat 1965 die Abnahme der spezifischen Oberfläche von dichtem devonischen Kalkstein 5/15 mm mit von 900 °C auf 1500 °C zunehmender Temperatur gezeigt und hält die Herstellung von Kalk mit 15 m^2/g für möglich.

Tabelle 19. *Eigenschaften von verschieden gebranntem und von geschmolzenem Kalk, nach H. E. SCHWIETE, L. W. BERENS und W. KRÖNERT [S 38] und nach W. A. FISCHER [F 4a]*

	Rohdichte g/cm^3	Maximale Korngröße der Aggregate in μm	Größe der Poren in μm
Weichbrand	1,51	1—2	0,1— 1
Mittelbrand	2,09	3—6	1 —10
Hartbrand	2,44	>10	>20
versintert	2,81	dgl.	dgl.
Schmelzkalk	3,30	dichte Kristalle von Härte 5,0 bis 5,5	

Die Geschichte des Kalkbrennens und deren Entwicklungstendenzen hat E. SCHIELE [S 14] 1966, die Brennprobleme haben J. WUHRER und F. HOFFMANN [W 89] 1965 dargelegt. Der theoretische Wärmeaufwand für das Brennen von Kalk ist mit rd. 520 kcal/kg Kalk deshalb um rd. 100 kcal höher als beim Klinkerbrand mit rd. 420 kcal/kg Klinker, weil man zum Brennen von 1000 kg reinem Kalkstein 1800 kg Kalkstein zu erhitzen und völlig zu entsäuern hat, während zum Brennen von 1000 kg Zement nur 1550 kg Rohmehl zu erhitzen und davon

2.2.7 Reaktionsgeschwindigkeit und spezifische Oberfläche

nur rd. 1200 kg $CaCO_3$ zu entsäuern sind und außerdem bei der Bildung der Klinkermineralien noch ein Wärmegewinn von rd. 100 kcal entsteht. – Während man beim technischen Brennen von Kalk eine zu intensive Einwirkung der Wärmeenergie vermeiden muß, weil sie zu einer *Sammelkristallisation* führt, kann man beim Klinkerbrand nur mit einer genügenden Menge an geschmolzener Grundmasse die nötige Homogenität erreichen. Deshalb hat guter Klinker ein so dichtes Gefüge und erfordert zum Zerkleinern einen so hohen Aufwand an mechanischer Energie. – Die Abhängigkeit der Reaktionsfähigkeit von der Oberfläche wird im Bereich des *Zements* einmal daran erkennbar, daß grobes Rohmehl beim Brennen langsam, feines schnell reagiert, zum anderen daran, daß grober Zement langsam und nachhaltig, feiner Zement schnell erhärtet und seine Hydratationswärme freigibt. Muß oder will man den Erhärtungsprozeß beschleunigen, dann muß man die Temperatur erhöhen und, da Wasser bei 100 °C verdampft, über 100 °C hinaus unter Druck, d. h. im Autoklaven arbeiten. Dadurch läßt sich die Reaktionsdauer, wie z. B. bei der Wärmebehandlung und der Autoklavhärtung, wesentlich verkürzen. Aus Periklas MgO wird dann in einigen Stunden Brucit $Mg(OH)_2$, wozu im Beton Monate und Jahre nötig sind (s. 3.4.4). Die Kalk-Kieselsäure-Reaktion erfordert beim Brennen im Drehofen nur Minuten, beim Härten im Autoklaven

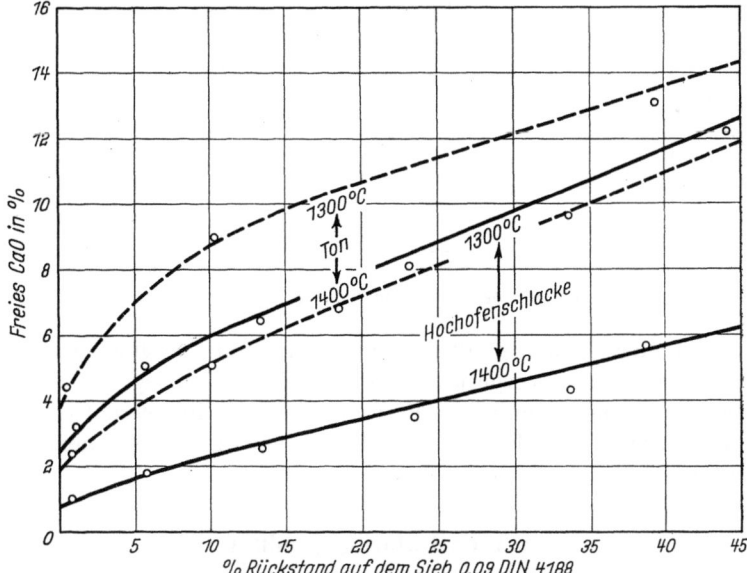

Bild 13. Abnahme der Reaktionsfähigkeit von Rohmehl aus Kalkstein und Hochofenschlacke oder Ton, dargestellt als Zunahme des Gehaltes an freiem CaO, bei Temperaturen von 1300 und 1400 °C mit abnehmender Mahlfeinheit bzw. Zunahme des Mahlrückstandes. Nach G. MUSSGNUG und G. MEYENBURG [M 61].

einige Stunden. Bei normalem Druck und normaler Temperatur konnten W. OHNEMÜLLER und G. SCHIMMEL [O 2] 1967 sie erst nach 10 Jahren als Bildung kleiner Kristalle der CSH-Phase beobachten, und zwar an Präparaten von Quarzkristallen, die in Weißkalkmörtel eingebettet waren.

Bild 13 nach G. MUSSGNUG [M 61] zeigt die Abnahme der Reaktionsfähigkeit zweier Rohmehle, dargestellt als Zunahme des Gehalts an freiem CaO nach dem Erhitzen auf 1300 und 1400 °C, wenn der Siebrückstand des Rohmehls ansteigt. Es zeigt ferner, daß das Rohmehl als Kalkstein und Ton schwerer zu sintern ist als das Rohmehl aus Kalkstein und Hochofenschlacke, weil die Hochofenschlacke schon 40 bis 45% CaO von den notwendigen 64 bis 66% CaO enthält. – Nach F. MATOUSCHEK [M 23] 1965 stieg die Leistung eines Drehofens um 10%, als der Rückstand des Rohmehls auf dem Sieb 0,09 DIN 4188 durch den Umbau der Mahlanlage von 18 bis 22% auf 10% gesunken war.

Bild 14 zeigt die charakteristische Abhängigkeit der Festigkeit eines Betons von der Feinheit des dazu verwendeten Zements und von der Erhärtungsdauer nach einer Darstellung von W. H. PRICE [P 26] 1951. Darin kommt zum Ausdruck, daß die hydraulische Reaktion

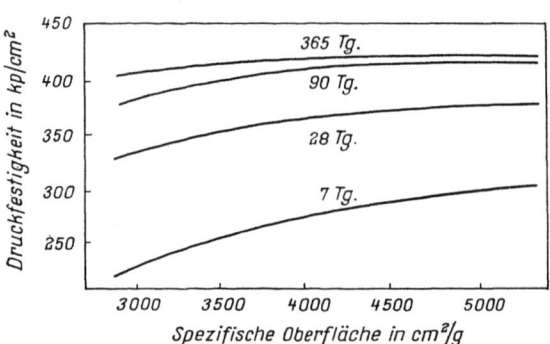

Bild 14. Anstieg der Festigkeit von Beton mit der Feinheit des Zements im Alter von 7, 28, 90 und 365 Tagen. Nach einer Darstellung von W. H. PRICE [P 26].

des erhärtenden Zements mit zunehmender Feinheit schneller verläuft, daß der dadurch hervorgerufene – mit einem Anstieg der Hydratationswärme einhergehende – Festigkeitsgewinn im wesentlichen nur eine Vorausnahme der Festigkeit bedeutet, wie die ausgeglichene Kurve der Endfestigkeit nach 365 Tagen zeigt.

2.3 Hydratationsprodukte

Die im Sinne der früheren Darlegungen wesentlichen Hydratationsprodukte der 4 Klinkerphasen enthält Tab. 20. Das aus den etwa 75% Calciumsilicat ($C_3S + C_2S$) hervorgehende Gemisch aus $C_{1,5}SH_n + CH$

bestimmt Charakter und Eigenschaften der erhärteten Zementpaste. Das gebildete Calciumsilicathydrat macht sie fest, beständig und schützend, das letzte in zweierlei Hinsicht: durch das Dichtwerden gegen das Eindringen von Wasser und durch den $Ca(OH)_2$-Gehalt gegen die Korrosion von eingebettetem Stahl. — Die Hydratation von C_3A und C_4AF ist chemisch schwieriger zu definieren, weil sich die Hydratationsprodukte während des Hydratationsvorgangs ändern und diese Änderungen durch Menge und Art des dem Zement zugemahlenen Sulfats beeinflußt werden; von technischer Bedeutung ist ihre Hydratation deshalb, weil sie das Verhalten des Zements beim Erstarren bestimmt, gegebenenfalls sogar einen Festigkeitsbeitrag liefert. Die nächsten Abschnitte behandeln die CSH-, die CAH-Verbindungen und den Verlauf der Hydratation.

Tabelle 20. *Hydratation der Klinkerphasen als chemische Reaktionsgleichungen*

Aus den Klinkerphasen	entstehen mit Wasser	die Hydratphasen
C_3S: 2 (3 CaO · SiO_2)	+ 6 H_2O →	3 CaO · 2 SiO_2 · 3 H_2O + 3 $Ca(OH)_2$
C_2S: 2 (2 CaO · SiO_2)	+ 4 H_2O →	3 CaO · 2 SiO_2 · 3 H_2O + $Ca(OH)_2$
C_3A: 3 CaO · Al_2O_3 + $Ca(OH)_2$ +	+ (x − 1) H_2O →	4 CaO · Al_2O_3 · x H_2O [1] hexagonal
C_4AF: ½ (4 CaO · Al_2O_3 · Fe_2O_3) + + 2 $Ca(OH)_2$ + (x − 2) H_2O	→	4 CaO · (Al_2O_3, Fe_2O_3) · x H_2O [1] hexagonal

[1] x = 13 oder 19; die stabilen Hydratationsprodukte haben die Zusammensetzung 3 CaO · Al_2O_3 · 6 H_2O und 3 CaO · (Al_2O_3, Fe_2O_3) · 6 H_2O und sind kubische Hydrogranate.

2.3.1 Silicatische Hydratphasen

Das aus C_3S und C_2S entstehende *Calciumsilicathydrat* bezeichnet man als Tobermorit, Tobermoritgel (USA) oder tobermoritähnliche Phase, heute meist als CSH-Phase. In ihrer Struktur ist sie nämlich einer gleichnamigen der 14 in der Natur vorkommenden CSH-Verbindungen ähnlich, von denen KÜHL zwei Gruppen angibt, eine mit dem C/S-Verhältnis unter 1, die andere mit dem C/S-Verhältnis von 1 bis 2. (Bei Dampfbehandlung und Autoklavhärtung treten gelegentlich noch die Namen zweier anderer natürlicher CSH-Mineralien aus der zweiten Gruppe auf, das sind *Afwillit* $C_3S_2H_3$, und *Hildebrandit* C_2SH_2.) Der zur ersten Gruppe gehörige natürliche Tobermorit hat die Zusammensetzung $C_4S_5H_5$ (KÜHL) oder $C_5S_6H_6$ (SCHWIETE) und damit ein C/S-Verhältnis von etwa 0,8. H. F. W. TAYLOR [t 2] unterscheidet 1964 die

Phase CSH I mit einem C/S-Verhältnis von 0,8 bis 1,5 und CSH II mit einem C/S-Verhältnis von 1,5 bis 2,0.

Die aus C_3S und C_2S hervorgehenden CSH-Verbindungen sind wegen des großen Kalkangebots zwangsläufig kalkreicher, ohne daß der gesamte Kalk in die Struktur des Tobermorits aufgenommen werden kann, wie aus den chemischen Reaktionsgleichungen von Tab. 20 erkennbar ist (s. voriger Abschnitt).

Das geht auch aus dem analytisch nachweisbaren Gehalt der CSH-Phase an $Ca(OH)_2$ hervor. Bei der Bestimmung dieses freien $Ca(OH)_2$ nach *verschiedenen* Verfahren kommt man zu verschiedenen Werten für das Molverhältnis C/S, in dem von LOCHER [L 48] 1967 angegebenen Beispiel an derselben Probe auf chemischem Wege zu Werten von 1,4 bis 1,6, auf thermographischem Wege zu 1,6 bis 1,9; mit der Differential-Thermo-Kalorimetrie fanden SCHWIETE und KURCZIK 1,8 bis 1,9. Nach dem derzeitigen Stand kann die CSH-Phase ein C/S-Verhältnis von 0,8 bis über 2 haben, in der Diskussion von STEIN-STEVELS-DE JONG mit N. KAWADA und A. NEMOTO [K 7] werden 1967 Werte von 2,4 und 3,0 genannt, was als Eindringen von Wasser in C_3S zu deuten wäre; bis zum C/S-Verhältnis von 1,3 ist die Phase blättchenförmig, über 1,5, wie sie als Hydratationsprodukt von Klinker und auch von Hochofenschlacke vorkommt, besteht sie aus faserigen Bündeln (GRUDEMO 1952). Die Fasern sind Röhrchen aus aufgerollten Folien (RICHARTZ-LOCHER 1965) und bestehen aus CSH-Schichten mit eingelagerten CH-Schichten. In der CSH-Phase aus C_2S nimmt C/S mit Alter und Temperatur von 1,0 bis 1,3 auf 1,7 bis 1,9 zu; in der CSH-Phase aus C_3S fällt sie von 1,7 bis 1,9 auf etwa 1,5 ab; durch Verringern des Wasserzementwerts steigt C/S über 2 an, wie auch KANTRO-BRUNAUER-WEISE 1961 und 1962 gefunden haben und LOCHER 1967 [L 48] mitgeteilt hat.

Das hervorstehende Merkmal der CSH-Phase ist ihre *feine Verteilung*, deren Oberfläche nach dem BET-Verfahren (BET = BRUNAUER-EMMET-TELLER) mit Wasserdampf bestimmt 250 bis 300 m²/g, mit Stickstoff oder Argon bestimmt, nur etwa 150 m²/g beträgt. Nimmt man eine kugelförmige Gestalt der Hydratationsprodukte an, so ergibt sich deren mittlerer Teilchendurchmesser zu 25 Å oder 2,5 nm oder $2,5 \cdot 10^{-9}$ m. Wenn man den „repräsentativen Korndurchmesser" von Zement mit 8 μm oder $8 \cdot 10^{-6}$ m annimmt (s. 5.5.1), so vergrößert der Zement beim Hydratisieren seine Oberfläche um das rd. 1000fache und kommt damit in den Bereich der Kolloide mit Teilchendurchmessern von 10^{-9} bis 10^{-11} m (s. unter 3.2.6). Die CSH-Phase hat infolgedessen, wie COPELAND-BODOR-WEISE [C 11b] durch BULL. 211 (1967) der PCA nachgewiesen haben, die Fähigkeit, eine bestimmte Menge der Hydratationsprodukte des Aluminats und Ferrits unter Erhöhung ihres C/S-Verhältnisses aufzunehmen, und zwar können Al, Fe und S (aus dem Sulfation) das Si ersetzen, Al und Fe auch Ca. Die Substitution kann während der Bildung des Gels, auch in der schon erhärteten Paste vor sich gehen, und zwar bis zur Menge von 1 Atom des Substituts auf 6 Atome Si. Das Al in einem solchen Gel kann mit Sulfationen reagieren [C 11 b].

Aus einer Lösung von $+5$ °C bilden sich besser ausgebildete dünnere fadenartige Kristalle als bei 20 °C, wie die Bilder 15a und 15b nach F. W. LOCHER und W. RICHARTZ [R 19] 1965 zeigen. Dieser *morphologische* Unterschied könnte die Ursache dafür sein, daß bei 5 °C zwar

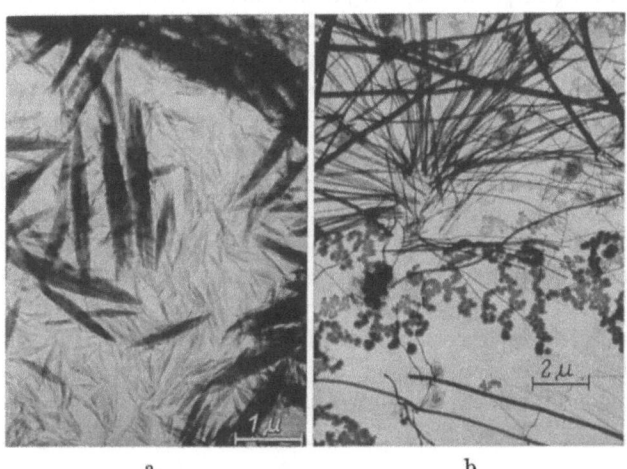

a b

Bilder 15a u. b. Einfluß der Temperatur auf die Ausbildung von Calciumsilicathydrat mit einem CaO : SiO_2-Verhältnis von 1,5. a) Bei 20 °C in kurzfasrigen Bündeln; b) bei 5 °C in langen Fasern. Nach W. RICHARTZ und F. W. LOCHER [R 19].

geringere Anfangs- aber höhere Endfestigkeiten entstehen. RICHARTZ und LOCHER deuten sie 1966 als Verlängerung des zweiten Stadiums (s. 2.3.5) der Hydratation, bei der die *lang*faserigen CSH-Kristalle entstehen, die die Poren überbrücken und trotz geringer eigener Festigkeit die Träger der Festigkeit der erhärteten Zementpaste sind (s. auch 1.3.3).

2.3.2 Aluminatische und ferritische Hydratphasen

Bei der Hydrolyse der durch C_3A, C_4AF — oder in anderer Schreibweise $C_2(A, F)$ — repräsentierten aluminatischen und ferritischen Schmelze entsteht in *Abwesenheit* von Sulfat oder nach Verbrauch des Sulfats das *meta*stabile tafelige (blättchenförmige) Tetrahydrat C_4AH_{19}. Es geht schon bei schwachem Trocknen an der Luft in $C_4AH_{13(11)}$ über, wandelt sich aber im Zementstein ebenso wie das entsprechende

Ferrithydrat $C_4FH_{13(14)}$ und die Zwischenglieder (s. unten) *nicht* in die stabile kubische Phase Hydrogranat C_3AH_6 um.

Im Gegensatz dazu ist das CAH_{10}, das beim Erhärten von *Tonerdezement* entsteht, so *in*stabil, daß es sich freiwillig, durch ansteigende Temperatur beschleunigt, in C_3AH_6 und Tonerdehydrat $Al(OH)_3$ (kurz: AH_3, als Mineral: Hydrargillit oder Gibbsit) und in Wasser umwandelt; diese Umwandlung verursacht den Festigkeitsabfall sowie den Wegfall der Schutzwirkung für die Stahlbewehrung (s. 4.4.2).

Die eigentliche *stabile* Phase mit der geringsten Löslichkeit ist zwar das kubische C_3AH_6, der sog. *Hydrogranat*; er kommt aber als Hydratationsprodukt von Zement nicht vor, auch nicht in Hüttenzement. In hochofenschlackenreichen Gemischen mit wenig Klinker wird alle Al_2O_3 in das kalkärmere, ebenfalls blättchenförmige C_2AH_8 und das quarternäre C_2ASH_8 Gehlenithydrat übergeführt; diese kalkärmeren Aluminathydrate sind gegen Sulfatlösungen widerstandsfähiger als die kalkreichen Calciumhydrate (C_2AS ist Gehlenit). Die faserigen CSH-Silicathydrate muß man aber auch in den Hüttenzementen einschließlich des an Al_2O_3 und SO_3 reicheren Sulfathüttenzements als die Träger der hydraulischen Festigkeit annehmen (s. auch H. G. SMOLCZYK 1965 [S 72] unter 2.4.2)

Da die Hydratation aller Zemente in *Anwesenheit* von *Sulfat* verläuft, bilden sich in der ersten Stufe der Hydratation bei fast allen Zementen folgende beiden Calcium-Aluminat-Sulfathydrate:

			H_2O-Gehalt in Gew.-%
Trisulfat (Ettringit)	hexagonal nadelförmig	$3\,CaO \cdot Al_2O_3 \cdot 3\,CaSO_4 \cdot 32\,H_2O$ ($C_3A \cdot Cs_3H_{32}$)	45,9
Monosulfat	hexagonal tafelig	$3\,CaO \cdot Al_2O_3 \cdot CaSO_4 \cdot 12\,H_2O$ ($C_3A \cdot CsH_{12}$)	34,7

Nach W. DOSCH und H. ZUR STRASSEN [D 16] 1967 besteht auch eine alkalihaltige Abart des Monosulfats mit der Zusammensetzung $4\,CaO \cdot 0,9\,Al_2O_3 \cdot 1,1\,SO_3 \cdot 0,5\,Na_2O$ in den drei Hydratstufen mit 16, 12 und 8 H_2O.

Von den kalkreichen Aluminathydraten ohne und mit Sulfat laufen, wie z. T. bereits erwähnt, Mischkristallreihen zu den entsprechenden *eisenhaltigen* hexagonalen oder kubischen Schwesterverbindungen, z. B. von C_4AH_{13} zu $C_4FH_{13(14)}$. Bemerkenswert, für Zement bisher aber ohne technische Bedeutung, ist die von E. P. FLINT, H. F. McMURDIE und L. S. WELLS [F 4b] 1938 aufgezeigte divariante Mischkristallreihe bei den Kalk-Tonerde-Granaten, bei denen nicht nur ein Ersatz von

Al_2O_3 durch Fe_2O_3 stattfindet, sondern auch 2 H durch 1 S ersetzt werden. Bei Anwendung von Druck kann man auf dem zweiten Wege von C_3AH_6 bis zu dem hellfarbigen auch in der Natur vorkommenden Granat, dem Grossular C_3AS_3 gelangen. In Deutschland haben sich dieses Sondergebietes besonders angenommen H. ZUR STRASSEN [S 106 b], z. T. mit F. H. DÖRR, H. E. SCHWIETE, der zuletzt mit T. IWAI [S 43 b] 1965 bestätigt hat, daß das aus $C_2(A, F)$ hervorgehende kubische Hydrat der Mischkristallreihe $C_3(A, F)SH_4$ von der Zusammensetzung $C_3AH_{5,6}S_{0,2}$ ab durch Na_2SO_4-Lösungen nicht mehr angegriffen werden kann. H. G. SMOLCZYK [S 72] hat 1961 als vollständige Formel der im Zementmörtel tatsächlich auftretenden Ettringitphase $3 CaO \cdot (Al, Fe)_2O_3 \cdot 3 (CaSO_4, Ca(OH)_2) \cdot 30-32\ H_2O$, kurz $C_3(A, F)(Cs \cdot CH) \cdot H_{30-32}$ angegeben und dafür die Bezeichnung AFt (Aluminat-Ferrit-tri) vorgeschlagen, für das Monosulfat AFm.

2.3.3 Chemische Wirkungen auf die Hydratphasen (CO_2, $CaCl_2$, Zn- und Mg-Salze)

Das Wasser in den Aluminathydraten ist, wie schon erwähnt, meist nur *schwach* gebunden. Deshalb ändert sich ihr H_2O-Gehalt auch mit der relativen Feuchte der Luft und beim Dehydrieren z. B. von C_4AH_{19} bis auf C_4AH_7 [S 45]. Das H_2O wird leicht durch CO_2 aus der Luft unter Bildung von *Carboaluminaten*, d. h. durch Carbonatisierung, verdrängt, ferner durch gelöstes $CaCO_3$, das aus $CaCO_3$-Mehl stammt. Als stöchiometrische Zusammensetzung gilt im allgemeinen das dem oben genannten *Mono*sulfat entsprechende $3 CaO \cdot Al_2O_3 \cdot CaCO_3 \cdot 11(10)\ H_2O$ (kurz $C_3A \cdot CaCO_3 \cdot H_{11}$), von dem es auch eine $CaCl_2$ anstatt des $CaCO_3$ enthaltende Abart gibt: das *Friedelsche Salz* mit der Zusammensetzung $3 CaO \cdot Al_2O_3 \cdot CaCl_2 \cdot 11\ H_2O$.

Zwischen 0 und −10 °C besteht auch ein dem *Tri*sulfat entsprechendes Salz mit $3 CaCl_2$ und $30\ H_2O$ [S 45]. Vom Carboaluminat bestehen auch Zwischenstufen. W. DOSCH und H. ZUR STRASSEN [D 16] haben 1965 die Reaktionen des C_4AH_{19} mit CO_2 ausführlich beschrieben, auch die chloridhaltigen Hydrate α- und β-$C_3A \cdot CaCl_2 \cdot H_{10}$ und das $C_6A_2 \cdot CaSO_4 \cdot CaCl_2 \cdot H_{24}$.

Die günstige Wirkung von zugesetztem *CaCO₃* auf das Verhalten der Zementpaste ist für den Zementhersteller deshalb von Interesse, weil manches Zementwerk einen reinen Kalkstein als Rohmehlkomponente verwendet. E. SPOHN und W. LIEBER [S 86] konnten 1965 beim Zusatz von Marmormehl zu C_3A und C_4AF Steigerungen der Festigkeit von 50 bis 150%, bei Portlandzement um 25% feststellen, bei diesen nicht nur an Kleinzylindern, sondern auch an DIN-Normenprismen. Sie vermuten, daß die stark verzögernde Wirkung von 1 bis 10% $CaCO_3$ auf das Erstarren durch die Bildung des oben erwähnten wasserreichen Tricarboaluminathydrats wie bei dem ähnlichen Ettringit bedingt ist. Nach K. MRAKOVICS [M 52] 1963 ist Kalksteinmehl auf C_2S ohne Wirkung; er bezeichnet als optimal eine Zusatzmenge an Kalksteinmehl

	für	C_3S	C_3A	C_4AF
	von	25%	5%	25%

Als Ursache der Festigkeitserhöhung durch $CaCO_3$ sieht man entweder die Beschleunigung der Reaktion oder die Bildung eines Carboaluminats an, das JU. M. BUTT und Mitarbeiter [B 67] 1965 durch eine endotherme Reaktion bei 672 bis 680 °C kennzeichnen. A. D. BUCK und W. L. DOLCH [B 63a] haben 1967 darauf aufmerksam gemacht, daß unter den auch von D. W. HADLEY [H 2] 1968 beschriebenen extremen Witterungsbedingungen von Kansas und Nebraska (USA) an der Oberfläche von nicht dolomitischem Zuschlag, also von ziemlich reinem Kalkstein, Reaktionssäume vorhanden sind, und haben sie auch bei Laborversuchen innerhalb von 30 Tagen feststellen können, sowohl bei Zement mit niedrigem (0,38% Gesamtalkali) als auch mit höherem (0,95% Gesamtalkali) Alkaligehalt. E. SPOHN und W. LIEBER [S 86] 1965 haben anschließend durch Versuche mit völlig alkalifreiem Klinker nachgewiesen, daß die Anwesenheit von Alkalien zum Eintritt der Reaktion nicht nötig ist, wie die Verfasser vermutet haben, und daß mergeliger Kalkstein stärker reagiert als der reine grobkristalline Marmor. R. F. FELDMAN, V. S. RAMACHANDRAN und P. J. SEREDA [F 3] nehmen 1965 bei den mit hohem Druck verpreßten Körpern eine direkte Reaktion zwischen reinem C_3A und $CaCO_3$ ohne Zwischenstufe an; dadurch wurde deren Dehnung bei Wasserlagerung wesentlich verringert. Die Carboaluminate *umhüllen* nach ihrer Auffassung die C_3A-Körner, während sie 1966 [F 3] die verzögernde Wirkung von Calciumsulfat in der *Adsorption* von Sulfat an die Oberfläche des C_3A sehen. Die durch einen Zusatz von $CaCO_3$ verminderte Ausdehnung einer Zementpaste in Sulfatlösungen erklären S. CHATTERJI und J. W. JEFFERY [C 7] 1967 damit, daß dann nur ein Teil des aus dem C_3A entstandenen C_4AH_{14} in Mono- und anschließend in Trisulfat übergeht und sich dabei ausdehnt, während der andere Teil carbonatisiert wird und nicht mehr zur Expansion beiträgt.

Bis vor einigen Jahren hat es als unbedenklich gegolten, *Calciumchlorid* $CaCl_2$ in fester oder in gelöster Form dem Klinker vor der Mühle oder erst im Betonmischer, dort auch als Bestandteil eines Frostschutzmittels, zuzusetzen, um ein schnelleres Erhärten bei niedriger Außentemperatur oder bei hohen Forderungen an die Anfangsfestigkeit zu sichern. Den meisten Zementen der höchsten Güteklasse wurde damals $CaCl_2$ zugemahlen. Durch den Korrosionserlaß (s. 4.2.2) ist der Zusatz

2.3.3 Chemische Wirkungen auf die Hydratphasen

von Chlorid verboten worden. Ein Zusatz bis zu höchstens 2% *galt* bis dahin noch allgemein als *unbedenklich*, weil man sich vorstellte, daß das Cl in dem bereits erwähnten entstehenden Friedelschen Salz $3\,CaO \cdot Al_2O_3 \cdot CaCl_2 \cdot 11\,H_2O$ chemisch völlig gebunden würde. Diese Ansicht wird auch heute noch in einigen Nachbarländern vertreten, wo möglicherweise Witterung und Luftverunreinigung eine negative Wirkung des $CaCl_2$ nicht verstärken. W. RICHARTZ [R 18] hat 1968 (s. 4.2.3) eine feste Bindung des Chlors bis zu 0,4 Gew.-% Cl, auf den Zement bezogen, nachgewiesen.

Nach H. G. KURCZYK und H. E. SCHWIETE [K 63] 1960 beschleunigt $CaCl_2$ die Hydratation des C_2S und verringert mit ansteigender Menge den pH-Wert der Zementpaste. Nach dem optimalen Zusatz von 1,5 bis 2,1% $CaCl_2$ fällt die Festigkeit nach ihrer Ansicht deshalb ab, weil sich bei einem pH-Wert unter 12 die übliche druckfeste CSH-Phase nicht mehr bilden kann. Nach P. SELIGMANN und N. R. GREENIG [S 63] 1964 beschleunigt $CaCl_2$ nur die Hydratation des C_3S. Nach A. M. ROSENBERG [R 31 b] 1964 erhöhen Zusätze von 2% $CaCl_2$ zum C_3S die Druckfestigkeit ohne chemische Reaktion dadurch, daß sie die Bildung faserförmigen CSH fördern, das sehr schnell kristallisiert.

O. KALLAUNER und M. MATOUSEK [K 3b] haben 1961 als wesentliche Auswirkung des $CaCl_2$-Zusatzes von 0,2 auf 5% die Vorverlagerung der maximalen Temperaturerhöhung einer Zementpaste festgestellt, was G. E. MONFORE und B. OST [M 51] 1966 mit Bild 74 unter 4.3.6 bestätigt haben.

Man hat früher gelegentlich auch von *Chlortreiben* gesprochen, über unterschiedliche Befunde berichtet und verschiedene Auffassungen darüber vertreten, wie H. KÜHL [k 55] ausführt. Das mag daran liegen, daß man damals unbedenklich größere Mengen an $CaCl_2$ zugemahlen oder zugemischt hat, und daß sich dabei nicht nur rein chemische Reaktionen, wie z. B. die Bildung des chlorhaltigen Monosulfats, abgespielt haben, sondern auch Kolloide gebildet und osmotische Vorgänge zur Folge gehabt haben.

Die Vorgänge bei der Korrosion der Stahlbewehrung und die Schutzmaßnahmen besonders im Rahmen des Korrosionserlasses der BRD von 1967 sind in den Abschnitten 4.2.2 und 4.2.3 behandelt, auch die Einwirkung von Brandgasen des Polyvinylchlorids und die von Chlor in Hallenbädern aus Beton.

Eine Parallele zu der anschließend beschriebenen Wirkung von Gips auf Zement bilden die Versuche von W. LIEBER [L 35] 1967 mit *Zink*salzen. ZnO wirkt nur auf C_3S erstarrungsverzögernd, nicht auf C_3A und C_4AF; C_2S-reiche Zemente werden nicht verzögert. Die Hydratation des C_3S wird so lange verzögert, bis ZnO in das Zinkat verwandelt ist $Ca[Zn(OH)_3 \cdot H_2O]_2$. Erst mit dem Verschwinden des ZnO setzt die

Hydratation ein, die dann zu einem schnellen Erstarren des C_3S führt. Setzt man schon dem Zement Calciumhydrozinkat zu, dann verkürzt man die Verzögerungszeit und erhält eine höhere Festigkeit. Geringe Mengen von Oxiden des *Blei* Pb und *Bor* B können nach W. KOENNE [K 41] 1961 ebenso wie die von Zink Zn, wenn sie als Verunreinigungen von Zuschlagstoffen, wie z. B. von Schwerspat, in den Beton (Reaktorbeton) kommen, starke Erstarrungsverzögerungen hervorrufen.

Eine weitere rein chemische Wirkung auf die CaO-reichen Hydratationsprodukte des Zements üben die *Magnesiumsalze,* vor allem die leicht löslichen $MgCl_2$ und $MgSO_4$ aus. Aus der von H. E. SCHWIETE, W. KRÖNERT und K. WETZEL [S 42] aufgestellten Tab. 21 kann man ersehen, daß die größten Unterschiede von mehr als dem Hundertfachen in der Löslichkeit zwischen den Sulfaten von Mg und Ca und in umgekehrtem Verhältnis zwischen den Hydroxiden bestehen. Aus $MgSO_4$ wird sich daher leicht das schwer lösliche $CaSO_4$ und aus $Ca(OH)_2$ das schwerer lösliche $Mg(OH)_2$ bilden, auch aus $MgCO_3$ das schwerer lösliche $CaCO_3$.

Tabelle 21. *Löslichkeit von Erdalkalisalzen (1, 3, 4, 5) und pH-Wert (2) der gesättigten Hydroxidlösung* nach einer Zusammenfassung von H. E. SCHWIETE, W. KRÖNERT und K. WETZEL [S 42]

	Beryllium	Magnesium	Calcium	Strontium	Barium
1. Löslichkeit von $Me(OH)_2$ g MeO in 100 g H_2O Lösung bei 18 °C	$2 \cdot 10^{-5}$	$2 \cdot 10^{-3}$	0,1[1]	0,7	3,4
2. pH-Wert der gesättigten Lösung von 1	8,3	10,5	12,6[1]	13,35	13,75
3. Löslichkeit von *Sulfat* mg in 100 g H_2O bei 18 °C	—	36 200[1]	202	11,4	0,22
4. Löslichkeit von *Carbonat* mg $MeCO_3$ in 100 g H_2O bei 18 °C	—	9,4[1]	1,3	1,0	1,72
5. Löslichkeit von *Chlorid* g $MeCl_2$ in 100 g H_2O bei 20 °C	—	54,3	74,9[1]	53,9	36,0

[1] Höher als der Nachbarwert des Magnesium- (links) oder des Calciumsalzes (rechts).

Typische *Meerwasserreaktionen* sind die beiden auf Tab. 51 unter 4.3.1 als 4a und 4b angeführten Reaktionen; sie sind mit anderen *wichtigen chemischen* Reaktionen zusammengefaßt. Bei der Verwendung von Chloriden als *Tausalz* ist es wesentlich zu wissen, daß nach Formel 4a das wasserlösliche $CaCl_2$ tiefer in den Beton eindiffundiert und daß man es durch Besprühen mit $AgNO_3$ nachweisen kann, während sich das nach Formel 4b als Niederschlag ausfallende $Mg(OH)_2$ an der Oberfläche des Betons anreichert und durch Besprühen mit dem Farbstoff [4-Nitrobenzol]-⟨1 azo 4⟩-Resorcin nachzuweisen ist. $Ca(OH)_2$ weist insofern eine Besonderheit auf, als es sich in kaltem Wasser stärker löst als in warmem Wasser, so daß also die gesättigte Lösung beim Abkühlen in eine verdünnte Lösung übergeht [k 55]. Dieses Verhalten hat wahrscheinlich für die Zementhydratation keine Bedeutung.

2.3.4 Bemessung des Kalksulfats

Ein Zusatz von wenigen Prozent Gips oder Anhydrit verzögert das Erstarren des Zementklinkers, ein Zusatz ab etwa 10% und darüber hinaus verursacht ein starkes Quellen, das bis zum Treiben führen kann. Deshalb hat es in den Normen für Portlandzement, Hüttenzement und Traßzement stets obere Grenzwerte für den *Gips*gehalt gegeben. Seitdem man die Quellung als *Sulfat*reaktion erkannt hat, bestehen solche Grenzen für den SO_3-Gehalt. Je weniger Klinker ein Zement enthält, um so höher kann diese obere Grenze liegen. Die meisten Zementwerke sind bestrebt, die Möglichkeit des Zusatzes bis zur oberen Grenze auszunutzen, weil der Sulfatzusatz in diesem Bereich die Festigkeit meist steigert. Der nahezu klinkerfreie Sulfathüttenzement enthielt sogar 8 bis 9% SO_3 (s. 1.2.3). Die Aluminat-Sulfat-Reaktion macht auch das Wesen des Quellzements aus (s. 3.4.5). Nach ASTM C 452[1] prüft man die Quellneigung von Portlandzement nach Zugabe von 7 Gew.-% SO_3 an Mörtelprüfkörpern von $2,5 \times 2,5 \times 25$ in cm beim Lagern in mindestens 50% rel. Luftfeuchte.

Durch die grundlegende Arbeit von W. LERCH [L 30] 1946 ist bekannt, daß der SO_3-Bedarf eines Zements wächst, wenn der Al_2O_3-Gehalt des Klinkers, seine Feinheit und sein Alkaligehalt, besonders der an Na_2O zunehmen. Dem tragen einige Normen dadurch Rechnung, daß sie einem Portlandzement mit höherem C_3A-Gehalt oder mit feinerer Mahlung oder mit einer Zumahlung von Hochofenschlacke (Hüttensand) eine höhere SO_3-Grenze zugestehen; ihr Höchstwert liegt nach DIN 1164 bei 4,5% SO_3 (s. 1.2.2). — Im *Zuschlag* zu Mörtel und Beton darf der Gehalt an wasserlöslichen Schwefelverbindungen, berechnet als SO_3, 1,5 Gew.-% nicht überschreiten (bei Leichtzuschlag 1% SO_3). Gips als Rohstoff und Bindemittel s. 4.1.4, auch 1.1.2.

Die wissenschaftlichen Arbeiten über die Sulfatwirkung befassen sich vorwiegend mit den Reaktionen zwischen C_3A und $CaSO_4$ ohne und bei Anwesenheit von $Ca(OH)_2$ oder C_3S, im letzten Jahrzehnt nicht

---
[1] Siehe Fußnote S. 2.

mehr in Lösungen, sondern vornehmlich in Zementpasten. SO_3 begünstigt, wie schon W. LERCH und R. H. BOGUE [L 31] 1938 festgestellt haben und inzwischen mehrmals durch Erfahrungen und Versuche u. a. von H. G. KURCZYK und H. E. SCHWIETE [K 63] 1960 bestätigt wurde, auch die Hydratation der Silicate und fördert dementsprechend die Festigkeit zum mindesten im Anfang.

Die Wahl eines optimalen Gehalts an SO_3 ist heute deshalb schwierig, weil Zementklinker in der Regel schon Sulfat enthält, das an K_2O oder Na_2O oder CaO gebunden sein kann. Dieses „*Klinkersulfat*" steht, da es im ganzen Zementkorn verteilt ist, nicht wie ein zugemahlenes Sulfat sofort in seiner Gesamtmenge zur Verfügung und wirkt nach G. MUSSGNUG [M 58] 1936 und 1954 etwas schwächer als zugesetzter Gips. Mit einem Gehalt von 1,8% SO_3 und darüber war der aus Kalkstein und sulfidhaltiger Hochofenschlacke erbrannte Klinker langsambindend.

Von den drei im Zement vorkommenden Sulfatformen werden das Dihydrat Gips $CaSO_4 \cdot 2 H_2O$ und der natürliche Anhydrit $CaSO_4$ oder Gemische aus beiden dem Zement zugemahlen. Das *Halbhydrat* (Stuckgips) $CaSO_4 \cdot \frac{1}{2} H_2O$ kann sich unbeabsichtigt durch Erwärmen von gipshaltigem Zement beim Mahlen oder Lagern im Silo bilden und zu falschem Erstarren oder Umschlagen (s. 3.1.2) führen. Es ist, wie Bild 16 zeigt, bis zu 100 °C weit besser löslich als Gips und Anhydrit;

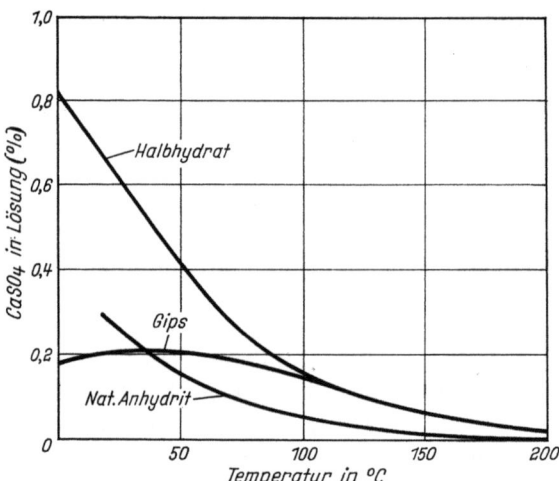

Bild 16. Wasserlöslichkeit verschiedener Arten von Calciumsulfat. Nach L. E. COPELAND und D. L. KANTRO [C 11a].

von etwa 2% an macht es den Zement, sogar klinkerarmen Hochofenzement, schnellbindend [S 39]. Den Gips hält MUSSGNUG für das wirksamste Kalksulfat; wegen der Gefahr der Dehydratation ist jedoch die

2.3.4 Bemessung des Kalksulfats

Verwendung von *Anhydrit* in vielen Fällen unumgänglich. U. LUDWIG [L 61] empfiehlt deshalb 1968 die natürlich vorkommenden Gemische aus Gips und Anhydrit. Hach H. E. SCHWIETE und E. NIËL [S 53] 1965 kann man die drei Kalksulfate durch die unter 2.5.5 behandelte Infrarotanalyse nebeneinander quantitativ bestimmen. Der *sogenannte künstliche* Anhydrit gibt nach MUSSGNUG nur bei niedrigem Zusatz normengemäßes Erstarren. Nach der in USA vorwiegend vertretenen Auffassung ist der Gehalt an Sulfat gemäß ASTM-C 265-64 richtig bemessen, wenn der Wasserauszug aus einer etwa 24 Stunden erhärteten und dann zerkleinerten Mörtelprobe keine Sulfationen mehr enthält.

Den Einfluß eines bis 10% zunehmenden Gipsgehaltes, das entspricht 4,7% SO_3, auf das Erstarren von drei *Betriebs*klinkern mit abnehmendem C_3A-Gehalt und eines bis zu 12% zunehmenden Gipsgehaltes, das entspricht 5,6% SO_3, auf die Druckfestigkeit von 3 *Modell*klinkern zeigen die nachfolgenden drei Bilder nach Versuchen von R. KUHS [K 61]. Aus Bild 17 wird erkennbar, daß zur Sicherung eines

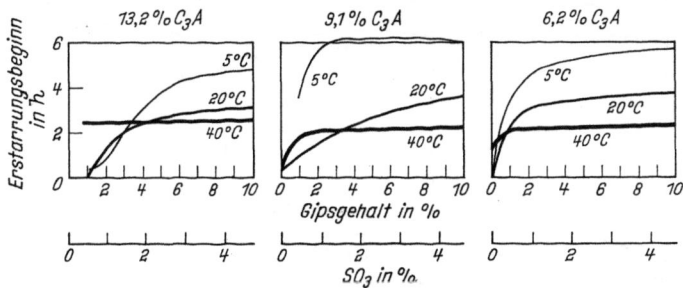

Bild 17. Veränderung des Erstarrungsbeginns von drei Betriebsklinkern mit C_3A-Gehalten von rd. 13%, rd. 9% und rd. 6% C_3A durch Zusatz von 1 bis 10% Gipsstein bei 5, 20 und 40 °C [K 61].

normengemäßen Erstarrungsbeginns von 1 Std bei 20 °C der C_3A-reiche Klinker (links) mindestens 3%, der C_3A-arme nur 1,5 bis 2% Gips (rechts) brauchte, und daß ein Erhöhen des Gipszusatzes über im ersten Fall 5 bis 6%, im letzten Fall 2 bis 3% hinaus keinen bemerkenswerten Einfluß auf das Erstarren ausübt. Durch Erwärmen auf 40 °C wird das Erstarren stark beschleugt; bei nur 5 °C dagegen braucht C_3A-reicher Klinker *noch* etwas mehr Gips zum normengerechten Erstarren als C_3A-armer Klinker. Der Klinker mit dem mittleren C_3A-Gehalt zeigt auch ein mittleres Verhalten. Bild 18 zeigt für 3 Modellklinker mit 17%, 8% und 0% C_3A und dementsprechend von 7% über 16% auf 24% zunehmendem C_4AF bei gleichbleibend 60% C_3S und 16% C_2S die anfängliche Zunahme der Druckfestigkeit zu allen Prüfterminen und deren Absinken nach Erreichen eines manchmal breiten Optimums. Alle drei Modellklinker erreichten spätestens nach 3 Monaten Wasserlagerung eine Druckfestigkeit von 600 kp/cm² und, was nicht dargestellt ist, 90 kp/cm² Biegezugfestigkeit. Der C_3A-reiche Klinker wird in seiner Druckfestigkeit am stärksten durch Gipsgehalt und Temperatur begünstigt, dafür beginnt aber deren Abfall bei 20 und bei 5 °C schon eher.

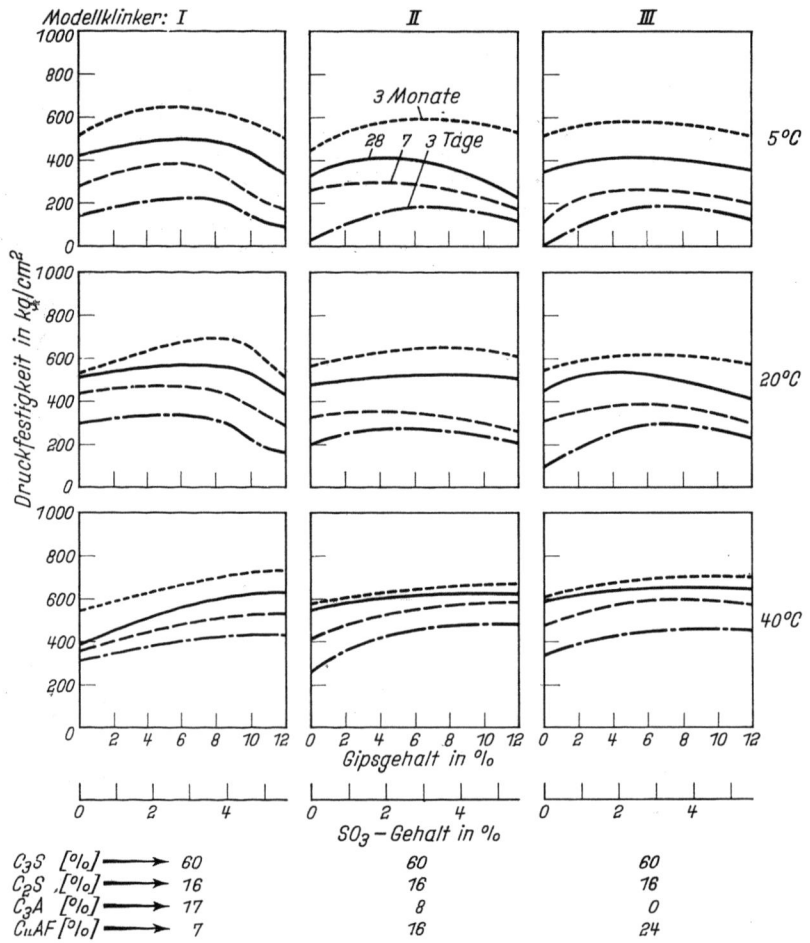

Bild 18. Ansteigen und Abfallen der Druckfestigkeit von drei Modellklinkern mit C_3A-Gehalten von rd. 17%, rd. 8% und rd. 0% durch Zusatz von 1 bis 12% Gipsstein nach 3, 7 und 28 Tagen und 3 Monaten [K 61].

Abschließend zeigt Bild 19 ein Schema zur Bemessung eines optimalen Gehaltes an SO_3 (oben) oder Gips (unten) in Abhängigkeit vom Gehalt des Klinkers an C_3A und von der Erhärtungstemperatur. Danach braucht jeder Zement mehr als 1% SO_3 oder 1,4% Anhydrit oder 2,2% Gips, sonst besteht die Gefahr des Schnellbindens. Für einen bei 20 °C erhärtenden Klinker von 3200 cm²/g Mahlfeinheit und demgemäß der früheren Tab. 11 (2.1.4) mittleren C₃A-Gehalt von 11% ergibt sich danach ein optimaler SO₃-Gehalt von rd. 2,5%, der einem Gipsgehalt von rd. 5% entspricht. Ist der Zement feiner oder lagert er bei höherer

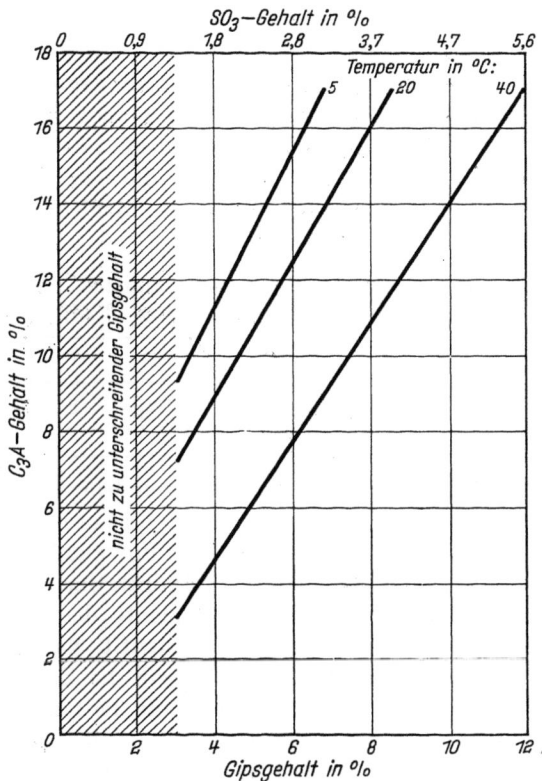

Bild 19. Optimaler Gips- (unten) bzw. SO₃-Gehalt (oben) eines Portlandzements mit 3200 cm²/g spez. Oberfläche in Abhängigkeit von dem rechnerischen C₃A-Gehalt und von der Lagerungstemperatur. Nach R. KUHS [K 61].

Temperatur, dann kann er bis zu 30% mehr Gips zum Erreichen der höchsten Festigkeit erfordern. Das Erstarren ist unter 3.1.2, das Quellen unter 3.4.5 behandelt.

2.3.5 Verlauf der Hydratation

Man unterscheidet heute die erste oder *frühe* Hydratation mit ihren Besonderheiten von der *eigentlichen* Erhärtung mit der verstärkten Bildung der CSH-Verbindungen. Die frühe Hydratation wird von der Oberfläche der Teilchen, d. h. von der Feinmahlung des Klinkers einschließlich der seiner hydraulischen und unhydraulischen Zusatzstoffe, vor allem vom Zusatz an Kalksulfat bestimmt, die eigentliche Erhärtung durch die Schnelligkeit, mit der das Wasser an den Reaktionsort vordringt (s. unten). H. KNOBLAUCH, H. E. SCHWIETE und G. ZIEGLER [K 38] haben 1959 festgestellt, daß die Reaktionen beim C_2S, wie es H. ZUR STRASSEN [S 106a] 1959 zusammengefaßt hat, mit konstanter *linearer* Eindringgeschwindigkeit fortschreitet, daß sich aber beim C_3S ein einigermaßen geradliniger Kurvenverlauf nur ergibt, wenn man die Zeit im *Wurzel*maßstab aufträgt. Das haben auch die Versuche von G. J. VERBECK und C. W. FOSTER an den Zementen des LTS-Programms [K 18] ergeben. S. TSUMURA [T 25] hat 1966 die Reaktionsgeschwindigkeit der einzelnen Klinkerphasen durch die Zahlenwerte in Tab. 22 gekennzeichnet.

Tabelle 22. *Dauer und Eindringtiefe der Oberflächenreaktion für die einzelnen Klinkerphasen*, nach S. TSUMURA [T 25]

Klinkerphase	C_3A	C_4AF	β-C_2S	C_3S	Alit
Dauer	11 min	21 min	18 Tage	2/3 Tage	~1 Tag
Eindringtiefe μm	1,3	0,65	0,35	0,4	0,8

Die in Minuten verlaufende und tief eindringende Oberflächenreaktion von C_3A und C_4AF muß man daher verzögern. Für den *Gesamtvorgang* gilt heute die Feststellung von T. C. POWERS [P 20, 21, 22, 24], daß der Zement zu allen Zeiten seiner Hydratation die gleichen Reaktionsprodukte erzeugt, was für alle Zemente des Typs I und III, aber nicht mehr bei hohem Gehalt an C_2S zutrifft. Nach H. ZUR STRASSEN [S 106a] 1959 wird der *Reaktionsfortschritt* der Zementhydratation von der *Diffusion* bestimmt. Beim C_3S verläuft die Reaktion so schnell, daß der Nachschub an Wasser nicht gesichert ist, beim C_2S so langsam, daß der Nachschub stets gesichert ist. Da das auch für die reaktionsfähigeren Phasen C_3A und C_4AF gelten muß, kann sich nur die Wassermenge umsetzen, die durch die Diffusionsschicht nachgeliefert wird (s. Bild 41 unter 3.2.2). H. RITZMANN [R 24] hat aus Eindringtiefe und Kornanalyse die hydratisierte Menge eines Zements berechnet und eine befriedigende Beziehung zur Festigkeit gefunden (s. 5.5.2 und 5.5.3).

Die frühe Hydratation der ersten Stunden ist zweifellos eine *Folge* von Reaktionen oder zum mindesten ein gestaffeltes *Nebeneinander* einer Aluminat-Sulfat-Wasser-Reaktion und der beginnenden Calciumsilicat-Wasser-Reaktion. W. LIEBER [L 35] hat beim Zusatz des ähnlich wie Gips wirkenden ZnO zu Zement oder zu C_3S ein deutliches *Nach*einander festgestellt; die Hydratation des C_3S ruht so lange, bis die Bildung des Zinkats völlig abgeschlossen ist, um dann allerdings in kürzester Zeit zu erhöhter Festigkeit zu führen. Mit J. GEBAUER [L 36]

2.3.5 Verlauf der Hydratation

hat er 1969 nachgewiesen, daß eine Auflösung des Zinkats und eine Diffusion von Zink in die CSH-Phase stattfindet und daß vermutlich das Zink als $Zn(OH)_2$ zwischen die Silicatschichten der CSH-Phase eintritt. Die mit dem Angebot zunehmende Einbaumenge erreicht bei etwa 10% ihre Grenze.

Über die *Produkte* der ersten Hydratation sowohl in einer Lösung als auch in einer Paste bestehen keine abweichenden Auffassungen. Nach dem zusammenfassenden Referat von G. VERBECK [V 10] 1965 auf Grund der Arbeiten von P. SELIGMANN und N. R. GREENING 1962 und 1964 [S 63] mit einem kontinuierlichen Röntgenverfahren für Zementpasten und von G. E. MONFORE und B. OST [M 51] 1966 mit einem isothermen Wärmeflußkalorimeter bildet sich zuerst Trisulfat, dann mit abnehmendem SO_3-Angebot das Monosulfat und, wenn der Vorrat an SO_3 aufgezehrt ist, ein Gemisch aus Calcium-Aluminat-Hydrat und dem Monosulfat, das seinerseits durch Abbau des Trisulfats entsteht. Nach den Versuchen von T. MANABE und N. KAWADA [M 9] 1960 mit *radioaktivem* Schwefel wird die größte Menge Gips in den ersten Minuten zu Ca-Sulfat-Aluminaten gebunden, wonach der weitere Umsatz langsamer verläuft; in ausgebreitet gelagertem Zement mit falschem Erstarren begann die Gipsbindung 3 Minuten später. In einem bei *hoher* Luftfeuchtigkeit gelagertem Zement hatte sich schon Ca-Sulfataluminat gebildet; beim Anmachen des Zements mit Wasser nahm dessen Gehalt zunächst ab, um danach sehr schnell wieder anzusteigen. Falsches Erstarren kann bei langem Lagern auch auf diese Weise entstehen.

Die *Rolle* des Gipses beim Erstarren wird auf verschiedene Weise gedeutet. Nach der einen *These* erhöht er die Kalkkonzentration und bremst dadurch eine weitere Reaktion des Wassers mit dem Aluminat ab. Nach der nicht mehr „rein chemischen" Auffassung von H. KÜHL sorgt das Sulfat für ein schnelles Ausfällen der Ionen des Calciumaluminats in Form z. B. von Trisulfat und hindert dadurch diese Ionen daran, ihre stark koagulierende Wirkung auf das Sol des Calciumsilicathydrats auszuüben. Dadurch wird ein bestimmter Teil des Wassers in einem Kristall ohne merkliche Versteifung der flüssigen Phase festgelegt, anstatt daß das gesamte Wasser sofort in die Bildung eines ausfallenden und von da an ständig steifer werdenden Gels einbezogen wird. Im ersten Falle wirkt Sulfat als Bremse für die Hydratation des hydratationswilligen C_3A, im zweiten Falle ist es ein Verzögerer der Koagulation, wie das offensichtlich bei den Zinksalzen der Fall ist. Die dritte heute meist vertretene Auffassung hält die Bildung einer schützenden *Hülle* auf der Oberfläche des Aluminats und dessen vorübergehende Abschirmung für die wesentliche Ursache der Verzögerung; sie steht nicht im Gegensatz zur zweiten These. Einige der in den letzten Jahren vertretenen Auffassungen seien kurz gestreift.

SCHWIETE-LUDWIG [L 61] unterscheiden 1968 vom Beginn der Bildung des Trisulfats bis zu seinem Abbau *fünf* Stadien: eine zuerst dünne, sich allmählich verdickende, dann unter dem Kristalldruck aufplatzende und wieder verheilende *Hülle,* die im letzten Stadium zu Monosulfat abgebaut wird. Zusammen mit J. ALBECK [S 47] erklären sie 1969 die günstige Wirkung von Chlorid als auch die günstigere Wirkung von Anhydrit anstelle von Gips damit, daß beide die Ausbildung der Ettringithülle vermindern oder verhindern. VERBECK [V 10] unterscheidet 1965 *drei* Reaktionsstufen der frühen Hydratation, zunächst die erste schnelle Reaktion bei der Berührung von Zement mit Wasser durch die dabei entstehende Benetzungswärme, durch das Lösen von Alkalien und Gips und durch die Bildung des Sulfat-Aluminat-Überzugs über das hochaktive C_3A. Die zweite Erwärmungsspitze wird von der dann langsameren C_3A-Reaktion und der zunehmend beschleunigten C_3S-Reaktion bewirkt. Für die Aufeinanderfolge der Reaktionen hat er charakteristische thermographische Kurven und Röntgenbeugungsdiagramme von Zementpasten aus C_3A mit $Ca(OH)_2$

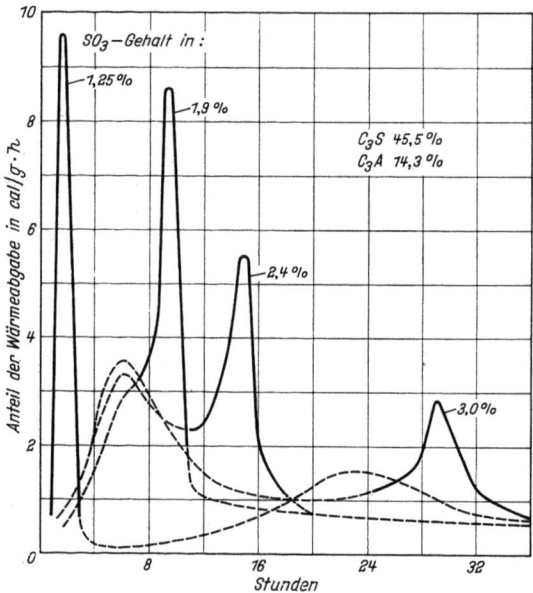

Bild 20. Stündlicher Zuwachs der Wärmeabgabe je g Portlandzement mit 45,5% C_3S und dem hohen Gehalt von 14,3% C_3A mit zunehmendem Gehalt an SO_3, der die Hydratation des C_3A verringert und verzögert, nach Messungen im Wärmefluß-Kalorimeter. Nach G. VERBECK [V 10].

unter zunehmender Menge an Gips gebracht. Bild 20 zeigt unter Weglassung der ersten Erwärmungsspitze (Sofortwärme, Stadium 1) die mildernde und verschiebende Wirkung des Gipsgehaltes auf die Wärme-

2.3.5 Verlauf der Hydratation

abgabe eines verhältnismäßig tonerdereichen Klinkers im Stadium 2 der Hydratation als Aufzeichnung des *isothermen Wärmefluß-Kalorimeters*. Auf demselben Wege ließ sich auch die Beschleunigung der C_3S-Hydratation durch $CaCl_2$, ferner deren Verzögerung durch Zucker, manchmal aber unter starker Beschleunigung von Stufe 1, ferner die alle Hydratationsstufen verzögernde Wirkung von Vinsol-Resin erkennbar machen, wie aus Bild 74 unter 4.3.6 hervorgeht. — Auch nach K. Fujii, W. Kondo und T. Watanabe [F 16b] 1970 liefert die Bildung von Ettringitformen den Hauptanteil der sofort nach dem Anmachen mit Wasser entwickelten Wärme.

W. Richartz unterscheidet beim Erstarren *und Erhärten* 1965 in einer Arbeit mit F. W. Locher [R 19] und 1969 [R 17] *drei* Stadien. Im ersten von etwa 3 bis 4 Minuten bilden sich nur dünntafeliges $Ca(OH)_2$ und Ettringit, im zweiten von etwa 1 bis 24 Stunden bildet sich aus C_3S und C_2S die CSH-Phase in dünnen, ineinander verschlungenen *langen Fasern*, die mit dem nadelförmigen Ettringit dem Gefüge eine gewisse *Stabilität* geben, während im dritten Stadium ab 7 bis 28 Tagen der Porenraum durch eine feinkristalline CSH-Phase ausgefüllt und dadurch verkleinert wird. Das Grundgefüge wird verdichtet

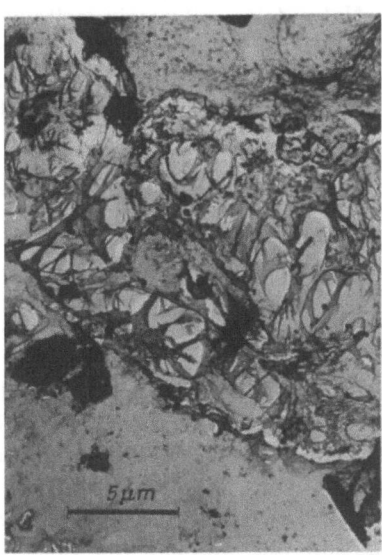

Bild 21.
Tricalciumsilicat-Paste mit W/Z = 0,44 im Alter von 3 Tagen. Der große mittlere Porenraum, der nach dem Anmachen im wesentlichen mit Wasser gefüllt war, ist jetzt mit faserigen CSH-Kristallen überbrückt. Die hellen Stellen zwischen den Fasern sind noch nicht mit den feineren Hydratationsprodukten ausgefüllt, die sich erst im Verlauf der weiteren Erhärtung bilden. Nach W. Richartz [R 17].

und die Festigkeit erhöht. Die Annahme von den günstigen Eigenschaften einer solchen Gerippestruktur belegt er u. a. mit dem Hinweis auf die hohe Festigkeit der in dem früheren Bild 9 unter 2.1.7 dargestellten balkenartigen Germanathydratkristalle und mit dem Bild 21 von einer hydratisierten C_3S-Paste vor Beginn des dritten Stadiums der Hydratation. Die höhere Festigkeit durch Zusätze oder durch Erhärten bei tiefer Temperatur erklärt er als Verlängerung des zweiten Stadiums, in dem die langfaserige CSH-Phase entsteht. Er zeigt ferner, daß sich die Festigkeit des Zementsteins nur mit solchen *Fasern* erhöhen läßt, die einen höheren E-Modul haben als der Zementstein und sich gut damit verbinden, was z. B. bei *Perlonfasern* nicht der Fall ist. Fasern aus üblichem *Glas* werden chemisch angegriffen, mit chemisch widerstandsfähigem Glas entsteht kein Verbund. Er weist auf die auch von M. Duriez und Mitarbeiter [D 22] 1956 und von G. Balazs und Mitarbeitern [B 4] 1958 angegebene Möglichkeit hin, sozusagen arteigene Fasern aus erhärtetem Zementstein zu verwenden.

Verbeck vermutet als Ursache der geringen Festigkeit von wärmebehandeltem Beton eine *ungleichmäßigere Verteilung* der Hydratationsprodukte. In verschiedenen Arbeiten über Zemente mit hydraulischen Zusatzstoffen und auch mit chemischen Zusätzen auch bei Beton finden sich Hinweise, daß eine möglichst *homogene*, sozusagen *monolithische* Struktur der erhärteten Zementpaste, wie sie auch T. C. Powers [P 21] (s. 3.2.2) seinem Strukturmodell zugrunde legt, das Merkmal für eine besonders gute Festigkeit und Dichtigkeit ist. Das entspricht auch den für Natursteine allgemein geltenden Beziehungen. Auch für Silicatbetone, d. h. hydrothermal behandelte Kalk-Sand-Gemische, gelten nach W. H. Taylor und W. F. Cole [T 3] 1964 ähnliche Bedingungen für das Erreichen einer hohen Druckfestigkeit.

2.3.6 Ursachen der Erhärtung und Beständigkeit

Die Sonderstellung des Zements gegenüber dem Baugips und Baukalk kommt auf Tab. 23 deutlich zum Ausdruck. Bei den beiden nichthydraulischen Bindemitteln ist das Herstellen und Erhärten eine echte chemische Reaktion. Sie ist ein *reversibler*, d. h. umkehrbarer und beliebig oft wiederholbarer Vorgang mit einer bestimmten Reaktionsenthalpie und einer übersehbaren Reaktionsdauer: Im ersten Fall nur eine Abgabe und Aufnahme von H_2O, im zweiten Fall von CO_2, und zwar auf dem Weg über eine Aufnahme von Wasser und dessen Verdrängen beim Carbonatisieren. Die stöchiometrische Formulierung sagt aber *nichts* darüber aus, daß und warum Baugips und Baukalk bei der Reaktion *fest* werden. Bei Zement hat die chemische Formulierung noch weniger Aussagekraft, weil die Gesamtreaktion *irreversibel* ist, weil sie nicht das ganze Korn ergreift, sondern von außen nach innen fortschreitet, und weil die stabilen Endprodukte — das müßten nach 4.1 u. a. $CaCO_3$, $SiO_2 \cdot n\,H_2O$ sein — gar nicht entstehen können und dürfen.

2.3.6 Ursachen der Erhärtung und Beständigkeit

Tabelle 23. *Chemische Vorgänge beim Erhärten der Bindemittel — schematisch*

		Anmachen	Erhärten	Produkt
1.	*Baugips* $CaO \cdot SO_3$	$+$ Wasser H_2O	*Hydratation*	$CaO \cdot SO_3 \cdot 2\,H_2O$ (= Ausgangsstoff)
2.	*Weißkalk* CaO	$+$ Wasser H_2O $+$ Kohlensäure CO_2	Hydratation $+$ Carbonatisierung	$CaO \cdot CO_2$ (= Ausgangsstoff)
3.	*Zement* $3\,CaO \cdot SiO_2$ —Alit—	Wasser $+\,H_2O$	*Hydrolyse*	Zementstein $3\,CaO \cdot 2\,SiO_2 \cdot 3\,H_2O$ $+\,CaO \cdot H_2O$

Zur Deutung der Erhärtung von Zement haben sich einige Jahrzehnte folgende beiden Auffassungen gegenübergestanden.

Auf der Grundlage rein kristallchemischer Vorgänge hat der französische Silicatforscher HENRY LE CHATELIER (1850—1936) den Erhärtungsvorgang beschrieben und dabei an das Verhalten von Gips angeknüpft. Die schnelle Aufeinanderfolge von Auflösen und Hydratisieren des ganz oder teilweise entwässerten Gipses und das Auskristallisieren des schwerer löslichen $CaSO_4 \cdot 2\,H_2O$ aus der übersättigten Lösung hat er als notwendige Voraussetzungen dafür angesehen, daß eine enge Verfilzung oder Verflechtung der sehr vielen feinen nadelförmigen Kristalle eintritt, deren Zusammenhalt die Festigkeit ausmacht. Dieser *Kristall*theorie hat der Deutsche WILHELM MICHAËLIS (1840—1911) seine *Kolloid*theorie entgegengesetzt, wonach bei der Deutung der hydraulischen Zementerhärtung nicht die chemische Reaktion zwischen CaO, SiO_2 und H_2O den Vorrang besitzt, sondern die Tatsache, daß das beim Erstarren entstehende Calciumsilicathydrat in *kolloidaler* Form, d. h. in feinster Aufteilung in Wasser ausfällt und als Gel erstarrt. Mit dieser Deutung der Erhärtung lassen sich nicht nur Festigkeit und Wasserbeständigkeit, sondern auch Quellen, Schwinden, Kriechen, Selbstheilung von Rissen und die hohe Adsorptionsfähigkeit besser erklären, die alles charakteristische Eigenschaften der erhärteten Zementpaste sind.

Man hat im Verfolg dieser beiden Auffassungen früher häufig die Frage erörtert, ob ein Reaktionsprodukt nur dann, wenn es *aus der Lösung* (through solution) niedergeschlagen, ausgefällt (precipitation) oder auskristallisiert ist, fest werden kann, und ob es daneben auch an Ort und Stelle ablaufende, d. h. *topochemische* Reaktionen des Festwerdens gibt (direct mechanism, solid state reaction). Dazu wird man heute, wo im erdfeuchten Beton und im Rüttelbeton fast nur noch Wasserhüllen um die Festteile vorkommen, sagen können, daß die Lösungsthese nur für die Vorgänge der frühen Hydratation annehmbar ist, daß aber die silicatische, zur endgültigen Festigkeit führende Reaktion mit der Dauer von *Tagen und Monaten* als topochemisch anzusprechen ist. Das gilt auch für die Reaktionen, die das Quellen, Treiben, Zerfallen, Absanden und Carbonatisieren des erhärteten Betons bewirken. W. C. HANSEN [H 15] hat zuletzt 1962 eine Reihe wichtiger Reaktionen angeführt, bei denen Feststoff mit Wasser oder ungelöstem Salz unmittelbar reagiert, vor allem das Sulfattreiben, dessen Druckwirkung F. HENKEL und F. ROST [H 29] 1953 zu 232 kp/cm² bestimmt haben (s. 3.4.5). F. TROJER [T 22] hat 1964 mikroskopisch an der äußeren Schicht von Alitkristallen in einem alten Klinker von einer Halde, einem alten Betondachstein und einer alten Abbindeprobe eine *Pseudomorphose* von Tobermorit nach dem ursprünglichen Alit nachgewiesen und damit seine Auffassung belegt, daß auch die Hydratation des Zements über eine *intermediäre* Phase verläuft. Nach H. FUNK [F 17] 1960 kann auf ähnliche Weise β-C_2S in langsamer direkter Hydratation H_2O aufnehmen, ohne dabei gelöst zu werden. Nach F. W. LOCHER [L 48] 1967 spielen bei der Hydratation des C_3S die intermediären Phasen eine nur untergeordnete Rolle.

Die beiden Auffassungen von LE CHATELIER und MICHAËLIS empfindet man nicht mehr als gegensätzlich. Man erkennt vielen Flüssigkeiten und Schmelzen eine *Struktur* zu und hält sie für kristallähnlicher als typisch amorphe starre Körper. Man weiß ferner, daß eine Flüssigkeit in *dünner* Schicht mit abnehmender Schichtdicke immer viskoser wird und zuletzt die Eigenschaften eines Feststoffes annimmt; dabei ist es gleichgültig, ob ein solcher dünner Film die Oberfläche eines Feststoffes überzieht oder ob er als dünne Haut eine Luft- oder Gasblase umschließt (s. 3.1.1). Auf diese Weise entsteht aus Wasser und Zement eine Zementpaste, die durch eingezogene Luftbläschen sahnig und klebkräftig wird und die Neigung zur Korntrennung durch Sedimentieren verliert.

Die Erhärtung von Zement beruht wahrscheinlich auf der sehr ähnlichen *tetraëdrischen Struktur* von Wasser und Kieselsäure. Wasser kann wie ein vierbindiges Element Flächen- und Raumstrukturen bilden. Darauf beruhen auch seine Anomalien. Ein H_2O-Molekül umgibt sich tetraëdrisch mit 4 weiteren H_2O-Molekülen, diese umgeben sich dann wieder in der gleichen Art, bis ein Raumnetzbau vorliegt, der dem der Silicate ähnlich ist. Denkt man sich in einem solchen Raumnetz H_2O durch SiO_2 — oder besser geschrieben O_2Si — ersetzt, dann erhält man die Tridymitstruktur des SiO_2. Im ersten Fall stellen die H-Atome die Verbindung her, dann spricht man von *Wasserstoffbrückenbindungen*, im zweiten Fall sind es die O-Atome, d. h. *Sauerstoff*brückenbindungen. Da beim Schmelzen des Eises mit Tridymitstruktur nur 15% der H-Brücken zusammenbrechen und bei 100 °C noch etwa 50% bestehen,

2.3.6 Ursachen der Erhärtung und Beständigkeit

schwimmen im üblichen Wasser „Eisberge" (Schwärme; engl. clusters) aus leichterem strukturiertem Wasser. Ohne solche H-Brücken hätte Wasser eine Dichte von 1,8 g/cm^3 statt der 1,0 g/cm^3, die es bei 4 °C sozusagen „vorübergehend" besitzt. (Das von dem sowjetischen Physikochemiker B. V. DERJAGIN [D 7] 1962 bei der Kondensation von untersättigtem Dampf in dünnen Quarzkapillaren hergestellte *Polywasser* ist nach neueren Berichten bei Zimmertemperatur gallertartig weich, erstarrt beim Gefrieren zu einer harten Masse mit glasähnlicher Struktur und verdampft erst bei etwa 590 °C.) Physikochemiker der USA (Nature vom 13. 6. 1970) halten es für ein Kieselsäuresol, das in ein Gel übergegangen und gealtert ist. — Aus dieser Neigung des Wassers zur Strukturierung wird verständlich, warum die zum Kristallisieren neigenden *Hydrate* bevorzugt 8, 12, 16 oder 32 Mol Kristallwasser besitzen, warum sie sich zwar leicht aufbauen und umbauen lassen, daß das aber stets in einer solchen Abstufung geschieht, und warum ihre Oberfläche fast ganz neutral ohne deutliche Kraftwirkung nach außen bleibt. F. WITTMANN [W 81] konnte 1968 nach Arbeiten mit G. ENGLERT und H. SPLITTGERBER bestätigen, daß die Freiheitsgrade der *ersten* auf der Oberfläche des Zementgels adsorbierten Schicht von Wassermolekülen nicht identisch sind mit denen der im flüssigen Wasser oder im Eis gebundenen Moleküle, und daß adsorbierte Wasserfilme die Oberflächenenergie und die Oberflächenspannung auch des Betons vermindern. Damit läßt sich die Längenänderung und Festigkeitsabnahme bei feuchter Lagerung und die Festigkeitssteigerung bei scharfem Trocknen des Betons erklären.

Demgegenüber stellt die ebenfalls vom Wasser als Dispergens bewirkte *Gelstruktur* eines Kolloids mit Teilchen von 10^{-9} bis 10^{-11} m eine Zwischenstellung zwischen einer Lösung, d. h. einer niedermolekularen Dispersion mit Teilchengrößen des Dispersums unter 10^{-11} (= 0,1 Å), und einer groben Dispersion mit Teilchen über 10^{-7} dar [R 28]. Feststoff und Wasser sind im Gel wie in einem Kontinuum gleichmäßig verteilt, und die Festteilchen haben die Tendenz, näher zusammenzurücken und sich im kleinsten Bereich auch kristallähnlich, vorwiegend aber in Ketten-, Netz- oder Bänderstrukturen nach Art der Makromoleküle zu ordnen. Die zusammengerückten Kolloidteilchen haben eine erhöhte *elektrische Ladung*; Kieselsäuregel stellt z. B. ein negativ geladenes saures Gel dar, während das Eisen(III)-Hydroxid und das Aluminiumhydroxid positiv geladene Gele sind. Ihre starke Affinität nach außen kommt als Haftvermögen und Adsorptionsfähigkeit zum Ausdruck. Dadurch wird ebenso wie bei den polymolekularen Kunststoffen eine bessere molekulare Berührung mit den Zuschlagstoffen möglich. Eine übliche niedermolekulare Substanz kann im flüssigen Zustand eine molekulare Berührung mit dem Zuschlagstoff nicht so leicht erzielen, weil sie sich infolge ihrer großen Oberflächenspannung über oberflächliche Unebenheiten des Zuschlags hinwegspannt. Die reaktionsfähige Oberfläche hochmolekularer Stoffe und Gele hat man in einem Referat sehr anschaulich mit Saugnäpfen verglichen [K 20]. K. SCHÄFER [S 8] hat in der Diskussion über Haftsysteme und Haftfestigkeit 1964 darauf hingewiesen, daß eine *reale* Oberfläche sogar bei guter Polierung noch Höhenunterschiede von mehreren 100 Å (= 10 nm) besitzen kann. — Die Wasserstoff-Brücken-Bindungen macht O. BAYER [B 14] 1968 auch für die hohe Festigkeit und völlige Wasserunlöslichkeit der Zellulose und nicht nur für die Haftwirkung der Klebstoffe verantwortlich. — Wendet man auf die Zementpaste die bei den Kunststoffen gültigen Beziehungen an, wonach daraus entweder fadenförmige und dann reversible oder aber vernetzte und dann irreversible Kunststoffe entstehen, dann müßte man den festigkeitsbestimmenden Bestandteilen der Zementpaste eine Netzwerkstruktur zusprechen, weil sie sich als Gesamtheit irreversibel verhalten. Das hat eine vergleichende Betrachtung von F. KEIL [K 20] 1967 ergeben. Er führt die Festigkeit und hydraulische Beständigkeit der Zemente im Sinne der Gedanken von MICHAËLIS und KÜHL auf den „Hydraulefaktor" Kieselsäure zurück. Beim Brennen wird die *Kieselsäure* im Zementklinker in Einzeltetraeder von SiO_4 aufgeteilt, die, wie Bild 22 oben zeigt, schon beim C_2S allseitig von Ca umgeben sind; in Gegenwart von Wasser und dem entstehenden Calciumhydroxid wird sie zum Kolloid und geht durch Polymerisation bzw. Kondensation aus dem Hydrogel in ein starres Gel über, wobei das „überschüssige" Wasser durch das benachbarte hydratationswillige Calciumsilicat aufgenommen wird. Als wesentlicher Bestandteil des CSH-Gels ist der Tobermorit angenommen, dessen Struktur der untere Teil von Bild 22 zeigt. CH. W. LENTZ [L 27 b] nennt 1966 die Altersstabilisierung ebenfalls einen Übergang von monomeren zu polymeren Silicaten (s. 3.4.2). — H. LEHMANN und H. DUTZ [L 16] haben 1959 mit den unter 2.5.5 behandelten Infrarotspektren und thermographischen Untersuchungen diese Auffassung bestätigt und die $Ca(OH)_2$-Moleküle als Kettenträger und Wasserüberträger bezeichnet, während A. BRANISKI [B 55a] 1965 ebenfalls auf Grund von IR-Spektren von gelartigen Neubildungen und erweiterter Molekularstruktur spricht.

Auch in der Natur ist die Neigung der gelösten Kieselsäure erkennbar, (wie im Labor) aus einer Lösung als Kolloid auszufallen und durch Kondensation, d. h. durch Wasserabgabe in Opal, Chalcedon und Quarz, d. h. in die stärker molekular gebundene Form des SiO_2 mit dementsprechend hoher Festigkeit und chemischer Widerstandsfähigkeit überzugehen. Dieser Prozeß des *Alterns*, der nach RÖMPP [R 28] bei Kunststoffen und Elastomeren durch die Einwirkung von Licht, Wärme, Sauerstoff, Feuchtigkeit und energiereichen Strahlen zu einem che-

2.3.6 Ursachen der Erhärtung und Beständigkeit

mischen *Abbau*, d. h. zum Spalten der Molekülketten führt, bewirkt in einem Kieselsäuregel die Umgruppierung der zunächst regellos gelagerten Moleküle zu einem *Kristallgitter* unter Übergang zu definierten kristallisierbaren Verbindungen. Sobald sich die Wertigkeiten in dem Kristallgitter betätigen, vermindern sich die nach außen wirkenden Restkräfte (s. unten).

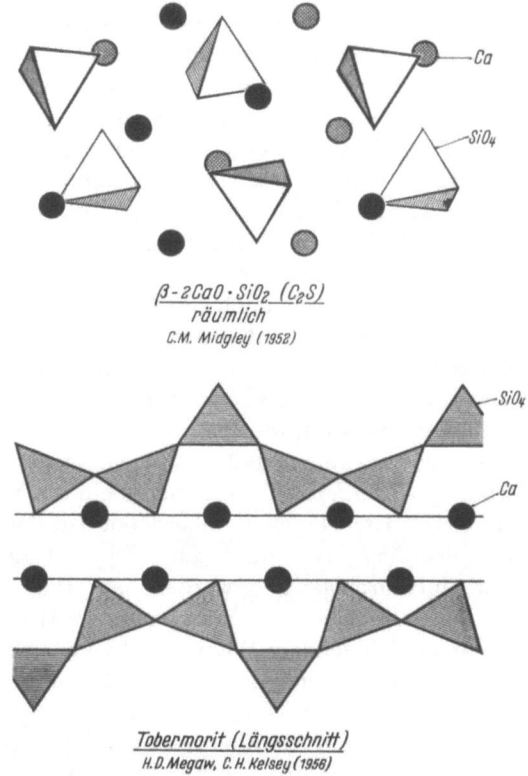

Bild 22. Struktur von β-2CaO · SiO$_2$ (räumlich) und von Tobermorit (Längsschnitt).

Die bei der Hydratation des CaO freiwerdende *Wärme* beschleunigt das Vordringen der Hydratation in das Innere der Körner und schafft am jeweiligen Reaktionsort („Dampfhärtung vor Ort") nahezu die Bedingung einer Dampfdruckhärtung. Diese Reaktion kann bei Zementklinker, langsamer bei Hüttensand und Puzzolanen, bis in die Mitte des Korns vordringen. Bei grobkristallinem Quarz und bei kieselsäurehaltigem Gesteinsmehl erfaßt sie nur die Oberfläche oder die durch den Mahlvorgang gestörte Oberflächenschicht. Die hydraulischen Stoffe darf man daher als *trockendisperse SiO$_2$-Systeme* ansprechen. Den

Kolloidbildner Kalk bringen Klinker und Hüttensand mit. Der Puzzolane muß man den fehlenden Kalk zusetzen. „Inerte" kieselsäurehaltige Gesteine werden durch ultrafeines Mahlen puzzolanisch (s. K. M. ALEXANDER [A 14] unter 2.4.5).

P. A. REHBINDER und N. V. MIHAJLOV [R 3] sind 1956 bei ihrer physikalisch-chemischen Theorie des Betons von dem *Verbund* der Zementpaste mit dem Zuschlag ausgegangen. Die überschüssige *Oberflächenenergie* auf den zu verklebenden Oberflächen ist danach verantwortlich für die Bildung einer strukturierten Schicht in der Kontaktzone der Zementpaste, deren Viskosität, Dichte und Festigkeit mit zunehmendem Abstand von der Verklebungsfläche nach Versuchen mit N. B. UREV [R 5] geringer werden. Die Festigkeit einer Zementpaste beim Übergang zu einer dünnen Schicht nimmt wegen der Annäherung der stärker strukturierten Überzüge zu. W. GRÜN und H. R. GRÜN [G 28] haben 1961 ähnliche Vorstellungen entwickelt. Nach den unter 3.3.3 erwähnten Versuchen von I. SOROKA und P. J. SEREDA [S 81] 1968 sind für die Festigkeit auch des Zementsteins Kräfte zwischen den Feststoffen maßgeblich, die sich der chemischen Bindung um so stärker nähern, je geringer die Porosität wird. Auf das Gelmodell von T. C. POWERS wird unter 3.2.2 eingegangen. Granalien werden durch die gleichförmig dünnen Wasserfilme fest.

Man darf als sicher annehmen, daß das Vorhandensein eines noch nicht hydratisierten „*Klinkerdepots*" im Zementstein die Voraussetzung für dessen *Beständigkeit* ist. Dieses Klinkerdepot ist die Nachschubbasis für inaktiv gewordenes Gel, das zwar verkieselt und fest, aber carbonatisiert und luftdurchlässig geworden ist. Das Klinkerdepot dient ferner zum Ausfüllen von Rissen und zum Festlegen, d. h. Unschädlichmachen von eindringendem Wasser und zum Aufrechterhalten des pH-Wertes für den Bewehrungsschutz. Die *Silicat-* oder Schalenhydratation (*S-Hydratation*) der Normzemente hat schematisch betrachtet gegenüber der typischen Aluminathydratation (A-Hydratation), die man als eine Art Imprägnierung mit Wasser betrachten kann, den Vorteil, daß sie stetig unter Abgabe oder Weitergabe von Wasser die Verteilung des Wassers besorgt und den Zementstein *homogen* und dadurch *dichter* macht. Die Struktur des aus der S-Hydratation hervorgehenden normalen beständigen Zementsteins ist ein Nebeneinander, vielleicht besser Übereinander von Klinkerdepot, aktiver Paste und gegebenenfalls inaktivierter Paste an der luftbestrichenen Oberfläche. Diesem Nebeneinander verdankt der Zementstein seine hohe Beständigkeit. Auch der Quellzement mit seiner wassereinziehenden Aluminat-Sulfat-Komponente braucht einen Überschuß an Silicatzement, um „überflüssig werdendes" Wasser zu stabilisieren (s. 3.4.5 und 4.4.2).

Man kann die Frage nach der Ursache der silicatischen Erhärtung unter Druck (1) und freiwillig (2) aus den Feststoffen und aus der Lösung (3) schematisch in einfacher Weise beschreiben, wenn man C, S und H als Abkürzungen von CaO, SiO_2 und H_2O verwendet, ferner cal als Abkürzung für verbrauchte oder entwickelte Reaktionsenthalpie. CS ist dann der aus C + S + cal, d. h. durch Brennen entstandene Klinker.

1. Die Dampf*druck*härtung macht aus   C + S + cal + H → CSH
2. Die *freiwillige* Erhärtung des
   Zements macht aus   CS + H → CSH + cal[1]
3. *Aus*fällen und Altern von Wasser-
   glas macht aus SH_n → SH_p + H_{n-p}

In den beiden ersten Fällen wird Wasser in die festen Stoffe entweder unter Druck (1) oder freiwillig (2) aufgenommen und damit selbst ein fester Bestandteil kristallisierter oder gelförmiger Produkte, im dritten Fall stößt das Koagulat das überflüssige Wasser ab, das „abtrocknen" kann. (Im Lyogel [Gallerte] sind die Zwischenräume mit Wasser ausgefüllt, im Aerogel mit Luft; bei Kieselsäuregel bleibt das räumliche Netz erhalten, das durch Altern „entquellen" kann [R 28].)

Das Vorhandensein und Vorhandenbleiben eines Gels mit Gelporen ist das besondere Kennzeichen einer erhärteten Zementpaste. Auch im Fall 1 verläuft das Erhärten wahrscheinlich über ein Gel. Die Rolle des CaO kann man danach so darstellen, daß es beim Brennen von Klinker oder Schmelzen von Hochofenschlacke SiO_2 zerteilen hilft, bei der chemischen Reaktion mit Wasser das Entstehen eines kalkhaltigen SiO_2-Gels und dessen schnelles Polymerisieren durch Wasserabgabe oder Wasserweitergabe bewirkt.

2.4 Hüttenzement und Puzzolanzement

2.4.1 Zusammensetzung von Hüttensand, Puzzolane und anderen hydraulischen Stoffen

Zur Herstellung von Zement dienen neben Zementklinker seit etwa 90 Jahren die Hochofenschlacke, und zwar in granulierter, glasiger Form als Hüttensand, ferner die schon im Altertum verwendete Puzzolane, bei der man heute natürliche und künstliche unterscheidet und zu der auch der Traß gehört. Außerdem rechnet man oft einen Teil der Flugasche und des Schmelzgranulats von Kraftwerkfeuerungen zur Gruppe der Puzzolanen. Tab. 24 enthält mittlere Werte über ihre chemische Zusammensetzung. Bezeichnung der daraus hergestellten Bindemittel s. 1.2.2.

---

[1] Nach 5.2.8 müßte es heißen: (—cal)

Tabelle 24. Chemische Zusammensetzung der hydraulischen Stoffe in %, Anhaltswerte glühverlustfrei

	PZ[1]	Hochofen-schlacke[2]	Natürliche Puzzolane[3a]	Kiesel-gur[3b]	Ziegel-mehl[3c]	Kraftwerksschlacke Braunkohle rhein.[2]	Steinkohle[4]
SiO_2	19 —23	28—38	48—71	66—83	53—76	5—10	45—50
$Al_2O_3 + TiO_2$	3 — 7	6—17	16—22	6—16	10—20	5—10	25—30
Fe_2O_3 und FeO^5	1,4— 4	bis 3[6]	3—10	3— 8	3—15	14—19	5—15
CaO	61 —67	35—48	2—10	2— 5	1—11	40—50	1—10
MgO	0,6— 3	2—11	bis 5	bis 2	bis 8	4—6	2— 5
SO_3	1,5— 4	—	—	bis 1	—	15—22	bis 1
Alkalien	0,3— 1,5	bis 1	4— 8	bis 1	1— 5	bis 1	3— 4

[1] Siehe Tab. 15 unter 2.1.7.
[2] Nach [k 16].
[3a, b, c] Nach F. KEIL [K 21], H. KÜHL [k 55], H. E. SCHWIETE et al., davon [3a] einschließlich Traß; [3b] einschließlich Moler-Erde (Dänemark), Gaize (Frankreich), Tripel (UdSSR).
[4] Nach M. TH. MACKOWSKY und H. KNATZ. AIF. Aus der industriellen Gemeinschaftsforschung Folge 7 (1965).
[5] Einschließlich Mn_2O_3 und MnO.
[6] In einigen Hochofenschlacken zusätzlich bis zu 10% MnO.

Das chemische Verhalten aller dieser Stoffe und ihre Neigung, hydraulisch zu erhärten, läßt sich aus der Darstellung im *Dreistoffsystem* $CaO-SiO_2-Al_2O_3$ entnehmen. Das ist allerdings nur in den Grundzügen möglich, denn man verzichtet dann zwangsläufig darauf, Menge und Einfluß der *anderen* Bestandteile zu berücksichtigen, z. B. den schwankenden, z. T. hohen Gehalt der Brennstoffaschen und -schlacken an den beiden Eisenoxiden, der z. B. die Viskosität der Schmelzen stark herabsetzen kann, wie das bei der Schmelzphase des Klinkers unter 2.1.3 gezeigt wurde. Auf Bild 23 läßt sich links unten die kalkreiche Gruppe mit Zementklinker, Hochofenschlacke und Braunkohlenschlacke deutlich unterscheiden von der kalkarmen Gruppe rechts oben mit Puzzolane, Ziegelmehl, Kieselgur und darunter Steinkohlenschlacke. Zwischen beiden verläuft die gestrichelte *Paritätsgerade* $CaO : SiO_2$, die im Eisenhüttenwesen als Trennlinie zwischen basischer und saurer Hochofenschlacke betrachtet wird. Sie gilt in der Nähe der verbindenden Dreieckslinie $CaO-SiO_2$, was manche Überlegungen erleichtert, nicht nur für die dem Δ-System zugrunde liegenden *Gewichts*verhältnisse, sondern, weil sich die Molukargewichte der beiden Oxide CaO mit 56 und SiO_2 mit 60 sehr ähneln, *auch* für *Molekular*verhältnisse. Das zweite Bild 24 zeigt die Gebiete der Schmelzbarkeit bei 1300, 1500 und 1600 °C von reinen Dreistoffschmelzen. Da in dieser

2.4.1 Zusammensetzung von Hüttensand, Puzzolane usw.

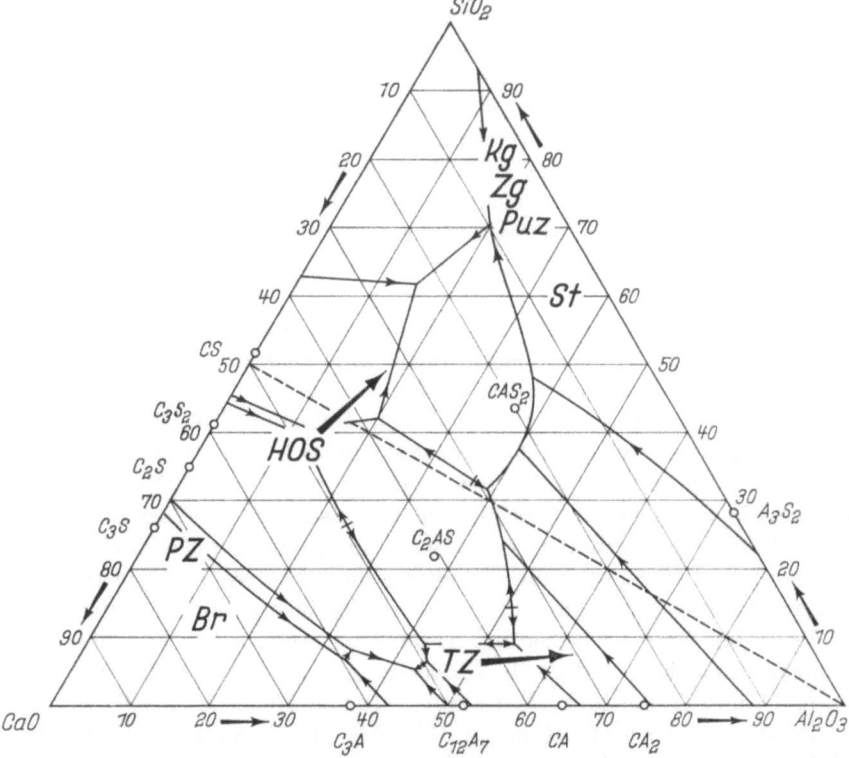

Bild 23. Lage der hydraulischen Bindemittel und Stoffe und der puzzolanischen Stoffe im Dreistoffsystem $CaO-SiO_2-Al_2O_3$.

PZ = Zementklinker; TZ = Tonerde(schmelz)-Zement, Pfeil zu hochfeuerfestem TZ; HOS = Hochofenschlacke, Pfeil zu saurer HOS; Br = Braunkohlenschlacke; St = Steinkohlenschlacke und -Granulat; Puz = Puzzolane, Traß; Zg = Ziegelmehl; Kg = Kieselgur (Diatomeen-Erde, Moler-Erde).

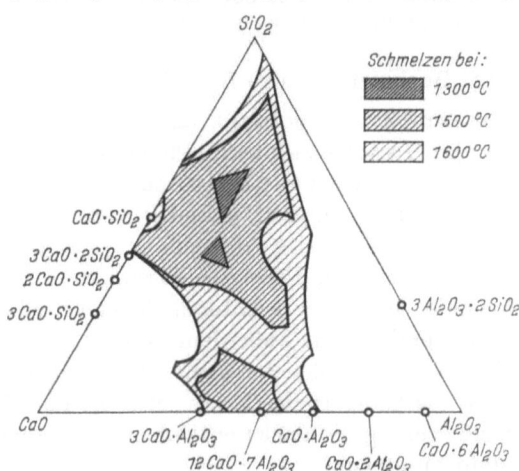

Bild 24. Schmelzen im Dreistoffsystem bei verschiedenen Temperaturen. Nach F. KOERBER und W. OELSEN (Stahl u. Eisen 60 (1940) S. 921ff.).

Darstellung die erwähnte verflüssigende Wirkung der Eisenoxide nicht zum Ausdruck kommt, kann man dem Bild entnehmen, warum der Tonerdezement auch ohne Eisenoxid so leicht schmilzt, der Portlandzementklinker dagegen auch bei hohen Temperaturen nur gesintert werden kann und sich so schwer schmelzen läßt [M 57] (s. Abschn. 2.2.4), und weshalb eisenoxidarme Braunkohlenschlacke den Zustand einer homogenen Schmelze nicht leicht erreichen kann und daß die auf der rechten Seite liegenden Sinterprodukte aus SiO_2 und Al_2O_3 mit zunehmendem Gehalt an Al_2O_3 immer schwerer schmelzbar, d. h. hochfeuerfest werden.

In dem chemisch engen Bereich des Zementklinkers ist, wie in Abschn. 2.1.2 und 2.1.3 dargelegt wurde, eine ziemlich genaue *Vorausrechnung* der technischen Eigenschaften möglich; man kann die angestrebte Zusammensetzung sogar durch betriebliche Regelgeräte sichern. Auch bei der Hochofenschlacke läßt sich aus der chemischen Zusammensetzung, wie unter 2.4.2 gezeigt wird, durch Modulbeziehungen die Eignung für verschiedene technische Zwecke, so z. B. für ihr hydraulisches Verhalten wenn auch mit geringerer Treffsicherheit voraussagen. Die Auswertung der chemischen Analyse von künstlicher und natürlicher Schlacke und Asche reicht bisher nur aus, um die *Richtung* für eine Verbesserung, Homogenisierung oder Auswahl erkennbar zu machen. — Für die Verwendung dieser industriellen Nebenprodukte und Abfallstoffe als Bestandteile von einem Massenerzeugnis wie Zement ist eine große Homogenität nötig. Die Gemische aus Zementklinker mit einem solchen hydraulischen Stoff haben gegenüber dem Portlandzement in der Regel einen verzögerten Festigkeitsanstieg, können aber in einer optimalen Zusammensetzung die Festigkeit des Klinkers später erreichen oder sogar übertreffen, wie das im *FZ*-Diagramm (s. 3.3.6) deutlich zum Ausdruck kommt.

2.4.2 Hochofenschlacke für Hüttenzement (Hüttensand) [k 16]

Hochofenschlacke entsteht als Schmelze bei der Reduktion von Eisenerz im *Hochofen* zu metallischem Eisen, und zwar aus der Gangart des Eisens, der Asche des Kokses und ggf. nötigen Zuschlägen (s. unten). Im Gestell, dem unteren zylindrischen Teil des Hochofens, bildet sich nach dem Ende des Abstichs eine ständig an Dicke zunehmende Schicht aus schwerem, flüssigem Eisen. Auf ihr schwimmt eine ebenfalls zunehmende Decke der leichteren Schlacke. Sie schützt das Eisen vor Oxydation und nimmt außerdem einen großen Teil des Schwefels aus dem Eisen auf. Der Schwefel stammt aus dem als Brennstoff verwendeten Koks. Ist die Gangart des Erzes reich an Kieselsäure, dann muß man, damit eine flüssige Schlacke entstehen kann, dem Möller des Hochofens Kalkstein zusetzen.

2.4.2 Hochofenschlacke für Hüttenzement (Hüttensand)

Die Hochofenschlacke hat also eine im voraus bestimmte chemische Zusammensetzung, damit sie bei der festliegenden Temperatur eine Schmelze bildet, sich vom Eisen trennt, bei dem periodischen Abstich ebenso wie das Roheisen zügig aus dem Ofen fließt und außerdem die metallurgische Aufgabe der *Entschwefelung* erfüllt. Je *heißer* und *kalkreicher* sie ist, um so mehr Schwefel nimmt sie als Sulfid auf, um so stärker werden die färbenden Oxide des Eisens und Mangans zu Metall reduziert und um so *heller* und schaumiger und dadurch wasserreicher wird sie, wenn man sie durch Abschrecken mit Wasser zu Hüttensand *granuliert*. Sie ist aber dann auch um so leichter und *besser mahlbar* und hat vor allem einen um so größeren *hydraulischen Wert*. — Aus der flüssigen Hochofenschlacke kann man außerdem durch langsames Abkühlen die kristallisierte Stückschlacke für den Straßenbau, durch Schäumen *Hüttenbims* und durch Feinmahlen das Düngemittel *Hüttenkalk* herstellen. Die Lage der basischen Hochofenschlacke im $\triangle$-System gibt Bild 23 an. Der nach rechts oben gerichtete Pfeil zeigt die Veränderung beim Übergang zur *sauren* Hochofenschlacke, die bei der Verhüttung saurer eisenarmer Erze während des zweiten Weltkriegs anfiel. — In der BRD fielen 1963 noch 600 kg Hochofenschlacke je t Roheisen an, das ist in Anbetracht der dreifachen Dichte des Roheisens das 1,8fache der Menge des Roheisens; 1968 hat die Schlackenmenge 400 kg je t Roheisen erstmals unterschritten und wird wahrscheinlich weiter abnehmen. Im Zuge dieser Entwicklung stammen die Erze, Agglomerate und Konzentrate vorwiegend nicht mehr aus bodenständigen Vorkommen. Deshalb ist die früher häufig übliche Bezeichnung der Hochofenschlacke nach ihrem Anfallgebiet kein typisches Merkmal mehr. Die BRD hat 1968 30,3 Mill. t Roheisen erzeugt und einen Anfall von 11,9 Mill. t Hochofenschlacke gehabt, davon rd. 2,5 Mill. t Hüttensand, von dem nachstehend allein die Rede ist. —

Seitdem man weiß, daß *Hüttensand* hydraulisch ist, wird in fast allen Industrienationen Hüttenzement hergestellt, dessen Bezeichnung unter 1.2.2 und 1.2.3 angegeben ist. Von den in der BRD 1969 erzeugten rd. 34 Mill. t Zement waren rd. 13% Eisenportlandzement und rd. 14% Hochofenzement. Die Arbeit des 1954 auf Initiative von O. VORWERK gegründeten Instituts der Forschungsgemeinschaft Eisenhüttenschlacken in Rheinhausen/Ndr. hat die Verwertung der Hochofenschlacke wesentlich gefördert. — E. LANGEN hat 1862 die hydraulischen Eigenschaften entdeckt und G. PRÜSSING seinen Vorwohler Portlandzement schon ab 1882 mit Hochofenschlacke „verbessert", aber erst H. PASSOW hat 1902 die *alkalische* Anregung und den glasigen Charakter der Hochofenschlacke als notwendige Grundlage erkannt. Eisenportlandzement wird demgemäß seit 1901 hergestellt und wurde bis 1936 von A. GUTTMANN in Deutschland betreut. Hochofenzement, um dessen Einführung und Verwendung sich H. PASSOW und ab 1917 dessen Nachfolger R. GRÜN besonders verdient gemacht haben, wird ab 1907 hergestellt und ist seit 1917 genormt. H. KÜHL hat 1908 die *sulfatische* Anregung des Hüttensandes entdeckt. Die Herstellung des daraus entwickelten Gipsschlackenzements, des heutigen Sulfathüttenzements SHZ nach DIN 4210, ist inzwischen aufgegeben worden. — Gemische aus Kalkhydrat und Hüttensand, die früher einmal die Bezeichnung *Schlackenzement* führten, gehören heute zu den hydraulischen Kalkbindemitteln nach DIN 1060.

Der *Hochöfner* kennzeichnet seine Schlacken nach dem *Basengrad* und unterscheidet

üblichen Basengrad   gebräuchliche Basengrade

$$p \text{ oder } p_1 = \frac{CaO}{SiO_2} \qquad p_2 = \frac{CaO + MgO}{SiO_2} \qquad p_3 = \frac{CaO + MgO}{SiO_2 + Al_2O_3}.$$

Als sauer gelten im allgemeinen solche Schlacken, in denen das Verhältnis $CaO : SiO_2$ kleiner ist als 1. In Bild 23 liegen diese Schlacken oberhalb der eingezeichneten Paritätsgeraden in Richtung auf die SiO_2-Ecke. Bei Zement hat man den verwendbaren Hüttensand durch den Quotienten $(CaO + MgO + Al_2O_3) : SiO_2$ *abgegrenzt*, der nach DIN 1164 mindestens 1 betragen muß, während DIN 4210 Sulfathüttenzement mindestens 1,6 forderte. Der gesamte Gehalt an Al_2O_3 wird dem Zähler zugefügt, während in der älteren Normenformel nur $1/3\ Al_2O_3$ im Zähler und die restlichen $2/3\ Al_2O_3$ im Nenner standen. — Als Maßstab für die Bewertung der *hydraulischen* Eigenschaften aus der chemischen Analyse hat sich seit seiner Einführung im Jahre 1942 der *F-Wert* als nützlich erwiesen. Er lautet:

$$F = \frac{CaO + CaS + 1/2\ MgO + Al_2O_3}{SiO_2 + MnO},$$

im allgemeinen ist mit F von 1,9 und darüber Hüttensand sehr gut hydraulisch, mit F von 1,5 und weniger nur mäßig hydraulisch. Der F-Wert bezieht sich nur auf die in Salzsäure löslichen glasigen Bestandteile. H. SOPORA [S 79] hat 1959 als F_{erw}-Wert dem Nenner noch FeO zugefügt und MnO zum Quadrat erhoben. N. STUTTERHEIM [S 112] hat 1960 den F-Wert auf die *magnesiareichen* südafrikanischen Schlakken nicht anwenden können. Im Gegensatz zum Zementklinker verursacht ein erhöhter MgO-Gehalt des Hüttensandes kein Treiben, weil in glasiger Schlacke mit einem MgO-Gehalt in der Größenordnung von 15% kein Periklas MgO, sondern ein Spinell $MgO \cdot Al_2O_3$ auftritt, der sich in Salzsäure und Flußsäure nicht löst. S. SOLACOLU [S 77] hält 1958 Moduln und Indices für ungeeignet. H. E. SCHWIETE [S 43a] hat 1961 nach Arbeiten mit W. LAHL und F. C. DÖLBOR [S 39] dem SiO_2-

2.4.2 Hochofenschlacke für Hüttenzement (Hüttensand)

Gehalt des Nenners noch 10% als Beitrag des Al_2O_3 zugefügt und diese 10% dem Al_2O_3-Gehalt des Zählers abgezogen und dadurch niedrigere Bewertungszahlen erhalten. Der *Basengrad* BG lautet dementsprechend

$$BG = \frac{\% \; CaO + (\% \; Al_2O_3 - 10) + \% \; MgO}{\% \; SiO_2 + 10}.$$

Bei dem *erweiterten Basengrad* BG' werden die kristallisierten Anteile C' von CaO, A' von Al_2O_3 und S' von SiO_2 abgezogen. Während die Hydraulizität mit dem Basengrad BG zunimmt, fällt nach Versuchen von H. E. SCHWIETE, H. P. LÖHR und U. LUDWIG [S 49] 1967 mit einer 0,15n Na_2SO_4-Lösung der Widerstand gegen *sulfathaltige Lösungen* mit dem *Grenzwert*

$$G = \frac{CaO/56}{1{,}5 \; SiO_2/60 + 3{,}0 \; Al_2O_3/102},$$

der nicht größer sein soll als 0,81. Dabei wird die Bruttoanalyse des *gesamten* Gemisches aus Zementklinker, Hüttensand und ggf. Puzzolane oder Molererde in Form von Molanteilen verwendet. Bei einem höheren Wert ist eine Schädigung durch Ettringittreiben zu erwarten. Der MgO-Gehalt muß ggf. als MgO/40 dem Zähler zugefügt werden. Bindemittel mit einem G-Modul um 1 sind nach LUDWIG nur *bedingt* sulfatbeständig. Durch die Einführung von Molererde konnte der G-Modul in allen Fällen in den sulfatbeständigen Bereich verlegt werden.

Nach der früheren Norm für Hochofenzement sollte dessen CaO-Gehalt unter 55% CaO liegen. Auch bei dem französischen Flugasche-Hüttenzement hält man den niedrigen CaO-Gehalt von 40 bis 45% für eine besondere Gewähr seines Sulfatwiderstandes. Es ist aber daran zu erinnern, daß beim Stahlbeton aus Gründen des Korrosionsschutzes ein höherer CaO-Gehalt erwünscht ist. Nach DIN 1164 muß ein Hochofenzement des HS-Typs mindestens 70% Hüttensand enthalten.

Die Aufteilung des Al_2O_3-Gehalts in den Formeln entspricht dem amphoteren, d. h. gleichzeitig basischen und sauren Charakter des Al_2O_3, außerdem auch seiner Rolle in technischen Gläsern, in denen es zu 8 bis 10% ebenso wie MgO als Netzwerkbildner wirkt. Die verschiedene Bindung der einzelnen Oxide in den Schlackengläsern und damit den verschiedenen Ordnungszustand haben F. KEIL und F. GILLE [K 23] 1939 mit der Behandlung von tonerdearmem und tonerdereichem Hüttensand durch schwachalkalische und schwachsaure Lösungen von Ammonacetat, Ammoncitrat und Alkyl-Ammonium-Citrat deutlich gemacht. Aus *tonerdearmem* Hüttensand (8% Al_2O_3) ließ sich durch 55stündiges Schütteln mit tertiärem Ammoncitrat (pH etwa 6) bei 60 bis 70 °C das *gesamte* CaO herauslösen, so daß die *äußerlich unverändert* gebliebenen Körner ein Gerüst aus amorphem SiO_2 und Al_2O_3 darstellten, wie das, soweit es SiO_2 angeht, A. GUTTMANN und C. WEISE [k 16] 1926 an altem Haldensand festgestellt hatten. (Ammonacetat hat dieselbe Wirkung.) Die ebenso behandelten Körner des *tonderreichen* Hüttensandes gaben dagegen CaO, Al_2O_3 und SiO_2 in anteiliger Menge ab und wurden in feinen Blättchen gleichmäßig allseitig abgetragen und somit völlig abgebaut. Je größer offenbar der nicht in das SiO_4-Gerüst aufgenommene Anteil an Al_2O_3 ist, um so reaktionsfähiger, d. h. hydraulischer wird ein Hüttensand und um so schneller reagiert er in erwünschter Weise auch beim Erhärten und in unerwünschter Weise bei einer nachträglichen Einwirkung von Sulfat.

T. TANAKA und Mitarbeiter [T 1] haben 1957 und 1958 und F. W. LOCHER [L 46] 1958 mit *reinen* Dreistoffschmelzen ein ausgesprochenes *Festigkeitsmaximum* im Bereich von 30% SiO_2, 20% Al_2O_3 und 50% CaO festgestellt. Es gilt sowohl für die Anregung mit Klinker als für die mit Sulfat und entspricht auch der Zusammensetzung des Hüttensandes, aus dem im Saargebiet ein bewährter Sulfathüttenzement hergestellt worden ist.

Ein Mangel an *glasigen* Körnern im Hüttensand läßt sich nur durch Maßnahmen des Hochofenbetriebs beheben, die oft nicht einfach durchzuführen sind. Kalkreiche Schlacke läßt sich betrieblich oft nicht völlig glasig erhalten, ohne daß dadurch der Hüttensand fühlbar an Hydraulizität einbüßt. In der weniger kalkreichen Schlacke ist die Neigung zum Kristallisieren so gering, daß sie völlig glasig anfällt.

In den meisten der nur zum Teil erwähnten Formeln bestimmt *SiO_2* den Wert des Quotienten am stärksten. Wird seine Menge kleiner oder größer, dann erhöht oder erniedrigt sich dadurch in einem üblichen Hochofenbetrieb automatisch der Zähler, in der Regel dessen CaO-Gehalt. Man kann also [k 16] bei regelmäßiger *Abnahme* oder *Übernahme* von Hüttensand aus einem Hochofenbetrieb in ein Zementwerk die Untersuchung auf SiO_2 und vielleicht noch MnO beschränken. Mit 32% und weniger SiO_2 ist Hüttensand im allgemeinen hochhydraulisch, mit mehr als 37% wenig hydraulisch. Der Glasgehalt läßt sich mit dem Mikroskop leicht nachprüfen (s. 2.5.3).

F. SCHRÖDER [S 33a] hat 1961 die für die Prüfung auf Kalkzerfall bei Hochofen*stück*schlacke als Baustoff vorgeschriebene Untersuchung im ultravioletten Licht nach dem Bericht von W. KRAMER [K 49] auch auf Hüttensand angewendet. Als hydraulisch wirksamen Glasgehalt nimmt SCHRÖDER bei der Untersuchung mit dem Fluoreszenzmikroskop die Volumenprozente an Hüttensand an, die als Kornfraktion 60/90 µm rosarot bis rotbraun leuchten, und vermehrt sie um die Hälfte der Volumenprozente der Körner, die schwarzbraun strahlen. Durch Multiplizieren dieser Summe mit dem p_1-Wert, der von

2.4.2 Hochofenschlacke für Hüttenzement (Hüttensand)

1,11 bis 1,48 schwankt, erhielt er eine gute Beziehung zur Festigkeit des Hüttensandes.

Der Hüttensand nimmt unter den hydraulischen Stoffen zweifellos eine *Sonderstellung* ein. In seinem Chemismus und in seiner Hydraulizität steht er dem Zement sehr nahe, so daß man ihn schon als *Zementoid* oder als latent hydraulisches Bindemittel, d. h. als Bindemittel bezeichnet hat, in dem die hydraulischen Eigenschaften im Gegensatz zum Zement „schlummern" (lat.: latére) und durch einen *Anreger*, z. B. Portlandzement oder Kalk oder auch nur Gips oder eine Erwärmung, *geweckt* werden müssen, dann aber auch einen beständigen Zementstein ergeben. Aus diesen Gründen wird man der Zuordnung des basischen Hüttensands zu den sauren Puzzolanen nicht zustimmen können. Unter 3.3.5 und 3.3.6 wird gezeigt, wie man im Mörtelversuch nach DIN 1164 oder mit dem Mörtelkleinzylinderverfahren den Beitrag eines Hüttensandes oder auch einer Puzzolane oder eines inerten Stoffes zur Druckfestigkeit und unter 4.3.8 zur Widerstandsfähigkeit gegen angreifende Lösungen feststellen kann. Einige weitere Besonderheiten des Hüttensandes, die sich aus seinem Gehalt an Sulfidschwefel ergeben, sind im Anschluß an die Abschnitte über Korrosion und Carbonatisierung behandelt.

Was die *Hydratationsvorgänge* bei der alkalischen und sulfatischen Anregung von Hüttensand angeht, so schafft nach J. D'ANS und H. EICK [D 3] 1954 der alkalische Anreger in der Mutterlauge die nötige Kalkkonzentration, damit das SiO_4-Netzwerk der Schlackengläser über die flüssige Phase abgebaut werden kann; sonst würden saure Gele die Kornoberfläche überkrusten und das Vordringen des Wassers in das Korn verhindern. F. W. LOCHER legt 1958 und 1960 [L 46] den stärkeren Nachdruck auf das schnelle Ausscheiden der in Lösung gegangenen Stoffe als sehr fein verteilte erhärtungsfähige Hydrate. — H. G. SMOLCZYK [S 72] hat 1961 gezeigt, daß in der *Ettringitphase* Fe_2O_3 an die Stelle von Al_2O_3 und $Ca(OH)_2$ an die Stelle von $CaSO_4$ treten kann, ohne daß sich die kristallographischen Merkmale ändern. Er hat vorgeschlagen, sie *AFt-Phase* zu nennen und dementsprechend das Monosulfat, das ebenso wie Trisulfat noch $Ca(OH)_2$, außerdem aber auch $CaCO_3$ und $CaCl_2$ anstelle von $CaSO_4$ enthalten kann, *AFm-Phase* zu nennen. Die Menge der AFt-Phase nähert sich erst nach 7 bis 28 Tagen asymptotisch einem oberen Grenzwert, ohne daß ein Treiben auftritt. Die Hauptkraft beim Treiben eines bereits abgebundenen Zements mit sulfathaltigem Wasser rührt daher, daß das *noch nicht hydratisierte* C_3A *topochemisch* mit dem Sulfat reagiert. Deshalb sollte C_3A möglichst schnell und restlos in unschädliche Verbindungen übergeführt werden, wozu ein aktiver Hüttensand nötig ist. — Nach D'ANS und EICK braucht eine *nur mit Sulfat angeregte* Schlacke deshalb einen so hohen

Gehalt an Al_2O_3, weil sie bei der Hydratation neben CSH-Gelen bevorzugt Trisulfoaluminat (Ettringit) und daneben noch $Al(OH)_3$ bildet. Auch H. Kühl [K 54] hat 1953 vermutet, daß freies $Al(OH)_3$ als wesentliches Erhärtungsprodukt entsteht und auf den Parallelismus zu Tonerdeschmelzzement hingewiesen, wo die erwünschte hohe Erhärtungsenergie mit dem unerwünschten gelegentlich auftretenden *Absanden* einhergeht. — H. G. Smolczyk [S 72] hält es 1965 für möglich, daß im Hochofenzement die CSH-Phase den Tonerdeanteil des Hüttensandes in irgendeiner Form festhält. — Die drei Nebenphasen Gehlenithydrat, Hydrogranat und Dicalciumaluminathydrat, deren Bildung theoretisch zu erwarten ist, sind weder für die Zusammensetzung des Zementsteins aus Hüttenzement, noch für seine charakteristischen Eigenschaften, besonders den Sulfatwiderstand von praktischer Bedeutung. Nach H. E. Schwiete, U. Ludwig, K. E. Würth und G. Grieshammer [S 51] 1969 ist das Gehlenithydrat C_2ASH_8 in hydratisiertem Hüttenzement nur selten, in hydratisiertem Tonerdezement dagegen häufiger nachgewiesen worden.

Nach H. Lehmann und W. Roesky [L 23] 1965 besteht auch bei Hüttenzement zwischen Hydratationswärme, der Menge an nicht verdampfbarem Wasser und spezifischer Oberfläche von 3 Tagen bis zu 90 Tagen und bei 20, 5 und 1 °C eine direkte Proportionalität. Nach Abschluß der Anfangsreaktion, bei der eine lineare Proportionalität nicht vorhanden ist, verläuft die Reaktion sehr ähnlich wie bei Portlandzement. Sämtliche Bestandteile eines Zements setzen sich dann wahrscheinlich mit derselben Hydratationsgeschwindigkeit um; deshalb entsteht stets das gleiche Gemisch von Hydratphasen. Auch nach 270 Tagen war C_3S neben C_2S noch nachweisbar, obgleich jedes der beiden allein unterschiedlich reagiert. Bei 5 und 1 °C entstehen keine anderen Hydratphasen als bei 20 °C.

Die *Kalkbindung* ist auch bei Hüttensand Gegenstand vieler Versuche gewesen. Während früher die Bindung des „überschüssigen" Kalks aus dem Klinker nur positiv bewertet wurde, weil dann auch dieser Kalk in die nützliche CSH-Phase übergeführt wird, kann man aus der Sicht des Korrosionsschutzes in der Bindung des Kalkes eine Minderung der Gewähr für das Aufrechterhalten des pH-Wertes und damit eine Beeinträchtigung des Korrosionsschutzes erblicken. Der Korrosionserlaß (s. 4.2.2) hat nur für den an Hüttensand reichen Hochofenzement eine entsprechende Sonderregelung getroffen, wie dort auch gezeigt wird. — Die Werte der Kalkbindung von Hüttensandfeinmehl standen nach Versuchen von J. Rivas [R 25] 1966 am Institut von H. E. Schwiete in keinem Zusammenhang zu den hydraulischen Eigenschaften. — J. Rivas hat dagegen eine gute Beziehung zwischen der Gewichtszunahme des Bodenkörpers, dem erweiterten Basengrad des Hüttensandes und den mit den Mischungen erzielten Festigkeiten gefunden. Damit wird bestätigt, daß bei Hüttensand, der ebenso wie Zementklinker Kalk in Lösung schickt, die nachträgliche Aufnahme von Kalk eine andere Bedeutung hat als bei einer Puzzolane. Auch nach W. Lieber 1966 [L 34] erwies sich Wasserbindung bzw. Quellung als ein Kennzeichen für hydraulische Aktivität. Hydraulisch aktiver Hüttensand bindet in der gleichen Zeit chemisch mehr Wasser als erhärtungsträger Hüttensand. Die dabei im Schnellversuch nach 3 stündigem Schütteln bei 80 °C erhaltenen Werte zwischen 2 und 5% Wasser hatten eine gute Beziehung zu dem p_1-Wert $CaO : SiO_2$, zu dem Al_2O_3-Gehalt und zu dem F-Wert. Aus ihnen ließ sich sogar die Druckfestigkeit von Gemischen aus je 50% Hüttensand und Klinker meist innerhalb einer Fehlergrenze von $\pm 10\%$ ableiten, sofern eine entsprechende kurvenmäßige Erfassung der Beziehungen vorlag. Im Laufe der Reaktion waren äußerst voluminöse Hydratationsprodukte mit über 25% gebundenem Wasser entstanden.

2.4.3 Puzzolane (Traß)

Das besondere Kennzeichen der im rechten oberen Teil des $\triangle$-Systems (Bild 23), d. h. unterhalb der CaO/SiO_2-Parität im „sauren Gebiet" liegenden Puzzolane ist, daß sie wenig oder gar keinen Kalk enthält und einen regelrechten *Kalkbedarf* hat. Mischt oder mahlt man ihr Kalk oder einen Kalkspender wie Zementklinker zu, dann erhärtet sie und bleibt auch auf die Dauer hart wie Zement. Deshalb gilt das Kalkbindungsvermögen als Erkennungsmerkmal einer Puzzolane und als Maßstab ihrer Puzzolanizität. Man nimmt an, daß diese Eigenschaften wesentlich an die glasigen, silicatischen, zum Teil hydratisierten Bestandteile der Puzzolane gebunden sind. Die chemische Zusammensetzung der Puzzolanen enthält Tab. 24 unter 2.4.1; dort ist auch Bild 23.

Die *natürlichen* Puzzolanen sind vorwiegend vulkanische Aschen, die am Rande eines Vulkans, vermischt mit Lapilli, die man deutsch *Bims* und Bimskies nennt, und mit größeren Auswürflingen und mit Bruchstücken des umgebenden Gesteins niedergefallen sind und sich zu festen Tuffsteinbänken verkittet haben. Der *Tuffstein*, aus dem der *rheinische* Traß durch Feinmahlen hergestellt wird, ist das Auswurfprodukt des Laacher-See-Vulkans; der des *bayerischen* Trasses ist wahrscheinlich das Umwandlungsprodukt des anstehenden Gesteins durch den Einschlag eines größeren Meteoriten. Von den europäischen Nachbarländern haben u. a. Österreich, Bulgarien, Rumänien, UdSSR *Vorkommen* an ähnlichem Tuffstein und stellen zum Teil ebenfalls *Traß* her. Die griechische *Santorin*-Erde wird aus verfestigten Aschenlagen des großen Vulkans gewonnen, dem wahrscheinlich die erdbebenreiche Cykladeninsel ihre Entstehung verdankt. Von den italienischen Puzzolanen sind bekannt die von *Pozzuoli* bei Neapel, ferner Bacoli, Segni und Sacrofano (s. Tab. 25 unter 2.4.5).

Die kieselsäurereichste Puzzolane (s. Bild 23) vorwiegend *organischer* Herkunft ist die außerordentlich feine *Kieselgur* aus Skeletten von Diatomeen, d. h. einfachen Pflanzen (Algen), oder aus den Schalen (tierischer) Radiolarien; in Dänemark heißt sie *Molererde*. Die französische *Gaize* der Ardennen, auch „*Pseudokieselgur*", ist ein Verwitterungsprodukt kieseliger Gesteine. Die russische *Tripel* ist offenbar ähnlicher Entstehung. J. VAN DEN BROECK [B 57] hat 1953 diese Gruppe der Puzzolanen beschrieben. Oft wird sie vor ihrer Verwendung bei 700 bis 900 °C gebrannt. Sie dient im allgemeinen zur Herstellung von Isoliersteinen und als Filterstoff und wird dem Beton in Mengen von nur 2 bis 4% zur Verbesserung seiner Verarbeitbarkeit und seines Zusammenhalts zugesetzt. In Dänemark stellt man seit 1910 einen Molerzement, ab 1924 mit gebrannter *Molererde* her. Als Zusatz von nur 5 und 10% zu hüttensandreichem Hüttenzement liefert sie nach H. E. SCHWIETE, U. LUDWIG und P. OTTO [S 48b] 1967 einen Festigkeitsbeitrag und kann den Sulfatwiderstand wesentlich verbessern. Ihre spezifische Oberfläche und ihr Kalkbindungsvermögen haben die höchsten Werte (s. Tab. 25).

Zu den *künstlichen* Puzzolanen zählt das schon von den Römern als Zuschlag für hydraulischen Kalkmörtel verwendete *Ziegelmehl*. (Glasmehl besitzt ebenfalls ein hydraulisches Reaktionsvermögen, führt aber als Zuschlag zum Treiben des Betons [M 22]) (s. 3.1.7). Zu den Puzzolanen ist auch der Ölschieferabbrand zu rechnen, der beim Verbrennen oder Destillieren von Ölschiefer entsteht. — Die natürlichen Puzzolanen verdanken ihr hohes hydraulisches Reaktionsvermögen vor allem ihrer physikalischen Struktur, d. h. ihrem locker porigen Gefüge mit einer *großen inneren Oberfläche*, beim rheinischen Traß als Folge eines Verwitterungs- und Auslaugungsprozesses innerhalb geologischer Zeiträume, bei der Diatomeenerde infolge der Mikrostruktur der Kristallskelette organischer Lebewesen.

Am deutlichsten kommt das in der späteren Tab. 25 nach H. E. SCHWIETE und Mitarbeitern [S 41] zum Ausdruck, worin die Blaine-Werte, die als Durchflußmessungen nur die äußere Oberfläche erfassen, den BET-Werten gegenüberstehen, bei denen auch die innere Oberfläche mit Stickstoff überzogen wird. — Industriell wird von der Möglichkeit, eine künstliche Puzzolane herzustellen, nur gelegentlich Gebrauch gemacht. Deshalb haben sich die Versuche und Forschungsarbeiten im wesentlichen nur um eine für möglichst alle Puzzolanen brauchbare Prüfung und Kennzeichnung der Puzzolanizität bemüht.

Mit Kalk gemischt wird Puzzolane in Italien für Mauermörtel, in der BRD auch in Form von Traßkalk für Vermörtelungen im Wegebau verwendet. Ihr hydraulisches Erhärtungsvermögen wird im modernen Bauwesen am besten ausgenützt, wenn man sie dem frischen Beton zusetzt, wie das bevorzugt bei Massenbeton vornehmlich im Wasserbau geschieht, oder wenn man sie dem Zementklinker zumahlt, was die Normen einiger Länder (s. 1.2.2) bis zu einer Höchstgrenze zwischen 30 und 40% gestatten. In der BRD sind beide Fälle für Traß nach DIN 51043 und Traßzement nach DIN 1164 mit 20 bis 40% Traß zulässig und üblich. Daneben wird noch *Traßhochofenzement* mit 25 und mit 50% Klinker hergestellt, in dem sich Traß zu Hüttensand wie etwa 1:2 verhalten.

Der handelsübliche rheinische Traß hat nach H. KREMSER [K 52] 1958 eine Dichte von 2,3 bis 2,4 g/cm² und besitzt einen Anteil von 10% über 90 µm, von 25% über 60 µm und einen Blaine-Wert von 6000 bis 7000 cm²/g. KREMSER empfiehlt einen Zusatz von 15 bis 20% zu Beton aus *Portland*zement, von 10 bis 15% zu Beton aus *Hochofen*zement, um das Bluten, Entmischen und Kalkausblühen zu verhindern und die Wasserundurchlässigkeit und damit den Widerstand gegen chemischen Angriff zu erhöhen. Bis zu 20% Traß sind in der BRD auf den Bindemittelgehalt des Betons anrechnungsfähig. Als Unterschied zwischen den beiden *deutschen* Puzzolanen heben H. E. SCHWIETE und U. LUDWIG [S 44] 1961 hervor, daß der weniger aktive *bayerische* Traß mit 50 bis 60% rund doppelt soviel unlöslichen Rückstand besitzt wie der *rheinische* Traß mit 26 bis 34%, außerdem nur 4% gegenüber 7 bis 8% Alkalien, und daß er mit 3 bis 7% gegenüber 6 bis 8% eine im Durchschnitt etwas geringere Menge an Hydratwasser enthält. Kalkbindung und Festigkeit der beiden Trasse zeigen entsprechende Unterschiede (s. Tab. 25).

Die rötliche Farbe und die hohe Resonanzfähigkeit der späteren Geigen von Stradivari und Amati soll auf der Verwendung von Puzzolane als *Pigment der Leimfarbe* beruhen, die offenbar das Holz zu verkieseln vermag, wie es aus der Natur bekannt ist.

2.4.4 Flugasche und Schmelzgranulat

Zu der Gruppe der Puzzolanen rechnet man oft auch die Flugasche, die in den Staubkammern und den Staubfiltern der Kohlenkraftwerke als feinkörniger Verbrennungsrückstand anfällt. In den neuzeitlichen Schmelzkammern der Kesselfeuerungen wird die Flugasche niedergeschmolzen und ähnlich wie Hochofenschlacke mit Wasser abgeschreckt und wird dann zum *Schmelzgranulat*. Schmelzgranulat ist spezifisch schwerer als Flugasche, läßt sich einfach transportieren und verarbeiten und enthält wenig oder keine Kohle- oder Koksteilchen mehr. Flugasche und Schmelzgranulat werden als Schütt- und Bettungsstoff im Tiefbau verwendet, als Feinstsand von Betonzuschlag in der BRD schätzungsweise in einigen 100000 t, in USA, UdSSR, Frankreich und Österreich bis zu 30% auch als Bestandteil von Handelszement ähnlich dem Hüttensand und Traß. Das gilt nur für Asche und Granulat von Steinkohlenfeuerungen. Die Asche der *Braunkohle* ist im Gegensatz dazu (s. unten) im allgemeinen reich an CaO und liegt chemisch, wie Bild 23 zeigt, in der Nähe des Zementklinkers. CaO kommt darin zum Teil sogar als freies CaO vor; außer an SiO_2 ist es auch an Fe_2O_3 und SO_3 gebunden. Man hat daraus während der Zeit des Baustoffmangels vorübergehend ohne oder mit Kalkzusatz einen *Braunkohlen-Aschenbinder* in den beiden Güteklassen Br 10 für Mauermörtel und Innenputz und Br 40 für Wandbauplatten und -steine hergestellt, für den auch der Normentwurf DIN 4207-E bestanden hat. W. Gumz, H. Kirsch und M.-Th. Mackowsky [G 33] 1958 haben sich eingehend mit Schlacken befaßt.

Die Asche der *Steinkohle* ist vorwiegend toniger Natur und besitzt einen entsprechend hohen Gehalt an SiO_2, Al_2O_3 und Fe_2O_3. Sie nähert sich in ihrer chemischen Zusammensetzung und ihren Eigenschaften den Puzzolanen und liegt in ihrem Festigkeitsbeitrag oft höher. In Frankreich hat M. Duriez [D 21] 1965 den gleichzeitigen Zusatz von Flugasche und Hüttensand befürwortet. In Deutschland sind W. Kronsbein [K 53] 1941 und 1951 und A. Meixner [M 33] 1962 für diese Verwendung von Flugasche eingetreten. In dem Schmelzgranulat dreier Kraftwerke mit in runden Zahlen 50% SiO_2, 30% Al_2O_3 und 2 bis 4% CaO, weniger als 1% Na_2O, ferner 3,3 bis 4,4% K_2O und 6 bis 12% an Eisenoxiden hat P. A. Kastanja [S 41] 1969 einen völlig homogenen Korntyp A aus Aluminat-Silicat-Glas unterschieden, der in zwei Granulaten zu rd. 70%, in dem anderen zu nur 15% vertreten war, ferner einen Korntyp B mit vielen Poren und Einschlüssen, als weiteren den von Poren und Einschlüssen durchsetzten Korntyp C mit einer verschmierten Oberfläche und den aus einem Eisen-Aluminat-Silicat bestehenden Korntyp D.

Der deutsche *EFA-Füller* ist nach H. Keller [K 27a] 1969 eine *Elektro-Filter-Abzugsasche* mit $d = 2,4 \text{ g/m}^3$ und zu 95% feiner als 60 µm und 65% feiner als 10 µm; er hebt neben dem Festigkeitsbeitrag u. a. die Verbesserung der Verarbeitbarkeit von Beton und seiner Wasserdichtigkeit hervor. Über die Verwendung als Mikrofüller berichtet u. a. E. Lutzmann [L 66] 1966. Die günstige rheologische Wirkung der Flugasche auf Mörtel und Beton hebt M. Vénuat zum Teil mit J. Alexandre [V 8] im gleichen Jahre hervor. R. W. Cannon [C 1b] gibt 1968 geeignete Betonmischungen mit Flugaschezusatz an.

Nach J. ROSA [R 31a] 1965 ist Flugasche mit mehr als 52% SiO_2 und Kieselgur das wirksamste Stabilisierungsmittel von *magnesiareichem Zement*. Sogar beim Autoklavversuch reichten 10 bis 15% der von ihm verwendeten Flugasche mit rd. 57% SiO_2 und 22% Al_2O_3 zum Stabilisieren aus, weniger als 10% aber nicht. Durch den Zusatz dieser besonderen Flugasche wird der Anteil an nicht hydratisierten Klinkerbruchstücken erhöht, deren Hydratation also blockiert. Es bilden sich dauerhafte, auch bei 6stündiger Autoklavbehandlung unverändert bleibende Pseudomorphosen, das sind Neubildungen in der „falschen" Gestalt der ursprünglichen Silicate. Das entstehende Gel hat eine minimale Neigung zur Bildung größerer Einheiten und führt zu kryptokristallinen Hydrosilicaten. — Die stabilisierende Wirkung von Flugasche und Ziegelmehl auf magnesiareichen Klinker bestätigen S. S. REHSI und A. J. MAJUMDAR 1969 [R 11].

O. SCHWARZ [S 36] hat 1967 den Anfall an Steinkohlenschlacke mit 4,5 Mill. t Granulat, Feuerraum- und Rostschlacke und 1 Mill. t Flugasche angegeben. Da aus der derzeitigen und der in Aussicht genommenen Verwendung eine wesentliche Entlastung der Flugaschen- und Schmelzgranulatbilanz nicht zu erwarten ist, werden zur Zeit verschiedene andere Wege verfolgt, über die auch H. ERYTHROPEL [E 15] 1963 berichtet hat.

2.4.5 Bewertung von Puzzolane

Das typische *Kalkbindungsvermögen* der Puzzolane wurde früher auch bautechnisch hoch bewertet, weil man die an undichtem Beton besonders von Talsperren an der Außenfläche auftretenden *Kalkfahnen* und Kalknester und an den Decken der Laufgänge entstehenden *Stalaktiten* nicht auf die Wasserdurchlässigkeit des Betons, sondern auf mangelnde Kalkbindung zurückgeführt hat. Das angreifende reine Wasser des Hochgebirges hat diesen Vorgang dann oft begünstigt (s. 4.2.1). Heute werden für solche Massenbauwerke zwar auch noch Betongemische mit einem traßhaltigen Zement oder einem Zusatz von Traß verwendet, vorrangig aber wegen der niedrigeren Hydratationswärme und der besseren Transportfähigkeit des Betons, besonders wenn er gepumpt wird.

Zur Frage der *Puzzolanizität* haben sich im Laufe der letzten vier Jahrzehnte fast alle Zementfachleute der Länder, in denen Puzzolane vorkommt, geäußert. Hervorgehoben seien die Namen der Deutschen H. HART, V. RODT, W. WITTEKINDT, des Bulgaren E. STEOPOE, der Italiener F. FERRARI, N. FRATINI, G. MALQUORI, A. RIO, L. SANTARELLI und R. TURRIZIANI und des Russen P. P. BUDNIKOV sowie des Engländers F. M. LEA; auf ihre Versuche und Ergebnisse ist H. KÜHL [k 55] näher eingegangen. Die Verfahren der Kalkbindung zum Nachweis des puzzolanischen Charakters und Wertes sind im letzten Jahrzehnt von verschiedenen französischen Fachleuten, unter denen die Namen von A. JARRIGE und V. DARQUES [J 4], M. VÉNUAT, zum Teil mit J. ALEXANDRE [V 8] zu nennen sind, auch auf die Flugaschen ausgedehnt wurden. H. E. SCHWIETE und U. LUDWIG [S 44] fanden 1961 nach 90 Tagen eine Kalkbindung von 31% CaO durch *rheinischen*, von 22% CaO durch *bayerischen* Traß und von 8% CaO durch gleich fein gemahlenes *Quarzmehl*. Der rheinische Traß band schneller, aber auf längere Dauer nicht viel mehr Kalk als der bayerische Traß; der Normenmörtel erreichte erst nach 1 Jahr 83% der Kalkbindung, wie sie bei 28tägigem Schütteln von Kalk-Traß-Mischung eintrat. Beim Hydratisieren von rhein. Traß mit PZ bildet sich auch das tonerdehaltige C_4ASH_{14}, beim bayerischen Traß nur CSH-Verbindungen. — Ein entsprechendes Ergebnis haben die Versuche von J. JAMBOR [J 2] 1963 mit anderer Puzzolane, mit aktiviertem Kaolin und mit Flugasche gehabt. — Die Versuche von SCHWIETE-LUDWIG (s. oben) haben zahlenmäßig belegt, daß der in Salzsäure HCl unlösliche und als inert geltende *Quarz* mit zunehmender Feinheit meßbare Mengen an *Kalk* binden und infolgedessen sogar die Festigkeit von Mörtel und Beton (s. 3.3.6) auch ohne Anwendung höherer Temperatur fühlbar erhöhen, d. h. einen echten Festigkeitsbeitrag liefern kann.

K. M. ALEXANDER [A 14] hat 1961 dafür ein eindrucksvolles Beispiel gegeben. Er hat fünf kieselsäurehaltige, nicht ausgesprochen puzzolanische Gesteine ultrafein, d. h. auf über 50000 cm²/g, teilweise sogar bis 140000 cm²/g spezifische Oberfläche nach BLAINE gemahlen. Davon gelten zwei als inert, nämlich „völlig entglaster" Quarzit und Basalt, drei gelten als schwach puzzolanisch, nämlich Woodendit, ein ungewöhnlich basisches Gesteinsglas, ferner ein Trachyt ohne Glasgehalt und endlich ein saurer Tuff. Aus Gesteinsmehl, Kalkhydrat, Sand und Wasser hat er im Gewichtsverhältnis 2 : 1 : 3 : 0,28 einen Mörtel hergestellt und die Biegezugfestigkeit bestimmt. Die Werte nach 7 und nach 56 Tagen enthält Bild 25. Alle diese kieselsäurehaltigen Stoffe haben einen Festigkeitsbeitrag geliefert, der nach 7 Tagen deutlich *unter*, nach 56 Tagen aber deutlich *über* dem des sauren Tuffs, d. h. einer schwachen Puzzolane, liegt. Er hat dieses puzzolanische Verhalten damit erklärt, daß diese Stoffe durch das verlängerte Mahlen auf ihrer Oberfläche eine *gestörte Lage* von hochreaktionsfähigem Material besitzen, das wie eine Puzzolane mit Kalk reagiert. (Daß an kieselsäurehaltigem Gestein Zementstein offenbar infolge dieser Oberflächenreaktion gut haftet, ist unter 3.1.6 auch nach anderen Feststellungen ausgeführt.)

In Tab. 25 sind nach Versuchen von H. E. SCHWIETE, U. LUDWIG mit verschiedenen Mitarbeitern, zuletzt mit P. KASTANJA [S 41] Proben

2.4.5 Bewertung von Puzzolane

von 3 Traßarten, 2 italienischen Puzzolanen, Molererde und 3 Schmelzgranulaten Prüfwerte aufgenommen, und zwar die spezifische Oberfläche, die Kalkbindung und die Druck- und Biegezugfestigkeit von Mörtel. Die Blaine-Werte der hydraulischen Stoffe 1 bis 5 liegen höher

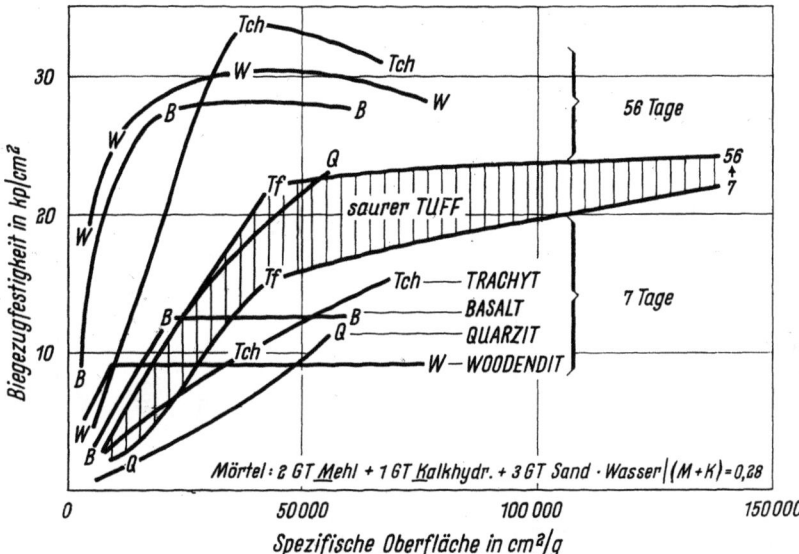

Bild 25. Festigkeit von ultrafein gemahlenen Gesteinsmehlen mit zunehmender spezifischer Oberfläche. Nach K. M. ALEXANDER [A 14].

als die von Handelstraß mit 6000 bis 7000 cm²/g (s. oben); im Rahmen der Vorarbeiten für die Normung von Traß hat man diese erhöhte Feinheit wegen der stärkeren Differenzierung der Werte unter den Spalten 5 bis 8 gewählt. Die Molererde nimmt eine Sonderstellung ein. Die drei Schmelzgranulate sind mit rd. 3500 cm²/g und rd. 5000 cm²/g auf mittlere und hohe Festigkeit gebracht worden. Bei ihrer praktischen Verwendung wird man neben der Veränderung ihrer Zusammensetzung (s. oben) ihren großen Mahlwiderstand zu beachten haben. — Mit den Werten der Spalten 2 und 3 kommen typische Unterschiede der Puzzolanen zum Ausdruck. Bei dem BET-Verfahren werden alle Hohlräume und Löcher mit Stickstoff belegt und damit als Oberfläche erfaßt, während das Blaine-Verfahren nur die durchströmbaren Hohlräume mißt. Deshalb ist das Verhältnis BET/Blaine bei Puzzolane 5 bis 66, bei dem hohlraumfreien Schmelzgranulat nur 1,7 bis 2,6.

Der österreichische Traß verbindet mit einer extrem hohen inneren Oberfläche die höchste Kalkbindung und höchste Festigkeit, am wenigsten ausgeprägt bei der Biegezugfestigkeit; ähnlich verhält sich die Molererde.

Tabelle 25. *Feinheit, Kalkbindung und Festigkeit von Traß, Puzzolanerde und Schmelzgranulat*
Nach H. E. SCHWIETE, U. LUDWIG und P. KASTANJA [S 41]

Spalte:		1	2	3	4	5	6	7	8
		\multicolumn{3}{c}{Spezifische Oberfläche}	Kalk-bindung[2]	\multicolumn{4}{c}{Mörtel 1:3 mit Puzzolane: Kalk = 80:20 Gew.-Tl.}
						\multicolumn{2}{c}{Druckfestigkeit kp/cm² nach}	\multicolumn{2}{c}{Biegezugfestigkeit kp/cm² nach}
Reihe	Hydraulische Stoffe	Blaine cm²/g	BET[1] m²/g	BET/Blaine	mg CaO/g	28 Tagen	90 Tagen	28 Tagen	90 Tagen
1	Traß österreichisch	9150	60,5	66	395	104	183	31	41
2	Traß rheinisch	9270	19,6	21	255	92	111	29	36
3	Traß bayrisch	9550	8,3	8,7	190	55	60	15	23
4	Puzzolane Salone	8900	17,4	19,5	225	73	90	28	32
5	Puzzolane Bacoli	9020	4,4	4,9	235	51	92	17	25
6	Molererde	23000	44,0	19,2	494	(127)		(41)	
						\multicolumn{4}{c}{Mörtel 1:3 mit Schmelzgranulat: Kalk 70:30}
7	Schmelzgranulat S	3580	0,78	2,2		89	171	23	49
		5060	1,00	2,0	202	124	231	30	54
8	Schmelzgranulat V	3570	0,60	1,7		90	185	15	47
		5010	1,20	2,3	192	158	276	43	52
9	Schmelzgranulat L	3470	0,70	2,0		80	177	21	42
		5070	1,30	2,6	184	112	229	28	52

[1] Mit dem Areameter Belegung mit Stickstoff. Werte von Spalte 2 sind in m² statt in cm² (Spalte 1) angegeben.
[2] Nach 28 Tagen Schütteldauer.

Für die Festigkeit der Schmelzgranulate liefert die Kalkbindung keine charakteristischen Werte. Außerdem ist zu beachten, daß die bei diesen Versuchen aufgetretenen Unterschiede nicht denen bei einer Zumahlung zu Zementklinker entsprechen müssen. Die Dichte des Schmelzgranulats liegt zwischen 2,5 bis 2,7 g/cm³, die der Puzzolane zwischen 2,4 bis 2,7 g/cm³. — ASTM C 595-68 fordert von einer Puzzolane, daß ein Mörtelkörper 1:3 in Gewichtsteilen, der als Bindemittel ein volumengleiches Gemisch aus 1 Teil Kalkhydrat und 2 Teilen der ofentrockenen Puzzolane besitzt, nach einer 6 tägigen Lagerung bei 55° C im Alter von 7 Tagen eine Druckfestigkeit von 56 kp/cm² erreicht.

J. Forest und E. Demoulian [F 6] haben 1964 die chemischen Verfahren zur Bestimmung der Puzzolanizität beschrieben und auf *Flugaschen* angewendet, zunächst die Bestimmung der durch Behandeln mit Salzsäure, dann mit Natronlauge löslich gewordenen SiO_2, dann nach Afnor die der Summe ($SiO_2 + Al_2O_3$). Die Verfasser betrachten die Zunahme der löslichen Menge an SiO_2 und Al_2O_3 durch das Kochen gegenüber der aus einer nicht gekochten Probe lösbaren Menge als brauchbares Maß für die Puzzolanizität von Puzzolanen *und* Flugaschen.

2.5 Forschungseinrichtungen und Bestimmungsverfahren

Die nächsten Abschnitte behandeln besondere Einrichtungen und Verfahren, die der Forschung, Entwicklung und Überwachung dienen und erwähnen dabei einige bemerkenswerte Ergebnisse. Auf die Bestimmung der technischen Eigenschaften und räumlichen Veränderungen wird in Teil 3 eingegangen, die Festigkeit wird unter 3.3 näher behandelt.

2.5.1 Porenmessung

Der Nachweis und das Messen der *Poren* im Zementstein, Mörtel und Beton ist besonders beim Straßenbeton lichtmikroskopisch üblich (s. 3.2.5). Die Porosität von *Zementgel* bestimmt man durch Gasadsorption nach dem BET-Verfahren (s. 3.2.3). Die Kennwerte für die offene Porosität kann man, wie H. E. Schwiete und U. Ludwig [S 46] 1966 gezeigt haben, auch mit dem Quecksilberdruck*porosimeter* nach Guyer-Böhlen (Poren ab 15 nm), als Gasdurchlässigkeit (Poren ab 100 nm) und als Gasdiffusion (Poren ab 1 nm) messen. Die Gasdurchlässigkeit anorganischer Baustoffe in Perm, abgekürzt Pm, ist nach dem Vorschlag von L. Zagar in den Zehnerpotenzen 10^{-3} (mPm), 10^{-6} (μPm) und 10^{-9} (nPm) in Bild 26 wiedergegeben. Es zeigt den breiten Bereich der Zementmörtel 1:6 bis 1:3 und den des Tonerdezementmörtels

1 : 3 vor und nach seiner Umwandlung. Zementstein wird mit zunehmendem Alter und zunehmendem Zementgehalt gasundurchlässiger, weil die Hydratationsprodukte den verfügbaren Porenraum dichter ausfüllen.

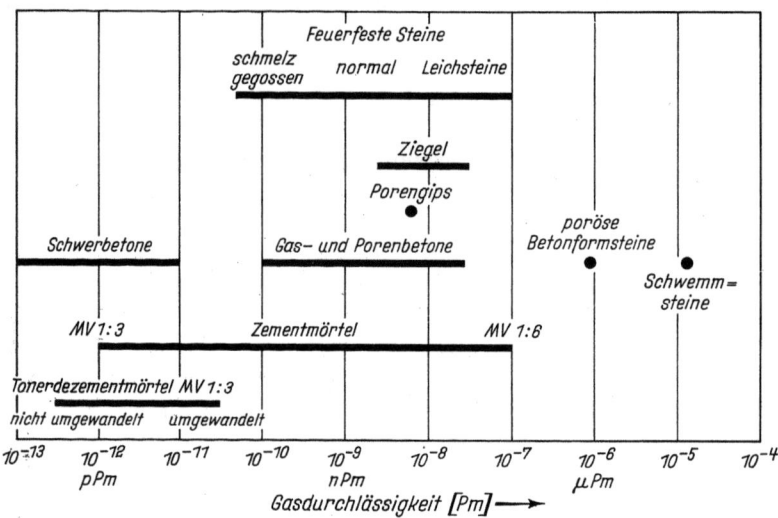

Bild 26. Gasdurchlässigkeit anorganischer Baustoffe in Perm. Nach H. E. SCHWIETE und U. LUDWIG [S 46] (s. a. Tab. 30 unter 3.2.2).

Im Gegensatz dazu wird Tonerdezementmörtel bei seiner Umwandlung (s. 4.4.1) porenreicher und gasdurchlässiger.

2.5.2 Thermische Verfahren

Mit der *Thermowaage* kann man durch Erwärmen von Rohmehl oder von erhärteter Zementpaste oder einem einzelnen Hydratationsprodukt bis zu einer Temperatur von 1400 bis 1600 °C die kontinuierliche oder stufenweise Abgabe von H_2O und CO_2 verfolgen und daraus Schlüsse auf deren Bindungszustand und damit auf das Vorhandensein oder die Abwesenheit bestimmter chemischer Verbindungen ziehen. Die Änderungen des Wärmeinhalts durch das Freiwerden oder die Aufnahme von Reaktionsenthalpie (vgl. 5.2.8) kann man mit der von H. LEHMANN, S. S. DAS und H. H. PAETSCH behandelten *Differential-Thermo-Analyse (DTA)* [L 15] oder mit der *dynamischen Differenz-Kalorimetrie (DDK)* [S 56] verfolgen. Auf dem zweiten Weg kann man nach H. E. SCHWIETE und G. ZIEGLER [S 56] gleichzeitig die Beträge der Reaktionsenthalpie bestimmen, die man bei Wärmerechnungen braucht (s. 5.2.8) und die man sonst mit dem Lösungskalorimeter bestimmt. Bei der DTA mißt und registriert man die Differenz zweier in derselben Weise erhitzter Stoffe, von denen der eine die zu prüfende

Substanz, der andere ein Wärme-inerter Vergleichsstoff ist, dessen Temperatur beim Erhitzen stetig ansteigt. Die Temperatur der Versuchsprobe bleibt bei Wärmeaufnahme zurück und eilt bei Wärmeabgabe voraus. Als Beispiel sind in Bild 27 nach W. G. QUITTKAT [Q 1] DTA-Kurven für vier verschiedene Rohmehle zur Herstellung desselben Klinkers angegeben, die neben einem Schieferton als Tonkomponente

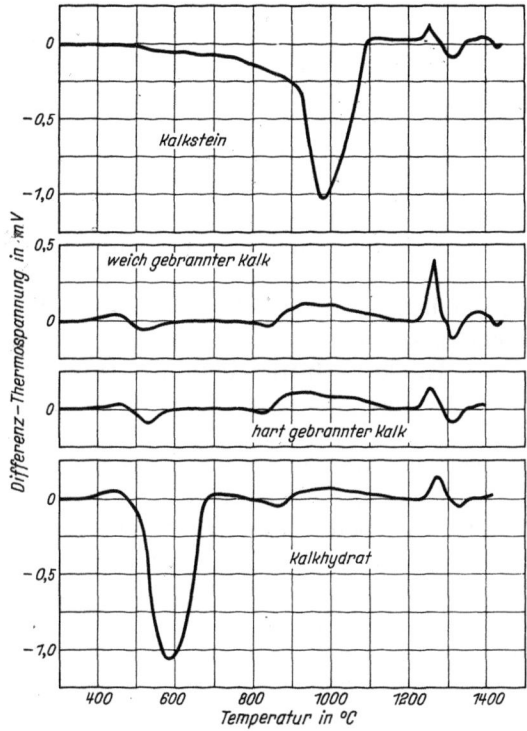

Bild 27. Differential-Thermo-Analyse (DTA) von 4 Rohmehlen beim Brennen zu Klinker. Nach W. QUITTKAT [Q 1]. Die Kalkkomponente besteht aus Kalkstein, weich- und hartgebranntem Kalk und aus Kalkhydrat.

einmal Kalkhydrat, ferner hart- und weichgebrannten Kalk und endlich — wie üblich — Kalkstein enthielten. Ein Ausschlag nach unten zeigt eine Wärmeaufnahme, nach oben eine Wärmeabgabe des Rohmehls, d. h. einen *endo*thermen oder *exo*thermen Vorgang an. Stark endotherme Vorgänge (Ausschlag nach unten) sind beim Kalkhydrat — neben der gleichzeitigen schwächeren exothermen Recarbonatisierung (s. unten) — die Dehydratation, beim Kalkstein die Decarbonatisierung. Bei allen vier Rohmehlen verlaufen die Kurven ab 1200 °C wesensgleich, wenn auch nicht quantitativ; exotherm (Ausschlag nach oben) verläuft die Bildung der Klinkerminerale ab 1200 °C. Die anschließend beginnende endotherme Reaktion ab 1250 °C bezeichnet die Bildung von C_3S. Die schwache exotherme (Ausschlag nach oben) Reaktion bei den drei unteren Kurven unterhalb 500 °C rührt im wesentlichen von der Recarbonatisierung her. Bei Kalkhydrat ist sie erst bei 800 °C beendet und erfaßt 80% des Rohmehls.

Auf die zur Bestimmung der *Hydratationswärme* des Zements, Mörtels und Betons üblichen Kalorimeter und Meßgeräte wird unter 3.5.1 näher eingegangen.

2.5.3 Lichtmikroskop

Das Lichtmikroskop war vor Einführung der Röntgenographie das wichtigste Forschungsmittel zur Klärung der Klinkerkonstitution (s. 2.2.2). Nach ihrem heutigen Stand behandeln die Kristallographie u. a. W. KLEBER [K 34a], die Mineralogie u. a. KLOCKMANN-RAMDOHR [K 34a], die oxydischen Kristallphasen der anorganischen Industrieprodukte F. TROJER [T 21].

Schon im durchfallenden Licht eines *einfachen* Mikroskops lassen sich an einem Pulverpräparat bei einiger Übung die Hauptbestandteile eines Zements, wie Klinker, Hüttensand und Traß, auch Gips und Anhydrit, ggf. auftretende Verunreinigungen an Durchsichtigkeit, Farbe, äußerer Kornform, Spaltbarkeit, ggf. noch an ihrer Lichtbrechung im Vergleich zu Einbettungsflüssigkeiten, auch durch Mikroreaktionen unterscheiden. Es entwickelt z. B. ein Kalksteinkorn aus zumeist rhomboedrischen Spaltstücken bei Zugabe eines Tropfens verdünnter Salzsäure CO_2-Gas; ein glasiges Hüttensandkorn mit zumeist muscheligem Bruch färbt sich mit einem Tropfen Bleinitratlösung durch Bildung von Bleisulfid PbS schwarz.

Bild 28 zeigt das Pulverpräparat der Siebfraktion 60 bis 90 μm eines Hüttenzements im gewöhnlichen durchfallenden Licht mit kristallisiertem, fleckig undurchsichtigem Klinker (mit kleinen hellen Alitkriställchen) und mit glasiger durchsichtiger Hochofenschlacke. Die Mengenbestimmung der einzelnen Komponenten eines Gemischs ist mit einem Planometerokular oder mit einem für das Messen und Zählen mehrerer Bestandteile eingerichteten Integrationstisch möglich (s. unten). Zur Auswertung setzt man nach DIN 1164 Bl. 3 Abs. 3.3.4 üblicherweise als Dichte für Klinker 3,15 g/cm³, für Hüttensand 2,85 g/cm³ ein (s. unten Tab. 26). Die Feststellung der einzelnen Bestandteile behandelt F. KEIL [K 21] 1957. Einen wesentlich besseren Aufschluß ermöglicht das *Polarisationsmikroskop* mit Polarisator und Analysator (früher: gekreuzte Nicolsche Prismen aus Doppelspat); es macht zusätzlich durch die Interferenzfarben das Vorhandensein und den Grad der Doppelbrechung, ggf. die Lage der optischen Achsen erkennbar und damit die Identifizierung leichter möglich.

2.5.3 Lichtmikroskop

Für die mikroskopische Untersuchung von Klinker und auch von Zementstein und Beton sind vorwiegend *Anschliffe* üblich, für deren Herstellung eine ausgereifte Technik erarbeitet worden ist. *Ohne Ätzen* reflektieren stark das Ferrit der — deswegen als „hell" bezeichneten —

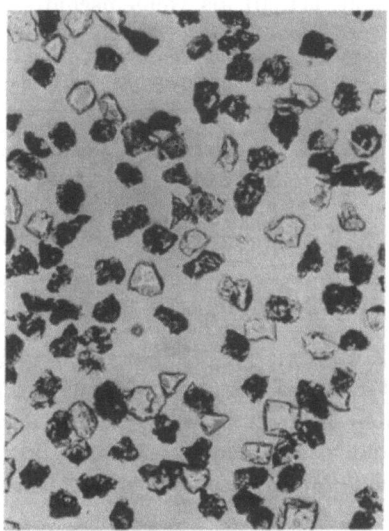

Bild 28. Zementgrieß zwischen den Maschensieben 0,09 (DIN 4188) und 0,063 (DIN 4188) aus Klinker (dunkel) und Hüttensand (hell, durchsichtig, muscheliger Bruch) unter dem Mikroskop.

Grundmasse, ferner u. a. das gelegentlich in reduzierend gebranntem Klinker vorkommende CaS und metallisches Eisen. Beim Anätzen mit Wasser werden ihrer chemischen Reaktionsfähigkeit gegenüber Wasser entsprechend die Klinkerphasen in abnehmender Reihenfolge geätzt: Freikalk, Aluminat, Alit, Belit; nicht geätzt werden Ferrit und Periklas. Üblich sind außerdem die Ätzung mit alkoholischer Salpetersäure 100:1 oder 1000:1 und die Ätzung mit Wasser und anschließend Dimethylammoniumcitrat (abgekürzt: DAC), wie Bild 11 unter 2.2.2 zeigt.

Die schwierigere Herstellung von *Dünnschliffen* ist manchmal lohnend, weil man damit weitere optische Eigenschaften bestimmen kann. F. GILLE [G 11] hat 1952 die Herstellung von *An-Dünnschliffen* und deren Wert für die Zementforschung dargelegt. Zur Auswertung von Planmessungen eines Klinkeranschliffs sind die in Tab. 26 angegebenen Werte für die Dichte der Klinkerphasen nötig, mit denen man die durch Ausmessen ermittelten Flächenanteile zu multiplizieren hat. Weitere Einzelheiten vor allem über zweckmäßige Zusatzgeräte finden sich bei H. FREUND [F 14] mit Beiträgen von K. OBENAUER und F. TROJER. TROJER [T 22, 23] hat die Umwandlung bzw. Zersetzung von C_3S in C_2S und CaO sichtbar gemacht und mit O. BLÜMEL [T 24] 1969 die Wirkung der Alkalien auf dolomitischen Zuschlag mikroskopisch nachgewiesen. G. M. IDORN [I 2] hat die Alkalireaktion mit mikroskopischen Bildern belegt. Die Anwendung mineralogischer Verfahren haben auch P. TERRIER und H. HORNAIN [T 4] 1967 gezeigt. — Einen Atlas mit 147 Bildern über die Mikroskopie des Zementklinkers hat der VDZ 1965 [Lit. III.10] als Gemeinschaftsarbeit herausgegeben.

Tabelle 26. *Dichte der Klinkerphasen in g/cm³*,
VDZ Mikroskopie des Zementklinkers [Lit. III.10]

Alit	Belit	Aluminat	Ferrit	Freikalk	Periklas
3,20	α 3,07[1]	3,04	C_4AF 3,76	3,35	3,58
	α' 3,31[2]		C_2F 4,01		
	β 3,28		C_6A_2F 3,71		
	γ 2,97				

[1] Bei 1500 °C.   [2] Bei 700 °C.

I. DREIZLER [D 17] hat 1966 mit mehreren Bildern gezeigt, daß man Carbonatisation, Sulfatangriff, Krustenbildung und Ausblühungen mit dem Mikroskop verfolgen und damit die Ursache von Veränderungen und von Schäden feststellen kann. — In Bild 29 kann man die treibende Wirkung eines verhältnismäßig großen Periklases auf die ihn

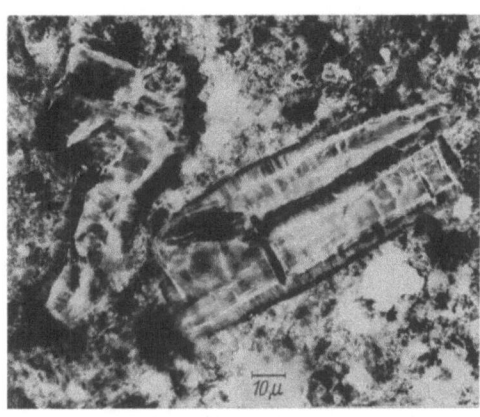

Bild 29. Großer Kristall von Periklas MgO in einem Purzementmörtel, der sich schichtweise unter starker Ausdehnung in den faserigen Brucit $Mg(OH)_2$ umwandelt. Nach F. GILLE [G 10].

umgebende feuchte Zementpaste deutlich erkennen. Das MgO wandelt sich in einer langsam verlaufenden Hydratation durch Wasseraufnahme lagenweise in den faserigen Brucit $Mg(OH)_2$ um.

B. ERLIN und N. R. GREENING [E 14] haben 1968 mit Bildern eines zeitraffenden Mikrofilms den Unterschied im Habitus von $Ca(OH)_2$ gezeigt, wenn es beim Hydratisieren von C_3S in reinem, in $CaCl_2$-haltigem oder in calciumacetathaltigem Wasser entsteht. — Mit den bei den Pulverpräparaten erwähnten Meßtischen lassen sich in größerer Bauart quantitative Bestimmungen auch an *Beton* durchführen. Zur Bestimmung der Luftporen im Beton ist das in USA entwickelte und von A. SCHÄFER [S 7] verbesserte mikroskopische Meßlinienverfahren üblich, das vornehmlich bei Straßenbeton angewendet wird (s. 3.2.5). — Das *Erhitzungsmikroskop* bietet die Möglichkeit, die Form von Veränderungen kleiner Briketts beim Erhitzen, ihr Versintern, Verschmelzen und Zusammenfallen beobachten und registrieren zu können.

2.5.4 Elektronenmikroskop

Das Auflösungsvermögen des Lichtmikroskops endet bei der halben Wellenlänge des Lichts, d. h. bei etwas weniger als 1 Mikrometer μm, wie Bild 30 zeigt. Man kann mit dem *Licht*mikroskop zwar noch die

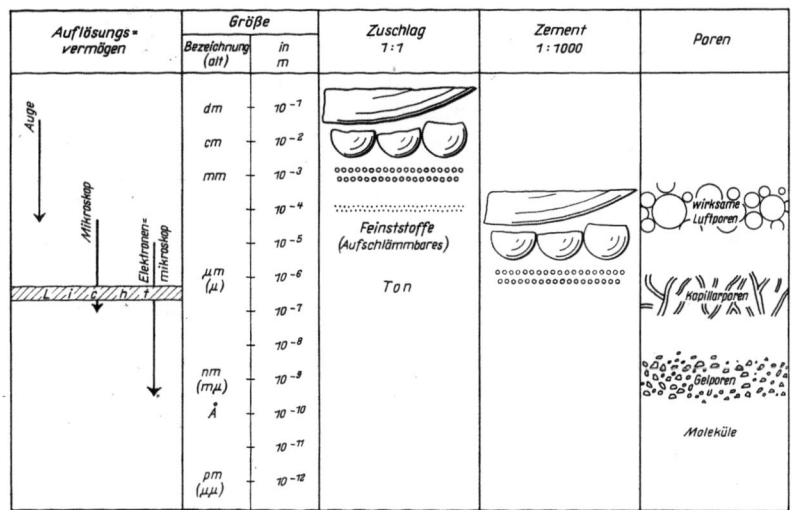

Bild 30. Auflösungsvermögen und Größenordnung von Zuschlagstoff, Zement, Luftporen, Kapillar- und Gelporen. Größenbezeichnung nach der auf m bezogenen Schreibweise in Mikrometer μm, Nanometer nm und Pikometer pm, in Klammern nach der älteren auf μ und Å bezogenen Schreibweise.

kleinsten Zementkörner, die gröberen Bestandteile des Tons und die Kapillarporen des Zementsteins erkennen, aber nicht mehr die beim Erhärten vorübergehend und endgültig entstehenden Neubildungen, die Teilchen des Zementgels und die Gelporen, wie das Bild ebenfalls erkennbar macht. Das mit noch kurzwelligeren Strahlen arbeitende Elektronenmikroskop macht Teilchen sichtbar, die drei Zehnerpotenzen, d. h. 1000 mal so klein sind wie der untere Grenzbereich des Lichtmikroskops. Die elektronenmikroskopische Methodik behandelt G. SCHIMMEL [S 17] 1969. Elektronenstrahlen [K 34a] werden ebenso wie Lichtstrahlen gebrochen. Die Bahn der Elektronen läßt sich im Elektronenmikroskop (früher auch: Übermikroskop) durch elektrische oder magnetische Felder ebenso beeinflussen wie die Bahn der Lichtstrahlen im Lichtmikroskop. Da man die Durchstrahlung nur auf Neubildungen bis höchstens 100 bis 300 nm anwenden kann, stellt man sich *Abdrücke* von der Oberfläche dickerer Objekte in Form dünnster Folien her, zieht die Folie ab, bedampft sie und untersucht sie im Durchstrahlungs-Elektronenmikroskop. Die Arbeiten über Hydratationsprodukte fußen im wesentlichen auf der Anwendung der Elektronenmikroskopie und der anschließend erwähnten Röntgenbeugungsspektrographie. Die Aufnahmen von A. GRUDEMO haben T. C. POWERS als Grundlage für sein Strukturmodell gedient. — Bei der später entwickelten *Auflicht*-Elektronenmikroskopie kann man durch Bedampfen die Oberfläche leitend machen und *direkt* in das Elektronenmikroskop einbringen. H. E. SCHWIETE et al. [S 38] hat 1968 damit weich- und hartgebrannten Kalk und 1966 mit U. LUDWIG [S 46] Zement untersucht. F. TROJER [T 23] hat 1966 das Bild von C_2S-Lamellen in einem Anschliff auf solche Weise wiedergegeben. — Wie beim Lichtmikroskop kann man im *konvergenten Strahlengang* Aussagen über die Struktur des Kristalls erhalten. Mit einer solchen Elektronenfeinbereichbeugung haben RICHARTZ-LOCHER 1965 den Röhrchencharakter größerer Kristalle der CSH-Phase nachgewiesen.

2.5.5 Spektrographische Verfahren und Kernresonanz

Die zeitraubende klassische Silicatanalyse ist immer noch die zuverlässige Grundlage für Mengenbestimmungen. Sie wird heute durch schnellere spektrographische Verfahren ergänzt und ersetzt, z. B. durch *kolorimetrische* und *komplexometrische* Verfahren, bei denen der Farbumschlag bestimmt wird; im zweiten Fall ist Komplexon der Farbträger. Der Analysengang für Normenzemente des VDZ (Lit. III.10) von 1970 enthält diese unter Mitarbeit besonders von M. WALLRAF [W 2] und H. OTTERBEIN [O 9, 10] entwickelten Verfahren.

Die Alkalien werden in der Regel mit dem *Flammphotometer* bestimmt. Kalium und Natrium senden, in die Flamme eines Brenners gebracht, eine Strahlung im Bereich des sichtbaren und des ultravioletten Lichts aus, die man nach dem Durchgang durch ein *Farbfilter* lichtoptisch mit einer Photozelle messen kann. Unter Verwendung eines Spektrographen kann man auch andere Nebenbestandteile und Spurenelemente bestimmen. Das Wesen eines *Spektrographen* besteht darin, daß man damit eine aus einer Flamme, einem Lichtbogen oder aus einem angestrahlten Feststoff kommende Sekundärstrahlung mit einem Prisma oder Gitter in ein Spektrum zerlegt, das aus der Folge aller

2.5.5 Spektrographische Verfahren und Kernresonanz

Wellenlängen besteht, die in der Strahlung vertreten sind. An den charakteristischen Linien oder Banden der chemischen Elemente kann man deren Vorhandensein erkennen und ihre Menge bestimmen. Das mit dem elektrischen Lichtbogen und kleinen brikettierten Probekörpern arbeitende *Quantometer* hat sich wegen der Schwierigkeiten bei der Verdampfung nicht durchsetzen können. Dagegen hat sich das *Tape-Verfahren* nach P. HÖLLER und K. SLICKERS [H 39] mit Erfolg für die Bestimmung von Si, Al, Ca, Mg, Fe, Mn auch in Zementrohmehlen anwenden lassen. Dabei wird das Probepulver als Einteilchenschicht auf einem langen schmalen Band (engl. tape) schnell durch eine Funkenstrecke gezogen.

Unter Anwendung der wesentlich energiereicheren Röntgenstrahlen und Elektronenstrahlen ist die *Röntgenfluoreszenzanalyse*, abgekürzt RFA, entwickelt worden. Dabei wird die von der Probe ausgehende Sekundärstrahlung oder Fluoreszenzstrahlung an einem Analysatorkristall durch Reflexion und Interferenz in die verschiedenen Wellenlängen zerlegt, deren Intensität dann wie bei der Röntgenbeugungsanalyse (s. unten) über einen Geiger-Müller-Zähler, mit einem Szintillationszähler oder einem Gasflußproportionalzähler in Form von Impulsen je sec gemessen und außerdem mit einem Schreiber registriert werden kann. Dieses Verfahren dient heute auch zur automatischen Betriebsüberwachung (s. unten). – Der *Unterschied* zwischen optischer und Röntgenspektralanalyse geht aus dem von F. W. LOCHER und W. RICHARTZ [L 54] 1962 verwendeten Bild 31 hervor. Bei der quantitativen *optischen* Spektralanalyse werden, wie der linke Teil des Bildes zeigt, nur die *äußeren* Schalen des dargestellten Calciumatoms angeregt.

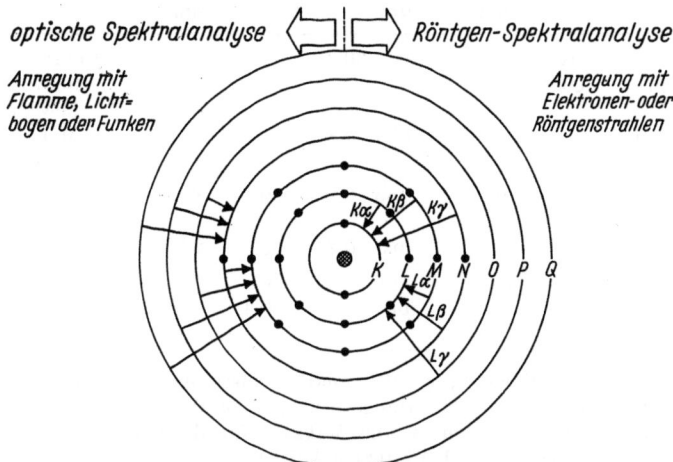

Bild 31. Entstehen von „äußeren" (links) und „inneren" (rechts) Spektren eines Calciumatoms in schematischer Darstellung. Nach LOCHER-RICHARTZ [L 54].

Die Strahlung ist verhältnismäßig energiearm mit einer Wellenlänge zwischen 8000 und 2000 Å oder 0,8 bis 0,2 µm. Bei der *Röntgen*spektralanalyse dringt, wie der rechte Teil des Bildes zeigt, die energiereichere Strahlung — das ist auch mit Elektronenstrahlung möglich — bis zu den *inneren* Schalen der Atome vor und liefert eine Sekundärstrahlung im Wellenbereich von 0,4 bis 10 Å, das sind 0,04 bis 1 nm.

In die zusammenfassende Tab. 27 über die verschiedenen spektralanalytischen Verfahren ist auch die von H. LEHMANN und H. DUTZ [L 16] 1959 beschriebene Ultrarotspektroskopie, die man heute *Infrarotspektrographie*, kurz IR-Spektroskopie nennt, aufgenommen, deren Wellenlänge sich mit 0,8 bis 3 µm im nahen und mit 3 bis 30 µm im mittleren Infrarot bewegt. Die geringere Energie dieser Strahlen regt ganze Atome, also auch Atomkerne zu Rotations- und Schwingungsbewegungen an. Man kann damit freie und assoziierte OH-Gruppen, H_2O und CO_2 nebeneinander bestimmen. LEHMANN und DUTZ konnten mit Hilfe der IR-Spektren die Mineralphasen des Klinkers identifizieren und β- und γ-C_2S voneinander unterscheiden. Die Teilchengröße der Hydratationsprodukte erstreckt sich über einen großen Bereich bis zu 100 Å = 10 nm, ohne daß dabei wie z. B. bei Gips eine bevorzugte Lage des Wassers festzustellen war. Sie folgern aus der auch thermogravi-

Tabelle 27. *Wellenlänge und Wirkung verschiedener spektrographischer Verfahren*

Spektrographie	Abgekürzt	Wellenlänge der gemessenen Strahlung				Wirkung
		Bereich in m	Grenzen in µm[1]	Å[2]	nm	
Infrarot-Sp.	IR	10^{-5}	von 30			Rotations- und Schwingungsbewegungen von Molekülen und Komplexgruppen
Ultrarot-Sp.	UR[3]					
mittleres und nahes Infrarot			bis 0,8			
Optische Sp-Analyse: Flammphotometer Lichtbogenquantometer		10^{-7}	von 0,8 bis 0,2	8000 2000	800 200	Elektronensprünge in den *äußeren* Schalen der Atome
Röntgen-Fluoreszenzanalyse	RFA	10^{-9}	von bis	10 0,4	1 0,04	Elektronensprünge in den *inneren* Schalen der Atome

[1] µm = 10^{-6} m, früher µ, ist der mikroskopisch-optische Bereich mit Vergrößerungen bis zu 1:2000, Auflösungsvermögen bis 0,5 µm.

[2] Å = Ångström = 10^{-10} m ist die Maßzahl für die Gitterabstände in Kristallen (Vergrößerung bis zu 1:150000 möglich).

[3] Früher übliche Bezeichnung, heute führen nur noch die kürzeren Wellenlängen jenseits des Violett die Bezeichnung ultra(-violett).

2.5.5 Spektrographische Verfahren und Kernresonanz

metrischen Untersuchung besonders in den durch Druck hergestellten Kleinprüfkörpern, daß für deren hohe Anfangsfestigkeit *kristalline* Gebilde sicher *nicht verantwortlich* gemacht werden können, wenn auch zu vermuten ist, daß sich nach langer Zeit unter günstigen Bedingungen gut kristallisierte Verbindungen ausbilden. Die Hydratationsprodukte von Tonerdeschmelzzement, Portlandzement und Silicathydrat geben über etwa 150 °C das gebundene Wasser kontinuierlich ab, nur bei Portlandzement sind zwei Stufen bei 465 °C und bei 715 °C vorhanden.

H. E. SCHWIETE und E. NIËL [S 53] haben 1965 den IR-Spektrographen zur Unterscheidung von Gips, Halbhydrat und Anhydrit mit Erfolg auch bei der Betriebskontrolle von Klinker und Zement verwendet. Für eine quantitative Auswertung eignen sich, wie Bild 32 zeigt, von den 4 bei etwa 2,8, bei 6, bei 8,5 und 9,2 sowie bei 15 bis 17 μm auftretenden Banden die beiden letzten Gruppen. In USA dient

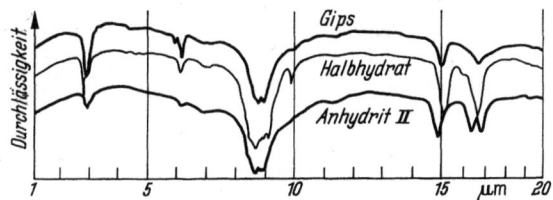

Bild 32. Infrarot-Absorptionsdiagramme der Calciumsulfathydratstufen. Nach H. E. SCHWIETE und E. M. NIËL [S 53].

IR vor allem auf dem Zement- und Betongebiet zum *Identitätsnachweis* von Zusatzmitteln. W. G. HIME, W. F. MIVELAZ und J. D. CONNOLLY [H 38] haben 1966 nicht nur anorganische, sondern auch organische Stoffe im Zement und erhärteten Beton in Mengen von 0,0015 bis 0,30% identifiziert und, wenn nur *ein* organischer Stoff vorhanden war, auch mengenmäßig bestimmt.

N. R. GREENING [G 25] hat 1967 mit dem in der ASTM-Norm C 114-67 unter 69 bis 72 als Chloroform-Methode bezeichneten Verfahren den Gehalt und die Veränderungen von Ölbeimengungen im Zement verfolgt und vor den unangenehmen Folgen einer *Verunreinigung* durch Öl gewarnt (s. 4.3.5). Zum Nachweis von Ligninsulfat verwendet man die Natriumcarbonat-Anion-Austausch-Methode.

Die *kern-* oder *nuklearmagnetische Resonanz*, abgekürzt NMR-Spektren, deutsch auch KMR-Spektren, zu der sehr große Magnete erforderlich sind, ist eine besondere Form der Mikrowellenspektroskopie. Dabei wird der Atomkern gezwungen, sich mit seinem Spin zum äußeren homogenen Magnetfeld einzustellen. Wird dann ein zweites hochfrequentes magnetisches Wechselfeld angelegt, dann findet in charakteristischer Weise eine Resonanz statt, bei der Energie aufgenommen und wieder abgegeben wird. Dabei ergeben sich spezifische Absorptionswerte. Eine Sonderform solcher Resonanzphänomene ist der *Mössbauer*-Effekt.

Nach P. SELIGMANN [S 62] 1968 haben die NMR-Spektren einen höheren Aussagewert als die IR-Spektren. Der Bindungszustand des verdampfbaren Wassers bis zu 70% rel. Feuchte entspricht etwa dem des Wassers in den Zwischenschichten von quellendem Ton oder dem des Kristallwassers in bestimmten Kristallgittern. Es ist deutlich weniger beweglich als das in einem Kristallgitter chemisch gebundene Wasser. W. WITTMANN, F. POBELL und W. WIEDEMANN [W 80] haben die Hydratation der eisenhaltigen Klinkerbestandteile mit Hilfe des darauf ansprechenden Mössbauer-Effektes untersucht und festgestellt, daß Tonerdeschmelzzement zwei Eisenverbindungen mit verschiedener Hydratationsgeschwindigkeit besitzt, daß im Portlandzement die eisenhaltige Klinkerkomponente erst nach dem zweiten Tag, dann aber heftig zu hydratisieren beginnt und nach dem 8. Tag abklingt, also langsamer reagiert als C_4AF. Die Proben mit W/Z = 0,3 waren nach 2 Jahren zu weniger als 50%, mit W/Z = 1,0 fast vollständig hydratisiert (s. auch Bild 41 unter 3.2.2).

2.5.6 Röntgenbeugungsanalyse

Die Wellenlängen der Röntgenstrahlen [K 34a] liegen, wie das frühere Bild 30 zeigt, in der gleichen Größenordnung wie die Partikelabstände in den Kristallgittern, nämlich in dem Bereich der Å-Einheit das sind 10^{-10} m oder 0,1 nm. Schickt man Röntgenstrahlen, wie das M. VON LAUE 1912 zum ersten Mal getan hat, durch ein Kristallgitter, dann werden sie von den Gitterbausteinen des Kristalls in verschieden starkem Maße abgelenkt oder gestreut. Das ist auch der Fall, wenn sie auf Kristalloberflächen auftreffen und dort reflektiert werden. Durch Interferenz löschen sich ebenso wie beim Licht diese Wellen aus oder addieren sich in einer für jede Kristallstruktur charakteristischen Weise. Auch beim Auftreffen von Röntgenstrahlen auf feinkristallisiertes Pulver erhält man nach DEBYE-SCHERRER auf einem kreiszylindrischen Mantel kreisförmige Ringe um den Ausgangsstrahl, die man dann in Form eines schmalen Bandes als Film röntgenographisch aufnehmen und photometrisch auswerten kann, oder wie es heute in der Regel geschieht, mit einem auf dem Kreisumfang umlaufenden Zählrohr aufnimmt und durch einen Schreiber registriert. Die dabei auftretenden Peaks sind in ihrem Abstand von dem Ausgangsstrahl für eine bestimmte Kristallart und in ihrer Höhe für die in dem Präparat vorhandene Menge kennzeichnend. Bild 33 zeigt einen Ausschnitt aus einem solchen Zählrohrdiagramm, mit einigen für die Klinkerphasen kennzeichnenden Peaks.

2.5.6 Röntgenbeugungsanalyse

Auf diese Weise können die Kristallphasen des Klinkers quantitativ ermittelt werden. Die Abweichungen dieser Werte von denen der potentiellen Analyse nach BOGUE beruhen darauf, daß Alit mit der Kristallstruktur des C_3S noch Al und Mg enthält und das auch für den Belit zutrifft; sie bewegen sich aber durchschnittlich nur in der Größenordnung von 2%, wie in Abschn. 2.2.2 auf Tab. 18 gezeigt wird. Die *Röntgenbeugungsanalyse* (engl. X-Ray-Diffraction-Analysis oder kurz XR) ist durch viele zusätzliche Einrichtungen verbessert worden, z. B. das Guinier-Verfahren, die von TRÖMEL verwendete Hochtemperaturkammer, die von W. DOSCH [D 15] 1965 beschriebene Klimakammer.

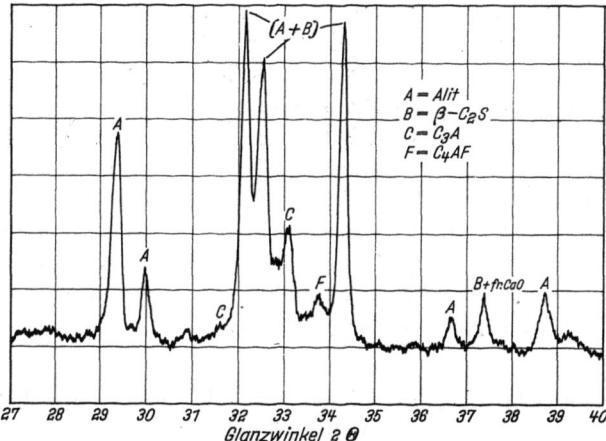

Bild 33. Röntgenbeugungsdiagramm (Ausschnitt) von einem Portlandzementklinker mit den Reflexen (peaks) der wichtigsten Klinkerphasen.

Mit der von CASTAING und GUINIER entwickelten *Mikrosonde* kann man, wie das H. MALISSA [M 8] 1966 dargestellt hat, kleinste Probenbereiche mit einem Durchmesser von weniger als 1 μm qualitativ und quantitativ analysieren. Auf die polierte mit Zinn bedampfte und dadurch leitend gemachte Probe wird ein fein gebündelter energiereicher Elektronenstrahl gerichtet. Er regt die bestrahlten Elemente zum Aussenden von Röntgenstrahlen mit einem charakteristischen Spektrum an, das man in eine bestimmte Anzahl von Strahlen zerlegt, deren Intensität man mißt. Auf diese Weise kann man durch Fokussieren eine *Punkt*analyse des angestrahlten Bereichs von einigen μm^3, durch Abtasten der Probe längs einer Geraden, eine *Linien*analyse und endlich durch regelmäßiges zeilenförmiges Abrastern (engl. scanning, eigentlich: skandieren) eine *Flächen*analyse durchführen. Stellt man das Spektrometer auf die Linie eines bestimmten Elements ein, dann erhält man auf dem Leuchtschirm und dementsprechend auf einer Photographie ein Verteilungsbild des eingestellten Elements. Mit Elektronenbildern kann man auch Inhomogenitäten auf der Probe sichtbar machen.

O. PETERSON [P 10] konnte 1967 damit in 6 verschiedenen Klinkerproben Unterschiede im Tonerdegehalt des Alits nachweisen. Kalium war als reines Kaliumsulfat in den Mikroporen vorhanden, außerdem im Belit und in der Zwischenmasse.

P. TERRIER, H. HORNAIN und G. SACROUN [T 5] haben die Mikrosonde 1968 für die Untersuchung der Klinkerphasen angewandt (s. 2.2.2) und u. a. bei Alit und Belit etwas höhere $CaO:SiO_2$-Verhältnisse als 3:1 bzw 2:1 festgestellt, und als Nebenbestandteile in C_3A: SiO_2, Fe_2O_3 und MgO, in C_4AF: MgO und SiO_2 gefunden. TiO_2 fand sich besonders in C_4AF, die Alkalien in C_3A. P. TERRIER und M. MOREAU [T 6] hatten damit schon 1966 das Verhalten von Klinker und Flugasche in einer Körnung ab 7 µm beim Erhärten bis zu 18 Monaten verfolgt. Aus dem C_3S des Klinkers bildete sich topochemisch ein doppelbrechendes und ein isotropes Hydrat, ferner primärer und sekundärer Portlandit $Ca(OH)_2$, die Flugasche zeigte infolge ihrer geringen spezifischen Oberfläche wenig Reaktion. H. E. SCHWIETE und P. KASTANJA [S 41] haben sie 1969 zur Untersuchung von Schmelzgranulaten herangezogen. H. LEHMANN und H. SALGE [L 24] halten 1969 die Elektronenstrahlmikroanalyse, kurz EMA, besonders zur Bestimmung von Fremdionen in den Klinkerphasen für wertvoll.

2.5.7 Betriebliche Anwendung von Prüf- und Meßverfahren (Automation)

Bisher war und ist zur laufenden Überwachung der Gleichmäßigkeit des Rohmehls die Titration seines $CaCO_3$-Gehalts durch volumetrische Messung der entstandenen CO_2-Menge oft noch üblich und unter besonders günstigen Rohstoffbedingungen ausreichend. W. HAEGELE [H 3] hat 1967 über einen automatisch arbeitenden *Titrator* berichtet, bei dem eine Bestimmung nur 6 Minuten dauert, der Gerätefehler 0,4% und die Standardabweichung der gemessenen Werte ±0,12 bis 0,16% beträgt. Die Verbesserung der betrieblichen Ausführung des Blaine-Geräts ist wie die der anderen Prüfgeräte für die Mahlfeinheit im Abschnitt Zerkleinerung behandelt.

Für die heute allgemein angestrebte Automation finden sich im deutschen Schrifttum eingehendere Vorschläge und Berichte etwa vom Jahre 1953 an. Auf der Rohmehlseite eines Zementwerks ist die Röntgenfluoreszenzanalyse, kurz RFA, die zur Zeit zuverlässigste Grundlage. Sie besteht nach der Beschreibung von F. HENKEL [H 28] 1965 aus Rohrpostanlage, Probenpresse, Röntgenquantometer, Digitalrechner und Digitaldrucker. In dem aus 4 Komponenten zusammengesetzten

2.5.7 Betriebliche Anwendung von Prüf- und Meßverfahren

Rohmehl konnte infolge des schnellen und zuverlässigen Arbeitens der Anlage die Standardabweichung des Kalkstandards KSt (s. 2.1.2) von 9 beim Mühleneinlauf bis auf 2 vor dem Ofen gesenkt werden. Für die Messung von Fe_2O_3, SiO_2, Al_2O_3, CaO betrug die Standardabweichung s 0,01, 0,08, 0,03, 0,11 %. Er berichtet 1969, daß bei Vergleichsversuchen zwischen 6 Zementlaboratorien die Mittelwerte überraschend gut übereingestimmt haben.

P. R. DIJKSTERHUIS, W. K. DE JONGH und H. A. VERHAREN [D 10] berichten 1969 über die Verbesserung der automatischen Röntgenfluoreszenz-Spektralanalyse durch Schmelzen eines Boratglases. Ab 1965 berichten u. a. W. LAHL [L 4], W. E. TRAUFFER [T 14] und M. VON EUW [E 17] übereinstimmend über günstige Ergebnisse, vor allem über die erfolgreiche Einführung der RFA zur automatischen Steuerung des Betriebs; sie macht zweifellos die Produktion gleichmäßiger und verbessert Betriebssicherheit, Maschinenausnutzung und Futterstandzeit, wenn oft auch eine lange Anfahrzeit nötig ist. Das vorläufige Merkblatt des VDZ von 1967 mit den Bedingungen für einen störungsfreien Betrieb von Röntgenfluoreszenzanlagen in Zementwerken weist vor allem auf die Notwendigkeit und entsprechende Maßnahmen hin, um Schwankungen des Wasserdrucks, der Netzspannung, des Klimas im Arbeitsraum, des Zählrohrgasdrucks u. ä. m. zu vermeiden. S. BUZZI [B 69] beschreibt 1969 die erfolgreiche Anwendung der RFA und eines Digitalrechners; er hält es für nötig, daß die Komponenten des Rohmehls getrennt gelagert und vorhomogenisiert werden.

Mit den verschiedenen Möglichkeiten der Automation haben sich 1967 u. a. zwei deutsche Arbeiten näher befaßt, P. WEBER [W 32] vor allem mit praktischen Beispielen der Rohmehl- und Ofensteuerung beim Lepol- und Dopolofen und Hinweisen auf die Stufen der Automatisierung bis zum Prozeßrechner, W. G. QUITTKAT [Q 2] 1967 neben der Beschreibung einer automatischen Rohrpost mit einer kritischen Betrachtung der verschiedenen Verfahren der Steuerung: Festwert-, Synchron-, Tendenz- und Integrationssteuerung. Beide haben auf die Notwendigkeit hingewiesen, die „Systemtotzeiten" zu verringern, worunter, soweit es die Analyse angeht, die Zeitspanne von der Probenahme bis zu der auf Grund dieser Probenahme möglichen Änderung bzw. Steuerung zu verstehen ist. Je früher die Homogenisierung des Rohmaterials einsetzt und je geringer dadurch das Brenngut in Zusammensetzung und Feinheit schwankt, um so leichter lassen sich die Brennbedingungen regeln. Deshalb hat sich in vielen Fällen auch die Anlage von *Mischbetten* als vorteilhaft erwiesen, die H. SILLEM [S 70] 1968 behandelt hat. Im Bereich des Ofens gehören zu einer wirksamen Automation die Messung von Temperatur, Druck, Sauerstoff und CO_2-Gehalt im Abgas und Brenngut. W. GÖRTZ [G 16] hat 1966 über Auswahl und Anordnung von Prüf- und Steuergeräten in Schwebegas-Wärmetauscher-Öfen berichtet.

Den Bericht über ein Internationales Seminar in Brüssel 1968, das sich mit der Automatisierung in der Kalk- und Zementindustrie befaßt, enthält ZKG 22 (1969), S. 45–49.

3 Physikalische Eigenschaften des Zements und Betons

3.1 Vorgeschichte, Grobstruktur und Zuschlagstoffe

3.1.1 Zement und Wasser beim Anmachen

Zum Herstellen der Normenpaste für die Prüfung nach DIN 1164 auf Erstarren sind im allgemeinen 24 bis 32 Gew.-% Wasser, seltener nur 23 oder mehr als 32% nötig. Beim Anrühren *von Hand* läßt der Widerstand der entstehenden feuchten *Paste* ziemlich plötzlich nach. Aus den feuchten Krümeln ist dann eine homogene, streichbare, teigähnliche Paste mit großem Zusammenhalt geworden, die sich verformen und ohne Rißbildung glätten läßt und die durch das Glätten, Abstreichen oder Beklopfen eine geschlossene feucht glänzende Oberfläche erhält. Der mechanische Vorgang ist derselbe wie bei der Herstellung von Granalien in der Trommel oder auf dem Teller, nur wird dort durch die Rotation der Unterlage für ein Wachsen der Krümel zu runden Kugeln gesorgt (s. 5.1.4). Die Bildung der Klinkerkörner im Drehofen mit Schmelze als Klebstoff ist der gleiche Vorgang (s. 5.3.2).

Wird der Wasserzusatz der Normsteife (s. 3.1.3) überschritten, dann wird aus der erdfeucht glänzenden hochviskosen Paste von einer gewissen Grünstandfestigkeit zuerst ein dicker, dann ein dünnflüssiger Leim (einschließlich des Zuschlags: ein Brei); zuletzt entsteht eine Schlämme, bei der das bis dahin pseudohomogene System Zement/Wasser zerbrochen ist und sich der schwerere Zement von dem Wasser durch Sedimentation trennt. Auf dieser Trennung und der größeren Sinkgeschwindigkeit der gröberen Körner beruht die Sedimentationsanalyse. — Bei seinen Versuchen zur Bestimmung der Grünstanddruckfestigkeit von frischem Beton hat H. J. WIERIG [W 62] 1968 Werte bis maximal 5 kp/cm^2 festgestellt. Die Festigkeit der homogenen Rohmehlgranalien (s. 5.1.4) liegt ähnlich hoch.

Auf Bild 34 ist der Unterschied zwischen der Wirkung von Wasserschichten verschiedener Dicke auf das Verhalten dreier Festteilchen schematisch dargestellt. Eine Wasserschicht zwischen Feststoffen wird mit zunehmender Dicke von einem *Klebstoff* zunächst zu einem *Gleitmittel*, dann zu einem *Trennmittel*. Während des Rüttelns oder während

3.1.1 Zement und Wasser beim Anmachen

des Verpressens wird auch ein Teil des Klebwassers zu Gleitwasser. Beim erdfeuchten Beton, besonders für Betonwaren, kann man daher ganz auf das Gleitwasser verzichten, weil es sich bei dem starken Verdichten, auch durch Schocken und Stampfen, bildet, und erhält dann sofort oder in Kürze einen standfesten Beton. Die Briketts der Kleinzylinderprüfung sind sofort hantierbar. Auf die Festigkeit von Wasserfilmen um Festteilchen und Luftblasen ist schon unter 2.3.6 hingewiesen. Bild 34 kann auch als Schema für erdfeuchten, plastischen und

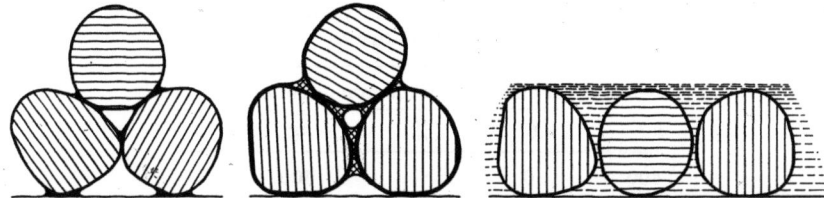

Bild 34. Drei Festteilchen, die durch „pseudofestes" Wasser in dünner Schicht aneinander kleben (links), in dickerer aneinander gleiten (Mitte) oder durch flüssiges Wasser (rechts) getrennt werden. — Tritt an die Stelle des Wassers ein Zementleim, dann hat man mit den drei Bildern das Schema für erdfeuchten, weichen und flüssigen Beton oder Mörtel.

weichen Beton gelten, wenn man anstatt des Wassers Zementleim oder Zementmörtel setzt. Im Mörtel und Beton werden diese Veränderungen des Wassers vom Klebstoff über das Gleitmittel zum Trennmittel durch die Magerung mit Sand, Kies, Splitt und Schotter in ihrem Einfluß etwas zurückgedrängt. Zusätzlich kann die Sperrigkeit des Zuschlaggemisches diese Veränderungen stärker überlagern. Unter 1.1.1 sind schon die Begriffe K 1, K 2, K 3 der Betontechnik für steifen, plastischen und weichen Beton erwähnt. Immer geht es bei Frischbeton um Kleben, Gleiten und Zerfallen. — Sondert sich nach dem Einbringen und Verdichten des Betons Wasser oder auch eine Zementschlämme auf der Oberfläche ab, dann spricht man vom *Bluten* (bleeding) oder Wasserabsondern. Das Bluten kann auf einer Eigenart des Zements beruhen, z. B. auf zu geringer spezifischer Oberfläche und dadurch verminderter „Tragfähigkeit" (s. unten) für Wasser, und nach der von ASTM C 243-65 ausschließlich für Forschungszwecke empfohlenen Prüfung bestimmt werden. Dabei wird Zementpaste oder Zementmörtel in einem Prüfgefäß, dem eine Bürette aufgesetzt ist, mit dem schweren Tetrachlorkohlenstoff ($d = 1,6$ g/cm^3) überschichtet, der das Wasser verdrängt.

Anreicherungen von Wasser oder Schlämme muß man auf der Oberfläche oder den Schalflächen von Beton möglichst vermeiden, weil die Oberfläche oft nicht nur Sicht- sondern auch Verschleißfläche ist und sich verfärben oder inhomogen und weniger verschleißfest werden kann. Das Bluten kann man, wenn es auf einem Mangel an Feinststoff beruht, durch Zusatz von Traß, Flugasche oder eines quellbaren Stoffs, z. B. von Bentonit wie beim Tiefbohrzement (s. 1.3.2) beheben, auch durch Zusatz eines Betonverflüssigers BV, Luftporenbildners LP oder einer Einpreßhilfe EH, die die „innere Stabilität" des Frischbetons verbessern. Im übrigen muß der Zuschlag eines Betons eine von seinem Zementgehalt abhängige Menge an Feinstsand enthalten. Das zeigen die Zahlenwerte von A. HUMMEL [h 50] in Tab. 28. Dieser Ersatz ist nötig,

Tabelle 28. *Feinststoffgehalt je m^3 Beton in kg*
Klammerwerte: Gew.-% des Gesamtzuschlags.
Nach A. HUMMEL

Zement	Feinstsand 0/0,2 mm		Summe
kg	kg	(%)	kg
400	0		400
350	60— 70	(3,5— 4)	410—420
300	110—130	(6 — 7)	410—430
250	170—180	(9 —12)	420—430

damit das Gemisch aus Zement, Wasser, Feinstsand und ggf. Luftporen, das die Hohlräume im Gesteinsgerüst des Betons ausfüllt, eine pastenförmige Konsistenz mit der erforderlichen Tragfähigkeit für Wasser behält und keine Wasserporen, Wassersäcke oder andere „innere Wasserpfützen" durch Sedimentieren bildet, die Angriffspunkte für gefrierendes Wasser sind. Ein solches Wasserhaltevermögen ist besonders bei Pumpbeton und Injektionsmörtel nötig (s. 3.1.4).

3.1.2 Störungen des Erstarrens und warmer Zement

Das Erstarren einer Zementpaste mit Normsteife darf nach DIN 1164 nicht vor einer Stunde beginnen, im Sonderfall des Straßenbauzements bei 20 °C nicht vor zwei Stunden, bei 30 °C nicht vor einer Stunde. Das Erstarren vollzieht sich als Folge der unter 2.3.4 bis 2.3.6 behandelten Reaktionen, deren Ablauf durch die zugesetzte Menge an Kalksulfat geregelt wird (s. 2.3.4). Es wird durch zunehmende Temperatur beschleunigt. Die nachstehend behandelten Störungen kommen heute fast nur noch an Zement während des Produktionsablaufs vor und sind bei dem das Werk verlassenden Zement im Regelfalle bereits behoben. H. H. STEINOUR [S 101] hat 1958 den damaligen Stand der Erfahrungen und Erkenntnisse zusammengefaßt.

Schnelles Erstarren (quick set) oder im Sprachgebrauch Schnellbinden nennt man das vorzeitige Einsetzen des Erstarrens mit beschleunigter Zunahme der Verfestigung in der Regel unter starker Wärmeentwicklung. Es führt nicht zu einer hohen Festigkeit. Der Raschbinder oder

3.1.2 Störungen des Erstarrens und warmer Zement

Löffelbinder (flash set) beginnt schon beim Anmachen mit dem Löffel zu erstarren. Wenn das Erstarren nur *beschleunigt* ist und z. B. schon nach 30 Minuten anstatt nach einer Stunde beginnt, dann hat das unter entsprechenden Verarbeitungsbedingungen keinen ungünstigen Einfluß auf die Festigkeit. Wenn in besonderen Fällen, z. B. beim Abdichten von Wassereinbrüchen, ein schnell hart werdender Zement notwendig ist, dann setzt man dem Normzement einen Beschleuniger (s. 4.3.6) zu oder vermischt ihn mit Tonerdezement.

Beim *Ende* des Erstarrens, das bei Normzement technisch keine Bedeutung hat, besitzt die versteifte Paste schon eine echte Festigkeit; sie weicht dem auf die Nadel von 1 mm^2 ausgeübten Druck von 300 g, das entspricht einer Druckbelastung von 30 kp/cm^2, nur wenig aus. Beim Tauchstab zur Bestimmung der Normsteife beträgt sie nur 0,3 kp/cm^2. J. P. Bombled [B 45] gibt 1969 die Schubfließgrenze der Zementpaste beim Erstarrungsbeginn mit 200000 dyn/cm^2 und beim Erstarrungsende mit 1000000 dyn/cm^2 an. Das sind 0,2 und 1 kp/cm^2 (1 p = 10^3 dyn) (s. auch Wierig [W 62] unter 3.1.1).

Falsches Erstarren (false set) ist im Gegensatz zum schnellen Erstarren noch nicht die in das eigentliche Erhärten übergehende Versteifung, sondern eine nur kurzzeitige vorübergehende Erhöhung der Viskosität *ohne* deutlichen Temperaturanstieg, die bei weiterem Mischen auch ohne Wasserzugabe wieder verschwindet, und deshalb beim Herstellen von Beton selten in Erscheinung tritt. Diese von Tonen und Gelen bekannte Erscheinung heißt *Thixotropie* und beruht wahrscheinlich auf einer Wasserstruktur (s. 2.3.6); sie wird gelegentlich mit der Unstabilität eines Kartenhauses verglichen, das bei der kleinsten Erschütterung zusammenfällt.

Nach dem heutigen Stand kann man bei den Störungen des Erstarrens drei Fälle unterscheiden:

1. Der Zement enthält *zu wenig SO$_3$*, gleichgültig ob in Form von Gips oder Anhydrit. Dann wird er im allgemeinen beschleunigt erstarren, aber kein Löffelbinder sein. In diesem Fall wird man den Zusatz an Gips oder Anhydrit (s. Punkt 2) bis zur Normgrenze erhöhen.

2. Aus dem zugesetzten Gips ist in der Mühle oder auch erst im Silo *Halbhydrat* entstanden. Dann tritt aus den unten angegebenen Gründen falsches Erstarren auf. In diesem Fall soll man den Gips entweder ganz oder teilweise durch Anhydrit ersetzen oder die Temperatur des Zements senken, und zwar durch Verwenden von kühlem Klinker, durch Erhöhen des Luftdurchsatzes durch die Mühle, durch Einsprühen von Wasser, das gleichzeitig als *Mahlhilfe* wirkt, notfalls durch Berieseln des Mühlenmantels. — Nach R. Naredy [N 2] 1964 tritt in Zement aus der stärker belüfteten Umlaufmühle viel seltener Falschbinden auf als in Zement aus einer Verbundmühle.

3. Das im Klinker vorhandene *Alkali* ist außer im Alkalialuminat und Alkalibelit (s. 2.1.7) nicht völlig als Alkalisulfat gebunden, sondern kommt — unter Umständen auch als Folge der Belüftung bei der Homogenisierung — daneben noch als Alkalicarbonat vor; dann wirkt es wie eine als Beschleuniger (s. 4.3.6) zugegebene Pottasche K_2CO_3 oder Soda Na_2CO_3. In diesem Falle soll man dem *Rohmehl* Gips zusetzen. — Auf die Möglichkeiten der nachträglichen Dehydratation von Gips zu Halbhydrat *nach* der Mühle im Zementsilo hat W. C. Hansen [H 14] 1960 aufmerksam gemacht. Das gelegentlich beobachtete *Umschlagen* eines normal erstarrenden Zements in einen Zement mit falschem Erstarren oder sogar in einen schnell erstarrenden Zement (Schnellbinder) erklärt er, vom Fall 3 abgesehen, damit, daß bei *langem Homogenisieren* die Oberfläche der Zementkörner durch die Bildung von Calciumhydroxid $Ca(OH)_2$ und Calciumcarbonat $CaCO_3$ passiviert wird. Durch das behinderte Reaktionsvermögen von C_3S und C_3A kommt deren Beitrag zur ordnungsgemäßen Reaktionsfolge zu spät, oder er ist zu gering. — Auch nach Versuchen von T. Manabe und N. Kawada [M 9] 1960 mit radioaktivem Schwefel kann Zement sogar schon bei der Berührung mit *feuchter* Luft Calciumsulfataluminat gebildet haben. Nach dem Anmachen mit Wasser kommt die eigentliche verzögernde Gipsreaktion zu spät. — Der nach ASTMC 451-68 zur Prüfung des falschen Erstarrens und natürlich auch des Umschlagens vorgeschlagene zweimalige Eindringversuch mit dem Tauchstab ist ausdrücklich nur für Forschungsarbeiten vorgesehen und nach der neuen DIN 1164 (s. 3.1.3) entbehrlich geworden.

Die dem Fall 2 zugrunde liegende Auffassung gilt durch viele Untersuchungen als gesichert, zumal sich die Störungen auf dem angegebenen Wege haben beseitigen lassen und bekannt ist, daß zunehmende Mengen an beigemischtem Halbhydrat den Erstarrungsbeginn bis zum Löffelbinder verkürzen können, was H. E. Schwiete mit F. Dölbor [S 39], E. M. Niël [S 53] und Y. Efes [E 1] an Zementen verschiedener Art bestätigt fanden. Nach H. E. Schwiete und E. M. Niël [S 53] 1965 lassen sich im Infrarotspektrographen Gips, Anhydrit und Halbhydrat deutlich voneinander unterscheiden (s. 2.5.5 mit Bild 32).

L. Ja. Lopatnikova und V. J. Guseva [L 58] empfehlen 1966 die mikroskopische Überwachung durch Bestimmen des Brechungsexponenten der Kalksulfatphase nach der Einbettungsmethode. Im Fall des falschen Erstarrens durch das leicht lösliche Halbhydrat (s. 2.3.4 mit Bild 16) nimmt man eine *Vor*reaktion an, bei der zunächst Halbhydrat schnell gelöst und der schwerer lösliche Gips ausgeschieden wird, *ehe* die Aluminatsulfatreaktion beginnt und das eigentliche Erstarren einleitet.

Zum Schluß sei darauf hingewiesen, daß *mühlenwarmer Zement* üblicher Zusammensetzung, der keine der eben behandelten Erstarrungsstörungen zeigt und die geforderten Bedingungen der Norm oder des Straßenbaus erfüllt, in normaler Weise verarbeitet werden kann. Das haben K. SEIDEL [S 60] 1955 auf Grund älterer und jüngerer deutscher Versuche mit mühlenwarmem Zement von z. T. 85 °C und mit künstlich auf 105 °C erwärmtem Zement, K. WALZ [W 12] 1955 an Hand wichtiger in- und ausländischer Arbeiten und Erfahrungen besonders bei der Verwendung solchen Zements im Betonstraßenbau, und M.VÉNUAT [V 4] 1965 mit 70 °C warmem Zement bestätigt.

VÉNUAT hat seine Versuche auch auf längere Zeit an der Luft gelagerten Zement ausgedehnt, bei dem der Glühverlust von 1 auf 6 % zunahm und sich das Erstarren und die Anfangserhärtung verzögert und die anfängliche Wärmeentwicklung verringert haben. Die Temperatur einer üblichen Betonmischung nahm mit dem 70 °C warmen Zement um nur 4 bis 6 Grad zu und blieb nach den deutschen Berichten unter 30 °C. Erstarren und Erhärten des Betons zeigten keine Störungen. Der erhärtete Beton hatte weder erhöhtes Schwinden noch andere Nachteile. − Durch Zusatzmittel (s. 4.3.6) oder auch durch Verunreinigungen kann das Erstarren und Erhärten des Zements beschleunigt oder verzögert werden. Beschleunigend wirken z. B. Calciumchlorid $CaCl_2$ und Soda Na_2CO_3, verzögernd zuckerhaltige und zuckerähnliche Stoffe.

3.1.3 Bestimmung von Normsteife, Erstarren und Konsistenz

Zur Prüfung des *Erstarrens* von Zement nach der neuen DIN 1164 Blatt 5 mischt man Zement zunächst mit 20 % Wasser in dem von ISO empfohlenen Mischer erst während $1^1/_2$ Minuten mit geringer, dann während weiterer $1^1/_2$ Minuten mit höherer Geschwindigkeit. Während der letzten halben Minuten des *ersten* langsamen Laufs erhöht man den anfänglichen Wasserzusatz nach Augenmaß. Den Brei füllt man in den konischen Hartgummiring ein und läßt erst dann, wenn vom Beginn des Mischens 5 Minuten vergangen sind, den Tauchstab des Vicat-Nadelgeräts von der Oberfläche in den Brei eindringen. Der Brei hat die Normsteife (Konsistenz), wenn sich der Tauchstab 30 Sekunden nach dem Loslassen 5 bis 7 mm über der Glasplatte befindet. Infolge der gründlicheren mechanischen Durcharbeitung des Mörtels kommt man damit jetzt dem Verhalten eines mit dem Zement hergestellten Betons näher. Tab. 29 enthält durchschnittliche Werte aus Zementen der BRD für den Erstarrungsbeginn und für die Mahlfeinheit der verschiedenen Zementarten in den damaligen Festigkeitsklassen. − Die darin nicht ablesbare Zeitspanne zwischen Beginn und Ende des Erstarrens betrug im Mittel $1^1/_2$ bis $2^1/_4$ Stunden. − Das Erstarren beginnt im Zement der feiner gemahlenen höheren Festigkeitsklasse derselben Zementart mit Ausnahme des EPZ eher und mit zunehmendem Gehalt an Hüttensand später als beim PZ 275.

Tabelle 29. *Erstarrungsbeginn und Feinheit von Zement nach DIN 1164*
Mittlere Werte 1967

Zementart	Erstarrungs-beginn h^{min}	Mahlfeinheit Spezifische Oberfläche cm^2/g	Rückstand Maschensieb 0,09 DIN 4188 %
PZ 275	2^{40}	3100	3,8
375	2^{25}	3500	1,6
475	1^{45}	5200	0,1
EPZ 275	2^{50}	3150	2,6
375	2^{50}	3500	1,2
HOZ 275	3^{45}	3500	1,1
375	3^{00}	3750	0,6
TrZ[1] 275	2^{45}	4500	1,1

[1] Traßzement

Einige Geräte führen den von L. J. VICAT eingeführten Nadelversuch automatisch, auch an mehreren Normproben gleichzeitig durch und registrieren den Anstieg der Versteifung auf einem Diagrammstreifen als eine von der Null-Linie kurz vor dem Erstarrungsbeginn langsamer oder schneller auf die Höhe des Kuchens von 40 mm ansteigende Kurve, die in ihrem Beginn den Kurven auf Bild 35 ähnlich ist. CERILH (s. Lit.) hat sich eingehend mit den rheologischen Eigenschaften des frischen Zementleims, Mörtels und Betons befaßt. J. P. BOMBLED [B 45] hat 1969 ein dort entwickeltes automatisches Gerät beschrieben, das auch für sehr lange Erstarrungszeiten und für Temperaturen zwischen -5 und $+30\ °C$ zu verwenden ist. — W. LIEBER [L 35] hat 1967 bei den Versuchen mit Zinksalzen an der normgemäßen Erstarrungsprobe die mit dem Erstarren einhergehende Temperaturerhöhung in einfacher Weise messen und registrieren können. — Ein Eindringgerät zur Prüfung der Verarbeitbarkeit von Mörtel mit guter Reproduzierbarkeit hat H. STEINEGGER [S 100] 1967 beschrieben.

Nur die Konsistenz des steifen *Betons* bestimmt man wie beim Zement nach dem Prinzip des *Penetrometers*, weichen und plastischen Beton prüft man mit dem *Ausbreit-* oder *Setzversuch* eines entformten konischen Kuchens ohne oder mit Stoß- oder Rüttelwirkung, auch mit Fallproben. Das bei Getreidemehl, auch bei Gips [L 17] brauchbare, mit einer Trogschnecke arbeitende *Plastometer* hat sich bei Zement

3.1.3 Bestimmung von Normsteife, Erstarren und Konsistenz 151

bisher nicht einführen lassen. Das nach dem Prinzip des drehenden Zylinders arbeitende *Konsistometer* ist nur bei der wasserreichen Schlämme zur Prüfung von Tiefbohrzement verwendbar, die längere Zeit flüssig-viskos bleibt. Den Einpreßmörtel prüft man nach dem Prinzip des *Aräometers* mit einem Eintauchgerät.

In Deutschland soll der 15 kg schwere und 10 cm dicke Tauchkörper des *Eindringgeräts* in Beton der Konsistenz K 1 zwischen 2 und 8 cm eindringen. Auf dem Ausbreittisch soll Beton K 2 nach 10maligem Aufstoßen ein Ausbreitmaß von 38 bis 42 cm, Beton K 3 von 42 bis 50 cm haben. — Das *Verdichtungsmaß v* nach K. WALZ ist auf alle drei Konsistenzstufen anwendbar und gibt den Unterschied zwischen einer lose eingefüllten und anschließend gerüttelten Probe als Verhältnis der Schütthöhe des losen zu der Höhe des eingerüttelten Betons an. Ihr Ergebnis nähert sich mit zunehmender Fließbarkeit dem Wert 1. Steifer, plastischer und weicher Beton der Konsistenzen K 1, K 2 und K 3 haben Verdichtungsmaße v von 1,60 bis 1,30, von 1,30 bis 1,15 und von 1,15 bis 1,05. — Bei der englischen Prüfung (BS 1881) stellt man die Rohdichte der Betonprobe nach einem doppelten Fall fest. Bei dem schwedischen Vee-Bee-Gerät zeichnet man das Absitzen eines Betonkegels und dessen weiteres Absinken beim Vibrieren auf. Das Setzmaß nach ASTM C 143-69 (slump test) bestimmt nur das Zusammensacken des Betonkuchens ohne Schocken oder Vibrieren von 0 bis etwa 12 cm für K 1 bis K 3. Beim Powers-Gerät zählt man die Hubstöße von etwa 12 bis 3 für K 1 bis K 3, die zur Einebnung eines Betonkegelstumpfs in ein ihn umgebendes zylindrisches Gefäß nötig sind. — W. ALBRECHT und H. SCHÄFFLER [A 9] haben 1964 zu ihren Versuchen auch das schwedische Rohrgerät Mo-Mätaren von NYCANDER und die Betonsonde von HUMM herangezogen. H. E. SCHWIETE und L. TSCHEISCHWILI [S 55] haben 1939 im Rahmen einer Untersuchung über Schrumpfrisse von Autobahndecken Zement-Wasser-Gemische und Zementmörtel aus einem kleinen Behälter durch eine vibrierende Düse ausfließen lassen und mit diesem *Vibrationsviskosimeter* charakteristische Kurven für die Versteifungszunahme erhalten. — Bei dem Versuch, den Erstarrungsverlauf auf *elektrischem* Wege zu verfolgen, hat N. ASCHAN [A 18b] 1966 gezeigt, daß die Spannungskurve beim Erhärten der Zementpaste sprunghaft ansteigt, weil die Passivierung der Kupferanode in der bis dahin feuchten Paste aufgehoben wird und eindringende Luft das Kupfer oxydiert. Der Einfluß veränderter Temperatur und eines beschleunigenden oder verzögernden Betonzusatzmittels ließ sich damit gut erkennbar machen. — Nach K. WATANABE und Mitarbeitern [W 27] sind die Hochfrequenzverluste in den ersten Stunden der Hydratation groß und nehmen mit dem Alter ab. Die Kurven der elektrischen Leitfähigkeit verlaufen für üblichen Zement, für C_3S und für C_2S etwa ähnlich. – Nach N. V. WAUBKE [W 28] 1968 lassen sich die Hydratations- und Austrocknungsvorgänge mit einem *Ultraschallgerät* ebenso verfolgen, wie es bei der zerstörungsfreien Prüfung möglich ist.

F. KEIL [K 12] hat 1939 eine ähnlich ansteigende Kurve des *Erstarrungsverlaufs*, wie auf Bild 35 durch Bestimmen des „scheinbaren Wasserverlustes" nach 1, 2, 3 usw. Stunden Lagerdauer von Zementbrei oder Zementmörtel erhalten, indem er den durch das Ansteifen aufgetretenen Verlust durch Wasserzugabe bei gleichzeitigem Umrühren wieder ausgeglichen hat.

3.1.4 Mischen, Verdichten und Nachverdichten (Ausgußbeton, Injektionsmörtel, Pumpbeton, Rüttelbeton, Vacuumbeton)

Das Erstarren von Zementmörtel und Beton hat man früher als einen besonders empfindlichen Vorgang angesehen, den man, ohne die folgende Erhärtung zu schädigen, nicht stören durfte. Das ist aber, wie Bild 35 zum Ausdruck bringt, nicht der Fall. In dieser Darstellung

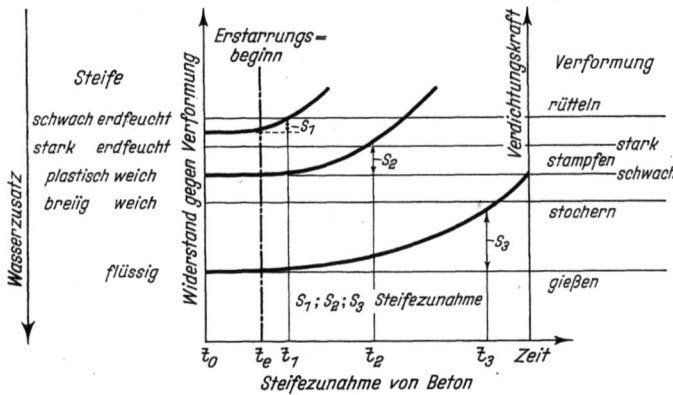

Bild 35. Zusammenhang zwischen Wasserzusatz, Steife und Verformung. Nach F. KEIL [K 12].

kommt der grundsätzliche Zusammenhang zwischen Wasserzusatz und Verformung mit zunehmender Steife des Betons zum Ausdruck. F. KEIL und F. GILLE [K 22] haben 1938 Beton, der weit über den normengemäßen Beginn des Erstarrens seines Zementanteils hinaus gelagert hatte, ohne Schädigung seiner Festigkeit verarbeiten können, sofern es nur gelang, ihn dann noch ohne Wasserzugabe ordnungsgemäß zu verdichten. Frischer Beton wird nur dadurch geschädigt und oft deshalb unbrauchbar, weil man an der Verarbeitungsstelle in der Regel keine entsprechend stärker wirksamen Verdichtungsmittel zur Verfügung hat oder verwenden kann. – Mischt man ihm *nachträglich* viel Wasser zu, dann erreicht er die meist vorgeschriebene Festigkeit in der Regel nicht

3.1.4 Mischen, Verdichten und Nachverdichten

mehr. Wegen der Bedeutung für den Transportbeton hat G. WISCHERS [W 68] 1963 diese Frage erneut geprüft. Die Druckfestigkeit von Beton aus einem PZ und einem HOZ blieb gleich, wenn er 1 bis 6 Stunden vor Verdunstung geschützt lagerte. Sie stieg mit 2- bzw. 4 stündigem langsamem Mischen an, sofern sich der Beton dann noch auf die Rohdichte von 2,33 kg/dm^3 verdichten ließ. Das war beim PZ nach 4 Stunden nicht mehr möglich und wurde als Abfall von Festigkeit und Rohdichte erkennbar. Durch solches lange Mischen wird die auf dem Zementkorn gebildete Gelschicht fortlaufend abgetragen, mehr Gel gebildet und mehr Wärme frei.

Das ist bei manchen Verwendungsarten erwünscht. Einen homogenen und klebrigen Mörtel braucht man auch beim *Ausgußbeton* z. B. nach dem *Prepakt*-Verfahren [B 13] (P. BAUMANN) und dem *Colcrete*-Verfahren [B 59] (G. BRUX). Bei beiden Verfahren drückt man den an kolloidalen Bestandteilen reichen Mörtel (deshalb engl.: Colgrout, grouting) nachträglich in ein bereits vorgefertigtes (prepacked) Zuschlagsgerüst ein, und kann dann z. B. im Hochgebirge dieses Vermörteln auf die frostfreien Monate beschränken (s. a. ACI-Comm. 304, Lit. III.2). An die zur Mörtelherstellung verwendeten *Turbomischer* sind eine Zeitlang zu weitgehende Hoffnungen geknüpft worden, die auch in der Bezeichnung „Kolloidzement" zum Ausdruck kommen. Nach Versuchen von K. WALZ [W 14] 1954 versteifte ein $7^1/_2$ und 15 Minuten gemischter Zementleim mit W/Z = 0,55 zwar, wurde auch wärmer und setzte weniger ab, nahm aber an Festigkeit nicht zu. — Beim Vergleich des mit guten Zwangsmischern hergestellten Betons mit einem Beton, der im Mehrstufenmischverfahren, besonders mit Zementleim-Vormischern hergestellt worden war, haben K. H. WESCHE und S. MÄNGEL [W 55] 1969 in Großversuchen die Konsistenz des Frischbetons zwar geringfügig verändern, die üblichen Eigenschaften des Betons aber *nicht* ausschlaggebend verbessern können.

Injektionsmörtel werden oft mit einem besonders feingemahlenen Injektionszement hergestellt und nicht nur beim Spannbeton zum Einpressen in die Hüllrohre (s. unten), sondern auch in anderen Zweigen des Bauwesens verwendet: zum Auspressen von Blockfugen in Massenbetonbauten, von Rissen, Spalten und Hohlräumen in Bauwerken und zum „Zementieren" des Gebirges im Berg-, Stollen- und Tunnelbau (Zementation und Zementieren s. 1.1.3). Die Technik der Bodeninjektion hat H. CAMBEFORT [C 1a] 1964 zusammenfassend behandelt. Der W/Z-Wert liegt dabei zwischen 0,5 und 10 [K 3a]. K. WALZ und H. MATHIEU [W 21] konnten 1961 keine allgemein gültige Beziehung zwischen Herstellung, Kornaufbau, Erstarren, Normenfestigkeit sowie chemischer und mineralogischer Zusammensetzung der Zemente und den nach den vorläufigen Richtlinien 1957 für Einpreßmörtel geprüften Eigenschaften finden. Die Anforderungen an den *Einpreßmörtel* sind deshalb so streng, weil der Einpreßmörtel die Spannglieder dicht umhüllen muß und nicht sedimentieren darf, was, wie F. LEONHARDT und A. RÖHNISCH [L 29] 1967 berichten, nicht immer erreicht wird, wenn man sich nicht genau an die Richtlinien hält. Der heutige Einpreßmörtel für die Vorspanntechnik mit einem W/Z-Wert von etwa 0,35 bis 0,45 ist eigentlich ein Zementleim (Zementpaste), weil er kaum noch Zuschlag enthält [K 3a]. Von ihm wird ein hohes Fließvermögen verlangt, das mit einem besonderen Eintauchgerät nach dem Prinzip des Aräometers bestimmt wird; gleichzeitig wird aber eine Raumverminderung durch Absetzen und Schrumpfen von höchstens 2% gefordert. Um den niedrigen Wert von 2% nicht zu überschreiten, ist ein Schnellmischer besonderer Bauart nötig, meist aber, wie W. ALBRECHT [A 10] 1964 auch auf Grund von Versuchen mit H. SCHMID 1960 zeigt, der Zusatz einer Einpreßhilfe, unter denen die von G. H. BENZ [B 20a] empfohlene Art den Beton zusätzlich verflüssigt. Durch die Treibwirkung entstehen ähnlich wie beim Gasbeton Luftporen, die hier wie Feinststoffe wirken. Nach Versuchen von W. KAISER [K 3a] 1969 mit dem FANN-Rotationsviskosimeter entmischen sich Zementsuspensionen mit einem Abstand der Zementkörner von höchstens $\delta = 2{,}45$ µm nur wenig. Bei Zement mit einer spezifischen Oberfläche von 3000 bis zu 5670 cm²/g entspricht das einem W/Z-Wert von 0,37 bis zu 0,70. Den Abstand δ hat er nach P. TERRIER und M. MOREAU [T 6] 1964 etwas geändert als

$$\delta = \frac{(W/Z)^2}{O_{sB}} \cdot 10^4$$

berechnet. Darin ist O_{sB} die spezifische Oberfläche nach BLAINE in cm²/g. KAISER empfiehlt, möglichst wasserarme Suspensionen zu verwenden, wasserreiche nur dann, wenn sie durch Zusätze wie z. B. Kieselgur und Bentonit (s. 1.3.2) ausreichend stabilisiert sind. Von den Zementsuspensionen und -mörteln zum Injizieren des Gebirges, vor allem im *Schacht-* und *Streckenausbau*, fordert man nur, daß sie in die Klüfte und Hohlräume eindringen, nur langsam sedimentieren und nach dem Ende des Verpressens möglichst schnell erhärten (s. Lit. III.10, Zementeinpressungen, vorl. Merkblatt 1970).

Mit den üblichen Prüfungen der Konsistenz wird vornehmlich der Widerstand gegen Verdichtung bewertet. Bei dem Einpreß- und Injektionsmörtel ist auch von Klebrigkeit und Zusammenhalt gesprochen worden, was man oft als Wasserhaltevermögen oder Plastizität bezeichnet. Die Plastizität kann wie beim PM-Binder als Verformungswiderstand geprüft werden. Einen guten Zusammenhalt verlangt man von Beton, der auf Bändern oder in Rohren gefördert wird. *Pumpbeton* muß geschmeidig und gleitfähig sein und einen lückenlosen Strang bil-

3.1.4 Mischen, Verdichten und Nachverdichten

den, der als geschlossener Propfen austritt und stückweise abbricht. Solcher Beton muß genügend Mehlkorn (s. Tab. 28 unter 3.1.1), ggf. noch Traß, Flugasche u. ä. oder einen plastifizierenden Zusatz enthalten. Rohre mit einem Durchmesser von 80 und 100 mm sind nach R. WEBER [W 37] bei Pumpbeton vor allem wegen des geringen Gewichtes günstiger als Rohre bis zum Durchmesser von 180 mm. In der BRD hat man Beton schon bis zur Höhe von 108 m gefördert. Infolge der dafür nötigen hohen Drücke von 40 bis 50 atü muß der Beton steif sein. Ab 80 m Förderhöhe soll sein Ausbreitmaß nicht mehr als etwa 34 cm betragen. Die in dieser Hinsicht weniger anspruchsvolle *pneumatische* Förderung von Frischbeton durch strömende Druckluft behandelt P. A. GENGENBACH 1969 [G 6a]. Gegen die Verwendung von Aluminiumrohren bestehen wegen der Gefahr der Wasserstoffentwicklung durch Abrieb Bedenken (s. 4.2.3).

Es ist schon lange bekannt, daß ein *Nachverdichten* von frischem Beton 2 bis 6 Stunden nach seiner Herstellung die Druckfestigkeit um 10 bis 20% steigern kann. K. WALZ [W 11] und R. BÜHRER [B 64a] haben den Festigkeitszuwachs als ein Aufheben von Spannungen oder von bereits entstandenen Mikrorissen des Betons gedeutet, die das Schrumpfen des Zementleims verursacht. H. HILSDORF und K. FINSTERWALDER [H 37] fanden 1966 an zylindrischen Probekörpern 15/30 cm aus 2 Betonen, die mit einem Innenrüttler *erst*verdichtet waren, daß das Nachverdichten auf einem Rütteltisch bis zu einem Betonalter von $1^1/_2$ Stunden die Druckfestigkeit zunächst um 10% *erniedrigte*, dann ab 2 Stunden zunehmend bis zu einem Maximum von etwa 20% bei 3 bis $3^1/_2$ Stunden *erhöhte*, bis der Festigkeitszuwachs nach 7 Stunden aufhörte. Mit größer werdender Rüttelenergie wurde auch die Wirkung des Nachverdichtens besser. Nachverdichtete Proben hatten auch im Prüfalter von 90 Tagen noch etwa denselben prozentualen Festigkeitsgewinn wie nach 7 Tagen. Auf die Zugfestigkeit des Betons hatte das Nachverdichten jedoch keinen nachweisbaren Einfluß. (Bei kleineren Zementsteinproben war das Nachverdichten schon etwa 1 Stunde nach der Herstellung am wirkungsvollsten.) Unterschiede zwischen nachverdichtetem und nicht nachverdichtetem Beton fanden sie weder bei den Rohdichten, noch bei mikroskopischen Untersuchungen nach den Vorschlägen von TH. T. C. HSU, F. O. SLATE, G. M. STURMAN und G. WINTER [H 47] nach Anfärben der Betonschnittflächen mit grüner Tinte. Von den beobachteten kerbenartigen Vertiefungen nehmen die Verfasser an, daß sie nachträglich beim Schneiden der Körper entstanden sind.

TH. T. C. HSU und seine Mitarbeiter [H 47] haben 1963 mit Hilfe dieser Technik die *Verbundrisse* in allen Stadien der Belastung von Beton verfolgt. Mikrorisse waren schon *vor* der Belastung vorhanden.

Ab 30% der Grenzbelastung nahmen sie in Länge, Breite und Anzahl zu. Über 70 bis 90% der Grenzbelastung dehnten sie sich durch den Mörtel aus. Sie bestimmen den Verlauf der Spannungs-Dehnungs-Kurve. Die Verfasser halten die Verbundfestigkeit zwischen Zementpaste und Zuschlag für das weichste Glied in der Kette der die Festigkeit ausmachenden Bindungen.

T. Ju. Ljubimova und P. A. Rehbinder [L 44a] unterscheiden 1965 in der Kontaktzone der Zementpaste zu den Zuschlagstoffen drei zeitliche Stadien, wovon im ersten und letzten die Festigkeit zunimmt und im Zwischenstadium infolge innerer Spannungen abfällt. Nach I. G. Grankovskij [G 24] 1965 befindet sich die Zementpaste zunächst in einer reinen Koagulationsstruktur, wo sie plastisch und thixotrop ist und nachträglich verdichtet werden kann, ggf. unter Zunahme der Festigkeit. Für den Beginn der Dampfbehandlung hält er eine Vorlagerung von 6 Stunden oder das Erreichen einer Festigkeit von 3 bis 5 kp/cm^2 für nötig (s. 3.5.4).

Die für den Nichtfachmann erstaunliche verflüssigende Wirkung des *Rüttelns* ist schon unter 3.1.1 als eine vorübergehende Vermehrung des Gleitwassers gedeutet worden. Unter dem Einfluß der Vibration ordnen sich die Festteilchen deshalb schnell zu ihrer dichtesten Packung. Offenbar wird manchmal ein Teil des Wassers so stark aktiviert, d. h. beweglich, daß an der Eintauchstelle des Rüttlers die groben Körner des Zuschlags absinken und der Mörtel und das Wasser aufsteigen. Deshalb müssen beim Rüttelbeton Kornzusammensetzung, Zementgehalt und Wassergehalt abgestimmt sein und die optimale Rütteldauer genau eingehalten werden. Tischrüttler, Oberflächenrüttler, Schalungsrüttler, Innenrüttler wirken in ähnlicher Weise. K. Walz [W 11] hat zuletzt 1960 eine zusammenfassende Darstellung des Rüttelbetons gegeben. — Beim *Rüttelwalzverfahren* ist nach O. P. Mčedlov-Petrossian und A. M. Piterski [M 54] 1967 durch eine frühzeitige orientierte Strukturbildung bereits eine halbe Stunde nach dem Verformen eine zwei- bis dreistündige Wärmebehandlung bei 100 °C möglich.

Einen ähnlich dichten, erdfeuchten, frühfesten Beton erhält man durch *Absaugen* eines Teils des Anmachwassers meist aus der Oberfläche des frischen Betons, wie es bei der Herstellung des von K. E. Billner 1936 entwickelten *Vacuumbetons* (Vacuum-Concrete-Verfahren) der Fall ist. Nach G. Brux [B 60] verringert man damit den Wasserzementwert z. B. von 0,48 auf 0,35 oder von 0,52 auf 0,38, im Grenzfall bis auf 0,3; der Zementenzug bleibt unter 1%. Der Beton wird dichter, erhärtet schneller und schwindet weniger, Platten werden bald begehbar, Formteile mechanisch transportierbar. Von einer *Selbstvacuumierung* spricht I. V. Subbotina [S 113] bei der Wirkung von *Blähton* und *Blähschiefer* auf eine Zementpaste, wodurch der Beton besonders gut verformbar wird. Auch die übrigen bekannten Verfahren, z. B. zum Herstellen von *Betonrohren*, das Vibrieren, das Walzen, besonders das Schleudern verdichten den Beton durch Abtrennen des vorübergehend flüssigwerdenden Wassers und erhöhen die Festigkeit durch Verringern des W/Z-Wertes. Infolgedessen erhärtet ein auf diese Weise „nachträglich erdfeucht gemachter" Beton wie derselbe übliche Beton von druckverformten Betonwaren schnell und stetig ohne erkennbaren vorübergehenden Rückfall der Druckfestigkeit.

Beim Ansatz von Betonmischungen, wie es K. WALZ [W 4] 1958 und 1968 näher beschrieben hat, und auch bei der laufenden Kontrolle des Mischungsverhältnisses muß man die *Eigenfeuchte* der Betonzuschlagstoffe in Ansatz bringen. — Nur die Oberflächenfeuchte, nicht die Kernfeuchte, ist, wie G. WISCHERS und O. HALLAUER [W 73b] 1966 gezeigt haben, in die Wasser-Zement-Wert-Rechnung einzubeziehen und bei Bemessen des Anmachwassers zu berücksichtigen. Die Eigenfeuchte kann man außer durch Trocknen auch mit dem Wasser- oder Luftpyknometer oder nach der Calciumcarbidmethode mit dem sog. CM-Gerät, wobei das CaC_2 Acetylen C_2H_2 entwickelt, oder durch Messen des elektrischen Leitungswiderstandes bestimmen. Die Verfasser zeigen die Möglichkeiten und Grenzen dieser Verfahren und machen auch Angaben über die petrographische Zusammensetzung von Moräne-, Main- und Rheinkiessand.

3.1.5 Grobstruktur von Normalbeton und Leichtbeton

3.1.5.1 Strukturmerkmale

Normalbeton kann im Grenzfall betrachtet werden entweder als
I. *Gesteinsgerüst*, das in sich fest und unverrückbar ist, dessen enge Hohlräume mit Zementmörtel verfüllt werden (Modell: verfülltes Gesteinsgerüst) oder als
II. *Mörtelbett*, das man zur Verminderung der Mörtelmenge, d. h. zur Zementersparnis, in regelmäßiger Form mit Steinen durchsetzt hat (Modell: gemagertes Mörtelbett) [K 14].

Dem Fall I nähert sich ein Zuschlagstoff nach der sandarmen Sieblinie *D*, dem Fall II ein Zuschlag nach der sandreichen Sieblinie *F*. Die kontinuierlich verlaufenden Sieblinien *D*, *E*, *F* enthält DIN 1045, die Sieblinie für Straßenbeton entspricht etwa der Linie *E*. Den Gesamtzuschlag für einen Normalbeton kann man auch mit einer *Ausfallkörnung* aufbauen; als einen Grenzfall von Ausfallskörnung kann man den schon von den Römern verwendeten Gußbeton aus Ziegelbrocken und Mörtel ansehen; im Prinzip trifft das auch für Mauerwerk zu. Seine neuzeitliche Form ist der *Grobbeton*, dessen bis zu 80 und 120 mm große Gesteinsstücke in das durch schwere Rüttler verflüssigte Mörtelbett sozusagen versenkt werden.

Je größer der Mörtelanteil eines Betons wird, um so mehr „schwimmen" die groben Zuschlagstoffe darin, um so leichter ist der Beton verformbar, um so größer ist aber auch sein Gehalt an Zement je m³ Beton, sofern damit dieselbe Festigkeit erreicht werden soll, um so größer sind die dem Zement eigenen und nur durch das Vorhandensein des Gesteinsgerüsts behinderten räumlichen Bewegungen, das Schrumpfen, Quellen, Schwinden und Kriechen. Nur für den hiermit in seinen Grundzügen gekennzeichneten Normalbeton gilt das Gesetz vom Wasserzementwert und nur für eine vollkommene Frischbetonverdichtung, wie H. LENHARD [L 26] gezeigt hat (s. 3.2.1). Es gilt auch nur für einen Beton, dessen Zuschlagstoffe mehr Druckfestigkeit als 700 bis 800 kp/cm² besitzen, was bei Normalbeton in der Regel der Fall ist.

Den Aufbau des Leichtbetons hat A. HUMMEL [h 50] anschaulich dargelegt und unterschieden zwischen der *Kornporosität*, bei der poriger Leichtzuschlag verwendet wird, und zwischen der *Haufwerksporosität*, bei der der Mörtelanteil des Betons zurückgedrängt wird und eine offene Struktur bis hin zu dem Grenzfall des *Einkornbetons* entsteht. Mit der Zunahme der Poren vermindern sich für jede Art des Leichtbetons, auch für den später behandelten Gas- und Schaumbeton, Rohdichte (Gewicht), Festigkeit und Wärmeleitzahl. Da man im Wohnungsbau eine hohe Festigkeit nicht braucht und die verbesserte Wärmedämmfähigkeit entscheidend ist, die Brennstoff sparen hilft und die Wohnlichkeit verbessert, hat sich die große Vielfalt von inzwischen in vielen Normen behandelten Steinen aus Leichtbeton entwickelt, in die heute auch andere porige Stoffe wie Ziegelsplitt, Basaltlava einbezogen wurden. — Solcher Beton wird heute auch als *Schüttbeton* unmittelbar an der Baustelle in besondere Schalungen eingeschüttet, neuerdings auch gerüttelt, um die früher öfter beobachteten Schüttkegel zu vermeiden. Aus solchem Schüttbeton mit Hüttenbims sind 13 bis 18 Geschoß hohe Wohngebäude errichtet worden [k 16]. Nach K. WESCHE [W 54] erreicht man mit Hüttenbims bei einer von 1,3 bis auf 1,7 kg/dm³ ansteigenden Rohdichte eine von 20 auf 80 kp/cm² linear zunehmende Druckfestigkeit. Für *Naturbims* besteht eine vergleichbare Beziehung. Zur Verwirklichung des Stahlleichtbetons bedurfte es der Einführung kornfester, durch Erhitzen von Ton und Tonschiefer hergestellter Zuschlagstoffe.

3.1.5.2 Leichtzuschlag für Stahlleichtbeton

In den an natürlichen Betonzuschlagstoffen armen Gegenden der *USA* hat man schon vor dem zweiten Weltkrieg, wie K. WALZ und G. WISCHERS [W 25] 1964 ausführlich berichtet haben, aus blähfähigem Ton (clay), Schieferton (shale) und Tonschiefer (slate) auf dem Sinter-

3.1.5 Grobstruktur von Normalbeton und Leichtbeton 159

band und neuerdings bevorzugt im Drehofen *Blähton* und den kornfesteren *Blähschiefer* hergestellt. — *Tonschiefer* ist ein durch Gebirgsdruck entwässerter und verfestigter Schieferton. Bei Wasserlagerung quillt daher Schieferton stark, während Tonschiefer sein Volumen wenig vergrößert.

Die besonders kornfesten Arten werden im Drehofen bei 1000 bis 1200 °C gebrannt. Die Schüttdichte der Korngruppe 5/19 mm liegt bei etwa 0,7 kg/dm^3. Auch durch Sintern von Flugasche wird in USA Blähton hergestellt. Aus der Literatur sind u. a. *Haydite, Perlite, Shalite* bekannt. H. RÜSSEMEYER [R 38] behandelt 1969 die Grundlagen für die Auswahl und Aufbereitung im wesentlichen auf Grund der USA-Literatur einschließlich der $\triangle$-Darstellungen $SiO_2 - Al_2O_3 -$Rest und

$$\left(SiO_2 - \frac{Al_2O_3}{2,55}\right) - Fe_2O_3 - \text{Rest}$$ über die Blähbarkeit von CH. M. RILEY

und von HILL und CROOK. In USA und Kanada arbeiten 250 Werke mit einer Jahresleistung von 14 bis 18 Mill. t Leichtzuschlag, die im Expanded Shale, Clay and Slate Institute ESCSI, Washington, zusammengeschlossen sind. In UdSSR hat die Herstellung von *Keramsit* und *Aggloporit* seit Ende des zweiten Weltkriegs stark zugenommen; nach einem Bericht über ein Symposium 1967 in Karlsbad arbeiten dort etwa 130 Werke. Über den neueren Stand haben P. P. BUDNIKOV und Mitarbeiter [B 63b] 1967 berichtet. In Großbritannien sind in dem Bericht von A. SHORT [S 66] Leca (s. unten), Aglite und Lytag (aus gesinterter Flugasche) erwähnt. In den nordischen Ländern, neuerdings auch in der BRD wird ein bestimmtes, dort viel verwendetes Fabrikat als *Leca* = light-weight-concrete aggregate bezeichnet. — In Deutschland hat W. CZERNIN (Vorträge Dt. Beton-Verein 1948, S. 96/112, U. FINSTERWALDER) während des zweiten Weltkriegs den ersten damals zum Bau von Kähnen und Schiffen in Schalenbauweise verwendeten Blähton hergestellt. (In USA hat man schon 1917 Betonschiffe gebaut.) In der ersten Nachkriegszeit hatte man ferner mit dem Ziegelsplitt (aus Trümmerschutt) gute Erfahrungen gemacht. Heute wird in der BRD seit 1965 Blähton, seit 1966 Blähschiefer in 5 Werken hergestellt.

Mit den runden Körnern des Blähtons erreicht man, wie H. HEUFERS [H 34] 1966 und 1967, H. AURICH [A 19] 1967 und 1969 berichten, den LB 160, bei Zusatz von Natursand den LB 225, mit Blähschiefer der Korngruppe 15/25 mm den LB 225 und mit der Körnung bis 15 mm unter Zusatz von Feinstsand den LB 300, und zwar schon mit einer Rohdichte des Betons von 1,6 kg/dm^3, mit 1,8 kg/dm^3 sogar den LB 450. Vorläufige Richtlinien von 1967 enthalten die Bedingungen, unter denen in der BRD *Stahlleichtbeton* auszuführen und zu prüfen ist. Ähnliche Vorschriften gelten auch in UdSSR, USA und Großbritannien [W 58].

160   3 Physikalische Eigenschaften des Zements und Betons

Folgende Anhaltswerte gelten für die Beziehung zwischen Rohdichte des Betons und Wärmeleitzahl:

Rohdichte (Klasse)   1,3   1,5   1,7   1,9   kg/dm³
Wärmeleitzahl   0,55   0,70   0,85   1,00   kcal/(m · h · grd)

Nach K. WESCHE [W 52] unterscheidet sich Leichtbeton von Normalbeton dadurch, daß seine elastische Verformung 1,5 bis 3 mal so groß ist und daß die Langzeitverformung durch Kriechen, Schwinden und Quellen größer sein kann, während die Verformung durch eine Temperaturänderung kleiner ist.

G. WISCHERS [W 71] hat 1967 mit Bild 36 den Unterschied einmal zwischen Normalbeton und Leichtbeton und die Aufnahme von Druckkräften zwischen Leichtbeton mit grobem und mit mittlerem Zuschlagskorn, die alle drei ein geschlossenes Gefüge besitzen, schematisch dargestellt. Die im Fall a beim Normalbeton dunkel angelegten Zuschlag-

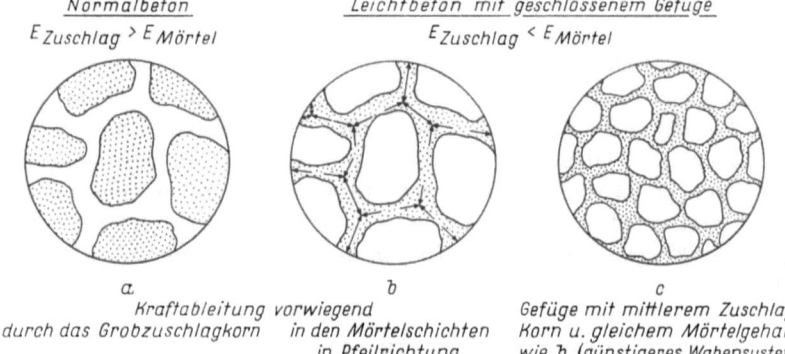

Bild 36. Aufnahme und Ableitung der Druckkräfte in Normalbeton und in Leichtbeton mit geschlossenem Gefüge aus grobem und mittlerem Zuschlagkorn. Nach G. WISCHERS [W 71].

körner sollen andeuten, daß deren Elastizitätsmodul größer ist als der des Mörtels und daß sie deshalb im Belastungsfall die Kraftableitung übernehmen. Im umgekehrten Fall b des Leichtbetons wird die eingeleitete Druckkraft, wie die Pfeile andeuten, von den steifen Mörtelschichten aufgenommen (auch im Fall c). Der Vergleich von Fall b mit Fall c zeigt, daß das etwas festere Wabensystem der kleineren Körner diese Druckaufnahme gleichmäßiger verteilt. Das *mittlere* Korn eines Leichtzuschlags enthält stets eine geringe Zahl *schwacher* Wabenwände, weil diese Wände schon beim Brechen und Transportieren zerstört werden.

In Deutschland ist neben vielen anderen Bauwerken die in Bild 6 dargestellte Fußgängerbrücke mit Leicht*spann*beton aus Weißzement über die Einfahrt des Wiesbadener Hafens gebaut worden. Die USA be-

3.1.5 Grobstruktur von Normalbeton und Leichtbeton

sitzen verschiedene bemerkenswerte Bauwerke mit Leichtbeton: In Chicago sind die Decken in den 65-stöckigen Turmhochhäusern Marina City aus Leichtbeton. Das bekannte TWA-Terminalgebäude auf dem Kennedy-Flugplatz in New York ist ganz aus Stahlleichtbeton. In Sidney, Australien, steht das höchste Leichtbetongebäude der Welt mit 44 von 51 Stockwerken ganz aus Leichtbeton.

O. V. Solov'eva [S 78] hat 1966 in einem Bericht über Keramsit und Aggloporit eine Klassifikation von 200 Tonarten nach dem Grad ihrer *Blähbarkeit* gegeben. *Tone* mit starker Aufblähbarkeit ohne Zusätze und mit Zusätzen von organischen reduzierenden Stoffen charakterisiert er durch einen Gehalt von 72 bis 80% Teilchen unter 10 µm, einen niedrigen Quarzgehalt von 5 bis 18% und im übrigen durch folgende chemische Zusammensetzung:

SiO_2	Al_2O_3	Fe_2O_3	CaO	MgO	Alkalien	SO_3	S	Glühverlust
50–65	16–20	5–9	1–4	1,5–3,5	1,5–4,5	0–1,5	0–1,5	6–8

Ungeeignet sind Tone, wenn sie mehr als 40 bis 45% Quarz, mehr als 3,5 bis 4% organische Stoffe und einen Carbonatgehalt haben, der über 4% CO_2 hinausgeht. Gut blähbar waren 89 Tone mit 1 bis 3% organischen Beimengungen, 49 Tone mit unbedeutendem Gehalt waren nur nach Einführung von organischen Zusätzen blähbar. — Die Anforderungen an den Korrosionsschutz ähneln denen für Normalbeton (s. dort). Für den durch Blähen eines Glimmerschiefers entstandenen sehr leichten *Vermiculit* (eigentlich: Wurmstein), der zur Herstellung von schalldämmendem Putz verwendet wird, wird folgende Zusammensetzung angegeben:

SiO_2	$Al_2O_3 + TiO_2$	Fe- u. Mn-Oxide	CaO	MgO	Alkali	SO_3	S	Glühverlust
39,4	13,3	6,9	1,5	23,4	3,3	<0,1	0,2	11,8

3.1.5.3 Gas- und Schaumbeton

Leichtbeton für *Isolierzwecke* ohne tragende Funktion stellt man dadurch her, daß man einen flüssigen Mörtel mit Luftporen durchsetzt. Bei den Gasbetonen, z. B. *Siporex* und *Ytong*, geschieht das durch ein Treibmittel, das Gas entwickelt und den flüssigen Mörtel wie einen Kuchen auftreibt und ihn dadurch standfest macht. Als Treibmittel verwendet man in der Regel Aluminiumpulver, das mit kalkhaltigem Wasser gasförmigen Wasserstoff H_2 entwickelt und auch bei Einpreßmörtel als Treibmittel dient. Auch Calciumcarbid CaC_2, das gasförmiges Acetylen C_2H_2 entwickelt, wird als Treibmittel angeführt. Nachdem sich die porige Masse genügend vermehrt und gefestigt hat, wird sie zu Blöcken der vorgesehenen Größe geschnitten, die man anschließend härtet. Siporex verwendet vorwiegend Zement und Quarzsand, Ytong verwendet nach H. BÖRNER [B 37] Kalk und Ölschieferschlacke, Flugasche, auch Hüttensand [R 13a]. Bei dem in Deutschland vor allem unter dem Markennamen *Iporit* bekannt gewordenen *Schaumbeton* wird ein standfester Schaum, der durch Zusatz seifenartiger Stoffe oder Emulsionen zum Anmachwasser entsteht und ggf. durch Wasserglas versteift wird, in einen Zementmörtel eingearbeitet. — Beide Betonarten haben infolge ihres hohen Wassergehalts und wegen des Mangels an einem festen unveränderlichen Gerüst — ihr Zuschlagstoff ist Luft! — beim Erhärten an der Luft ein Gesamtschwindmaß bis zu 2 mm/m. Deshalb werden sie beide fast immer im Autoklaven gehärtet oder in ungespanntem Dampf wärmebehandelt. Sie müssen in der BRD den Bedingungen von DIN 4164 entsprechen. Bei Rohdichten von 500 bis 800 g/dm^3 haben sie im allgemeinen eine Festigkeit von 20 bis 60 kp/cm^2, die bis über 100 kp/cm^2 ansteigen kann [H 51]. In Bulgarien wird der dort mit hydrolysiertem Blut hergestellte Schaumbeton nach N. V. DJABAROV [D 12] mit Kohlensäure gehärtet. Bis zu 700 °C ist dieser carbonatisierte Schaumbeton beständig. — Zur Prüfung solcher Isolierbetone haben A. LITVIN und CL. H. BRINKERHOFF [L 41] 1966 das Proctorgerät mit einem 0,3 oder 0,6 cm^2 dicken Stab mit Erfolg verwendet. — Abschließend sei auch auf die Möglichkeit hingewiesen, *Holzbeton* aus Zementleim mit Holzspänen oder Holzfasern herzustellen, was von altersher sonst mit Magnesitbinder (*Heraklith*) auch mit Gips geschieht. Die daraus gepreßten Bauplatten sind nach DIN 1101 genormt. Bei Verwendung von Zement müssen die Späne oder Fasern vorher mineralisiert werden, damit wird die Haftung am Zement verbessert und das Holz konserviert [H 51]. Das Mineralisieren geschieht durch Eintauchen in Kalk- oder Zementmilch oder in Lösungen z. B. von Wasserglas, Chlorcalcium u. a. m. [Z 5b].

3.1.6 Eignung der Zuschlagstoffe und Haftfestigkeit

Nach der neuen DIN 4226-E März 1968 erstrecken sich die Korngruppen für den Zuschlag bis zu 63 mm Korngröße. Sie werden bis 2 mm durch Prüfsiebgewebe, darüber hinaus durch Lochsiebe bestimmt. Der zulässige Gehalt an *abschlämmbaren Bestandteilen*, die durch Siebe mit 63 µm (0,063 mm) Maschenweite hindurchgehen, ist bei den groben Korngruppen ab 4/16 auf 0,5%, bei den feineren 2/8 und 4/8 auf 2%, bei den feinsten 0/1, 0/2, 0/4 auf 4% und bei denen, die zwischen den beiden letzten Gruppen liegen, auf 3% begrenzt. Zwischen 0 und 0,25 mm liegt der Feinstsand, von 0 bis 1 mm der Feinsand und von 1 bis 4 mm der Grobsand. Es wird auch auf eine ggf. nötige Untersuchung des Gehalts an alkalilöslicher Kieselsäure hingewiesen. Man darf heute

3.1.6 Eignung der Zuschlagstoffe und Haftfestigkeit

voraussetzen, daß in allen Industriestaaten der als Betonzuschlag gelieferte Kies und Sand, Schotter oder Splitt *nicht* verunreinigt ist und weder Lehm noch Ton, noch organische humusartige Stoffe, auch keine Kohlenstücke enthält. Eine Eignungsprüfung ist nötig, wenn sich nach dem Übergießen des Zuschlags mit 3%iger Natronlauge die Flüssigkeit tiefgelb, bräunlich oder rötlich färbt.

Der Gehalt an wasserlöslichen *Schwefelverbindungen*, berechnet als SO_3, darf 1,5% nicht überschreiten (bei Leichtzuschlag 1%). Hochofenstückschlacke darf weder Kalk- noch Eisenzerfall zeigen und nicht mehr als 5% an grobblasigen, schaumigen oder glasigen Stücken enthalten.

Von den in langen Flußläufen der gemäßigten Zonen transportierten und abgelagerten Kiesen darf man annehmen, daß sie in der Regel *fest* und *beständig* sind. Das ist bei anderen Zuschlagstoffen nicht immer der Fall. Von neueren Mitteilungen berichten z. B. A. DE SOUSA COUTINHO [S 82] 1966 über Schäden an Hafenbauten in Portugal durch einen bereits kaolinisierten Granit, W. GRÜN und E. GRÜN [G 29] 1968 über großflächig aufgetretene Netzrisse durch Verwendung eines angewitterten Basaltsplitts. F. TROJER [T 19] hat 1968 auch im Laborversuch nachgewiesen, daß auf den strukturschwachen Schichtebenen eines Glimmerschiefers, der deshalb zumindest in diesem Falle ungeeignet war, eine von außen in den Beton eindringende Gipslösung auskristallisiert ist und das Zuschlagskorn zerstört hat. Wie W. C. HANSEN [H 16] 1963 erklärt er es damit, daß die übersättigte Gipslösung in den zu kleinen Kapillaren des Zementsteins durch die darin wirksamen Oberflächenkräfte an der Bildung von Kristallkeimen gehindert wird und erst beim Austritt in genügend große Hohlräume spontan aus der übersättigten Lösung kristallisiert. — Was die *Festigkeit* des Betonzuschlags angeht, so liegen nach der für Straßenbaustoffe 1966 eingeführten Schlagprüfung [Lit. III.7] an Splitt 8/12 mm die Schlag-Zertrümmerungsgrade von Basalt und Diabas deutlich vor denen von Granit, Kalkstein, Kiessplitt und Hochofenschlacke. Für Normalbeton genügt eine Druckfestigkeit des Gesteins von 1000 kp/cm^2 im durchfeuchteten Zustand; als frostbeständig gilt ein gebrochenes Felsgestein mit einer Druckfestigkeit von mindestens 1500 kp/cm^2 im durchfeuchteten Zustand. Damit ist im allgemeinen auch ausgeschlossen, daß es porig und wassersaugend ist (s. unten und 3.2.5). Ihre *Griffigkeit* verlieren nach einem Merkblatt für den bituminösen Fahrbahndeckenbau [Lit. III.7] grobkörnige Tiefengesteine, z. B. Granit, Gabbro, Diabas, nur sehr allmählich, während kleinkörniger Basalt, auch feinkörniger, dichter Quarzit, vor allem Sedimentgesteine wegen ihrer weniger rauhen Bruchfläche das Endstadium ihrer Politur schnell erreichen.

Die *Haftfestigkeit* zwischen Oberfläche des Betonzuschlags und Zementmörtel ist von TH. T. C. HSU und Mitarbeitern [H 47] wie schon erwähnt (s. 3.1.4), das schwächste Glied in der Kette der Bindungen. Sie wird um so besser sein, je stärker Zementpaste und Zuschlag chemisch miteinander reagieren. Daß das sogar bei den als inert geltenden Mineralien Quarz und Calcit und auch bei kieselsäurehaltigen Gesteinen der Fall ist, geht aus 2.3.3 und 3.3.6 hervor. H. MARTIN [M 17] hat 1967 bei Calcit ein dauerhaftes Verwachsen mit dem Mörtel *mikroskopisch* festgestellt, während es bei Quarz, Sand und Mikroklin filigran und verspreizt wirkte (s. unten). O. VALENTA [V 1] hat dagegen 1961 die *Beständigkeit* der Haftung an einem Basalt, an Granit, auch an Kalkstein als gering bezeichnet im Vergleich zu der besseren Haftung an einem anderen Basalt, an Quarz, Dolomit und Grauwacke.

Nach dem Bericht von K. M. ALEXANDER [A 15] 1965 über seine Arbeiten seit 1959 z. T. mit J. WARDLAW und J. H. TAPLIN nimmt die Zuschlag-Zement-Haftung mit der Festigkeit der Zementpaste und bei vulkanischem Gestein auch mit dem *Kieselsäuregehalt* linear zu und kann durch Alkali beeinträchtigt werden. Die Haftung wird durch Vibration besser und ist an der geschliffenen und, weniger ausgeprägt, an der gesägten Oberfläche besser als an der gebrochenen Oberfläche. ALEXANDER vermutet, daß die Bruchoberfläche noch lockere Stellen besitzt und die gesägte Oberfläche durch gestörte Kristalltrümmer „vergiftet" ist. Zwischen kieselsäurehaltigem Zuschlag und Zementpaste bildet sich eine *Kontaktzone*, die bei Kalkstein ebenso groß ist, ohne daß man bisher genau weiß, ob auch die *Haftung* zwischen $CaCO_3$ und der CSH-Phase ebenso groß ist. Seine bemerkenswerten Feststellungen über die puzzolanischen Eigenschaften feinstgemahlener inerter Stoffe enthält Bild 25 unter 2.4.5. Auf die Feststellungen und Auffassungen von TH. T. C. HSU und F. O. SLATE [H 47] 1963 z. T. mit weiteren Mitarbeitern über das Vorhandensein und die Bildung von Mikrorissen wurde schon unter 3.1.4 hingewiesen.

Die Funktion eines Gerüststoffs kann das gröbere Korn eines ganz oder nur z. T. *puzzolanischen Zuschlagstoffs* verlieren, wenn die chemische Reaktion von der Oberfläche her bis in den Kern des Korns fortschreitet, gegebenenfalls noch die Struktur des Korns verändert. Dazu wird meist Feuchtigkeit nötig sein. Ein puzzolanischer Stoff kann dagegen in feinkörniger Form eine segensreiche Wirkung als aufsaugender Stoff (Absorber nach Art eines Löschblatts) ausüben. Er verhält sich dann wie ein wassersaugender feinporiger Zuschlagstoff, der dicht von Zementstein umschlossen ist und im Sinne der Ausführungen unter 3.2.5 den Beton schädigen kann, wenn er seine kritische Dicke überschreitet. – Nach Versuchen von H. RÜSCH, K. KORDINA und H. HILSDORFF [R 35] 1962 zeigten roter und grüner Sandstein als Zuschlag höhere Kriechverformung und stärkeres Schwinden als Beton mit Rheinkies, rundem und gebrochenem Quarz, Marmor, Granit und

Basalt. — Was die *Haftung* der *Stahlbewehrung* im Beton anlangt, so hat H. MARTIN [M 18] 1967 an 10 mm dickem im Zementstein eingebetteten Maschinenbaustahl Haftfestigkeiten von 6 bis 22 kp/cm^2, an Zementsteinprismen, die in der Mitte durch ein Baustahlplättchen abgeteilt waren, Biegezugfestigkeiten von 34 bis 55 mit einem Höchstwert von 100 kp/cm^2, endlich an Achterkörpern mit eingebetteten Baustahlplättchen 18 bis 34 mit Höchstwert von 42 kp/cm^2 Zugfestigkeit festgestellt, die alle mit Zunahme der Oxidschicht anstiegen. Elektronenmikroskopische Bilder lassen erkennen, daß zwischen der oxydierten Oberfläche des Stahls und dem Zementstein eine echte Bindung entsteht. Einfache Adsorptionen in den Grenzflächen, Rekristallisationen in den Zwischenschichten und am reinen Metall Epitaxien bauen einen dicht verzahnten Übergang vom Stahl zum Zementstein auf, der große Kräfte zu übertragen vermag und den Stahl vor Korrosion schützt. Die Ergebnisse einer eingehenden Untersuchung über dieselbe Frage hat K. H. LISIECKI [L 39] 1968 mitgeteilt.

3.1.7 Alkali-Zuschlag-Reaktion

Auf einer Anfälligkeit des Zuschlags beruhen die Alkali-Kieselsäure-Reaktion zwischen Zement und bestimmten kieselsäurehaltigen Gesteinen sowie künstlichen Gläsern und die Alkali-Dolomit-Reaktion zwischen Zement und gewissen calcitischen Dolomiten und dolomitischen Kalksteinen. Sie stehen beide mit bekannten Verwitterungsvorgängen der Naturgesteine im Einklang. Die *Alkali-Kieselsäure-* Reaktion haben T. E. STANTON und Mitarbeiter [S 95] schon 1940 und 1942 beschrieben. Nach T. C. POWERS und H. H. STEINOUR [P 25] 1955 beruht das dabei auftretende *Alkalitreiben* darauf, daß das entstehende Kalk-Alkali-Silicat durchlässig wird und den Zugang zu dem Alkali-empfindlichen aufquellenden Zuschlagskorn ermöglicht. Sind erst Poren und Risse im Beton entstanden, dann kann das viskosflüssige Alkalisilicat in benachbarte Luftporen oder nach außen abfließen, wie die Bilder 37 und 38 zeigen.

Seit einem Jahrzehnt hat man sich auch in *Dänemark* eingehend mit dieser Alkalireaktion auseinandersetzen müssen, worüber G. M. IDORN [I 2] 1956—1964 sowie C. S. FORUM [F 7] 1965 berichten. Dort tritt sie nach FORUM in folgender Weise in Erscheinung: als Alkalitreiben, d. h. eine übermäßige Ausdehnung des Betons, als Bildung von Netzrissen in unregelmäßigem Muster von selten mehr als einigen cm Tiefe, als Rißbildung infolge großer Spannungen (behinderte Ausdehnung), als Ausplatzen von Teilen der Oberfläche in Form eines Kegels, verursacht durch das Quellen von Gel dicht unter der Oberfläche, endlich als Ausschwitzen von Alkalisilicatgel. Der alkaliempfindliche Anteil des

3 Physikalische Eigenschaften des Zements und Betons

dortigen Zuschlags ist der im Mittel zur Hälfte darin enthaltene Flintstein. — Neuerdings sind auch im *norddeutschen* Raum Schäden an einer Brücke aufgetreten, die auf die Verwendung eines opalhaltigen glaukonitischen Sandsteins als Zuschlagstoff zurückgeführt werden.

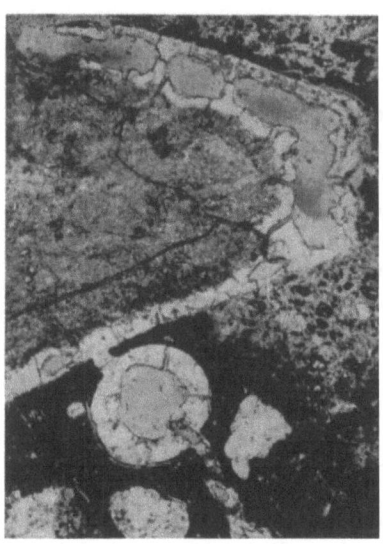

Bild 37   Bild 38

Bilder 37 und 38. Alkali-Kieselsäure-Reaktion in einem Beton mit Zusatz von Opal im Laborversuch nach ASTM C 227-69. Bei dem großen Zuschlagskorn aus Opal, das den oberen Teil von Bild 37 einnimmt, hat sich in der Randzone und in Rissen und Poren das weiß bis hellgraue Alkalisilikat als hellste Substanz gebildet. Teilweise ist das Alkalisilikat auf Rissen abgeflossen und hat z. B. die Randzone der darunterliegenden runden Luftpore ausgefüllt. Der dadurch in dem Opal-Zuschlagskorn entstandene Hohlraum und der in der Luftpore verbliebene Hohlraum ist mit dem hellgrau, d. h. dunkler erscheinenden Einbettungsmittel des Dünnschliffs ausgefüllt. Aus einem Riß des Prüfkörpers auf Bild 38 ist Alkalisilicatgel ausgetreten. VDZ Tät. Ber. 1967/68.

Deshalb enthält auch die künftige DIN 4226 einen entsprechenden Hinweis. In USA besteht nach ASTM C 289-66 ein chemischer Schnellversuch, bei dem das zerkleinerte Gestein 24 Stunden mit einer normalen Na(OH)-Lösung behandelt und die Menge an gelöster SiO_2 gravimetrisch oder durch Anfärben sowie die Verminderung des Alkaligehalts festgestellt wird. An Prismen z. B. nach ASTM C 227-69 von $2,6 \times 2,6 \times 26$ in cm kann auch die lineare Dehnung bei 38 °C in feuchter Lagerung über Wasser aber nicht in Wasser bis zu 12 Monaten verfolgt werden. Nach dieser ASTM-Vorschrift wurden auch die Prismen von Bild 37 und 38 hergestellt und behandelt. Das Ergebnis dieses Versuchs läßt aber bisher keine sichere Voraussage zu.

Man kann die Alkali-Kieselsäure-Reaktion wie die Bildung von Wasserglas chemisch so formulieren:

$$SiO_2 \cdot n\,H_2O + 2\,NaOH \rightarrow Na_2SiO_3 \cdot (n+1)\,H_2O$$

3.1.7 Alkali-Zuschlag-Reaktion

Im Gegensatz zum Wasserglas, wo das erst bei 1500 °C mit der technisch nötigen Reaktionsgeschwindigkeit geschieht, tritt es hier schon bei normaler Temperatur ein, weil die Kieselsäure wasserhaltig ist und *noch nicht* den Endzustand des *Quarzes* erreicht hat.

Kieselsäure ist in geringer Menge wasserlöslich, deshalb können auch Tiere und Pflanzen sie aufnehmen und zum Aufbau von Schalen sowie von Kieselpanzern und Kieselgerüsten verwenden, die als Ablagerungen unter der Bezeichnung Kieselgur oder Molererde eine wesentliche Gruppe der Puzzolanen darstellen (s. 2.4.1). Unter hydrothermalen Bedingungen, d. h. unter gleichzeitigem Einfluß hoher Temperatur und hohen Druckes löst SiO_2 sich viel leichter und kann dann aus der Lösung *sofort* in den bekannten Quarzkristallen auskristallisieren, die regelrechte *Einkristalle* sind. In der Natur hat sich aber ein großer Teil der Kieselsäure zunächst in kolloidaler Form als Kieselsäuregel abgeschieden, das dann unter Wasserabgabe zunächst in den noch amorphen wasserhaltigen *Opal*, dann in den dichten feinkristallinen Chalcedon und zuletzt manchmal noch in groben kristallinen Quarzit übergehen kann. Auf diese Weise hat sich auch in der Kreideformation der zähharte Flintstein (Feuerstein oder *Flint*) gebildet, den man bei den alten Steinschloßgewehren, den Flinten, auch bei den ersten Feuerzeugen zum Feuerschlagen, und in den Anfangsjahren der Rohrmühle als Mahlkörper verwendet hat. Die dichten Braunkohlenquarzite des Tertiärs, häufig fälschlich als Findlinge (erratische Blöcke) angesprochen, sind Verkittungen von Meeressanden mit erstarrten Kieselgelen aus kieseligen Lösungen. Solche kieseligen Lösungen können auch Hölzer und Pflanzen verkieseln, u. a. auch die menschliche Lunge (Staublunge). Bei den meisten dieser Vorgänge nimmt man an, daß CO_2 beim Ausfällen erstrangig mitwirkt, daß also eine Carbonatisierung die Kieselsäure aus silicatischen Lösungen als Kolloid ausfällt.

Bei einem Quarzkristall kann eine alkalische Lösung nur die Oberfläche angreifen und verändern, aber, wie schon gesagt (s. 2.4.5), nicht in die Tiefe eindringen. Quarz ist auch deshalb ein idealer Zuschlagstoff für ein kalkreiches Bindemittel wie den Zement, weil das CaO in einem SiO_4-Gerüst als Netzbildner wirkt und mit gelöster SiO_2 sofort wieder feste Verbindungen eingeht. Alkali wirkt nicht wie $Ca(OH)_2$ koagulierend und verbindend, sondern peptisierend, d. h. aufweichend und lösend. Deshalb kann aus der wasserhaltigen, festen Kieselsäure eines Zuschlagsstoffs opalinischer Art (s. unten) eine zäh-viskose Masse entstehen und sich durch deren Oberflächenspannung zu einem runden Tropfen verformen. — Auch F. MATOUSCHEK [M 22] hat 1966 die Veränderung eines als Zuschlag von Beton verwendeten alkalihaltigen *Glases* als Peptisation bezeichnet. Nach 10 Jahren hatten die Prüfkörper mit Glas nur noch 22 kp/cm² Biegezugfestigkeit statt 72 kp/cm²

168   3 Physikalische Eigenschaften des Zements und Betons

wie die ohne Glas und statt 592 kp/cm² nur noch 310 kp/cm² Druckfestigkeit. —

Als *Merkmale* von alkaliempfindlichen Naturgesteinen werden dementsprechend hervorgehoben [F 7]: ihr Gehalt an *Opal*, der in Basalt, Lava, Hornstein, kieseligem (opalinem) Schiefer vorkommen kann und den besonders der Flintstein enthält; ihr Gehalt an *Chalcedon*, der daneben noch in kieseligem Kalkstein und in einigen Sandsteinen vorkommen kann, oder an vulkanischen Gläsern (Obsidian) oder an Zeolith, der Alkali freigibt. Alle alkaliempfindlichen Stoffe sind zugleich Puzzolanen und wirken nach den bisherigen Erfahrungen als Feinmehle der Alkalireaktion als Absorber entgegen, wie im vorigen Abschnitt gezeigt wurde. Ähnlich wie freies CaO kann Puzzolane als Feinmehl erwünscht, als Zuschlagskorn aber zum mindesten verdächtig, wenn nicht schädlich sein.

In Dänemark hat sich z. B. ein *Korngrößenbereich* des Zuschlags von 2 bis 8 mm als besonders anfällig erwiesen; dort gilt als besonders gefährdet ein Beton mit solchen Zuschlägen im salzhaltigen Meerwasser, abnehmend weniger in feuchter, salzhaltiger Luft, in Wasser und in nur feuchter Luft (z. B. Mitte und Osten des Landes). An Beton [I 2] unter dem Wasserspiegel fand IDORN Abscheidungen von $Mg(OH)_2$, $CaCO_3$, Calcium-Aluminat-Sulfat, eine Abnahme des $CaCO_3$ von 22% des gesunden Mörtels auf 13%, eine Zunahme des MgO von 0,4% des gesunden Mörtels auf 6%, des SO_3 von 0,7 auf 3% und des SiO_2 von 7,5 auf 9%.

In Dänemark hat der Zusatz der puzzolanischen *Molererde* zum Portlandzement offenbar das Entstehen von Rissen und sonstigen Schäden in einer Reihe von Fällen verhindern können. Die Ursache der dortigen Schäden konnte aber nicht völlig geklärt werden. — Da das Alkali in verschiedener Form im Zement gebunden sein kann, ist noch nicht geklärt, ob sich alles Alkali an der Reaktion beteiligt. Der in USA übliche Versuch nach ASTM C 227 ist schon erwähnt, ein deutsches Verfahren wird vorbereitet.

In USA hat man, wie eingangs erwähnt, einen *low-alcali-cement* genormt. Sein Alkaligehalt ist mit 0,6% ($Na_2O + 0,658\ K_2O$) nach oben begrenzt. Inwieweit die Zumahlung einer Puzzolane wie der Molererde die Alkaliwirkung von Zement auf solche Zuschläge vermindert, ist durch Versuche und Erfahrungen noch nicht belegt. Ju. A. ZUKOV, V. V. KIND und O. V. KUNCEVIC [Z 8] schließen aus Laborversuchen, daß bei Hüttenzement mit 40% Schlacke 1% Gesamtalkali als die den obigen 0,6% entsprechende Grenze zu betrachten ist. Nach K. KÅWERT [K 8] kann aber ein Portlandzement sogar 0,9% K_2O enthalten, ohne eine Alkalireaktion hervorzurufen, sofern er daneben sehr wenig Na_2O besitzt. Diese Auffassung wird durch das unterschiedliche Verhalten von Na_2O und K_2O gegenüber den Tonen (s. 4.1.3) gestützt.

Ein Senken des Alkaligehalts im Zement ist sehr schwierig und kostspielig, manchmal gar nicht möglich, weil das Alkali Na_2O und K_2O, wie unter 5.3.4 gesagt wird, aus den als Rohstoff verwendeten Natursteinen und dem Brennstoff stammt. In den Eruptivgesteinen sind zwar Na_2O und K_2O in fast gleicher Menge vertreten. Im Laufe der Verwitterung reichert sich Na_2O im Meerwasser an, während K_2O von den Tonen selektiv adsorbiert — und an die Pflanze als Nährstoff abgegeben — wird und daher in den Rohstoffen des Zements bevorzugt enthalten ist. Das Verhältnis $K_2O : Na_2O$ im Zementrohmehl kann von 10 : 1 bis 4 : 1 schwanken, in deutschem Rohmehl und Klinker liegt es meist bei 8 : 1 bis 6 : 1.

Gegen das Alkali aus dem Zement sind auch bestimmte calcitische Dolomite und *dolomitische Kalksteine* empfindlich, wenn sie als Betonzuschlag verwendet werden. Solche Carbonate werden, wie J. W. JEFFERY [J 5b] 1955 das genannt hat, „entdolomitisiert". Dabei wird das Mg^{++} des Dolomits weggeführt und als $Mg(OH)_2$ ausgefällt. Den Vorgang hat W. C. HANSEN [H 13] 1959 so formuliert:

$$CaMg(CO_3)_2 + 2\ KOH \to K_2CO_3 + Mg(OH)_2 + CaCO_3.$$

Nach D. W. HADLEY [H 1] 1961 war ein dolomitischer Kalkmergel, der kleine rhomboedrische Dolomitkristalle in einer Grundmasse von Calcit und Ton enthielt, besonders alkaliempfindlich. HADLEY hat 1968 [H 2] über die Verschlechterung des Betons in dem außerordentlich trockenen *Kansas-Nebraska-Gebiet* berichtet. Nach seiner Meinung wird die zunächst *gleichmäßig* verteilte geringe Menge an Alkali durch starkes Verdunsten an der Oberfläche und durch starke Auslaugung bei schweren Regengüssen im Beton *anders* verteilt, was zur Bildung von Netzrissen führt. Da man gegen die Verwendung von Puzzolane Bedenken wegen der erhöhten Schwindung hat, macht man jetzt Versuche mit feinem Kalksteinmehl und dem Mehl anderer Carbonate. E. G. SWENSON und J. E. GILLOTT [S 116] 1967 machen auf Grund von Versuchen die Wasseraufnahme der im Dolomitkalkstein enthaltenen *Tonpartikel* für das Quellen verantwortlich. — J. KAZIMIR [K 11] empfiehlt 1968 nach eigenen Erfahrungen mit Carbonatgestein des Trias aus der Slowakei, nur *reine* Dolomite, aber keine Dolomite mit mehr als 10% Calcit und 3% Ton als Betonzuschlag zu verwenden. Bei dem Vorgang der Entdolomitisierung hat G. FANINGER [F 1] 1968 die Bildung von Brucit $Mg(OH)_2$ nachgewiesen. Der Vorgang kann sich durch Rückbildung des Alkalicarbonats zu Alkalihydroxid fortsetzen. F. TROJER und O. BLÜMEL [T 24] haben die Reaktion 1969 an einer Eisenbahnbetonschwelle mit Dolomit als Zuschlag mikroskopisch und mit Hilfe der IR-Spektrographie festgestellt. H. H. BACHE und J. C. ISEN [B 1a] haben 1968 das *Abplatzen* (*pop out*), wie es bei porigem alkaliempfindlichem Zuschlag besonders auf Betonstraßen vorkommt, durch hydraulischen Überdruck in einem kugelförmigen Hohlraum simuliert.

Die Dehnung durch Alkalitreiben läßt sich nach Laboratoriumsversuchen von W. J. MC COY und A. G. CALDWELL [M 25] 1951 durch einen Zusatz von 1% *Lithiumsalzen*, auf das Zementgewicht bezogen, und nach denen von W. C. HANSEN [H 13] 1959 durch 2 bis 7% bestimmter *Bariumsalze*, auch mit bestimmten lufteinziehenden (air entraining) Eiweißstoffen und einigen verzögernden Verflüssigern vermindern.

3.2 Feinstruktur des Zementsteins

3.2.1 Festigkeitsformeln

Man hat immer gewußt, daß man einen trockenen Zuschlag oder ein Gemisch aus Zuschlag und Zement durch Erhöhen des Wasserzusatzes leichter verdichtbar und verformbar machen kann, und hat davon während der Epoche des *Gußbetons* zum Schaden des Betons Gebrauch gemacht. Damals hat man übersehen, daß jedes „unnötige" Wasser in den auszufüllenden Zwickeln des Zuschlagsgerüstes den Zement verdrängt und daß dann − von Sedimentationserscheinungen abgesehen − der verformte und fertig verdichtete Beton die erwartete Festigkeit nicht mehr erreichen kann. Denn man hat den „Klebstoff Zementleim verdünnt", wie man das früher einfach und anschaulich ausgedrückt hat, und damit die Güte des Betons beeinträchtigt. Man hat früher von einem „*Verdünnungsabfall*" der Festigkeit nicht nur durch zusätzliches Wasser, sondern auch durch zusätzliches unhydraulisches Feinmehl gesprochen, das Wasser beansprucht, ohne es binden zu können. Die Güte des Betons bleibt nur dann gleich, wenn man dem Beton außer dem Wasser gleichzeitig die „entsprechende" Menge Zement zusetzt.

Diesen einfachen Zusammenhang hat D. A. ABRAMS [A 1] 1918 in die allgemeine Formel gekleidet $B = a : b^y$. Darin tritt neben den beiden Konstanten a mit dem Wert von etwa 980 und b mit einem Wert zwischen 7 und 9 [k 55] zum ersten Mal der W/Z-Wert y in Raumteilen, und zwar als Exponent von b auf. Der W/Z-Wert ist, später auf Gewichtsteile bezogen, in viele Formeln eingegangen. O. GRAF hat für die Beziehung B 28 : N 28 der Druckfestigkeit von Beton zu der des gleichfalls 28 Tage alten Normenmörtels die Formel $1 : a\,w^2$ verwendet. Der Wert von a lag beim damaligen erdfeuchten Normenmörtel zwischen 4 und 8. H. SCHÄFFLER [S 9] hat 1969, wenn sich N 28 auf den älteren DIN-Mörtel mit W/Z = 0,6 bezieht, a mit 4 zur Berechnung der

3.2.1 Festigkeitsformeln

unteren Grenze und a mit 3 für die Berechnung des ungefähren *Mittelwerts* angegeben (a steht im Nenner!). (Anstelle von B 28 schreibt man heute β w 28, darin bedeutet β = Festigkeit und w 28 = an 28 Tage alten Würfeln ermittelt.) — J. BOLOMEY hat für dasselbe Verhältnis die Beziehung $b \left(\dfrac{1}{w} - 0{,}5 \right)$ verwendet, wobei b damals etwa zwischen 0,30 und 0,45 lag, während man nach H. SCHÄFFLER unter den oben genannten Voraussetzungen (N 28 mit Mörtel von W/Z = 0,6) zur Errechnung der *unteren* Grenze die Betonfestigkeit b mit 0,6 und zur Berechnung des ungefähren Mittelwerts b mit 0,7 einsetzen muß. SCHÄFFLER hält den Z/W-Wert für zweckmäßiger, weil er sich gleichsinnig mit der Festigkeit erhöht und das betontechnisch wichtige Gebiet zwischen W/Z von 0,4 bis 0,5, das dann zwischen Z/W von 2,5 bis 2,0 liegt, übersichtlicher dargestellt wird. Will man die Formel von BOLOMEY auf Werte nach der neuen DIN mit dem ISO-Mörtel (W/Z = 0,5) anwenden, dann werden die Werte B/N um rd. 10% geringer und der Wert b verringert sich von 0,60 auf 0,55. — Er hat auch vom Normalbeton ein *Dreistoffdiagramm* Zement-Gestein-(Wasser + Luft) mit den Veränderungen der wichtigsten Eigenschaften angegeben.

R. FERET ist 1936 von der Raumerfüllung des Betons ausgegangen und hat das Volumen V_Z des Zements zu dem Volumen des gesamten Raums in Beziehung gesetzt, der nicht von Sand V_s und Kies V_k erfüllt ist, der also dem Gemisch aus Zement und Wasser und den Hydratationsprodukten in dem Gesteinsgerüst zur Verfügung steht. Dieses Verhältnis hat er zum Quadrat erhoben und mit dem Faktor a multipliziert, der nach 7 Tagen Werte als a_7 zwischen 1100 und 1600 und als a_{28} zwischen 1800 und 2600 hatte.

Da der Partner des Zements stets das Wasser ist, war die von A. HUMMEL entwickelte *Zementleim*-Theorie ein weiterer wesentlicher Schritt. Sein Mitarbeiter H. LENHARD [L 26] hat 1942 gezeigt, daß das W/Z-Festigkeitsgesetz nur bei *vollkommener Frischbetonverdichtung* volle Gültigkeit besitzt. Er hat für das Verhältnis B : N die Beziehung $2{,}7 \, (d - 0{,}23)$ verwendet, worin d die *Zementleimdichte* bedeutet, die er als Quotient aus dem Volumen (Zement + gebundenes Wasser) : Gesamtvolumen errechnet. (Die Formeln von POWERS und von WISCHERS s. 3.2.2.) HUMMEL hat auch in dem „Zweiphasensystem" Zuschlag-Zementstein eine Einteilung der Porenarten angegeben, deren Menge W. ARNDS [A 17] 1962 bestimmt hat. — Von HUMMEL stammt auch der Vorschlag der *Zementleimdosierung*, bei der man das Gesteinsgerüst nachträglich mit vorgefertigtem Zementleim durchsetzt, das nach K. H. WESCHE und S. MÄNGEL [W 55] 1969 keine besonderen Vorteile ergeben hat (s. a. 3.1.4). Die von HUMMEL eingeführten Begriffe über die Porigkeit s. 3.1.5.1.

3.2.2 Gelmodell von Powers

Den Betrachtungen wird heute bevorzugt das von T. C. POWERS [P 20, 21] ab 1947, besonders mit T. L. BROWNYARD [P 22] entwickelte Gelmodell zugrunde gelegt, das auf Feststellungen über die Zusammensetzung und Verteilung der Hydratationsprodukte, vor allem auf Sorptionsmessungen des Zementsteins fußt. Mit ihm lassen sich Hydratation, Festigkeit, Wasserundurchlässigkeit und Frostbeständigkeit der erhärteten Zementpaste zwanglos erklären [p 19].

Das wesentliche Merkmal des Gelmodells ist die Unterscheidung von drei nach Größe und Bedeutung verschiedener Arten von Poren im Zementgel: der Gelporen, der Kapillarporen und der unter 3.2.5 behandelten schützenden Luftporen. Auf Tab. 30 ist ihre Größe nach Berechnungen von POWERS und BROWNYARD 1946 und der Nachprüfung von E. J. VERBECK [V 9] 1956 einschließlich der Werte von

Tabelle 30. *Durchmesser der Poren im Zementstein*[1]
Nach T. C. POWERS und T. L. BROWNYARD [P 22] 1946 und G. J. VERBECK [V 9] 1956 (Klammerwerte von E. EIPELTAUER, W. SCHILCHER und W. CZERNIN [E 6])

Durchmesser in	Gelporen	Kapillarporen	Schützende Luftporen
a) m	$25 \cdot 10^{-10}$ oder	10^{-6} bis 10^{-5} oder	10^{-4} bis $2 \cdot 10^{-3}$ oder
b) nm, μm, mm	2,5 nm (1,5 bis 3 nm)	1 bis 10 μm	0,1 bis 2 mm

[1] In den Originalarbeiten und bei KÜHL sind die Werte in Zehnerpotenzen von cm und in Ångström angegeben (1 Å = 0,1 nm = 10^{-10}m = 10^{-8} cm), s. a. Bild 30 in 2.5.4.

E. EIPELTAUER und Mitarbeitern [E 6] 1964 angegeben. Sie unterscheiden sich jeweils um fast 3 Zehnerpotenzen. Bild 39 gibt die erste Darstellung des Gelmodells wieder, in der die Gelteilchen noch Kugelform hatten. Auf Grund der späteren elektronenmikroskopischen Feststellungen hat POWERS sie dann in faseriger und plattiger Form dargestellt. RICHARTZ-LOCHER [R 19] haben 1965 mit Bild 40 der CSH-Phase die von ihnen gefundene Form röhrenförmig aufgewickelter Folien von Kristallen bzw. Makromolekülen gegeben. In beiden Fällen umschließt das mit Gelporen durchsetzte Zementgel die im feuchten Zustand mit Wasser, im trockenen Zustand mit Luft gefüllten Kapillarporen. Den linken Abschluß des Bildes bildet der Rand einer etwa 3 Zehnerpotenzen größeren Luftpore LP, die den Frostschutz sichert. Die Größenverhältnisse der Poren sind auch auf Bild 30 unter 2.5.4 zusammen mit der Korngröße von Zement und Zuschlag und mit dem

3.2.2 Gelmodell von POWERS

Auflösungsvermögen von Licht- und Elektronenmikroskop schematisch wiedergegeben. Die künstlichen Luftporen sind noch mit dem Auge, die Gelporen nur mit dem Elektronenmikroskop erkennbar. Den Einfluß

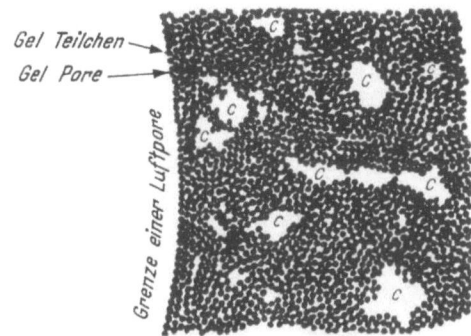

Bild 39. Erste schematische Darstellung der Struktur des Zementsteins. Nach T. C. POWERS und R. A. HELMUTH [P 24]. In der späteren Darstellung haben die Gelteilchen eine faserige und plattige Struktur.

der Poren bzw. der Dichtigkeit des Zementsteins auf die Druckfestigkeit D in kp/cm² hat POWERS mit der Formel $D = A\,x^3$ zum Ausdruck gebracht. A ist eine vom Zement abhängige Konstante, ihr Wert liegt

Bild 40. Modell vom Gefüge des Zementsteins. Nach W. RICHARTZ und F. W. LOCHER [R 19]. KP = Kapillarporen, LP = Luftpore.

bei 2000, x ist der Füllungsgrad. WISCHERS [W 67] hat die Beziehung als $D = 3100 \cdot d^{2,7}$ formuliert und dabei den von A. HUMMEL vorgeschlagenen ähnlichen Wert d verwendet. Bei einem Füllungsgrad x bzw. einer Dichte d von 1 kann der Zement eine Druckfestigkeit im ersten Fall von 2000 kp/cm², im zweiten Fall von 3100 kp/cm² haben.

174   3 Physikalische Eigenschaften des Zements und Betons

Die weitere wesentliche Grundlage der Betrachtung von POWERS kommt mit der auf Bild 41 dargestellten Wasserbindung des Klinkers bei völliger Hydratation zum Ausdruck. Bei dem mittleren Fall eines

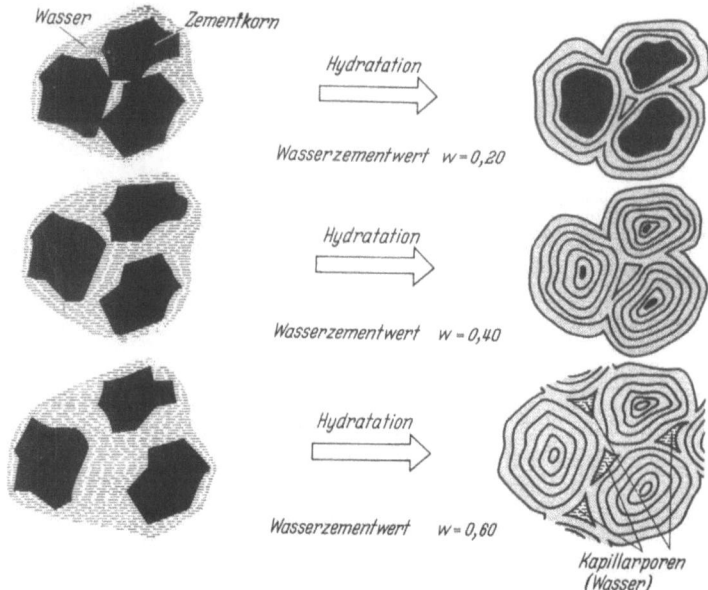

Bild 41. Hydratation von Zement mit verschiedenem Wasserzementwert.

Zusatzes von 40% Wasser (W/Z = 0,4) wird gerade eine völlige Hydratation erreicht, bei dem oberen Fall von 20% Wasser (W/Z = 0,2) bleibt der Kern der Klinkerkörner unhydratisiert, bei 60% Wasser (W/Z = 0,6) bleibt in dem Kapillarraum ungebundenes Wasser übrig. Die *Kapillarporen* sind somit die Wasserspeicher für die Hydratation der Klinkerkörner; in sie wächst das voluminöse Zementgel hinein, solange sie noch Wasser enthalten. Die noch mit Wasser oder durch Trocknen schon mit Luft gefüllten Kapillarporen sind wegen ihrer Verbindung untereinander die Eingangskanäle für eindringende, den Beton oder die Bewehrung angreifende Lösungen sowie für die zerstörende Wirkung von gefrierendem Wasser.

Bei einem *technischen* Zementklinker, dessen Korngröße etwa zwischen 1 bis 100 µm liegt, wirkt sich die Hydratation bei den zwei verschiedenen anfänglichen Werten von W/Z = 0,25 (a) und W/Z = 0,45 (b) so aus, daß, wie das Bild 42 nach G. WISCHERS [W 67] zeigt, im Zementstein a nur die Körner bis zu 5 bis 10 µm, im Zementstein b bis zu etwa 30 µm völlig durchhydratisiert, d. h. in ein mikroskopisch nahezu homogenes Hydratationsprodukt umgewandelt sind. Zementstein a hat

3.2.2 Gelmodell von POWERS

beim Erhärten etwas Wasser aufgenommen, Zementstein b etwas Wasser abgegeben. Man kann daher bei technischem Zement nicht von einer totalen, sondern nur von einer maximalen Hydratation sprechen.

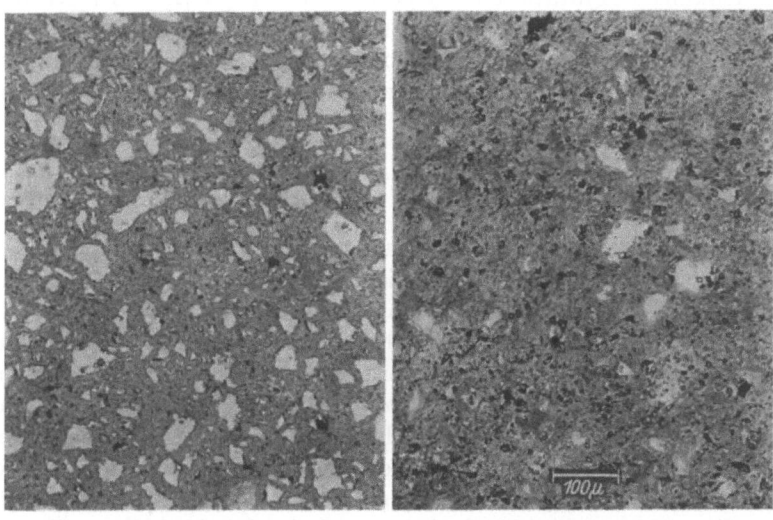

a) W/Z = 0,26 (0,25)   b) W/Z = 0,41 (0,45)

Bild 42. Anschliffe von Zementstein mit zwei verschiedenen Wasserzementwerten nach rd. 5 Monaten Wasserlagerung bei 20 °C. Die Klammerwerte geben die Wasserzementwerte beim Anmachen des Zementleims an. Nach G. WISCHERS [W 67].

Dadurch verbleibt dem Beton noch eine zur Überbrückung von Rissen und kleineren Inhomogenitäten, d. h. zur Selbstheilung verfügbare Bindemittel*reserve*. Das *Kalkdepot* für den notwendigen Passivierungsschutz der Bewehrung liefert auch der schon hydratisierte Klinker mit seinem Gehalt an $Ca(OH)_2$ (s. a. 2.3.6).

Von den 40 Gew.-% des zur völligen Hydratation nötigen und im Zementgel enthaltenen Wassers ist rd. die Hälfte, nach POWERS etwa 25% Wasser, unmittelbarer Bestandteil der CSH-Phase und, wie man es oft bezeichnet, *chemisch gebunden*, d. h. durch Hauptvalenzen, der Rest nur *physikalisch*, d. h. durch Wasserstoffbrückenbindung und van der Waals'sche Kräfte (s. 2.3.6). POWERS hat nach der Verdampfbarkeit unterschieden zwischen *nicht* verdampfbarem Wasser w_n und *verdampfbarem* Wasser w_e (evaporabel). Als nicht verdampfbar bezeichnet er die Wassermenge, die bei starkem Trocknen des hydratisierten Zements im Vakuum bei einem Wasserdampf-Partialdruck von Eis bei −79 °C (Vakuumtrocknung) zurückbleibt und erst bei 1000 °C entweicht. (Würde man es wie üblich bei 105 °C bestimmen, dann würde die Hydratation während des Wasserentzugs fortschreiten.) Die entweichende Wassermenge nennt er verdampfbar.

Einige Annahmen von POWERS treffen nach anderen Ergebnissen und Berechnungen nicht ganz zu, z. B. die, daß das Gel eine bestimmte Dichte hat und die Gelporen in ihrer Größenordnung stets gleich sind. Eine maximale Hydratation hat sich auch unter W/Z = 0,4 als möglich erwiesen. F. W. LOCHER [L 48] 1967 fand z. B. bei der Hydratation des reinen C_3S das w_n zwischen 22 und 26% liegend. Die dadurch bedingten Abweichungen berühren aber das Wesen und die Bedeutung des Gelmodells nicht.

3.2.3 Eigenschaften von Porensystemen

Nach dem Gelmodell von POWERS sind die Poren nicht nur Löcher oder Fehlstellen in einem einheitlichen Feststoff, sondern feine und feinste Kanäle, Röhrchen und Hohlstellen, die mit Wasser oder Luft gefüllt sein können. Ihre Menge, Verteilung und Durchmesser bestimmen wie bei allen porigen Stoffen das Verhalten des Wassers in der Zementpaste. Ein zusammenhängendes *Porensystem* veranlaßt Wasser und den Wasserdampf zum Wandern durch *Diffusion* (= Ausbreitung, Vermischung). Der Wasserdampf und die Feuchte wandern aus den kühleren Wohnräumen im Sommer bevorzugt in die Richtung auf die meist trockenere oder wärmere Außenluft, wo sie infolge des höheren Wasserdampfdrucks leichter verdampfen können, aus wassergesättigter Winterluft bevorzugt in umgekehrter Richtung. Auf diesem Wandern der Feuchtigkeit beruhen, wenn die Feuchtigkeit gelöste Stoffe enthält, die unter 4.3.7 behandelten Verfärbungen, Ausblühungen und Aussinterungen an Bauwerken aus Beton und Mauerwerk, auch der Transport von Ionen im Zementstein. Der Wanderung von Feuchte und Wasserdampf soll man keine Sperren in den Weg legen, so daß sie möglichst ungehindert austreten und verdunsten können.

Andererseits herrschen auf den Oberflächen in den *Kapillaren* besondere Kräfte, die dieses Wandern behindern. Sie verlangsamen das Verdampfen des Wassers und fördern umgekehrt die sozusagen „vorzeitige" Kondensation des gasförmigen Wasserdampfs der Luft.

Das Wasser der Kapillarporen steht mit der Atmosphäre im Gleichgewicht. Über 75 bis 80% rel. Luftfeuchte kann das Kapillarwasser nicht völlig verdampfen. Unter 75 bis 80% rel. Feuchte kann es völlig verdampfen, sofern darin gelöste Stoffe das nicht verhindern. Nach dem Verdampfen des Wassers kommt die Hydratation völlig zum Stillstand. — In den feinsten Kapillaren von höchstens 10 nm (100 Å) Radius, zu denen z. B. die Gelporen gehören, *kondensiert* Wasserdampf schon bei einer rel. Feuchte von 90% und in Kapillaren von weniger als 1 nm (10 Å) schon bei 35% rel. Feuchte. (Über 80% rel. Feuchte gilt Luft als feucht, darunter als trocken, unter 60% als sehr trocken,

s. 4.1.1.) — Mit Hilfe der schon erwähnten Sorptionsmessungen (s. Tab. 30) kann man daher auch, wie Powers es getan hat, Rechenwerte für die Porengröße erhalten, nach dem sich gezeigt hat, daß die Moleküle von Gasen die Oberfläche auch dieser festen Stoffe *zunächst* nur in einer 1 Molekül dicken, sogenannten *monomolekularen* Schicht benetzen und zur weiteren Benetzung ein wesentlich größerer Gaspartialdruck nötig ist, wie es der von den amerikanischen Physikern Brunauer, Emmet und Teller aufgestellten BET-Theorie entspricht. Aus diesem Grund kann auch ein Zementgel an der atmosphärischen Luft nicht völlig austrocknen; denn selbst in einer regenlosen Wüste steigt besonders bei Meereswind die rel. Feuchte der Luft nachts soweit an, daß sich der am Tage verloren gegangene Gehalt an Feuchtigkeit nachts wieder auffüllt. Der feinstporige mit Feuchtigkeit durchsetzte Zementstein übt also, solange er noch nicht carbonatisiert ist, eine ähnliche Funktion des Feuchtigkeits- und Wärmeausgleichs — das letztere durch Verdunstungskälte und Kondensationswärme — aus, wie die Wand eines Wohnhauses oder auch die menschliche und tierische Haut. Poröse Stoffe haben außerdem an ihrer Oberfläche neben der Aufnahmefähigkeit für Wasser auch eine starke *Adsorptionsfähigkeit* für Gase, Dämpfe oder gelöste Stoffe, wobei eine gewisse Selektivität für die Adsorption von Salzen und auch Farbstoffen besteht. Davon macht man bei der Einfärbung von Kolloiden zu deren Nachweis Gebrauch. Tritt das Gas oder der Dampf in das Kolloid oder auch in einen festen Körper ein und *reagiert* dort mit den Molekülen, dann spricht man von *Ab*sorption, während im Gegensatz dazu bei einer *Ad*sorption nur reine *Oberflächen*kräfte beteiligt sind. Bei den Mahlhilfsmitteln (s. 5.5.4) unterscheidet man zwischen *Physisorption* (*Ad*sorption) und *Chemisorption* (nach Römpp: Chemosorption). Das Wesen der Chemosorption ist das Anlagern unter Bildung einer chemischen Verbindung, d. h. ein in der Regel irreversibler Vorgang.

W. Schilcher und E. Eipeltauer [S 16] halten 1965 die Adsorption von Farbstoffen der Sudanreihe für brauchbar zur Feststellung des Hydratationsgrades von Zementpaste.

3.2.4 Wasserundurchlässigkeit

Beim Bestimmen der Wasserdurchlässigkeit des Zementsteins nach Darcy hat Powers mit seinen Mitarbeitern die in Bild 43 dargestellten Ergebnisse gefunden. Danach nimmt die Wasserdurchlässigkeit von drei hydratisierten Zementen verschiedener Feinheit übereinstimmend erst vom Wasserzementwert W/Z = 0,5 an zu, d. h. erst dann, wenn das Zementgel die Kapillarporen nicht mehr ganz zu füllen vermag und der ebenfalls auf der Abszisse aufgetragene Volumenanteil an Kapillaren steil anzuwachsen beginnt. Das in dem Zementgel vorhandene verdampfbare Wasser muß man sich in Abertausenden von engen Gelporen verteilt vorstellen. Es ist daher nur sehr langsam beweglich, läßt sich nicht verdrängen und kann wahrscheinlich auch von größeren

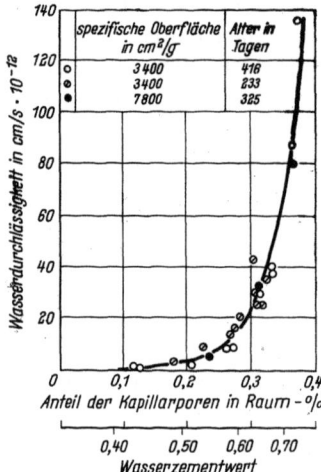

Bild 43. Wasserdurchlässigkeit des Zementsteins in Abhängigkeit von Kapillarporosität und W/Z-Wert. Nach T. C. POWERS.

Molekülen und Ionen nicht durchwandert werden. Dieses fein verteilte Wasser läßt sich in seiner Wirkung mit der sogenannten „Wasserwand" vergleichen, die man durch Ausfüllen des Zwischenraums von doppelwandigen Betonbehältern mit Wasser herstellt, um damit die innere Betonwand vor dem Eindringen von Öl zu schützen. — Man kann aber zweifellos diese Eigenschaften auch mit dem „Schichtmodell" erklären, wonach Festigkeit und Dichtigkeit zunehmen, wenn die Dicke der Wasserschichten in und um Festteilchen oder der Zementleimschichten um Zuschlagskörner oder der Zementmörtelschichten um grobe Zuschlagkörner geringer wird.

Beton ist wegen der feinen Verteilung des Wassers in dem Zementstein nicht nur bis zu einem W/Z von 0,60 wasserdicht, wie es auch für den Rostschutz gefordert wird, sondern wird auch mit einem W/Z-Wert von 0,7 im Laufe eines Jahres wasserundurchlässig. Daran ändert auch ein Gehalt von 2% natürlichen oder 3,5% künstlichen Luftporen nichts. Ein voll hydratisierter Zementstein mit W/Z = 0,38, also ohne Kapillarporen, hat die gleichen Wasserdurchlässigkeitsziffern wie dichter Basalt; mit W/Z = 0,48 ist er so dicht wie Marmor. Die Verfahren zur Messung der Porosität sind in 2.5.1 erwähnt. Tab. 31 zeigt den Zusammenhang zwischen den wichtigsten Eigenschaften eines gerüttelten Betons mit Rheinkiessand und seiner Zusammensetzung.

3.2.4 Wasserundurchlässigkeit

Tabelle 31. *Kennwerte von gerütteltem Beton aus Rheinkiessand*

Eigenschaften	W/Z^{4,5} Wert max.	Z^{4,5} Zementgehalt kg/cm³	MV Mischungsverhältnis Gew.-Tl.	D Druckfestigkeit kp/cm²
1 a rostschützend	0,75¹	240¹	1 + 8	220
+				
2 b wasserundurchlässig	0,60	280 bis 330	1 + 6	330
Hoher Widerstand gegen				
c Frost²				
d Tausalzangriff³				
e *schwachen* chemischen Angriff				
+				
3 f *starken* chemischen Angriff	0,50	340 bis 400	1 + 4,5	450

¹ Abweichend davon gelten für Zement der Festigkeitsklasse Z 250 und für SHZ: W/Z höchstens 0,65 und Z mindestens 280 kg/m³.
² Bei LP-Zusatz bis zu W/Z max. 0,70.
³ Nur mit LP-Zusatz.
⁴ Aus W/Z × Z ergibt sich die Wassermenge in l/m³ Beton mit Werten zwischen 170 und 190 l.
⁵ Aus der Festlegung von Höchstwerten für W/Z und Mindestwerten für den Zementgehalt darf nicht gefolgert werden, daß eine Erhöhung des Zementgehalts den Beton in jedem Fall geeigneter macht. Ein überhöhter Zementgehalt kann beim Austrocknen an der Oberfläche leicht zu Schwindrissen führen.

Danach verbessert abnehmender W/Z-Wert, d. h. zunehmender Zementgehalt, die Widerstandsfähigkeit von Beton. Schon mit W/Z = 0,75 ist er rostschützend, ab 0,60 wasserundurchlässig und mit LP-Zusatz widerstandsfähig gegen Frost und Tausalz (s. Fußnoten 2 und 3) und mit W/Z = 0,5 auch gegen starken chemischen Angriff. Eine Erhöhung des Zementgehalts kann auch unzweckmäßig sein (s. Fußnote 5).

Nach DIN 1048 ist eine Prüfung der Wasserundurchlässigkeit genormt. Die größte *Wassereindringtiefe* liegt im Alter von 28 Tagen bei allen Betonen mit W/Z von max. 0,6 unter 3 cm und genügt für einen schwachen chemischen Angriff; sie überschreitet daher bei W/Z von max. 0,5 auch 3 cm nicht [B 49], wie es bei starkem chemischem Angriff gefordert wird. Bei sehr starkem Angriff muß die Oberfläche des Betons geschützt werden. Der chemische Angriff wird unter 4.3 behandelt. Der W/Z-Wert von max. 0,6 für wasserundurchlässigen Beton darf bei Wasserbauten von *keiner* Mischung überschritten werden. Deshalb soll man beim *Ansatz* der Mischung von max. 0,55 ausgehen (s. K. WALZ [W 4] 1968 und J. BONZEL [B 49] 1967). Damit wird

180 3 Physikalische Eigenschaften des Zements und Betons

zwangsläufig auch die oft geforderte Druckfestigkeit eines B 300 erreicht. Das entspricht bei Rüttelbeton mit gutem Kornaufbau einem Zementgehalt zwischen 280 und 330 kg Zement/m³.

Ein Zeichen dafür, daß der Hydratationsprozeß auch nach 28 Tagen fortschreitet und gleichzeitig ein Beweis für die Kolloidnatur, d. h. die Feinststruktur der Erhärtungsprodukte, ist die Selbstdichtung oder *Selbstheilung* von *Rissen*, auch „Versintern" genannt, die besonders im Falle von *Rohrleitungen* eine zusätzliche Sicherung bedeutet. H. J. MÖLLER et al. [M. 48] berichten 1967 unter Hinweis auf das Betonrohr-Handbuch 1965 von H. F. PECKWORTH [P 8] und die Literatur ab 1902 u. a. von J. G. HENDRICKSON [H 25] von der fahrlässigen Überbelastung einer Rohrleitung, durch die über die Hälfte der Kühlwasserdruckrohre zwischen 12 und 32 typische Innendruckrisse aufwiesen. Diese Rohre wurden unter zunehmendem Druck von zuerst weichem, dann hartem Wasser völlig dicht, d. h. ihre Risse künstlich geheilt. Was hier für Betonrohre gesagt ist, gilt auch für feine *Risse* in anderen Bauwerken und Bauteilen, in denen der Beton feucht ist, sofern es sich nicht um statische Risse handelt.

3.2.5 Luftporengehalt und Frostbeständigkeit

Beim Gefrieren geht das flüssige Wasser mit der Dichte 1,0 g/cm³ bei 4 °C in das leichtere Eis mit 0,88 bis 0,92 g/cm³ über und dehnt sich dabei auf das rd. 1,1fache oder um rd. 11% aus. In der technischen Gesteinskunde gilt die Bestimmung des *Sättigungswertes* wie z. B. in DIN 52113-1965 beschrieben, als Maßstab für die Beurteilung der Verwitterungsbeständigkeit nach DIN 52106 E-1964. Der Sättigungswert S ist der Quotient aus der freiwilligen Wasseraufnahme Wa eines Gesteins ohne Druck und der Wasseraufnahme Wd des Gesteins nach vorherigem Evakuieren an der Luft oder unter Wasser bei 150 atü Druck. Nach dem DIN-Entwurf soll man ein Gestein mit einem Sättigungswert von 0,75 bis 0,9 einem Frostwechselversuch nach DIN 52104 oder einem Kristallisationsversuch nach DIN 52111 unterziehen; ein Gestein über 0,9 gilt als nicht verwitterungsbeständig. Die Zahl 0,9 bedeutet, daß von dem gesamten in dem Gestein enthaltenen Porenraum nur 90% auf üblichem Wege mit Wasser gefüllt werden können, so daß dem gefrierenden Wasser bei seiner Ausdehnung um 10,9% genügend Platz bleibt, um sich auszudehnen, ohne das Gefüge des Gesteins zu zerstören. Vor allem in der Grobkeramik ist die Gültigkeit dieses Maßstabs immer umstritten gewesen. H. LEHMANN und W. OHNEMÜLLER [L 22] haben 1960 über Ziegelproben mit einem Sättigungsgrad von 0,95 berichtet, die auf Grund ihrer hohen Biegefestigkeit von über 100 kp/cm² die Spannungen, die beim Gefrieren auftreten, ohne Frostschäden haben auf-

3.2.5 Luftporengehalt und Frostbeständigkeit

nehmen können. Bei $-10\,°\mathrm{C}$ lagen noch 50% ihres Porenwassers, bei $-15\,°\mathrm{C}$ noch 20 bis 30% im flüssigen Aggregatzustand vor. Nach O. W. BLÜMEL und H. FREY [B 33b] 1968 kann man den Sättigungsbeiwert von Mörtel nur in Verbindung mit anderen Einflüssen verwenden.

POWERS hat [P 24], wie es auch 1964 in den RILEM-Richtlinien für das Betonieren im Winter [R 22] nebst den Beiträgen besonders der nordeuropäischen Fachleute kurz dargestellt wird, die Frostbeständigkeit eines *Betons* als die Wirkung von hydraulischem und möglicherweise auch osmotischem Druck beschrieben. Der *osmotische* Druck wird durch Ungleichheiten der Alkalikonzentration hervorgerufen, wie sie z. B. unter der Mitwirkung von Tausalzen auftreten können. Der vorherrschende *hydraulische* Druck entsteht dadurch, daß sich zunächst die kalte Oberfläche des Betons mit Eis überzieht und den Beton abdichtet. Infolgedessen treibt das sich beim Gefrieren ausdehnende Eis das noch flüssige Wasser *ins Innere*. Da die engen Poren dem flüssigen Wasser einen großen Widerstand entgegensetzen, wird ein hydraulischer Druck auf die Porenwandungen ausgeübt. Dieser Druck erhöht sich mit zunehmender Abkühlungsgeschwindigkeit und schädigt den Beton nach Überschreiten von dessen Zugfestigkeit.

POWERS unterscheidet bei Zementpaste und Zuschlag zwischen dem *kritischen Sättigungspunkt* von theoretisch 91,7%, der für einen dichten Körper gilt und dem Sättigungswert (s. oben) entspricht, und zwischen einer *kritischen Dicke*, oberhalb deren ein schädigender Frostdruck auftritt. Für eine gesättigte erhärtete *Zementpaste*, die bei Laborgeschwindigkeit, also sehr schnell gekühlt wird, liegt die kritische Dicke unabhängig von der Zementart sehr niedrig. Wird die erhärtete Zementpaste, wie es beim LP-Beton der Fall ist, durch Luftbläschen in genügend dünne Schichten unterteilt, dann unterschreitet sie den kritischen Sättigungspunkt nicht. Je kleiner der Abstand eines entfernten Teils der Paste vom Rand der nächsten Pore ist, um so größer ist der Frost- und Tausalzwiderstand. Die Maßzahl dafür ist der *Abstandsfaktor*. Der Abstandsfaktor ist der längste Weg von irgendeinem Punkt der Zementpaste zur nächsten Luftpore. Ausreichend ist er bei 0,1 bis 0,2 mm; er darf nicht größer sein als 0,25 mm. Als besonders wirksam haben sich Poren mit einem Durchmesser von höchstens 0,2 mm erwiesen.

Ein *Gesteinsstück* hat dann keinen kritischen Sättigungspunkt, wenn es kleiner ist, als der *kritischen Dicke* entspricht, wenn es eine niedrige Porosität besitzt oder sein Kapillarsystem wie im Fall der LP-Paste mit Makroporen unterbrochen ist. In einem erhärteten Beton ist *jedes* Gesteinsstück praktisch ein dichter Körper, weil es von wasserdichter Paste eingeschlossen ist; sofern es dann die kritische Dicke überschreitet, kann es, wenn es gesättigt ist, im Beton eine Zerstörung auch dann hervorrufen, wenn sein kritischer Sättigungspunkt *nicht* erreicht wird.

Ist das Zuschlagsgestein aber erst *einmal* getrocknet worden, dann kann es im Beton nicht wieder völlig gesättigt werden. Auch während einer langen Periode der Wassersättigung bleibt es davor geschützt. Denn infolge ihrer großen Kapillarität wird sich die Zementpaste dann stets mehr sättigen als der Zuschlag. Einige Arten von Zuschlagstoffen, die *vor* dem ersten Gefrieren *nicht* trocken werden, können deshalb sogar einen LP-Beton zerstören. Das Austrocknen des Betons vor dem ersten Gefrieren ist deshalb sehr wichtig. Als Beispiel dafür kann man das *pop-out* gelten lassen. Damit bezeichnet man in USA das *Herausplatzen* von Zuschlagskörnern des Betons aus der Oberfläche, besonders von Betonstraßen unter Hinterlassen von Kratern. Diese Körner haben eine starke kapillare Absorption für Wasser, aber eine schwache Durchlässigkeit. Sie nehmen daher viel Wasser schnell auf, können es aber nur langsam abgeben. Dadurch entsteht ein hoher hydraulischer Druck, der (ebenso wie bei größeren Körnern an ungelöschtem Kalk (Krebse) im Putz) zu explosionsartigem Herausplatzen führen kann.

Zur Sicherung der Frostbeständigkeit von *Zuschlagstoffen* fordert DIN 4226 E-1968, daß der Anteil an nichtfrostbeständigen Körnern bis 8 mm Größtkorn 10 Gew.-% und bei den Korngruppen über 8 mm 5 Gew.-% des Zuschlags nicht überschreitet. Bei gebrochenem Felsgestein gilt gemäß DIN 52100 der Frostwiderstand als ausreichend bei einer Druckfestigkeit von mindestens 1500 kp/cm^2 des im durchfeuchteten Zustand geprüften Gesteins. Für DIN 4226 E-1968 ist auch ein 15maliges Gefrieren während 6 Stunden bei -20 °C und einstündiges Auftauen in Wasser von $+20$ °C vorgesehen. Der VDZ empfiehlt im Tät. Bericht 1967/68, den Frostwechsel zwischen -20 und $+20$ °C an Zuschlag für starke Frostbeanspruchung in einem Wasserbad, für mittlere Frostbeanspruchung nur im wassersatten Zustand durchzuführen.

Für jeden *Frischbeton* ist das Gefrieren gefährlich, weil es den Beton auflockert und den Verbund beeinträchtigt. Es können wie in einem nassen Boden sogar *Eislinsen* entstehen. Bei schnellem Gefrieren verteilt sich das Eis ziemlich gleichmäßig, häufig in Form nadelförmiger Eiskristalle in den Kapillaren und auf der Oberfläche der Zuschlagstoffe. Bei nachträglichem Erhärten ist gelegentlich die Lage und Größe der Eiskristalle an den Abdrücken in der Zementpaste unten den Zuschlagskörnern erkennbar. Frostgefährdeter Beton muß deshalb durch besondere Maßnahmen geschützt werden (s. unten).

Die Wirkung der Luftporen in der *erhärteten* Zementpaste beruht darauf, daß sie sich bei Durchfeuchten des Betons *nicht* mit Wasser füllen und daß sie auf diese Weise das Kapillarsystem unterbrechen. Der kritische Sättigungspunkt kann nicht erreicht werden, und es ent-

3.2.5 Luftporengehalt und Frostbeständigkeit

steht kein hydraulischer Druck im Zementstein. Das Wasser kann in die luftgefüllten Poren entweichen. Auf Bild 44 ist die Längenänderung in $\dfrac{\Delta L}{L} \times 10^{-6}$ von zwei wassergesättigten Zementpasten bei einem Frost-Tau-Wechsel in Abhängigkeit von der Temperatur dargestellt.

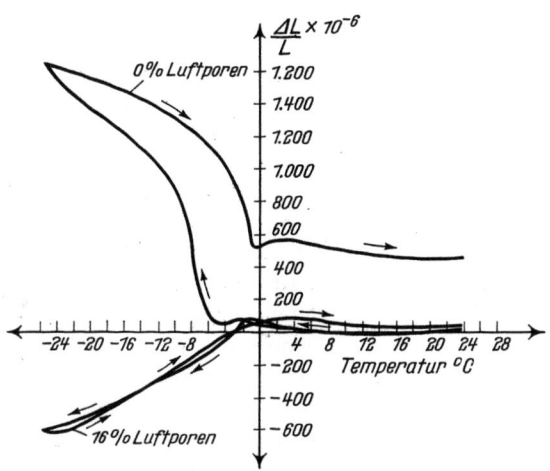

Bild 44. Längenänderung eines weitgehend hydratisierten, wassergesättigten Zementsteins (W/Z-Wert = 0,65) ohne und mit 16% Luftporen während eines Frost-Tau-Wechsels. Mit 8 bis 10% Luftporen verändert der Zementstein seine Länge zwischen +20 und −20 °C nicht.
Nach T. C. Powers.

Die Zementpaste mit 0% Luftporen nimmt ab −6 °C bis zur Endtemperatur von −24 °C sehr stark an Länge zu, kehrt aber beim Auftauen infolge der entstandenen inneren Auflockerung nicht mehr in die Ausgangslage zurück. Die Zementpaste mit dem extrem hohen Gehalt an 16% Luftporen zieht sich schon ab −4 °C infolge der Kältekontraktion zusammen und kehrt nach dem Auftauen wieder in ihre alte Länge zurück. Es läßt sich leicht daraus folgern, daß, wie Powers es festgestellt hat, eine Paste mit 8 bis 10% Luftporen zwischen +20 und −20 °C ihre Länge beim Gefrieren nicht verändert.

Die Schutzwirkung der Luftporen auf Beton wurde im Jahre 1940 in USA entdeckt, nachdem man bis dahin das gelegentlich gute Verhalten eines Betons bei Frost als Folge besonderer Eigenschaften bestimmter Zemente erklärt hatte, wie H. Dyckerhoff [D 23] 1948 bei Schilderung der originellen Vorgeschichte dargelegt hat. Die dem Anschein nach „von Natur aus" frostbeständigen Zemente waren durch eine geringe Menge an Schmieröl verunreinigt gewesen, das als LP-Mittel gewirkt hatte. Mit dem LTS-Programm der USA, das in den Jahren 1941/42 begonnen und mit großem Aufwand bis heute durchgeführt wurde und in einzelnen Teilen weiter fortgesetzt wird, ist schon nach wenigen Jahren diese Feststellung bestätigt worden. Die ältere Literatur hat K. WALZ [W 7] 1956 zusammengefaßt. Vom 20-Jahresbericht liegt eine Bearbeitung von F. KEIL [K 18] 1966 vor (s. 1.2.2). — Nach dem letzten Bericht von C. C. OLESON und G. VERBECK [O 3] 1967 über diese Versuche geht keine wesentliche Wirkung von der Zusammensetzung und Feinheit des Zements per se aus. Die mit LP-Mitteln versehenen sogenannten AEA-Zemente haben sich völlig zufriedenstellend, fast vollkommen verhalten. Auch die Unterschiede im Verhalten der *nicht* mit LP-Zementen hergestellten Betone lassen sich teilweise den geringen Unterschieden im Luftgehalt zuschreiben. Auf dem 1941 eingerichteten LTS-Versuchsfeld Illinois Test Plot Naperville der USA waren neben Betonsäulen und Betonplatten 378 Betontröge ständig mit Sand und mit Wasser 25 Jahre lang einem strengen Klima ausgesetzt. Sie waren mit den 27 LTS-Zementen aller 4 Typen ohne LP-Mittel und den entsprechenden 3 LP-Zementtypen mit 5 verschiedenen Zuschlagsgemischen, 4 verschiedenen Zementgehalten und 3 verschiedenen Konsistenzen hergestellt worden.

Was den Einfluß der Luftporen auf die *Festigkeit* angeht, so hat man zwar nach K. WALZ [W 7] 1956 je % eingebrachter Luft mit einem Abfall der Biegefestigkeit von 2 bis 3% und der Druckfestigkeit von 3 bis 4% zu rechnen. Der Vergleich bezieht sich auf einen Beton mit *gleichem* W/Z-Wert. Da der tatsächliche Wassergehalt eines vergleichbaren LP-Betons aber in der Regel *geringer* ist, setzen die LP-Luftporen die Festigkeit eines Betons gar nicht oder nur wenig herab.

Nach dem Bericht von K. WALZ und R. SPRINGENSCHMID [W 23] 1962 sind für das Verhalten des Betons gegenüber Frost- und Tausalzen nur die durch Zugabe von LP-Mitteln entstehenden künstlichen Luftporen maßgeblich, nicht aber die in gut verdichtetem Frischbeton enthaltenen 0,5 bis 1,5% natürlichen Luftporen, die beim üblichen Verdichten nicht völlig entweichen. Tab. 32 zeigt nach Angaben von

Tabelle 32. *Gesamtluftgehalt für Beton mit hohem Frostwiderstand*
Nach J. BONZEL [B 49] (Auszug)

Kennwerte der Betonzusammensetzung	Beton mit einem Zuschlaggrößtkorn von		
	7 mm	30 mm	50 mm
Mehlkorngehalt kg/m³ (Zement + Feinststoffe bis 0,2 mm)	500	400	300
Wassergehalt l/m³ bis	210	170	155
Feinmörtelmenge (Mehlkorn + Wasser) Stoffraum-%	38	30	26
Gesamtluftgehalt des Betons in % Mittelwerte mindestens	4,5	3,5	3,0

3.2.5 Luftporengehalt und Frostbeständigkeit

J. BONZEL [B 49], daß mit zunehmendem Grobkorn, d. h. mit der Abnahme der Zementleimmenge, die Menge an Gesamtluft abnimmt, die zur Sicherung eines hohen Frostwiderstands nötig ist. Der *Luftgehalt* des Betons wird entweder nach dem *Druck-Ausgleichs-Verfahren* mit dem Luftgehaltsprüfer für Frischbeton oder mit dem handlicheren AE-Indikator festgestellt oder aus dem Unterschied zwischen der Rohdichte des LP-Betons und der Rohdichte desselben Betons ohne Luftporen errechnet. Beim Druck-Ausgleichs-Verfahren wird ein Behälter mit dem wie auf der Baustelle verdichteten Beton luftdicht verschlossen und mit einer Kammer von bekanntem Inhalt und Luftdruck durch ein Ventil verbunden. Die entstehende Druckverringerung ist ein Maß für die im Beton vorhandene Luftmenge.

Die LP-Mittel kommen fest oder flüssig in den Handel, als Zusatzmenge werden 0,5 bis 2 g oder cm³ je kg Zement empfohlen. In der BRD bedürfen sie einer besonderen Zulassung. Für den Straßenbau ist ein Vorläufiges Merkblatt [Lit. III.7] maßgeblich. – Zusammensetzung und Eigenschaften sind in dem Buch von W. ALBRECHT und U. MANNHERZ [A 8], ferner u. a. von P. KLIEGER [K 35] angegeben. Es sind dem Kollophonium verwandte Wurzelharze, die mit NaOH verseift und dadurch wasserlöslich gemacht sind, ferner Alkylaryl- und Ligninsulfonate sowie Salze von Carboxylverbindungen und Proteinsäuren, in USA auch synthetische Detergentien. Vorwiegend sind es Stoffe, die bei anderen industriellen Verfahren, z. B. bei der Papierherstellung und in den Erdölraffinerien, anfallen.

Während in Europa die LP-Mittel dem Beton erst am Mischer zugegeben werden, mahlt man sie in USA den drei Typen I, II und III im Zementwerk zu (s. 1.2.2, Tab. 5). Die Schwierigkeit einer richtigen Bemessung des LP-Mittels bei der *Zugabe* vor der Mühle besteht nach N. R. GREENING [G 25] 1967 darin, daß der Bedarf an LP-Mittel mit der Feinheit des Zements, z. B. von 3000 auf 5000 cm²/g spezifische Oberfläche auf etwa das Doppelte, wächst, daß wasserlösliche Alkalien des Zements die Luftporenbildung fördern, daß vor allem die in technischen Zementen bis zu 0,015% enthaltenen organischen Bestandteile den Bedarf vermindern oder erhöhen können. Schmieröle und Fette z. B. erschweren die LP-Bildung. Werden sie aber beim Mahlen auf über 120 °C erhitzt, so oxidieren sie und wirken wie ein LP-Mittel. W. E. HIME et al. [H 38] haben mit dem IR-Spektrographen (s. 2.5.5) so kleine Mengen an Verunreinigungen identifizieren und z. T. bestimmen können.

Die Bläschenbildung durch die LP-Mittel beruht wahrscheinlich im wesentlichen darauf, daß diese Stoffe die Oberflächenspannung des Wassers gegen Luft von 72,8 dyn/cm auf Werte von 40 bis 50 dyn/cm herabsetzen. Das tun die Betonverflüssiger (s. 4.3.6) ohne die ausgeprägte LP-Bildung ebenfalls. Während die Betonverflüssiger nur durch das Verändern der Wasserstruktur die Menge an Gleitwasser erhöhen, erhält der Beton, wie F. KEIL [K 14] 1953 dargelegt hat, durch die kugeligen Luftporen eine gleichmäßige, sahnige, standfeste Struktur; im unerwünschten Grenzfall wird er zum „Gummibeton". Die Luftblasen wirken besser als ein entsprechend feiner Zuschlagstoff, weil sie zusammendrückbar und elastisch sind, nicht absinken und ihre Oberfläche sofort zu einem festen kleinen Gewölbe stabilisiert wird. In einem mit einem LP-Mittel versetzten Mörtel sind alle Zuschlagskörner von einem dichten Zementstein fest umschlossen. Die gleiche LP-Struktur hatte auch der Anschliff aus einem 1923 hergestellten Stahlbetonpfahl, der nach F. KEIL [K 13] 1952 *ohne* Zugabe eines Luftporen einziehenden Mittels 5 Vol.-% Luftporen enthielt. Die Pfähle der damals 26 Jahre alten Versuchsbuhne auf Sylt sind nach H. O. LAMPRECHT [L 5] 1962 gezogen, erneut eingerammt und trotz erheblicher Beanspruchungen durch Frost-Tau-Wechsel und Tidewechsel fast vollkommen unbeschädigt geblieben. A. ECKHARDT hat jedoch 1951 davor gewarnt [S 61] (SEIDEL), daß man diesen ungewöhnlichen Dünensand von Westerland bis Kampen auf Sylt, der groben Sand und Kies enthält und aus dem Abbruch eines *di*luvialen Höhenrückens stammt, nicht mit dem feinen *al*luvialen Sand der ostfriesischen Inseln von Borkum bis Wangerooge vergleichen darf, aus dem sich ein dauerhafter Beton nicht hat herstellen lassen. Der Zuschlag in dem Beton oder richtiger dem Mörtel des Pfahls hatte eine max. Korngröße von 1 mm; die Korngruppe 0,2/0,5 machte 79% aus. Der Mörtel enthielt 390 kg EPZ + 145 kg Traß je m^3 als Bindemittel. Die klebrige Beschaffenheit dieses Mörtels und die „passende" Größe der Strukturporen des Sandgerüstes haben wahrscheinlich die Bildung der Luftporen begünstigt.

Nach K. WALZ [W 10] 1960 wurde Beton *ohne* LP-Mittel mit 240 kg Zement je m^3 aus 3 Zementen mit einem natürlichen Luftgehalt von 3,1 bis 3,4% sowie 32 bis 41 Poren je cm^2 Schnittfläche durch einen 100maligen Frostwechsel nicht verändert, während in dem Beton aus 3 anderen Zementen mit nur 2,0 bis 2,7% Luft und 2 bis 15 Poren je cm^2 Risse entstanden, ohne daß sich eine Ursache für diese Unterschiede feststellen ließ. R. JOOSTING [J 11] hat 1968 ebenfalls Unterschiede in dem Frostverhalten von Normenprismen aus 8 Schweizer Zementen festgestellt. — Beide Verfasser betonen, daß nur die Zugabe eines LP-Mittels einen sicheren Schutz verbürgt. — G. M. IDORN [I 3] hat solche Luftporen auch in altem römischem Beton gefunden und vermutet, daß die Poren durch Zusatz von Tierblut entstanden sind.

Bild 45 zeigt die Oberfläche eines für die Messung vorbereiteten Betonanschliffs, in dem die kugeligen Luftporen mit dem weiß reflektierenden MgO gefüllt sind. A. SCHÄFER [S 7] hat 1964 die einzelnen

Poren in 30 Gruppen ansteigender Größe klassiert und auf einem 10 × 10 cm großen Schliff mit jeweils 25 Meßlinien in Abständen von 4 mm die Sehnenabschnitte der Luftporen und die Abschnitte des Zuschlags und des Zementsteins gemessen, mit Hilfe eines automatischen

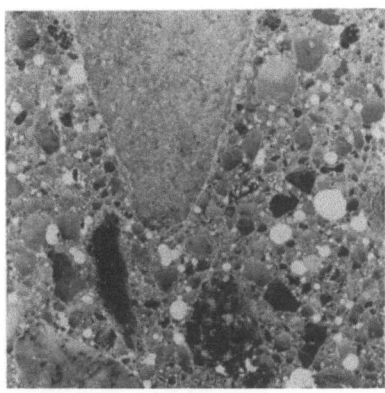

Bild 45. Betonanschliff (Ausschnitt) mit kugeligen Luftporen, die für die Messung mit weiß reflektierendem MgO gefüllt sind; Durchmesser der größten Luftpore 1,5 mm (Mitte rechts), darunter dicht nebeneinander zwei gleichgroße Luftporen mit rd. 0,3 mm Durchmesser.

Geräts getrennt gezählt und ausgewertet und die Bedeutung der Luftporen bis zu 0,3 mm Dmr. hervorgehoben (s. 3.2.6). O. W. BLÜMEL [B 33a] hat 1969 dafür ein Meßmikroskop- und das schon 1967 empfohlene Folienabdruckverfahren beschrieben.

3.2.6 Zement und Beton im Straßenbau

Der Beton der Fahrbahndecken ist ein Schrittmacher für die moderne Betontechnologie gewesen, weil er besonders starken Beanspruchungen ausgesetzt ist. Die meist 0,22 m dicken, 3,75 m breiten und 8 m und mehr langen Betonplatten für Fahr- und für Überholspur der Autobahn werden vom Verkehr beansprucht, vom Regen durchtränkt, durch Luft und Wind wieder abgetrocknet, durch die Strahlungswärme der Sonne an der Oberfläche erwärmt und durch kalten Wind und Regen abgekühlt. Im Winter werden sie von Schnee und Eis bedeckt, unter den Gefrierpunkt abgekühlt und müssen auch dem Angriff durch Tausalze widerstehen. Deshalb muß der Beton für Fahrbahnen frostbeständig sein und einen ausreichenden Gehalt an schützenden Luftporen haben. Ein Beispiel für die günstige Wirkung der Luftporen zeigt Bild 46 von einer Betonfahrbahn. Die rechte Platte ohne Luftporen ist stark abgewittert, während die nächste Platte und der Randstreifen aus LP-Beton unversehrt geblieben sind.

Die Anforderungen an Straßenbauzement in der BRD sind unter 1.2.2 angegeben. Verschiedene Versuchsstrecken, über die O. GRAF [G 22] 1952 berichtet hat, und Betonstraßen in Holland haben gezeigt, daß die Bedenken gegen Hochofenzement, die durch die Ergebnisse der früher maßgeblichen Schwindprüfung entstanden waren, gegenstandslos sind. In Frankreich hat man für den Autobahnbau auch Zemente mit Zumahlung von Flugasche verwendet [G 32].

Bild 46. Starke Abwitterung einer Fahrbahnplatte aus Beton ohne künstliche Luftporen (rechts). Die links angrenzende Platte und der helle Randstreifen wurden aus Luftporenbeton hergestellt und widerstanden der Frost- und Tausalzbeanspruchung. Nach A. SCHÄFER [S 7].

Mit der Forderung, daß das Erstarren bei 20 °C nicht vor 2 Stunden, bei 30 °C nicht vor 1 Stunde beginnt, will man Zemente ausschließen, die dazu neigen, bei einer Temperaturerhöhung schnell zu erstarren.

Wenn Beton bei höherer Außentemperatur vorzeitig ansteift und der Straßenfertiger beim letzten Übergang der Rüttelbohle eine nicht oder nur scheinbar geschlossene Oberfläche herstellt, können sofort oder später feine Querrisse entstehen, wie man sie vom Abstreichen eines sehr zähflüssigen Tons, Teers oder auch Betons kennt. K. WALZ [W 13] bezeichnet als *Schrumpfrisse* nur solche kurzen Risse, die innerhalb weniger Stunden nach dem Fertigstellen der Decke meist scharenweise gleichlaufend zur Querfuge im jungen, noch wenig festen Beton auftreten, wenig tief reichen und nicht durch die Zuschlagskörner hindurchgehen. — Eine hohe Betontemperatur kann bei hoher Außentemperatur dann zu *Querrissen* führen, wenn, wie es im Frühjahr und Herbst der Fall ist, auf einen warmen Tag eine kühle Nacht mit niedriger Temperatur besonders in den Morgenstunden folgt und der Beton gegen diese einseitige Abkühlung seiner Oberfläche gar nicht oder nur mit Nachbehandlungsfilmen oder dünnen Folien, anstatt ordnungsgemäß nach den Richtlinien durch *Abdecken* mit dämmenden Matten geschützt ist.

Fahr- und Überholspur sind durch eine *Längsfuge* getrennt, die als Raumfuge ausgebildet ist. Die Querfugen zur Begrenzung der Plattenlänge sind nötig, um das Verkürzen und Verlängern der Platten zu er-

3.2.6 Zement und Beton im Straßenbau

möglichen, die als Folge von Schwinden und Quellen, vor allem aber als Folge der Temperaturänderungen eintreten. *Schein*fugen sind bei der Herstellung des Betonbandes noch nicht vorhanden, sie bilden sich erst beim Überschreiten der Zugfestigkeit an den Stellen, die durch Kerben und Einlagen in den frischen Beton vorbestimmt sind. Im Laufe des Autobahnbaus hat man die Länge der Platten den Erfahrungen angepaßt und, wie J. Jacobs [J 1] 1968 zeigt, im Anfang Längen von 8 bis 10 m, später 10 bis 15 m, neuerdings wieder von 4 bis 10 m empfohlen. Die heutigen Betonplatten der Autobahnen sind bis zur nächsten Raumfuge entweder nur 30 m lang und haben dann zwei Scheinfugen im Abstand von 10 m, oder 105 m lang mit 13 dazwischen liegenden Scheinfugen im Abstand von 7,5 m. Über die Erfahrungen in Österreich berichtet R. Springenschmid [S 88] 1970. — Mit der Wärmedehnzahl 10×10^{-6} je grd errechnet sich für eine 20 m lange Platte, die sich um 50 °C erwärmt, eine Wärmedehnung von 10 mm (s. auch 3.5.4 und 4.4.4). Nach J. Eisenmann [E 7] 1967 werden die Betonplatten außer von dem Verkehr am stärksten durch *Wölbungsspannungen* beansprucht, die von dem Temperaturunterschied zwischen Oberfläche und Unterseite der Betonplatten herrühren. Bei positiven Temperaturgradienten (Temperaturgefälle von oben nach unten) sind die Platten bestrebt, sich in ihrer Mitte, bei negativen an ihren Enden von der Unterlage abzuheben. J. Eisenmann fordert daher eine Beschränkung der Länge auf 4,5 bis 5,5 m für Rechteck-, auf 5,5 bis 6,5 m für Quadratplatten. In Platten von nur 5 m Länge hat es keinen Sinn, noch eine Bewehrung einzulegen. Dementsprechend ist 1968 eine 12 km lange Strecke auf der Autobahn Darmstadt-Heidelberg mit einem Fugenabstand von 5 m unter Fortlassen der Raumfugen und versuchsweise auch der Bewehrung und unter Zusammenfassung von Fahrspur, Randstreifen und Standspur fertiggestellt worden. — In Belgien ist 1969 eine 90 km lange Autobahnstrecke als durchlaufend bewehrte Platte mit „freier" Rißbildung begonnen worden.

Anfangs mußte aller Beton der Autobahn durch Zusatz von *Ruß* oder *Eisenoxidschwarz* gefärbt werden. Diese kriegsbedingte Forderung wird in der BRD mit dem Hinweis auf den stärkeren Kontrast zu den hellen Randstreifen begründet. Durch das Zumischen eines so überaus feinkörnigen Stoffes wird aber die Güte des Straßenbetons oft beeinträchtigt, was W. Wittekindt [W 77] 1955 mit Ergebnissen schon 1948 abgeschlossener Versuche der USA, U. Ludwig und H. E. Schwiete [L 62] 1962 mit Versuchen über den Zusatz von Farbpigmenten zu Zementmörtel bestätigen, während H. Minetti [M 44] 1965 die verschlechterten Sichtverhältnisse bei Nässe und Dunkelheit bemängelt.

Über Fortschritte und Neuerungen hat 1967 H. O. Lamprecht [L 6] berichtet. Mit dem auf zwei Raupenpaaren fahrenden *Gleitschalungs-*

fertiger (slip form paver) hat man als Rekordleistung 3,5 km einer zweispurigen Straße in 11 Stunden mit 6 Mann gebaut. In Baden-Württemberg hat man *vorgefertigte* 10 m lange und 18 cm dicke Spannbetonplatten von 17 Mp Gewicht fabrikmäßig hergestellt und mit einem Portalkran verlegt. — In USA hat eine über 20 km lange Versuchsstraße aus 836 verschiedenen zweispurigen Abschnitten des AASHO-Testes viel Erfahrungsmaterial über das Verhalten von Betonstraßen und Asphaltstraßen geliefert, worüber R. SPRINGENSCHMID [S 90] 1968 berichtet hat.

Die Frage des *Tausalzwiderstandes* haben K. WALZ und R. SPRINGENSCHMID [W 23] behandelt. Als Tausalz wird in der Regel das chemisch neutrale Steinsalz NaCl, seltener das teurere Calciumchlorid $CaCl_2$ verwendet, nicht aber Magnesiumchlorid $MgCl_2$, weil es sich mit dem Beton umsetzen und ihn schädigen kann. Der übliche Straßenbeton ist gemäß Tab. 32 (mittlere Spalte s. 3.2.5) mit mindestens 3,5% Luftgehalt im frischen Beton tausalzbeständig. Dann beträgt mit Sicherheit der Anteil an feinen Poren bis etwa 0,3 mm Dmr. (L_{300}) 1,5% und der Abstandsfaktor AF höchstens 0,2 mm, wie die Messungen von A. SCHÄFER [S 7] gezeigt und K. WALZ und H. HELMS-DERFERT [W 20] 1966 bestätigt haben. Die Zahl der Luftporen bis zu 300 µm, d. h. 0,3 mm Dmr., macht infolge ihrer Kleinheit 99% aller Luftporen aus, obgleich sie nur rd. die Hälfte der gesamten Luft enthalten. Beim Vibrieren des Betons entweichen die kleinen den Frostschutz sichernden Poren nicht. Nach H. WEIGLER und S. KARL [W 40] 1968 besteht diese Schutzwirkung auch für üblichen Stahlleichtbeton, jedoch nicht bei allen Leichtzuschlägen. Jungen Beton soll man mit Tausalz erst bestreuen, wenn er nach einer sachgemäßen Nachbehandlung bei trockenem Wetter vorher einmal hat austrocknen können.

R. SPRINGENSCHMID [S 88] hält es für nötig, die Prüfung des Luftgehalts auch auf den erhärteten Beton auszudehnen. Sofern ein Beton, was schon die Betrachtung mit einem Taschenmikroskop oder einer Lupe zeigt, nicht genügend künstliche Luftporen enthält, sollte er durch eine alle 1 bis 2 Jahre wiederholte *Imprägnierung* mit einem Gemisch aus Leinölfirnis und Testbenzin 1 : 1 geschützt werden. In USA hat sich 1965 [S 75 b] von 100 untersuchten Mitteln neben dieser Leinöllösung auch ein viel teureres Epoxid als geeignet erwiesen. Beim Imprägnieren mit Leinöl ist die vom Beton nicht aufgesaugte Flüssigkeit wieder zu entfernen, damit die Straße nicht an Griffigkeit einbüßt. Man nimmt an, daß Leinöl unter dem Einfluß von Sauerstoff polymerisiert und die Poren nahe der Oberfläche abdichtet. Durch Imprägnieren kann man somit alte Straßen in gutem Zustand erhalten.

Bei den deutschen Versuchen zur Ausbesserung alter Betonstraßen mit *Flickmörtel* aus Zementmörtel und aus Kunststoffmörtel verhielten sich nach W. ALBRECHT, z. T. auch mit TH. WISOTZKY [A 7] 1967 nur

3.2.6. Zement und Beton im Straßenbau

etwa zwei Drittel der Einzelflicken und Übergänge aus bis zu $7^1/_2$ Jahre altem Zementmörtel befriedigend bis gut und die Mörtel mit besonderen Zusätzen nicht besser als die reinen Zementmörtel. Der größere Teil der Beschichtungen mit Kunststoffmörtel hat sich schon nach zwei Jahren in erheblichem Umfang abgelöst. Zweckmäßig zusammengesetzter und fachkundig eingebrachter Zementmörtel kann dagegen 5 Jahre und mehr einer starken Verkehrsbeanspruchung widerstehen.

In den letzten Jahren wird die *Griffigkeit* der Straßenoberfläche häufig behandelt, weil die Glätte oder das Glattwerden eine häufige Unfallursache ist und das auf Flugpisten auftretende Wassergleiten (*aquaplaning* oder *skidding*) auch die Öffentlichkeit beschäftigt. Mit dieser Frage hat sich in der BRD B. WEHNER in mehreren Veröffentlichungen, zuletzt 1968 [W 38] besonders befaßt. Die Maßzahl für die Griffigkeit ist der auf der nassen Straße festgestellte Gleitbeiwert, der möglichst nicht unter Werte um 0,3 absinken sollte. Jeder Autofahrer weiß, daß eine mattfeuchte Straße in der Regel fahrsicher ist, eine naßglänzende Straße dagegen zur regelrechten Gleitfläche werden kann (s. auch 3.1.1). B. WEHNER hat 1968 [W 38] eine unter dem Verkehr möglichst haltbare Profilierung der Straßenoberfläche gefordert. K. WALZ [W 9] hat 1967 und mit J. BONZEL [W 17] 1968 Betonoberflächen mit dem im Autobahnbau üblichen Besenstrich, ferner mit einer Fein-, Mittel- und Grobriffelung versehen und nach dem Erhärten mit einer Poliermaschine und mit einem Kugelrollgerät beansprucht. Die Verfasser empfehlen, daß man auf der abgezogenen, geglätteten Oberfläche einer frischen Fahrbahndecke, deren Beton einen scharfen Quarzsand 0/3 mm als untere Korngruppe des Zuschlags enthält, einen ggf. entstandenen Wasserfilm abstreifen und in den Oberflächenmörtel nach mäßigem Ansteifen eine rd. 1 bis 2 mm tiefe und rd. 2 bis 3 mm weite Querriffelung (Feinriffelung) einprägen soll. Durch Einarbeiten von mit Zement gepudertem Brechsand aus Basalt, Quarzit, Chromerz oder Hochofenschlacke kann die Oberfläche die Eigenschaften eines verschleißfesten Hartbetonstrichs erhalten.

Die Maßnahmen zur Herstellung von Beton, der gegen die mechanische Einwirkung von Wasser hoher Geschwindigkeit widerstandsfähig ist, und die nachträgliche Wiederherstellung der durch *Kavitation* erodierten Betonflächen behandeln K. WALZ und G. WISCHERS [W 26a] 1969. Der Beton soll eine Druckfestigkeit von mindestens 500 kp/cm² haben, sein Größtkorn soll nicht mehr als 20 mm betragen. — Nachdem das *Flammstrahlen* mit der Acetylen-Sauerstoff-Flamme schon zur Reinigung korrodierter Stahlflächen angewendet worden ist, kann man damit nach E. LIPSKI [L 38] 1964 auch die durch Frost und Tausalz geschädigte Oberfläche einer Betonstraße reinigen. H. P. LÜHR und K. WESCHE [L 63] haben 1969 über Laborversuche berichtet.

3.3 Festigkeit und deren Prüfung

3.3.1 Zerstörende Prüfung

Von den verschiedenen Möglichkeiten, die Festigkeit von Zementmörtel oder Beton zu prüfen, hat die Kurzzeitprüfung mit dem Druckversuch ihre Vorrangstellung bis heute behauptet. Die Prüfung ist einfach, ihre Ergebnisse bestreichen eine breite Wertskala und sind bei Beachten der bekannten Einflüsse, d. h. bei genauem Einhalten der Prüfbedingungen, in ausreichendem Maße reproduzierbar. Das trifft auf den Zugversuch nicht zu.

Die *Zugfestigkeit* bewegt sich bei erhärtetem Zementmörtel nur von 30 bis 60 kp/cm^2, bei erhärtetem Beton von 20 bis 50 kp/cm^2, die anschließend erwähnte Spaltzugfestigkeit bei Beton von 30 bis 50 kp/cm^2. Die Zugfestigkeit ist von dem Austrocknungszustand der Prüfkörper stark abhängig und hat eine große Streuung. Früher war die Ausbildung der Köpfe der Prüfkörper und die der Klauen oder Einspannglieder an den Pressen schwierig, an und mit denen die Kraft angreift. Oft ging der Bruch von dort aus. Heute klebt man, wie V. KADLECEK und Z. SPETLA [K 1] 1965 beschreiben, zur Prüfung der „reinen" Zugfestigkeit die beiden Stirnseiten der prismatischen oder zylindrischen Prüfkörper an zwei Stahltellern mit Epoxidharz fest. Schneidet man die beiden Stirnköpfe der Prismen mit in der Regel etwas unregelmäßiger Struktur ab, dann sind die Ergebnisse zuverlässiger. H. G. HEILMANN, H. HILSDORF und K. FINSTERWALDER [H 22] heben 1969 die gleichmäßige Verteilung der Zugspannungen hervor und betonen, daß sich Beton unter Zugbeanspruchung nicht wie bei der Druckbelastung plastisch, sondern spröde verhält.

In den beiden letzten Jahrzehnten hat man sich um die Bestimmung der *Spaltzugfestigkeit* bemüht. Sie läßt sich an liegenden Betonzylindern, auch an Betonwürfeln mit einer üblichen Prüfpresse für Betonwürfel über Lastverteilungsstreifen aus Sperrholz, Hartfaserplatten oder Hartfilz feststellen, womit sich neben vielen Fachleuten des In- und Auslandes J. BONZEL [B 47] 1964 auseinandergesetzt hat (s. auch DIN 1048 E-1968). Durch Austrocknen wird sie nach J. A. HANSON [H 17] 1968 anscheinend weniger verändert als die Biegezugfestigkeit.

In der Zementnorm hat man 1942 die Prüfung auf Zug durch die auf *Biegezug* ersetzt. Ihre Ergebnisse werden nicht zur Klassifizierung herangezogen. Bei Beton ist die Biegezugprüfung von Balken ein wichtiges Prüfverfahren geblieben. Nach DIN 1048 werden bevorzugt Probebalken mit 70 × 15 × 15 in cm durch zwei gleich große Lasten in den Drittelpunkten der Stützweite von 60 cm bis zum Bruch belastet. Die Biegezugfestigkeit von erhärtetem Zementmörtel beträgt 60

3.3.1 Zerstörende Prüfung

bis 90 kp/cm², die von Beton 40 bis 60 kp/cm². Das ist in beiden Fällen das rd. $1^1/_2$ fache der Zugfestigkeit. — Mit einer *Ring-Zug-Probe* bemüht man sich schon längere Zeit, eine Maßzahl für die Rißanfälligkeit von Zement zu erhalten. Anfangs hat man nur den Zeitpunkt bestimmt, wann ein Ring aus Zementpaste um einen stählernen Dorn mit lautem Knall zersprang. V. M. MALHOTRA und N. G. ZOLDNERS [M 6] haben 1967 über Versuche berichtet, bei denen man einen meßbaren hydraulischen Druck von dem Dorn aus über einen Zwischenring (Doppelringverfahren) auf den Ring aus Zementpaste, Zementmörtel oder Beton ausübt. Sie haben gute Beziehungen zu den anderen Festigkeitsarten erhalten.

Die Ergebnisse des *Druckversuchs* bewegen sich von 50 bis 800 kp/cm² und darüber hinaus. Für die Betonprüfung nennt die DIN 1048 E-1968 als Kantenlängen für die *Würfel* 10, 15, 20 oder 30 cm, ferner *Zylinder* derselben Durchmesser und der jeweils doppelten Höhe. Die geringste *Abmessung* eines Probekörpers soll nach DIN 1045 E-1968 im allgemeinen das Vierfache des größten Zuschlagkorns betragen. Bei Bohrkernen, wo man nach W. ALBRECHT [A 6] Durchmesser zwischen 5 und 20 cm bevorzugt, ist dieses Verhältnis oft nicht einzuhalten; es sollte aber mindestens 2 betragen. — Eine am Zylinder mit 15 cm Dmr. × 30 cm festgestellte Festigkeit ist mit rd. 1,2 zu multiplizieren, wenn man sie mit der als maßgeblich geltenden Würfelfestigkeit Bn vergleichen will (s. unten). *Umrechnungsfaktoren* für die Beziehung zwischen Würfeln oder Zylindern verschiedener Kantenlänge bzw. verschiedenem Durchmesser sind in dem Normentwurf nicht angegeben. Früher mußte die Druckfestigkeit des kleineren 10-cm-Würfels um 15% größer sein, die des größeren 30-cm-Würfels konnte um 10% kleiner sein als die des gleich alten 20-cm-Standardwürfels. Diese Umrechnungswerte beruhen auf der Erfahrung, daß größere Körper ganz allgemein eine geringere Druckfestigkeit haben als kleinere. Diese auch von homogenen Stoffen bekannte Tatsache wird mit der größeren Anzahl von Fehlstellen erklärt, von denen die ersten zur Zerstörung führenden Risse ausgehen, können aber auch auf den verschiedenen Trocknungszustand zurückzuführen sein.

Bei der Herstellung von Rammpfählen spielt auch die *Schlagfestigkeit* des Betons eine Rolle. J. DAHMS [D 1] fordert 1968 einen Beton von mindestens 400 kg Zement (mit wenigstens 450 kp/cm² Normfestigkeit) je m³ Beton bei einem W/Z-Wert von max. 0,45, mit einem doppelt gebrochenem Zuschlag von hoher Festigkeit, z. B. aus Quarzit oder Hochofenschlacke.

Die *Dauerstandfestigkeit*, manchmal auch als „wahre" Druckfestigkeit angesprochen, beträgt etwa 85%, die *Dauerschwing*festigkeit, auch Ermüdungsfestigkeit, nur etwa 60% der soeben behandelten Kurzzeit-

194 3 Physikalische Eigenschaften des Zements und Betons

festigkeit. — Nach DIN 1048, auch nach DIN 1164, dürfen die *Druckplatten*, die die Spannung auf den Körper übertragen, nur geschliffen, nicht poliert sein. Zwischenlagen z. B. aus Blei, Pappe oder Filz sind unzulässig. Infolgedessen bewirkt die *Endreibung* zwischen den Druckflächen des Körpers und den stählernen Druckplatten eine Einspannung, die das seitliche Ausdehnen des Körpers, die sogenannte Querdehnung, in deren näherem Bereich behindert. Deshalb entsteht beim Druckversuch der in Bild 47 nach H. Hecht [H 21] links dargestellte Doppelkegel. Bei Prüfung mit unbehinderter Querdehnung, für deren Einführung immer wieder Wortführer auftreten, würde der Würfel beim

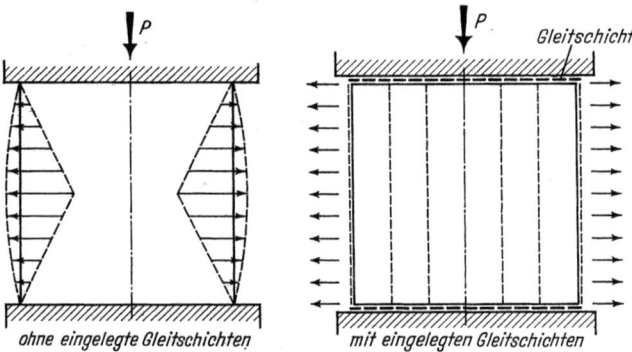

Bild 47. Spannungsbild bei der Druckbelastung eines Würfels ohne (links) und mit (rechts) Gleitschicht. Nach H. Hecht [H 21].

Druckversuch senkrecht aufgespalten (Bild 47 rechts). Auf der Endreibung an den Druckflächen beruht im wesentlichen auch die Abhängigkeit der Druckfestigkeit von der Gestalt der Prüfkörper, die in Tab. 33 nach A. Hummel [H 51] angegeben ist. Ein *säulen*förmiger Prüfkörper wird dadurch weniger behindert als ein Würfel und hat

Tabelle 33. *Gestaltseinfluß auf die Druckfestigkeit*
Nach A. Hummel [H 51]

Verhältnis $h : a$		Verhältnis des Festigkeitswertes zu der Würfeldruckfestigkeit
0,5	Plattenfestigkeit	1,40—1,50
1	Würfelfestigkeit	1
bis 2	Säulenfestigkeit	0,85—0,95
2	Zylinderfestigkeit	0,85

a = kleinste Querschnittsabmessung (Durchmesser oder Kantenlänge).

3.3.1 Zerstörende Prüfung

auch wegen seiner großen offenen Seitenflächen nur noch 0,85 bis 0,95 der Würfelfestigkeit. Umgekehrt erstreckt sich bei einer *Platte* die Wirkung der *Einspannung* fast über die ganze Höhe und kann die Festigkeit bis auf den doppelten Wert der Würfelfestigkeit erhöhen. Ein *zylindrischer* Prüfkörper hat eine kleinere Druckfläche als ein Würfel gleicher Kantenlänge und daher eine geringere Festigkeit. Nach der neuen DIN 1045 muß man, wie oben angegeben, die Festigkeit eines Zylinders 15/30 cm mit 1,25 (0,80) bis zu Bn 150 und ab Bn 250 und höher mit 1,18 (0,85) multiplizieren, um sie mit der Würfelfestigkeit vergleichen zu können. In Klammern stehen die reziproken Werte, die etwa denen von HUMMEL entsprechen.

Die Druckfestigkeit der bereits erwähnten *Bohrkerne* ist nach übereinstimmendem Urteil geringer als die der im Labor sorgfältiger hergestellten und nachbehandelten Prüfkörper. A. MEHMEL [M 30] nennt 1967 gegenüber den Probewürfeln der Güteprüfung eine Abminderung von 20%. — S. STÖCKL [S 102] weist 1966 auf ein verschiedenes Verformungsverhalten von Kern- und Randzone hin, G. R. WILLIAMSON [W 63] 1964 auf die in Betonzylindern der USA von unten nach oben abnehmende Druckfestigkeit. — Den Einfluß der *Lagerung* auf die Prüfwerte der Festigkeit scheidet man bei den kleinen Mörtelkörpern der Zementprüfung dadurch aus, daß man sie in Wasser lagert und in feuchtem Zustand prüft. Durch Austrocknen eines feuchten oder lufttrockenen Prüfkörpers vor der Prüfung wird seine Druckfestigkeit im allgemeinen um die sogenannte Trockenfestigkeit größer; beim Durchfeuchten eines trockenen Probekörpers wird dessen Druckfestigkeit zunächst kleiner. — J. DAHMS [D 2] hat 1968 beim Austrocknen von Betonwürfeln als Mittel eine Erhöhung der Druckfestigkeit um 10% für eine Wasserabgabe von 1% gefunden. Seine Betone aus 2 Portlandzementen und 1 Hochofenzement wurden nach mindestens 152 Tagen Wasserlagerung anschließend zwischen 4 und 90 Tagen vor der Prüfung trocken gelagert. Nach der 90tägigen Trockenlagerung nahmen die Betone aus den beiden Portlandzementen mit einem W/Z-Wert von 0,85 um 32 bis 44%, die mit W/Z-Wert von 0,60 um 13 bis 29% und die mit W/Z-Wert von 0,42 um 8 bis 21% an Druckfestigkeit zu, während bei dem Hochofenzement die Zunahme nur 8 bis 22% ausmachte. Die Tatsache, daß durch da Austrocknen von unbewehrten Betonproben die Zugfestigkeit deutlich abfällt, führen C. D. JOHNSTON und E. H. SIDWELL [J 9a] 1969 auf die Bildung von Rissen infolge ungleichmäßigen Schwindens von Oberfläche und Kern zurück, das den wirksamen Probenquerschnitt verringert, während beim Druckversuch solche Risse überbrückt werden.

Die *Abhängigkeit* der Druckfestigkeit von so vielen Einflüssen beruht auch darauf, daß das Zuschlagsgerüst nach Fall I unter 3.1.5.1 allein schon einen Widerstand gegen Druckwirkungen besitzen kann, wie man von den Kiesstraßen ohne Bindemittel weiß. Auch ein Würfel oder eine Säule aus vielen gleichen, sorgfältig aufeinander gestapelten kleinen Würfeln ohne verbindende Zementpaste kann, genau zentrisch belastet, einer hohen Druckbeanspruchung widerstehen. (In Österreich ist früher einmal für ein mörtelloses Mauerwerk Novadom mit plastischen Zwischenlagen geworben worden.) — Nach G. SZABO [S 119] 1966 läßt sich die Widerstandsfähigkeit einer Materie, z. B. die des Betons gegen Druckbeanspruchung, mit einer einzigen Zahl grundsätzlich nicht charakterisieren. Unbeschadet dessen ist die Druckfestigkeit bis heute die wesentliche Kennzahl von Beton und Zement, weil sie den Gebrauchswert beider bei deren üblicher Verwendung am besten kennzeichnet.

3.3.2 Zerstörungsfreie Prüfung

Eine brauchbare zerstörungsfreie Prüfung würde die Arbeit auf der Baustelle und im Labor wesentlich vereinfachen. Deshalb haben sich sehr viele Arbeiten damit befaßt. Diese Arbeiten haben aber bisher nicht den erwarteten Erfolg gehabt, weil der Beton zu inhomogen ist und weil sich seine Oberfläche, an der die Prüfung meist ansetzt, verändert. Die Prüfung hat sich unter einigen zusätzlichen Voraussetzungen dann bewährt, wenn man ein älteres oder reparaturbedürftiges Bauwerk auf seine Tragfähigkeit untersuchen muß, ohne die noch erhaltenswerten Teile des Betons anbohren oder beschädigen zu dürfen.

Aus diesen Gründen ist in der BRD nach Kriegsende die zerstörungsfreie Prüfung zunächst mit dem *Kugelschlag*hammer und dem Pendelschlaghammer, später mit dem *Rückprall*hammer nach E. SCHMIDT stark gefördert und untersucht worden. Im Jahre 1962 hat man das Verfahren als DIN 4240 genormt. Beim Kugel- und Pendelschlaghammer wird der Durchmesser der Kalotte gemessen, den ein kugeliger Bolzen auf der Oberfläche des Betons hinterläßt, beim Rückprallhammer die Höhe des Rückpralls eines ähnlichen Geräts festgestellt. Als Prüfwert gilt das Mittel aus 20 Einzelwerten. Die Versuche für die Normung hat K. GAEDE [G 2, 3] 1957, 1964 und 1965 beschrieben. Die Nachprüfung des Verfahrens besonders durch K. WESCHE und Mitarbeiter [W 53] 1967 und durch H. WEIGLER und Mitarbeiter in der von A. MEHMEL [M 31] herausgegebenen Schrift hat die beschränkte Aussagekraft gezeigt, so daß erwogen wird, DIN 4240 zu überarbeiten oder zurückzuziehen. — Nur unter sonst konstanten Feuchtigkeitsbedingungen (WEIGLER) eignet sich die Prüfung bei der Qualitätskontrolle zur Abgrenzung schlechter oder guter Bereiche. — Nur die Prüfung von *Bohrkernen* liefert den eigentlichen Festigkeitsnachweis (WESCHE-MÄNGEL [W 56] 1969). Bei Beton aus Sulfathüttenzement ergab sich

3.3.2 Zerstörungsfreie Prüfung

nur 40% der Würfelfestigkeit (MANNS-SASSE [M 11] 1966), bei Beton aus Tonerdezement ein doppelt so hoher Wert. Nach B. SCHLOTMANN 1966 [S 22] nehmen die Aufprallwerte mit steigender Auflast zu, mit sinkender Hammertemperatur stark ab.

Ein nicht im selben Ausmaß oberflächenabhängiges Verfahren ist die Messung der Laufzeit von *Ultraschall*impulsen, die von einem Generator erzeugt, als mechanische Impulse auf den Körper übertragen und nach dem Durchlaufen des Körpers über einen Empfänger auf der Bildröhre eines Kathodenstrahl-Oszillographen ablesbar gemacht werden. Damit kann man unter bestimmten Voraussetzungen ebenfalls Vergleichswerte für die Beurteilung der Festigkeit von Beton, auch von Stahlbeton ermitteln, wie in der BRD z. B. aus Arbeiten von H. RÜSCH, K. KORDINA und H. HILSDORF [R 35] 1962, H. WEIGLER und E. KERN [W 41] 1965, K. KORDINA, V. ROY und N. V. WAUBKE [K 48a] 1967 hervorgeht. Bei metallischen Werkstoffen hat sich die Prüfung mit Ultraschall, zusammenfassend von J. und H. KRAUTKRÄMER [K 51] 1966 behandelt, für die Steine-und-Erden-Industrie von K. J. LEERS und H. W. HENNICKE [L 12] 1967 dargestellt, zum Auffinden von Fehlstellen bewährt. − Während N. V. WAUBKE [W 28] 1968 das Verfahren auch zur Überwachung der Zementsteinhydratation für geeignet hält, KORDINA und Mitarbeiter damit wichtige Feststellungen an Stahlbeton machen konnten, und A. GALAN [G 4] 1967 es günstig beurteilte, halten WEIGLER-KERN es vornehmlich nur zur Feststellung von Gefügestörungen für geeignet. H. T. THOMTON [T 7] hat damit in einer 10jährigen Praxis an Bauwerken schlechte oder geschädigte Stellen entdecken können.

Auch bei der Messung der *Resonanzschwingungen* von Mörtel- oder Betonprismen haben sich nicht so ausgeprägte und differenzierte Unterschiede gezeigt, daß man sie zur Bestimmung des Festigkeit anstatt des zerstörenden Druckversuchs hätte verwenden können. Nach P. CATHARIN [C 3, 4] 1961 und 1963 läßt sich der Elastizitätsmodul von *Normenprismen* nach der Resonanzfrequenzmethode sehr genau bestimmen, Werte für die Druckfestigkeit mit einer Genauigkeit von $\pm 3\%$ jedoch nur dann, wenn man Mahlfeinheit und Zusammensetzung des Zements kennt, die Biegefestigkeit aber mit der unbefriedigenden Schwankungsbreite von $\pm 15\%$. Mit einem *Elastographen*, der die Durchbiegung der Normenprismen beim Biegeversuch registriert, erhielt er 1966 [C 4] sehr gut reproduzierbare Werte für den statischen E-Modul, die mit denen aus der Resonanzfrequenzmessung übereinstimmten. Die Durchbiegung beträgt bei 100 mm Stützweite 4,5 bis 10 μm. Mit dem Gerät läßt sich die maximale Bruchdehnung, das Kriechen und die Verformung bei *Schwellast*, d. h. die automatisch unmittelbar aufeinander folgende Zu- und Abnahme der Belastung, aufzeichnen. Die tatsächliche Bruchdehnung ist wesentlich größer als der aus dem E-Modul berechnete Wert. Die höchstzulässige Biegebelastung eines Normenmörtelkörpers beträgt 75% der Bruchlast. — Beim Frostversuch oder bei Lagerungsversuchen in angreifenden Lösungen zeigt das Verfahren die beginnende Zerstörung einige Tage eher an, als sie sichtbar wird. — Ein Prüfverfahren für die Festigkeit ist auch die Messung der Resonanzfrequenz bis jetzt nicht geworden.

3.3.3 Einflüsse auf die Festigkeit (Winterbau)

Wenn ein Beton unter normalen Bedingungen seiner Herstellung erhärtet, dann gelten für sein Festigkeitsverhalten die von J. BONZEL und J. DAHMS [B 50] 1964 in Tab. 34 angegebenen Werte. Nach dem linken Teil der Tabelle hat Beton aus schnell erhärtendem Zement bis zu 3 Tagen einen größeren und ab 28 Tagen einen kleineren *Festigkeitsgradienten* als Beton aus langsam erhärtendem Zement. Der schnell erhärtende Zement rafft somit den Erhärtungsvorgang; er führt in der Regel auch zu einer höheren Festigkeit. — Der rechte Teil der Tab. 34

Tabelle 34. *Festigkeitsbeziehungen bei normal erhärtendem[1] Beton*
Nach J. BONZEL und J. DAHMS [B 50]

Festigkeitsanstieg bei 3 *verschiedenen* Zementtypen			Festigkeitsabfall bei fallendem W/Z-Wert für Beton aus *allen* Zementen	
Erhärtungs- anstieg des Zements	3-Tage- und 180-Tage- Festigkeit des Betons in % der 28-Tage-Festigkeit			
	3 Tg./28 Tg.	180 Tg./28 Tg.	W/Z	in % von w = 0,45
schnell	rd. 70	rd. 105	0,45	100
normal	50—60	110—125	0,60	75
langsam	20—40	125—150	0,80	50

[1] Auf der Baustelle bei mittlerer Temperatur und in einem Betonwerk ohne Wärmebehandlung.

besagt, daß der sogenannte Verdünnungsabfall durch die „Verwässerung" des Zementleims bei Beton aus allen Zementen gleich ist. Beide Feststellungen lassen sich mit dem W/Z-Wertgesetz und der Normfestigkeit begründen, aber auch mit der Hydratationswärme. Im ersten Fall (links) erhärtet der Beton mit dem schnell erhärtenden Zement infolge der schnelleren Entwicklung der Hydratationswärme bei etwas höherer Temperatur, im zweiten Fall ist für die Erhärtungstemperatur entscheidend, daß ein kg Zement beim Beton mit w = 0,45 nur 0,45 kg Wasser und rd. 4 kg Zuschlagstoff (s. Tab. 31 unter 3.2.4) statt 0,80 kg

3.3.3 Einflüsse auf die Festigkeit (Winterbau)

Wasser und rd. 8 kg Zuschlagstoff zu erwärmen hat. — Den absoluten Festigkeitszuwachs eines feingemahlenen Zements auch zu späten Prüfterminen wird man auf die gleichmäßigere Verteilung der Hydratationsprodukte zurückzuführen haben. — Daß ein zunächst bei *niedriger* Temperatur erhärtender Beton oder Mörtel nach K. WALZ und J. BONZEL [W 16] 1961 nachträglich eine *höhere* Endfestigkeit erreicht, wird man vielleicht auf eine dichtere Raumerfüllung bei der niedrigeren Erstarrungstemperatur oder auf eine geringere Anzahl an Mikrorissen zurückführen dürfen. — Das Verhalten von Beton bei *sehr niedriger* Temperatur haben 1962 bis 1966 A. E. LENTZ und G. E. MONFORO [L 27a] und G. WISCHERS und J. DAHMS [W 73a] 1970 näher behandelt. Die Druckfestigkeit von feuchtem Beton stieg beim Abkühlen bis zu —160 °C auf mehr als das Dreifache an, die von lufttrockenem Beton nur wenig, die von getrocknetem Beton praktisch nicht, was man auf die Veränderungen der Eigenschaften des Eises zurückführt. Es bestehen keine Bedenken, Großraumbehälter oder Auffangbehälter um Stahltanks für Flüssiggas aus Stahl- oder Spannbeton zu errichten.

Der Festigkeitsanstieg läßt sich durch äußere Maßnahmen beschleunigen, was besonders bei *Frost* nötig und in den schon erwähnten RILEM-Richtlinien [R 22] eingehend dargelegt ist. Die auch unter dem Stichwort *Winterbau* empfohlenen Maßnahmen erstrecken sich vom Abdecken der Oberfläche mit wärmedämmenden Stoffen über das Erwärmen des *Anmachwassers*, auch des Zuschlags mit einer Dampf-Lanze, oder des gesamten Betons, bis zum wärmedichten Abschließen der ganzen Baustelle oder der Herstellungsstätte von Fertigteilen. Das Erwärmen des Anmachwassers, das nach G. WISCHERS und E. KRUMM [W 74] 1964 bis zu einer Temperatur von 60 °C ohne besondere Vorsichtsmaßnahmen, darüber hinaus mit solchen Maßnahmen möglich ist, wirkt deshalb so günstig, weil das flüssige Wasser seine „überschüssige" Wärme sofort an alle erreichbaren Oberflächen, somit also sehr gleichmäßig abgibt und weil es mit seiner hohen spezifischen Wärme von 1 kcal/kg · grd die mindestens vierfache Kalorienmenge je Gewichtseinheit „liefert", wie es die gleiche Gewichtsmenge eines steinigen Stoffes gleicher Temperatur mit durchschnittlich nur 0,21 bis 0,22 kcal/(kg · grd) spezifische Wärme im trockenen Zustand abzugeben vermag.

F. HENKEL [H 27] hat 1965 eine zusammenfassende Auswertung der Literatur über das Verhalten von jungem Beton gegen Frost gegeben. A. MEYER [M 39] weist 1967 auf die Notwendigkeit hin, warmen Beton wegen seines schnelleren Erstarrens eher einzubauen und zu verformen. — F. JUNG [J 13] 1967 hält die Bemessung der Vorerhärtung auf der Basis der Hydratationswärme bei 5 °C nach RILEM (s. oben) für problematisch und schlägt vor, den Zeitpunkt, an dem

200 3 Physikalische Eigenschaften des Zements und Betons

Frostschutzmaßnahmen entbehrlich werden, mit einem 10 l fassenden *Schrumpfmeßtopf* zu bestimmen. Ist der Meniskus in der aufgesetzten Bürette um den Wert gesunken, der 4% des Anmachwassers entspricht, dann ist der junge Beton mit Sicherheit frostbeständig. Für die Prüfung auf Frostbeständigkeit verwendet JUNG mit Erfolg ein vergrößertes *Le-Chatelier-Gerät* mit 10 cm Dmr. und 5 cm Höhe und 32 cm langen Nadeln. A. BASALLA [B 9] hat in Bild 48 dargestellt, wie nach Auffassung der im Bild angegebenen Fachleute die Vorerhärtungszeit

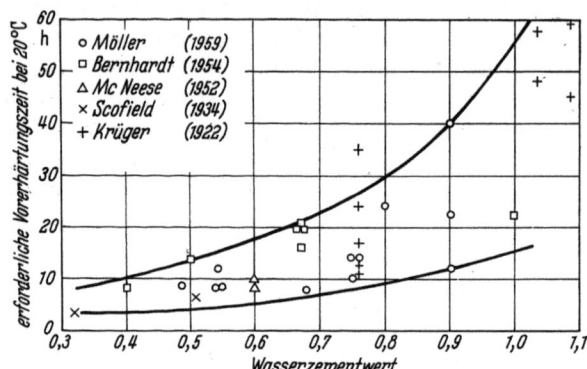

Bild 48. Erforderliche Vorerhärtungszeit vor der Dampfbehandlung in Abhängigkeit vom Wasserzementwert. Zusammenstellung von Versuchsergebnissen. Nach A. BASALLA [B 9].

von jungem Beton mit zunehmendem W/Z-Wert ansteigt. Zement mit langsamerer oder geringerer Wärmeentwicklung erfordert einen entsprechenden Zuschlag an Zeit. *Vorerhärtungszeit* ist der Zeitabschnitt, nach dem ein Beton dem Frost widerstehen kann. Die Zeitspanne ist verhältnismäßig kurz, bezieht sich aber auf 20 °C. Früher hat ein Beton ab 150 kp/cm² Druckfestigkeit als frostbeständig gegolten, heute werden dafür Werte von 40 bis 50 kp/cm² genannt. –

Calciumchlorid $CaCl_2$ ist zwar ein wirksames Frostschutzmittel, kommt aber wegen der Korrosionsgefahr für Stahlbeton nicht in Frage (s. 4.2.2). Mit Calciumnitrit $Ca(NO_2)_2$ oder Gemischen aus anderen Betonzusatzmitteln erhält man nach Angaben des Schrifttums eine ähnliche, wenn auch meist schwächere Wirkung.

Um Beton mit *hoher* und *höchster* Festigkeit herzustellen, hat S. KIMURA [K 30] 1967 Beton mit einem sehr niedrigen W/Z-Wert von 0,24 bis 0,25 10 bis 20 Minuten gerüttelt und nach 28 Tagen 800 bis 900 kp/cm² und nach 1 Jahr 1000 bis 1200 kp/cm² erreicht.

K. WALZ [W 5] hat 1966 Beton mit 350 kg PZ 475 je m³ und einem Wasserzementwert von 0,32 bei 50 °C gemischt und nach dem Verdichten 24 Stunden einem Druck von 20 kp/cm² ausgesetzt und nach 6 Wochen die Werte der Tab. 35 erhalten. Bild 49 zeigt einen Anschliff des

3.3.3 Einflüsse auf die Festigkeit (Winterbau)

Basaltbetons, dessen Rohdichte und Druckfestigkeit höher sind, dessen Spaltzugfestigkeit aber wesentlich niedriger ist als die des Quarzitbetons, was mit anderen Feststellungen übereinstimmt (s. 3.1.6).

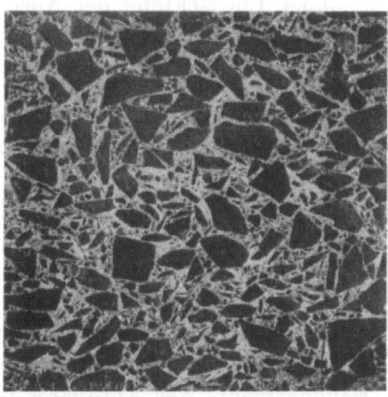

Bild 49. Anschliff eines hochdruckfesten Basaltbetons mit über 1430 kp/cm² Druckfestigkeit und einer Rohdichte von 2,81 kg/dm³. Nach K. WALZ [W 5].

Tabelle 35. *Rohdichte und Festigkeit von 24 Stunden unter Druck erhärtetem Beton im Alter von 6 Wochen*
Nach K. WALZ [W 5]

	Rohdichte kg/dm³	Druckfestigkeit kp/cm²	Spaltzugfestigkeit kp/cm²
Quarzitbeton	2,49	über 1200	91
Basaltbeton	2,81	über 1430	61

WALZ hält eine praktische Ausnutzung so hoher Festigkeiten für unwahrscheinlich, da man mit der dadurch statisch möglichen Verringerung der Querschnitte einer Konstruktion andere Risiken eingehen würde (u. a. Knickgefahr, Feuerwiderstand).

A. BAJZA, J. FRANO und J. SKALNY [B 3] berichten 1968 über 2300 kp/cm² Druckfestigkeit von mit hohem Druck hergestellten Prüfzylindern aus Zementpaste und -mörtel, die eine Rohdichte von 2,6 bis 2,75 g/cm³ erreichten. — Sehr extreme Verhältnisse haben I. SOROKA und P. J. SEREDA [S 81] 1968 untersucht. In Zementpaste mit einer Porosität von 40 bis 70% und einem Hydratationsgrad von 73 bis 98%, ferner in verdichteter Zementpaste mit einer Porosität von 25 bis 60% und endlich in Briketts von einem in einer Flasche bereits hydratisiertem Zement, in dem die Porosität von 20 bis 55% schwankte und der Grad der Hydratation von 0 bis 90% reichte, also auch den *unhydratisierten* Zement einschloß, erwies sich die Festigkeit im wesentlichen *nur von der Porosität* abhängig. Nach ihrer Auffassung sind für die Festigkeit auch des Zementsteins Kräfte zwischen den *Fest*stoffen maßgeblich, die sich der chemischen Bindung um so stärker nähern, je geringer die Porosität wird (s. a. 2.3.6 und 3.3.5, Bild 50).

3.3.4 Entwicklung der Normenprüfung in Deutschland

Für die schon unter 1.2.1 in ihrer jetzigen Form erwähnte Prüfung von Zement besteht in Deutschland seit 1878 eine amtlich eingeführte Norm, die jetzt DIN 1164 heißt. Sie ist Bestandteil aller Baubestimmungen und damit auch aller Bauverträge. Die Prüfkörper für die Normenprüfung bestehen nicht aus Zement, sondern aus *Mörtel* 1:3. Zunächst hatten sie für die Zugfestigkeit Achterform und für die Druckfestigkeit Würfelform mit 7,1 cm Kantenlänge, d. h. 50 cm² Druckfläche. Der Norm*sand* für den Mörtel, dessen Mischungsverhältnis stets 1:3 in Gewichtsteilen (in USA 1:2,5 für die Druckfestigkeit) geblieben ist, bestand zunächst nur aus Grobkorn und ergab einen erdfeuchten Mörtel mit 8% Wasser. 1942 wurde, wie aus Tab. 36 hervorgeht, das für Deckenzemente der Autobahn 1934 eingeführte Prüfverfahren mit plastischem Mörtel zur Norm erhoben. 1 Gew.-Teil des Grobsandes

Tabelle 36. *Die drei Prüfmörtel nach DIN 1164*

	Bis 1941	1942—1969	Ab 1970
Kornzusammensetzung des Sandes	3 Teile Grobsand 0,63—1,25 mm	2 Teile Grobsand 0,63—1,25 mm	1 Teil Grobsand 1,0—1,7 mm
			1 Teil Mittelsand 0,5—1,0 mm
		1 Teil Quarzmehl 0,06—0,20 mm	1 Teil Quarzmehl 0,08—0,5 mm
Wasserzusatz in %	8	15	12,5
W/Z-Wert	0,32	0,6	0,5
Zementgehalt[1] in kg/m³	515	490	500
Steife	erdfeucht	weich-plastisch	steif-plastisch
Verdichtung	gestampft	gestampft	geschockt (gerüttelt)
Rohdichte[1] in kg/dm³	2,19—2,25	2,22—2,28	2,22—2,29
Festigkeit	hoch	niedrig	mittel

[1] Anhaltswerte für Zementgehalt und Rohdichte.

wurde durch Quarzmehl ersetzt, der Mörtel mit 15% Wasser angemacht. Mit diesem W/Z-Wert von 0,6 wollte man dem damals üblichen Beton möglichst nahekommen. Aus dem Mörtel wurden mit dem Handstampfer Prismen 4 × 4 × 16 in cm hergestellt und daran nacheinander Biegezugfestigkeit und Druckfestigkeit bestimmt. — Der plastische Mörtel hat die Begünstigung der Zemente mit erhärtungsschwachen oder erhärtungsträgen Bestandteilen beseitigt. In dem alten erdfeuchten Einkornmörtel hatten solche Feinmehlzusätze des unvollkommene Einkorngerüst des Zuschlags zusätzlich so verdichtet und verfestigt, daß solche Zemente in der Regel *trotz* eines um 10 bis 20% verringerten Klinkeranteils höhere Festigkeiten erreichten. Ein Nachteil des plastischen Prüfverfahrens mit W/Z = 0,6 war besonders bei grob gemahlenen Zementen die Uneinheitlichkeit der Prüfkörper infolge des hohen Wasserzusatzes. Im extremen Fall konnte das obere Drittel eines Prismas ein Mischungsverhältnis von 1:2, das untere von 1:4 haben. — Bei dem 1970 eingeführten *ISO-Prüfverfahren* mit W/Z = 0,5 besteht diese Gefahr der Sedimentation nicht mehr. Es verwendet einen Prüfsand aus 3 Körnungen, die jedes Land auch aus eigenen Vorkommen herstellen kann. Der Mörtel wird in einem Schnellmischer gemischt und mit einem Schocktisch oder einem Vibrationstisch (DIN 1164) verdichtet. Der Prüfmörtel ist damit dem heutigen Baustellenbeton mit W/Z = 0,45 bis 0,55 angepaßt. (Bei dem durch Schlag, Druck, Rütteln oder Schleudern verdichteten Beton ist W/Z im allgemeinen niedriger.) Das Verfahren heißt allgemein ISO-Verfahren, weil es seit 1958 von der International Standard Organisation, einer Untergliederung der UNESCO (education and science) empfohlen wird (s. Lit. III. 8).

Die Festigkeit nach ISO bzw. DIN 1164 ist, wie unter 1.1.1 gesagt ist, im Durchschnitt um rd. 6% höher als die Festigkeit nach DIN 1164-1958. Die gröber gemahlenen Zemente nehmen um nur 2 bis 5%, die feiner gemahlenen um 8 bis 10% zu. Tab. 36 enthält die übrigen Kennzeichen der drei Prüfmörtel. A. MEYER [M 40] hat 1965 und 1966 3 Portlandzemente und 2 Hochofenzemente nach den DIN von 1927 und 1942, nach ISO, ASTM und BS und zum Vergleich als hochfeste Rüttelbetone mit W/Z = 0,45, und als Baustellenbetone mit W/Z = 0,70 geprüft und die drei letzten 1966 üblichen Prüfverfahren als ausreichend genau bezeichnet.

G. SADRAN [S 3] hat die Entwicklung der Zementfestigkeit R mit der Zeit t durch die Hyperbelgleichung $\dfrac{1}{R} = \dfrac{1}{A} + \dfrac{1}{P(t-t_0)}$ dargestellt. Darin ist R die Zementfestigkeit, A die Endfestigkeit, P der Anstieg der Hyperbel zur Zeit t_0. Die Beziehung ist aber nicht so zuverlässig, daß man aus 2 Festigkeiten durch Extrapolation eine dritte ermitteln kann.

3.3.5 Schnellprüfung von Zement
(Prüfung von Mörtelkleinzylindern)

Wesentlich vereinfachen und verkürzen kann man die Festigkeitsprüfung durch Verwendung von Mörtelkleinzylindern, deren Herstellung, Behandlung und Prüfung F. KEIL und H. MATHIEU [K 26] 1958 und 1964 entwickelt haben und A. MEYER [M 38] 1965 weiter verbessert hat. Die Zylinder von 11,3 mm Dmr. und 11,3 mm Höhe mit sehr wenig Zement braucht man nicht zu entschalen und kann sie nach wenigen Stunden wärmebehandeln. Infolge der Druckfläche von 1 cm² entspricht die abgelesene Grenzbelastung der Druckfestigkeit. Sie können mit dem üblichen Biegezugprüfer nach Einfügung einer Zusatzvorrichtung geprüft werden. Auch die Ausdehnung der Körper läßt sich mit einem Meßtaster genau bestimmen. — Nur mit Körpern aus einer genau abgewogenen *konstanten* Menge (2,4 g) an Mörtel 1:3 mit einem besonderen Kleinzylindersand aus drei Fraktionen ist die Raumerfüllung durch den Feststoff mit 69,9 bis 70,6% in befriedigender Weise konstant. Das ist für einen Festigkeitsvergleich nötig und läßt sich mit Purzement wegen dessen unterschiedlicher Feinheit nur schwer erreichen. Die Raumerfüllung durch *Zementpaste* bewegte sich bei den Versuchen von KEIL und MATHIEU von 55 bis 66%.

Å. MEYER benutzt anstelle der Spindelhebelpresse mit Auswurfvorrichtung eine Handhebelpresse mit Schiebetisch und härtet die Körper nach dreistündigem Lagern in feuchtigkeitsgesättigter Luft von 40 °C 2 Stunden im Hochdruckautoklaven nach ASTM C 151-68, und zwar einschließlich des Aufheizens und Abkühlens. Die Werte der 5 stündigen Festigkeit K 5 mußten bei Normzementen der Güteklassen Z 275 und Z 375 im Mittel mit 1,02 bis 1,08, bei PZ aus Schachtöfen und PZ 475 mit 0,91 und 0,95 multipliziert werden, um die 28 tägige Druckfestigkeit nach DIN 1164-1958 zu ergeben. Die Standardabweichung des Wiederholstreubereichs bei einem Gesamtmittel der Druckfestigkeit von 491 kp/cm² betrug 9,1 kp/cm², der Variationskoeffizient 1,9%. Diese für eine Baustoffprüfung sehr niedrigen Werte beruhen auf der großen Homogenität der Prüfkörper. — G. M. IDORN [I 1] hat solche Kleinzylinder aus einer nahezu *trockenen* Mischung mit sehr feinem Zement (5100 cm²/g Blaine) gepreßt und nachträglich mit Wasser imprägniert. Diese Körper hatten, wenn sie 24 Stunden bei 90 °C mit Dampf behandelt wurden, eine um rd. 50% höhere Druckfestigkeit als die 7 Tage bei 20 °C gelagerten Kleinzylinder und erreichten, wie Bild 50 zeigt, mit ihrer Druckfestigkeit die Größenordnung von rd. 3000 kp/cm² und damit die von T. C. POWERS und G. WISCHERS angegebenen Druckfestigkeiten des porenfreien Gels (s. 3.3.2).

Die Verwendung der von F. KEIL und F. GILLE [K 24] 1941 vorgeschlagenen *Kleinprismen* von 1 × 1 × 6 in cm aus dem alten oder dem neuen ISO-Mörtel ist bei Einlagerungsversuchen in angreifenden Lösungen zur Beurteilung der chemischen Widerstandsfähigkeit inzwischen üblich geworden. Man kann daran ebenso wie an den Normenprismen Biegezug- und Druckfestigkeit und Schwind- und Quellwerte auch nach Autoklavhärtung bestimmen. Auch dabei hat sich eine damals überraschend geringe Abweichung der Prüfwerte gezeigt. — In den Jahren

3.3.5 Schnellprüfung von Zement

1937 bis 1940 hat man, allerdings ohne nachhaltigen Erfolg, versucht, durch eine *Wärme*behandlung der Normenprüfkörper 4 × 4 × 16 in cm *kurzfristig* ein Urteil über die zu erwartende *Schwindung* der Zemente zu erhalten, weil die Schwindwerte damals zum Bau der Autobahnen

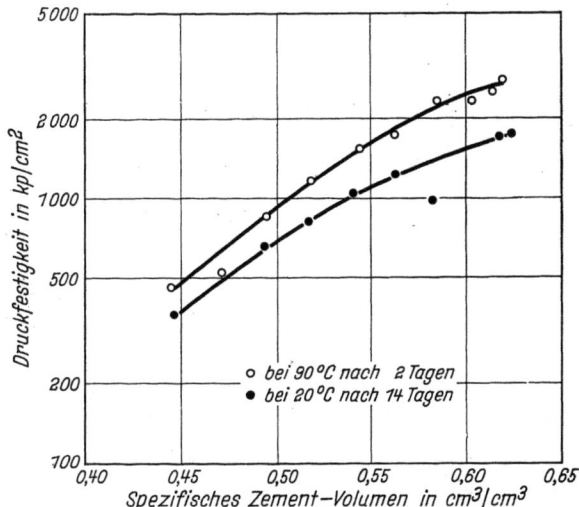

Bild 50. Druckfestigkeit von gepreßten Kleinzylindern aus Portlandzement mit 5100 cm²/g nach BLAINE mit und ohne Wärmebehandlung in Abhängigkeit vom spezifischen Zementvolumen, und zwar

bei 90 °C erst etwa 24 Std. im Wasser gelagert, dann 24 Std. bei 90 °C an der Luft getrocknet und nach Abkühlen auf 20 °C geprüft,

bei 20 °C erst 7 Tage im Wasser, dann an der Luft in 65% rel. Luftfeuchte bis zu 7 Tagen getrocknet. Nach G. M. IDORN [I 1].

für die Auswahl der Zemente entscheidend waren. — Nach J. P. VAN BRUGGEN [B 58] 1950 hat man beim Bau des Maastunnels mit einer 3stündigen *Koch*behandlung nach 24stündigem Erhärten von üblichen Prüfkörpern aus Normenmörtel (W/Z = 0,6) deren 3tägige Festigkeit, durch eine ebensolche Behandlung von Prüfkörpern aus Purzement mit W/Z = 0,3 deren 28tägige Festigkeit voraussagen können. Bei Gemeinschaftsversuchen der Schweizer EMPA 1957 [E 9] mit Zementwerken haben 1 Tag alte Normenprismen durch 3stündiges Härten im *Autoklaven* bei 12 atü die 28tägige Normenfestigkeit mit einer maximalen Abweichung von ±10% erreicht. Dabei ist ergänzend zu bemerken, daß sich die Prüfung nur auf Portlandzement erstreckte und daß der Schweizer Normsand nur zu zwei Drittel aus Quarz und zum restlichen Drittel aus Kalkstein besteht. Die 28tägige Festigkeit von Beton läßt sich durch Behandeln von Betonkörpern mit Dampf oder im Wärmeschrank nach K. WALZ und J. DAHMS [W 19] voraussagen (s. 3.5.4).

3.3.6 Festigkeit-Zuwachs-Diagramm (FZ-Diagramm) Bewertung hydraulischer Stoffe

Bei dem von F. KEIL [K 17] 1965 vorgeschlagenen FZ-Diagramm setzt man an die Stelle der Zeitachse eine Achse für den Zuwachs an Festigkeit, die auch unter 45° gegen die Abszisse geneigt sein kann. — Den Fall einer *Dreipunktdarstellung* der Festigkeitsfolge 3 bis 7 bis 28 Tage mit dem 7-Tage-Wert als *Bezugsfestigkeit* zeigt Bild 51. Auf der diagonalen Achse der Bezugsfestigkeit nach 7 Tagen errichtet man über dem betreffenden Punkt eine Senkrechte und führt sie nach links bis zum 3-Tage-Wert, nach rechts bis zum 28-Tage-Wert. Das Bild

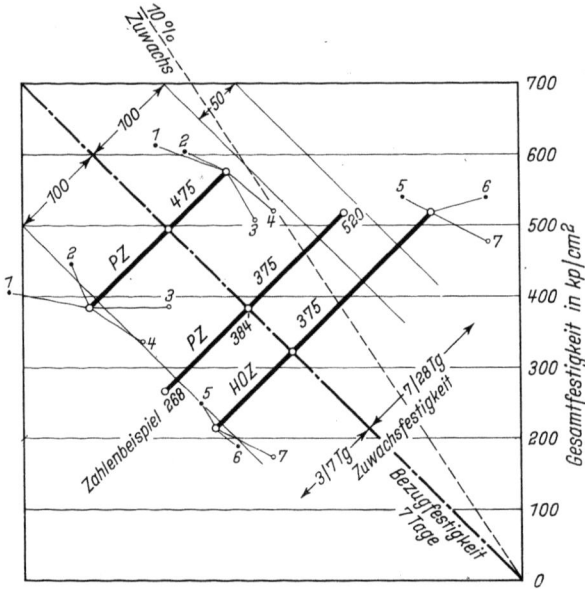

Bild 51. FZ-Diagramm der Druckfestigkeit ($w = 0{,}6$) nach 3, 7 und 28 Tagen von durchschnittlichen Werten und Einzelwerten (1, 2, 3, 4) des PZ 475 und (5, 6, 7) des HOZ 375 sowie (dazwischen) von durchschnittlichen Werten des PZ 375 nach älteren Unterlagen des VDZ. Auf die Diagonale ist die 7tägige Druckfestigkeit, auf die Senkrechte dazu nach links die 3tägige und nach rechts die 28tägige Festigkeit aufgetragen.

enthält durchschnittliche Werte für PZ 475, PZ 375 (mit eingetragenen Festigkeiten 268 bis 384 bis 520 kp/cm^2) und HOZ 375 nach DIN 1164-1958 aus älteren Unterlagen des VDZ. An das untere und das obere Ende der ersten und letzten Festigkeitsfolgen sind als Anhängsel Werte von 4 extremen Zementen nach oben (1 und 2) und nach unten (3 und 4) aus der Gruppe des PZ 475 und in derselben Weise von 3 extremen Zementen (5, 6, 7) der Gruppe des HOZ 375 aufgetragen. Die Verbindungslinie der 3- bis 7- bis 28-Tage-Werte dieser Zemente 1 bis 7 ist nicht gezogen. Die Diagonalbalken von 10 Festigkeitsfolgen mit

3.3.6 Festigkeit-Zuwachs-Diagramm (FZ-Diagramm)

30 Werten sind sozusagen an ihrem 7-Tage-Wert aufgehängt und fügen sich zwanglos und ablesbar übereinander. Zieht man parallel zu der 45°-Achse der Bezugsfestigkeit Koordinaten im Abstand 50, 100 und 150 kp/cm² (auf dem Bild: für 100 kp/cm² rechts und links und für 100 + 50 kp/cm² rechts), dann ist auch die Zuwachsfestigkeit vergleich- und ablesbar. Mit einem Leitstrahl kann man auch den prozentualen Zuwachs (im Bild: 10%iger Zuwachs ab 7 Tage) ablesbar machen.

Nützlich ist die Anwendung des FZ-Diagramms zur *Bewertung hydraulischer* oder unhydraulischer *Stoffe*, die dem Zement beigemahlen werden, weil das von G. HAEGERMANN und von F. KEIL [k 16] 1944 vorgeschlagene Verfahren nicht befriedigt. Bei dieser Bewertung setzte man die Festigkeit eines Gemisches aus Klinker und Hochofenschlacke a (326) in Beziehung zu der höheren als 100% angenommenen Festigkeit b (386) des reinen Portlandzements und zu der niedrigeren, als Null % angenommene Festigkeit eines Gemisches c (216), das anstelle der Hochofenschlacke Quarzmehl enthält. Nach der Gleichung $\dfrac{a-c}{b-c} \cdot 100$ ergibt sich aus den in Klammern beigefügten Festigkeiten die hydraulische Kennzahl 65%.

Nach F. KEIL [k 16] 1949 lag bei Hüttensand die hydraulische Hauptkennzahl 30, das ist die der Eisenportlandzementmischung mit 70% Klinker, nach 28 Tagen etwa zwischen 40 und 80%, nach 90 Tagen zwischen 50 und 90%. Die hydraulische Kennzahl 70 mit nur 30% Klinker und 70% Hüttensand stieg in abgerundeten Mittelwerten bei grober Mahlung von 7 über 28 auf 90 Tage von 35 über 50 auf 60% und bei sehr feiner Mahlung von 45 über 55 auf 60% an, wobei Grenzwerte bis zu 90% vorkamen. Die hydraulischen Kennzahlen sind somit *nicht konstant*, sondern gelten nur für bestimmte Gemische und für ein bestimmtes Prüfverfahren.

Auf dem Weg über die *Vergleichsfestigkeit* kann man mit dem FZ-Diagramm den Tatbestand des Festigkeitsgewinns oder -verlustes durch Zusätze für mehrere Prüftermine gleichzeitig anschaulich und gegebenenfalls berechenbar darstellen. Wie Bild 52 zeigt, wird auf der Abszisse die tatsächliche Festigkeit des reinen Portlandzements von z. B. 490 kp/cm² nach 28 Tagen als *Ausgangsfestigkeit* aufgetragen. Es wird nun die rein rechnerische Annahme gemacht, daß sich diese Ausgangsfestigkeit linear auf den Punkt Null hin bewegt, wenn man in dem Prüfmörtel nacheinander, 15, 30 und 50% des Portlandzements durch einen „ideal inerten" Stoff ersetzt. Dann ergeben sich für die Mischungen mit 15, 30 und 50% Ersatz des Portlandzements als Vergleichsfestigkeiten 416 kp/cm² (85% von 490), 343 kp/cm² und 245 kp/cm². Hat die Mischung mit 15% Puzzolane P 502 kp/cm² ergeben, dann wird über der Vergleichsfestigkeit von 416 kp/cm² nur der Zuwachs an Festigkeit von 86 kp/cm² aufgetragen, für die Mischung mit Hüttensand H, die die Festigkeit 569 kp/cm² besitzt, dementsprechend

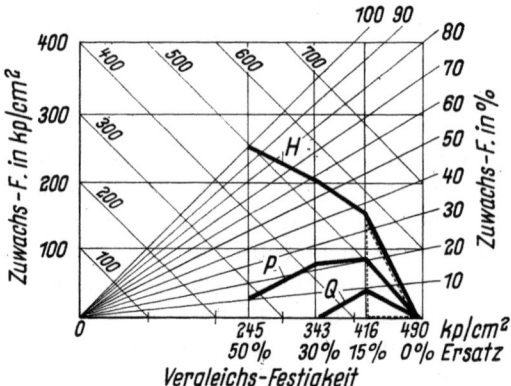

Bild 52. Ersatz von Portlandzement durch Hüttensand H, Puzzolane P und Quarzsand Q in feiner Mahlung mit 4200 cm²/g, 5200 cm²/g und 4600 cm²/g spez. Oberfläche nach BLAINE. ISO-Prüfverfahren. 28 Tage Wasserlagerung. FZ-Diagramm.

153 kp/cm². Immer werden die Werte der Vergleichsfestigkeit von der ermittelten Festigkeit des Gemisches abgezogen. Ist die Festigkeit des Gemisches geringer als die Vergleichsfestigkeit, dann *kann* man sie in Richtung des negativen Teils der Ordinate, d. h. nach unten auftragen. Im Bild ist das nicht geschehen. Im Gegensatz zu Bild 51 stellt hier die *Diagonale* die von links nach rechts zunehmende *Gesamt*festigkeit dar, die sich aus den auf den Katheden aufgetragenen Teilbeträgen der Vergleichsfestigkeit (Abszisse) und Zuwachsfestigkeit (Ordinate) zusammensetzt. Durch Verbindung der zusammengehörigen oberen Stabenden entstehen Zuwachsberge mit einer Kuppe und einem Feld von charakteristischer Höhe und Breite.

Solche Zuwachsberge lassen sich *gleichzeitig* für die Festigkeit nach 7, 28 und 90 Tagen darstellen, wie Bild 53 zeigt. Darin sind die drei Wachstumsberge kulissenartig hintereinandergeschoben. Auf die Darstellung des linken Teils, der meistens ein „Abhang" des dahinter liegenden höheren Berges ist, wird zugunsten der vorderen Berge verzichtet. Wie schon Bild 52 gezeigt hatte, bleibt bei einem Ersatz von 15 bis 30% des Portlandzements durch eine gute Puzzolane oder durch eine reaktionsfähige Hochofenschlacke die Festigkeit zunächst bis 15% oder noch mehr gleich; das erkennt man daran, daß die rechte Grenze des Zuwachsfeldes parallel zur 45°-Koordinate der Gesamtfestigkeit verläuft oder wie beim Hüttensand H nach 28 Tagen auf Bild 52 sogar überschreitet. Bei diesen Versuchen wirkte Kalksteinmehl K stärker als Quarzmehl. Höhe und Länge ihrer Zuwachsberge waren auch bei

3.3.6 Festigkeit-Zuwachs-Diagramm (FZ-Diagramm)

steigendem Alter nahezu konstant. Das senkrecht gestreifte Feld der 4 untersuchten Puzzolanen hebt sich aus seiner Lage nach 7 Tagen zwischen Kalkstein und Quarz bis zu 28 Tagen bereits über den Kalkstein hinaus und erreicht nach 90 Tagen eine maximale Zuwachsfestigkeit von nahezu 200 kp/cm².

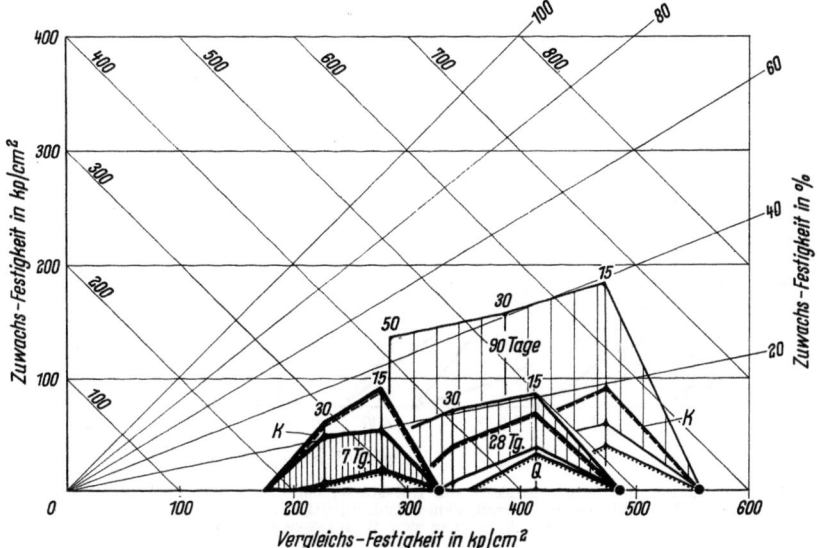

Bild 53. Ersatz von Portlandzement durch 4 Puzzolanen (gestreiftes Feld), Kalksteinmehl K und Quarzmehl Q. Wachstumsberge aus Druckfestigkeit nach 7, 28 und 90 Tagen. ISO-Prüfverfahren. FZ-Diagramm.

Anschließend sei mit Bild 54 gezeigt, daß man eine große Anzahl von Ergebnissen aus *Mahlversuchen* auf solchen Feldern eines FZ-Diagramms unterbringen und die Folgerungen daraus anschaulich machen kann und nicht auf den oft zweifelhaften Prozentvergleich der Relativfestigkeiten angewiesen ist. Die Felder der beiden Diagramme begrenzen die Bereiche, in denen die Druckfestigkeit nach 1, 3, 28 und 90 Tagen von Normenmörtel liegt, in dem Zementklinker als Ausgangsfestigkeit stufenweise zu 30, 60 und 85% durch Körnungen von 3 Hüttensanden verschiedener Hydraulizität ersetzt wurde, nach Versuchen von W. KAYSER [K 10]; rechts ist das Gemisch aus den gröberen Fraktionen 15 bis 32 μm der beiden Stoffe Klinker und Hüttensand, links das der feineren Fraktionen 4 bis 15 μm im selben Maßstab dargestellt. Die nicht dargestellte feinste Fraktion 0 bis 4 μm lag in den 28- und 90-Tage-Werten niedriger als die Fraktion 4 bis 15 μm. *Rechts* liegt die Festigkeit aller Gemische niedriger; das 1-Tag-Zuwachsfeld erscheint noch gar nicht. *Links* ist auch dieses Feld vorhanden; die obere Kante des 90-Tage-Zuwachsfeldes bleibt bei dem einen Hüttensand bis zu 85% Ersatz noch in der Höhenlage der Ausgangsfestigkeit des Portlandzements über 600 kp/cm², während die untere Kante desselben Feldes mit dem am wenigsten aktiven Hüttensand innerhalb der 90 Tage weniger als 400 kp/cm² Gesamtfestigkeit erreicht.

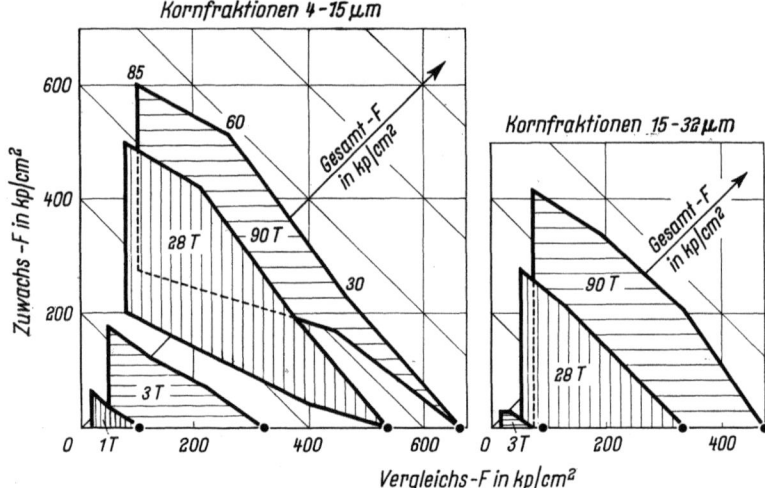

Bild 54. Veränderung der Druckfestigkeit von ISO-Mörtel bei Ersatz von Portlandzement zu 30, 60 und 85% durch 3 Hüttensande verschiedener Hydraulizität in den Kornfraktionen 4 bis 15 μm und 15 bis 32 μm. Nach Versuchen von W. KAYSER [K 10]. FZ-Diagramm.

In der bisher üblichen Form ist auf Bild 55 die Veränderung der Druckfestigkeit von Hüttenzement mit der Zunahme des Gehalts an Hüttensand und mit der Mahlfeinheit des Hüttensands nach Versuchen von F. W. LOCHER, J. WUHRER und K. SCHWEDEN [L 56] 1966 dargestellt. Das Bild enthält die Ergebnisse von Gemischen der Kornfraktion 3/9 μm des Klinkers mit den Kornfraktionen 0/3, 3/9, 9/25 und 25/50 μm des tonder*ereichen* Hüttensands mit 17,6% Al_2O_3. (Der vergleichsweise geprüfte tonerdearme Hüttensand hatte nur 13% Al_2O_3.) Die Verfasser folgern daraus, daß sich Hüttensandkörner über 9 μm, deren „repräsentative Korngröße" (s. 5.5.1) dann rechnerisch unter 2200 cm²/g liegt, während der ersten 28 Tage praktisch wie ein inerter Zuschlag verhalten, was bei dem auf Bild 55 dargestellten tonerdereichen Hüttenzement nur für die linear abfallenden 7-Tage-Werte zutrifft. Die feinen Kornfraktionen des Hüttensands 0/3 und 3/9 μm können die Festigkeit des Portlandzements in der Kornfraktion 3/9 μm mit zunehmendem Alter um 20 bis 80% steigern, und zwar tun es die des tonerdearmen stärker als die des dargestellten tonerdereichen Hüttensands.

Wenn sich solche Darstellungen auch nur auf Mörtel und nicht auf Beton beziehen, so sind ihre Ergebnisse doch eine zuverlässige, reproduzierbare Unterlage für die Entscheidung über die Zusatzmenge und Feinheit des Hüttensands. — Aus den meisten dieser und ähnlicher Arbeiten wird gefolgert, daß man in hüttensand*reichem* Hochofenzement vor allem den Hüttensand besonders fein, und, da es beim

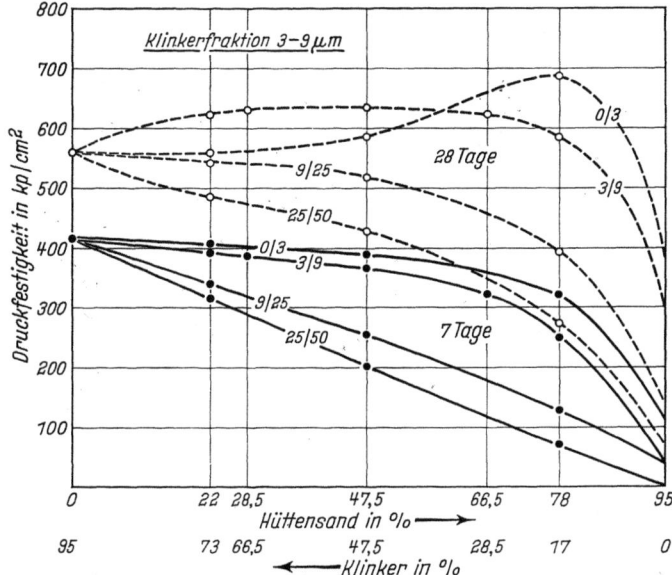

Bild 55. Veränderung der Druckfestigkeit nach 7 und 28 Tagen von Hüttenzement aus Zementklinker der Kornfraktion 3 bis 9 μm und zunehmendem Gehalt an tonerdereichem Hüttensand der Kornfraktionen 0/3, 3/9, 9/25 und 25/50 μm. Nach F. W. LOCHER, J. WUHRER und K. SCHWEDEN [L 56].

Portlandzement nicht nötig ist, beide Komponenten *getrennt* mahlen soll. Aus der Tatsache, daß Hüttenzement auf die bekannten Mahlhilfen nicht anspricht, könnte man aber auch folgern, daß sich das gemischte Mahlgut beim Mahlen in der Kugelmühle besonders gut und günstiger als reiner Klinker verhält. — Zum Schluß sei daran erinnert, daß B. SCHLOTMANN [S 21] 1964 die frühere Feststellung von HUMMEL bestätigt hat, wonach eine Magerung des Zementsteins mit Feinstmehl bis zu 30 Vol.-% bei *gleichbleibendem* W/Z-Wert die Druckfestigkeit nicht mindert. (Das Feinstmehl erhöht in der Regel den Wasseranspruch.)

3.3.7 Auswertung und Darstellung von Ergebnissen

Die Angabe eines Mittelwerts $\bar{x}$ für eine begrenzte Anzahl von n Einzelwerten oder auch des Mittelwerts μ für die Grundgesamtheit aller möglichen Werte wird heute oft ergänzt durch Angabe der *Standard-*

abweichung s oder σ (für die Grundgesamtheit) und durch den *Variationskoeffizienten* v, der das Verhältnis $s : \bar{x}$ oder $\sigma : \mu$ in % angibt. Die Abweichung zwischen $\bar{x}$ und μ und zwischen s und σ verringert sich mit zunehmender Anzahl an Einzelwerten und wird durch den Vertrauensbereich bzw. die Vertrauensgrenze gekennzeichnet. In der Regel kann man von 50 Einzelwerten an $\bar{x}$ und μ, sowie s und σ gleichsetzen. Neben diesen Begriffen der Verteilungs- und Fehlerrechnung liefern die Korrelations- und Regressionsanalyse mit dem Regressionskoeffizienten und dem Bestimmtheitsmaß Aussagen darüber, ob zwischen zwei Größen ein schwacher oder enger Zusammenhang besteht, wie Bild 56 nach L. SACHS

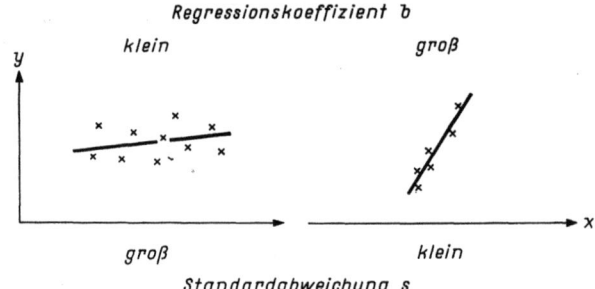

Bild 56. Darstellung eines schwachen (links) und eines engen (rechts) Zusammenhangs. Nach L. SACHS [S 1].

[S 1] zeigt. Mit der Anwendung der Statistik auf Analysenergebnisse hat sich außerdem u. a. K. DOERFFEL [D 13] befaßt, mit der Anwendung auf Prüfergebnisse an Zement- und Mörtelkörpern u. a. H. BLAUT [B 32] 1968, H. RÜSCH [R 34] 1958 und 1969 (s. unten), ferner A. MEYER [M 37] 1964. Nachstehend wird vor allem die graphische Auswertung behandelt.

Gemäß Bild 57 rechnet man aus den 40 Einzelwerten den Mittelwert $\bar{x}$ aus, der hier als W_m 343 kp/cm² beträgt, und verteilt die Werte auf etwa 10 Klassen, wovon im Bild nur 9 Klassen besetzt sind. Dann stellt man nacheinander die absolute Summenhäufigkeit und die prozentuale Summenhäufigkeit fest und trägt sie so in das obere Wahrscheinlichkeitsnetz ein, daß die im Regelfall geradlinig verlaufende Summenkurve die horizontale 50%-Koordinate im Mittelwert $W_m = 343$ schneidet. Dort wo die schräg ansteigende Gerade die horizontalen 16%- und 84%-Koordinaten schneiden, liegt die Standardabweichung s mit hier 35 kp/cm², die man auch rechnerisch ermitteln kann. Die Berechenbarkeit von s und die lineare Beziehung der Summenhäufigkeit im Wahrscheinlichkeitsnetz beruhen darauf, daß sich bei unendlich kleinen Klassen und unendlich vielen Einzelwerten aus der Treppenkurve der absoluten oder relativen Häufigkeiten eine dem Bild 58

3.3.7 Auswertung und Darstellung von Ergebnissen

entsprechende Gaußsche Normalverteilung mit der Form einer Glockenkurve ergibt und daß das Wahrscheinlichkeitsnetz durch die besondere Aufteilung der y-Achse die Summenkurve, die sonst S-Form (s. Bild 94 unter 5.2.2) hätte, in eine Gerade verwandelt. Die Kornverteilung

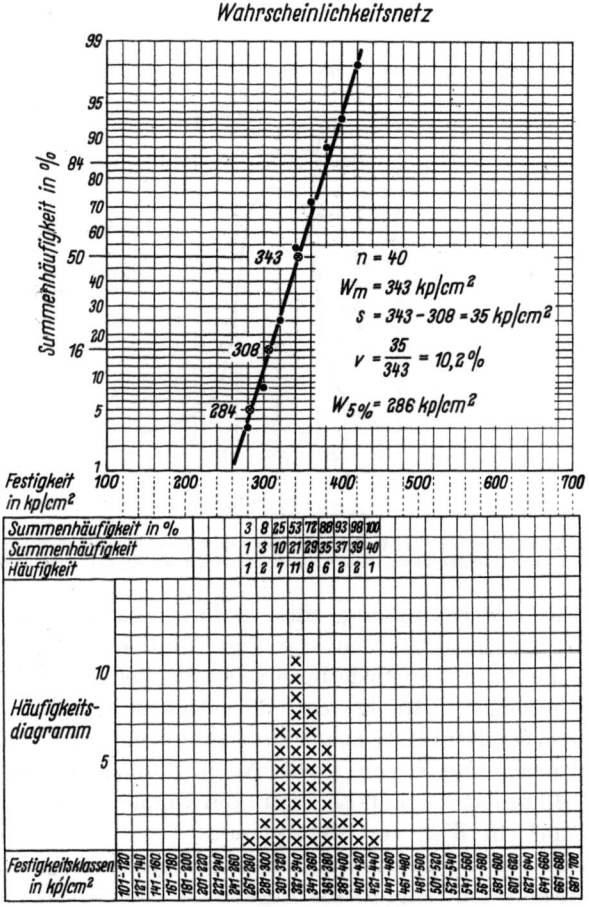

Bild 57. Statistische Auswertung von 40 Prüfwerten der Würfeldruckfestigkeit W. Nach H. RÜSCH. Unten: Sammlung und Darstellung im Häufigkeitsdiagramm; oben: Darstellung dieser Normalverteilung im Wahrscheinlichkeitsnetz. W_m entspricht $\bar{x}$, s = Standardabweichung in kp/cm², v = Variationskoeffizient in %.

von Mahlgütern entspricht nicht dieser symmetrischen Normalverteilung, auch nicht einer logarithmischen Normalverteilung, sondern der Rosin-Rammler-Sperling-Verteilung (s. 5.5.1).

Aus Bild 58 ist weiter ablesbar, daß die Standardabweichung den Abstand der Wendepunkte dieser Kurve vom Mittelwert angibt. Die

214   3 Physikalische Eigenschaften des Zements und Betons

dadurch beiderseits abgegrenzte Fläche umfaßt 68,3% aller Werte der Grundgesamtheit, der Bereich von $\pm 2s$ 95,4%, der von $3s$ 99,7% aller Werte. Dem Wert s entspricht die statistische Sicherheit S von 68%, d. h. der Faktor k für S ist 1. Der Rest auf 100 von 31,7% ist die Ausfallwahrscheinlichkeit. Bei Prüfungen im Bauwesen interessiert

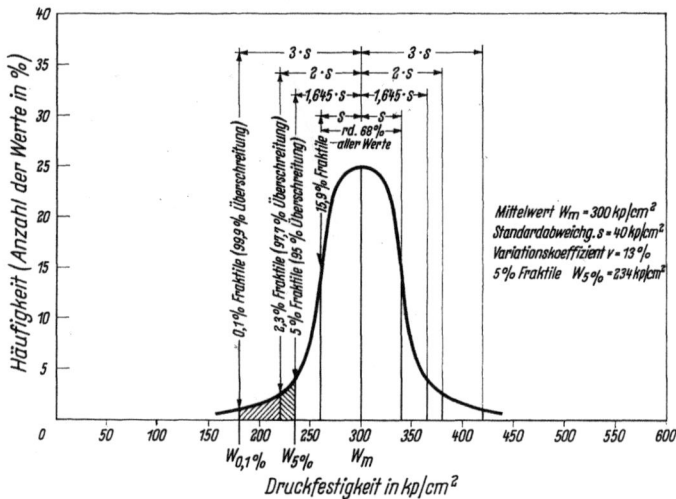

Bild 58. Zusammenhang zwischen Standardabweichung s und Fraktile bei sehr vielen, eine Normalverteilung ergebenden Prüfergebnissen einer Baustelle. Nach J. BONZEL und J. DAHMS [B 50].

meist nur die *Unter*schreitung eines geforderten oder erwünschten Wertes; man spricht dann von *einseitiger* statistischer Sicherheit $\bar{S}$, aus der sich die einseitige Ausfallwahrscheinlichkeit A ergibt, die man als *Fraktile* bezeichnet. Infolge der Einseitigkeit sind die Werte der *Über*schreitung bei $2s$ und $3s$ höher als oben angegeben. Einer Fraktile von 5% entspricht ein k von 1,645. Nach Bild 57 ergibt sich somit für $W_m = 343$ kp/cm² ein $W_{5\%}$ von 286 kp/cm², nach Bild 58 für W_m 300 kp/cm² ein $W_{5\%}$ von 234 kp/cm².

Als *Beispiel* für die Darstellung einer Summenhäufigkeit im Wahrscheinlichkeitsnetz gibt Bild 59 die Ergebnisse einer älteren Vergleichsprüfung nach DIN 1164-1942, jedoch mit W/Z = 0,55, nach 3, 7 und 28 Tagen wieder. Die Festigkeit ist in % des Mittelwerts aufgetragen. Man erkennt die Verringerung der Streuung mit dem Prüfalter an dem Steilerwerden der Geraden. Der Steigungswinkel nimmt von 27° 50' auf 43° 50' zu. Aus der Lage der Schnittpunkte für die 16%- und 84%-Koordinate, die nicht eingezeichnet sind, ergibt sich die Abnahme des Variationskoeffizienten v mit der Erhärtungsdauer von rd. 12% auf rd. 6%. Bei den französischen Zementen hat nach R. PELTIER [P 9] 1969 v in der Zeitspanne 1964 bis 1968 von 10 auf 7% abgenommen.

3.3.7 Auswertung und Darstellung von Ergebnissen

A. MEYER [M 37] bezeichnet 1964 die Gleichmäßigkeit von *Zement*, der im Prüfalter von 28 Tagen einen Variationskoeffizienten v unter 5% besitzt, als gut, zwischen 5 und 10% als annehmbar. Den *Wiederholstreubereich* beim DIN-Prüfverfahren gibt er für gut geleitete Laboratorien im Prüfalter von 2 Tagen bis zu 6% an; er vermindert sich bis zu

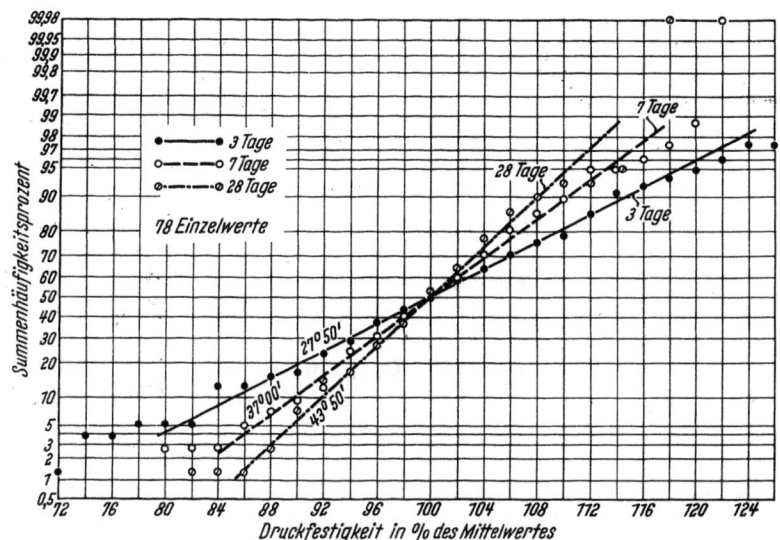

Bild 59. Summenhäufigkeit von Zementprüfungen nach 3, 7 und 28 Tagen. Prüfverfahren DIN 1164-1942. Druckfestigkeit in % des Mittelwertes.

28 Tagen auf bis zu 4%, bei der Prüfung der 5 Stunden alten Mörtelkleinzylinder [M 38] 1965 hat er sogar nur 1,9% gefunden. Über die Streuung der *Beton*festigkeit hat L. CONRAD [C 10] ähnliche Angaben wie J. BONZEL und J. DAHMS [B 50] gemacht. Für DIN 1045 [B 62] sind als Variationskoeffizienten v von Einzelwerten aus verschiedenen Mischerfüllungen zur Beurteilung der Betonherstellung vorgeschlagen worden:

Beurteilung der Betonherstellung	Bei Variationskoeffizient v in %			
	sehr gut	gut	befriedigend	schlecht
Auf der Baustelle	unter 10	10—15	15—20	über 20
Im Betonwerk	unter 5	5— 7	7—10	über 10

Der prozentuale Streubereich wird danach im Betonwerk halb so groß angenommen wie an der Baustelle. — H. RÜSCH, R. SELL und R. RACKWITZ [R 36] haben 1969 aus den Beobachtungsergebnissen von 2500 in- und ausländischen Baustellen nur 499 Stichproben voll auswerten können. Die Festigkeitswerte der Prüfkörper waren in guter Näherung normal verteilt. Für die Standardabweichung s der Betonfestigkeit $\bar{x}$ fanden sie Werte von $s = 10$ bis 100 kp/cm², im Mittel von rd. 50 kp/cm². Als Qualitätsmaßstab halten sie den Wert der Standardabweichung für besser als den Variationskoeffizienten und nennen für eine kleine Baustelle bzw. eine Großbaustelle eine Standardabweichung s von 50 bzw. 30 kp/cm² sehr gut und s von 80 bzw. 50 kp/cm² annehmbar. — Der Korrelations*koeffizient* oder -*faktor* r ist ein häufig angegebener Wert. Er liegt zwischen -1 und $+1$. Ist er $+1$ oder -1, dann besteht eine völlige Korrelation; alle Punkte liegen auf einer Geraden, die nach rechts bei $+1$ ansteigt, bei -1 abfällt. Häufig verwendet man noch das *Bestimmtheitsmaß* $B = r^2$. Der Wert $B = 0{,}81$ bedeutet, daß sich 81% der Gesamtstreuung aus der Veränderung von x durch eine *lineare* Regression erklären läßt. Nach Angabe des VDZ Tät. Ber. 1963/64, S. 33 ergaben die Prüfwerte von 29 Zementen für die Beziehung Betonfestigkeit $= a + b \cdot$ (Zementfestigkeit):

für	DIN 1164-1958	DIN 1164-1970 (ISO)	ASTM-C 109
ein Bestimmtheitsmaß von	0,85	0,91	0,56

Der Vergleichsbeton hatte einen W/Z-Wert von 0,6 und einen Zementgehalt von 310 kg/m³. — Das neue DIN-Verfahren hatte also das größte Bestimmtheitsmaß.

3.4 Räumliche Veränderungen von Beton

3.4.1 Schwinden, Schrumpfen, Kriechen

Als Schwinden bezeichnet man die Raumverminderung beim Austrocknen von Beton und Mörtel, als Quellen die Raumzunahme durch Eintritt von Wasser in die Kapillaren. Auf Bild 60 nach F. M. Lea und D. H. Desch [1 9] ist gezeigt, daß die Längenänderung eines Betonkörpers zwischen nasser und trockener Lagerung zum größten Teil reversibel, d. h. beliebig oft wiederholbar ist. Diesem reversiblen Anteil der Längenänderung geht ein irreversibler Anteil voraus, den man als Schrumpfen bezeichnet. Kriechen nennt man die bleibende plastische Verformung eines Betons unter Dauerlast. Das *Quellen* durch Wasseraufnahme ist, wie Bild 60 zeigt, bei üblichem Beton gering. Die Ausnahme- oder Sonderfälle, in denen es größere Werte annehmen und zu Rissen führen kann, sind unter 3.4.4 behandelt. Sonderfälle räumlicher Veränderungen mit der Gefahr der Rißbildung sind auch die in massigen Betonkörpern durch die Hydratationswärme auftretenden Spannungen

(s. 3.5.1), und die Dehnungen, Kontraktionen und Verwölbungen von Fahrbahnplatten (s. 3.2.6), denen man außer durch Unterteilung der Baukörper oder Platten mit besonderen Maßnahmen begegnet. Der Auflockerung des Betons durch gefrierendes Wasser begegnet man durch Einziehen von Luftporen (s. 3.2.5).

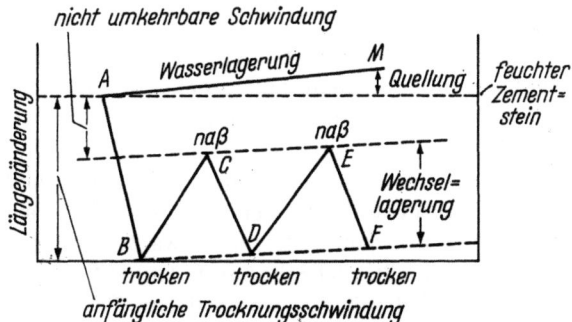

Bild 60. Schematische Darstellung des Schwindens und Quellens. Nach F. M. LEA und C. H. DESCH [1 9].

Wenn man üblichen Beton und Mörtel sorgfältig *nachbehandelt*, d. h. 7 Tage lang feucht hält und vor Sonne, Wind und Zugluft schützt, dann hat man die Bildung von Schwindrissen nicht zu fürchten. Der geringe Anteil der Schwindung an den Raumveränderungen des Betons geht auch daraus hervor, daß DIN 1164, § 16,3, den Betrag der Schwindung für statisch unbewehrte Tragwerke einem Temperaturabfall von 15 und 20 grd gleichsetzt, während man bei den dünnwandigen Fahrbahnplatten mit mindestens dem doppelten Betrag zu rechnen hat. — Nach einer statistischen Erhebung von A. JOISEL [J 10] 1965 und 1968, der sich mit dem Schwinden besonders befaßt hat, beruhen 90% aller *Risse*, die Bestand oder Aussehen eines Bauwerks beeinträchtigen, auf Belastung, Stoß, Frost und chemischer Korrosion des Betons und seiner Bewehrung, nur 10% auf dem Schwinden. JOISEL mißt den thermischen Einflüssen eine stärkere Rolle zu als denen des hydraulischen Schwindens.

Durch das Schwinden werden Zementpaste und Zementmörtel, z. B. der für Verputz und Estriche, stärker beeinflußt als Beton. Deshalb beobachtet man dort auch am ehesten die netzartigen, wie Spinnweben aussehenden *Schwindrisse*, die den Rissen von austrocknendem Ton oder Schlamm ähnlich und wesensgleich sind. In beiden Fällen kann das austrocknende Feststoff-Wasser-Gemisch der Volumenverringerung durch den Verlust des Wassers — beim Zement kommt das chemische Schwinden ohne Wasserverlust dazu (s. unten) — nicht mehr durch ein plastisches Verformen folgen und reißt.

Im Gegensatz zu den Schwindrissen, die DIN 1164, Blatt 6, zeigt, und die auch bei zu trocken gelagerten Probekuchen zur Bestimmung der Raumbeständigkeit vorkommen können und nach dem Rand des Kuchens hin auslaufen, beginnen die *Treibrisse* an den Ecken und Kanten und können über Aufspalten, Aufblättern und Abblättern bis um völligen Zerbröckeln einer Zementpaste, eines Mörtels oder Betons führen (s. Bild 72 unter 4.3.2).

Das *Schrumpfen* oder *chemische* Schwinden des Zementleims erklärt man damit, daß das dem Zement zugegebene flüssige Anmachwasser in dem Gitter der entstehenden Hydratationsprodukte weniger Platz einnimmt als vorher. R. NACKEN [k 55] macht dafür nicht den Ersatz des CaO durch H_2O, sondern den Abbau des CaO-Gehalts im Alit verantwortlich. Der Hauptteil des Schrumpfens spielt sich während des Erstarrens ab und ist bis zum Alter von etwa 24 Stunden abgeschlossen. Mit einer Schrumpfmeßtopf-Probe hat J. JUNG [J 13] 1967 (s. 3.3.3) die Frostgefährdung und damit den wesentlichen Teil des Schrumpfens als abgeschlossen angesehen, sobald die Volumenkontraktion 4% des Anmachwassers betrug. Bei O. GRAF [g 21] wird unterschieden zwischen *äußerem* Schrumpfen, bei dem Mörtel und Beton der Kontraktion noch folgen und ihr Volumen verkleinern können, und *innerem* Schrumpfen, bei dem sich in dem äußerlich konstant bleibenden Volumen Schrumpfporen bilden. Die Menge solcher Schrumpfporen hat W. ARNDS [A 17] 1962 mit 3 bis 8 Vol.-% angegeben, wenn der W/Z-Wert von 0,2 auf 0,4 zunimmt. Nach W. CZERNIN [c 15] erleiden 100 g Zement + 25 g Wasser bei völliger Hydratation eine Volumen-Einbuße von 6 ccm. — K. WALZ [W 13] bezeichnet 1955 als Schrumpfrisse (s. 3.2.6) nur die innerhalb weniger Stunden nach dem Erhärten im noch jungen Beton meist scharenweise gleichlaufend zur Querfuge auftretenden Risse einer Fahrbahnplatte.

3.4.2 Schwindprüfung und Schwindwerte

In Deutschland war die Schwindprüfung bis 1958 ein Bestandteil von DIN 1164. Zement für die Betondecken der Autobahn sollte im Alter von 28 Tagen einen Schwindwert von 0,6 mm/m nicht überschreiten. Die Prüfkörper aus dem damaligen Normmörtel wurden nach 7 Tagen Feucht- und Wasserlagerung in einem verschlossenen Blechgefäß über Pottasche ausgetrocknet. Darin sinkt die rel. Luftfeuchte nach 1 Tag schon auf 50% und im Verlauf von 10 Tagen auf eine Ausgleichsfeuchte von 40% ab, wie K. WESCHE [W 51] 1959 an nicht veröffentlichten Versuchen von A. HUMMEL gezeigt hat, und trocknet die Körper wesentlich stärker aus als z. B. das Normklima 20/65 DIN 50014 mit 20 °C und 65% rel. Feuchte. Nach DIN 1164 sind für die Arbeitsräume 20 °C ± 2 grd und eine rel. Luftfeuchte von mindestens 50% vorgesehen.

R. DITTRICH [D 11] hat 1950 eine Faustformel für den Zusammenhang zwischen Schwindwert und chemischer Zusammensetzung des Klinkers aufgestellt, nach einer Erörterung mit W. CZERNIN [C 17] 1951 deren Anwendbarkeit abgegrenzt und aus einer 1953 veröffentlichten statistischen Auswertung der Risse auf Autobahnen gefolgert, daß deren Ursache im wesentlichen baulicher Art waren. Von den Zementen hat er Temperatur-Unempfindlichkeit und Verbesserung ihrer Wasserhaltung und ihres Altersverhaltens gefordert und dazu einige Vorschläge gemacht. Seitdem wird bei den Deckenzementen für den Straßenbau besonderer Wert darauf gelegt, daß das Erstarren bei 20 °C erst nach 2 Stunden und bei 30 °C erst nach 1 Stunde beginnt.

M. VÉNUAT [V 6] hat 1967 und 1968 mit Versuchen an Prüfkörpern nach dem ISO-Verfahren, die in Luft mit 50% rel. Feuchte gelagert waren, bestätigt, daß eine Beziehung der Schwindwerte zu den Klinkerphasen nach BOGUE nur insofern zu erkennen war, als ein hoher Gehalt an C_3A zu höheren Schwindwerten führt. Das bestätigt die deutschen Erfahrungen und stimmt auch mit den Angaben von T. C. POWERS nach KÜHL [k 55, Bd. III, S. 362] überein, der 1935 aus einer Statistik von Meßergebnissen Koeffizienten für die Kontraktion der Klinkerphasen nach BOGUE errechnet hat, deren 28-Tage-Werte folgende sind:

$3\,CaO \cdot SiO_2$	$2\,CaO \cdot SiO_2$	$3\,CaO \cdot Al_2O_3$	$4\,CaO \cdot Al_2O_3 \cdot Fe_2O_3$
0,048	0,020	0,102	0,025

Diese reinen Rechenwerte laufen der gesamten Hydratationswärme etwa parallel (s. Tab. 38 in 3.5.1). Mit Zusätzen von *Alkali* erhielt VÉNUAT ab 28 Tage Alter — in verstärktem Maße bei Na_2O — zunehmende Schwindwerte. Cloride erhöhen das Schwinden besonders in geringem Alter, während Zusätze von Flugasche das Schwinden oft verringern. Mit von 3000 auf 4000 cm²/g spezifische Oberfläche nach BLAINE zunehmender Feinheit fand VÉNUAT das Schwinden um etwa 30% erhöht, beim Anstieg von 2000 auf 5000 cm²/g verdoppelt. Nach R. A. HELMUTH und D. H. TURK [H 23] 1967 verlaufen irreversibles und reversibles Schwinden einer vollhydratisierten Paste aus Alit und einer Paste aus Portlandzement so ähnlich, daß auch in der Paste aus Zement die CSH-Phase bestimmend ist. Sie deuten ebenso wie CH. W. LENTZ [L 27 b] 1966 den irreversiblen Vorgang der Altersstabilisierung dieser CSH-Phase als den Übergang von *monomeren* Silicaten zu *polymeren* Silicaten höherer Ordnung. F.S. ROSTASY [R 33] hat 1960 für die Austrocknung von Beton in den wichtigsten technischen Körperformen Formeln entwickelt und Kurventafeln dafür aufgestellt.

Bei Vergleichsversuchen mit 70 cm langen Betonkörpern hatte sich schon 1939 in Stuttgart aus Arbeiten von O. GRAF und K. WALZ [G 23] ergeben, daß das Schwinden von *Beton*körpern nur rund die Hälfte der Schwindwerte des Prüf*mörtels* beträgt und nicht dieselbe Rangfolge zwischen den Zementarten zeigt, daß also das nach der früheren DIN 1164 ermittelte Schwindmaß nach Ansicht von K. WALZ [W 6] 1961 von nur nachgeordnetem und unbedeutendem Einfluß ist. T. C. HANSEN und A. H. MATTOCK [H 11] haben 1966 auf Grund vierjähriger Versuche an Körpern von 10 bis 60 cm Dmr. und 30 bis 120 cm

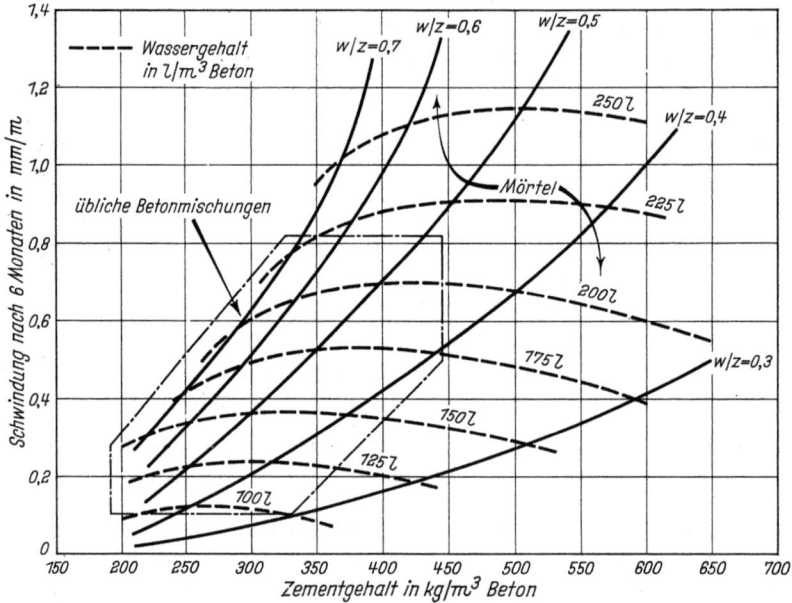

Bild 61. Schwinden von Mörtel und Beton in Abhängigkeit vom Zement- und Wassergehalt und vom Wasser-Zement-Wert. Nach Concrete Manual [U 2]. Die Prüfkörper 13 × 13 × 43 in cm erhärteten 7 Tage bei 21 °C und 98% rel. Feuchte, anschließend 6 Monate bei 21 °C und 50% rel. Feuchte.

Länge bestätigt, daß die Endwerte des Schwindens mit zunehmendem Volumen/Oberfläche-Verhältnis *absanken*, d. h. um so mehr, je *größer* die Betonteile werden. Das *Kriechen* für sehr große Teile näherte sich dem Grundwert, der dem einer völlig abgeschlossenen Probe entsprach. Bild 61 aus dem Concrete Manual 1942 [U 2] zeigt die Zunahme des Schwindens von Mörtel und Beton mit dem steigenden Gehalt an Wasser und W/Z-Wert. Zementmörtel und daraus hergestellter Putz und Estrich schwinden daher stärker, Beton aber nur sehr wenig. Die Schwindwerte des alten DIN-Prüfverfahrens mit rd. 500 kg Zement je m³ Mörtel und einem W/Z-Wert von 0,6 haben danach die höchsten Werte. Tab. 37 enthält mittlere Schwindwerte für Mörtel und Beton.

Tabelle 37. *Schwinden von Mörtel und Beton in mm/m oder 10^{-3}*

Alter	DIN-Prüfmörtel (W/Z = 0,6)	Normalbeton	Stahl-Leichtbeton	Leichtbeton
28 Tage	0,2—0,8		bis	bis über
90 Tage	0,3—1,1	0,3—0,6	0,7	1,0

Schließt der Zementstein keine Zuschlagstoffe, sondern wie bei Gas- und Schaumbeton nur Gas oder Luft ein, dann kann der Feinmörtel ungehindert schwinden. Deshalb wird solcher Beton meist mit Dampf behandelt, wodurch der Vorgang des Erhärtens und des Schwindens gerafft wird. T. C. HANSEN [H 10] hat 1966 bei Probekörpern aus *sehr* zementreichem Mörtel 1:1,4:0,34 keine Beschleunigung der Gewichtsverminderung, des Schwindens und Kriechens beobachten können, wenn er die Prüfkörper von 45 × 5 × 5 in cm im Windkanal mit hoher Geschwindigkeit (5 m/sec) derselben Temperatur (20 °C) und derselben rel. Luftfeuchte (50%) aussetzte.

3.4.3 Kriechen

Das *Kriechen* ist 1930 entdeckt worden, als man feststellen mußte, daß sich die Anfangsverformung von Beton und Stahlbeton bei langdauernder Belastung u. U. bis auf das Fünffache erhöhen kann. Seitdem ist das Kriechen ein wesentliches Thema der Betontechnologie. Das Kriechen ist eine plastische, bleibende Verformung und muß bei Spannbeton rechnerisch berücksichtigt werden.

Aus den vielen z. T. schon erwähnten Arbeiten über das Kriechen des *üblichen Stahlleichtbetons* von K. WALZ mit G. WISCHERS [W 25] 1964 und mit J. BONZEL und G. BAUM [W 18] 1965, besonders aber von H. HEUFERS und H. AURICH [H 35], vor allem in der Diskussion über die Arbeit von T. W. REICHARD [R 12] 1964 darf man schließen, daß das Schwinden und Kriechen für Leichtbeton in der gleichen Größenordnung liegen kann wie bei Normalbeton; besonders bei Leichtzuschlägen mit rundlich-gedrungenem Korn und dichter geschlossener Oberfläche ist mit praktisch gleichen oder nur unbedeutend größeren Werten zu rechnen. — Von den vielen neueren Arbeiten über das Kriechen seien zunächst die Aachener und Münchener Versuche erwähnt [R 37]. Danach stiegen die bezogenen Kriechmaße mit zunehmendem W/Z-Wert ohne direkte Beziehung zur Festigkeit des Betons an. W. RUETZ [R 39] folgerte 1966 aus Versuchen mit fingergroßen Zementsteinproben, daß zunehmender Wassergehalt beim Anmachen der Proben die Kriechwilligkeit progressiv erhöht. Nach seiner Hypothese ist das Kriechen vorwiegend in höher adsorbierten Wasserschichten lokalisiert. Nach der Annahme von R. F. FELDMAN und P. J. SEREDA [F 2] 1968 verschieben sich bei der *bleibenden* Verformung die Schichten der schichtförmig aufgebauten C-S-Hydrate gegeneinander, während die *reversible* Verformung vom Austreiben und der Wiederaufnahme von *Zwischenschichtwasser* herrührt. Nach D. R. BUETTNER und R. L. HOLLRAH [B 64b] 1969 nehmen die Kriechverformungen mit zunehmendem Belastungsalter von bereits längere Zeit geschwundenen Betonkörpern deutlich ab, was die Verfasser mit zunehmender Konsolidierung des Zementgels erklären. K. W. NASSER und A. M. NEVILLE [N 7] fanden 1967, daß das Kriechen in allen Fällen zeitlich ebenso verläuft, gleichgültig ob sie den Beton nach einem oder erst nach 50 Jahren bei Temperaturen zwischen 21 und 96 °C belasteten. – Durch einen dampfdichten Kunstharz*anstrich* haben H. HILSDORF und K. FINSTERWALDER [H 37] 1966 bei den nach 1 Tag angestrichenen bereits erwähnten Prüfkörpern nur 38% der Schwindverkürzung und bei einem Belastungs- und Anstrichalter von 3 Tagen eine um 25% kleinere Kriechverformung gefunden, als sie bei den nicht angestrichenen Proben eingetreten war. Die zunächst Erfolg versprechende Behandlung mit kohlensäurehaltigen Abgasen stellt nur in besonderen Fällen eine Verbesserung dar; sie wird bei der Carbonatisierung behandelt.

3.4.4 Raumbeständigkeit des Klinkers. Kalk- und Magnesiatreiben

Die Sicherung der Raumbeständigkeit des Klinkers war früher eine Hauptsorge des Zementherstellers. Die maschinelle Verbesserung des Mühlen- und Ofenbetriebs hat ein so genaues Einhalten der vorgegebenen Werte für die Feinheit und die notwendigen Ofentemperaturen ermöglicht, daß heutiger Klinker meist weniger als 1%, im Höchstfall 2% freien Kalk enthält. Da der freie Kalk bei den höheren Gehalten meist in Form kleiner Kristalle auftritt, wird er größtenteils schon beim Anmachen mit Wasser hydratisiert und stört die Eigenschaften des Betons nicht, sofern der Beton nicht schon nach kurzer Zeit besonders hoch erwärmt wird, wie das bei der Behandlung mit Dampf der Fall ist. Man ist deshalb heute in der BRD bei der Beurteilung solcher geringer Mengen sozusagen „artähnlicher" Bestandteile wie CaO oder $Ca(OH)_2$ sogar von $CaCO_3$ großzügiger geworden als bisher, zumal schon geringe Mengen solcher Stoffe, die die wesentlichen Eigenschaften des Betons nicht verändern, kleine prüftechnisch nicht erfaßbare Mängel auszugleichen vermögen. Der unlösliche Rückstand von Portland-, Eisenportland- und Hochofenzement ist auf 3 Gew.-%, der Glühverlust, der auch den Kristallwassergehalt des Gipses einschließt, auf 5 Gew.-% (Traßzement 7 Gew.-%), der Gehalt an CO_2 auf 2,5 Gew.-% begrenzt.

Von den vielen *Prüfverfahren* zur kurzfristigen Bewertung der Raumbeständigkeit sind z. B. die Heintzelsche Kugelprobe, die Prüssingsche

3.4.4 Raumbeständigkeit des Klinkers. Kalk- und Magnesiatreiben

Preßkuchenprobe, auch die Darrprobe kaum noch bekannt. An ihrer Stelle kann man das Kleinzylinderverfahren verwenden (s. 3.3.5). — Nach DIN 1164 war bis 1942 für die Bewertung der Raumbeständigkeit der nach 1 Tag Erhärten an feuchter Luft bis zu 28 Tagen Alter im Wasser gelagerte Kuchen aus Zementbrei von Normensteife, die sog. *Kaltwasserprobe* maßgeblich. Seitdem ist die nach 24stündigem Erhärten 2 Std. in siedendem Wasser erwärmte *Kochprobe* gültig, sie muß nach dem Versuch noch scharfkantig und rißfrei sein und darf sich nicht erheblich verkrümmt haben. Die Stichhöhe einer Wölbung der Bodenfläche darf höchstens 2 mm betragen. Der Versuch ist ggf. an 3 Tage ausgebreitet gelagertem Zement zu wiederholen. — Bei der in die ISO-Empfehlung aufgenommenen und in Frankreich und England üblichen *Le-Chatelier-Probe* mißt man die Ausdehnung eines beiderseits durch Glasplatten abgeschlossenen Zylinders von 30 mm Dmr. und 30 mm Höhe aus Zementpaste von Normensteife nach 24stündiger Wasserlagerung durch einstündiges Erwärmen über kochendem Wasser. Die Entfernung der Spitzen einer Messingmanschette, die den Körper umschließt, darf durch die Wärmebehandlung nicht mehr als 10 mm zugenommen haben; nach einem erstmalig ungenügenden Befund darf nach 7tägigem Lagern des an der Luft mit 50 bis 80% rel. Luftfeuchte ausgebreiteten Zements die beim zweiten Versuch entstandene Dehnung höchstens 5 mm betragen.

Auf das *Magnesiatreiben* ist man erst im Jahre 1885 durch Schäden an Hochbauten in Kassel, an Eisenbahnbrücken in Frankreich und am Stephansdom in Wien, dort durch ausländischen Zement, aufmerksam geworden. Das rührt z. T. daher, daß dieses Treiben im Gegensatz zum Kalktreiben erst nach Monaten, in der Regel erst nach Jahren wirksam einsetzt und erkennbar wird. Man hat dann nach sorgfältiger Prüfung 1893 in die deutsche Norm 5% MgO als Höchstgrenze eingesetzt, die auch in vielen anderen Ländern, neuerdings auch in USA gilt, während die britische Norm an 4% MgO festgehalten hat. USA beschränkt die Menge an MgO noch durch die *Autoklav*prüfung nach ASTM C151-68, das ist eine 8stündige Dampfdruckhärtung bei 212 °C unter 20 atm der dort $1'' \times 1'' \times 10''$ ($2,5 \times 2,5 \times 25$ in cm) großen Prüfkörper aus Normenpaste, die sich durch den Versuch um höchstens 0,8% (früher 0,5%) gedehnt haben dürfen. Sie wurde in USA 1940 versuchsweise, 1944 als für alle Zemente verbindliche Prüfung eingeführt. — Seit diesen Festlegungen sind keine Schäden durch Magnesiatreiben von Zement mehr bekannt geworden. Das liegt auch daran, daß man inzwischen ganz allgemein den Klinker sehr schnell kühlt. Dadurch kristallisiert weniger MgO als Periklas und noch dazu in kleineren Kristallen aus. A. STAHEL und W. SCHRÄMLI [S 94] haben 1969 im Laborversuch gezeigt, daß man durch Abschrecken aus der Schmelze die Ausscheidung von

Periklas verhindern kann. — Durch das heute übliche feinere Mahlen werden außerdem beide Arten des Klinkertreibens, also auch das Kalktreiben, vermindert.

Die erst nach Monaten oder Jahren wirksam einsetzende Hydratation von MgO hat P. ESENWEIN [E 16] 1968 mit einem Schadensfall an Putz aus Dolomitkalk belegt. Alles CaO war zu $Ca(OH)_2$ hydratisiert, 20 bis 29% des MgO noch nicht hydratisiert. ($Mg(OH)_2$ wird schon bei 100 bis 400 °C, $Ca(OH)_2$ aber erst bei 400 bis 600 °C entwässert.) — In dem nur durch den Feuchtigkeitsgehalt der Luft geätzten Klinkeranschliff des Bildes 62 ist dieser Unterschied ebenfalls deutlich erkennbar. Darin

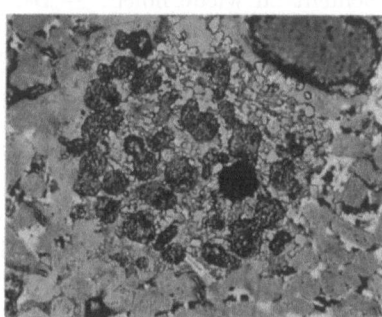

Bild 62. Anschliff eines Klinkers mit einem großen nicht aufgeschlossenen Dolomitkorn, aus dem CaO- und MgO-Kristalle entstanden sind. CaO ist ohne Anfeuchten bereits zu dem graufleckigen $Ca(OH)_2$ hydratisiert, die hellen, stark umrandeten MgO-Kristalle (Periklas) sind unverändert geblieben.

ist ein Dolomitkorn wegen seiner Größe durch das Brennen nicht aufgeschlossen, an seiner Stelle liegen CaO und MgO nebeneinander. Das bereits hydratisierte CaO erscheint dunkelgrau und ist optisch unscharf begrenzt, während sich die wesentlich härteren, noch nicht hydratisierten MgO-Kristalle (Periklas) infolge ihrer hohen Doppelbrechung mit scharfen Kanten deutlich hervorheben. Nach H. MÜLLER-HESSE und H. E. SCHWIETE [S 52] 1956 können die Klinkerphasen *folgende Mengen* an MgO aufnehmen:

	Alit (C_3S)	Belit (C_2S)	C_3A	Ferrit	Klinker gesamt
MgO	1%	0,5%	2,5%	2–3%	1 bis 1,5%

Der hohe Wert für C_3A bezieht sich auf kristallisiertes C_3A, nicht auf die aluminatische Schmelze.

K. MIYAZAWA und K. TOMITA [M 46] haben 1966 unter Hinweis auf frühere Arbeiten, auch auf die von H. KRÄMER und H. ZUR STRASSEN [K 50] 1960 bei einem Gehalt von 2% MgO übereinstimmend mit F. GILLE das Auftreten von Periklas festgestellt.

Bei der erwähnten in USA üblichen *Autoklavprüfung* zwingt man die zur Dehnung fähigen, aber bei normaler Temperatur nicht sofort dazu bereiten kleinen Kristalle zum sofortigen Quellen. Nach den Versuchen von F. GILLE [G 10] 1952 erhält man *dieselben* prozentualen

3.4.4 Raumbeständigkeit des Klinkers. Kalk- und Magnesiatreiben

Dehnungswerte auch mit *kleinen* Prismen 1 × 1 × 6 in cm, was S. S. REHSI und A. J. MAJUMDAR [R 10] 1967 auch an kleinen Würfeln von etwa 12 mm Kantenlänge durch Messen der Diagonale festgestellt haben. Die Dehnung der Klinker begann bei geringem Gehalt an freiem CaO ab etwa 2% MgO und betrug bei Klinker mit 3,14% MgO neben etwa 0,9% freiem CaO schon im Mittel 0,45%, wobei das Gewicht im Mittel um 1,6% zunahm. Die trotz des ähnlichen MgO-Gehalts unterschiedliche Dehnung von zwei Klinkern erklärt GILLE unter Hinweis auf die grüne Farbe und den Mangangehalt der MgO-Komponente in dem einen Klinker damit, daß es sich dabei *nicht* um *reinen* Periklas, sondern um Manganspinell handelt.

Die auf Bild 63 dargestellten Ergebnisse von GILLE zeigen den Einfluß der *Korngröße* von *künstlichem* Periklas bis zu 6 Gew.-% auf die Autoklavdehnung einer Zementpaste. Neben den Körnungen von 30/60, 15/30, 5/15 und 0/5 μm wurde noch Mg-Bandasche (Blitzlicht), auch in der Körnung über 5 μm, ferner hochdisperses, durch Glühen von basischem Magnesiumcarbonat über 700 °C gewonnenes MgO verwendet.

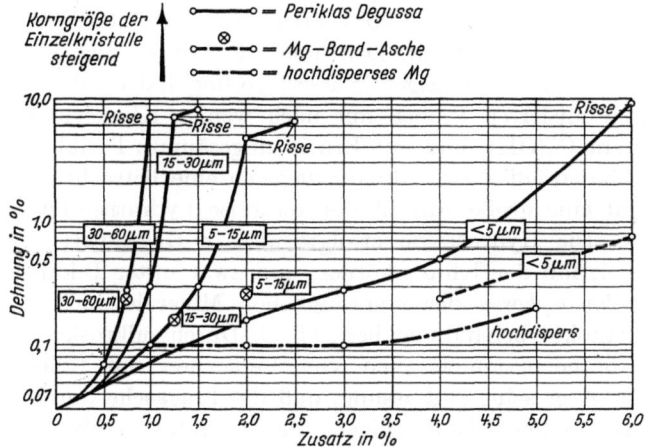

Bild 63. Abhängigkeit der Autoklavdehnung einer Zementpaste aus PZ 425 mit 1% MgO von der Menge und Korngröße des zugegebenen Periklas (MgO). Nach F. GILLE [G 10].

Während schon 1% der großen MgO-Kristalle von 30/60 μm und 2% der mittelgroßen Kristalle von 5/15 μm zu Rissen führen, ist das erst bei 6% Zusatz der Körnung 0/5 μm der Fall. Das hochdisperse MgO wird sogar bis zu 5% ohne wesentliche Raumvergrößerung in die Paste aufgenommen. Für die Dehnung eines Körpers ist also wie beim Frostverhalten das Überschreiten einer *kritischen Dicke* des Körpers maßgeblich, der durch Wasseraufnahme in einer festen Umgebung quillt.

Im Gegensatz zu CaO, wo schon Gehalte von mehr als 2% CaO zu auseinanderklaffenden Rissen und darüber hinaus zum völligen Zerfall des Körpers führen können, werden bei MgO die entstehenden Risse mit Brucit *ausgefüllt*, ohne daß die Prüfkörper den Zusammenhalt verlieren. — Die langsame Umwandlung größerer Kristalle von Periklas in einer zwei Jahre vor Austrocknen geschützten Zementpaste zeigt das dem früheren Abschn. 2.5.3 beigegebene Bild 29 mit einer Reaktionsrinde von faserigem Brucit $Mg(OH)_2$ um den großen Kristall. — GILLE hat das Magnesiatreiben durch Zusätze von Traß- und Quarzmehl vermindern können, auch durch Zusatz von Hüttensand, L. JA. GOLDSTEJN [G 20] 1962 fand an *geschmolzenem Klinker* mit 7 bis 8% freiem CaO und auch mit MgO-Gehalten bis zu 12% MgO eine gleichmäßige Dehnung bei der Autoklavprüfung.

In *Hüttensand* kommt MgO nicht als Periklas vor. In magnesiareichen Schlacken mit mehr als 10% MgO kann es nach NURSE, STUTTERHEIM und GILLE [k 16] als Spinell $MgO-Al_2O_3$ auftreten, der in Salzsäure und Flußsäure unlöslich ist. — M. ROSA [R 31a] berichtet 1965 über die Stabilisierung magnesiareicher Zemente von 8 bis 15% MgO durch Zusatz von 15 bis 30% *Flugasche*, die 57,4% SiO_2, 22,2% Al_2O_3 und 3,4% CaO enthielt. Den hohen Gehalt an SiO_2 sieht er als wesentlich an. Nach 10jähriger Wasserlagerung hatten die nicht mit Flugasche stabilisierten Proben nur noch wenige Klinkerbruchstücke, viel Portlandit $Ca(OH)_2$ und mit Brucit eingesäumte Periklasreste, die mit Flugasche stabilisierten Klinker dagegen eine beträchtliche Menge Periklas und eine große Anzahl nur teilweise hydratisierter Klinkerbruchstücke. Die Hydratation erfolgte also in Gegenwart von Flugasche ohne Zerfall der Klinkerkörner, und zwar unter Bildung dauerhafter *Pseudomorphosen* der ursprünglichen Minerale auch bei nachträglicher Autoklavbehandlung bei 214 °C. Durch mikroskopische Bilder und Röntgenogramme auch von Versuchen mit Silicagel und $Ca(OH)_2$ belegt er seine Auffassung, daß die Flugasche durch Bildung eines feinstkristallinen Hydrosilicats die Hydratation abschließt und damit die Hydratation des Periklases dauerhaft blockiert.

Während der 10 Jahre im Wasser gelagerte unstabilisierte magnesiahaltige Zement eine spezifische Oberfläche von nur 7 m²/g besaß, hatte der mit Flugasche stabilisierte 17 m²/g. Durch die Herabsetzung des Verhältnisses von $CaO:SiO_2$ erhält man nach seiner Ansicht ein Gel mit einer minimalen Neigung zur Polymerisation. Diese Zemente werden industriell hergestellt und im Brücken- und Wohnungsbau verwendet, ohne daß an den schon 10 Jahre alten Bauwerken ein Anzeichen von Zerstörung aufgetreten ist. Für seine Versuche hat er einen *Mikroautoklaven* verwendet, mit dem er die Veränderungen mikroskopisch verfolgen kann.

Bei Kühl finden sich auch einige Angaben über ein vom Gehalt des Klinkers an *Tricalciumaluminat C_3A* ausgehendes *Aluminattreiben*. R. H. Bogue fand es nach einer Mitteilung von 1938 bei der Autoklavprüfung von Klinker, der einen rechnerischen Gehalt von mehr als 6% C_3A besaß. Die Treiberscheinungen bleiben aus, wenn der Klinker so schnell gekühlt wird, daß das C_3A in der Restschmelze gelöst bleibt, wie es bei den heutigen Ofensystemen der Fall sein dürfte. — Das Treiben durch Sulfat ist unter 4.3.2 behandelt, das gesteuerte Quellen im nächsten Abschnitt, das Alkalitreiben als Alkali-Zuschlag-Reaktion unter 3.1.7. Einige Bemerkungen über das Chlortreiben finden sich unter 2.3.3.

3.4.5 Quellzement

Den Gedanken, das Schwinden von Zement und Beton durch Erhöhen des Gipszusatzes zu kompensieren, hat A. Guttmann [k 55] 1920 als erster ausgesprochen, mit seinen Versuchen aber keinen Erfolg gehabt. H. Lossier hat dann 1940 als erster, wie Shu-t'ien Li [S 67] 1965 in einer Übersicht berichtet, mit den — bis heute grundsätzlich ähnlichen — Mischungen aus üblichem Portlandzementklinker und einem Klinker aus Calcium-Aluminat-Sulfat unter Zusatz von Hochofenschlacke als Moderator oder Stabilisator begonnen, nachdem man schon vorher in Frankreich Mischungen aus Tonerdezement und Portlandzement als Quellzemente hergestellt und erprobt hatte, wie es später auch in UdSSR und in verschiedenen anderen Ländern bis heute geschehen ist. Eine Übersicht über die französischen Erfahrungen bis 1952 hat H. Lafuma [L 3b] gegeben. Ältere deutsche Berichte und Versuche stammen von F. Keil und F. Gille [K 25] 1949 und von K. H. Wesche [W 50] 1954.

Den vorher behandelten Periklas MgO haben V. Zlatanow und N. Jabarow [Z 7] 1962 als Zusatz zum Spannen der Bewehrung in dampfbehandeltem Beton empfohlen. — Die heutige Entwicklung in USA geht nach Berichten von J. H. Gilbert [G 8] 1966 und Hognestad [H 42] 1966 auf Versuche von A. Klein und Mitarbeitern der California-Universität in Berkeley zurück. Die dort entwickelte Quellkomponente, kurz bezeichnet als „ChemComp" (Quellzement Typ K), ist im wesentlichen ein wasserfreies Calciumaluminatsulfat mit 15 bis 20% freiem Kalk. Mit 10 bis 15% Zusatz dieser Quellkomponente wird in USA ein *Schwindausgleich*-Zement (shrinkage-compensating-cement) hergestellt, und zwar 1968 bereits in Mengen von rd. 100000 t auf 5 Werken der USA. Mit diesem Quellzement kann man die Bildung von Schwindrissen praktisch verhindern. Dieser Quellzement mit geringer Dehnung ist außer für Verbindungsfugen schon bei verschiedenen großen mehrstöckigen Parkhäusern sowie zahlreichen großflächigen

Plattenrostdecken verwendet worden, die rissefrei und wasserdicht geblieben sind. Mit 25 bis 35% Gehalt an Quellkomponente stellt man einen *Selbstspann*-Zement (self-stressing-cement) her, dessen Quellkraft man im Beton konstruktiv dadurch ausnutzen kann, daß man schlaff in den Beton eingelegte hochfeste Drähte unter Spannung setzt. Dieser Selbstspannzement befindet sich noch im Stadium der Forschung und Entwicklung. Die Quellkomponente wird entweder als Anhydritklinker aus Bauxitschlamm gebrannt und dann mit dem Portlandzementklinker vermahlen, wobei sich das *Gemisch* weder in Farbe noch in Feinheit von Portlandzement unterscheidet, oder man mischt die Ausgangsstoffe für den Portlandzement und für die Quellkomponente *vor dem* Brennen und kann dann anstelle des teuren Bauxits Ton verwenden. K. KÅWERT [K 8] berichtet 1969 über Versuche mit einem schwindungskompensierten Zement, bei dem er die von P. E. HALSTEAD und A. E. MOORE [H 8] 1962 als stabil gefundene Verbindung 4 CaO · 3 Al_2O_3 · SO_3 als Quellkomponente auf der Grundlage der Beziehung $C_4A_3\bar{S}$ + 8 $C\bar{S}$ + 6 C + + 93 H = 3 ($C_6A\bar{S}_3H_{31}$) verwendet hat ($\bar{S} = SO_3$).

Art und Wirkung der Sulfatexpansion ist schon z. T. erwähnt worden. S. CHATTERJI und J. W. JEFFERY [C 7] stehen 1967 auf dem Standpunkt, daß die Umwandlung im festen Zustand von C_4AH_{13} in das *Mono*sulfat dafür verantwortlich ist, während P. K. MEHTA [M 32] 1967 nur bei der Bildung von *Tri*sulfat das entsprechend starke Treiben beobachten konnte. Auch F. HENKEL und F. ROST [H 29] haben 1953 bei ihren Versuchen zur Bestimmung des Kristallisationsdrucks, wobei sie bis zu 232 kp/cm² erreichten, nie Trisulfat gefunden.

Nach A. H. GUSTAFERRO, N. GREENING und P. KLIEGER [G 35] 1966 überstand der Schwindausgleichbeton 300 Frost-Tau-Wechsel und auch Enteisungswechsel ohne merkbare Schädigung, während der Selbstspannzement, der bis zu 42 kp/cm² entwickelte, zum Überstehen der 300 Frost-Tau-Wechsel eine beträchtliche Bewehrung brauchte und keine seiner Proben die 300 Enteisungswechsel überlebte.

V. V. BERTERO [B 25] weist 1967 auf den ggf. nachteiligen Einfluß der Nachbehandlung von Quellbeton und die Lagerungsempfindlichkeit von Quellzement hin, während SHU-T'IEN LI [S 68] 1967 mit einer Ausfallkörnung des Zuschlags, die neben 3/4 oder 2/3 Grobkorn nur Feinkorn bis zu $2^1/_2$ mm Korngröße besaß, einen Schwindausgleichbeton herstellte, der annähernd schwindungsfrei war und dabei eine höhere Festigkeit und einen höheren Elastizitätsmodul besaß. — HOGNESTAD berichtet 1966 nach Laborversuchen von einer Vorspannung der Bewehrung von rd. 1000 kp/cm² durch einen Portlandzement mit 10% Quellkomponente, wobei nach 1000 Tagen nahezu keine Schwindverkürzung festgestellt werden konnte und mit 20% der Quellkomponente von einer nach derselben Zeit noch vorhandenen Zugspannung des

Stahls von 2000 kp/cm². Danach darf man annehmen, daß man der praktischen Anwendung des Selbstspannzements für die Vorspannung der Bewehrung im Laufe der Zeit näher kommen wird.

3.5 Änderungen durch die Temperatur

3.5.1 Hydratationswärme und Massenbeton

G. M. IDORN [I 1] hat mit Bild 64 die Abhängigkeit wichtiger Eigenschaften des Zements und der zementgebundenen Baustoffe von der Erhärtungsdauer und der Temperatur schematisch dargestellt, und zwar als Differentialkurve, bei der nur der in einer kleinen Zeitspanne eingetretene Zuwachs, das ist die Zuwachsrate über der Zeit eingetragen

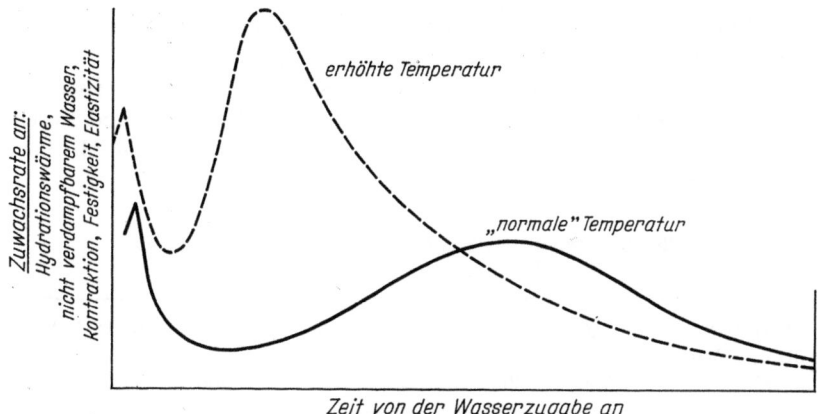

Bild 64. Einfluß erhöhter Temperatur auf die Zuwachsrate verschiedener Eigenschaften in schematischer Darstellung. Nach G. M. IDORN [I 1].

ist. Danach nehmen die fünf angegebenen Vorgänge, und zwar die Entwicklung der Hydratationswärme, die Bindung des Wassers bzw. der Zuwachs an nicht verdampfbarem sogenanntem „chemisch" gebundenem Wasser, ferner Raumverminderung (Kontraktion), Festigkeit und Elastizität bei normaler und bei erhöhter Temperatur in ähnlicher Weise zu. Zunächst steigt die Zuwachsrate sprunghaft an, fällt dann stark ab, steigt dann bis zu einem Maximum an und senkt sich dann ein zweites Mal endgültig auf einen nahezu gleichbleibenden sehr geringen Wert. Bei *erhöhter* Temperatur folgen Abfall, Anstieg und Abfall in derselben Reihenfolge, aber schneller aufeinander. Die positiven Ausschläge sind größer, der Verlauf ist stark verkürzt.

Während sich Wasserbindung, Festigkeit und Elastizität dadurch schneller ihrem Endwert nähern, also gefördert werden, kann eine schnelle frühe Kontraktion Risse zur Folge haben. Eine beschleunigte Entwicklung der Hydratationswärme führt stets zu einem größeren Temperaturunterschied zwischen älterem und jüngerem Beton und zwischen äußeren und inneren Lagen eines Betonkörpers, was man beim Massenbeton zu vermeiden bestrebt ist. In dieser Darstellung kommt somit die Problematik gut zum Ausdruck, die beim Bestimmen und Beurteilen der Hydratationswärme, aber auch der bereits behandelten anderen Vorgänge wie Schwinden, Kriechen usw. durch beschleunigte Kurzprüfungen auftritt.

Die Hydratation ist ein Neben- und Nacheinander exothermer Reaktionen, bei denen, wie besonders mit Tab. 20 unter 2.3.1 gezeigt wurde, aus den Klinkerphasen mit Wasser entsprechende wasserhaltige Verbindungen entstehen oder sich zum mindesten zu bilden bestrebt sind. In Wirklichkeit dringt die Hydratation in der Regel erst nach vielen Monaten bis in den Kern der Klinkerkörner und der hydraulischen Stoffe vor, wie u. a. Bild 42 unter 3.2.2 gezeigt hat.

Wenn die einzelnen reinen Klinkerphasen mit Wasser *vollständig* hydratisiert werden und die Gipswirkung auf das Aluminat und Ferrit berücksichtigt wird, dann entstehen die in Tab. 38 angegebenen Höchstmengen an Hydratationswärme.

Tabelle 38. *Gesamte Hydratationswärme der Klinkerphasen*
Nach VERBECK und FOSTER [Z 5b]

Klinkerphase	C_3S	C_2S	C_3A	$C_2(A, F)$	MgO	freies CaO
Hydratationswärme in cal/g	120	60	320	100	200	275

Diese Werte haben sich bei den sehr genau untersuchten Zementen des LTS-Programms [K 18] ergeben. F. KEIL [K 20] hat diese und andere Werte, die nicht streng miteinander vergleichbar sind, 1963 in Abhängigkeit von dem CaO-Gehalt der Klinkerphasen in das Diagramm von Bild 65 eingetragen und ihre Lage in Beziehung gesetzt zu der dick ausgezogenen Geraden, die von der Hydratationswärme des CaO mit 275 cal zum Nullpunkt führt. Auf oder dicht neben dieser Geraden müßten alle Werte der Hydratationswärme liegen, wenn die von den kalkreichen Silicaten und Aluminaten entwickelte Hydratationswärme nur von der Reaktion des in diesen Klinkerphasen enthaltenen CaO stammte. Das ist nicht der Fall. Bei den Kalksilicaten „erstirbt" die Hydratationswärme erwartungsgemäß zwischen Calciumsilicaten der Zusammensetzung $C_{1,6}S$ bis $C_{1,3}S$, d. h. bei dem $CaO : SiO_2$-Verhältnis der CSH-Phase. Es können sich zwar auch unterhalb dieses $CaO : SiO_2$-Verhältnisses noch zementähnliche beständige Calciumsilicate bilden, aber nicht mehr freiwillig, sondern nur durch Energiezufuhr, z. B. durch Dampfhärtung im Autoklaven.

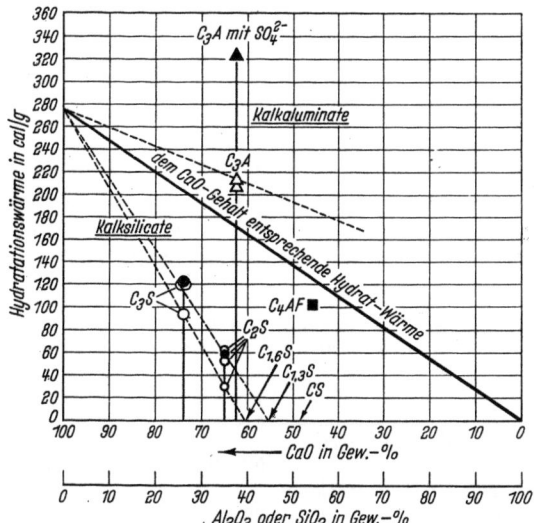

Bild 65. Abnahme der Hydratationswärme von C_3A, C_4AF, C_3S und C_2S mit fallendem CaO-Gehalt; starke Zunahme von C_3A mit Sulfat. Nach Angaben der Literatur [K 20].

Bei den Kalk*aluminaten* ist die Wärmeentwicklung dagegen viel größer, als dem CaO-Gehalt der Phase entspricht. Sie verhalten sich, besonders bei Zugabe von SO_4^{2-}-Ionen so, als ob das Al_2O_3 mit Wasser noch zusätzlich Wärme entwickelte. (Die starke Wärmeentwicklung mit infolgedessen hoher Hydratationstemperatur ist für den später behandelten Tonerdezement charakteristisch, der fast nur aus Calciumaluminaten besteht.)

Eine höhere Reaktionstemperatur fördert sicher auch die Neigung von aluminatreichem Portlandzementklinker, schnell zu erstarren und nicht sofort die stabile Phase C_3AH_6 zu bilden, sondern erst in das wasserreichere C_4AH_{13} überzugehen. Die Regelung des Erstarrens durch Zugabe an Gips und die Bildung von Ettringit sind unter 2.3.4 behandelt.

Die unter 2.1.3 näher erläuterten Möglichkeiten, die Hydratationswärme von Zementklinker zu verringern, bestehen kurz gesagt darin, C_3S zugunsten von C_2S oder C_3A zugunsten des C_4AF zu verringern, dem Zement Hüttensand, Traß oder eine andere Puzzolane zuzumahlen oder ihn weniger fein zu mahlen. Tab. 39 enthält die von H. KÜHL geschätzten Werte für die gesamte Hydratationswärme der einzelnen Zementarten bei vollständiger Hydratation unter isothermen Bedingungen.

3 Physikalische Eigenschaften des Zements und Betons

Tabelle 39. *Gesamte Hydratationswärme der verschiedenen Zementarten in cal/g*
Nach Schätzung von H. KÜHL [k 55]

	PZ	EPZ und HOZ	SHZ	Puzz. Z.	To. Z.
von	90	85	45	75	130
bis	125	105	50	100	140

Diesen Werten liegt eine gesamte Hydratationswärme für Hochofenschlacke von 60 bis 80 cal/g, für Traß liegen Meßwerte an Traßzementen zugrunde. Die für die praktische *Verwendung* wichtigen Werte für die Hydratationswärme bis zum Alter von 28 Tagen enthält Tab. 40.

Tabelle 40. *Hydratationswärme in cal/g von deutschen Zementen auf Grund der Bestimmung der Lösungswärme*

Alter in Tagen:	1	3	7	28
1. Zement mit hoher Hydratationswärme Z 550	50—65	70—85	80—90	90—100
2. Zement mit normaler Hydratationswärme Z 350, Z 450	30—50	50—80	65—90	70—100
3. Zement NW mit niedriger Hydratationswärme Z 250	15—40	30—60	35—65	50— 85
Höchstwerte nach				
BS 1370:58 für low-heat-cement			60	70
ASTM C 150-68 für Typ II			70	80
DIN 1164			65	

Sie sind in drei Gruppen eingeteilt, von denen die dritte Gruppe die in DIN 1164 aufgestellte Forderung für NW-Zement (international: LH-Zement) mit max. 65 cal/g nach 7 Tagen erfüllt und vorzugsweise Hüttenzemente mit hohem Hüttensandgehalt und Portlandzement mit wenig oder keinem rechnerischen Gehalt an C_3A oder besonders grob gemahlenen Zemente umfaßt. Der Unterschied der Werte gegenüber denen der beiden vorangegangenen Tabellen beruht darauf, daß bis zu 28 Tagen noch keine völlige Hydratation erreicht ist, daß die Wärmeentwicklung bei den verschiedenen Zementarten langsamer oder schneller fortschreitet und daß auch die Berechnung der Klinkerphasen nur angenähert zutrifft. KANTRO-WEISE-BRUNAUER [K 5] haben 1966 auf Grund von Bestimmungen der Lösungswärme für die Hydratation einer Zementpaste zu $C_{1,5} \cdot SH$ aus C_3S: 81,1 cal/g, aus Alit: 77 cal/g und aus C_2S: 11,6 cal/g, also noch wesentlich niedrigere Werte gefunden, als sie oben für die Klinkerphasen angegeben sind und auch von BRUNAUER und GREENING 1960 gefunden wurden (Bild 65).

3.5.1 Hydratationswärme und Massenbeton

Die *technische* Bedeutung der Hydratationswärme besteht darin, daß sie die Temperatur des Betons erhöht. Das ist bei niedriger Außentemperatur (s. 3.3.3) und bei Bauteilen üblicher Abmessungen ein Vorteil, weil sich in solchem Beton die Temperatur schnell ausgleichen und der Umgebungstemperatur anpassen kann. Die feinere Mahlung der Zemente mit hoher Anfangsfestigkeit kann man im Sinne von Bild 64 als Erhöhung der Reaktionstemperatur auffassen, weil das schnelle Abfließen der Wärme die Reaktionsdauer verkürzt. In *massigen* Bauteilen mit mehr als 1 m Dicke kann aber bei Verwendung eines normal erhärtenden Zements die entwickelte Hydratationswärme nicht so schnell an die Oberfläche geleitet und abgegeben werden, wie sie entsteht. Der *Kern* eines solchen Betons kann im Grenzfall *adiabatisch*, d. h. ohne Wärmeabgabe nach außen erhärten. Infolgedessen wächst seine Temperatur und damit deren Unterschied zur Temperatur der

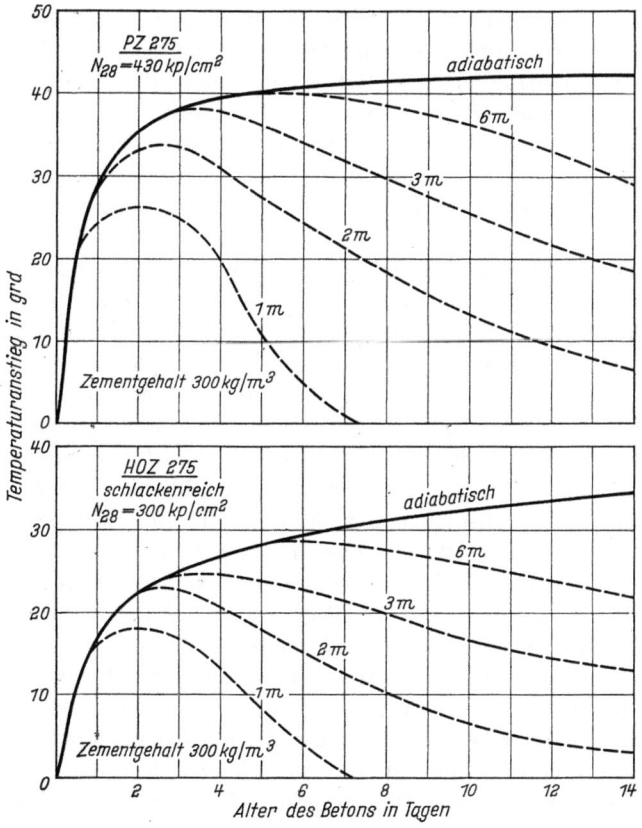

Bild 66. Temperaturanstieg im Kern von Betonbauteilen mit 1, 2, 3 und 6 m Dicke und bei völlig adiabatischer Lagerung mit PZ 275 und schlackenreichem HOZ 275. Nach A. BASALLA [B 8].

Betonoberfläche. Den Zusammenhang zwischen Temperaturanstieg im Kern von Bauteilen von 1 bis 6 m Dicke zeigen die beiden Darstellungen für PZ 275 und schlackenreichen HOZ 275 auf Bild 66 nach A. BASALLA [B 8]. Die Folge des Temperaturunterschieds sind Spannungen zwischen der kälteren Schale und dem wärmeren Kern des Bauwerks, die zu *Schalenrissen* von wenigen cm Tiefe, die sich später meist von selbst schließen, aber auch zu den folgenschweren *Spaltrissen* führen können. Hierüber besteht ein sehr umfangreiches Schrifttum, von dem nur die Arbeiten von R. W. CARLSON [C 2] 1937/38, B. HAMPE [H 9] 1958, W. MANDRY [M 10] 1961, A. BASALLA [B 8] 1963 und G. WISCHERS [W 69] 1964 erwähnt seien, wovon WISCHERS auch auf die Erfahrungen von USA eingegangen ist.

Um durchgehende *Spaltrisse* zu vermeiden, die meist bis zu zwei Drittel der Höhe reichen, bei niedrigen Bauteilen bis zum oberen Rand durchgehen, betoniert man z. B. eine Sperrmauer von großer „Kubatur", wie es im Schrifttum manchmal heißt, in einzelnen Blöcken nacheinander und nebeneinander oder in flachen Schichten und schließt deren Trennfugen nachträglich mit Beton. Man läßt die Blöcke möglichst lange vorzugsweise mit Holz eingeschalt, damit die Wärme nicht so schnell abfließt. Zunächst übt der Kern mit steigender Temperatur eine Druckspannung auf den Beton aus. Ist der Temperaturausgleich erfolgt, dann schrumpft der Kern entsprechend seiner abnehmenden Temperatur.

Die Temperaturunterschiede im fertigen Beton lassen sich durch Wahl eines Zements mit mäßiger Hydratationswärme und einer niedrigen Bemessung des Zementgehalts, vor allem durch Kühlen des frischen Betons vermeiden. Man kann die Zuschlagstoffe durch Berieseln kühlen, kann kaltes oder gekühltes Anmachwasser verwenden oder ihm feinkörniges Eis zusetzen, wobei die Schmelzwärme des Eises dem Beton zusätzlich 80 cal/g entzieht. Mit dem Kühlen des Zuschlags um 10 grd kann man die Temperatur eines üblichen Betons um 6 bis 7 grd, mit einer ebensolchen des Wassers die Betontemperatur um 2 bis 3 grd, mit einem 10 grd kälteren Zement um nur 1 grd senken. Diese Werte zeigen auch den manchmal überschätzten Einfluß der Temperatur des Zements auf die Temperatur des Betons. Das Berieseln der Außenflächen des Betons wird nicht empfohlen, weil es die Temperaturunterschiede erhöht. Auch das Kühlen durch ein von kaltem Wasser durchflossenes Rohrsystem wird nicht mehr angewendet.

Die *Messung* der Wärmeentwicklung von Zement, Mörtel und Beton geschieht auf verschiedene Weise. Im *adiabatischen* Kalorimeter [B 7, K 6] verhindert man den Wärmeabfluß dadurch völlig, daß man die Temperatur in der Umgebung des Gefäßes, in dem sich das Prüfgut befindet, in derselben Weise erwärmt, wie die Temperatur des Gefäß-

3.5.1 Hydratationswärme und Massenbeton

inhalts ansteigt. Man erhält dann eine wie in Bild 66 bis zum Ende des ersten Tages steile, dann langsam ansteigende Kurve, die sich allmählich einer Waagerechten nähert. Auf diese Weise kann man, wenn man die Bedingungen einer Baustelle einhält, die Höchstwerte erhalten, die im Innern einer Talsperre oder eines großen Fundaments oder eines anderen massigen Betonkörpers für eine bestimmte Zeit auftreten können.

Bei dem *Thermosflaschen-Versuch*, den CL. DE LANGAVANT in Frankreich 1948 ausgearbeitet und R. ALÈGRE [A 12] 1961 weiterentwickelt hat, füllt man die Zementpaste oder den Zementmörtel in die bekannte, innen versilberte doppelwandige Glasflasche mit evakuiertem Hohlraum zwischen beiden Wandungen, wie sie J. DEWAR um 1892 zur Aufbewahrung von verflüssigtem Gas entwickelt hat. Wärmeinhalt und Wärmeableitungsvermögen müssen durch einen Eichschein bekannt sein oder vor dem Versuch festgestellt werden. Die bei diesem Versuch entstehende Temperaturkurve steigt ähnlich wie die des adiabatischen Kalorimeters an, sinkt dann aber langsam auf den Ausgangswert ab. — Während der Beton beim adiabatischen Versuch bei extrem hoher Temperatur erhärtet, stellt die Kurve der Thermosflasche eine Differenzkurve aus der Wärmeentwicklung im Innern und der Wärmeabgabe nach außen dar. Sie gibt damit den Temperaturverlauf für mittlere Bedingungen in einem Massenbeton wieder. Beide lassen sich nach entsprechenden Eichmessungen zum Bestimmen der vom Zement entwickelten Wärmemenge verwenden, wie Bild 67 zeigt.

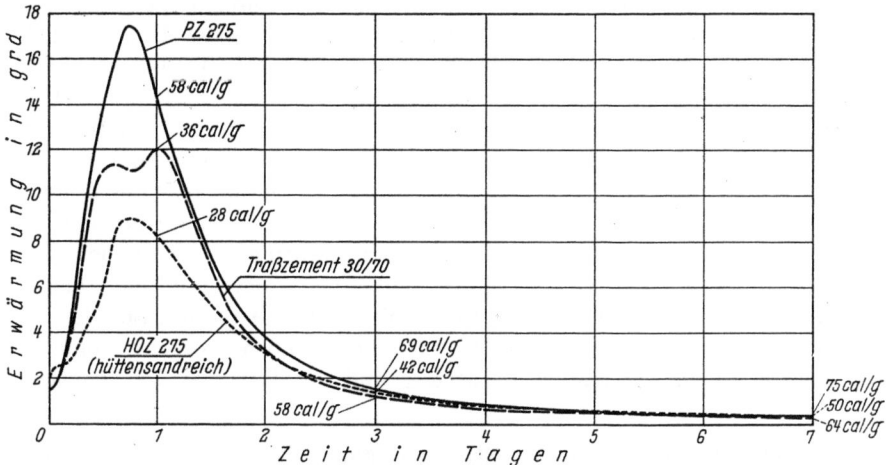

Bild 67. Bestimmung der Hydratationswärme mit Zementmörtel nach dem Thermosflaschenverfahren. Temperaturkurven verschiedener Zemente mit deren Hydratationswärme in cal/g nach 1, 3 und 7 Tagen.

Nach den Normen u. a. der USA, von Großbritannien und neuerdings auch der BRD wird die Hydratationswärme als Differenz der

Lösungswärmen von einer Probe des unhydratisierten Zements und einer mit einem W/Z-Wert von 0,40 aus derselben Menge Zement hergestellten Zementpaste bestimmt. Diese Zementpaste ist bis zu 7 oder bis zu 28 Tagen bei 20 °C isotherm erhärtet. Nach DIN 1164 wird die Zementpaste aus 150 g Zement + 60 g dest. Wasser angemacht, in 8 Röhrchen von 18 mm Dmr. und 90 mm Länge in einem Wasserbad bei 20 °C gelagert. Die oben wiedergegebene Tab. 40 enthält die auf diese Weise bestimmten Werte für die Hydratationswärme der deutschen Zemente in cal/g nebst den Grenzwerten der Normen. — P. CATHARIN [C 5] empfiehlt 1966 das adiabatische Verfahren, weil man die Werte schneller erhält und sie genauer sind und weil man es automatisieren und auch auf der Baustelle anwenden kann. In der BRD wird die Normung eines adiabatischen Kalorimeters vorbereitet.

Das genaue Nacheinander der chemischen Vorgänge läßt sich mit dem bereits unter 2.3.5 erwähnten Wärmeflußkalorimeter von G. E. MONFORE und B. OST [M 51] 1966 kenntlich machen. Diesen Weg hat W. LERCH schon 1946 beschrieben. Die vom Prüfgut entwickelte Wärme wird durch den Boden eines gut leitenden Metallgefäßes sofort abgeleitet und abgeführt, so daß man nahezu isotherm, d. h. bei gleichbleibender Temperatur des Prüfguts messen kann. Die Verfasser verwenden auf Grund der von H. N. STEIN [S 97] 1961 gegebenen Anregungen, der sein Kalorimeter nach einem Bericht mit J. M. STEVELS [S 98] 1967 u. a. auf die Hydratation von C_3S angewandt hat, jetzt nur noch 8 g Zement, der vor der Prüfung nicht unbedingt mit Wasser gemischt zu werden braucht, und dadurch die bei der Benetzung des Zements entwickelte Sofortwärme einschließt. Der Prüfkörper bildet eine dünne, runde, glatte Platte von 40 mm Dmr. und 9 mm Höhe. Die Wärmeentwicklung wird durch Wärmefühler übertragen. Während zu der früheren ASTM-Probe 300 g Zement nötig waren und sich das Prüfgut um 5 bis 15 °C erwärmte, steigt die Temperatur der Zementpaste nur um einige Zehntel Grad, jedenfalls weniger als 1 grd über die Temperatur des Bades an. Um die Sofortwärme zu bestimmen, füllt man den trockenen Zement ein und gibt das Wasser mit einer (medizinischen) Subkutanspritze zu. Dieses Verfahren dient, wie aus den Bildern 20 und 74 in den Abschn. 2.3.5 und 4.3.6 hervorgeht, vor allem dem Studium der frühen Erhärtung und der Wirkung von Zusätzen.

3.5.2 Beschleunigen des Erhärtens durch Wärme (Allgemeines)

Durch Zuführen von Wärme läßt sich, wie unter 3.3.3 gezeigt wurde, das Erhärten von Beton und Mörtel am einfachsten beschleunigen. Allein durch wärmedämmendes Abdecken des frischen Betons läßt sich, wie A. MEYER [M 39] 1967 gezeigt hat, das Abfließen der

Wärme so verlangsamen, daß der Beton bei höherer Temperatur und schneller erhärtet. Die Betonschnellerhärtung hat Z. FRANJETIĆ [F 11b] 1969 behandelt.

Betonwaren und Betonfertigteile stellt man heute überwiegend, während der kalten Jahreszeit fast ausschließlich, in *geschlossenen* Räumen her. Das Erzeugnis wird auf diese Weise in kurzer Zeit transport- und stapelfähig, im günstigsten Fall sogar versandfähig, Formen und Einrichtungen sind bald wieder verfügbar, und man braucht wenig Lagerfläche. Nach V. LEUPOLZ [L 32] 1967 ist ohne Wärmebehandlung keine wirtschaftliche Fertigung von Betonelementen möglich. K. WALZ und G. WISCHERS [W 25] haben 1964 gezeigt, daß ein zementreicher und steifer Beton mit frühfestem PZ schon wesentlich schneller erhärtet als Beton mit üblichem PZ, daß er aber — nach einer zweistündigen Vorlagerung — durch eine Wärmebehandlung von 15 Stunden bei 71 °C im Alter von einem Tag bereits eine Druckfestigkeit von über 400 kp/cm², das sind rd. 85% seiner 28-Tage-Druckfestigkeit von 485 kp/cm², erreicht.

Die Hydratation des Zements folgt nicht, wie KÜHL [k 55] erwähnt, der für eigentliche chemische Reaktionen gültigen Faustregel, wonach die Reaktionsgeschwindigkeit durch eine Temperaturerhöhung um 10 grd auf etwa das Doppelte anwächst. Der Temperaturkoeffizient ist infolge der Gelstruktur der Reaktionsteilnehmer und des mehr physikalischen Charakters wesentlich geringer. Sonst wäre auch die Herstellung von Beton unter der wechselnden Außentemperatur wesentlich schwieriger. Das Erhöhen der Temperatur beschleunigt nicht nur die Hydratation, sondern verschiebt auch die chemischen Gleichgewichte und fördert die Bildung kristalliner, d. h. grobkörnigerer Produkte auf Kosten der bei normalem Erhärten entstehenden Gele. Das ist aber in merkbarem Umfang erst der Fall, wenn man mit 100 °C die Siedetemperatur des Wassers überschreitet und vor allem, wenn man das Erzeugnis unter Dampfdruck im Autoklaven erhärten läßt, wie das von rd. 170 °C ab bei der Kalksandsteinherstellung nach MICHAËLIS der Fall ist.

3.5.3 Autoklavhärtung

Die Autoklavhärtung ist der wesentliche Vorgang bei der Herstellung von Kalksandstein. Aus Tab. 41 geht hervor, daß für einen Druck des gesättigten Wasserdampfs von 8 ata 170 °C nötig sind, bei Kalksandstein dauert das Härten bei 8 ata etwa 8 Stunden. Bei geringerem Druck muß man die Härtedauer verlängern, bei höherem Druck, z. B. bei 25 ata, kann man sie bis auf 3 Stunden verkürzen. Die Autoklav- oder *Dampfdruck*härtung oder *hydrothermale* Behandlung wird für zementgebundene Baustoffe und Bauteile selten, in der BRD gar nicht angewendet, weil die Zementerhärtung nur beschleunigt zu werden braucht und man die bei normaler Temperatur entstehenden Eigenschaften des Betons durch die Wärmebehandlung möglichst wenig oder gar nicht ändern möchte.

Tabelle 41. *Sattdampftemperatur von Wasser in absolutem Druck*
Die Sattdampftemperatur ist gleich der Siedetemperatur und nur vom Druck abhängig. Die nachstehenden Zahlenwerte beziehen sich auf den *absoluten* Druck. Nach Kalktaschenbuch 1969, S. 44. Temperatur auf 3 Stellen abgerundet

ata	0,1	0,2	0,3	0,4	0,5	0,6	0,7	0,8	0,9
Temp. °C	45,4	59,7	68,7	75,4	80,9	85,5	89,5	93,0	96,2

ata	1	2	4	6	8	10	15	20	30	40	50
Temp. °C	99	120	143	158	170	179	197	211	233	249	263

Beim Überdruck (atü), wie ihn die Druckmesser am Dampf- oder Härtekessel angeben, wird nicht der Gesamtdruck, sondern nur der um den äußeren Luftdruck von rd. 1 at verminderte Druck angegeben.

Die bei der Autoklavbehandlung von Kalk-Sand-Gemischen entstehenden CSH-Verbindungen hat u. a. E. NEESE [N 10] 1968 beschrieben und auch Herstellung und Eigenschaften des „Silicatbetons" nach dem heutigen Stand behandelt. Die jüngste Entwicklung auch in Großbritannien, den Niederlanden und der UdSSR geht aus den Vorträgen zweier internationaler Symposien in London 1965 und Hannover 1969 hervor. Nach W. H. TAYLOR und W. F. COLE [T 3] 1964 wurde die Festigkeit durch erhöhten Verformungsdruck verbessert, aber nicht durch das Vorhandensein von gut kristallisierten CSH-Mineralien. Die Quarz-Kalk-Reaktion ist unter 2.2.6 und 2.2.7 behandelt. Sie verläuft bei der Autoklavhärtung insofern anders, als das Kalkwasser mit steigender Temperatur in seiner Kalkkonzentration zwar abnimmt, aber bei 150 °C zu einer so stark alkalischen Lauge wird, daß sie den Quarz angreift und mit der gelösten Kieselsäure, die sich dann ebenso wie in Schmelzen als echte Säure verhält, je nach Angebot und je nach Vordringen in die Quarzkörner CSH-Verbindungen mit verschiedenem C : S-Verhältnis von 2,0 bis zu 0,8 bildet. Dabei spielt möglicherweise die Verminderung des pH-Wertes von Wasser eine Rolle, das beim Erwärmen bis 100 °C auf pH = 6 absinkt (s. 4.2.1). — *Kalkleichtbeton* mit niedriger Rohdichte, wie z. B. Poreen und Turrit, erhält man durch eine völlige Hydratation und Auflockerung des Gefüges, ggf. durch eine zweimalige Autoklavbehandlung.

Auf Grund des Befundes an labormäßig hergestelltem Kalksandstein mit 8% CaO mit Mikroskop, Röntgenogramm und Mikrosonde haben A. NEUHAUS und M. GEBHARDT [N 12] 1969 als den Kern des

3.5.3 Autoklavhärtung

Reaktionsmechanismus bei der Kalksandsteinherstellung die primäre Bildung eines Calcitsaums um die Quarzkörner bezeichnet, die bei 16 atü Dampfdruck nach etwa 3 Stunden beendet ist, während sich die gesamte übrige CSH-Reaktionsmasse noch überwiegend im Gelstadium befindet. Erst nach 3 bis 4 Stunden setzt dann unter Wiederauflösen eines Teils des primär gebildeten Calcits auch die CSH-Phasenbildung kräftig ein. (Dieser Reaktionsablauf erinnert an die Bildung von Spurrit — s. 5.3.4.)

Ein Vorteil der *kalksilicatischen* Erzeugnisse ist, daß sie infolge des Fehlens oder geringen Anteils an gelförmigen Bestandteilen Wasser und Feuchtigkeit nicht aufsaugen und festhalten, wenig oder gar nicht schwinden und nach verschiedenen Versuchen offenbar auch gegen einige angreifende Lösungen und Gase widerstandsfähiger sind als zementgebundene Baustoffe. Sie werden aber, wie G. E. BESSEY 1933 nach einem Bericht von R. HOCHSTETTER 1967 [H 40] gefunden hat, durch die Luftkohlensäure carbonatisiert, wobei nach JU. M. BUTT [B 67] 1965 amorphe Kieselsäure entsteht. BUTT und Mitarbeiter [B 68] haben 1967 an autoklavgehärtetem Zellenbeton, der Ammoniaklösungen ausgesetzt war, beobachtet, daß stark wasserhaltige Gele entstehen, daß die Festigkeit vermindert und das Schwinden durch Carbonatisieren erhöht wird. Auch Ammoniak in der Atmosphäre beschleunigte das Carbonatisieren. — Der Festigkeitsverlauf von Zement ohne und mit Quarzmehl bei höherer Temperatur macht den Übergang von der reinen Zementerhärtung zur reinen Kalk-Kieselsäure-Reaktion deutlich, wie Bild 68 von C. A. MENZEL [M 35] 1934 zeigt. Darin ist die Druckfestigkeit von reinem Zement und von Mischungen aus Zement und Quarzmehl nach 28tägiger normaler Erhärtung und nach einer 3tägigen Dampfdruckhärtung aufgetragen. Schon bei 121 °C, das sind 2 ata, ist der Festigkeitsabfall des reinen Portlandzements und der Festigkeitsanstieg der Gemische mit 50 Gew.-% Quarzsand erkennbar. Der Anstieg setzt sich dann über 149 °C, das sind 5 ata, bis zur maximalen Druckfestigkeit von rd. 1600 kp/cm^2 bei 176 °C und 10 ata fort, wenn rd. 40% des Zements durch feines Quarzmehl ersetzt sind. Das entspricht einem C/S-Verhältnis von weniger als 1. — Auch in den beim Tiefbohrzement in Tab. 6 wiedergegebenen Versuchswerten von F. D. PATCHEN [P 5] war bei einer 1tägigen Wärmebehandlung die Kalk-Kieselsäure-Reaktion erst bei 160 °C als wesentlicher Festigkeitszuwachs erkennbar (S. 31).

T. C. POWERS und T. L. BROWNYARD [P 22] haben 1946 als spezifische Oberfläche eines im Autoklaven gehärteten Zements 7 m^2/g, als die eines normal erhärteten Zements 230 m^2/g angegeben. Wenn man also Beton im Autoklaven härten will und keine Rücksicht auf den Korrosionsschutz zu nehmen braucht, kann man durch Zusatz von

240   3 Physikalische Eigenschaften des Zements und Betons

Quarzmehl entweder die Festigkeit erhöhen oder den Zementgehalt erniedrigen. K. WÜRTENBERGER [W 86] hat 1938 die Frage des Sandzusatzes zu Portlandzement bei der Autoklavhärtung untersucht und

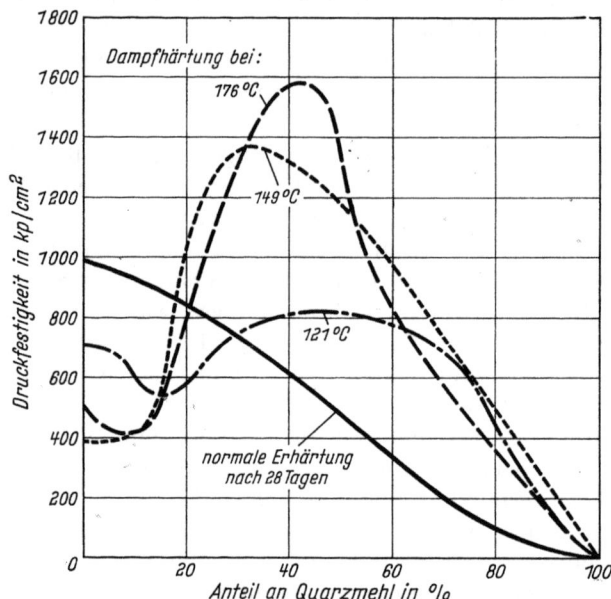

Bild 68. Druckfestigkeit von Portlandzement und Gemischen aus Portlandzement mit feinem Quarzmehl nach 28 tägiger feuchter Lagerung und nach 3 tägiger Dampfdruckhärtung bei 121, 149 und 176 °C. Nach C. A. MENZEL [M 35].

dabei nach KÜHL [k 55] u. a. festgestellt, daß frische Bruchflächen dampfbehandelter Mörtelmassen mit größeren Feinsandgehalten beim Betupfen mit Phenolphthalein keine Rotfärbung mehr zeigen (s. 4.2.1).

3.5.4 Wärmebehandlung unter 100 °C

Die nachstehende Übersicht lehnt sich an das „Merkblatt für die Herstellung geschlossener Betonoberflächen bei einer Wärmebehandlung" und die Anmerkungen von G. WISCHERS 1967 [W 70] an, die neben den Arbeiten von H. SCHÄFFLER [S 10] wichtige Arbeiten auch des Auslands berücksichtigen, u. a. den Bericht des ACI Committee 517 nach J. J. SHIDELER [S 65] 1964. Bei der Wärmebehandlung folgen nach dem Verformen aufeinander: Vorlagern, Erwärmen, Verweilen, Abkühlen, Nachbehandeln. Die in dem Betonteil zuerst beim Erwärmen und dann beim Abkühlen zwangsläufig auftretenden Temperaturunterschiede müssen möglichst gering bleiben. Das ist deshalb schwierig, weil der Dampf in der Regel an einer Stelle des Raumes eintritt und die

3.5.4 Wärmebehandlung unter 100 °C

Betonteile von ihrer Oberfläche her zuerst erwärmt, dann abgekühlt werden. Gefügelockerungen und feine Risse können sich außer durch den Unterschied in der Temperatur auch durch den Unterschied in dem linearen Wärme-Ausdehnungs-Koeffizienten, jetzt Wärmedehnzahl, kurz WDZ, der Betonbestandteile ergeben.

Die WDZ des Zuschlagstoffs, der $^3/_4$ des Betonvolumens ausmacht, liegt bei $10 \cdot 10^{-6}$/grd, die des Stahls in der gleichen Größenordnung, die des Wassers — im Bereich von 20 bis 40 °C — bei im Mittel $101 \cdot 10^{-6}$/grd, d. h. bei dem 10fachen Wert, und die WDZ von Luft sogar bei rd. $1220 \cdot 10^{-6}$/grd, wodurch der Luftdruck in einer Pore beim Erwärmen von 20 auf 80 °C um 0,23 kp/cm² ansteigt (s. auch S. 302). Nach G. WISCHERS [W 67] hat ungemagerter Zementstein ohne Quarzmehl eine lineare Wärmedehnzahl WDZ von $19,5 \cdot 10^{-6}$/grd, der mit 70% Quarzmehl gelagerte Zementstein ebenso wie üblicher Beton nur $10,5 \cdot 10^{-6}$/grd. Wird Zementstein *ohne* Quarzmehl von 20 auf 5 °C abgekühlt, oder auf 40 °C erwärmt, dann zieht er sich beim Abkühlen wesentlich stärker zusammen und dehnt sich beim Erwärmen stärker aus als der gemagerte Zementstein oder als Beton. Dementsprechend nimmt die Festigkeit des wassergesättigten Zementsteins ohne Quarzmehl durch Abkühlen vorübergehend zu und durch Erwärmen ab,

Tabelle 42. *Veränderung der Biegezug- und Druckfestigkeit eines reinen Zementsteins[1] und eines Zementmörtels[2] aus gemagertem Zementstein und Quarzsand von 2 bis 3 mm Korngröße beim Abkühlen auf 5 °C und Erwärmen auf 40 °C*
Nach G. WISCHERS [W 67]

Festigkeit bei Temperaturen in °C	5 kp/cm²	20 kp/cm²	40 kp/cm²	Zunahme von 20 bis 5 °C %	Abnahme von 20 bis 40 °C %
Biegezugfestigkeit					
Reiner Zementstein	144	119	93	21	22
Zementmörtel	93	86	75	8	13
Druckfestigkeit					
Reiner Zementstein	783	721	618	9	14
Zementmörtel	835	814	781	3	4

[1] Aus Zementleim mit W/Z-Wert von 0,45.
[2] Aus Zementmörtel mit 1 Gew.-Teil Zement + 0,8 Gew.-Teilen Quarzfeinstsand (Normsand I nach DIN 1164) und 3,422 Gew.-Teilen Quarzsand von 2 bis 3 mm und W/Z-Wert von 0,45.

und zwar, wie Tab. 42 zeigt, bei dem ungemagerten Zementstein wesentlich stärker als bei dem gemagerten Zementstein und bei der Biegezugfestigkeit wesentlich mehr als bei der Druckfestigkeit. Das ist so zu erklären, daß sich das Wasser in den Gelporen schneller ausdehnt und zusammenzieht als das eigentliche Gelgerüst. Dadurch entsteht ein Porenwasserunterdruck oder -überdruck, der die Festigkeit verändert, und zwar in nicht gemagertem Zementstein schneller und nachhaltiger als in gemagertem Zementstein.

Der Wärmetransport in einem frisch erstarrten, wassersatten Betonteil verläuft sehr langsam und bedarf einer gewissen Zeit, da dessen *Wärmeleitzahl* meist unter 2 kcal/m · h · grd liegt und damit sehr gering ist, während z. B. die von Stahl 40 bis 50 kcal/m · h · grd beträgt. Besondere Sorgfalt ist beim *Abkühlen* nötig, weil es meist schneller und ungleichmäßiger verläuft als das Erwärmen. Es treten dann leicht *Krakelrisse* in der Oberflächenschicht des Betons auf. Daher gibt es für jede Art von Bauteilen oder Stapel von Betonwaren andere optimale Bedingungen für alle fünf Stadien der Wärmebehandlung.

Als *Richtzahlen* für das Vorlagern nennt das Merkblatt 1 bis 3 Stunden, als höchste Geschwindigkeit für das Erwärmen 20 grd/h, als Temperatur des Wärmeraums 50 bis 80 °C und 2 bis 4 Stunden als Verweilzeit. Die Temperaturen während der Betriebsvorgänge müssen laufend gemessen und die festgelegten Grenzen sorgfältig eingehalten werden. Die Betriebszyklen müssen sich zeitlich den Arbeitsschichten des Betriebs anpassen. — Um die Dauer der Wärmebehandlung *abzukürzen*, schlägt R. MALINOWSKI [M 7] 1966 eine 2- bis 3stündige Erwärmung des Betons auf 95 bis 100 °C oder eine $^1/_4$stündige auf 120 °C und eine Druckeinwirkung vor dem Erhärten als Nachverdichtung vor. H. PÖRSCHMANN [P 16] empfiehlt 1966 vor der Dampfbehandlung eine Vorverfestigung durch Warmluft bis zu 55 °C von mindestens 6 Stunden einschließlich $2^1/_2$stündiger Vorwärmung. Nach G. E. HUMMELSHOEJ [H 55] 1967 werden in Dänemark Frischbetone auf 60 bis 65 °C erwärmt, kommen mit 55 bis 60 °C in die Formen, werden $2^1/_2$ bis 3 Stunden gehärtet und erreichen dann 60 bis 70% der 28-Tage-Festigkeit; der Beton wird beim Mischen durch Dampfinjektion erwärmt und soll in der Form möglichst adiabatisch erhärten.

Die Druckfestigkeit von irgendeinem dampfbehandelten Beton ist, wie E. C. HIGGINSON [H 36] 1961 erneut festgestellt hat, immer niedriger als die eines dauernd bei 23 °C feucht gelagerten Betons nach 28 Tagen. Aus allen bisherigen Erfahrungen geht hervor, daß man die Wärmebehandlung nur als Beschleunigung aller bei normaler Temperatur langsamer ablaufenden Vorgänge ansehen kann und daß die Hydratation nur schneller und tiefer in das Zementkorn eindringt (s. a. 3.5.1).

A. G. A. SAUL [S 6] hat 1951, wie es in den RILEM-Richtlinien [R 22] zusammengefaßt ist, auf Grund von Versuchen die Betondruckfestigkeit P als eine lineare Funktion des Produktes aus Erhärtungstemperatur N in °C — aber um 10 °C erhöht, weil das Erhärten schon bei -10 °C beginnt — und aus der Zeitdauer t der Erhärtung bei der

3.5.4 Wärmebehandlung unter 100 °C

betreffenden Temperatur dargestellt und das Produkt als *Reife* bezeichnet. Für Beton, der bei *normaler* Temperatur erhärtet, hat S. G. BERGSTRÖM [R 22] dieser Beziehung nachstehende Formulierung gegeben:

$$P = \sum (N + 10) \, \Delta t (\text{grd} \cdot \text{h}).$$

Die weitere Entwicklung und Diskussion hat sich mit der allgemeinen Temperaturfunktion f befaßt, mit der das Zeitelement Δt des Produktes multipliziert werden muß, damit man die Beziehung auf Erhärtungstemperaturen bis zu 50 °C und mehr anwenden kann. Vorschläge von C. J. BERNHARDT, A. NYKÄNEN und E. RASTRUP sind in die Richtlinien [R 22] aufgenommen.

Der pH-Wert, der bei üblichem Beton 12,5 beträgt, stellt sich durch die Wärmebehandlung mit 11,0 etwas niedriger ein, *Korrosion* des eingebetteten Stahls hat man nur bei Zement mit bestimmten Nebenbestandteilen beobachtet. Nach den Versuchen von W. RICHARTZ [R 18] 1968 wird bei erhöhter Temperatur das *chlorid*haltige Calciumaluminathydrat nicht in gleichem Maße abgebaut, wie es M. H. ROBERTS [R 26] 1962 in Zementsuspensionen festgestellt hat.

Die gute Haltbarkeit der seit Anfang der 50er Jahre laufend hergestellten *Stahlbetonschwellen* zeigt, wie WISCHERS betont, daß eine sachgemäße Wärmebehandlung den *Korrosionsschutz* von Spannstahl weder während noch nach der Wärmebehandlung wesentlich beeinträchtigt.

Die Dampfbehandlung kann man auch verwenden, um schon *frühzeitig*, z. B. nach 24 Stunden, die Festigkeit nach 28 oder 90 Tagen vorauszusagen, worüber im RILEM-Bulletin 1966 A. BERIO [B 20b] nähere Angaben macht. Bei den von K. WALZ und J. DAHMS [W 19] 1961 nach einem Tag geprüften 10-cm-Würfeln, die nach 2 stündiger Vorlagerung 6 Stunden über kochendem Wasser (K) oder im Wärmeschrank (W) bei 80 °C gelagert hatten und langsam darin abgekühlt waren, standen die Druckfestigkeiten bei diesen beiden 1 tägigen Kurzversuchen in folgendem Verhältnis zu den 28 tägigen normal gelagerten 20-cm-Würfeln (B): bei Portlandzement $K:B$ *und* $W:B$ im Mittel zwischen 0,44 und 0,56. Bei Beton aus dem Hochofenzement lag der Verhältniswert $K:B$ bei 0,98, der Verhältniswert $W:B$ bei 0,82. — Im Schrifttum der UdSSR wird die *elektrische* Erwärmung von Beton eingehend behandelt. Sie kann nach S. A. MIRONOV [M 45] 1966 mittels eingeführter Elektroden oder mit elektrischen Heiztafeln, mit Infrarotbestrahlung oder mit Induktion erfolgen.

Was die Eignung des *Zementklinkers* für die Dampfbehandlung angeht, so haben F. KEIL und A. NARJES [N 4] 1959 an Kleinprismen von 15 Modellklinkern festgestellt, daß der abgeschreckte Klinker eine höhere Festigkeit besaß und dieser Festigkeitsvorsprung durch die

Dampfbehandlung nicht mehr eingeholt werden konnte. Eisenfreier Klinker mußte abgeschreckt werden, weil er sonst schnell erstarrte. Die Dampfbehandlung bei 70 °C verstärkte den ungünstigen Einfluß größerer Mengen von C_3A (mehr als 10 bis 12%) und geringer Mengen freien Kalks erheblich.

4 Natürliche und technische Einflüsse auf Beton

4.1 Verwitterung und ihre Produkte (Zementrohstoffe)

4.1.1 Wasser, Kohlensäure und Kalk in der Natur

Der rein chemische Vorgang der Verwitterung, den die spätere Tab. 51 unter 4.3.1 teilweise kurz kennzeichnet, beruht darauf, daß Atmosphäre und Erdoberfläche Wasser *und* CO_2 in gasförmigem, in flüssigem oder gelöstem und auch in festem Zustand enthalten und sich beide in einem ständigen, teilweise gemeinsamen und dadurch chemisch besonders wirkungsvollen Kreislauf befinden. Die Energie für den Kreislauf liefert die Sonnenwärme. — Der mechanisch-physikalische oder anorganische Zweig des *Wasserkreislaufs* sprengt (bei Frost), zerkleinert, löst, transportiert und trennt die Gesteine, läßt die Festteile sich wieder absetzen, die gelösten Stoffe sich abscheiden oder ausfallen und zu neuen Gesteinen werden. Als unsichtbarer Dampf steigt das Wasser in die nach oben kälter werdende Atmosphäre auf, kondensiert zu Wolken und Nebel und kehrt als Niederschlag zur Erde zurück. Die Luft hat eine nur begrenzte, aber mit der Temperatur stark zunehmende Aufnahmefähigkeit für Wasserdampf, wie Tab. 43 erkennen läßt. Die

Tabelle 43. *Feuchtigkeitsgehalt von Gasen (auch von Luft) in gesättigtem Zustand*

Temperatur in °C	0	5	10	15	20	25	30	50	70	90
g H_2O/m^3	4,9	6,8	9,4	12,9	17,4	23,1	30,4	83,0	198,0	424

relative Luftfeuchte (oder Feuchte) ist das Verhältnis der absoluten, d. h. gemessenen Luftfeuchte zur maximalen Luftfeuchte bei derselben Temperatur. In Luft von nur 30 bis 40% rel. Feuchte kann man sogar Fleisch durch Trocknen dauerhaft konservieren (Graubündener Fleisch). Luft mit mehr als 80% rel. Feuchte, besonders aber ab 90% rel. Feuchtigkeit ist dagegen zum Trocknen vor allem in der Industrie nicht geeignet und muß deshalb erwärmt werden. Das ist in einem geschlossenen System einfach, weil 1 m³ Luft mit rd. 10 g Wasser bei 10 °C

4.1.1 Wasser, Kohlensäure und Kalk in der Natur

noch 100% rel. Feuchte besitzt, bei 30 °C aber nur noch rd. 30% und bei 70 °C nur noch 5% rel. Feuchte. Nach einem Vorschlag von CEB (Comitée Européen du Béton) bezeichnet man Luft mit 80 bis 100% rel. Feuchte als feucht, mit 60 bis 80% als trocken und mit weniger als 60% als sehr trocken.

Jede Temperaturerhöhung vermehrt die Trocknungswirkung, jede Abkühlung fördert aber auch die *Kondensation* und, z. B. bei Zement oder in einem Staubfilter, das Verkleben. Aus feuchter Luft nimmt Zement mit steigender Feinheit und demgemäß erhöhter Reaktionsfähigkeit Feuchtigkeit auf, verliert durch diese Vorhydratation an Festigkeit und kann sogar im Sack und Silo verklumpen. *Feuchte Luft* eignet sich deshalb auch nicht zum *Homogenisieren* besonders von kaltem Zement. Für den Transport im Überseeverkehr und für Zement, der lange Zeit gelagert werden muß, verwendet man daher häufig dreifach verstärkte oder vier- bis sechsfache *Säcke*, wobei gegebenenfalls eine Innenlage aus bituminiertem oder mit Kunststoff beschichtetem Papier besteht. Bei der Bodenvermörtelung verwendet man bevorzugt hydrophoben Zement (s. 1.3.1).

Da erhärteter Beton und Mörtel ein feines kapillares Porensystem enthalten, das die Kondensation fördert und das sich auf die rel. Luftfeuchte der Umgebung einstellt (s. 3.2.3) und deren Quellen, Schwinden und Kriechen bewirkt, ist für Arbeits- und Lagerräume bei Normenprüfungen die relative Feuchte vorgeschrieben (s. 3.4.2). Die rel. Luftfeuchte kann man z. B. mit einem eingespannten entfetteten Haar (*Haarhygrometer*) messen, das sich ebenso wie Zementstein in trockener Luft verkürzt und in feuchter Luft verlängert, oder auch als Temperaturunterschied zwischen einem trockenen und einem mit feuchter Gaze umwickelten Thermometer, das eine mit zunehmender Verdunstungskälte niedrigere Temperatur anzeigt. Beton paßt sich in der freien Natur mit seinem Gehalt an verdampfbarem Wasser dem Wechsel der rel. Feuchte der ihn umgebenden Luft ständig an. Da die rel. Luftfeuchte bei Nacht auch in den meisten Trockengebieten ansteigt, kann der Beton den am Tage verlorenen Wasservorrat oft schon im Tagesrhythmus wieder „auftanken" und ist dadurch vor einer fortschreitenden Austrocknung geschützt.

In den *organischen* Kreislauf des Wassers ist auch der Mensch einbezogen. Von seinen durchschnittlich 70 kg sind 46 l Wasser, davon nur 4 bis 5 l als reine Flüssigkeit, die anderen in Zellen und Geweben gebunden. Durch die Haut gibt er 100 cm^3 je Stunde, d. h. über 2 l Wasser in 24 Stunden ab und kann nur einen Wasserentzug von 5 bis 8% ohne Schaden überstehen.

Auch das *Kohlendioxid* CO_2 und die in Wasser daraus entstehende *Kohlensäure* H_2CO_3 befindet sich in einem ständigen Kreislauf mit einem anorganischen und einem organischen Zweig. Die Luft enthält nach Tab. 44 nur 0,03 Vol.-% CO_2, aber dieses CO_2-Gas wird, wie man von den natürlichen und künstlichen Sprudelwässern (Tafelwasser) weiß, schnell und in viel größerer Menge als die anderen Bestandteile der Luft vom Wasser aufgenommen, und zwar *absorbiert* 1 l Wasser

	bei 20 °C	bei 60 °C	
an Luft	18,7	12,2	cm^3
an CO_2	878	359	cm^3

Tabelle 44. *Zusammensetzung von trockener atmosphärischer Luft in 0 bis 60 km Höhe* [R 28]

	Stickstoff N_2	Sauerstoff O_2	Argon Ar	Kohlendioxid CO_2
Vol.-%	78,09	20,95	0,93	0,03

Ein Überwiegen der im Wasser vorhandenen H^+-Ionen macht das Wasser sauer und fähig, CaO in großer Menge aufzulösen und dabei an Härte zuzunehmen. Auf einem Untergrund kalkarmer, schwerlöslicher Gesteine, wie z. B. Granit, Gneis, Porphyr oder Sandstein, kann seine *Härte* dann bei 1 bis 2° dH (s. unten) und im sauren Bereich bleiben. Bis zu einem Grenzwert von 3° dH, das sind 1,1 mval/l (s. unten), kann es betonangreifend sein, weil es dann meist kalkangreifende sogenannte aggressive Kohlensäure enthält, die man mit einem später behandelten Versuch bestimmt. — Als *Anmachwasser* von Beton und Mörtel ist Wasser jeden Härtegrades verwendbar. — Ein solcher „Säuerling" löst $CaCO_3$, $MgCO_3$ und $CaMg(CO_3)_2$ und reichert sich mit deren leichtlöslichen Hydrogencarbonaten so stark an, daß seine Härte auf 20° dH ansteigen und bei großer Trockenheit Höchstwerte von 162° dH erreichen kann. Die beiden in Wasser gelösten *Hydrogencarbonate*, vorwiegend $Ca(HCO_3)_2$, auch $Mg(HCO_3)_2$ machen seine *temporäre Härte* aus, die durch Erhitzen zu beseitigen ist. Der Gehalt an Hydrogencarbonat steht zu dem Gehalt an der freien, auch den Beton angreifenden Kohlensäure in einem bestimmten Verhältnis. Wird dies Verhältnis z. B. durch Erwärmen gestört, dann fällt $CaCO_3$ aus und scheidet sich in der Natur als feines Sediment oder z. B. als *Tropfstein* oder *Tuffstein* (Kalktuff), auch in Form von Oolithen ab, in Kesseln der Technik und in den Geschirren der Küche als Kesselstein. In Tab. 45 ist diese Reaktionsfolge des Auflösens und Ausfällens in der Natur dem abgekürzten technischen Vorgang des Brennens und Erhärtens von Kalk gegenübergestellt. Der Gehalt an anderen löslichen Ca- und Mg-Salzen vorwiegend an $CaSO_4$ bestimmt seine *permanente*

4.1.1 Wasser, Kohlensäure und Kalk in der Natur

Tabelle 45. *Reaktionsfolge beim Entstehen und der Verwendung von Kalk*

I. Natur (Auflösen und Ausfallen von $CaCO_3$)

$CaCO_3 + H_2O + CO_2 \rightarrow Ca(HCO_3)_2 + CO_2 \rightarrow CaCO_3$
fest   Lösung   gelöstes   Sediment
                          Bicarbonat[1]   Carbonat
1 l Wasser löst bei 20 °C   ↓   ↓
                              bis 1086 mg   14 mg

II. Technik

$CaCO_3 \rightarrow CaO + CO_2$ Brennen
$CaO + H_2O \rightarrow Ca(OH)_2$ Hydratisieren (Löschen)
$Ca(OH)_2 + CO_2 \rightarrow CaCO_3 + H_2O$ (Carbonatisieren)

---

[1] Jetzt: Hydrogencarbonat

(bleibende) Härte. Die Summe beider Härten ist die *Gesamthärte*. 1° dH (deutscher Härtegrad) ist auf CaO bezogen und entspricht einem Gehalt von 10 mg CaO in 1 l Wasser, wobei man MgO äquivalent, d. h. im Verhältnis 40:56 auf CaO umrechnet, so daß 7,14 mg MgO einem dH mit 10 mg CaO gleichkommen. 1° dH entspricht 1,25° engl. Härte und 1,79° der auf $CaCO_3$ bezogenen französischen Härte. Für die internationale Normung der Härte ist das *Millival* vorgeschlagen, wobei 1 mval/l Härte = 28 ppm CaO = 2,8 dH bedeuten.

Wasser ist	*sehr weich*	*mittelhart*	*ziemlich hart*	*hart*	*sehr hart*
mit dH	unter 4°	8–12°	12–18°	18–30°	über 30°
mit mval/l	unter $1^1/_2$	3–4	4–6	6–10	über 10

Die Härte des Wassers ist vor allem für seine Verwendung in der Brauerei-, Textil- und Lebensmittelindustrie und als Kesselspeisewasser von Bedeutung. Sie wird u. a. durch den Schäumversuch mit Seifenlösung bestimmt, zur Beurteilung seines Angriffsgrades gegenüber Beton durch die Bestimmung nach HEYER sowie den pH-Wert (s. 4.2.1).

Der zweite, *organische* Zweig des CO_2-Kreislaufs besteht, zu wenigen Sätzen vereinfacht, darin, daß die Pflanzen CO_2 aus der Atmosphäre aufnehmen, daraus durch *Photosynthese* unter Aufnahme von H_2O die organischen Stoffe für ihren Aufbau herstellen und Sauerstoff abgeben, während Tiere und Menschen den eingeatmeten Sauerstoff zur Aufrechterhaltung ihrer Lebensvorgänge verwenden und CO_2 an die Luft abgeben. Neben der ständigen Zufuhr von CO_2 aus den Vulkanen entsteht auch bei allen technischen Verbrennungsvorgängen des Haushalts und der Industrie Kohlendioxid, so daß in der Nähe der Großstädte, besonders solchen mit industriellem Charakter, Anreicherungen von CO_2 auftreten. In einer Großstadt der USA [M 41] ist 600 mg/Nm^3 als Durchschnittswert und 2000 mg als Maximalwert gemessen worden.

4 Natürliche und technische Einflüsse auf Beton

Da der Mensch täglich etwa 700 g CO_2, das sind mehr als 350 l, ausatmet, tritt z. B. in stark besetzten Versammlungs- und Büroräumen ohne ausreichende Lüftung neben der erwähnten Anreicherung an Wasserdampf eine Erhöhung der CO_2-Konzentration ein und dadurch bedingt eine verstärkte Carbonatisierung.

4.1.2 Kalkstein, Kreide, Kalkmergel

An diesem ständigen Auflösungs- und Fällungsvorgang sind Organismen maßgeblich beteiligt. Sie liefern gasförmiges CO_2, das den Vorgang beschleunigt, und bauen aus dem gelösten Kalk ihre Skelette und Schalen auf, wie es z. B. bei den Kalkalgen, Muscheln und Korallen

Tabelle 46. *Geologische Formationen mit deutschen abbauwürdigen Kalksteinvorkommen* [G 6b]. *In Klammern: Formationen ohne abbauwürdigen Kalkstein*

Erdzeitalter	Formation		Beginn vor 10^6 Jahren	Zur Zementherstellung abgebaut im Raum
Neuzeit Neozoikum	(Quartär)		1	—
	Tertiär	Jungtertiär		Mainzer Becken
		Alttertiär	60	Alpenrand (Bayerischer Molassetrog)
Mittelalter Mesozoikum	Kreide	Oberkreide		Unterelbe, Hannover, Westfalen
		Unterkreide	130	—
	Jura	Malm[1]		Schwäb.-Fränk. Alb, Oberrhein, Alpenrand
		Dogger[2]		
		Lias[3]	165	—
	Trias	Keuper ob. —		Braunschweig, Heidelberg, Obermosel-Saar
		Muschelkalk unt. —		Südhannover, Mittelmain, Thüringen
		(Buntsandstein)	185	—
Altertum Paläozoikum	(Perm)		210	—
	(Karbon)		265	—
	Devon	Oberdevon		Rheinland
		Mitteldevon		Eifel
		Unterdevon	320	Sieg
	(Silur)		440	—
	(Kambrium)		520	—

[1] Weißer Jura.   [2] Brauner Jura.   [3] Schwarzer Jura.

4.1.2 Kalkstein, Kreide, Kalkmergel

der Fall ist. Der größte Teil des Kalksteins ist wahrscheinlich auf diese Weise biochemisch entstanden. Das gilt vor allem für die aus kleinen Kalkgehäusen von Coccolithen, Foraminiferen und verkalkten Algen in der Kreidezeit entstandene *Kreide*, die in Europa auf Rügen, Fünen, Jütland-Seeland, bei Lüneburg, in Nordfrankreich und in der Champagne vorkommt. Oft ist sie von Flintstein durchsetzt und muß durch Aufschlämmen davon befreit werden.

Wie Tab. 46 zeigt, haben sich in der BRD und den angrenzenden Gebieten während fast aller geologischer Zeitalter mächtige Kalkschichten abgelagert, aus denen bei der Hebung des Meeresbodens Lagen von mehreren hundert, in Einzelfällen von mehreren tausend Metern Mächtigkeit entstanden sind. Für die deutsche Zementherstellung liefern, wie die letzte Spalte zeigt, das Devon, das gesamte Mesozoikum sowie das Tertiär die kalkigen Rohstoffe. — In den Gebieten der primären Gesteine und Gneise, wie z. B. in den skandinavischen Ländern, dienen oft mit Feldspat durchsetzte Kalksteinvorkommen zur Zementherstellung, die sich durch Druck und gegebenenfalls Hitze aus Sedimenten nachträglich gebildet haben. — Unter Druck entstanden ist auch der *Marmor* mit im allgemeinen mindestens 55% CaO, als weißer Marmor von Carrara (Italien) sogar bis zu 55,6% CaO. Aus dem reinen Mineral *Calcit* mit 56% CaO besteht der bekannte isländische *Doppelspat*, den man früher in Form des Nicolschen Prismas als Polarisator und Analysator des Mikroskops verwendet hat (s. 2.5.3). Die beiden anderen Modifikationen des $CaCO_3$, Aragonit und Vaterit (s. Tab. 49 in 4.1.4) von denen F. Schröder [S 33b] 1964 den metastabilen Vaterit als sekundäres Zementsteinmineral bei der Carbonatisierung festgestellt hat, sind für den Zement ohne besondere Bedeutung (s. a. Smolczyk [S 73]). Tab. 47 enthält die in der Kalkindustrie heute üblichen Bezeichnungen der tonhaltigen Kalksteine und der kalkhaltigen Tone. Danach heißt

Tabelle 47. *Benennung der Kalkstein-Ton-Gemische*
Nach Kalk-Taschenbuch 1968, S. 36

Carbonatgehalt % $CaCO_3$	0—5	5—15	15—25	25—35	35—45	45—55
mittlerer Wert		10	20	30	40	50
	Ton	Tonmergel	mergeliger Ton	Mergelton	toniger Mergel	*Mergel*

Carbonatgehalt % $CaCO_3$	45—55	55—65	65—75	75—85	85—95	95—100
mittlerer Wert	50	60	70	80	90	
	Mergel	kalkiger Mergel	Kalkstein-mergel	mergeliger Kalkstein	Mergel-kalkstein	*Kalkstein*

der in der Zementindustrie als Rohstoff besonders geschätzte „Kalkmergel", wie man ihn früher auch zum Brennen von Naturzement verwendet hat, mit 76 bis 80% $CaCO_3$, das sind 42,5 bis 45% CaO, „mergeliger Kalkstein". — Über Baukalk nach DIN 1060 und seine Verwendung s. 1.1.2.

4.1.3 Ton

Der *Ton* oder die *Tonsubstanz* eines Kalkmergels ist für den Zementchemiker nur der Lieferant von chemisch fein verteiltem oder mechanisch fein aufbereitetem SiO_2 mit der zum Sintern erwünschten Menge an Al_2O_3 und Fe_2O_3. Ihn interessieren die chemische Zusammensetzung, besonders der Silicatmodul, ferner der Gehalt an Alkalien, der sich in mäßigen Grenzen halten soll. Im Gegensatz zum Keramiker stört ihn ein Gehalt an $CaCO_3$, an amorpher Kieselsäure, auch an Humussubstanz nicht. Keramisch wichtige Eigenschaften des Tons kommen aber bei der Zementherstellung verfahrenstechnisch fördernd oder hemmend zur Geltung, wenn als Rohstoffe reiner Ton und reiner Kalkstein oder reine Kreide verwendet werden und beide naß aufbereitet und das Gemisch nachträglich durch Trocknen entwässert oder verformt werden muß oder wenn trockenes Rohmehl granuliert werden muß.

Der für die feinkeramischen Erzeugnisse Porzellan und Steingut verwendete *Kaolin* ist in dem feuchten und warmen Klima des Tertiär in großen Lagerstätten an Ort und Stelle entstanden, und zwar nach R. SCHICHT [S 13] aus dem Orthoklas, d. h. dem senkrecht spaltenden *Feldspat*, folgendermaßen:

$$K_2O \cdot Al_2O_3 \cdot 6\,SiO_2 \xrightarrow[+\,2\,H_2O]{-\,K_2O\,-\,4\,SiO_2} Al_2O_3 \cdot 2\,SiO_2 \cdot 2\,H_2O$$

Orthoklas   Kaolin

Während hierbei das gesamte K_2O und ein Teil des SiO_2 weggeführt werden, geben die beiden Plagioklase, d. h. schiefwinklig spaltenden Feldspäte, der Kalkfeldspat *Anorthit* $CaO \cdot Al_2O_3 \cdot 2\,SiO_2$ und der Natronfeldspat *Albit* $Na_2O \cdot Al_2O_3 \cdot 6\,SiO_2$ in ähnlicher Weise Na_2O und CaO ab. Na_2O geht zum größten Teil ins Meerwasser, K_2O wird zum größten Teil vom Ton im Boden adsorbiert und geht in den organischen Kreislauf über; der Weg des CaO ist mit dem des Wassers und der CO_2 eng verbunden.

An dem Entstehen der Lagerstätten an Tonen, aus denen Schamotte- und Steinzeugindustrie, Töpferei und Ziegelindustrie ihre Rohstoffe beziehen, ist vor allem die Sedimentation aus Wasser, Wind (Löß) und Eis (Geschiebelehm) stark beteiligt. Von reinem Ton bestehen fließende Übergänge zu dem sandhaltigen *Lehm* bis zum Feinstsand aus Quarz, sowie zu den erwähnten Arten des Mergels.

4.1.3 Ton

Die *feuerfesten* Tone haben eine hohe Schmelztemperatur und sind meist arm an „freiem" Quarz; ihr Gehalt an Flußmitteln und Alkalien, an CaO, MgO, FeO und TiO$_2$ soll 5% nicht überschreiten. — Zusammenfassende Darstellungen stammen von K. JASMUND [J 5a] über silicatische Tonminerale 1955, auch von O. E. RADCZEWSKI [R 1a] 1968 über die Rohstoffe und von H. SALMANG/H. SCHOLZE [S 4] 1969 über die physikalischen und chemischen Grundlagen der Keramik. Danach kann man die auf Tab. 48 angegebenen Tonminerale unterscheiden. Die drei ersten sind aus der Verwitterung des Urgesteins, der Illit nur aus der des Glimmers hervorgegangen. Sie kommen nur in den feinsten Kornfraktionen unterhalb von 2 μm Äquivalent-Dmr. vor. Den *Äquivalent-Dmr.* errechnet man aus der Fallgeschwindigkeit im Schlämmzylinder unter der Annahme, daß die Teilchen Kugeln sind. Tatsächlich sind sie aber blättchen- oder leistenförmig. Eine quantitative Mineralbestimmung ist röntgenographisch oder mit der Differential-Thermo-Analyse möglich.

Tabelle 48. *Tonminerale und Glimmerton* [J 5a]

		Zement-schreibweise	Silicat-modul
Kaolinit	$2\,SiO_2 \cdot Al_2O_3 \cdot 2\,H_2O$	S_2AH_2	1,18
Halloysit	$2\,SiO_2 \cdot Al_2O_3 \cdot 4\,H_2O$	S_2AH_4	1,18
Montmorillonit	$4\,SiO_2 \cdot Al_2O_3 \cdot nH_2O$	S_4AH_n	2,36
ferner			
Illit (Glimmerton)	Abbauprodukt des Kaliglimmers (mit 5—8% K_2O)		1,2—2,0

Illit wird wegen seines Kaligehalts und wegen der Förderung der Bildung von Ofenstaub im Zementschrifttum u. a. von H. E. SCHWIETE [S 37] 1956 erwähnt. Kaolinit und Halloysit verhalten sich ähnlich. *Montmorillonitische* Tone haben ein großes Bindevermögen und dienen als Zusätze zu weniger plastischen Massen, in der Form der *Bentonite* (Walkerde und Fullererde) als Bindemittel für Formsande sowie als Bleicherden für Öle, auch als Zusätze zu Tiefbohrzement (s. 1.3.2). Bei ihnen dringen die Wassermoleküle auch in die Teilchen selbst ein und treiben die Schichtpakete ähnlich einer Ziehharmonika [L 13] auseinander. — Tone haben eine hohe Adsorptionsfähigkeit für Basen und halten das durch Düngen eingebrachte Kalium im Boden fest. *Thixotropie* nennt man die auch bei Zementbrei vorkommende Eigenschaft der Tonpasten und Tonsuspensionen, sich bei gleichbleibendem Wassergehalt nach kurzem Stehen so zu verfestigen, daß ein immer höherer Druck — oder ein kurzes kräftiges Aufstoßen — zum Überschreiten der Fließgrenze erforderlich wird, was man auf die Umwandlung eines Sols in ein Gel und wieder in ein Sol erklärt. Beim Ton ist dieser Versuch beliebig oft wiederholbar.

Beim *Brennen* von Klinker reagiert der Ton oder die Tonsubstanz des Kalkmergels mit dem CaO des Carbonats und bildet, wie unter 2.1 gezeigt wird, die Klinkerphasen. Da die Tone beim Erhitzen auf bestimmte Temperaturen *puzzolanische* Eigenschaften besitzen, wie man vom Ziegelmehl schon seit der Römerzeit weiß, folgen darüber noch einige Angaben. — Die drei reinen Tonminerale der Kaolingruppe, zu der neben Kaolinit auch *Dickit* und *Nakrit* gehören, verlieren ihr chemisch gebundenes Wasser bei 400 bis 450 °C, bei 510 bis 575 °C und über 600 °C [k 55] und bestehen dann aus *Metakaolin* $2\,SiO_2 \cdot Al_2O_3$; dabei wird ihr Gehalt an Al_2O_3 in Salzsäure löslich; ab 850 °C wird die Tonerde wieder schwerlöslich, bei etwa 950 °C unlöslich. Nach der zusammenfassenden Betrachtung von H. KÜHL [k 55] besteht der Metakaolin im Gebiet der niederen Temperaturen aus einem aufgelockerten Gebilde, das man noch als eine „Verbindung" von SiO_2 und Al_2O_3 ansehen kann. Von etwa 880 °C an sind aber freie Kieselsäure und freie Tonerde nebeneinander vorhanden, die sich dann bei 1050 bis 1100 °C zunächst zu *Sillimanit* $Al_2O_3 \cdot SiO_2$ und später zu Mullit $3\,Al_2O_3 \cdot 2\,SiO_2$ vereinigen. Was die puzzolanischen Eigenschaften des Metakaolins angeht, so sind W. STRÄTLING und H. ZUR STRASSEN [S 103] nach eingehenden Versuchen zu der Auffassung gekommen, daß der Metakaolin schon bei 500 °C ein Maximum an Adsorptionsvermögen besitzt, während die eigentliche Puzzolanizität, als Bindefähigkeit für Calciumhydroxid beurteilt, erst von da ab beginnt und ihr Optimum zwischen 500 und 700 °C, über längere Zeiträume beurteilt, bis zu etwa 800 °C Erhitzungstemperatur besitzt.

4.1.4 Übrige Carbonate und Calciumsulfate (Tab. 49)

Dem Kalkstein steht nach Entstehung und Eigenschaften der *Magnesit* $MgCO_3$ nahe. Seine europäischen Vorkommen sind Steiermark und Kärnten (Österreich) und die Insel Euböa. Neuerdings hat man auch in anderen Teilen der Welt große Vorräte entdeckt. Er dient in erster Linie zur Herstellung von ff. Steinen und Massen. Aus der beim Brennen gewonnenen Magnesia MgO wird der sogenannte *Magnesitbinder* hergestellt, früher auch *Sorelzement* oder *Keenes'* Zement genannt. Er wird mit Magnesiumchloridlösung unter Zugabe von Sägemehl als *Steinholz* (vgl. DIN 272 Steinholz und DIN 273 Ausgangsstoffe für Steinholz) zum Herstellen von Fußbodenbelägen verwendet, auch als Bindemittel der *Heraklith*platten, einer besonderen Art von den sonst mit Zement gebundenen Holzwolle-Leichtbauplatten nach DIN

Tabelle 49. *Eigenschaften von Calcium- und Magnesiumcarbonat und -oxid und von Calciumsulfat* [k 55, R 28]

	Formel	Bezeichnung	Kristallsystem	Härte nach MOHS	Dichte g/cm³	Verdampfungsdruck bzw. Zersetzungsdruck von 760 mm (Torr) wird erreicht bei °C	Technische Brenntemperatur
1	$CaCO_3$	Calcit	rhombisch	3	2,7–2,8	885[5]	zu 4: 1000–1200 °C
2	$CaCO_3$	Aragonit	rhombisch	3½–4	2,93		
3	$CaCO_3$	Vaterit (μ-$CaCO_3$)[1]	(pseudo)hexagonal				
4	CaO	Calciumoxid[2]	regulär	5–5½	3,22–3,40		Herst. bei 2572 °C elektr. Lichtbogen[2]
5	$Ca(OH)_2$	Calciumhydroxid Portlandit			2,24	547	zu 4: aus jungem Mörtel[3] 400–600 °C
6	$MgCa(CO_3)_2$	Dolomit	rhombisch	3½–4½	2,85–2,95		zu 4: halbgebranntem Dolomit: 800 °C zu Sinterdolomit: 1800–1850 °C
7	$MgCO_3$	Magnesit	rhombisch				
8	MgO	Periklas	regulär	5½–6	3,56	<400	zu 8: 1000 °C nach 1 Std.
9	$Mg(OH)_2$	Brucit	trigonal	2½	2,38	400–450	zu 8: aus jungem Mörtel[3] 100–400 °C
10	$CaSO_4 \cdot 2 H_2O$	Gipsstein	monoklin	1½–2	2,31–2,32	101,5	zu 11: 130–160 °C
11	$CaSO_4 \cdot ½ H_2O$	Halbhydrat	rhombisch				zu 12: 1000–1300 °C
12	$CaSO_4$ 3 Modifikationen	Anhydrit	hex. rhomb. reg. III II I		2,6–3,0	154,0	
13	$CaSO_4 \rightarrow CaO + SO_3$ (mit Ton und Sand)[4]					1100	Klinkerbrand[4] 1400–1600 °C
14	$BaSO_4 \rightarrow BaO + SO_3$			3–3½	4,5	>1400	

[1] Nach F. SCHRÖDER [S 33b], s. a. SMOLCZYK [S 73] 1964. [2] Werte für Schmelzkalk [F 4a]. [3] Nach P. ESENWEIN [E 16]. [4] Beim Gips-Schwefelsäure-Verfahren (s. 2.2.4). [5] Nach ULLMANN [U 1].

1101. Die Zusammensetzung des aus Magnesitbinder beim Erhärten entstehenden Reaktionsprodukts ist nach DORSCH gemäß der Angabe von KÜHL [k 55] $5\,MgO \cdot MgCl_2 \cdot H_2O$.

Dolomit $CaMg(CO_3)_2$ ist nach dem französischen Mineralogen DOLOMIEU benannt und hat einem Gebirgszug der südlichen Kalkalpen den Namen gegeben. Die bizarre Form der Dolomitberge darf man auf die größere Widerstandsfähigkeit des Dolomits gegen die atmosphärischen Einflüsse im Gegensatz zu dem in kohlensäurehaltigem Wasser leichter löslichen $CaCO_3$ zurückführen. Die vielen Bemühungen, Dolomit so zu brennen, daß nur das $CaCO_3$, nicht aber das $MgCO_3$ entcarbonatisiert wird, haben zu verschiedenen erfolgreichen Verfahren geführt. Nach W. NOLL [N 18] bestehen zwischen 750 und 900 °C MgO und $CaCO_3$ nebeneinander — als halbgebrannter Dolomit wird er zur Wasserreinigung verwendet — erst darüber hinaus bildet sich auch CaO. Das CaO neigt im Gegensatz zu MgO sehr stark zur Recarbonatisierung, deshalb sind die CaO-haltigen Dolomitsteine aus bei 1800 bis 1850 °C gesintertem Dolomit lagerungsempfindlich (s. 5.3.1). ff. Steine und ff. Massen aus Dolomit verdrängen heute den gebrannten Magnesit auf einigen Gebieten. — Das Vorkommen von dolomitischen Lagen in dem Steinbruch eines Zementwerks erfordert eine sorgfältige Beobachtung, weil der MgO-Gehalt im Portlandzementklinker auf 5% beschränkt ist. Jeder Kalkstein enthält etwas MgO, meist aber in ziemlich konstanter Menge.

Der Vorgang der *Dolomitisierung*, dem auch der Dolomit seine Entstehung verdankt, besteht darin, daß in einem anstehenden Kalkstein das $MgCl_2$ im Meerwasser oder in der Sole eines Salzlagers einen Teil des CaO aus dem $CaCO_3$ verdrängt. Das geschieht in ähnlicher Weise bei der Einwirkung von Meerwasser auf Beton. (Chemische Formulierung s. Tab. 51 [s. 4.3.1].) Die erwähnten Salzlager sind als Erstausscheidungen entstanden, als das Zechsteinmeer während der außerordentlich trockenen Permzeit eindampfte. Bei einer solchen Verdunstung scheiden sich die gelösten Salze in einer festen Folge ab. Dem wasserhaltigen Calciumsulfat Gips folgt der wasserfreie Anhydrit $CaSO_4$, dann nebeneinander oder allein die Sulfate und Chloride des Natriums, auch das Steinsalz NaCl, zuletzt die des Kaliums und des Magnesiums. In etwa 30 bis 40° nördlicher oder südlicher Breite wird auch heute in sogenannten Salzgärten aus dem Meerwasser Salz gewonnen.

Gips, Gipsspat oder Gipsstein $CaSO_4 \cdot 2\,H_2O$ mit mehr als 17%, theoretisch 20,9% Wasser, heißt in reinster Form Alabaster, Fasergips oder Marienglas. Er ist als Bestandteil des Zements schon mehrfach erwähnt. Einige Kennzahlen der letzten Arbeiten enthält Tab. 49. Gipsstein bildet in der Natur ganze Gebirgszüge und kommt in Deutschland am Rande des Thüringer Beckens, im Rheinischen Schiefergebirge,

4.1.4 Übrige Carbonate und Calciumsulfate

im Werragebiet, Nordhannover, am Main und im Saargebiet vor (s. A. HERRMANN [H 33] 1964). *Anhydrit* CaSO$_4$ tritt als Gestein in der Natur oft zusammen mit Gips auf, fällt außerdem in der chemischen Industrie, z. B. bei der Phosphorherstellung an. Vom Gips ist er auch mikroskopisch zu unterscheiden (s. 2.5.3). Neuere Veröffentlichungen stammen von H. HOLLAND [H 45] 1965, von F. WIRSCHING [W 66] 1966, von V. SATAVA [S 5] 1967 über die Vorgänge der Umwandlung von Gipsstein in Halbhydrat, und von E. EIPELTAUER [E 5] 1963 über den umgekehrten Vorgang.

Vom Gips besteht nur eine, vom Halbhydrat bestehen zwei und vom Anhydrit drei *Modifikationen* [H 45]. Für die Zementherstellung ist wichtig, daß Gips beim Erhitzen oberhalb von 101,5 °C in Halbhydrat CaSO$_4 \cdot {}^1/_2$ H$_2$O und oberhalb von 154 °C in CaSO$_4$ überzugehen beginnt; ab rd. 1000 °C fängt er an, sich in CaO und SO$_3$ zu zersetzen, wovon man bei der Herstellung des Zementklinkers aus Gips unter gleichzeitiger Gewinnung von Schwefelsäure Gebrauch macht (s. 2.2.4). Die technisch notwendigen Temperaturen liegen höher (s. unten). Die Verwendung von Gips und Anhydrit bei der Herstellung von Zement ist an verschiedenen Stellen behandelt.

Nach DIN 1168 *Baugips* (plaster, plâtre) heißt *Stuckgips* das bei 120 bis 240 °C in Kesseln, Drehöfen oder Mahltrocknern hergestellte Erzeugnis, das in seiner Zusammensetzung etwa dem Halbhydrat entspricht. Er versteift und erhärtet sehr schnell und muß, nach 1 tägiger Feuchtlagerung bei 35 bis 40 °C getrocknet, 60 kp/cm^2 Druckfestigkeit erreichen. Putzgips, Hartputzgips und Mörtelgips bestehen aus Halbhydrat und Anhydrit und versteifen langsamer als Stuckgips. *Estrichgips* entsteht entweder durch Brennen bei 1000 bis 1300 °C im Schachtofen oder wird über das Halbhydrat durch besondere Verfahren und Zusätze erhalten und dient zu Estricharbeiten. Als *Marmorgips* bezeichnet man den doppeltgebrannten Gips, der zwischen den Bränden mit Alaun oder Boraxlösung getränkt wird; er ist hellfarbig und wirkt geschliffen und poliert wie echter Marmor. – Anhydrit hat auch eine eigene Erhärtungsfähigkeit. *Anhydritbinder* nach DIN 4208 muß in den Gütestufen AB 50, AB 125 und AB 200 nach 28 tägiger Luftlagerung als Mörtel die drei angezeigten Druckfestigkeiten in kp/cm^2 und nach 7 Tagen ein Drittel bis zur Hälfte dieser Werte erreichen und darf für Mörtel und Estrich der Gruppe IV ähnlich dem Baugips verwendet werden. Er hat aber keine praktische Bedeutung erlangt.

Die Angaben über die *Hydratationswärme* [W 66] liegen für Halbhydrat zwischen 24 und 27 cal/g, für Anhydrit III zwischen 36 und 42 cal/g und für Anhydrit II bei 23 cal/g. Baugips und Anhydritbinder sind wie Baukalk in Wasser löslich und gehören deshalb nicht zu den hydraulischen Bindemitteln.

4.2 Korrosion und Korrosionsschutz der Bewehrung

4.2.1 Betonangreifende Kohlensäure und pH-Wert von Lösungen

Betonangreifende Kohlensäure und pH-Wert sind wichtige Maßstäbe, um den Angriffsgrad eines Wassers, Abwassers oder eines Bodens auf Beton zu beurteilen; der pH-Wert, den das Porenwasser des Zementsteins in der Nähe der Bewehrung besitzt, ist außerdem für den Korrosionsschutz des eingebetteten Stahls maßgeblich.

Die *betonangreifende* Kohlensäure ist nur ein Teil der in einer Wasserprobe vorhandenen Kohlensäure und wird deshalb gemäß DIN 4030 nach HEYER durch Auflösen von Marmorpulver bestimmt, das die Probeflasche schon vor dem Einfüllen des Wassers in ausreichender, abgewogener Menge enthalten muß. Ein Teil der freien nicht als Hydrogencarbonat gebundenen CO_2 ist stets nötig, um das bereits vorhandene, ein weiterer Teil, um das beim Auflösungsvorgang z. B. in der Probeflasche neu hinzukommende Hydrogencarbonat in Lösung zu halten, d. h. zu stabilisieren. E. BRANDENBERGER [B 53] hat es mit den in Tab. 50 enthaltenen Zahlenwerten für 3 Wasserproben mit derselben *Gesamt*menge an 210 mg CO_2/l, aber drei verschiedenen temporären Härtegraden, nämlich 0 °dH, 11,4 °dH (= 20,4° franz. H.) und 17,5 °dH (= 31,3° franz. H.) verdeutlicht. Beim weichen ersten Wasser ohne halbgebundene CO_2 sind von den 210 mg freier CaO noch 142 mg aggressiv, im zweiten Fall sind 17 mg für die Stabilisierung nötig und nur die Hälfte des Restes ist aggressiv; im dritten Fall wird sämtliche freie CO_2 für die Stabilisierung gebraucht, so daß keine aggressive CO_2 übrigbleibt. Wasser mit 15 bis 30 mg/l kalklösender CO_2 gilt als schwach, mit 30 bis 60 mg/l als stark und mit mehr als 60 mg/l als sehr stark angreifend; diese Werte beziehen sich auf den Marmorversuch (s. oben).

Tabelle 50. *Abnahme der CO_2-Aggressivität von 3 Wässern mit demselben Gesamtgehalt an CO_2 bei zunehmender temporärer Härte*
Nach E. BRANDENBERGER [B 53]

Temporäre Härte	Halbgebundene[1] CO_2	Freie[2] CO_2	Von der freien CO_2 wirken		
			stabilisierend	aggressiv (kalklösend)	nicht kalkangreifend
°dH	mg/l	mg/l	mg/l	mg/l	mg/l
0	0	210	—	142	68
11,4	90	120	17	52	51
17,5	137	73	73	—	—

[1] $(HCO_3)^-$.   [2] $(CO_2 + H_2CO_3)$.

4.2.1 Betonangreifende Kohlensäure und pH-Wert von Lösungen

Als besonders wichtige Maßzahl zur Beurteilung des Angriffsgrades von Wasser, Abwasser und Lösungen auf Beton auch im Boden hat sich der *pH-Wert* in seinem von 7 in Richtung auf 0 an Säurewirkung zunehmenden Bereich erwiesen. In seinem ab 7 bis 14 zunehmend basischer werdenden Bereich liefert er Maßzahlen für die Schutzwirkung, die Zementstein auf eingebetteten Stahl ausübt. Wie die mittlere Spalte von Bild 69 zeigt, ist 7 der pH-Wert für völlig neutrale Reaktion und gilt für reines Wasser bei 22 °C. Er ist temperaturabhängig, was vielleicht bei der Dampfdruckhärtung von Beton von Bedeutung sein mag (s. 3.5.3), und beträgt

bei	0	20	30	100 °C
pH-Wert	7,44	7,03	6,86	6,07

Die einfache Zahlenreihe von 0 bis 14 ergibt sich, wie die mittlere Säule zeigt, dadurch, daß man nicht die Werte der Wasserstoff-Ionen-Konzentration selbst, sondern deren negativen dekadischen Logarithmus verwendet. Das geht daraus hervor, daß der im mittleren Streifen des Bildes von 0 auf 6 ansteigende pH-Wert sich mit der in Zehnerstufung von 1 n (oder 10^{-0}) bis auf 10^{-6} n abnehmenden *Wasserstoff-Ionen-Konzentration* der HCl deckt. Er läßt sich auch auf der basischen Seite in umgekehrter Weise für die ebenso abgestuften Konzentrationen des NaOH fortsetzen. Das liegt daran, daß jede Säure auch OH^--Ionen enthält und für alle Säuren, Laugen und Lösungen das Produkt $[H^+] \cdot [OH^-] = 10^{-14}$ beträgt und eine Säure nur durch das *Überwiegen* der H^+-Ionen, eine Base durch das Überwiegen der OH^--Ionen gekennzeichnet ist.

Die Parallelität mit der n-Konzentration beruht aber auch darauf, daß HCl und NaOH in der angeführten Konzentration *fast völlig* — n-HCl übrigens nur zu 91% — in *Ionen* gespalten sind, was nicht bei allen sauren und basischen Lösungen der Fall ist, wie der dritte Streifen von Bild 69 zeigt. Der pH-Wert bezieht sich nämlich, was seine Bedeutung erhöht, nur auf die *aktuelle*, d. h. die jeweils vorhandene Wasserstoff-Ionen-Konzentration, nicht auf die durch Titration zu ermittelnde *gesamte* Säurekonzentration, die bei allen n-Lösungen oder 10^{-2} n Lösungen gleich sein muß.

Die schwächere normale Essigsäure (CH_3COOH) enthält zwar als Normallösung ebenso viel, nämlich 1 g Wasserstoff, besitzt aber einen pH-Wert von nur rd. 2,4, d. h. nur $10^{-2,4}$ g an tatsächlich *ionisiertem* Wasserstoff, d. h. einen Bruchteil des vorhandenen Wasserstoffs, während der Rest molekular gelöst bleibt. Beim *Titrieren* würde sie aber zu ihrer Neutralisation dieselbe Menge an Natronlauge gebrauchen wie die Normalsalzsäure, weil sich die zunächst „fehlenden" Wasserstoffionen aus dem nicht ionisierten, molekular gelösten Anteil beim

Titrieren immer wieder ergänzen. Das gleiche gilt sinngemäß auch für schwache und starke Basen.

Links in Bild 69 ist der Umschlagsbereich der bekannten Indikatoren Methylorange, Lackmus und Phenolphthalein, auch von Thymol-

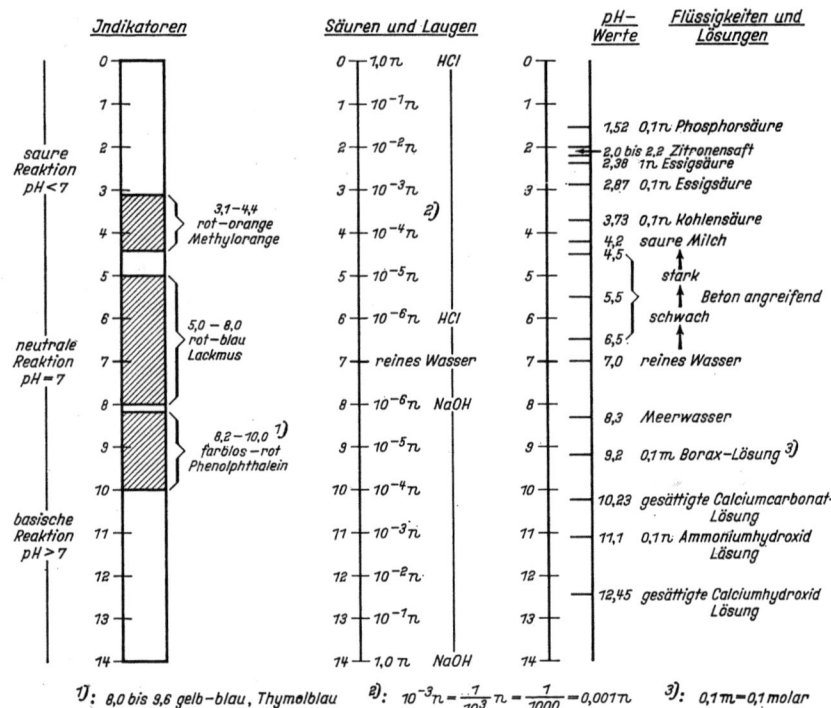

Bild 69. Wasserstoffionen-Konzentration. Indikatoren und deren Farbumschlaggebiet (links), pH-Wert von HCl, Wasser und NaOH (Mitte), von Flüssigkeiten und Lösungen einschließlich des Bereichs, innerhalb dessen Beton schwach und stark angegriffen wird (rechts).

blau angegeben. Für Lösungen verwendet man auch Universal-Indikatoren, die ihre Farbe beim Durchschreiten der pH-Werte von 3 bis 11 von Dunkelrot über Gelb, Grün und Blau bis zum Tiefviolett ändern, wobei man Farbvergleichstafeln verwendet. Den pH-Wert kann man auch elektrometrisch mit Wasserstoff-, Chinhydron-, Antimon- oder Glaselektrode bestimmen.

Für die Beurteilung des Korrosionsschutzes von Bewehrungsstahl durch Zementstein ist der pH-Bereich zwischen 9 und 12,6 von Bedeutung (s. 4.2.3). — Als den Beton schwach angreifend gilt nach DIN 4030 ein Wasser mit einem pH-Wert von 6,5 bis 5,5, als stark angreifend mit 5,5 bis 4,5 und als sehr stark angreifend unter 4,5. Böden gelten mit einem Säuregrad über 20 nach BAUMANN-GULLY als schwach angreifend. —

Puffergemische oder einfach *Puffer* sind Substanzen oder Substanzgemische, die Wasserstoff- oder Hydroxylionen zu binden vermögen, ohne daß sich die Reaktion ihrer Lösung, d. h. ihr pH-Wert wesentlich verändert. (Ein überaus großes Puffervermögen besitzt z. B. das Blut auf Grund seines Gehalts an Natriumbicarbonat, Natriumphosphat und Eiweißkörpern. Verrührt man z. B. 1 l Wasser mit 1 cm^3 einer n/100 Salzsäure, dann sinkt das pH von 7 auf 5; will man das pH von 1 l Blut um 2 Einheiten verschieben, so muß man etwa 300 cm^3 n/100 Salzsäure zugeben.) Das beim Anätzen von Klinkeranschliffen verwendete Dimethylammoniumcitrat kurz DAC ist ebenfalls eine Puffersubstanz. Sie ist wie ähnliche andere Salze mit *nahezu konstantem* pH-Wert von F. KEIL und F. GILLE [K 23] zum „schonenden" Zersetzen von Schlackengläsern verwendet worden, wobei deutliche Unterschiede der Gläser nachgewiesen werden konnten.

4.2.2 Korrosion und Korrosionserlaß

Die Festigkeit und Beständigkeit des Verbundbaustoffs Stahlbeton beruht neben der schon erwähnten etwa gleichen Wärmedehnung in erster Linie darauf, daß die in ihrer Dicke vorgeschriebene Betondeckung den Stahl vor Korrosion schützt. Die Art dieses Schutzes, besonders für den Spannbeton, ist in dem Korrosionserlaß der BRD von 1967 neu geregelt worden. Sein Inhalt ist inzwischen von DIN 1164 und DIN 1045 übernommen worden.

Der Erlaß läßt die Verwendung von Tonerdezement nicht mehr zu, beschränkt für einen besonderen Fall die Verwendung von schlackenreichem Hochofenzement, begrenzt den Gehalt an Chlorid in Zement und Beton auf die durch Roh- und Brennstoffe bedingte unvermeidliche Menge, fordert Mindestdicken für die Spannstähle und fordert im allgemeinen eine höhere Betondeckung des Beton- und Spannstahls, als bis dahin üblich war.

Ausgelöst wurde der Erlaß durch Dach- und Deckeneinstürze in bayrischen *Viehställen,* bei denen eine Reihe ungünstiger Umstände zusammengewirkt hatte: die Verwendung des in feuchter Wärme empfindlichen Tonerdeschmelzzements mit schon im frischen Beton niedrigerem pH-Wert von 11 bis 12 und einem Gehalt an Sulfid und einer Neigung zur Umwandlung (s. 4.4.1), die warme ammoniak-, kohlensäure- und sulfidhaltige Atmosphäre der Viehställe, die hohe Empfindlichkeit der dabei verwendeten Stähle gegen Spannungsrißkorrosion, die Verwendung von Calciumchlorid, teilweise auch ungenügende Überdeckung und andere Herstellungsmängel, worauf O. WAGNER [W 1] 1968 nochmals hingewiesen hat. — In *trockenen* Innenräumen [B 15] konnte man in Bayern 1965 bei Spannbetonträgern aus Tonerdezement, deren Spannstähle in Wohnräumen noch zu mehr als 84%

blank waren, eine gefährliche Beeinträchtigung der Tragfähigkeit noch nicht feststellen. — D. BRIESEMANN [B 55b] bestätigt 1969 auf Grund der Untersuchung von 348 vorgespannten Betonfertigteilen aus Tonerdeschmelzzement und Portlandzement in 103 verschiedenen Gebäuden mit vorwiegend *trockener* Atmosphäre, daß in Beton aus Tonerdeschmelzzement nur in 2 Fertigteilen, die vorübergehend durchfeuchtet gewesen waren, am Spannstahl Wasserstoffversprödung mit Bruchbildung und in allen anderen Fällen, bei denen Korrosion festzustellen war, nur eine normale Oberflächenkorrosion beobachtet wurde. — K. KORDINA und N. V. WAUBKE bezeichnen 1970 [K 48b] Betonfestigkeit, Carbonatisierungstiefe und statische Festigkeits- und Verformungseigenschaften der Spanndrähte in 20 Jahre alten, mit Tonerdeschmelzzement hergestellten Spannbetonträgern aus den Hafengebieten von Hamburg und Bremen als normal. Den Korrosionszustand der Spannbetonbewehrung und die stark abgeminderte Dauerschwingfestigkeit der Drähte führen sie teilweise auf sprengungsbedingte Risse und Mängel in der Betondeckung sowie auf den Sulfidgehalt des Betons und die klimatischen Verhältnisse zurück. (Die heutige Verwendung von Tonerdezement s. 4.4.2 und 4.4.3.) — Wie diese Beispiele zeigen, braucht durch Nichtbeachten einer solchen Vorschrift noch kein Schaden zu entstehen. Das gilt sicher auch für die jetzige Grenze des Chlorgehalts im Zement und wahrscheinlich auch für die obere Grenze des Gehalts an Hüttensand im Hochofenzement. Es sind bei den fraglichen Spannbeton-Deckenplatten, wie ST. SORETZ [S 80] 1966 betont, außerordentlich ungünstige Umstände zusammengekommen und bei einigen der üblichen Versuche, wie G. SCHIKORR [S 15] 1964 ausführt, so starke Korrosionsbeanspruchungen der Eisenbleche angewendet worden, wie sie an dem in einem Mörtel oder Beton eingebetteten Metall auch nach Auffassung von A. BUKOWIECKI [B 65] 1965 nur in ganz besonderen Fällen vorkommen können. — Bei Spannbeton ist unbedingt eine *erhöhte* Vorsicht nötig, weil die Spannstähle *ohne* vorher erkennbare Anzeichen durchreißen und dann die Tragfähigkeit eines ganzen Bauteils oder Bauwerks gefährden können, wie der Einsturz der Viehställe zeigt. Im üblichen Stahlbeton bedeutet das oberflächliche Rosten des schlaffen Betonstahls keine Gefährdung des Bauwerks, zumal es bei tieferem Eindringen äußerlich erkennbar wird. — Die hohen Anforderungen an den Chloridgehalt *aller* Zemente hat man deshalb für nötig gehalten, weil die Zementverarbeiter daran gewöhnt sind, den Zement *ohne* Nachprüfung und Rückfrage für Beton, Stahlbeton und Spannbeton zu verwenden und weil ein deutliches Kenntlichmachen von lose geliefertem Zement praktisch unmöglich ist.

Der *Rostschutz* des Stahls im Beton beruht darauf, daß die auf der Oberfläche von Stahl als dünner, unsichtbarer Oxidfilm von 1 bis

4.2.2 Korrosion und Korrosionserlaß

1,5 nm (10 bis 15 Å) vorhandene Deckschicht ihre chemische Aktivität verliert. Sie wird durch die in der kalkalkalischen Porenflüssigkeit vorherrschenden Hydroxidionen *passiviert*. Der pH-Wert der Porenflüssigkeit im Zementstein liegt infolge des Gehalts an $Ca(OH)_2$ bei 12,6. Die Passivierung ist so lange gesichert, als der pH-Wert nicht geringer wird als pH = 9. Die Betondeckung muß deshalb so dick, dicht und zementreich sein, daß sie nicht völlig carbonatisiert, weil dann der pH-Wert bis auf den pH-Wert des $CaCO_3$ von 9 absinkt und der Zementstein porig wird. — Allerdings wird im Regelfall die Carbonatisierung in einem *feuchten* Beton nicht bis zum Stahl vordringen, weil die kohlensäurehaltige Luft darin keinen Zutritt hat. Einen ständig *trockenen* Beton wird sie zwar völlig austrocknen können; aber dessen Bewehrungsstahl hat aus Mangel an Feuchtigkeit keine Möglichkeit zu korrodieren.

Dem Erlaß ist eine große Anzahl von *Untersuchungen* an Bauwerken und Versuchen im Laboratorium vorausgegangen, die zum Teil noch nicht abgeschlossen sind. An Berichten über das Verhalten von Stahl, besonders von Spannstahl, sind zu erwähnen die Arbeiten von: A. BÄUMEL, H. J. ENGELL, F. K. NAUMANN [B 2, N 9, N 8] 1959—1969, H. KAESCHE [K 2] 1965 und 1967, G. SCHIKORR [S 15] 1960 und 1964, A. BUKOWIECKI [B 65, B 66] 1965 und 1968, H. R. MÜLLER [M 55] 1969 und von I. BICZÓK [B 27] 1967 in Buchform. Auf das Rosten und die Korrosionsvorgänge gehen die nächsten Abschnitte ein. Von drei Heften des Deutschen Ausschusses für Stahlbeton behandeln: in Nr. 169 (1964) G. REHM und H. L. MOLL [M 49, R 8] *Rißbreite* und Rostbildung, mit einem Literaturbericht; in Nr. 170 (1965) die *Carbonatisierung* REHM und MOLL [R 9], H.-J. KLEINSCHMIDT [K 34b] und das Laboratorium der westfälischen Zementindustrie in Gemeinschaft mit dem Forschungsinstitut für Hochofenschlacke [L 2] (A. MEYER [M 41] und Mitarbeiter, ferner F. SCHRÖDER [S 34] und Mitarbeiter) in Nr. 182 (1967) die Carbonatisierung die beiden zuletzt genannten Laboratorien. Diese von amtlicher Seite herausgegebenen Berichte enthalten Feststellungen u. a. an Schiffsschleusen, an 127 verschiedenen bis zu 55 Jahre alten Bauten aus Beton und Stahlbeton, auch Bauwerken aus Spannbeton und an einigen hundert Probekörpern. G. BAUM [B 12] hat 1962 auf den guten Zustand weiterer alter Bauwerke aus Beton hingewiesen. — Den Erlaß haben u. a. H. BUB [B 61] und G. REHM [R 7] 1968 behandelt.

Das *Rosten* ist ein elektrochemischer Vorgang, der entweder die Oberfläche in großer Ausdehnung durch die Bildung vieler kleiner galvanischer Elemente erfaßt und dann zu *Rost*anflug, Rostflächen und im Grenzfall zu schaliger Abtragung führt oder sich als stärker gefürchtete örtliche Korrosion kraterförmig in die Tiefe frißt und dann *Lochfraß* heißt und z. B. für Chlorid typisch ist. In Bauwerken mit zu geringer, zu zementarmer oder rissiger Betondeckung kommt es durch das Ausdehnen beim Rostvorgang zum Abheben und Abplatzen der Deckschicht über den Stahlstäben.

A. BUKOWIECKI [B 66] beschreibt 1968 nach Bild 70 die Wirkungsweise eines galvanischen *Korrosionselements* an Stahl durch eine Salzlösung unter Luftzutritt folgendermaßen: Eine aktivere Stelle der

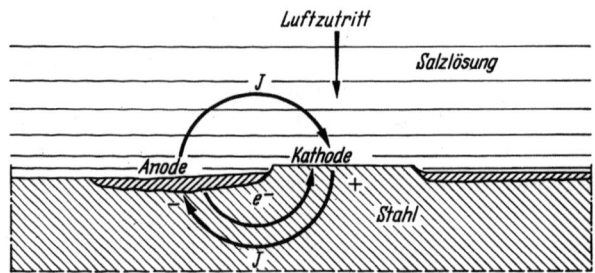

Bild 70. Wirkungsweise eines galvanischen Korrosionselementes, erläutert am Beispiel ,,Stahl/ lufthaltige Salzlösung". Nach A. BUKOWIECKI [B 66]. J = galvanischer Strom.

Stahloberfläche, wie z. B. eine Korngrenze oder ein Bereich stärkerer mechanischer Spannungen, wird nach der *Zerstörung* des Oxidfilms zur Anode und korrodiert nach der Gleichung

$$Fe \rightarrow Fe^{2+} + 2\,e^- \quad (e^- = \text{Elektron})$$

und wird zum Minuspol, während eine noch mit Oxidresten behaftete Stelle nicht korrodiert und zum Pluspol eines galvanischen Elements wird. Aus dem an der Anode abgetragenen Eisen bildet sich der Rost FeOOH erst als Produkt einer sekundären *Fällungs*reaktion, stellt einen lockeren kaum haftenden Belag dar und verlangsamt deshalb die Reaktion nicht, während sich im Falle sehr vieler kleiner, gleichmäßig verteilter Elemente eine schützende Rostbedeckung bildet und den Rostvorgang zum Stillstand bringt. — Das Entstehen einer echten Bindung zwischen Stahl und Zementstein hat, wie unter 3.1.6 erwähnt, H. MARTIN [M 18] 1967 festgestellt. H. KÜHL [k 55] hat das in dichtem Beton oft beobachtete *Entrosten* von Bewehrungsstahl als Bildung eines farblosen Calciumferrithydrats bezeichnet.

Die *Spannungsrißkorrosion* entspricht der schon länger bekannten Schwingungsrißkorrosion und wird im allgemeinen damit erklärt, daß in dem unter hoher Zugspannung stehenden Stahl der schützende Oxidüberzug durch korrodierend wirkende Nitrate, Chloride oder auch Kohlendioxid depassiviert wird. Dadurch entstehen an den Gleitflächen der Kristalle feinste Kerben, die zum plötzlichen Bruch führen; man spricht dann von interkristalliner Korrosion. H. R. MÜLLER [M 55] hat 1969 bei Laborversuchen im Eidgenössischen Materialprüfamt kein unterschiedliches Verhalten des Spannstahls im schlaffen oder gespannten Zustand beobachtet und deutet die Spannungsrißkorrosion als rein mechanischen Vorgang.

Eine zweite Art der Korrosion von Spannstahl ist die *Wasserstoffversprödung*. Sie wird durch das Eindringen von atomarem Wasserstoff bewirkt, der sich zu molekularem Wasserstoff vereinigt, wodurch ein hoher Druck entsteht, der ein Aufreißen verursacht. Der atomare Wasserstoff kann aus der Zersetzung von Schwefelwasserstoff H_2S stammen, der in landwirtschaftlichen und industriellen Gegenden vorkommt, sich aber auch bei der Carbonatisierung von sulfidhaltigen Bindemitteln bilden kann. Vielleicht wirkt auch die Gegenwart von Ammoniak NH_3, die bei Kalksilicatbeton die Carbonatisierung beschleunigt [B 68], korrosionsfördernd. – Nach Versuchen von G. REHM und H. L. MOLL [R 8] betrug die gleichmäßige *Rostabtragung* an frei gelagertem Bewehrungsstahl von 8 mm Dmr. im Großstadtklima (München) nach 1 Jahr 0,05 mm, in der vorwiegend feuchten aber sauberen Meeresluft der Nordsee 0,10 mm, in der Industrieluft des Ruhrgebiets 0,25 mm; die stärkste *örtliche* Abtragung war im ersten Fall 0,20 mm, in den beiden anderen Fällen erreichten einige Korrosionsnarben 1,0 mm Tiefe. Das Rosten von Stahl in Betonbalken von 1,95 × 0,25 × 0,15 in m, die so belastet waren, daß Risse von einer Breite von im Mittel 0,2 bis 0,3 mm ständig vorhanden waren, war von der Rißbreite abhängig. Bei einer Rißbreite bis zu 0,10 mm hatte der Stahl überwiegend *keinen* Rostansatz, bei einer Rißbreite über 0,25 mm war der Stahl *immer* korrodiert. Nach 2 Jahren war der Rostangriff nur wenig stärker.

4.2.3 Einfluß von Zementstein und Chlorid besonders auf Stahl

Das Rosten von Stahl und die Korrosion anderer Metalle ist, wie im vorigen Abschnitt gezeigt wurde, ein elektrochemischer Vorgang. Da dieser Vorgang durch Chlorionen begünstigt wird, weil diese die schützende Passivschicht auf der Oberfläche des Stahls oder Metalls durchbrechen können, ist der Chloridgehalt im Zement auf den sozusagen „natürlichen" Gehalt von 0,10 Gew.-% Cl^- begrenzt worden. Diese Begrenzung gilt für alle Zemente aus Gründen ihrer Allverwendbarkeit. Für üblichen Stahlbeton wären so niedrige Grenzwerte nicht nötig gewesen, weil der Zusatz von *Calciumchlorid* zu Zement noch vor einem Jahrzehnt bei den meisten Zementen der höchsten Güteklasse und auch bei vielen Hüttenzementen üblich war und ein Zusatz bis zu 2 Gew.-% $CaCl_2$ auf den Zementanteil eines Betons als zweckmäßiges Frostschutzmittel galt, ohne daß dadurch besondere Schwierigkeiten aufgetreten sind. Dem günstigsten Einfluß auf die Anfangserhärtung standen nur unerhebliche Nachteile entgegen, wie z. B. der, daß es die Ausdehnung bei der Alkali-Zuschlag-Reaktion erhöht, und der, daß es den Widerstand von Beton gegen Sulfat vermindert, was J. J. SHIDELER [S 64] 1951/52 belegt hat. — Die einzelnen Reaktionen der Aluminathydrate mit Chlorid und Sulfat sind unter 2.3.3 behandelt.

W. RICHARTZ [R 18] hat 1968 zeigen können, daß das Chlorid im Zementstein bis zu etwa 0,4 Gew.-% des Zements fest gebunden wird, und zwar von der CSH-Phase nur bis zu etwa 0,1 Gew.-%, von Aluminat und Aluminat-Ferrit aber in größerer Menge, und zwar als Friedelsches Salz 3 CaO $(Al_2O_3, Fe_2O_3) \cdot CaCl_2 \cdot 10 H_2O$. Wichtig ist, daß sich das Friedelsche Salz bei Temperaturen zwischen 40 und 80 °C auch in Gegenwart von Gips auf Kosten von Ettringit bildet. Stahlstäbe in Mörtel aus Portlandzement mit Chloridzusätzen bis zu 4% und mit einem W/Z-Wert von 0,45 zeigten bei 1 cm Überdeckung nach Wärmebehandlung und weiterer 3jähriger Lagerung in Raumluft mit häufigem Befeuchten *keine Ansätze* von Rost. Danach fördert die heute bei Betonwaren übliche Wärmebehandlung das *Festlegen* des sonst verhältnismäßig leicht beweglichen Chlorids, was nach den Versuchen von M. H. ROBERTS [R 26] 1962 mit wäßrigen Zementsuspensionen nicht zu erwarten gewesen war.

Was den Einfluß des *Sulfidgehalts* im Hüttenzement auf die Korrosion angeht, so ist nach F. K. NAUMANN und A. BÄUMEL [N 9] 1961 der *pH-Wert* für die Korrosion der Spanndrähte entscheidend. Eine Korrosion und Rißbildung durch den Sulfidgehalt ist nach ihrer Auffassung nicht zu befürchten. Auch nach H. KAESCHE [K 2] 1967 wird die Eisenpassivierung bei normaler Alkalität durch einen Sulfidgehalt des Betons nicht behindert. Ebenso konnten B. OST und G. E. MONFORE [O 7] 1963 bei Laborversuchen mit Portland- und Eisenportlandzement (IS-Zement) keinen Unterschied in deren Verhalten zu dem eingebetteten Spannstahl feststellen.

Übereinstimmend mit den Erfahrungen anderer Länder ist das *Eindringen* von Chlorid in Beton aus der Umgebung z. B. durch Salzstreuung auf Brückenfahrbahnen oder durch die Nähe von Meerwasser nach B. OST und G. E. MONFORE [O 8] 1966 um so niedriger, je geringer der W/Z-Wert des Betons und damit die Durchlässigkeit des Betons ist. — Nach S. G. ENIŠERLOVA und Mitarbeiter [E 12] 1967 konnte bei Spannstählen im Beton mit 2% $CaCl_2$-Zusatz bis zu 5 Jahren durch Verwendung von 2% Natriumnitrit $NaNO_2$ die Korrosion verhindert werden. Die Anwendung solcher *Inhibitoren*, d. h. korrosionsverhindernder Salze, befindet sich aber noch im Versuchsstadium. K. W. J. TREADAWAY und A. D. RUSSELL [T 16] sehen 1968 das Tauchen der Bewehrungsstäbe in eine Zementschlämme unter Zusatz von Natriumbenzoat und -nitrit als wirksamen Korrosionsschutz an.

4.2.3 Einfluß von Zementstein und Chlorid besonders auf Stahl

Die Einwirkung von $CaSO_4$ auf den Stahl tritt auch bei solchen Versuchen hinter der von Chlorid stark zurück; da das $CaSO_4$ im Zementstein in verschiedener Weise gebunden wird und viel weniger löslich ist, liegt auch von dieser Seite für den Betonstahl keine Gefahr vor.

G. SCHIKORR [S 15] hat auch bei *anderen Metallen* eine starke Förderung des Korrosionsvorgangs durch Chlorionen gefunden, der sich ebenso abspielt, wie das mit dem Bild 70 bei Stahl veranschaulicht worden ist. Nach dem Literaturbericht von H. WOODS [W 85a] 1966, den Ergebnissen von F. MATOUSCHEK [M 21] 1957 mit Zement-Wasser-Aufschlämmungen, auch den Angaben von W. WIEDERHOLT und J. SONNTAG [W 60] 1966 und den Versuchen von A. BUKOWIECKI [B 65] 1965 sind Edelstähle, Nickel und seine Legierungen mit Chrom, außerdem Silber und Zinn, *korrosionsbeständig*; auch Kupfer korrodiert nach französischen Feststellungen von 1965 [C 6] in einem herkömmlichen Beton nicht, selbst wenn er einen Zusatz von $CaCl_2$ enthält. Dünne Kupferüberzüge können unter der Einwirkung gelöster Chloride geschädigt werden. — *Blei* reagiert nur in feuchtem Beton mit $Ca(OH)_2$ und bildet dann Bleioxid, von Gipsmörtel wird es nicht angegriffen. *Zink* setzt sich mit $Ca(OH)_2$ unter Abspaltung von Wasserstoff um; die Reaktion bleibt im allgemeinen auf die Oberfläche beschränkt; MATOUSCHEK bezeichnet es deshalb als brauchbar. — Bei *Aluminium* läuft die Korrosion oberflächlich schnell unter Bildung von Wasserstoff ab, kommt dann aber offenbar nach einer Verkrustung ganz zum Stillstand. In Anwesenheit von Chloriden wird, wie F. L. MCGEARY [M 26] 1966 hervorhebt, die Korrosion stark gefördert. Aluminium läßt sich aber offenbar durch Überzüge oder Anstriche wirksam schützen. — Auf *Schutzüberzüge* gehen vor allem W. WIEDERHOLT und J. SONNTAG [W 60] ein. Besonders gefährdet sind die Stellen, an denen die Bleche aus dem Baustoff heraustreten. Für die Verankerung von *Fassadenplatten* wird, da sich in den oft schlecht belüfteten Zwischenräumen Kondenswasser bilden kann, neuerdings molybdänhaltiger Edelstahl, wie z. B. V4A, empfohlen, der dann widerstandsfähiger ist als Chrom-Nickel-Stahl.

In den letzten Jahren sind an Stahlbetonbauten gelegentlich auch Schäden dadurch entstanden, daß darin in größerer Menge gelagerte Kunststoffe aus *Polyvinylchlorid* (kurz PVC) in Brand geraten sind. PVC zersetzt sich oberhalb 120 °C und spaltet HCl ab, das mit der in der Regel vorhandenen Feuchtigkeit Salzsäuredämpfe bildet. Diese Dämpfe dringen in den Beton ein und im ungünstigen Fall bis zu der Stahlbewehrung vor. Nach dem Ergebnis eines eigens dafür nach Stockholm 1969 einberufenen Symposiums hängt das Eindringen der Salzsäure bzw. des Chlorids von der Betondeckung und der Güte des Betons ab, wobei die Feuchte des Betons eine Rolle spielt. Im Brandfalle läßt sich mit einer eingebauten automatisch einsetzenden Sprinkleranlage das Gas mit Wasser oder einer alkalischen Lösung auswaschen und sein Angriff wesentlich verringern oder ganz verhindern. F. W. LOCHER und S. SPRUNG [L 55] haben 1969 die Abhängigkeit der Eindringtiefe von der Betongüte sowohl an Prüfkörpern als auch an Bohrkernen aus bis zu 44 Jahre alten Stahlbetonbauten bestätigt, in denen *Salzsäure* verarbeitet wird. Nur für besonders gefährdete Bauteile halten sie einen Schutzüberzug durch einen Anstrichstoff nach Tab. 53 unter 4.3.6 nötig.

Stark *gechlortes* Badewasser in *Hallenbädern* führt nach den bisherigen Erfahrungen nicht zu einer schnellen und starken Korrosion, da nur das Chlor-Ion korrosionsfördernd ist, das Wasser aber vorwiegend *elementares* Chlor enthält. Bei einem Verhältnis Chlorkalk oder Chlor zu Wasser von 1 : 2 000 000 ist bereits ein deutlicher Chlorgeruch festzustellen. Deshalb täuscht der Geruch und der Reiz auf die Atmungsorgane einen höheren Gehalt vor. Selbst bei starker Chlorung ist nach J. FUCHS [F 16a] der Gehalt an HOCl nicht viel größer als 0,0001 n und spielt daher als Reaktionspartner zur Bildung von chlorhaltigen Salzen keine Rolle. — Die Carbonatisierung des Betons (s. unten) schreitet in Hallenbädern schnell fort, weil die Stahlbetonteile in häufigem Wechsel durchfeuchtet und ausgetrocknet werden; deshalb soll das Grundmaß der Betondeckung um 1 cm größer sein und mindestens 3 cm betragen.

4.2.4 Carbonatisierung[1]

Als Carbonatisierung bezeichnet man, wie auf Tab. 51 unter 4.3.1 angegeben ist, das Entstehen von Calciumcarbonat durch die Einwirkung der Luftkohlensäure auf den Zementstein. In USA bezeichnet man die carbonatisierte Zone auch als aerated, d. h. belüftete Zone. Durch den topochemischen Übergang von $Ca(OH)_2$ in $CaCO_3$ wird der Zementstein schwerer, da sich der vom Zementstein ausgefüllte Raum nicht ändert, außerdem wird er poriger. Da für das Schwinden der Verlust an Wasser *und* an Volumen kennzeichnend sind, überlagern sich Schwinden und Carbonatisieren oft. Die Festigkeit nimmt, wie A. MEYER, H. J. WIERIG und K. HUSMANN [M 41] berichten, durch das Carbonatisieren um 10 bis 100% beim Druckversuch und bis 40% beim Zugversuch zu, deshalb sind auch die Rückprallwerte der Oberfläche beim Kugelschlagversuch größer als die des darunterliegenden Betons, wie nach Entfernen der 10 mm dicken Randschicht festzustellen war. In Innenräumen schreitet die Carbonatisierung zwar schneller fort, dort besteht aber nach den bisherigen Erfahrungen keine Korrosionsgefahr.

---

[1] Carbonisieren ist nach DIN 60412 ein Arbeitsgang der Streichgarnspinnerei.

4.2.4 Carbonatisierung

Bei 53 älteren Bauwerken mit einer Druckfestigkeit von mindestens 200 kp/cm² lag die Carbonatisationstiefe zwischen 1 und 38 mm, bei Proben im Freien wurden 15 mm Tiefe in nur 10% aller Fälle erreicht oder überschritten. — In den unter 4.2.2 erwähnten Heften 170 und 182 ist die Literatur eingehend abgehandelt (Lit. III.4).

In einem üblichen Beton kommt, wie die vielen Anfärbversuche und mikroskopischen Untersuchungen gezeigt und auch W. MANNS und O. SCHATZ [M 12] 1967 bestätigt haben, die Carbonatisierung zum Stillstand. Sie haben außerdem festgestellt, daß Körper aus Traßhochöfenzement mit 50% Klinker und Hochofenzement mit 60% Klinker und die aus Portlandzement an Festigkeit *und* Gewicht *zunehmen*, während die Zemente mit weniger als 40% Klinker an Festigkeit und nach vorübergehender Zunahme auch an Gewicht — der SHZ sofort — *abnehmen*. Sie haben eine lineare Beziehung zwischen der Änderung der Druckfestigkeit und der prozentualen Änderung des Gewichts durch die Carbonatisierungstiefe festgestellt. Die Biegefestigkeit nahm mit fortschreitender Carbonatisierung zunächst stark ab und stieg nach längerer Lagerdauer wieder an.

In Stahlleichtbeton mit 430 kg Zement je m³, 13 Stunden bei 65 °C *wärmebehandelt* und bis zu 5 Jahren bei 23 °C und 50% rel. Feuchte gelagert, war nach K. WALZ und G. WISCHERS [W 25] 1964 die Tiefe der Carbonatisierung mit 1,2 bis 1,8 cm nur unwesentlich höher als die des Vergleichsbetons aus normalem Kiessand mit 1,0 bis 1,2 cm. In USA sind nach einer Mitteilung von SHIDELER [W 25] von 1964 keine Korrosionsschäden an hochfestem Leichtbeton bekannt geworden.

Nach Versuchen von H. T. TOENNIES und J. J. SHIDELER [T 10] 1963 kann man Mauersteine aus Beton durch Carbonatisieren bei höherer Temperatur *künstlich härten* und dadurch deren Schwindung vorausnehmen. Das Verfahren hat im praktischen Betrieb nicht befriedigt. Am schnellsten verläuft die Reaktion zwischen 40 und 60% rel. Feuchte, darunter und darüber langsamer. Bei 80 °C in Luft mit 3,8% CO_2 und weniger als 30% rel. Feuchte wurde das Schwinden am stärksten verringert. Ein Herabsetzen der Schwindung um 20% erfordert unter ähnlichen Bedingungen mindestens 12 Stunden, besser sind 25 Stunden. — Ähnliche Erfahrungen hat man beim künstlichen Härten von *Hüttensteinen* nach dem 1905 von H. DRESLER eingeführten Verfahren gemacht. Der Härtevorgang dauerte bei 70 °C bis zu 3 Tagen, bei 140 bis 180 °C 24 Stunden. Mit dem Vordringen der hellen carbonatisierten Zone in den dunkeln, feuchten Kern erhöhte sich deren Festigkeit [k 16]. — N. B. DJABAROV [D 12] berichtet 1968 über Erfolge bei der in Bulgarien seit 1959 eingeführten Kohlensäurehärtung von *Zellenbeton*, mit der man die Kosten der Autoklavhärtung sparen wollte. Als *Schaumbildner* wird hydrolisiertes *Blut* verwendet. An Versuchen mit Probewürfeln aus verschiedenen Zementen weist er nach, daß von der Ausgangsmenge des Zements in einer Mischung 1 : 1 mit gemahlenem Kalkstein bei einer CO_2-Behandlung von 35 bis 40 °C erheblich größere Mengen (rd. 65 bis 70%) unter Zunahme des Gewichts (rd. 35 bis 40%) reagiert hatten, als es bei normaler Erhärtung zwischen 20 und 25 °C (10 bis 15%) der Fall war.

Abschließend sei mit dem Bild 71 gezeigt, daß sich auch unter dem *Mikroskop* zwischen gekreuzten Nicols der carbonatisierte Beton durch das Überwiegen der weißen Kriställchen von Calciumcarbonat im Zementstein von dem nicht carbonatisierten Beton deutlich *unterscheidet*.

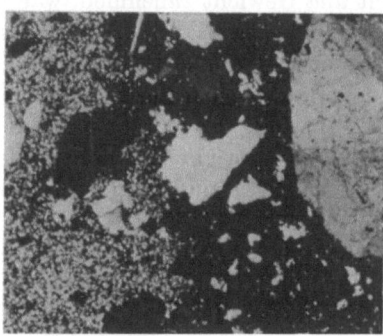

Bild 71. Übergang von heller carbonatisierter (links) zu dunkler nicht carbonatisierter (rechts) Zone des Zementsteins in einem Betonanschliff zwischen gekreuzten Nicols unter dem Mikroskop. Oberfläche des Betons ist links. Die großen hellen und dunklen Körner sind Zuschlag.

Auf Grund der Untersuchung an damals $18^1/_4$ Jahre alten im Freien gelagerten Betonkörpern hat F. GILLE [G 12] 1960 festgestellt, daß bei Betonen mit einem geschlossenen Gefüge aus Normenzement mit einem Wasserzementwert von etwa 0,7 und einer ausreichend überdeckten Bewehrung auch im Freien der Rostschutz der Bewehrung innerhalb absehbarer Zeit nicht gefährdet wird. G. M. IDORN [I 3] hat 1960 in einem Zementdachstein, der von 1884 bis 1955, also 71 Jahre auf einem Dach der Witterung ausgesetzt war, festgestellt, daß er an der Oberfläche nicht sichtbar verändert war und die Carbonatisierung von den beiden Oberflächen zur Mitte hin abnimmt und daß er noch beträchtliche Mengen an unhydratisierten Zementklinkerpartikelchen enthält.

4.3 Chemischer Angriff und Schutzmaßnahmen

4.3.1 Übersicht über Versuche, Erfahrungen und Vorschriften

Die *chemischen* Wirkungen auf Beton gehen im wesentlichen vom Wasser und den darin gelösten Stoffen aus. In stark besiedelten Gebieten bestimmen oft die großen Mengen an häuslichem, landwirtschaftlichem und industriellem *Abwasser* die Art der gelösten Stoffe. Abwasser, das in die Kanalisation eingeleitet wird, soll etwa folgenden

4.3.1 Übersicht über Versuche, Erfahrungen und Vorschriften

Tabelle 51. *Reaktionen der erhärteten Zementpaste mit CO_2, mit einigen Magnesium- und Ammoniumsalzen und mit alkali-empfindlichen dolomitischen und opalähnlichen Zuschlagstoffen in stöchiometrischer Formulierung*

1. *Carbonatisierung (Wirkung der Luft-Kohlensäure) auf 3 Hydratationsprodukte*
   $Ca(OH)_2 + CO_2 \to CaCO_3 + H_2O$
   $3\,CaO \cdot 2\,SiO_2 \cdot 3\,H_2O + 3\,CO_2 \to 3\,CaCO_3 + 2\,SiO_2 + 3\,H_2O$
   $4\,CaO \cdot Al_2O_3 \cdot 13\,H_2O + 4\,CO_2 \to 4\,CaCO_3 + Al_2O_3 \cdot 3\,H_2O + 10\,H_2O$
   (s. a. 8).

2. *Einwirkung von CO_2-haltigem Wasser: Lösung und Ausfällung von Calciumcarbonat*
   Lösung: $CaCO_3 + CO_2 + H_2O \to Ca(HCO_3)_2$[1] (leicht löslich)
   Ausfällung: $Ca(HCO_3)_2$[1] $+ Ca(OH)_2 \to 2\,CaCO_3 + 2\,H_2O$
   [1] Calciumhydrogencarbonat (früher Ca-Bicarbonat).

3. *Einwirkung von Ammoniumsalzen*
   NH_4Cl: $2\,NH_4Cl + Ca(OH)_2 \to 2\,NH_3$[1] $+ CaCl_2 + 2\,H_2O$
   $(NH_4)_2SO_4$: $(NH_4)_2SO_4 + Ca(OH)_2 \to 2\,NH_3$[1] $+ CaSO_4 + 2\,H_2O$
   [1] gasförmig

4. *Magnesiareaktion (Meerwasser z. T.)*
   a) von $MgCl_2$: $MgCl_2 + Ca(OH)_2 \to Mg(OH)_2$[1] $+ CaCl_2$ (leicht löslich)
   b) von $MgSO_4$: $MgSO_4 + Ca(OH)_2 \to Mg(OH)_2$[1] $+ CaSO_4$[2]
   [1] Niederschlag.   [2] Auskristallisation als Gips oder Bildung von Ettringit, s. 5.

5. *Sulfatreaktion von $3\,CaO \cdot Al_2O_3$ (alle Sulfate, gipshaltiges Wasser, Meerwasser, z. T. Quellzement)*
   a) mit $CaSO_4$
   aa) zu Trisulfat: $3\,CaO \cdot Al_2O_3 + 3\,CaSO_4 + 32\,H_2O \to$
      $\to 3\,CaO \cdot Al_2O_3 \cdot 3\,CaSO_4 \cdot 32\,H_2O$ (Trisulfat)[1]
   ab) zu Monosulfat: $3\,CaO \cdot Al_2O_3 + CaSO_4 + 12\,H_2O \to$
      $\to 3\,CaO \cdot Al_2O_3 \cdot CaSO_4 \cdot 12\,H_2O$ (Monosulfat)[2]
   b) mit Na_2SO_4: $3\,CaO \cdot Al_2O_3 + 3\,Na_2SO_4 + 3\,Ca(OH)_2 + 32\,H_2O \to$
      $\to 3\,CaO \cdot Al_2O_3 \cdot 3\,CaSO_4 \cdot 32\,H_2O + 6\,NaOH$
   [1] AFt-Phase (Ettringit).   [2] AFm-Phase.

6. a) *Dolomitisierung in der Natur*
   von $CaCO_3$ durch $MgCl_2$: $2\,CaCO_3 + MgCl_2 \to CaMg(CO_3)_2$[1] $+ CaCl_2$ (leicht löslich)
   b) *Entdolomitisierung im Beton. Alkali-Dolomit-Reaktion durch Alkali*
   $CaMg(CO_3)_2$[1] $+ 2\,NaOH \to CaCO_3 + Mg(OH)_2 + Na_2CO_3$
   [1] Dolomit.

7. *Alkali-Zuschlag-Reaktion*
   $SiO_2 \cdot n\,H_2O + 2\,NaOH \to Na_2SiO_3 \cdot (n + 1)\,H_2O$

8. *Tonerdezement-Umwandlung* (bei feuchter Wärme)
   $3\,(CaO \cdot Al_2O_3 \cdot 10\,H_2O) \to 3\,CaO \cdot Al_2O_3 \cdot 6\,H_2O + 2\,(Al_2O_3 \cdot 3\,H_2O) + 18\,H_2O$

Bedingungen entsprechen: Temperatur max. 35 °C, pH-Wert 6,5 bis 9,5, SO_4^{2-}-Gehalt max. 400 mg/l. Der Beton ist ferner ebenso wie der Naturstein den angreifenden *Abgasen* der Feuerungen und Ofenanlagen, endlich auch löslichen Ablagerungen des Bodens ausgesetzt, mit denen er in Berührung kommt. — Tab. 51 enthält die chemischen Reaktionen in stöchiometrischer Formulierung, die einen Beton verändern können, Tab. 52 die Werte für die Beurteilung angreifender Wässer nach DIN 4030, ergänzt durch die sich im Normalfall daraus ergebenden betontechnischen Folgerungen nach DIN 1045. Die Zeilen 2 bis 5 beider Tabellen behandeln dieselben chemischen Einwirkungen.

Die deutschen amtlichen Versuche mit Beton in Moorwasser (Presseler Moor) und in Haldenwasser (Schlackenhalde Hörde) und die Ergebnisse der Besichtigung und Untersuchung von Betonbauten an der

Tabelle 52. *Grenzwerte zur Beurteilung des Angriffsgrades von Wässern (sowie von Böden) vorwiegend natürlicher Zusammensetzung nach DIN 4030 und Schutz dagegen durch Überdeckung, Wasserzementwert und Zementauswahl für einen üblichen Fall nach DIN 1045 E*

	Untersuchung	Angriffsgrad[1]		
		schwach	stark	sehr stark
1	pH-Wert	6,5—5,5	5,5—4,5	unter 4,5
2	Kalklösende Kohlensäure (CO_2) in mg/l bestimmt mit dem Marmorversuch nach HEYER	15—30	30—60	über 60
3	Ammonium (NH_4^+) in mg/l	15—30	30—60	über 60
4	Magnesium (Mg^{2+}) in mg/l	100—300	300—1500	über 1500
5	Sulfat (SO_4^{2-}) in mg/l[4] (bei Böden)	200—600 (2000—5000)	600—3000 (über 5000)	über 3000
	Anforderungen an den Beton im normalen[2] Fall			
	Wasserzementwert	max. 0,60[3]	max. 0,50[3]	Schutz
	Betondeckung	mind. 3 cm	mind. 5 cm	des
	Größte Wassereindringtiefe bei der Prüfung nach DIN 1048	max. 5 cm	max. 3 cm	Betons

[1] Für die Beurteilung eines Wassers ist der höchste Angriffsgrad maßgebend, auch wenn er nur von *einem* Wert der Zeilen 1 bis 5 erreicht wird. Liegen zwei oder mehr Werte im oberen Viertel eines Bereiches (beim pH-Wert im unteren Viertel), dann erhöht sich der Angriffsgrad um eine Stufe.

[2] Werte nach Tab. 31 unter 3.2.4 für Rüttelbeton aus Rheinkiessand (S. 179).

[3] Anzustreben ist beim Ansatz der Mischung der um 0,05 niedrigere W/Z-Wert, d. h. 0,55 bzw. 0,45.

[4] Bei Sulfatgehalten über 400 mg SO_4^{2-} je l Wasser, ausgenommen Meerwasser, bzw. über 3000 mg SO_4^{2-} je kg lufttrockenen Bodens ist ein HS-Zement mit hohem Sulfatwiderstand zu verwenden.

4.3.1 Übersicht über Versuche, Erfahrungen und Vorschriften

Nordseeküste und von Uferschutzbauten auf Helgoland hat K. SEIDEL [S 61] 1959 in Heft 134 des DAfSt zusammengefaßt. Danach hält Beton, der gemäß den damals gültigen Bestimmungen der DIN 4030 hergestellt ist, dem Angriff des Moorwassers und des Meerwassers mindestens einige Jahrzehnte stand. (Die Meerwasserversuche werden unter 4.3.4 behandelt.) — Die Arbeit an der neuen DIN 4030, die jetzt keine betontechnischen Folgerungen mehr enthält, ist von einer Reihe von Arbeiten von F. W. LOCHER [L 50], z. T. mit H. PISTERS [L 53] 1964 und J. BONZEL [B 51] 1968 begleitet worden. Viele für den Betonschutz wichtige Angaben enthält auch die vom ACI-Committee 515 herausgegebene Anleitung für den Betonschutz 1966, deutsch von H. WEIGLER und E. SEGMÜLLER [W 43] mit der Wirkung von mehr als 200 chemischen Verbindungen als Lösungen, Gase, Abwässer und Schlämme auf Beton und mit dessen Schutz durch Oberflächenbehandlung, Anstriche, Überzüge oder Verkleidung. Über die schon erwähnten Langzeitversuche der USA, des sogenannten LTS-Programms, liegt ein 20-Jahres-Bericht auch in deutscher Sprache [K 18] vor. Über das Ergebnis eines breiten Laborversuchsprogramms hat W. H. KUENNING [K 59] 1966 berichtet. Schließlich sei auf das Buch von I. BICZÓK [B 27] 1964 hingewiesen.

Alle *sauren* Lösungen greifen in dem Bestreben, sich zu neutralisieren, den Beton an. $Ca(OH)_2$ geht dabei in die entsprechenden neutralen Kalksalze über. Deshalb ist der pH-Wert in Zeile 1 von Tab. 52 eine wesentliche Bewertungsgrundlage für den Angriffsgrad eines Wassers. In den meisten Fällen verstärkt sich der Angriff einer Lösung mit der Zunahme an dem angreifenden Stoff. Beim pH-Wert ist es nur scheinbar umgekehrt, weil er der *negative* dekadische Logarithmus der angreifenden Wasserstoffionenkonzentration ist. Daraus hat sich eine einfache schematische Aufteilung in drei Angriffsgrade ergeben. Einem *schwachen* Angriffsgrad kann man schon mit üblichem wasserundurchlässigen Beton begegnen, der durch W/Z-Wert max. 0,60 (im Ansatz der Mischung max. 0,55) und nach Tab. 31 unter 3.2.4 einen Zementgehalt um etwa 300 kg/m³ Beton bei Rheinkiessand gekennzeichnet ist. Bei *starkem* chemischem Angriff ist der maximale W/Z-Wert auf 0,5 (im Ansatz der Mischung max. 0,45) zu erniedrigen, d. h. der Zementgehalt bis auf rd. 380 kg/m³ zu erhöhen. Erst oberhalb der in der 2. Spalte angegebenen Höchstwerte liegen die Lösungen mit einem *sehr starken* Angriffsgrad, bei denen ein äußerer Schutz des Betons gefordert wird. — Anmerkung 1 von Tab. 52 regelt die Einstufung eines Wassers, wenn zwei oder mehr Merkmale für einen Angriff zu berücksichtigen sind.

Die Bereiche gelten für stehendes und schwach fließendes, in großer Menge vorhandenes, unmittelbar angreifendes Wasser. Höhere Temperatur, höherer Druck und erhöhter mechanischer Abrieb schneller fließenden Wassers können den Angriff verstärken, die umgekehrten Umstände ihn vermindern.

Angreifende *Böden* weichen in der Regel von der üblichen braunen bis gelbbraunen Farbe ab. Auf das Vorkommen von Gips, Anhydrit und anderen Sulfaten ist zu achten. Bei den Böden ist, abgesehen von dem später erwähnten und auch in die Tab. 52 aufgenommenen Sulfatgehalt, der Säuregrad nach BAUMANN-GULLY maßgeblich. Er ist ein Maß für den Gehalt an austauschfähigen H-Ionen, die die Humusbestandteile des Bodens abgeben können, und wird durch Schütteln mit Natriumacetat bestimmt. Ein saurer Boden setzt bei dem Versuch Essigsäure frei. Mit einem Säuregrad über 20 gilt er als schwach angreifend.

4.3.2 Angreifende Wässer, Lösungen und Gase

Weiches Wasser mit einer Gesamthärte bis zu 3° dH, das sind 1,1 mval/l, kann, da es sehr wenig gelöste CaO- oder MgO-Salze enthält, nur die Oberfläche von Beton angreifen, ohne daß, wie K. WALZ [W 8] 1957 an 9 Jahre im Hochgebirge bei Parthenen gelagerten Platten gezeigt hat, ein Schaden entsteht. Wasserdichten Beton greift es praktisch nicht an.

Bild 72. Veränderung zweier Mörtelkörper durch Säure- und Sulfatangriff. Nach F. W. LOCHER [L 50].

Die Wirkung von *kalklösender* Kohlensäure (s. 4.1.1) kann, wie man von Betonkörpern und -teilen in Säuerlingen und in Mooren weiß, den Kalk als Bestandteil des festen Gerüstes eines Zementsteins abtragen und ähnlich wie eine schwache Säure wirken (Bild 72 links). Mit dem

4.3.2 Angreifende Wässer, Lösungen und Gase

Marmorversuch nach HEYER bestimmt man den Säureverbrauch gegen Methylorange in 100 ml einmal des ursprünglichen Wassers, außerdem in 100 ml aus einer zweiten Wasserprobe nach 24stündigem Schütteln mit Marmorpulver vor der Titration. Diese Wasserprobe hat sofort nach dem Einfüllen in die Probeflasche Gelegenheit gehabt, darin befindliches Marmorpulver aufzulösen. — *Freie* Mineralsäuren, wie z. B. Schwefelsäure H_2SO_4, Salzsäure HCl und Salpetersäure HNO_3, wirken wie im Labor bei der chemischen Analyse nicht nur neutralisierend, sondern lösen auch die übrigen Bestandteile des Zementsteins, das sind Aluminate und Ferrite, und carbonathaltigen Zuschlag auf. — Die Verwendung von Kalkstein als Zuschlagstoff für Beton in saurem Wasser gilt nur dann als vorteilhaft, wenn sich die Säure sehr langsam erneuert; sonst verhält sich Beton mit nicht löslichen Gesteinen günstiger. Einen Einfluß der Zementart oder des Kalkgehalts des Zements auf das Verhalten von Beton in saurem Wasser konnte F. GILLE [G 13] 1962 aus einer kritischen Betrachtung des Schrifttums nicht feststellen.

Die schwache Säure *Schwefelwasserstoff* H_2S, die in Abwasser und in Abgas vorkommt, kann an der Luft zu Sulfit SO_3^{2-} oder Sulfat SO_4^{2-} oxydieren und ein Abwasser oder einen feuchten Überzug auf Wänden von Betonrohren ergeben, die beide einen sauren Charakter tragen und den Beton stark angreifen können. Durch *Oxydation* können auch die *Sulfide* einer Hochofenschlacke, oder das Eisensulfid Pyrit FeS_2 eines Zuschlags oder einer Kohle zu Sulfaten und damit betonangreifend werden. — P. R. LJUNGQVIST [L 44b] behandelt 1970 Zerstörungen an nur 5 bis 6 Jahre alten Betonrohren einer finnischen Abwasserleitung. Bei der biologischen Aufbereitung dieser Abwässer in sogenannten Septiktanks ist die Schwefelwasserstoffkonzentration sehr hoch geworden, weil eine starke Schaumbildung und eine ungünstige Rohrführung das Ablagern und Warmbleiben des Schlammes gefördert und das Durchlüften der Rohre behindert haben. Infolge der Oxydation von gasförmigem H_2S zu H_2SO_4 wurden im oberen Teil der Rohrwand pH-Werte von 1 bis 2 gemessen. Die seitdem mit Epoxidharz beschichteten Betonrohre haben sich in bisher dreijährigem Betrieb bewährt.

Ein älteres Beispiel ist das zuletzt in Heft 134 DAfSt [S 61] 1959 erwähnte Abwasser der Schlackenhalde von Hörde nach einem Bericht von H. LÖHR, ein jüngeres das von H. SCHREMMER [S 32] 1960 behandelte Sickerwasser durch Schüttungen aus Leichtschlacke, ein weiteres das von F. MATOUSCHEK [M 24a] 1968 über Sickerwässer durch Haufen von Feinkohle, von denen sich die letzteren hauptsächlich mit Eisensulfat anreicherten. Betonteile waren im letzten Fall teilweise mit einem schwefelgelben bis braunroten Belag überzogen, aber nur schwach angegriffen. — Auch die *Abgase* von Heizungen und industriellen Anlagen können neben gasförmigem CO_2, das den Beton selbst nicht angreift und nur seine Carbonatisierung fördert, noch SO_2 und SO_3 enthalten, die sich auf den Beton durch Regen und Schnee niederschlagen und dort Salze oder sogar reine Schwefelsäure bilden. — A. CUSTODIS [C 12] weist 1966 auf die Kondensation von Sulfaten in *Schornsteinen* hin. Er empfiehlt u. a. bei Verwendung von Heizöl entweder ein Etagen-, besser ein Standfutter, eine Einführung der Rauchgase über Flur in den Schornstein und einen Schutz am Mündungsbereich gegen einen schädlichen Säureeinfluß, wie er bei Kesselfeuerungen vorkommt. Bei Zementöfen kann das Kondensat Alkalisulfate, -chloride und -carbonate enthalten, von denen die Sulfationen ein Sulfattreiben des Mauermörtels oder Betons verursachen können. Deshalb verwendet man für die Mundstücke in der Regel sulfatwiderstandsfähigen Zement.

Die Wirkung aller *Sulfate*, vor allem des Calciumsulfats, auf den Zement ist bei dem Erstarren und bei dem Quellzement geschildert worden. Bei dem Quell- und Treibvorgang werden SO_4-Ionen und Wasser in den Beton aufgenommen, bilden dort Trisulfat, d. h. Ettringit, Monosulfat oder eine andere AFt- bzw. AFm-Phase, oder auch nur Gips, vergrößern dadurch das Volumen des Betons, bis sich an den am meisten beanspruchten Kanten und Ecken Risse bilden (Bild 72 rechts). Ähnlich verhalten sich auch [K 59] die Bisulfate, Sulfite, Bisulfite, Thiosulfate und Persulfate. Da das Treiben auf einer Reaktion mit den Aluminaten des Klinkers beruht, bevorzugt man für Beton in sulfathaltigem Wasser Portlandzement mit einem rechnerischen Gehalt an Tricalciumaluminat C_3A von höchstens 3 Gew.-% und einem gesamten Gehalt an Aluminiumoxid Al_2O_3 von höchstens 5 Gew.-% oder Hochofenzement mit mindestens 70 Gew.-% Hüttensand, d. h. mit wenig Klinker, die beide nach DIN 1164 als HS-Zement gelten.

Bei den Laborversuchen mit Mörtelprismen von W. H. KUENNING [K 59] 1966 war Portlandzement mit 4% C_3A gegen Säuren und Sulfatlösungen widerstandsfähiger als der C_3A-freie Zement, was er auf deren niedrigeren Gehalt an C_3S und dementsprechend an $Ca(OH)_2$ im Mörtel zurückführt. — DIN 4030 fordert bei einem Gehalt über 400 mg SO_4 je 1 Wasser, ausgenommen bei Meerwasser, einen HS-Zement, ebenso bei einem Boden, der in luftgetrocknetem Zustand je kg 3000 mg SO_4^{2-} besitzt. In allen anderen Fällen *begegnet* man dem chemischen Angriff, wie schon erwähnt, durch Erhöhen des Zementgehalts, Erniedrigen des W/Z-Werts, und im Falle eines bewehrten Betons durch Erhöhen der Betondeckung.

Auch die Wirkung von *Magnesium*salzen kann man als lösend ansehen. Sie verdrängen, ähnlich wie das in der Natur bei der Dolomitisierung (Tab. 51 s. 4.3.1) geschieht, das $Ca(OH)_2$ aus dem Zementstein, wobei leichtlösliches $CaCl_2$ oder $CaSO_4$ (s. Sulfat) entsteht, und fallen als $Mg(OH)_2$ in Form einer weichen, gallertartigen Masse aus, die den

4.3.2 Angreifende Wässer, Lösungen und Gase

Beton vor einem weiteren Angriff schützt. Eine ähnliche austauschende, d. h. das CaO verdrängende, Wirkung geht auch von den *Ammoniumsalzen* aus, offenbar nicht von Ammoniumcarbonat und wesentlich weniger von Ammoniumoxalat und -fluorid. Sie kommen fast ausschließlich in Abwässern vor. Ihre Wirkung auf Beton ist besonders groß, weil das entstehende Ammoniak NH_3 als Gas entweicht und keinen Schutzüberzug hinterläßt. Nach F. M. LEA [L 8] 1965 hat die Festigkeit von Betonwürfeln aus Portlandzement durch 4jähriges Lagern in 5%igen Lösungen von Ammoniumnitrat NH_4NO_3, Ammoniumchlorid NH_4Cl und Ammoniumsulfat $(NH_4)_2SO_4$ in dieser Reihenfolge, und zwar im Nitrat und Chlorid, *ohne* Zeichen äußerer Zerstörung stark abgenommen, während die im Sulfat gelagerten Körper nicht mehr prüfbar waren. Dabei wurde CaO aus dem Beton herausgelöst. In den beiden ersten Fällen nahm der CaO-Gehalt von rd. 9% auf unter 2% ab; es wurde nicht nur $Ca(OH)_2$, sondern auch das CaO des hydratisierten Silicats und Aluminats herausgelöst. Nur Beton aus Tonerdezement hatte sich — trotz der Abnahme des CaO-Gehalts von 5% auf unter 2% — in seiner Festigkeit gegen Ammoniumsulfat als unempfindlich erwiesen. Auch nach der Tafel des ACI-Committee 515 [W 43] greift Ammoniumsulfat Beton und Stahl an. Gasförmiges Ammoniak, das als nicht betonschädlich gilt, kann, wie unter 4.2.2 erwähnt, Kalksilicatbeton angreifen [B 68]. — Die Berichte über die günstige Wirkung von Kalksteinmehl (Calcit) z. T. im Vergleich zu Quarzmehl auf den Sulfatwiderstand von Mörtel und Beton hat A. S. MARKESTAD [M 15] 1964 zusammengefaßt und gezeigt, daß Calcitmehl die Festigkeit seiner

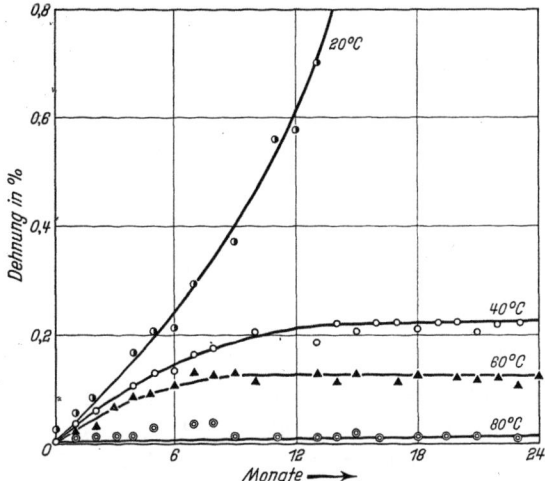

Bild 73. Ausdehnung von Mörtelprismen aus Portlandzement in Magnesiumsulfatlösung bei 20, 40, 60 und 80 °C. Nach J. D. RICHARDS [R 15].

Kleinwürfel zwar teilweise steigerte, aber auch deren Zerstörung im Ammonium- und Magnesiumsulfat beschleunigte (Kalkstein als Zuschlag s. oben). — *Sulfat*haltige Lösungen kommen als natürliche Wässer verhältnismäßig häufig vor, auf dem Gehalt der Wässer an Calciumsulfat beruhen deren permanente Härte (s. 4.1.1). J. D. RICHARDS [R 15] hat 1965 mit Bild 73 gezeigt, daß ansteigende Temperatur das Quellen und Treiben von Mörtel aus normalem Portlandzement bei Lagerung in $MgSO_4$-Lösung vermindert. Wie bei den Versuchen von R. KUHS aus der Veränderung der Druckfestigkeit zu ersehen war (Bild 18 unter 2.3.4), hat sich hier der Mörtel aus normalem PZ zwar bei 20 °C stark ausgedehnt und ist dann zertrieben, seine Quellung war aber bei 40 und 60 °C sehr niedrig und blieb bei 80 °C völlig aus. Bei den höheren Temperaturen sind die wasserhaltigen AFt- und AFm-Phasen nicht mehr beständig.

Zum Schluß seien einige nicht in die Tafel aufgenommene Salze und Lösungen nach neueren Arbeiten erwähnt. — *Bleinitrat* $PbNO_3$ tauscht sein Kation wie Magnesium- und Ammoniumsalze gegen CaO aus [K 59]. Von den *Alkalisalzen* griffen bei den Versuchen von KUENNING Natrium- und Kaliumnitrat, Natriumchlorat, -bromid und -dichromat, nicht aber Natriumchromat die Mörtelprismen an. — Was konzentrierte *Industrielaugen* anbetrifft, so waren nach D. und Z. GEORGIEVA [G 7] 1966 gegen 10- bis 40%ige Natrium- und Kalilauge und gegen 1- bis 20%ige Sodalösung die bulgarischen Zemente ohne und mit Zusatz von Schlacke und Traß nicht beständig; bei 3 Portlandzementen verlief der Angriff der Sodalösung nur langsamer. In den Endlaugen der Kaliindustrie war nach W. RIEDEL, CH. GÖHRING und H. SPRENGER [R 21] 1967 sulfatwiderstandsfähiger Portlandzement der DDR nicht widerstandsfähiger als normaler Portlandzement und Hochofenzement, während er sich in 10%iger Na_2SO_4- und $MgSO_4$-Lösung bewährte. — W. HENTZSCHEL und E. SCHICHT [H 30] haben 1968 den Einfluß von *Huminsäure* auf die Festigkeitsentwicklung durch Zugabe von 2 bis 35 g Humusstoff untersucht, der bei der Beurteilung von Zuschlagstoffen von Bedeutung ist. Bei Zugabe geringer Mengen kann die 28-Tage-Festigkeit ansteigen; sie fällt aber bei höheren Zugaben ab. Ein allgemeiner Grenzwert für Huminsäure ließ sich aber nicht feststellen.

4.3.3 Prüfung des chemischen Angriffs

U. LUDWIG und H. E. SCHWIETE [S 46] haben 1967 eine tabellarische Übersicht aller Laborprüfverfahren auf Aggressivbeständigkeit gegeben. Mit den verschiedenen Vorschlägen, den *Sulfatwiderstand* von Zement und Mörtel zu prüfen, hat sich F. W. LOCHER [L 45] 1956 und 1957 im Rahmen einer Erörterung mit F. W. MEYER-GROLMANN

4.3.3 Prüfung des chemischen Angriffs

auseinandergesetzt. Die davon noch gelegentlich angewendete außerordentlich strenge *Anstett*probe ist nur auf Portlandzement anwendbar. Sie besteht darin, daß ein bereits abgebundener Zementkuchen wieder zerkleinert und das zerkleinerte Material mit Gips gemischt wird, so daß ein überhöhter SO_3-Gehalt entsteht. Aus dieser Mischung wird durch Pressen mit 20 atü Druck ein Brikett hergestellt, an dem sich beim Lagern auf feuchtem Filtrierpapier im Fall geringer SO_3-Verträglichkeit bald Treibrisse zeigen. M. J. M. Jaspers [J 6] hat die Probe 1968 auch auf Zement mit anderen hydraulischen Stoffen und auf das Einwirken von Chloriden angewendet. — A. Koch und H. Steinegger [K 39] haben 1960 eine beschleunigte Prüfung mit *Klein*prismen $1 \times 1 \times 6$ in cm aus Normenmörtel vorgeschlagen, die im Alter von 21 Tagen in 4,4%ige Natriumsulfatlösung mit 29 800 mg SO_4^{2-}/l gehängt und nach dem Aussehen beurteilt und in ihrer Festigkeit mit der von gleichen, aber wassergelagerten Prismen verglichen werden. Das gleichsinnige Verhalten entsprechender Betonkörper, und zwar von 20-cm-Würfeln und Balken $10 \times 15 \times 70$ in cm, läßt sich, wie H. Steinegger [K 39] 1970 zeigt, statt nach 77 Tagen wie bei den Kleinprismen frühestens nach 3 Jahren erkennen. W. Wittekindt [W 76] hat 1960 lange *Flach*prismen $1 \times 4 \times 16$ in cm aus Normenmörtel empfohlen, die schon im Alter von 7 Tagen, davon 2 Tage feucht und 5 Tage im Wasser, in eine nur halb so konzentrierte 2,1%ige Lösung mit 14 400 mg SO_4^{2-}/l hochkant auf die Längsseite gestellt werden. In DIN 1164 hat man sulfatbeständigen HS-Zement nur nach der Zusammensetzung gekennzeichnet und bisher noch keine Prüfung vorgeschrieben. F. W. Locher hat 1966 [L 49] Kleinprismen verwendet (s. Bild 75 unter 4.3.8).

H. E. Schwiete, U. Ludwig und H. P. Lühr [S 49] haben 1967 die Veränderung von Klein- und Flachprismen durch Messung der *Resonanzfrequenz* verfolgt und festgestellt, daß sie unter mehr als 10% des Maximalwertes fällt, wenn die Ausdehnung 3 mm/m überschritten hat. Sie stand in direkter Beziehung zur Zunahme der Porosität. R. Nagano [N 1] hat 1966 für die Beurteilung solcher Prüfungen mit Ultraschall einen Sulfatbeständigkeitsfaktor angesetzt und an 10 Jahre alten Proben den höheren Sulfatwiderstand von C_3A-armem Portlandzement, von Puzzolan- und Hochofenzement bestätigt gefunden, was auch für Zement mit Flugasche zutrifft. P. Schimmelwitz [S 18] hat 1963 den chemischen Angriff von Lösungen, und zwar von 0,2 n Na_2SO_4 und 0,1 n NaCl sowie 0,1 n NH_4Cl auf viele kleine Körper aus Zementstein in *Trennsäulen*, wie man sie in der analytischen und präparativen Chemie verwendet, einwirken lassen und mit zunehmendem Alter ein den Widerstand erhöhendes Abdichten der Oberfläche durch die Reaktionsprodukte festgestellt. Die Zementkörper waren kleine Pyramiden von 3×3 mm Grundfläche und 1,5 mm Höhe aus Zementpaste mit W/Z von 0,35. Der Zementstein aus Portlandzement hat die größte Menge CaO an die NH_4Cl-Lösung abgegeben, nur etwa die Hälfte davon an die NaCl- und die Na_2SO_4-Lösung, etwa ein Fünftel an dest. Wasser und kein CaO an das Darmstädter Leitungswasser. — Im Instituto Torroja Madrid verwendet man sehr *dünne Plättchen* von 10 × 5 × 0,2 in cm aus Zementstein, die eine Veränderung sehr frühzeitig erkennbar machen.

4.3.4 Versuche mit Meerwasser

Die Betonversuche im Meerwasser sind in allen Ländern günstiger verlaufen, als man vermutet hat. Aus den 1930 begonnenen, im Abschn. 4.3.8 erwähnten deutschen Meerwasserversuchen von Wilhelmshaven, den belgischen seit 1934, den englischen seit 1929, den norwegischen seit 1936 und den USA-Versuchen des LTS-Programms seit 1935 sowie den Berichten des RILEM-Symposiums Palermo 1965 [S 74] hat F. M. LEA den Schluß gezogen, daß *unterhalb* der Tidehubzone dichter Beton mit mindestens 300 kg Zement je m^3 kaum angegriffen wird. *Zwischen* den Grenzen der Wasserwechselzone kann die Zementauswahl von Bedeutung sein, jedoch ist an den frostgefährdeten nördlichen Küsten Europas und Amerikas die Einführung von Luftporen in den Beton wichtiger als die Zementart. *Über* der Tidehubzone wird bewehrter Beton stärker durch Stahlkorrosion gefährdet als zwischen den Gezeitenmarken. Bei Versuchen haben schlackenreicher Hochofenzement und z. Z. auch Puzzolanzement gegenüber üblichem Portlandzement günstiger abgeschnitten. Nach DIN 4030 gilt gegenüber Meerwasser (s. Tab. 52) dichter Beton mit einem W/Z-Wert von höchstens 0,50 aus jedem Normenzement als beständig.

H. G. SMOLCZYK [S 74] hat 1966 an den Betonwürfeln aus PZ-Beton, die 50 Jahre lang an der Küste von Helgoland im Meerwasser gelagert waren, festgestellt, daß in den mürbe gewordenen Stellen eines Betonwürfels, wie das nachfolgende Schema zeigt, an die Stelle des chloridhaltigen Monosulfats das Trisulfat, an die Stelle des Calciumhydroxids das Magnesiumhydroxid und der Calcit getreten waren.

	AFm-Phase chloridhaltiges Monosulfat[1]	AFt-Phase Trisulfat	$Ca(OH)_2$	Calcit	Magnesiumhydroxid
Fest:	*vorhanden*	wenig	*vorhanden*	—	—
Mürbe:	zersetzt	viel	—	*vorhanden*	*vorhanden*

[1] Friedelsches Salz.

F. W. LOCHER [L 51] fand 1968 diese selben seit *1916* als Wellenbrecher dienenden Betonwürfel bis zu 1,5 m Kantenlänge trotz des sehr niedrigen Zementgehalts von 210 bis 290 kg je m³ und des dementsprechend hohen W/Z-Werts von etwa 1,0 nur verhältnismäßig schwach angegriffen. An den Würfeln aus Hüttenzement löste sich Feinmörtel bis zu 5 mm Tiefe ab, an den Würfeln aus Portlandzement rundeten sich Ecken und Kanten ab. Das Chlorid war in diesen weniger dichten Beton bis zu einer Tiefe von 5 cm eingedrungen. In einer nur etwa 1 cm dicken Oberflächenschicht waren MgO auf über 13% und SO_3 bis zu 8% angereichert. Dagegen zeigten die *1938* hergestellten Würfel mit 360 bis 480 kg Zement je m³ und einem W/Z-Wert von 0,5 keine Veränderung. Das Chlorid war höchstens 3 cm eingedrungen. Auch H. O. LAMPRECHT [L 5] bestätigt 1962, daß die an der Meeresküste zum Uferschutz verwendeten *Tetrapoden* aus Beton vollkommen unbeschädigt geblieben sind.

K. WESCHE [W 49] hat 1966 die Bedeutung der *Porigkeit* durch den Hinweis hervorgehoben, daß sich bei den Proben der deutschen Meerwasserversuche Zementstein aus Zement geringerer Festigkeit mit gleichzeitig geringerem Porengehalt im Meerwasser besser verhalten hat als Zementstein aus hochfestem Zement mit einem hohen Porengehalt.
— C. J. BERNHARDT [B 24] fand 1968 an den in den letzten 50 Jahren vorwiegend aus Stahlbeton hergestellten *norwegischen Landebrücken* die Stahlbetonpfähle nur im Tidebereich stärker korrodiert, größere Schadenstellen nur bei mangelhaftem Beton und an der Unterseite der — früher verwendeten — Trägerroste nur geringfügige Korrosionswirkungen. F. M. LEA hat sowohl in Palermo [S 74] (s. oben) als auch 1960 in einer Arbeit mit C. M. WATKINS [L 11] gezeigt, daß für die Beständigkeit von bewehrtem Beton, besonders von Stahlbetonpfählen im Meerwasser, Zementgehalt und Betondeckung deshalb so entscheidend sind, weil im Falle einer Rißbildung der Angriff des Meerwassers auf den Stahl sehr schnell fortschreitet. Diese auch bei den deutschen Meerwasserversuchen gemachten Erfahrungen haben ihren Niederschlag in DIN 4030 und DIN 1045 (s. Tab. 52 unter 4.3.1) gefunden. Auf die Ursachen des Sulfatwiderstandes wird unter 4.3.8 eingegangen.

4.3.5 Einwirkung von Öl

Ein 1966 herausgegebenes „Vorläufiges Merkblatt" des VDZ faßt die Erfahrungen und Versuche über das Verhalten von Beton gegenüber *Mineralöl* und *Teeröl*, den Destillaten des Erdöls und des Steinkohlenteers zusammen. Dazu gehören Benzin, Benzol, Leuchtöl, Schmieröl, Motorenöl, Dieselöl und Heizöl. Den Beton greifen diese Öle im allgemeinen nicht an, sondern *nur fette* Öle. Die fetten Öle von tierischer und pflanzlicher Herkunft bestehen aus Fettsäure-Estern und z. T. aus Fettsäure, deren schwache Säuren und sauren Salze mit dem hydratisierten Kalk verseifen. Zwar können auch Mineralöle unter ungewöhnlichen Betriebsbedingungen oxydieren und dann schwache Säuren bilden, und Teeröle können in Form der Phenole saure Bestandteile enthalten, doch kennt man bisher keine chemischen Angriffe auf ordnungsgemäß hergestellten Beton. Mineralöle sind leichter, Steinkohlenteeröle schwerer als Wasser. Die Viskosität von 1 cSt (Centistoke) des Wassers — es ist die kinematische, im Viskosimeter bestimmte Viskosität v im Gegensatz zu der bekannteren dynamischen Viskosität η in Centipoise cP — entspricht der von Petroleum und Kerosin und ist größer als die von Benzin. Nach DIN 51603 liegen die höchstzulässigen Viskositäten der vier Heizöle EL (extra leichtflüssig), L (leichtflüssig), M (mittelflüssig) und S (schwerflüssig) bei 6 cSt (20 °C), 17 cSt (20 °C), 75 cSt (50 °C) und 450 cSt, die von Motorenöl steigen bis auf 1000 cSt an.

Da sich die Oberflächenspannung der Öle zu der von Wasser wie 3 : 7 verhält, dringen wahrscheinlich Öle von gleicher Viskosität wie Wasser leichter in Beton ein. Die zusammenfassende Darstellung von V. M. MEDVEDEV, L. S. BUBNOVA und N. M. VASIL'EV [M 28] 1965 hebt besonders hervor, daß die Verminderung der Festigkeit von Beton durch eindringendes Öl nur mit *physikalischen* Kräften zu tun hat und darauf beruht, daß alle Festkörper von Ölen besser benetzt werden als von Wasser und daß deshalb das Öl Mikrorisse und Poren schneller ausfüllt als Wasser, daß solche polymolekulare Flüssigkeitsschichten aber auch eine spaltende Wirkung ausüben können (Keilwirkung von Adsorptionsschichten, sogenannter Rehbinder-Effekt). Das Wasser, das einen Haftfilm oder eine Wasserstoffbrücke bilden will oder bildet, wird also entweder gar nicht an die Oberfläche des Zuschlagsstoffs herangelassen oder sogar davon verdrängt. In Beton mit dem sehr niedrigen W/Z-Wert von 0,4 dringt kein Öl ein.

Für *Behälter* empfiehlt das Merkblatt Beton mit einem W/Z-Wert von 0,5. Um das Eindringen leichtflüssigen Öls mit einer Viskosität unter 15 cSt zu verhindern, muß man den Beton beschichten oder den Behälter auskleiden. Da ein Durchtränken mit Öl die Festigkeit herabsetzen kann, soll man die Druckfestigkeit eines öldurchtränkten Betons erst nach längerem Austrocknen prüfen. Das hat sich im wesentlichen auch aus den Versuchen von W. STEINBACH [S 99] 1967 ergeben. — *Leinöl* wird als pflanzliches Öl wahrscheinlich mit Zementstein verseift. Es greift Beton aber nicht an, dient sogar zum Imprägnieren der Oberfläche von Betonstraßen als Schutz vor Frost und Tausalz (s. 3.2.6).

4.3.6 Betonzusatzmittel und Schutzanstriche

Von den LP-Mitteln und den Einpreßhilfen abgesehen, werden *Zusatzmittel* für Beton in einer amtlichen Baubestimmung nicht vorgeschrieben oder angeraten. Ein schlecht zusammengesetzter Beton

4.3.6 Betonzusatzmittel und Schutzanstriche

läßt sich durch ein Zusatzmittel in der Regel nicht verbessern; nur in einem zweckmäßig zusammengesetzten Beton kann ein Zusatzmittel förderlich wirken und einige durch Prüfungen kaum erfaßbare Risiken des Transports, Einbringens und Verdichtens verringern. In jedem Fall ist eine *Eignungsprüfung* nötig, weil die verschiedenen Zementarten, sogar die verschiedenen Marken derselben Zementart, auf die Zusatzmittel verschieden ansprechen. Ein zu kleiner Zusatz ändert das Verhalten von Beton oder Zement meist nicht, ein zu großer Zusatz kann die Wirkung umkehren und sogar schädlich wirken. — Für die Prüfung von Betonzusatzmitteln zur Erteilung von Prüfzeichen bestehen in der Bundesrepublik seit 1965 ,,Vorläufige Richtlinien" [A 8], die W. ALBRECHT näher erläutert hat. Danach unterscheidet man neben den erwähnten LP-Mitteln, Einpreßhilfen EH noch Betonverflüssiger BV, Betondichtungsmittel DM, Erstarrungsbeschleuniger und -verzögerer BE und VZ. W. ALBRECHT und U. MANNHERZ [A 8] haben 1968 die einzelnen Mittel zusammenfassend beschrieben. K. WALZ [Lit. III.2] hat den 1963 erschienenen Bericht des ACI-Committee 212 ,,Admixtures for concrete" (Zusätze für Beton) mit 97 Literaturangaben in gekürzter Form gebracht. Dieser Bericht enthält u. a. auch Angaben über Zusätze zum Schutz gegen Bakterien und Insekten und weist auch auf das Referat von H. E. VIVIAN auf dem 4. Internationalen Zementkongreß 1960, Washington II, hin, das er 1968 in Tokio ergänzt hat. Eine Zusammenstellung hat M. VÉNUAT [V 2] 1967 gegeben.

In ihrer Wirkung umstritten sind die *Betondichtungsmittel* DM. W. ALBRECHT [A 5] sieht 1966 auf Grund eingehender Versuche ihre Wirkung günstigenfalls in einer geringen Verminderung der Wasseraufnahme, die aber auch bei älterem Beton nur kurzzeitig vorhanden ist. Danach hält er die Bezeichnung *Sperrbeton*, die in amtliche Bestimmungen Eingang gefunden hat, für nicht angängig, weil sie die unzutreffende Vorstellung erweckt, als ob solche Mittel die Kapillaren des Betons verstopfen könnten, was man bisher oft angenommen hat [k 55]. Auch nach dem Bericht aus USA (ACI-Comm. 212) ist die Wirkung solcher Zusätze von der Mehrzahl der befragten Fachleute bezweifelt worden.

Der Zusatz eines *Erstarrungsbeschleunigers* BE ist besonders bei niedrigen Temperaturen und dann erwünscht, wenn man die unter 3.3.3 angegebenen Maßnahmen nicht anwenden kann. Da in der BRD heute alle Zusatzmittel für Beton zu tragenden Betonteilen amtlich zugelassen und damit chloridfrei sein müssen, scheiden Chloride wegen der Rostgefahr aus. Ein schnelles Erstarren und Erhärten erreicht man durch Zusatz von Soda Na_2CO_3 oder Pottasche K_2CO_3. Die Wirkung von K_2CO_3, das auch im Zement vorkommen und sein Erstarren beschleunigen kann, hat E. M. M. G. NIEL [N 13] 1968 beschrieben. Portlandzement wird durch Zusatz von 5 bis 20% *Tonerdezement* im Erstarren und Erhärten beschleunigt, umgekehrt auch Tonerdezement durch Zumischen von Kalk oder Portlandzement. Dabei entstehen im allgemeinen geringere Festigkeiten als ohne Zumischung. Der oben erwähnte ACI-Bericht führt an, daß ein Zusatz von 2% feingemahlenem, völlig hydratisiertem Portlandzement, das man als Impfen bezeichnen kann, der Wirkung von 2% $CaCl_2$ auf die Anfangserhärtung gleichwertig ist und die Festigkeit nach 90 Tagen um 20 bis 25% erhöht. — H. Kühl [k 55] hat 1961 in einer Übersicht neben den erwähnten Chloriden und Carbonaten noch verschiedene andere Salze als Beschleuniger — auch als *Verzögerer* — aufgeführt.

Als *Betonverflüssiger* BV (plastisizer, plastifiant) eignen sich Ligninsulfosäuren und hydroxylierte Carbonsäuren sowie deren Abkömmlinge und Salze, die auch in den *Luftporenbildnern* LP und in den *Erstarrungsverzögerern* VZ vorkommen. Die beiden Säuren und ihre Salze senken den Wasserbedarf (sind wassereinsparend), die Ligninsulfonate fördern zusätzlich die Bildung von Luftporen, der man ggf. mit einem luft*ab*führenden Zusatzstoff, z. B. Tributylphosphat, entgegenwirken kann (ACI 212). Auch andere zuckerähnliche oder zuckerhaltige Stoffe wirken ähnlich wie reiner Zucker verzögernd und können das Erhärten sogar für eine längere Zeit völlig verhindern. Die beschleunigende Wirkung

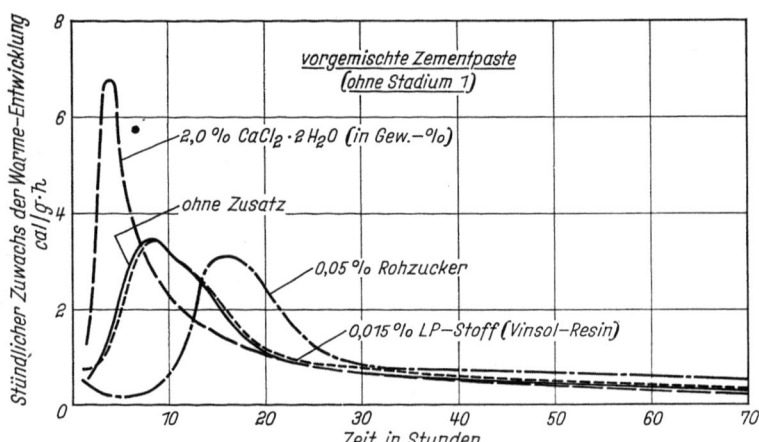

Bild 74. Wirkung von Calciumchlorid, Zucker und Vinsol-Resin auf die Wärmeentwicklung im isothermen Wärmefluß-Kalorimeter. Nach G. E. Monfore und B. Ost [M 51].

von Calciumchlorid, die verzögernde von Rohzucker und die des LP-Stoffs Vinsol-Resin kommen auf Bild 74 in dem stündlichen Zuwachs der Wärmeentwicklung im isothermen Wärmeflußkalorimeter nach Versuchen von G. E. Monfore und B. Ost [M 51] 1966 besonders deut-

4.3.6 Betonzusatzmittel und Schutzanstriche

lich zum Ausdruck, wie die Darstellung der Gipswirkung auf Bild 20 unter 2.3.5 gezeigt hatte.

Auf die Zusammensetzung organischer Verzögerer ist beim Tiefbohrzement unter 1.3.2 hingewiesen, auf die der LP-Mittel unter 3.2.5, auf die verzögernden und zu hoher Festigkeit führenden Zinkate unter 2.3.3. — Verzögerer sind vor allem dort von Vorteil, wo man bei einem längeren Betoniervorgang eine möglichst monolithische Struktur des Betonteils durch möglichst langsames spannungsloses Erhärten anstrebt. Sie verringern, wie bei den LP-Mitteln erwähnt, in der Regel die Oberflächenspannung des Wassers und fördern den Zusammenhalt des Betons.

Die *Einpreßhilfen* EH für Einpreßmörtel sind unter 3.1.4 erwähnt. — Zum nachträglichen *Imprägnieren* einer frisch erhärteten Betonoder Mörteloberfläche ist Leinöl unter 3.2.6 über den Straßenbau als wirksamer Schutz genannt worden. Daneben sind zum Imprägnieren von Beton und Mörtel noch *Fluate* üblich. — Von den Fluorverbindungen sind an anderer Stelle das beim Brennen verwendete Mineral Flußspat CaF_2, ferner die beim Brennen entstehenden gasförmigen Fluoride, die infolge des Überschusses an Kalk im Ofenabgas als Calciumfluorid gebunden werden, erwähnt (s. 5.4.2). Die für die Nachbehandlung von Beton und Mörtel in Frage kommenden wasserlöslichen, übrigens giftigen Fluate (Abkürzung von Fluorosilicate oder Silicofluoride) sind Salze der *Kieselflußsäure* (Fluorokieselsäure) $H_2(SiF_6)$, und zwar üblicherweise Fluate des Aluminiums und Magnesiums, auch des Bleis und Zinks, während Natriumfluat im wesentlichen der Bekämpfung des Hausschwamms und anderer Holzschädlinge dient. Das Imprägnieren soll möglichst frühzeitig geschehen. Die Wirkung eines Magnesium- und eines Zinksilicofluorids als Zusatz zu Beton oder als mehrschichtiger Anstrich auf Beton bezeichnen W. Schulze und J. Günzler [S 35] 1967 nach mehrjährigen Versuchen als gering. Nach W. Wittekindt [W 75] 1952 läßt sich die angestrebte Überführung des Calciumhydroxids in Calciumfluorid nach dem *Ocrat*-Verfahren [R 13b] dadurch verstärken, daß man den Beton vortrocknet, dann im Vakuum entlüftet und anschließend mit *gasförmigem* Siliciumtetrafluorid SiF_4 behandelt. Dadurch wird der Beton 5 bis 8 mm, sogar bis zu 13 mm tief fluatiert, während man beim wäßrigen Fluatieren nur Eindringtiefen von weniger als 1 mm erreichte. Die Oberfläche des ocratierten Betons widerstand sogar dem Angriff von Salzsäure.

Die Versuche, Zementmörtel und Beton durch *Zusatz* von *Kunststoffdispersionen* in ihren Eigenschaften zu verbessern, haben bisher noch keinen bemerkenswerten praktischen Erfolg gehabt. Das zeigen die erwähnten Versuche mit Flickmörtel auf der Autobahn von W. Albrecht, z. T. auch mit Th. Wisotzky [A 7] 1967, bei denen damals u. a. Epoxidharz, Polyesterharz, Methyl-Metacrylat als reine Kunststoffmörtel oder als Zusatz zu Zementmörtel im Vergleich zu reinem Zementmörtel verwendet wurden. Als typisch für die Wirkung der Zusätze von Kunststoffdispersionen können z. B. die Feststellungen von H. E. SCHWIETE, U. LUDWIG und G. SCHROTH [S 50] 1969 angesehen werden, wonach z. B. Polyacrylester, Polyvinylpropionat und Polybutadienstyrol das Erstarren verlangsamen, die Bildung eines zusammenhängenden Gefüges behindern, den Gehalt an Luftporen steigern und die Festigkeit der luftgelagerten Proben zwar erhöhen, bei nachträglicher Wasserlagerung aber wesentlich vermindern. Dadurch bleibt nach G. BLUNK [B 34] 1963 und J. HOSEK [H 46] 1966 und auch der zusammenfassenden Betrachtung von J. BONZEL [B 48] 1964 die praktische Anwendung der Mörtel mit diesen Zusätzen trotz manchmal hoher Festigkeit an der Luft vorerst auf das Innere von Bauwerken beschränkt. Die zum Schutz von Betonoberflächen geeigneten Kunststoffe finden sich auf der späteren Tab. 53 (s. unten). Bei der Beurteilung der bisherigen Erfahrungen mit Kunststoff ist stets zu berücksichtigen, daß sich deren Herstellung in einer ständigen Weiterentwicklung befindet.

Ein ausnehmend günstiges Verhalten ist, wie K. WALZ, P. MISCH und H. H. SCHÖNROCK [W 22] 1962 berichten und in einer entsprechenden Anleitung zum Ausdruck kommt, von den Epoxidharzen bekannt (früher auch Epoxyharze). Man verwendet sie, um Betonfertigteile dauerhaft zu verkleben und Haftbrücken zwischen altem und jungem Beton zu bilden. Sie lassen sich auf feuchten Betonuntergrund auftragen und schwinden beim Trocknen und Altern nicht und sind in USA als reine Mörtel schon zum Ausbessern von Brückenfahrbahnen verwendet worden, wobei ihr schnelles Erhärten von Vorteil ist, wie u. a. auch S. NILSSON [N 15] 1966 erwähnt. Nach E. KERN und C. F. HINRICHSEN [K 27b] 1969 lassen sich Risse im Beton mit Epoxidharz kraftschlüssig abdichten.

Über ein besonders *gutes* Zusammenwirken zwischen Zement und einer echten *Kunstharzlösung* berichtet neuerdings A. AIGNESBERGER [A 4]. Mit H. KRIEGER weist er zunächst 1968 darauf hin, daß drei anionische *Melaminharzlösungen* in 4%igem Zusatz zu Zementmörtel dessen Druckfestigkeit und die Haftfestigkeit von Neubeton auf Altbeton ohne sonstigen Nachteil verbesserten. A. AIGNESBERGER zeigte mit TH. REY und W. SCHRÄMLI 1969, daß die völlig wasserlöslichen Melaminharze im Zementstein gleichmäßig verteilt sind. Die im Zementstein entstehenden netzähnlichen auch fächerförmigen Gebilde, die ähnlich wie polierte Harzflächen aussehen, deuten sie dahin, daß das erstarrende Harz innerhalb sehr kleiner Bereiche dem Zementstein gewisse Vorzugsrichtungen „aufprägt". Nach zwei Monaten hat sich das Gefüge des Zementsteins mit Melaminharz dem ohne Zusatz völlig angeglichen.

4.3.6 Betonzusatzmittel und Schutzanstriche

Mit *Gießharzbeton*, d. h. einem Beton, der *anstelle* von Zement Kunststoff als Bindemittel besitzt, hat sich G. FRANZ [F 12] 1967 auseinandergesetzt. Bei einem Vergleich der mittleren Stoffwerte von Zement mit denen eines Betons, der 13% Polyesterharz enthält, kommt dessen geringeres Gewicht, höhere Festigkeit und chemische Beständigkeit zum Ausdruck. Der Preismultiplikator gegenüber dem Beton aus Zement liegt bei etwa 15 und wird bei gleicher Masse und gleicher Leistungsfähigkeit immer noch zwischen 5 und 8 bleiben. Die Gießharze beginnen schon bei 80 bis 100 °C weich zu werden. S. MÄNGEL [M 1] hat 1968 auf die dabei entstehenden Verformungen und die Notwendigkeit eines besonderen Korrosionsschutzes von stahlbewehrtem Kunstharzbeton hingewiesen. Im Brandfall tritt dazu gegebenenfalls noch die Entwicklung schädlicher Gase (s. S. 265). Dem mit Glasfaser verstärkten Kunststoff, dem sogenannten GFK, mißt man für das Beschichten, Isolieren und Abdichten eine größere Bedeutung zu.

Nach DIN 4030 muß Beton, der einem sehr starken Angriff (siehe Tab. 52 unter 4.3.1) ausgesetzt ist, einen *Schutzüberzug* erhalten. Ein Arbeitskreis im VDZ hat 1968 [Lit. III.10] ein unter Mitwirkung der Bautenschutzmittel- und Kunststoffindustrie entstandenes Merkblatt herausgegeben, dem Tab. 53 entnommen ist. Sie enthält für die verschiedenen Arten von angreifenden Stoffen die dagegen als widerstandsfähig, bedingt widerstandsfähig und nicht widerstandsfähig geltenden Stoffe für Schutzüberzüge. Das Merkblatt enthält außerdem u. a. Einzelheiten über das Auftragen der Überzüge durch Streichen, Rollen, Spritzen oder Spachteln und über die Ausbildung der beim chemischen Angriff besonders gefährdeten Fugen und Ränder. Die Schichtdicke eines trockenen Überzugs ohne mechanische Beanspruchung soll mindestens 0,2 mm, mit starker Beanspruchung mindestens 3 mm betragen, während für den Zwischenbereich der leichten bis mittleren Beanspruchung 1 bis 3 mm genannt werden. In USA hat W. H. KUENNING 1966 [K 58] einen entsprechenden Leitfaden herausgegeben.

Zur *Oberflächenbehandlung* von Beton werden hauptsächlich *Siliconharze* und ihre löslichen Vorprodukte verwendet [B 48]. Sie ergeben wasserabweisende und nicht saugende Betonflächen und erhöhen auch die chemische Widerstandsfähigkeit etwas, vermindern aber die Durchlässigkeit für Luft und Wasserdampf nicht. *Silicone* sind synthetische polymere Verbindungen zwischen Silicium und Kohlenstoff. Darin sind die Siliciumatome teilweise wie in den Silicaten über Sauerstoffatome miteinander verknüpft, die übrigen Valenzen des Siliciums aber durch Kohlenwasserstoffreste, meist durch Methylgruppen CH_3^{1-} abgesättigt. Entsprechend ihrer Zwischenstellung zwischen typisch anorganischen und organischen Verbindungen sind sie sehr unempfindlich gegen tiefe Temperaturen und gegen Wärme, wasserabweisend und

Tabelle 53. *Richtwerte für Widerstandsmerkmale ausgehärteter Schutzüberzugsstoffe*[1]

Zur Kennzeichnung der Schutzüberzugsstoffe enthält die Tafel auch Stoffe, die nicht Beton, wohl aber bestimmte Schutzüberzugsstoffe angreifen. + widerstandsfähig, · bedingt widerstandsfähig

Einwirkende Stoffe		Schutzüberzugsstoffe										
		Bituminöse Stoffe[2]		Kunstharzlösungen			Kunstharzdispersion	Reaktionsharze			Reaktionsharze mit Teerpech	
Gruppe	Art	Bitumen	Teerpech	Chlor-kautschuk	PVC-Kopoly-merisat	Chlorsulfoniertes Polyäthylen (CSP)	Polyvinylidenchlorid (PVDC)	Ungesättigter Polyester (UP)	Epoxidharz (EP)	Polyurethan (PU)	Epoxidharz	Polyurethan
Wasser und sauer reagierende Stoffe	Wasser bis 30 °C, Moorwasser, aggressives CO_2, Sulfat- u. Tausalzlösungen	+ +	+ +	+ +	+ ·	+ +	+ +	+ + + +	+ + + +	+ + +	+ + + +	+ + +
	Wasser von 30 bis 60 °C	+ +	+ +	+ +	+ ·	+ + +	+ ·	+ + + + ·	+ + + ·	+ + ·	+ + + ·	· ·
	Ammoniumsalzlösungen	+ +	+ +	· ·	·	+ +	·	+ ·	·	·	·	·
	Verdünnte Mineralsäuren (bis pH = 1)	·	+	· ·	· ·	· ·	+ ·	· +	·	·	·	·
	Stärkere Mineralsäuren	·	·	·	·	·	·	·	·	·	·	·
	Niedere organische Säuren	·	·	·	·	·	·	·	·	·	·	·
	Fettsäuren	·	·	·	·	·	·	·	·	·	·	·
Laugen	Ammoniakwässer	+ +	+ ·	+ +	+ + +	+ + +	· ·	· ·	+ + +	+ ·	+ + + +	+ ·
	Verdünnte Laugen (bis pH = 13)	+ +	+ ·	+ ·	+	·	+ +	· ·	·	·	+ + ·	·
	Stärkere Laugen											
Öle und Treibstoffe	Pflanzliche und tierische Fette und Öle	·	·	+ ·	· ·	+	· ·	+ + + +	+ + + + +	+ + + +	+ + + +	+ + + ·
	Schmieröle		·	·	·		·	·	·		·	
	Heizöle[3]		·	+	+ ·		·	·				
	Benzinkohlenwasserstoffe				·							
	Benzolkohlenwasserstoffe											
	Teeröle											

[1] Bei gleichzeitiger UV-Einstrahlung (Freibewitterung) teilweise anstelle von widerstandsfähig nur bedingt widerstandsfähig.
[2] Bei gleichzeitiger UV-Einstrahlung (Freibewitterung) Mindestschichtdicke 0,5 mm.
[3] Schutzüberzugsstoffe, die für den Innenschutz von Auffangbehältern für Heizöl verwendet werden sollen, bedürfen der Zulassung des Prüfausschusses für Sicherungsgegenstände bei Lagerung grundwasserschädigender Flüssigkeiten beim Institut für Bautechnik in Berlin.

nicht gesundheitsschädlich. Sie werden deshalb außer für wasserabweisende (hydrophobe) Anstriche von Putz und Beton als Schmieröle für Motoren und auch für hitzebeständigen Lack und Kautschuk verwendet.

Die oben erwähnten flüssigen und festen Kunststoffe entstehen durch *Polymerisation* aus Gasen mit Monomermolekülen, z. B. aus Äthylen $H_2C=CH_2$ oder aus Acetylen $HC\equiv CH$ dadurch, daß die Doppel- oder Dreifachbindung der C-Atome aufgespalten wird und dadurch eine oder zwei echte chemische Hauptvalenzen freiwerden. Die Acetylene heißen heute Alkine, das erste Glied der Reihe $HC\equiv CH$ somit neben Acetylen auch *Äthin*. Es entsteht aus Äthylen die viele Tausend Glieder lange Kette des Polyäthylens, aus Acetylen über die Vinylgruppe $-CH=CH_2$ das makromolekulare *Polyvinylacetat* PVA oder *Polyvinylchlorid* PVC. Niedrigmolekulares PVC mit dem Polymerisationsgrad n = 300 bis 500, wobei n die Anzahl der Grundmoleküle bedeutet, ist leicht löslich; als hochmolekulares PVC mit n = 1000 bis 2500 bildet es viskose oder feste Massen. Bei der *Polykondensation* entsteht die Verkettung der Großmoleküle zu den Polykondensaten unter Abspaltung von Nebenprodukten, u. a. Wasser, z. B. bei den Polyesterharzen. Bei der *Polyaddition* als der dritten Form läuft die Verknüpfung der Moleküle nicht nur über C-Atome. Sie ist wirksam bei der Bildung der *Polyurethane* und der im Bauwesen wichtigen *Epoxidharze* (s. oben). In dem Epoxyring $-CH-CH_2$ können die H-Atome z. B. von Säu-
$$\diagdown O \diagup$$
ren, Alkoholen und Phenolen an das O und der Rest an das CH_2 angelagert werden. Als vierte Gruppe kommen noch die abgewandelten Naturstoffe hinzu. — Nach ihren Eigenschaften unterscheidet man die reversiblen *Thermoplaste* aus eindimensionalen fadenförmigen Makromolekülen und die irreversiblen *Duroplaste* mit dreidimensional vernetzten Makromolekülen. Bei H. DOMININGHAUS [D 14] finden sich 1969 weitere Angaben über Kunststoffe, eine vergleichende Betrachtung von deren Erhärtung zu der des Zements bei F. KEIL [K 20] 1967.

4.3.7 Verfärbungen, Ausblühungen und Aussinterungen

Verfärbungen von erhärtetem Beton können an glatten Sichtflächen von Brücken, Silos, Türmen und Talsperren störend wirken. Ausblühungen an *Mauerwerk* aus gebrannten *Ziegeln* werden, wie ein entsprechendes Merkblatt 1967 [Lit. III.11] ausführt, häufig noch als Mauersalpeter bezeichnet, weil früher an Ställen und Umfassungsmauern von Düngegruben echter Salpeter KNO_3, $NaNO_3$ als Ausblühung durch Oxydation von organischen (stickstoffhaltigen) Substanzen aufgetreten ist. Die häufigsten Ausblühsalze sind heute Sulfate, seltener Carbonate und Chloride von Natrium, Kalium, Magnesium, Calcium und Aluminium. Schwefel und Sulfat können sowohl aus dem Rohstoff der Ziegel als auch aus dem Brennstoff stammen. Die meisten dieser Salze sind Bestandteile der Rohstoffe. Außer dem Calciumsulfat sind die Ausblühsalze leicht löslich, blühen daher leicht und schnell aus, werden aber auch durch den Regen wieder gelöst und abgewaschen. Das gilt auch für die löslichen Bestandteile eines als Bindemittel des Fugenmörtels verwendeten Zements oder hydraulischen Kalks (s. unten). Bei starkem Wasserdurchfluß kann das Eindringen von $Ca(OH)_2$ aus dem Bindemittel, z. B. aus Zement, Austauschreaktionen in den Ziegeln und die Neigung zum Ausblühen verursachen. Oft stammen ausblühfähige Bestandteile auch aus Zusatzmitteln.

In *Mörtel* und *Beton* mit Zement als Bindemittel geht bei Durchtritt von Feuchtigkeit oder Wasser neben den erwähnten leichtlöslichen Alkalisalzen hauptsächlich Calciumhydroxid $Ca(OH)_2$ in Lösung. Die Lösung läßt nach Verdunsten des Wassers eine schleierartige Verfärbung der Oberfläche zurück. Durch laufenden Wasserdurchtritt an Rissen, Arbeitsfugen und Undichtigkeiten können *Kalkfahnen* an den Wänden, Stalaktiten an den Decken und regelrechter *Kalksinter* mit dicker Verkrustung entstehen. Nach F. JUNG [J 12] 1961 ging die aus Mörtelprismen täglich ausgelaugte Menge an $Ca(OH)_2$ vom ersten Tag bis zum 7. Tag auf rd. ein Viertel zurück. Die Kalkauslaugung war bei einem feiner gemahlenen Portlandzement und bei Ersatz des Klinkers, z. B. durch Hochofenschlacke, geringer, bei einem wasserreicheren Mörtel größer. Die fortschreitende Carbonatisierung stellt einen natürlichen Schutz gegen Ausblühungen dar. − K. WALZ und J. BONZEL [W 15] erhielten 1962 im Laboratorium mit dem *Pfützenversuch* und dem *Rieselversuch* ähnliche Ausblühungen, wie sie am Bauwerk auftreten, wenn beim Nachbehandeln des Betons oder bei entsprechendem Wetter Wasser zwischen einer dichten Schalung und der Sichtfläche oder auf einer frisch entschalten Betonfläche stehenbleibt oder über andere Betonflächen fließt. Sie empfehlen, die Oberfläche mit Nachbehandlungsfilmen zu überziehen, wie sie bei frischen Autobahndecken verwendet werden, oder mit Folien abzudecken. − H. WEIGLER und E. SEGMÜLLER [W 44] fanden 1969 bei Versuchen über die Wirkung von *Schalöl* auf die Festigkeit, daß ein kleiner Zusatz von Schalöl die Porosität des Mörtels erhöhte und seine Festigkeit bleibend verringerte, ein größerer Zusatz die Frühfestigkeit herabsetzte. Bei hoher Dosierung wirken die Öle als Verzögerer. R.-K. METZNER [M 36] hat 1969 u. a. darauf hingewiesen, daß bei erstmalig verwendeter Holzschalung und bei nichtsaugender oder sogar wasserabweisender Schalung Vorsicht geboten ist, daß man groß bemessene Betonflächen durch Teilung gliedern soll, und Beispiele für „vergütete" Oberflächen beschrieben.

Die gelegentliche Neigung, in Oberflächenschichten den Zementgehalt zu erhöhen, kann zu unerwünschten Netzrissen führen.

Nach Versuchen von R. ABT [A 2] 1969 hat der Zeitabstand, in dem aufeinanderfolgende Schüttlagen eingebracht und verdichtet werden, einen ausschlaggebenden Einfluß auf die „Wolkenbildung" von Sichtbeton, vor allem wenn ein bereits ansteifender Beton nochmals vibriert wird. — Farbunterschiede werden im allgemeinen durch dichte und sehr glatte Schaltafeln begünstigt. Wenn Ausblühungen nicht von selbst verschwinden, soll man zunächst versuchen, sie trocken abzubürsten, sonst muß man sie mit verdünnter Salzsäure (1:5 bis 1:10) abwaschen, wobei der Beton vor und nach der Behandlung mit reinem Wasser berieselt oder bespritzt werden muß. Nach N. R. GREENING und R. LANDGREN [G 26] 1966 ist $CaCl_2$ eine *Hauptursache* von Verfärbungen. Die Verfasser vermuten, daß die Eisenkomponente des Zements dafür verantwortlich ist, weil sie im trockenen Zustand dunkel ist und sich beim Hydratisieren aufhellt. Da $CaCl_2$ die Hydratation der Silicate fördert, die der Aluminat- und Ferritphase verzögert, bleibt die Ferritphase zunächst oder stellenweise dunkel. Hohe Alkaligehalte können diesem verzögernden Einfluß des Chlorids entgegenwirken. Sie empfehlen die Behandlung einer ausgeblühten Oberfläche mit Di-Ammonium-Citrat-Lösung. — Nach den Bewitterungsversuchen von A. LITVIN [L 40] 1968 haben sich von 60 hellen Anstrichen zum Schutz von Sichtbetonflächen gegen die Verunreinigung durch industrielle Abgase niedrigviskose Acrylkunststoffe auf der Grundlage von Methyl-Meta-Acrylat am besten verhalten. — Während K. WALZ an pilz-, keim- und insektentötenden Zusätzen nach ACI-Comm. 212 mehrfach halogenierte Phenole, Dieldrin-Emulsion und Kupferverbindungen anführt, berichtet M. BARTL 1969 [Stavivo 47 (1969) Nr. 9, Beilage Cement usw., S. 9/11] über einen *fungiciden* Zement, der schon mit 0,005% Tributylzinnacetat eine Schimmelbildung auf Putz verhinderte.

4.3.8 Besonderheiten von Hüttenzement

Zu Beginn des Autobahnbaus hat man aus den Ergebnissen einer später abgeschafften *Schwindprüfung* an plastischem Mörtel mit kurzfristiger scharfer Austrocknung gefolgert, daß Beton aus Hüttenzement gegen Rißbildung anfälliger wäre als Portlandzement. Unter 3.4.1 ist gesagt worden, daß diese Unterschiede in einem Beton nicht zum Ausdruck kommen. Auch im praktischen *Straßenbau* hat sich Hüttenzement, u. a. nach dem Urteil von O. GRAF [G 22] als *gleichwertig* mit den übrigen Normzementen erwiesen.

Nach den von 1920 bis 1942 in den Heften 47, 71, 80 und 97 des Deutschen Ausschusses für Stahlbeton behandelten Versuchen hatten sich eingebettete Stahleinlagen in Beton mit Portlandzement und Hochofenzement als Bindemittel nicht anders verhalten als in Beton aus Portlandzement mit üblichem Betonzuschlagstoff. Die Auffassung, daß man Stückschlacke unbedenklich als Betonzuschlag verwenden kann, haben L. H. EVERETT und W. GUTT [G 37] 1967 bestätigt. Nur wenn lockere Schichten von Schotter und Packlage aus Hochofenschlacke dauernd von Wasser durchsickert werden, kann sich das Wasser mit dem durch Oxydation aus dem *Sulfid* entstehenden Sulfat anreichern und, wie in DIN 4030 erwähnt, Beton angreifen (s. 4.3.2).

Bei den *Meerwasser*versuchen, über die die Hefte 102 (A. ECKHARDT und W. KRONSBEIN 1950), 124 (A. HUMMEL und K. WESCHE 1956) [H 53] und 134 (K. SEIDEL 1959) [S 61] berichtet haben, waren 5 cm tief in Betonwürfel aus Portlandzement, Eisenportland- und Hochofenzement eingebettete Stahlstücke während einer 24jährigen Lagerzeit in der Tidezone des Meerwassers rostfrei geblieben. Die an *Spannbeton*bauteilen eingetretenen Schäden (s. 4.2.2) haben eine genaue Nachprüfung des Rostschutzes der Bewehrung in Beton aus Hochofenzement zur Folge gehabt. Nach F. K. NAUMANN und A. BÄUMEL 1961 [N 9] ist nicht die Anwesenheit von Sulfid, sondern nur die Aufrechterhaltung eines pH-Wertes von mehr als 9 entscheidend.

Der höhere Sulfatwiderstand eines Hochofenzements wird chemisch öfters vereinfachend so gedeutet, daß es sich dabei um einen *kalkarmen* Zement handelt. Man kann diese Formulierung nur dann gelten lassen, wenn man sicher ist, daß die Erniedrigung des CaO-Gehalts von Klinker nicht durch feingemahlenes Quarzmehl, sondern z. B. durch eine Puzzolane wie Kieselgur bzw. Molererde herbeigeführt worden ist. So ist auch die G-Formel von SCHWIETE-LUDWIG-LÜHR (s. 2.4.2) zu verstehen. Den höheren Sulfatwiderstand leitet W. RICHARTZ [R 16] 1966 aus der Art der *Hydratations*produkte her, weil sich in kalkarmem Hochofenzement die gegen Sulfat unempfindlichen Aluminate C_2AH_8 und $C_2(A, S)H_8$ Gehlenithydrat bilden, während in kalkreicherem Hochofenzement das instabile kalkreichere C_4AH_{13} auftritt. F. W. LOCHER [L 49] erklärt 1966 die Unterschiede zwischen den Ergebnissen von Schüttelversuchen und den Versuchen mit Prüfkörpern damit, daß zwar aus einer Zement*schlämme* mit sulfatbeständigem Hüttenzement auch sulfat*empfindliche* Produkte entstehen, daß das aber in einem *Mörtel* aus demselben Zement nicht der Fall ist, weil sich wahrscheinlich in den Poren des Zementsteins keine Trisulfatkeime bilden können oder der Diffusionswiderstand so groß ist, daß von außen keine Sulfationen eindringen können. Nach Versuchen des VDZ Tät. Ber. 1965/66 hatte Zementstein aus hüttensandreichem Hüttenzement nach ausreichender Vorlagerung auch bei höheren Wasserzementwerten einen höheren Diffusionswiderstand gegen Chlorid- und Sulfationen. Nach W. RIEDEL

4.3.8 Besonderheiten von Hüttenzement

und CHR. GÖHRING [R 20] 1968 hat die Porenverteilungsdichte im Zementstein über 4 nm (40 Å) ein Maximum (s. auch 2.5.1 und 3.2.2). Der Anteil an Poren über 4 nm war nach 28 Tagen Wasserlagerung bei dem Zementstein aus Hochofenzement *niedriger*; auch der zu Beginn der Erhärtung porösere Mörtel aus Hochofenzement war nach 28 tägiger Wasserlagerung dichter als der aus den beiden geprüften Portlandzementen.

Zu den oben erwähnten Versuchen hat LOCHER [L 49] drei Klinker mit einem rechnerischen Gehalt von 0, 8 und 11% C_3A, zwei Hüttensande 18 und 11 mit 17,7 und 11,0% Al_2O_3 jeweils in gröberer und feinerer Mahlung mit 3000 und 5000 cm²/g spezifische Oberfläche nach BLAINE herangezogen und daraus unter Zusatz von 5% Gips Hüttenzemente mit zunehmendem Gehalt an Hüttensand hergestellt. Alle Kleinprismen 1 × 1 × 6 in cm wurden zunächst 3 Wochen in Wasser gelagert, wobei sich die an der rechten Ordinate ablesbare als Doppelkreis dargestellte Druckfestigkeit ergab, die mit Zunahme des Gehalts an Hüttensand abfällt. Ein Teil der Körper wurde dann in einer 4,4%igen Natriumsulfatlösung gelagert, die anderen Körper lagerten weitere 8 oder 12 Wochen bis zur Prüfung im Wasser.

Bild 75 zeigt die Ergebnisse mit dem Klinker, der rechnerisch 8% C_3A enthielt (das Mittel der Klinker liegt bei 11% C_3A). Beurteilungsmaßstab des Sulfatwiderstands ist der Quotient Bs/Bw aus der Biegezugfestigkeit von den in sulfathaltiger Lösung (Bs) und den in Wasser (Bw) gelagerten Prismen, der in Abhängigkeit vom Gehalt an Hüttensand aufgetragen ist. Mit dem tonerdereichen Hüttensand (linke Spalte) fällt in jedem Fall, bei höherer Feinheit stärker ausgeprägt, der Sulfatwiderstand steil ab und erreicht seinen Gleichstand mit dem wassergelagerter Körper erst ab 65% Hüttensand wieder, während bei Hüttensand 11 dieser Abfall nicht zu beobachten ist. Geringere Unterschiede ergaben sich naturgemäß bei den Prüfkörpern mit dem C_3A-freien, sulfatwiderstandsfähigen Klinker, größere Unterschiede bei den Prüfkörpern aus Klinker mit 11% C_3A. LOCHER folgert daraus, daß Hochofenzement mit mehr als 65% Hüttensand *unabhängig* von der chemischen Zusammensetzung des Klinkers und Hüttensands sulfatwiderstandsfähig ist, und *mit weniger* als 65% Hüttensand dann, wenn der Klinker *arm* an C_3A und/oder der Hüttensand arm an Al_2O_3 ist. Aus seinen chemischen und röntgenographischen Feststellungen an Prüfkörpern, deren Mörtel er nach dem Vorbild von SMOLCZYK mit Kunststoff anstatt mit Quarzsand gemagert hat, zieht er die oben erwähnten Folgerungen. Diese Ergebnisse haben als eine wesentliche Grundlage für die Abgrenzung des HS-Zements nach DIN 1164 gedient, dessen Anwendung ab 400 mg SO_3/l, nicht aber im Falle des Meerwassers gefordert wird (s. 4.3.1). Das Al_2O_3 des Hüttensandes in einem Hochofenzement fördert also die Reaktion mit dem Sulfat und führt während des Erhärtens zu einer höheren Festigkeit, begünstigt aber nach dem Erhärten auch den Angriff von Sulfat. (Bei dem sehr klinkerarmen Sulfathüttenzement wird auch der Sulfatwiderstand durch Al_2O_3 erhöht.)

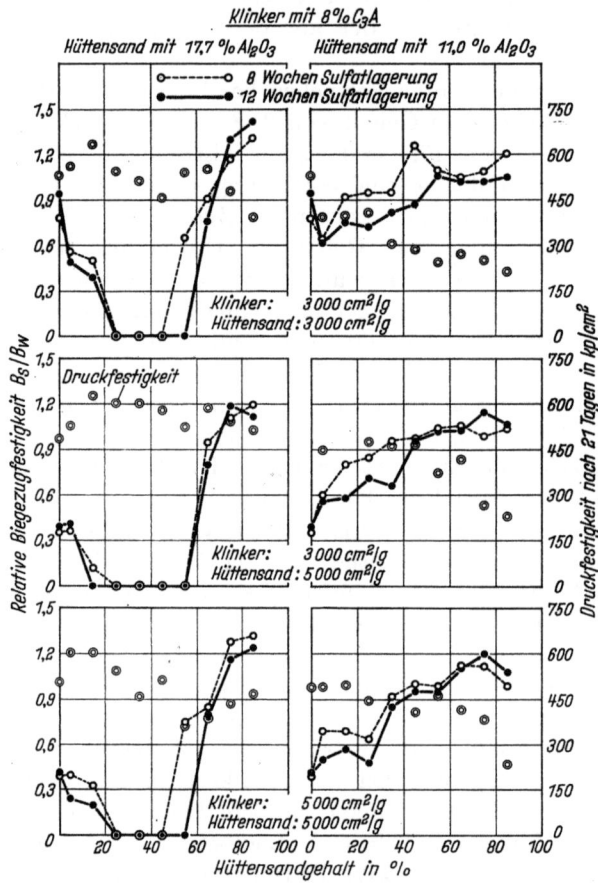

Bild 75. Sulfatwiderstand von Hüttenzement aus Hüttensand 18 und Hüttensand 11 mit einem etwa den Zahlenwerten entsprechenden Gehalt an Al_2O_3 und einem Klinker mit rechnerisch 8% C_3A, jeweils in gröberer (3000 cm²/g) und feinerer (5000 cm²/g) Mahlung. Nach F. W. LOCHER [L 49].

Abschließend sei auf die 1957 in den USA begonnenen Versuche über Zement mit hydraulischen Zusätzen, besonders über Hochofenzement hingewiesen. P. KLIEGER und A. W. ISBERNER [K 36] bestätigen 1967 die bisherigen europäischen Erfahrungen über die Entwicklung der Festigkeit einschließlich der stärkeren Abnahme der Biegezugfestigkeit durch Lufttrocknung. Sie berichten u. a. über die im Vergleich zu Portlandzement niedrigere Hydratationswärme bis zu 90 Tagen Alter nach dem genormten *Lösungsverfahren*, über das teilweise andere Verhalten in der Zeitspanne zwischen 4 Stunden und 3 Tagen nach dem *Wärmeflußverfahren* (Leitungskalorimeter), über die niedrigere Quellung bei der Prüfung auf Alkalireaktion mit gebrochenem Pyrex und über den höheren Festigkeitsgewinn beim Erwärmen auf 71 °C. — Daß der Hüttenzement nahezu dieselben Hydratationsprodukte bildet wie der Zementklinker, ist unter 2.4.2 und zu Anfang dieses Abschnitts gesagt worden. Die Verschiebung des Festigkeitsmaximums von Hüttenzement mit zunehmendem Alter, mit Änderung des Gehalts an Hüttensand und dessen Feinheit ist unter 3.3.6 gezeigt worden.

4.4 Tonerdezement, feuerfester und feuerbeständiger Beton aus Tonerdezement und Portlandzement

4.4.1 Tonerdezement

Die besonderen Eigenschaften des von J. BIED erfundenen und 1920 beschriebenen Tonerdezements beruhen auf dem hohen Gehalt an Al_2O_3. Er bewirkt die hohe Druckfestigkeit schon nach einem Tag und ist die Voraussetzung für die Feuerbeständigkeit, ist aber auch die Ursache dafür, daß seine Anwendung im üblichen Betonbau beschränkt ist (s. 4.2.2).

Aus seiner Lage im $\triangle$-System (s. Bild 23 in 2.4.1) ist zu entnehmen, daß der übliche Tonerdezement zu je rd. 40% aus Al_2O_3 und aus CaO besteht und daß er schon ohne einen Gehalt an Eisenoxiden leicht schmilzt. Daher rühren auch die Bezeichnungen fondu (= geschmolzen) und Tonerdeschmelzzement her. Mit zunehmendem Gehalt an Al_2O_3 nimmt der CaO-Gehalt ab und die Feuerfestigkeit zu. Der im üblichen Tonerdezement schon geringe Gehalt an SiO_2 von weniger als 10% kann mit zunehmendem Al_2O_3-Gehalt bis unter 1% absinken. Dementsprechend kann man nach Analysen aus verschiedenen Quellen, besonders von H. LEHMANN und H. MITUSCH [L 21b] 1959 zwischen 3 Gruppen unterscheiden.

1. Tonerdezement mit niedrigem Tonerde- und hohem Eisenoxidgehalt etwa folgender Zusammensetzung:

SiO_2	Al_2O_3	Fe_2O_3(FeO)	CaO	MgO
3–8	39–42	11–18	37–40	0,6–1,6%

Hierzu sind zu rechnen: Ciment Fondu (Lafarge Frankreich, auch England), Lumnite (USA), Istrabrand (Jugoslawien) und Citadur (Ungarn).

2. Tonerdezement mit mittlerem Tonerdegehalt (50 bis 60%) und niedrigem Eisenoxidgehalt (1 bis 5%). Hierzu sind zu rechnen: Tonerde-

schmelzzement Rolandshütte (Lübeck BRD), Refcon (USA), Secar 162 (Lafarge).

3. Tonerdezement mit hohem Tonerdegehalt (65 bis 80%). Hierzu kann man rechnen: Rolandshütte Super (Lübeck), Secar 250 und Super Secar (Lafarge) und Alcoa CA 25 (USA).

Die eisenoxidreichen Arten zu 1 sind dunkelfarben, die eisenarmen zu 2 und 3 hellfarbig bis weiß. — Gemische aus Portlandzement und Tonerdezement ergeben Schnellbinder.

Als wesentlicher *Rohstoff* wird neben reinem Kalkstein SiO_2-armer und entsprechend eisenarmer *Bauxit* verwendet. Bauxit ist im wesentlichen ein Gemisch aus den Hydroxiden der Tonerde (s. unten). Er ist der wesentliche Rohstoff für die Herstellung von Aluminium und kommt in großen Mengen in Südfrankreich vor, dessen Stadt Les Baux als erste Fundstätte ihm den Namen gegeben hat, ferner in Jugoslawien, Rumänien, Ungarn, Griechenland, Nordchina, Japan, im Indischen Archipel und Jamaica [R 28]. Er enthält neben 55 bis 65% Al_2O_3 und 20 bis 30% H_2O bis zu 28% Fe_2O_3 + FeO und ist daher stark rot gefärbt.

Man hat den Tonerdezement früher auch im Schachtofen und versuchsweise auf dem Sinterband hergestellt. In Deutschland ist von 1924 ab einige Jahre lang unter K. BIEHL [B 28] mit der Bezeichnung *Alcazement* ein üblicher Tonerdezement hergestellt worden. — Der in Deutschland von den Metallhüttenwerken Lübeck auf der Siegerländer Rolandshütte entwickelte Tonerdeschmelzzement fällt bei der Herstellung eines Sonderroheisens im *Hochofen* als hochtonerdehaltige Schmelze mit einem dementsprechend geringen Gehalt an FeO und einem unbedenklich geringen Gehalt von 0,5 bis 1% S an (s. 2.4.1). — Bei dem zur Herstellung von Tonerdezement nach Gruppe 3 dienenden *Flammofen* wird einem senkrechten Schachtofen der stückige Rohstoff und das mit Tonerdezement brikettierte Feinkorn des Bauxits aufgegeben. Das entsäuerte und versinterte Brenngut gelangt dann in den eigentlichen horizontalen Flammofen und wird darin geschmolzen. Die Schmelze wird kontinuierlich abgezogen, in flachen Pfannen abgekühlt, gebrochen und in Rohrmühlen zu Zement vermahlen [N 17]. — Bei der Herstellung im *Drehofen* läuft das geschmolzene Gut am Ende des Drehofens aus zwei um 180° versetzten Stichlöchern aus.

Im Dreistoffsystem $CaO - Al_2O_3 - SiO_2$ liegt das Gebiet des Tonerdezements, wie die Bilder 23 und 24 unter 2.4.1 erkennen lassen, vorwiegend im CA-Feld. Mit zunehmendem Al_2O_3-Gehalt schiebt sich das Gebiet des Tonerdezements in das CA_2-Feld hinein. Daher schmilzt der Tonerdezement leicht, was das Sintern in einem Schacht- oder Drehofen erschwert. Die geringe Menge an Kieselsäure wird entweder ein Bestandteil des Gehlenit C_2AS oder einer Mischkristallphase der

4.4.1 Tonerdezement

durch das Hinzutreten von MgO erweiterten Melilithgruppe. Eisenoxid kann das Al_2O_3 in den Aluminaten vertreten oder Mischkristallbildung fördern. Die Phasenrechnung ist schwieriger und unsicherer als bei Portlandzement und deshalb auch nicht üblich [L 52]. Das Verhalten der einzelnen Klinkerminerale bei hoher Temperatur hat A. J. MAJUMDAR [M 5] 1968, die Mineralogie des erhärteten Tonerdezements H. G. MIDGLEY [M 42] 1968 behandelt. Deutsche Beiträge sind später erwähnt.

Die Hydratation des Tonerdezements ist von einer sehr starken Wärmeentwicklung (s. Tab. 39 unter 3.5.1) begleitet und führt schon nach 12 Stunden zu einer hohen Festigkeit. Da die im Beton entstehende hohe Temperatur aus den nachfolgend geschilderten Gründen zur Minderung der Festigkeit führen kann, muß Beton aus Tonerdezement kühl eingebracht und nachbehandelt werden (s. unten). H. LEHMANN und K. J. LEERS [L 18] haben 1963 gefunden und teilweise bestätigt, daß sich aus den wichtigsten Aluminatphasen $C_{12}A_7$, CA und CA_2 die drei *instabilen* Hydratationsprodukte C_2AH_8, CAH_{10}, ferner C_2ASH_8 (Gehlenithydrat), aber auch die zwei *stabilen* Hydratationsprodukte C_3AH_6 und AH_3 bilden können. Aus CA als der wichtigsten Phase des Tonerdezements entsteht *unter* 23 °C das bereits erwähnte CAH_{10}, von dem die hohe Festigkeit herrührt. *Über* 23 °C entsteht jedoch entweder schon sofort oder später aus dem CAH_{10} das kubische C_3AH_6 mit geringerer Festigkeit. Dieser Übergang wird durch den Einfluß feuchter Wärme beschleunigt und ist mit einem erheblichen Festigkeitsverlust verbunden. Die *Umwandlung* läßt sich chemisch so formulieren: $3\ CAH_{10} \rightarrow C_3AH_6 + 2\ AH_3 + 18\ H$. Darin ist: C_3AH_6 = Hydrogranat, AH_3 = Hydrargillit (Gibbsit) = γ-$Al_2O_3 \cdot 3\ H_2O$. (Die α-Modifikation heißt Bayerit. Die α- und γ-Modifikationen des $Al_2O_3 \cdot H_2O$ sind Diaspor und Böhmit.) Auch aus den anderen Kalkaluminaten bilden sich Aluminiumhydroxid und Wasser. Da das bei der Umwandlung freiwerdende Wasser mehr Raum einnimmt als vorher im Gitter der Hydratphasen, setzt mit dem Beginn der Umwandlung ein starkes Quellen des Betons ein, während dem die Festigkeit oft zunächst etwas zunimmt, dann stark abnimmt. H. E. SCHWIETE, U. LUDWIG und P. MÜLLER [S 48a] haben 1966 dementsprechend an bei 20 °C gelagerten Probekörpern eine 10- bis 100fach geringere Durchlässigkeit bzw. Porosität gefunden als bei den Körpern, die bei 40 °C erhärtet waren. Die in Beton oder Mörtel anfangs erreichte hohe Druckfestigkeit von nach 1 Tag 200 bis 600 kp/cm², nach 7 Tagen 700 bis mehr als 1000 kp/cm², kann, besonders bei Lagern in erhöhter Temperatur, schon nach 3 Monaten oder erst später absinken und nach 3 Jahren nur noch 60% betragen, wie es A. HUMMEL, K. WESCHE und W. BRAND [H 54] 1962 bei Kriechversuchen an Prüfkörpern aus Tonerdeschmelzzement festgestellt haben. Die Körper waren bis zum Alter von 90 Tagen geschwunden, dann setzte trotz der Trockenlagerung ein nach 3 Jahren noch fortschreitendes Quellen ein.

4.4.2 Tonerdezement in Stahlbeton

Mit diesem Abfall hätte man sich angesichts der hohen Anfangsfestigkeit auch bei Stahlbeton zumeist abfinden können, wenn man sicher wäre, daß diese verminderte Festigkeit von da ab konstant bleibt oder, wie es V. MATIC [M 19] 1960 auf Grund 10jähriger Werte für wahrscheinlich hält, sogar wieder anzusteigen beginnt. Es hat sich aber weiter herausgestellt, daß Tonerdezement als Folge dieser Umwandlung, verbunden mit einer stark fortschreitenden Carbonatisierung, den eingebetteten Stahl nicht ausreichend vor *Korrosion* schützen kann. Das hatten schon 1956 die bei den Meerwasserversuchen erwähnten Prüfkörper aus Tonerdeschmelzzement [H 53], in denen die eingebetteten Eisenstäbe angerostet waren, gezeigt. Noch stärker wurde das im Jahre 1960 an *Spannbetonbauteilen* erkennbar, die mit einigen Herstellungsmängeln in Decken von Viehställen feuchter Wärme und angreifenden Gasen ausgesetzt gewesen waren, wie unter 4.2.2 näher beschrieben ist.

Bei den Versuchen von E. KUPZOG, K. J. LEERS und F. RAUSCHENFELS [K 62] über die Veränderung des pH-Werts 1966 zeigte sich, daß die reinen Aluminatphasen des Tonerdezements $C_{12}A_7$, CA und CA_2 nach Zugabe von Wasser ebenso wie Portlandzement und Hüttenzement unbeeinflußt von der Temperatur zunächst einen pH-Wert von 12 bewirken. Die Aluminathydrate können jedoch besonders nach der oben beschriebenen Umwandlung unter dem Einfluß von Kohlensäure in die verschiedenen Modifikationen des $CaCO_3$, das sind Calcit, Aragonit und Vaterit, und in $Al(OH)_3$ übergehen, was durch eine Lagerung bei 40 °C und eine hohe relative Luftfeuchte beschleunigt wird. Auf diese Weise war es möglich, daß der *pH-Wert* in den Suspensionen, aber auch an der Oberfläche der erhärteten Pasten, bis auf Minimalwerte um pH = 6 absank, bei denen der Korrosionsschutz von eingebettetem Baustahl aufgehoben ist. — Als sich durch die von G. REHM [R 6] 1963 berichteten Untersuchungen der Bauteile aus Spannbeton ergeben hatte, daß ein Zusammenhang zu dem verwendeten Tonerdeschmelzzement vermutet werden konnte, wurde das Verwendungsverbot für tragende Bauteile aus Stahlbeton ausgesprochen. Von der Stahlseite haben F. K. NAUMANN und A. BÄUMEL [N 9] 1961 der Umwandlung des Tonerdezements den entscheidenden Einfluß auf die Minderung des Korrosionsschutzes zugeschrieben und dem Sulfidgehalt — zum mindesten in dem alkalischen pH-Gebiet — eine geringe Bedeutung beigemessen. Der Auffassung, daß bei den entstandenen Schäden auch die Entwicklung von Wasserstoff auf Grund des Sulfidgehalts in dem reduzierend geschmolzenen Tonerdeschmelzzement mitgewirkt hat, tritt H. G. SMOLCZYK [S 73] 1964 auf Grund röntgenographischer Untersuchungen entgegen. Die Umwandlung läßt sich nicht, wie er betont, an der Änderung der Farbe des Betons erkennen.

Trotz dieser Schwierigkeiten halten es die Hersteller des Tonerdezements für möglich, auf dem Weg über den *kühlen* oder über den *eigenwarmen* Frischbeton einen Beton von üblicher Lebensdauer herzustellen. Man darf im ersten Fall den W/Z-Wert nicht über 0,4 erhöhen, soll dem Beton beim Anrühren zunächst höchstens die Hälfte des erforderlichen Wassers zugeben und die Wasserzugabe nur bis zur Herstellung einer schwachplastischen Konsistenz fortsetzen, die Betonzuschlagstoffe möglichst 24 Stunden vorher mit kaltem Wasser berieseln und den in die Form eingebrachten Beton einen Tag lang mit Wasser befeuchten oder berieseln. Nach einem Tag kann man auf diese Weise sehr hohe Festigkeiten erreichen, ohne eine baldige Umwandlung erwarten zu müssen.

LAFARGE hat auf dem zweiten Weg in einem Zementwerk der Bretagne zum Bau eines Ofenhauses *Spannbetonträger* aus Tonerdezement hergestellt [S 2]. Die Temperatur im Innern der Träger stieg auf 85 °C an. Dabei bildet sich sofort das kubische, zwar weniger feste, aber beständige C_3AH_6. Schon nach einigen Stunden konnte die Vorspannung aufgebracht werden. Die Überdeckung der Bewehrung betrug 3 cm. Die Start- und Landebahn eines *Flughafens* [S 26] ist ohne Betriebsstörung mit „gekühltem" Beton aus Tonerdezement erneuert worden. Auf das günstigere Korrosionsverhalten üblicher Betonfertigteile in ständig trockener Atmosphäre hat D. BRIESEMANN [B 55b] 1969 hingewiesen. Das Nachlassen der Festigkeit wird davon nicht berührt (s. 4.2.2).

4.4.3 Feuerfester Beton (Feuerbeton)

Aus Tonerdezement wird heute vor allem feuerfester Beton für *den* Teil des Ofenbaus hergestellt, in dem der übliche Normenzement weniger in Frage kommt. Von ff. Beton wird in erster Linie verlangt, daß er den Übergang von der hydraulischen Bindung zur keramischen Bindung beim ersten Erhitzen ohne Lockerung des Gefüges übersteht und daß er nach eingetretener keramischer Verfestigung dem geforderten Grad an Feuerbeständigkeit entspricht. Die wesentliche Anforderung ist die Druckfeuerbeständigkeit, kurz DFB nach DIN 51064. In dieser Beziehung liegen beim *Tonerdezement*, besonders dem der Gruppe 2 und 3, günstige Bedingungen vor. Die Metallhüttenwerke

Lübeck betrachten als obere *Anwendungsgrenze* für

Tonerdezement der Gruppe	I	II	III
mit einem *Zuschlag* von Schamotte (42–44% Al_2O_3)	1250 °C	1400–1450 °C	1450–1500 °C
Korund und Sinterbauxit	1400 °C	1600 °C	1650–1700 °C

Darin kommt sowohl die Eignung der verschiedenen Gruppen des Tonerdezements in Abhängigkeit vom Gehalt an Al_2O_3 und an Eisenoxiden zum Ausdruck, als auch der Einfluß des *Zuschlagstoffs* auf die Feuerfestigkeit. Bild 76 enthält nach Versuchen von H. LEHMANN und H. MITUSCH [L 21b] 1959 die Anfangstemperaturen ta nach DIN 51064,

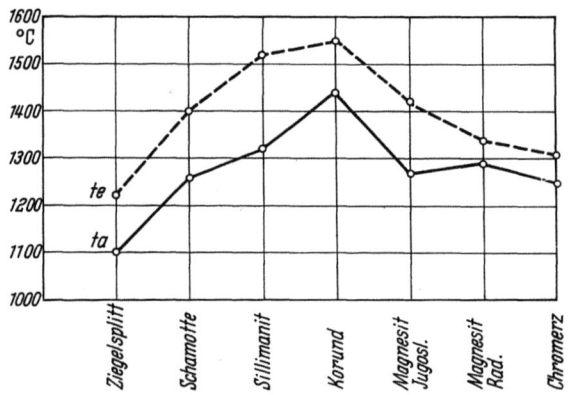

Bild 76. Druckfeuerbeständigkeit DFB gemäß DIN 51064 von Beton aus 20 Gew.-Teilen Tonerdeschmelzzement und 80 Gew.-Teilen Zuschlag in Abhängigkeit von der Art des Zuschlags. Nach H. LEHMANN und H. MITUSCH [L 21b].
ta = Beginn des Schrumpfens; te = Ende des Druckwiderstands.

bei der der belastete Körper merklich, nach der Norm um 0,6%, und die Endtemperatur te, bei der er schon sehr stark, nach der Norm um 20%, gestaucht ist. ta und te nehmen in dem Beton aus 20 Gew.-Teilen Tonerdeschmelzzement und 80 Gew.-Teile Zuschlag vom Ziegelsplitt mit ansteigendem Gehalt des Zuschlags an Al_2O_3 bis zum Korund zu und mit dem Übergang zur gesinterten Magnesia und dem Chromerz wieder ab. Als Zuschläge für ff. Beton oder Feuerbeton (s. unten) ist quarzhaltiges Gestein, das ist Quarzkies und -sand sowie Sandstein, nicht verwendbar, weil sich Quarz bei 573 °C umwandelt und dabei ausdehnt. Quarzhaltiger Granit behält nach NEKRASOV (s. unten) seine Festigkeit nur bis 500 °C, Kalkstein dagegen bis 700 °C, weil die intensive Dissoziation des $CaCO_3$ unter Festigkeitseinbuße erst ab 750 °C beginnt. Geeignet sind für hitzebeständigen Beton (s. unten) u. a.

4.4.3 Feuerfester Beton (Feuerbeton)

Diabas, Basalt, Hochofenschlacke und die meisten natürlichen und künstlichen Leichtzuschläge. Beim Erhitzen geht der übliche trigonale β-Quarz bei 573 °C mit 1 Vol.-% Zunahme in den hexagonalen α-Quarz und von etwa 575 °C ab mit großer Intensität unmittelbar in den α-Tridymit über. Dabei dehnt er sich um 14 Vol.-% aus.

Über das Verhalten des hydratisierten Zementsteins, Mörtels und Betons aus den Normenzementen PZ, EPZ und HOZ sowie Tonerdezement liegen neben dem schon erwähnten Bericht von LEHMANN und MITUSCH 1959 zusammenfassende Darstellungen von K. D. NEKRASOV [N 11] 1961, von A. PETZOLD und M. RÖHRS [P 11] 1965 sowie Arbeiten von L. LUDERA [L 59] 1959, M. RÖHRS und H. GIBBELS [R 27] 1963, von G. SILLE und O. MARTINI [S 69] 1964 und von H. J. WIERIG [W 61] 1966 vor. Darüber hat O. HALLAUER [H 7] 1969 einen Überblick gegeben.

Da nach NEKRASOV Alit als Hauptbestandteil des Zementklinkers beim Erhitzen bis zu 550 °C seine Festigkeit zu 40% und bis zu 1200 °C völlig verliert und dann auch freies CaO entsteht, verlaufen alle Festigkeitskurven in Abhängigkeit von der Temperatur bei Zementstein aus reinem „unstabilisierten" (s. unten) Portlandzement in der auf Bild 77 dargestellten Prinzipskizze. Die PZ-Kurve ist das Mittel aus

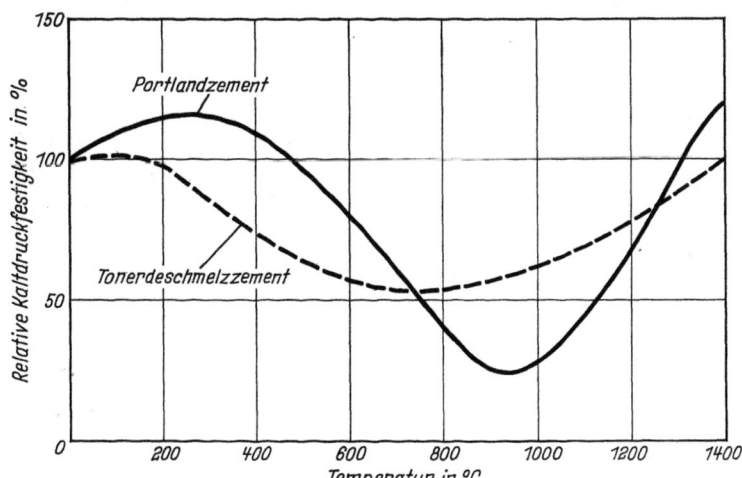

Bild 77. Relative Kaltdruckfestigkeit von Zementstein aus Portland- und aus Tonerdeschmelzzement. Nach Angaben von A. PETZOLD und M. RÖHRS [P 11], als Prinzipskizze nach der Darstellung von O. HALLAUER [H 7].

4 Kurven und die Kurve für Tonerdeschmelzzement das Mittel aus 2 Kurven, die PETZOLD-RÖHRS [P 11] wiedergegeben haben. Danach ist die Festigkeit von unstabilisiertem Portlandzement einem viel

stärkeren Wechsel unterworfen als die des Tonerdezements. Dieser Kurvenverlauf ist auch für das Verhalten von Mörtel und Beton aus den beiden Zementen charakteristisch.

Bei *Portlandzement* nimmt in der ersten *Anstiegszone* bis etwa 300 °C die Festigkeit zu, weil die Hydratation beschleunigt zu Ende geführt wird und offenbar auch das Austrocknen sie zunächst begünstigt. In der danach beginnenden *Abfallzone* werden durch weiteren Wasserentzug die Skelette der Hydratationsprodukte zerstört; ihren Tiefpunkt erreicht sie mit manchmal nur noch 20% des Ausgangswerts bei 1000 bis 1200 °C. Der dabei entstehende freie Kalk in diesem unstabilisierten Zementstein wird beim Abkühlen oder bei Zutritt von Feuchtigkeit zu Gefügelockerungen führen. Ab etwa 1250 °C beginnt mit einem kräftigen Anstieg die *keramische* Verfestigungszone, während der durch Sintervorgänge ein neuer dauerhafter keramischer Zusammenhalt entsteht und die Anfangsfestigkeit etwa erreicht oder überschritten wird. — Der Zementstein aus Tonerdeschmelzzement sinkt ohne Durchschreiten einer Anstiegszone in dieser Darstellung auf rund die Hälfte seiner Festigkeit ab und beginnt infolge der leichten Schmelzbarkeit seines Komponentengemisches seinen Aufstieg früher als der Portlandzement.

Einen ähnlich ausgeglichenen Festigkeitsverlauf erhält man, wie z. B. H. LEHMANN und G. MÄLZIG [L 21a] 1960 und 1965 u. a. mit schnell gehärteten und anschließend erhitzten Kleinzylindern gezeigt haben, wenn man *üblichen Zementklinker* mit feiner Schamotte — sie hatte eine Körnung 0 bis 0,5 mm — oder Schamottemehl verwendet. Für die Zugabe solcher keramischer *Stabilisatoren* (auch Mikrofüller) wie z. B. feuerfester Ton, Chromerz, Schamotte- oder Ziegelmehl, gibt NEKRASOV Mengen von 30 bis 100 Gew.-%, LUDERA 25 bis 30% der Zementmenge an. Die tonigen Mehle bilden, wie die Bilder 23 und 24 (s. 2.4.1) zeigen, mit dem frei werdenden CaO des Klinkers leichtflüssige Schmelzen. Bleibt CaO in einem solchen Beton ungebunden oder unstabilisiert, dann kann die Ausmauerung nach dem Abkühlen eines Ofens durch Bildung von Calciumhydroxid $Ca(OH)_2$, d. h. durch Kalktreiben rissig werden (s. 3.4.4). Nach Versuchen von V. LACH [L 3a] 1970 verstärkt sich eine solche Rehydratation bei reinem Portlandzement ohne Stabilisator mit zunehmender rel. Luftfeuchte und verringert sich mit zunehmendem Gehalt eines Zements an Hochofenschlacke, weil dann weniger oder kein freies CaO entsteht. O. HALLAUER [H 7], der auch auf die Betontechnologie näher eingeht und die Vorkehrungen beim Trocknen und Anheizen solcher Betone behandelt, hat vorgeschlagen, in die DIN 51060 — Feuerfeste keramische Roh- und Werkstoffe — auch die hydraulisch und chemisch — auf der Basis von Aluminium-Phosphat und Wasserglas — gebundenen Feuerbetone

4.4.4 Wärme- und Feuerbeständigkeit von Stahl- und Spannbeton

aufzunehmen und demgemäß zu unterscheiden zwischen

	hitzebeständigem Beton	feuerfestem Beton	hochfeuerfestem Beton
Kegelfallpunkt	unter 1520 °C	1520–1830 °C	über 1830 °C
Anwendungsbereich	200–1100 °C	1100–1300 °C	über 1300 °C

Das Anwendungsgebiet des ff. Betons oder Feuerbetons ist der *Feuerungsbau*. In der keramischen Industrie werden ganze Öfen oder auch Ofenteile, z. B. Platten für Tunnelofenwagen daraus hergestellt. In der Eisen- und Stahlindustrie dient feuerfester Beton zur Auskleidung von Hochöfen, zum Ausfüttern von Tieföfen und von Wärmeöfen. In der Zementindustrie hat er sich zur Ausfütterung der Ofenköpfe, der Gewölbe des Lepolrostes und des Klinkerkühlers sowie zur Herstellung von Drehofenfutter bewährt. K. NEKRASOV [N 11] nennt an Ofenteilen aus *Portlandzement* mit Schamotte als Zuschlag u. a. großformatige Betonblöcke für Betriebsöfen, vorgefertigte Stahlbetonringe für einen Schornstein und Stahlbeton für vertikale Mehrkammeröfen der ölverarbeitenden Industrie, bei der man erst jenseits von 1000 bis 1100 °C zu Tonerdezement übergeht.

4.4.4 Wärme- und Feuerbeständigkeit von Stahl- und Spannbeton

Das Verhalten von Beton bei höherer Temperatur ist nicht nur für Feuerbeton und für die Dampfbehandlung und -härtung von Betonwaren und Betonteilen (s. 3.5) von Bedeutung, sondern auch für Schornsteine und Industriebehälter, die solchen Temperaturen dauernd oder in stetem Wechsel ausgesetzt sind, und für den vorbeugend baulichen Feuerschutz. Aus einer französischen Quelle [N 16] geht hervor, daß die Zugfestigkeit mit steigender Temperatur schnell abnimmt, während die Druckfestigkeit, wie im vorigen Abschnitt erwähnt, bis zu 300 °C noch ansteigen kann. Die einzelnen Werte enthält Tab. 54.

Tabelle 54. *Änderung der Festigkeit von Beton mit bis zu 300 °C steigender Temperatur in % der Festigkeit bei 20 °C* [N 16]

Höchste Temperatur im Beton in °C	20	100	200	300	400
Druckfestigkeit in %	100	—	90–120	80–110	60–90
Zugfestigkeit in %	100	80–90	70–85	50–75	—

Auch H. J. WIERIG [W 61] macht 1966 darauf aufmerksam, daß man mit dem beim ersten Erhitzen von Feuerbeton (s. 4.4.3) bis zu 300 °C auftretenden Anstieg der Festigkeit bei einer *lang andauernden*

4 Natürliche und technische Einflüsse auf Beton

Temperaturbeanspruchung nach britischen Versuchen nicht rechnen kann und daß die Dauerfestigkeit bei 300 °C dann nur noch etwa 40% der Kaltdruckfestigkeit beträgt. — Nach H. WEIGLER und R. FISCHER [W 39] 1968 beträgt der Festigkeitsabfall bei 300 °C schon 10 bis 20% und nimmt von da ab bis 450 °C stark zu. Er wächst mit der Art des Zuschlags in der Reihenfolge Leca, Baryt, Quarz. Anschließende Luftlagerung bewirkt einen weiteren Festigkeitsabfall, der nach etwa 3 Tagen einen Endwert erreicht, anschließende Wasserlagerung einen in gleicher Weise ansteigenden Festigkeitsrückgewinn, der mit höherem Betonalter kleiner ausfällt. Eine Belastung während der Temperatureinwirkung verringert (Quarzbeton) oder verhindert (Barytbeton) den Festigkeitsabfall, solange die kritische Belastung nicht überschritten wird.

Die *Wärmedehnzahl* von Stahl liegt mit $11 \cdot 10^{-6}/\text{grd}$ im Bereich der Wärmedehnzahl der verschiedenen Arten von Schwerbeton. Oberhalb von 100 °C kann die Haftung zwischen Beton und Stahl durch das Schwinden des Betons und die Ausdehnung des Stahls beeinträchtigt werden. Deshalb soll der Stahl in einem Stahlbeton, auf den Temperaturen bis zu 300 °C einwirken, mindestens 3 cm überdeckt sein. Tab. 55 enthält die Wärmedehnzahlen von Zementstein und Beton

Tabelle 55. *Lineare Wärmedehnung von Zementstein und Beton*
a) Wärmedehnzahl ($\times 10^{-6}/\text{grd}$) von Zementstein und Beton (Rechenwert). Nach A. HUMMEL [H 52]

Zementstein	luftgelagert	wassergelagert
Aus Portlandzement	22,7	14,8
Aus Hochofenzement	23,2	18,2
Aus Tonerdezement	14,2	12,1

Beton nach DIN 1045 § 16,2: $10 \times 10^{-6}/\text{grd}$

b) Wärmedehnzahl ($\times 10^{-6}/\text{grd}$) von Beton mit verschiedenen Zuschlagstoffen zwischen 80 und 300 °C [N 16]

Zuschlagstoff	Beton mit 350 kg/m³ Zement		
	luftgelagert	wassergelagert	Mittel
Kieselsäurehaltiger Sand und Kies	12,5—13,5	11,5—12,5	12,5
Quarzit	13	12	12,5
Sandstein	10,5—11,5	9,5—10,0	10,5
Porphyr/Granit/Dolerit	9,5—10,5	8,5— 9,5	9,3
Hochofenschlacke	9,5—10,5	8,5— 9,5	9,3
Kalkstein	7,5— 8,5	6,5— 7,0	7,3

mit verschiedenen Zuschlagstoffen nach A. HUMMEL [H 52] und nach der erwähnten französischen Zusammenstellung [N 16]. Sie zeigt den Unterschied zwischen der Wärmedehnzahl von Zementstein und Beton besonders bei Luftlagerung und die starke Abhängigkeit der Wärmedehnzahl des Betons von dem Zuschlag; mit Kalkstein als Zuschlag beträgt sie nur fast die Hälfte der Wärmedehnung eines üblichen Kiesbetons. Danach sollten Stoffe mit stark unterschiedlicher Wärmedehnzahl, wie z. B. Asbestzement, der ein gemagerter Zementstein ist, und Stahlbeton für Bauteile, die Temperaturen bis zu 300 °C ausgesetzt sind, nicht in starrem Verbund verwendet werden.

Nach DIN 4102 — Brandverhalten von Baustoffen und Bauteilen — bezeichnet man den *Feuerwiderstand* von Bauten aus Stahlbeton und Spannbeton nach der Widerstandsdauer gegen Feuer in Minuten. Die Feuerwiderstandsdauer von Stahlbeton hängt im wesentlichen von der *Betondeckung* ab, weil die Wärmestreckgrenze bei allen Baustählen über 200 °C stark abfällt; sie kann durch Aufbringen eines Putzes erhöht werden. Man kann heute eine für jede Feuerwiderstandsdauer ausreichende Stahlbetonkonstruktion herstellen. DIN 4102, Blatt 4, Ausgabe September 1965, enthält katalogartig alle Bauteile, die ohne einen besonderen Nachweis als *feuerbeständig* gelten, d. h. die mindestens 90 Minuten lang dem Normenbrand beim Brandversuch widerstehen und der Feuerwiderstandsklasse F 90 angehören. Von raumabschließenden Bauteilen wird außerdem verlangt, daß die Temperaturerhöhung auf der dem Feuer abgekehrten Seite im Brand auf 140 grd begrenzt bleibt, damit sich das Feuer nicht weiter ausbreitet. — Wie man den beim *Spannbeton* auftretenden schwierigeren Anforderungen entsprechen kann, ist in verschiedenen Berichten, insbesondere denen von K. KORDINA [K 47] und seinen Mitarbeitern 1966 näher behandelt worden.

5 Verfahrenstechnik des Brennens und Mahlens

Das Brennen des Klinkers ist der für die Zementherstellung charakteristische Vorgang und der Ofenbetrieb deshalb der wichtigste Teil eines Zementwerks. Aus dem feingemahlenen Rohmehl oder Rohschlamm entsteht im Drehofen ein fester hasel- bis walnußgroßer Stein, im Schachtofen ein versintertes Konglomerat aus den aufgegebenen Granalien oder den Formlingen anderer Art. Diesen Klinker muß man anschließend wieder zu einem feinem Mehl mahlen, was meist mit Mühlen ähnlicher Bauart geschieht, wie sie zum Herstellen von Rohmehl dienen.

Innerhalb der vergangenen 15 Jahre sank der *Wärmeverbrauch* zum Brennen von 1 kg Klinker aus trockenem Rohmehl von rd. 1200 kcal auf rd. 750 bis 800 kcal, d. h. auf den Wärmeverbrauch des Schachtofens. Da der theoretische Wärmeverbrauch bei nur rd. 400 kcal liegt, so wurde damit der für technische Brennvorgänge außerordentlich günstige Wirkungsgrad von rd. 50% erreicht. Die mit so geringem Wärmeaufwand arbeitenden Systeme des *Trocken*verfahrens sind der *Lepol*ofen mit doppelter Gasführung und der *Schwebegas-Wärmetauscher-* Ofen verschiedener Bauart, die an der heutigen Klinkerproduktion der BRD z. Z. mit rd. 35 und rd. 43% beteiligt sind. Der Lepolofen setzt eine gute Granulierfähigkeit des Rohmehls voraus, seine Abgase lassen sich im allgemeinen leichter entstauben. Die Fortschritte beim Granulieren sind auch dem wesentlich verbesserten Schachtofen zugute gekommen. Der *Naß*ofen mit rd. 11% anteiliger Klinkerproduktion der BRD hat ebenfalls wesentliche Fortschritte gemacht. Neuerdings hat man auch mit dem „langen" Trockenofen, der trocknes unverformtes Rohmehl brennt, gute Betriebsergebnisse erzielt. Ein neuzeitlicher *Schachtofen* kann rechnungsmäßig täglich bis zu 300 t leisten, ein neuzeitlicher Drehofen stellt bis zu 4000 t Klinker her. Zu Beginn des Jahres 1969 betrug in der BRD der Anteil der Schachtöfen von 49 an der Zahl der gesamten Zementöfen (196) rd. 25%, ihre anteilige Klinkerleistung rd. 6%. Die heute gängigen Ofensysteme werden in gesonderten Abschnitten behandelt. Ihre wesentlichen Unterschiede in Leistung und Energieaufwand zeigen die spätere Tab. 57 unter 5.2.6. Als *Halbtrockenverfahren* bezeichnet man gelegentlich das Brennen von angefeuchtetem maschinell verformtem, d. h. entweder granuliertem (Schachtofen, Lepolofen) oder gekrümeltem (Sinterrost) oder von nur angefeuchtetem Rohmehl (manche ältere meist kurze Drehöfen). Vorangeschickt ist ein Überblick über die Entwicklung des Klinkerbrennens, ferner über das Granulieren. Das heute nicht mehr übliche Brennen im Ringofen und auch das nur vereinzelt angewendete Brennen auf dem Sinterband ist in die nächsten Abschnitte eingefügt. Einzelheiten über Einrichtung und Betrieb eines Zementwerks finden sich bei O. LABAHN und W. A. KAMINSKY [L 1] 1970.

5.1 Entwicklung der Brennöfen

5.1.1 Vom Schachtofen zum Drehofen

Die Entwicklung des Schachtofens ist von den Erfahrungen der Kalk- und der Ziegelherstellung ausgegangen. *Kalkstein* ist ein ideales Brenngut für den Schachtofen, weil er eine gute Gasdurchlässigkeit besitzt und behält und damit auf gegebenem Ofenquerschnitt eine hohe

5.1.1 Vom Schachtofen zum Drehofen

Leistung ermöglicht. Sein Vorbild war der Kokshochofen für die Roheisengewinnung. Beim Brennen von Zement im Schachtofen treten insofern materialbedingte Besonderheiten auf, als die einzelnen Stücke der Beschickung zusammenschrumpfen, verkleben und miteinander zu einem festen *Klinkerstock* verbacken, daß sie sich dann oft von der Ofenwand absetzen und das Entstehen von Randfeuer und Feuerlöchern begünstigen, oder mit dem feuerfesten Futter der Ofenwand verschmelzen und daß dadurch Ofenleistung und Klinkergüte wesentlich beeinträchtigt werden können.

Beim Übergang zu dem heutigen „künstlichen" Zement aus feingemahlenem *Rohmehl* mußte man das Brenngut erst *stückig* machen. Von den „Zementziegeln" ging man zu kleinen, gedrungenen, abgerundeten *Preßlingen* über. Mit der Einführung des Lepol-Verfahrens ist das *Granulieren* oder Pelletisieren von befeuchtetem Rohmehl maschinell so vervollkommnet worden, daß fast jeder neuzeitliche Schachtofen mit den gleichmäßig hasel- bis walnußgroßen Rohmehlgranalien beschickt wird.

Besonders umständlich war früher die Herstellung von „Zementziegeln" aus dem *Rohschlamm* zweier so heterogener feinkörniger Stoffe wie Kreide und Ton. Die *Kreide* wurde zunächst geschlämmt, was auch heute noch geschieht, um sie von den darin oft enthaltenen *Flintsteinen* (die früher als Mahlkörper für die Rohmühle weiterzuverwenden waren) zu befreien und sie mit dem Ton vermischen zu können. Den noch dünnflüssigen Rohschlamm ließ man in Klärteichen abtrocknen, bis er sich wie Ton abstechen, zu Kugeln verformen oder zu Ziegeln verstreichen ließ, die man an der Luft oder auf Koksdarren trocknen konnte. Für die Zementherstellung aus solchem Rohschlamm war der Drehofen ein so wesentlicher Fortschritt, daß naß aufbereitetes Brenngut von da ab nur noch im Drehofen gebrannt wurde.

Der dem Baurat Fr. Hoffmann im Jahre 1858 patentierte, zunächst runde, dann elliptische *Ringofen* wurde nach seiner Einführung 1864 noch etwa bis zum zweiten Jahrzehnt dieses Jahrhunderts zum Brennen von Zementklinker benutzt. Im Ringofen brauchte man die transportempfindlichen Rohmehlziegel während des Trocknens und Brennens nicht mehr zu bewegen, nachdem man sie in die gerade aus dem Rundfeuer ausgescherte Brennkammer eingesetzt hatte. Daß die Ringofenbrenner solche gebrannten „Zementziegel" den Klinkern zugerechnet und sie als „*Zementklinker*" bezeichnet haben, ist verständlich, denn sie waren wie die Ziegelklinker mit einer Schmelzhaut versehen und klingend hart.

Die Einführung des *Drehofens* um die Jahrhundertwende war ein Wendepunkt im Klinkerbrennen. In USA war der Drehofen nach C. F. Clausen [C 8] schon um 1877 in einigen anderen Industrien eingeführt, wurde im gleichen Jahr Crampton patentiert und 1895 erstmalig mit Erfolg betrieben. In Deutschland wurde der im Jahre 1885 dem Engländer F. RANSOME patentierte Drehofen 1899 in die Zementindustrie eingeführt, nachdem schon 1896 ein später stillgelegter Betrieb damit gearbeitet hatte.

Im Drehofen läuft das Rohmehl oder der Rohschlamm am oberen Ende in das leicht geneigte, mit feuerfestem Futter ausgemauerte Ofenrohr ein, wird nacheinander getrocknet, calciniert und gesintert und verläßt als fertiger Zementklinker den Ofen. Die dazu nötige Wärme liefert eine am unteren Ende brennende Kohlenstaub-, Öl- oder Gasflamme, deren höchste zur Sinterung nötige Temperatur wenige Meter vom Ofenauslauf entfernt liegt. Zum Verbrennen dient die den Kohlenstaub tragende *Primärluft* des Gebläses und die von dem Kamin und den seine Wirkung gegebenenfalls verstärkenden Exhaustoren angesaugte *Sekundärluft*. Diese Zweitluft hat vor dem Zutritt zur Flamme dem heißen Klinker zunächst im Klinkerkühler und gegebenenfalls in der Kühlzone vor dem Ofenauslauf einen großen Teil seiner Wärme entzogen und sich dabei aufgewärmt. Die Entwicklung zum *neuzeitlichen Naßdrehofen* ist dadurch gekennzeichnet, daß man zunächst vom *Dünnschlamm* auf den *Dickschlamm* mit heute nur noch 32 bis 40% Wasser übergegangen ist, wobei plastifizierende Zusätze seine Menge verringern helfen, daß der obere Ofenteil Einbauten besitzt oder ein Schlammtrockner vorgeschaltet ist, wodurch man das Verdampfen des Wassers beschleunigt. — Trotz seines hohen Wärmebedarfs und der Tatsache, daß ein Drittel der Ofenarbeit im Verdampfen von Wasser besteht, hat sich der *Naßdrehofen* auch bei Werken, die nicht mit Kreide arbeiten, bis heute behauptet. — Mit dem Drehofen hat sich gleichzeitig die *Feuerung* mit Kohlenstaub stark entwickelt, wozu die Erfahrungen der Dampfkraftwerke wesentlich beigetragen haben. Diese Feuerungen werden heute auch in Deutschland von Kohle zunehmend auf *Öl* und teilweise schon auf *Erdgas* umgestellt.

Als der Drehofen in zunehmendem Maße auch zum Brennen von *Rohmehl* Eingang fand, erwies sich als wesentlicher Nachteil die hohe Temperatur der Drehofenabgase, die ihren Wärmeinhalt im Ofen selbst nicht — wie im Naßverfahren zum Wasserverdampfen — abgeben konnten. Ihre Menge war viel größer als beim Naßofen, weil 1 Normalkubikmeter Luft oder Gas von 20 °C bei einer um jeweils 273 oder um 546 °C erhöhten Temperatur den doppelten oder dreifachen Raum einnimmt. Für die Trockendrehöfen alter Bauart waren noch 1959 Temperaturen bis 600 °C typisch, während bei Naßöfen nur Temperaturen von 120 bis 220 °C vorkamen. Die Abgase des Trockenofens besaßen dementsprechend beim Ofenaustritt eine sehr hohe Geschwindigkeit und führten deshalb viel größere Mengen an Staub mit als Naßöfen.

Deshalb hat man den *Trockenöfen* früher meist einen Dampfkessel nachgeschaltet und damit Strom erzeugt, was heute noch vereinzelt der Fall ist. Die Abgase solcher Drehöfen mit *Abhitzeverwertung* haben in der Regel 700 bis 900 °C. Der sich an den Kesselwänden absetzende Staub muß regelmäßig entfernt werden. Die Koppelung zweier so verschiedener Vorgänge, wie es das Brennen von Klinker und die Dampferzeugung sind, erfordert ein sorgfältiges Abstimmen innerhalb des Betriebes und mit dem öffentlichen Stromnetz der Elektrizitätswerke, da das Zementwerk auf den Bezug von Fremdstrom nicht verzichten kann und gelegentlich auch Strom abgeben muß. Immerhin kann ein solches Zementwerk auf diese Weise rd. 40% seines Strombedarfs decken und sein Betrieb durchaus wirtschaftlich sein. Man kann aber nur Steilrohrkessel mit niedrigem Druck verwenden, die heute als *veraltet* gelten.

In den Jahren des noch zu teuren und unzugänglicheren Stroms hat man sogar, was wir heute als Kuriosität empfinden, aber nach FR. C. W. TIMM [T 9] noch 1906 vereinzelt geschah, einen harten Kalkstein zuerst gebrannt, um die aufwendige Vermahlung zu sparen, dann den calcinierten Kalk zu feinem Schlamm hydratisiert und anschließend unter Zusatz von Ton zu Rohschlamm vermahlen. — In Uganda [G 36] ist dieser Weg zur Abtrennung von phosphathaltigen Teilen des Kalksteins noch heute üblich. Die Herstellung von Klinker aus gebranntem Abfallkalk (sogenannter Absiebkalk) hat sich als wirtschaftlich erwiesen und ist u. a. von W. G. QUITTKAT [Q 1] 1963 untersucht worden.

5.1.2 Sinterband

Die Anwendung des Dwight-Lloyd-Sinterbandes zum Brennen von Zement ist von H. B. WENDEBORN [W 47] 1949 ausgegangen. Auf die Tatsache, daß sich Granalien und Krümel besonders schnell brennen lassen, hatten TIMM und LELLEP schon vorher aufmerksam gemacht. Das Krupp-Lurgi-Verfahren verwendet lockere kleine Krümel von weniger als 8 mm Dmr. anstatt üblicher großer Granalien. Dem Brenngut wird vorher der feine Anteil des Rückguts 0/5 mm zugemischt, der grobe Anteil des Rückguts 5/15 mm dient als Rostbelag. Die bis zu $1/2$ m dicke Schicht des Aufgabegutes sintert dann zu einem schwammartigen porigen Kuchen zusammen, der beim Abkippen des einzelnen Wagens abbricht und abrutscht. Man kann, was verschiedene Jahre in einem deutschen Zementwerk geschah, in derselben Weise auf einer runden *rotierenden Sintermaschine*, wie sie sonst nur zum Rösten von Erz dient, Zement brennen.

Als *Rückgut* bezeichnet man solches Brenngut, das beim ersten Gang über das Band noch nicht ausreichend gleichmäßig verklinkert worden ist; es fällt besonders an den Seitenflächen des Klinkerkuchens als Schwachbrand an. Seine Menge konnte in Dotternhausen auf 30% des Aufgabegutes gesenkt werden. Der Zusatz von Rückgut ist nötig, damit keine Risse in der Brenngutschicht entstehen. Durch solche Risse kann im Grenzfall die kalte Frischluft ungenutzt — wie bei einer schlecht gestopften Tabakspfeife — hindurchstreichen und weiße Rohmehlnester hinterlassen.

Um die Weiterentwicklung und Verbesserung des Verfahrens haben sich neben H. B. WENDEBORN und seinem Mitarbeiter K. MEYER [W 47] die von 1940 bis 1944 auf der Oppelner Anlage tätigen K. BÖRNER und R. KIRSTE [B 39] 1948 und vor allem R. ROHRBACH [R 29] 1953 auf seiner von 1941 bis 1966 betriebenen Anlage in Dotternhausen bemüht. Trotzdem hat das Brennen auf dem Sinterband auf die Dauer nicht mit dem neuzeitlichen Drehofenbetrieb Schritt zu halten vermocht. Der Wärmeverbrauch des Verfahrens liegt bei etwa 1200 kcal/kg Klinker; die praktische Abgasmenge mit 4,5 bis 6,5 Nm³/kg Klinker ist wegen der großen Gasgeschwindigkeit sehr hoch.

H. SCHLOEMER [S 20] hat den Verlauf des Brennens mit Temperaturmessungen, mikroskopischen und röntgenographischen Untersuchungen verfolgt. J. GRZYMEK [G 30] hat den langgestreckten Alitkristallen, wie sie nach seiner Beobachtung bevorzugt in Sinterbandklinker vorkommen und wie man sie auch in scharf oder *doppelt* gebranntem Drehofenklinker findet, ein besseres Erhärtungsvermögen zugeschrieben, was A. NARJES [N 4] bei seinen Modellklinkern nicht bestätigen konnte.

In der schematischen Darstellung des Sinterbandes auf Bild 78 sind die maschinellen Einrichtungen zur Vorbereitung der Beschickung weggelassen worden. Das Brenngut aus üblichem Rohmehl, Rückgut und Koksgrus wird mit 14% Wasser zu feinen Granalien von 1 bis 6 mm Dmr.

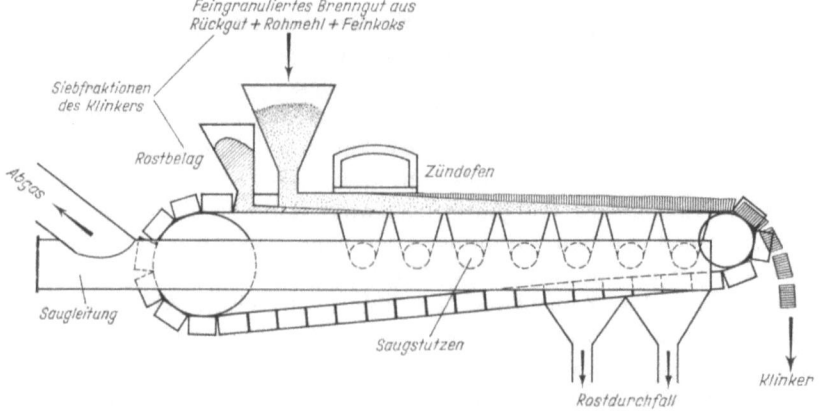

Bild 78. Schematische Darstellung des Brennens von Zementklinker auf dem Sinterband.

verformt („gekrümelt") und in einer Schichthöhe von 40 cm auf das Band gebracht, von oben mit einer Flamme gezündet, nach dem Abwurf gebrochen und durch Sieben in fertigen Klinker und Rückgut (s. oben) aufgeteilt. R. ROHRBACH [R 29] hat den gesamten Kohleverbrauch einschließlich desjenigen für die Zündflamme mit 1020 kcal/kg Klinker und die Leistung der Bänder von 2 m Breite und 18 bzw. 22 m Länge mit 480 bzw. 600 t Klinker je Tag angegeben. Sie wurden 1966 stillgelegt. Heute wird wahrscheinlich nur noch die Anlage in Oppeln nach diesem Verfahren arbeiten.

Die Verwertung des *Posidonien-Ölschiefers* mit rd. 11% organischer Substanz, 41% $CaCO_3$, 27% Tonsubstanz, 12% SiO_2 sowie geringen Mengen an FeS_2, $MgCO_3$ und Alkalien und einem Heizwert von 930 kcal geschieht nach dem Bericht von R. ROHRBACH [R 30] 1969 nach einem mit der Firma Lurgi entwickelten Verfahren in zwei Wirbelschichtöfen, womit täglich 600 t Dampf von 40 atü und 450 °C erzeugt werden. 720 t Schiefer ergeben täglich 570 t hochhydraulischen Schieferabbrand, der in einem Anteil von 30% mit 70% Portlandzementklinker zu *Ölschieferzement* mit gutem Erhärtungsvermögen im Mörtel und Beton vermahlen wird. Der Portlandzementklinker wird in Dotternhausen in einem 5 stufigen Zyklonwärmetauscher aus Ölschiefer als Tonkomponente und Kalkstein hergestellt (s. 5.2.3). Die Entwicklung und die besonderen Erfordernisse des Verfahrens behandelt H. RECHMEIER [R 30] 1970. — Die chemische Zusammensetzung des *Schieferabbrandes* ist

Glühverlust	SiO_2	Al_2O_3	Fe_2O_3	CaO	MgO	SO_3	S
8,2	34,4	9,9	6,5	32,2	1,7	9,5	0,2%

Trotz des hohen SO_3-Gehalts ist eine Mischung mit mindestens 30% Klinker bereits raumbeständig. Sie hatte in einer 4,4%igen Na_2SO_4-Lösung eine geringere Quellung als ein C_3A-freier Portlandzement.

5.1.3 Neuzeitliche Trockenverfahren. Wirbelschicht-Verfahren

Mit dem von O. LELLEP (Patent 1928) mit der Firma Polysius entwickelten *Lepol*verfahren wurde 1929 erstmals betriebsmäßig Zement hergestellt. Dem verkürzten Trockendrehofen ist ein Wanderrost vorgeschaltet, der dem unter 5.1.2 beschriebenen Sinterband in seiner Arbeitsweise ähnelt. Das Brenngut erhält vor dem Drehofen die Form, in der es als Klinker den Drehofen verläßt. Seit Einführung der *doppelten Gasführung* im Jahre 1952 werden die Abgase zweimal in getrennten, hintereinander liegenden Kammern durch das Band geführt. Dadurch treffen die heißen Ofenabgase nicht mehr unmittelbar auf die frischen Granalien.

Als zweite noch erfolgreichere Form des Trockenverfahrens hat sich das von F. MÜLLER bei der Firma Klöckner-Humboldt-Deutz entwickelte, im Jahre 1950 erstmalig angewendete *Schwebegas-Wärmetauscher-Verfahren* erwiesen. Ein schon 1934 in der Tschechoslowakei erteiltes Patent von VOGEL-JÖRGENSEN, Mitarbeiter von F. L. SMIDTH, auf einen Zyklonwärmetauscher hatte wegen der damals fehlenden Entstaubungsmöglichkeit keinen Eingang in die Praxis [W 36] (1963) gefunden. Das Rohmehl wird *ohne* Anfeuchten oder Granulieren in einem System von vier, selten fünf nacheinandergeschalteten Zyklonen mit den Abgasen des Drehofens in Berührung gebracht und dann in einem ebenfalls kürzeren Drehofen fertig gebrannt. Solche Schwebegaswärmetauscher wurden nach dem zweiten Weltkrieg zunächst an verschiedene alte Drehöfen angebaut und hatten deren Leistung wesentlich erhöht. Inzwischen sind sie auch von anderen Firmen in weniger oder stärker geänderter Form als selbständige Ofensysteme zur Betriebsreife entwickelt worden. Da beim SWT-Verfahren das Herstellen von Granalien wegfällt, das bei manchem Rohmehl schwierig ist, wird es bei Neuanlagen bevorzugt. Die verschiedenen Systeme sind unter 5.2.3 behandelt.

Als neuzeitlicher Betriebsofen gewinnt auch der in Abschn. 5.2.4 näher behandelte *lange Trocken*drehofen mit oder ohne Einbauten wegen seiner maschinellen Einfachheit und hohen Leistung zunehmend an Bedeutung.

Das Prinzip des *Wirbelbetts* zum Brennen von Zement ist bei dem von R. PYCEL erfundenen Verfahren unter besonderen Umständen verwirklicht. Nach zwei Berichten von 1961 (F. KEIL [K 15]) und ausführlicher 1962 (C. GOES [G 18]) tritt in dem Versuchsofen der Fuller Co. durch den Boden des Reaktionsgefäßes von 2,5 m Dmr. und 5 m Höhe neben dem Öl und der Verbrennungsluft auch das kalte Rohmehl ein und lagert sich dort sofort als fertiggebranntes Klinkermaterial an einem sogenannten *Saatklinker* von 1 bis 2 mm Korngröße an, der dadurch zu festen, dichten Kügelchen bis zu 8 mm Korngröße anwächst. Der Klinker enthält weniger als 0,2% freien Kalk und nur 0,2% Alkalien bei einer Ausgangsmenge von 0,7% und könnte sich daher besonders zur Aufarbeitung von alkalireichen Stäuben eignen.

S. HATA und T. SANARI [H 19] haben 1968 nach dem *S.P.F.-Verfahren* (small pellets fluidization) Granalien von 5 bis 15 mm Größe auf 900 bis 1000 °C vorerhitzt und bei 1400 bis 1500 °C im Fließbett gebrannt. Kühlluft und eingedüster Brennstoff sorgen für das Fluidisieren. Bei der 1970 mit T. KADOWAKI beschriebenen 20-tato-Anlage liegt über dem „Reifungsbett", worin das Öl verbrennt, das engere Fließbett, darunter die weitere Kühlzone.

Den Stand der Zementindustrie haben in kurzen zusammenfassenden Berichten u. a. dargelegt: A. BELLWINKEL [B 19] 1961 und 1968, den von USA H. G. ZEISEL [Z 3] 1962, C. GOES [G 18] 1963 und U. DROSIHN

[D 19] 1964, dieser auch in Vergleich zu Japan. Zwei neue deutsche Anlagen, die vom Naßverfahren auf das Trockenverfahren umgestellt worden sind, beschreiben 1969 H. MAIER [M 2] und U. DROSIHN [D 18]. Die erste der beiden Anlagen zeigt Bild 3.

5.1.4 Herstellung und Eigenschaften der Granalien

FR. C. W. TIMM hatte sich schon 1911 die Herstellung von Krümeln mit Wasser [T 9] schützen lassen. Aber erst O. LELLEP [L 25] 1930, der das Timmsche Patent nicht kannte, begann mit ihrer Herstellung. Er nannte die erbsen- bis bohnengroßen Agglomerate *Granalien* (granum = Korn). Heute bezeichnet man sie auch als *Pellets* (= Pillen). Nach seiner Einteilung und Bezeichnung der Granulate rechnet H. RUMPF [R 40, 42] die Rohmehlgranalien zu den Aufbaugranalien.

LELLEP hat das Wasser als wirksamen Klebstoff der „grünen" Pellets erkannt und auf die Gefahr seiner vorzeitigen Verdampfens in trockener Luft bei Temperaturen von 60 bis 80 °C aufmerksam gemacht. Die Verfestigung hat er auf die Reibung und die vielen kleinen, aber nicht zu großen Stöße zwischen den Agglomeraten zurückgeführt, die diese spröden Granalien wohl hart zu hämmern, aber nicht zu zerstören vermögen. Er hat außerdem die Durchheizzeiten von Rohmehlbriketts mit 45 bis 10 mm Höhe bestimmt, indem er sie vom kalten Zustand bis zu einer Temperatur von 1400 bis 1500 °C erhitzte. Aus der starken Abnahme der *Durchheizzeit* mit fallendem Durchmesser von 18 auf 2 Minuten hat er gefolgert, daß eine nur 10 bis 40 cm dicke Schichthöhe erbsen- bis walnußgroßer Rohmehlstücke eine ebenso gute Wärmeübertragung und Wärmeausnutzung ergeben muß wie eine 50mal höhere Brenngutschicht im üblichen Schachtofen. Das war der Ausgangspunkt für die Entwicklung seines „Verbund-Rost-Drehofens", auch des neuzeitlichen mit Granalien beschickten Schachtofens.

LELLEP erhitzte die frischen Granalien auf dem ähnlichen Wanderrost, wie unter 5.1.2 beschrieben, so lange in ruhender Lage mit den Drehofenabgasen, bis sie teilweise calciniert, vor allem aber keramisch schon so weit verfestigt waren, daß sie den Beanspruchungen des Rollvorgangs im Drehofen standhalten konnten. Bei dem jetzigen Lepol-Ofen mit *doppelter Gasführung* geschieht das zweimal nacheinander. Das Verfahren wird unter 5.2.2 näher behandelt.

Die *Granulierbarkeit* und der Granuliervorgang von Zementrohmehl haben im Laufe der beiden letzten Jahrzehnte an Bedeutung verloren, weil man im Falle eines weniger gut granulierbaren Rohmehls nach einem der SWT-Verfahren oder im langen Trockenofen ohne Granulation auskommt. Es wird daher die Granulation nur in ihren Grundzügen behandelt und auf Besonderheiten bei ihrer Anwendung auf Rohmehl hingewiesen. H. RUMPF [R 40] hat 1959, auch gemeinsam mit E. TURBA [R 42] 1964 die durch den Kapillardruck im flüssigkeitserfüllten Hohlraum bewirkte *Festigkeit* von Granalien experimentell an Pellets von 20 mm Dmr. aus Kalkstein- und Quarzpulver bestimmt und bei einer Porosität von 35% etwa gleich große Werte bis zu 10 kp gefunden, die mit ihren Annahmen übereinstimmten. (Bei den Preßlingen mit Trockenfestigkeiten bis zu mehreren 100 kp schreiben sie den dünnen, an der Oberfläche adsorbierten Flüssigkeitsschichten die festigkeitssteigernde Wirkung zu und halten den *Annäherungseffekt* der Festteilchen für stärker als den Lage- und Reibungseffekt des Verdichtens, s. auch 2.3.6.)

Was den Einfluß der *Tonminerale* (s. 4.1.3) im Rohmehl auf die Veränderungen beim Erhitzen angeht, so hat H. E. SCHWIETE [S 37] 1956 das schlechtere Brennverhalten und den damit verbundenen verstärkten Auswurf von Ofenstaub eines bestimmten Rohschlammes auf den Gehalt an dem Tonmineral *Illit* zurückgeführt, dessen Alkaligehalt bei 600 bis 800 °C zu verdampfen beginnt, während sich Rohschlamm mit überwiegendem Gehalt an dem alkalifreien Kaolinit günstiger verhielt. G. HILL und H. E. SCHWIETE [S 37] halten 1958 auf Grund von Laborversuchen die quellfähigen Tonminerale wie *Montmorillonit* und quellfähigen Illit für geeigneter, weil sie mehr Wasser festhalten und beim Trocknen *Risse* bilden, durch die das Wasser ungehindert entweichen kann, ohne den Zusammenhalt der Granalie zu beeinträchtigen. — R. LUDWIG [L 60] hat 1966 im praktischen Betrieb durch den Zusatz kaolinitischer Tone das Brennverhalten wesentlich verbessern können. Auch beim Stückigmachen von Filterkuchen für den Lepolofen durch Herstellen kleiner Würstchen mit der Siebschnecke hat sich der Vorteil einer großen, mit Rissen durchsetzten Oberfläche gezeigt.

G. MUSSGNUG [M 62] hat 1957 das Vicatgerät in etwas veränderter Form zur Prüfung des Druckwiderstands von Granalien verwendet, den er in der Größenordnung von 1 kp fand, J. S. LYONS [L 67] den *Pelletester* von ALLIS-CHALMERS. Eine Granalie unter 1,1 kp Bruchlast wird als weich, von 1,1 bis 1,4 kp als verhältnismäßig gut bezeichnet. Mit einer *Porosität unter* 30% platzen sie in der Vorwärmzone des Schachtofens. Diese untere Porositätsgrenze wird u. a. auch von M. PAPADAKIS und J. P. BOMBLED [P 3] bestätigt. H. KONO [K 44] hat sie durch die *obere* Grenze der Porosität von 35% ergänzt, jenseits der die Granalien eine zu geringe Eigenfestigkeit besitzen. Zur Bestimmung der Porosität hat H. KLATT [K 33] das Volumen durch Eintauchen einer Granalie in Quecksilber auf einer Balkenwaage bestimmt und dieses Volumen × 100 in Beziehung zum spezifischen Gewicht des Rohmehls gesetzt.

KLATT [K 33] hat neben vielen anderen Einzelheiten Zahlenwerte für die *Bemessung* eines Granuliertellers angegeben. Sein Granulierfak-

5.1.4 Herstellung und Eigenschaften der Granalien

tor GF ergibt sich als Quotient aus (Verdichtung D) : (Reindichte ×
Schüttgewicht der Granalien); er beträgt bei Rohmehl 0,85 bis 1,2, bei
Kalkhydrat und Bauxit 0,85, bei Kesselflugasche und Eisenerz 0,4 bis
0,55. Ausreichend poröse Granalien für den Schachtofen ergibt der
Stufenteller mit nach oben erweitertem Durchmesser, der die Beanspruchung der Granalienschicht vermindert.

K. KAYATZ [K 9] hat 1964 die Bahn der Granalien beim *Granuliervorgang* mit der der Mahlkörper in Kugelmühlen verglichen und in
Schemazeichnungen u. a. den Klassiereffekt des Tellers (Bild 79 a) und
die Gutbewegung mit dem günstigen Sprühbereich für das Wasser (b)
dargestellt. Dem schrägliegenden verstellbaren Teller wird das Rohmehl

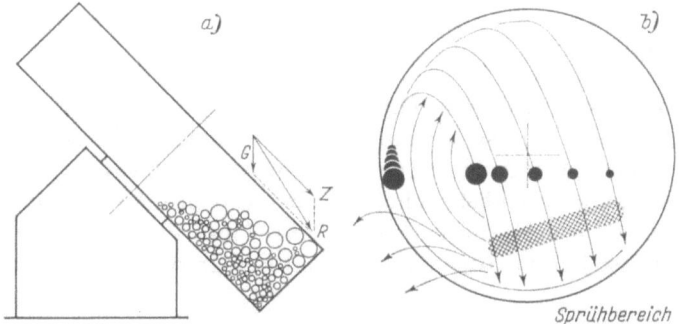

Bild 79. Schematische Darstellung des Klassiereffekts (a) sowie der Gutbewegung und des Sprühbereichs auf einem Granulierteller (b) mit Kräfteparallelogramm. Nach K. KAYATZ [K 9].
G = Schwerkraft, Z = Zentrifugalkraft, R = Resultierende.

über dicke Rohre oder Schläuche zugeführt. Es füllt die Zwischenräume
in den aufwärtsgetragenen und abrollenden Granalien aus und lagert
sich dabei teilweise schon an die Pellets an. Aus dem überschüssigen an
ein (wie im Bild) oder ggf. zwei Stellen befeuchteten lockeren Mehl bilden sich neue Granalien durch Aneinanderlagern und Abrollen. Auch
das vorhandene Feinkorn sickert wie das lockere Mehl bis zum Trogboden, wo sich ständig Agglomerationskeime bilden und zu größeren
Kugeln anwachsen. Durch den von jedem Schüttkegel bekannten Klassiereffekt reichern sich die großen Granalien am Tellerrand an (a),
rollen darauf ab und werden unter der Wirkung der Fliehkraft ausgetragen (b).

Bei oberflächlichem Überfeuchten entstehen leicht zu große und
weiche Granalien und ein zu starker Bodenbelag, der im übrigen zum
Schutz vor Verschleiß erwünscht ist und durch einen Bodenreiniger
in seiner ständig anwachsenden Dicke begrenzt wird. Bei zu geringem
Wasserzusatz können die Granalien zu dicht, fest oder glatt oder zu
trocken oder locker werden. Wenn die günstigsten Arbeitsbedingungen
einmal festgelegt sind, ist der Betrieb verhältnismäßig einfach.

Die Gültigkeit der allgemeinen Zusammenhänge zwischen Wassergehalt, Porosität und Trockenfestigkeit der Granalien haben J. ENDELL und P. WAGENKNECHT [E 11] 1968 mit einem *synthetischen* Rohmehl bestätigt. Nach den Erfahrungen der Firma Polysius (persönliche Mitteilung) haben sich im Lepol-Ofen einige Rohmehle in gröberer Körnung mit 16% und mehr Rückstand auf dem Sieb 0,09 DIN 4188 in der Hitze günstiger verhalten als in feinerer Körnung von nur 8 bis 9% Rückstand, und ebenso die zu höckerartiger Oberfläche neigenden Granalien im Vergleich zu den gleichmäßig runden Granalien. Als *Anhaltswerte* für die stark streuende mechanische Festigkeit sind angegeben

für	*feuchte*	*getrocknete*	*geglühte*[1] *Granalien*
Festigkeit in kp (Druckwiderstand)	1 bis 1,5	5 bis 6,5	8 bis über 10

Ihre Feuchtigkeit beträgt im Mittel 11 bis 13%, bei Rohmehl aus Hochofenschlacke weniger, bei Portlandrohmehl kommen 16 bis 18% H_2O vor. Die Gleichmäßigkeit der durch Granulieren vor oder erst im Ofen entstandenen Klinkerkörner überwacht man oft mit dem Litergewicht (Schüttdichte) einer engen Korngruppe, z. B. 5 bis 7 mm, dessen Werte zwischen 1,20 und 1,60 kg/dm³ liegen und vom Brenngrad und Chemismus abhängen.

5.2 Heutige Brennöfen

5.2.1 Schachtofen

Die wärmewirtschaftlichen Grundlagen des neuzeitlichen Hochleistungsschachtofens hat W. ANSELM zuletzt [A 16] 1952 und 1953 zusammenfassend dargestellt. Weitere Beiträge stammen von H. EIGEN [E 3] 1956 bis 1961. Die 1959 erschienene Sonderausgabe Nr. 7 (1959) von Zement-Kalk-Gips enthält den Rechnungsgang für die Untersuchung von Dreh- und Schachtöfen. Auf Beiträge von E. SPOHN wird nachstehend hingewiesen.

An die Stelle des alten „einfachen" Schachtofens bis zu 20 m Höhe ist im Laufe der letzten Jahrzehnte der Hochleistungsschachtofen mit nur 8 bis 10 m Höhe getreten. Der für die Ofenleistung kennzeichnende *Durchmesser* neuer Öfen beträgt im Durchschnitt 2,4 bis 2,6 m bei Leistungen von 120 bis 170 t Klinker je Tag. Nach dem Bericht von E. G. LOESCHE [L 57] stellen einige neuere Öfen mit 3 m Dmr. täglich schon 260 bis 280 t Klinker her. LOESCHE hält den Betrieb von Öfen mit 3,6 m Dmr. und einer Tagesleistung von 400 t für realisierbar. Aus

---

[1] 30 min bei 1000° über der Bunsenflamme.

der von ihm aufgestellten Schachtofen-Typenreihe sind einige wesentliche Angaben in Tab. 56 zusammengestellt.

Tabelle 56. *Schachtofen-Typenreihe.* Nach E. G. LOESCHE [L 57] 1966 (Auszug)

Sinterzone		Ofen Höhe	Klinker-leistung	Nach Unterlagen aus Werken
Durchmesser m	Querschnitt m^2	m	t/24 h	Anzahl
1,25	1,22	4,0	50	1
1,8	2,54	5,6	100	1
2,4	4,5	8,0	180	6
3,0	7,1	10,0	280	2
3,6	10,0	11,2	400	n[1]
4,0	12,5	12,5	500	n[1]

[1] Noch nicht gebaut

Der Schachtofen besteht aus einem dichten zylindrischen Blechmantel, der mit feuerfestem Futter ausgemauert ist. An seinem oberen Ende, der *Gicht*, ist der Ofenschacht mit einer Blechhaube abgedeckt. Durch eine seitliche Öffnung werden die Ofenabgase abgeleitet und über eine Entstaubungsanlage durch einen Kamin, den die deutsche Gewerbeaufsichtsbehörde heute fordert, ins Freie abgeführt. Durch eine mittlere Öffnung der Ofenhaube werden die Granalien oder Formlinge dem Ofen mit einer beweglichen Schurre zugeführt. Mit einem Aufgabetrichter für die Granalien erreicht man eine gleichmäßigere Zufuhr und einen gasdichten Abschluß der Ofenhaube, sofern die Festigkeit der Granalien das zuläßt.

Das obere Ende des Ofenschachtes ist nach einem Vorschlag von E. SPOHN [S 84], *trichter*förmig erweitert. Damit paßt sich der Ofenschacht dem Schrumpfen der Beschickungssäule an. Wie Bild 80 zeigt, sinkt sie in der Mitte als Folge der längeren Dauer von Verbrennung und Sinterung etwas tiefer ein.

Der fertiggebrannte Klinker wird in den verbleibenden 6 bis 8 m durch die von einem starken Gebläse (s. unten) eingepreßte Verbrennungsluft abgekühlt, die sich dabei erwärmt, und dann durch einen mechanischen Rost ausgetragen. Die verschiedenen heute üblichen Roste und Austragsschleusen hat C. SCHÖNECK [S 29] 1958 beschrieben. Neben dem früheren Drehrost oder Grueber-Rost, dem Schubrost oder Thiele-Rost und dem Wiegerost hat sich der von E. SPOHN vorgeschlagene *Treppenrost* als vorteilhaft erwiesen.

Das Zuteilen des Brennstoffs, seine Korngröße und die Herstellung der *Granalien* erfordern beim Schachtofen besondere Sorgfalt. Die Verwendung einer eng begrenzten Körnung von gasarmem Brennstoff, vorzugsweise Koks, Anthrazit oder neuerdings bevorzugt Petrolkoks, unter Weglassen des Feinmehls unter 1 mm und einer oberen Begrenzung auf höchstens 6 mm anstatt der manchmal üblichen von 0 bis 15 mm gilt als Vorteil für die Gleichmäßigkeit sowohl der Granalien als

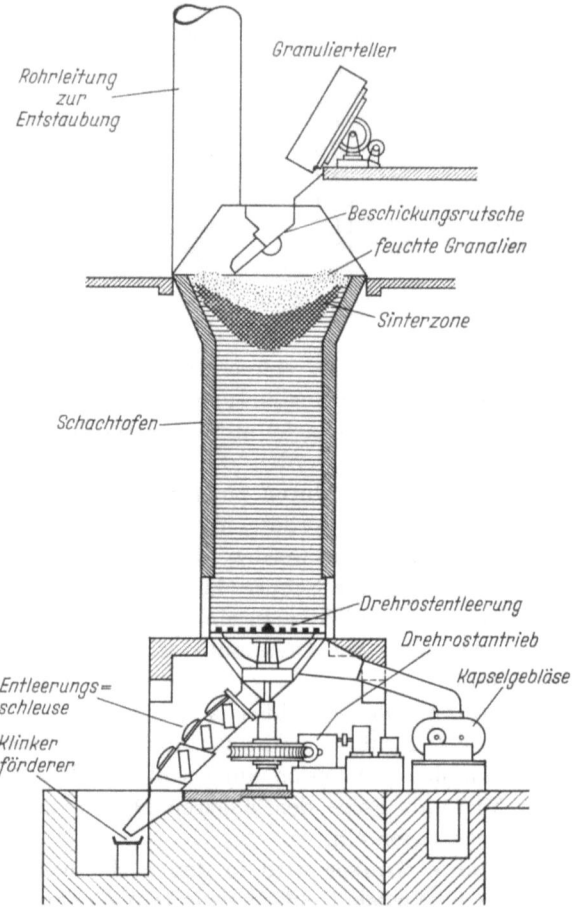

Bild 80. Hochleistungsschachtofen.

auch des Klinkers. Nach SPOHN (s. unten) hängt die optimale Korngröße von der Zündfähigkeit des Brennstoffs ab. E. G. LOESCHE [L 57] empfiehlt 1966 für die großen Öfen eine Korngröße der Granalien von 10 bis 16 mm und Rohmehl von rd. 8% Rückstand auf dem Sieb 0,09 DIN 4188. Von guten Schachtofengranalien darf man danach eine Festigkeit von mindestens 0,4 kp neben einer Porosität zwischen 30 und 35 Vol.-% erwarten (s. 5.1.4).

5.2.2 Lepolverfahren (Drehofen mit Rostvorwärmer)

Bei dem von E. SPOHN vorgeschlagenen *Schwarzmehl*verfahren wird die Kohle gemeinsam mit dem Rohmehl vermahlen. Die feste Kohle geht in der Schwarzmehlgranalie (SPOHN [S 85] 1961) nach dem von HAUENSCHILD angegebenen Schema: $CaCO_3 + C \rightarrow CaO + 2\,CO$ ohne Luftzutritt in gasförmiges CO über, das an der Oberfläche der Granalie zu CO_2 verbrennt, ohne daß Kohlenreste übrig bleiben, die dann unerwünschte Reduktionen von Eisenverbindungen und in deren Folge den Übergang von C_3S in C_2S und in sekundären freien Kalk verursachen. Über Bau und Betrieb dieser in Neuseeland, Japan, Österreich, Deutschland und Spanien errichteten Anlagen liegen verschiedene Berichte u. a. von A. NARJES [N 5] 1960 vor. E. SPOHN hat außerdem vorgeschlagen, die Schwarzmehlgranalie in einer nachgeschalteten Trommel mit einer Schale von brennstoff*freiem* Weißmehl zu überziehen, um die Kohle in der Vorwärmzone vor der Berührung mit O_2-freiem Heißgas zu schützen, weil sonst das Eintreten der *Boudouard-Reaktion*: $CO_2 + C = 2\,CO$ zu Verlusten führen würde.

K. KAYATZ [K 9] hat 1965 die Ergebnisse einer Reihenuntersuchung des VDZ von Schachtofengruppen nach dem Einschlämm-, Schwarzmehl-, Schalen- und dem konventionellen Verfahren veröffentlicht. Die Öfen hatten Durchmesser von 2,4 bis 2,6 m bei 8 bis 10 m Höhe. Schwarzmehl- und Schalenverfahren hatten mit 180 bis 190 t je Tag die höchste Leistung und damit auch maximale Belastung von Ofenquerschnitt und -raum. Den Wärmeverbrauch fand er beim üblichen Verfahren und dem Einschlämmverfahren mit 700 bis 800 kcal/kg Klinker niedriger, wobei er rd. 50 kcal Wärmeersparnis auf das Konto des günstigeren westfälischen Rohmehls mit nur 385 statt 431 kcal/kg theoretischem Wärmebedarf schreibt. — Zusammensetzung des Klinkers s. E. WOERMANN [W 82]. — Die Verwendung von Sauerstoff als Zusatz zur Verbrennungsluft ist, wie auch aus einem jüngeren Bericht von R. A. GAYDOS [G 5] über seine Verwendung im Drehofen, und der zusammenfassenden Betrachtung von R. FRANKENBERGER [F 8] 1967 hervorgeht, eine Kostenfrage (s. 5.2.8).

5.2.2 Lepolverfahren (Drehofen mit Rostvorwärmer)

Entwicklung und Wesen des Lepol-Verfahrens, das in USA ACL-Verfahren (Allis-Chalmers-Lellep) heißt, sind bereits dargelegt worden. Von dem unter 5.1.4 behandelten Granulieren werden nachstehend nur einige Besonderheiten erwähnt. Bild 81 zeigt einen neuzeitlichen Lepol-Ofen mit doppelter Gasführung. Für einen Lepol-Ofen mit einer Tagesleistung von 600 bis 1000 t werden die Granalien von 6 bis 20 mm Dmr. mit einem und von da ab in der Regel mit zwei Tellern von 4,0 bis 5,0 m Dmr. hergestellt. Sie werden einem *Wanderrost* von rd. 3,0 bis 4,8 m Breite und 20 bis 39 m Länge in einer Schichtdicke von 18 bis 20 cm aufgegeben und wandern durch einen geschlossenen feuerfest ausgekleideten Tunnel, der durch eine senkrechte Zwischenwand in eine kürzere Trockenkammer und eine etwa doppelt so lange Heißkammer unterteilt ist.

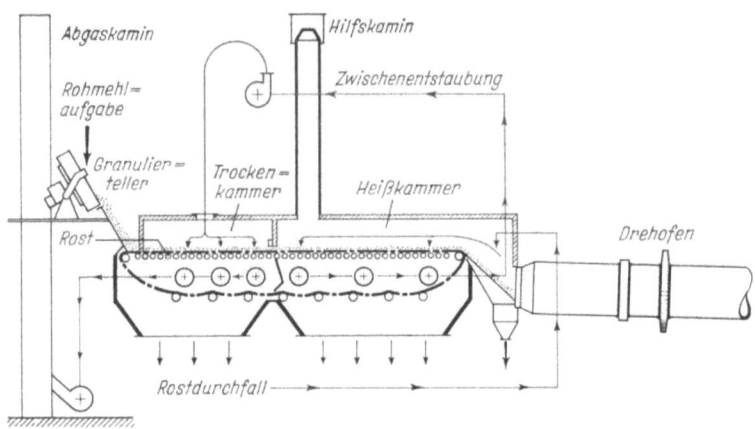

Bild 81. Rostvorwärmer mit doppelter Gasführung (Lepolrost).

Folgende Zahlen kennzeichnen die Temperaturänderung von Granalien und Abgas auf dem Lepol-Rost in °C:

	in der Trockenkammer	in der Heißkammer		
Granalien von 20° →	rd. 150°	→ 700—800°		
	80—130° ←	260—300° ←	1000° von ←	*Abgas*

Am Ende des Wanderrostes rollen die Granalien über eine Schurre in einen Drehofen von 40 bis 68 m Länge und 3,4 bis 4,6 m Dmr. und werden darin in der üblichen Weise zu dem fertigen Klinker gebrannt. Nach P. WEBER [W 34] 1963 sollte man dem Brennen im Lepol-Ofen auch dann den Vorrang geben, wenn das Rohmaterial nach dem *Naßverfahren* aufbereitet wird und als Rohschlamm vorliegt. Es arbeiten bereits 6 Öfen nach diesem Verfahren. Über den ersten 1953 in Betrieb genommenen Ofen hat J. BOISO [B 43] berichtet (s. u.). Die Herstellerin des Lepol-Ofens hat 1963 [P 18] von dem erfolgreichen Umbau eines 187 m langen Naßofens mit 1800 t Tagesleistung in der von ihr inzwischen entwickelten *Dopolofen* (s. 5.2.3) mit 2800 t Tagesleistung bei einem Wärmeverbrauch von 770 kcal/kg Klinker berichtet, wobei der Drehofen auf 95 m gekürzt und der restliche Teil des Drehofens als Trockentrommel verwendet wurde. —

5.2.2 Lepolverfahren (Drehofen mit Rostvorwärmer)

Das *Filtrieren* von *Rohschlamm* hat nach Angaben von H. KÜHL mit Versuchen 1925 in USA, 1929 in Deutschland begonnen, sich in USA weiter ausgebreitet, in Europa aber nicht entwickelt, vornehmlich deswegen, weil die entwässernde Wirkung der Saugfilter Trommelzellenfilter und Scheibenfilter) in der Regel nicht ausreicht und man damit bei den meist schlecht filtrierbaren Zementschlämmen neben einer unbefriedigenden Leistung eines Restwassergehalt von 26% zurückbehält. Deshalb ist man zu periodisch arbeitenden Druckfilterpressen übergegangen, die es nach H. RITZMANN [R 23] 1965 erlauben, bei höchstens 15 atü Druck bis auf einen Restwassergehalt von 18% zu kommen. Die nach dem Zerteilen des Filterkuchens mit dem Teller hergestellten Granalien sind aber nicht wärmebeständig, weil sie keine Poren besitzen und ihre Oberfläche zu dicht ist. Deshalb schickt man eine solche durch Pressen entstandene Filtermasse durch einen *Siebkneter*, der aus einem in der keramischen Industrie üblichen Mischkneter mit einem durchlöcherten Siebboden besteht. Aus der Masse entstehen bei diesem Quetschvorgang kleine *wurmartige Würstchen*, die nicht glatt sind, sondern viele tiefe Risse besitzen. Aus ihnen kann das Wasser ungehindert verdampfen, deshalb platzen sie beim Trocknen nicht. — Die *Wärmeübertragung* beim Lepol-Rost erfolgt nicht im Gegenstrom wie beim Schachtofen und Drehofen und nicht im Gleichstrom wie beim SWT-Vorwärmer, sondern im *Querstrom*. Die oberste Granalienschicht ist heißer als die unterste und am Rostende stärker entsäuert. Nach WEBER wird die dadurch verursachte Ungleichmäßigkeit des Brenngrades anschließend im Drehofen ausgeglichen. Auf das starke Temperaturgefälle und die Unterschiede im Entsäuerungsgrad hat E. VOGEL, der 1959 [V 15] die Aschenaufnahme (s. 5.3.3) des Klinkers im Lepol-Ofen untersucht hat, schon 1953 [V 14] hingewiesen und sie mit Zahlen belegt. P. WEBER [W 30] hat 1959 auf einem 12 m langen Rost die Temperatur einzelner Granalien an der Oberfläche und innerhalb einer 18 cm dicken Granalienschicht mit eingekitteten Thermoelementen gemessen und am Ende der Trockenkammer noch einen großen Unterschied in der Temperatur innerhalb der einzelnen Schichten (500 bis unter 100 °C) gefunden, am Ende der Heißkammer dagegen nur noch in der oberen Schicht 850 °C, in der unteren Schicht 600 °C.

Außerdem hat er als Entsäuerungsgrad am Rostende rd. 50% festgestellt. Im allgemeinen rechnet man mit 40 bis 50%. Der *Entsäuerungsgrad* ist das Verhältnis des ausgetriebenen CO_2 zu dem im Rohmehl vorhandenen, also dem gesamten CO_2, beides bezogen auf Klinker. Der VDZ Tät. Ber. 1967/68 gibt als *Entsäuerungsgrad* von technischem Rohmehl in Rauchgasatmosphäre nach *Labor*versuchen an:

700	800	900	1000	1025 °C
4	9–11	28–32	70–90	99–100%

320   5 Verfahrenstechnik des Brennens und Mahlens

Der Lepol-Ofen als Schrittmacher für den neuzeitlichen wärmesparenden Trockenofen hat sich im Laufe von drei Jahrzehnten stetig bis zu Einheiten von 1800 t Tagesleistung entwickelt, die auch der Automation zugänglich sind. Er gilt als guter Zuteiler für den Drehofen und verbürgt einen ruhigen Lauf des Drehofens.

5.2.3 Schwebegas-Wärmetauscher-Verfahren
(SWT-Verfahren, Drehofen mit Mehlvorwärmer)

Das gemeinsame Kennzeichen der Schwebegaswärmetauscher, deren Entwicklung schon kurz gestreift wurde (s. 5.1.3), ist die Übertragung von Wärme aus einem Gas auf darin schwebende Festteilchen. Äußerlich ist eine damit ausgestattete Anlage meist an dem hinter dem Drehofen liegenden turmartigen Bau (s. Bild 82) erkennbar, der ein System von

Bild 82. Ansicht eines Schwebegas-Wärmetauscher-Ofens in der Zementfabrik Sötenich der Rheinischen Kalksteinwerke Wülfrath. Links davon Rohmehlsilos.

Zyklonen oder Zyklonpaaren oder einen durchgehenden besonders ausgebildeten Rohrschacht besitzt. In ihnen wird die Wärme der von unten aufsteigenden Drehofengase im Schwebezustand auf das von oben kommende kalte und trockene Rohmehl übertragen. Es arbeitet als Ganzes gesehen nach dem Gegenstromprinzip, vor und in den Zyklonen vorwiegend nach dem Gleichstromprinzip (s. unten).

5.2.3 Schwebegas-Wärmetauscher-Verfahren

Im SWT-Vorwärmer wird das Rohmehl in vier Temperatursprüngen innerhalb von 20 bis 40 Sekunden von 50 auf 730 bis 800 °C erwärmt und nach bisheriger Auffassung zu einem Drittel, in Wirklichkeit aber, wie R. Vogel und I. Schwerdtfeger [V 19] 1967 gezeigt haben, zu nur 15 bis 20% entsäuert. Gleichzeitig wird das Abgas von 1100 bis 1200 auf 300 bis 400 °C abgekühlt. Seitdem man, wie E. Bomke [B 46] 1958 beschrieben hat, die heißen Abgase in einem bestimmten Temperaturgebiet *elektrisch* entstauben und ihre Wärme ausnutzen kann, haben sich die Schwebegaswärmetauscher von Zusatzaggregaten für alte Trockendrehöfen zu bestimmenden Bestandteilen des SWT-Brennverfahrens entwickelt, dessen Einheiten die des langen Naßofens mit 3500 t und mehr Klinker je Tag, das sind rd. 145 t/h, erreicht haben.

Die Zweckmäßigkeit von *vier* Zyklonstufen begründet P. Weber [W 30] 1959 damit, daß man auf diese Weise mit den Abgasen noch nicht zu nahe an die den Betrieb des Ventilators gefährdende Temperatur von 400 °C gelangt, und im Mittel bei 330 bis 350 °C bleibt, während man bei drei Zyklonstufen mit 380 bis 400 °C zu rechnen hätte, und daß sich ein weiterer fünfter Zyklon wegen der im Verhältnis zu dem hohen elektrischen Aufwand zu geringen Wärmeleistung nicht lohnen würde. Die Wärmeaustauscher werden ab 2000 t Klinkerleistung bevorzugt als Doppelsysteme ausgelegt.

Bei dem schon seit 1950 verwendeten *Humboldt*-Wärmetauscher nach Bild 83 a wird wie im Grundsatz bei allen Wärmetauschern das Rohmehl der obersten Zyklonstufe aufgegeben, von dem Abgasstrom erfaßt und mitgeführt, dann sofort durch Zentrifugalkraft wieder ausgeschieden. Es fällt in die Steigleitung des darunterliegenden Zyklons. Dieses Spiel wiederholt sich dreimal. Der Wärmeaustausch vollzieht sich nur vor und in den Zyklonen.

Humboldt empfiehlt nach A. Hoga [H 41] 1964 für große Leistungen einen Zwillingswärmetauscher, bei dem der eine Strom mit einer wesentlich kleineren Leistung gefahren oder ganz stillgelegt werden kann. Wie bei den anderen SWT-Öfen kann man bei Schwierigkeiten durch den Alkalikreislauf (s. 5.3.4) ein *Bypass*(= Nebenweg)-System wie beim Lepol-Ofen für das Ofengas zwischen Ofeneinlauf und unterstem Zyklon zwischenschalten. Der Staub aus dem Elektrofilter weicht in seiner chemischen Zusammensetzung so geringfügig vom Klinker ab, daß man ihn in der Regel dem Rohmehl wieder zugibt. In verschiedenen Arbeiten wird auch darauf hingewiesen, daß das Erhöhen der Drehzahl des Ofens die Leistung wesentlich steigern kann. H. Maier [M 2] gibt 1969 für einen neuen Drehofen nach einem Wärmetauscher 1,38 U/min an. Eine Liste von 1968 [F 10] nennt 4 von Humboldt oder in Zusammenarbeit mit der Fuller Co. gebaute Öfen mit 2000 bis 3300 t garantierter täglicher Klinkerleistung.

322 5 Verfahrenstechnik des Brennens und Mahlens

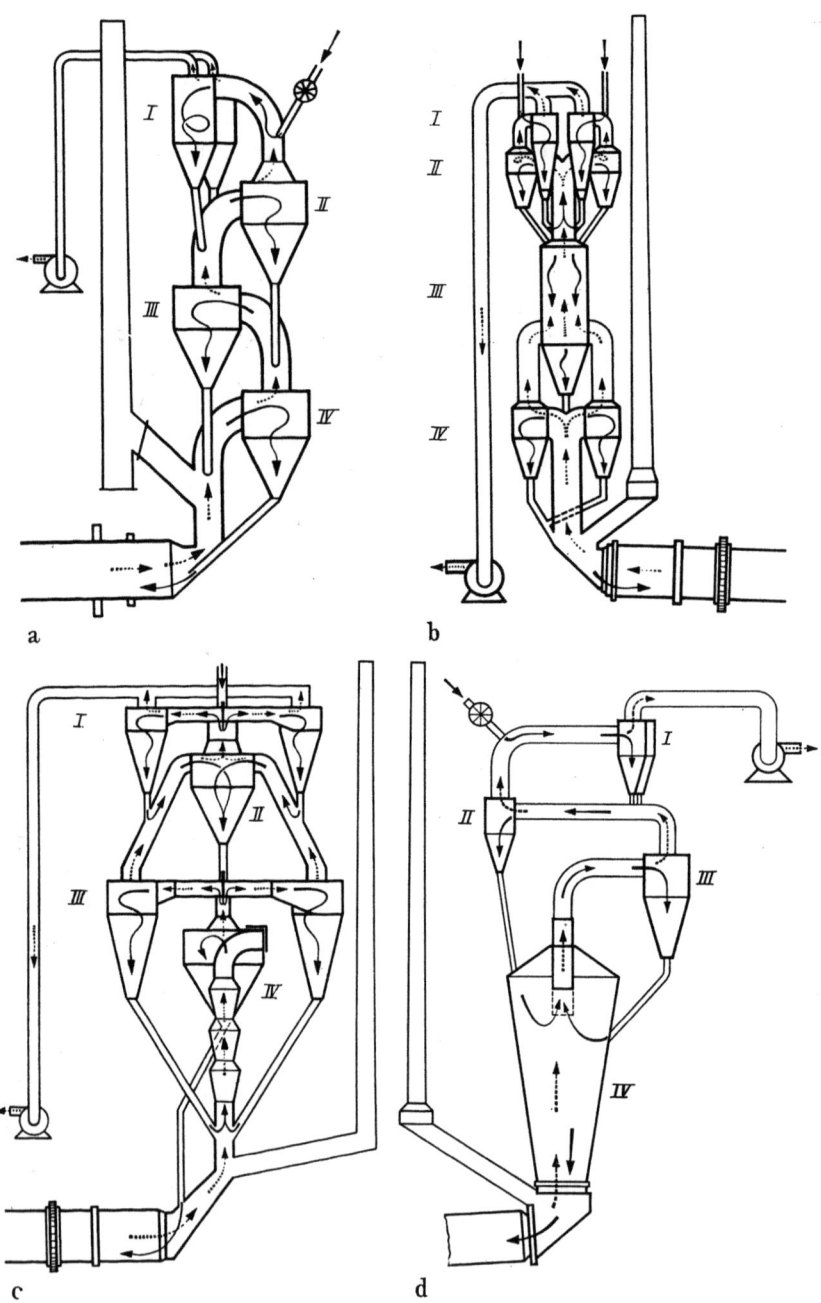

Bild 83. Bauarten von Schwebegas-Wärmetauschern. Nach R. MÜNK [M 56] und R. BOHMAN [B 41].
a) Humboldt; b) Polysius; c) Wedag; d) Miag.

5.2.3 Schwebegas-Wärmetauscher-Verfahren

Der Polysius-*Dopol*-Wärmetauscher [B 41, P 18] besitzt als Stufe III einen Wirbelschacht neben Doppelzyklonen in den Gleichstromstufen I, II und IV (Bild 83b). In den Wirbelschacht III tritt das Mehl von oben, das Gas tangential von unten ein, womit man eine Art Gegenstrom verwirklicht. Als besonderer Vorteil wird hervorgehoben, daß durch die Ausbildung der Strömungsquerschnitte und die seitliche Einführung des Mehls unmittelbar am Ofeneinlauf Ansätze durch das Anreichern von Alkalien vermieden werden. Der erste Dopolofen kam 1958 in Betrieb. Eine Liste von 1968 [F 10] enthält 5 Dopolöfen mit einer garantierten täglichen Klinkerleistung von 2400 bis 3500 t.

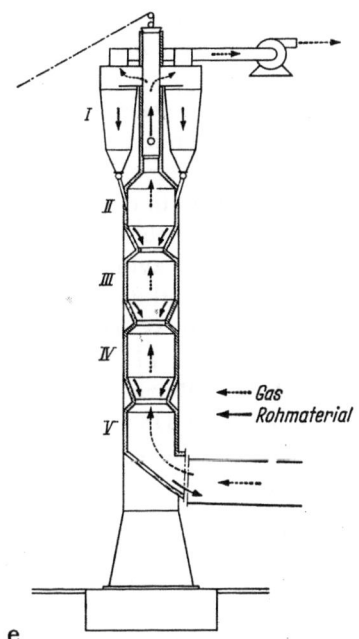

Bild 83. Bauarten von Schwebegas-Wärmetauschern. Nach R. Münk [M 56] und R. Bohman [B 41].
e) Krupp.

Im *Wedag*-Schwebegas-Wärmetauscher (Bild 83c) sind den Doppelzyklonen der Stufen I und III zwei Einfachzyklone üblicher Bauart als sogenannte Wirbeltöpfe nachgeschaltet, die einen guten Wärmeübergang auf das Gut bewirken sollen. Außerdem ist die Übergangsleistung zum Ofen mit Einschnürungen versehen, die das Anbacken und Verstopfen unter dem Einfluß von Alkalien vermindern sollen. An einem Ofen mit 425 t Tagesleistung hat man einen Wärmeaufwand von 810 kcal/kg Klinker, eine Abgastemperatur von 320 °C und einen Entsäuerungsgrad von 37% festgestellt. Die Liste von 1968 [F 10] führt einen Ofen mit 1500 t garantierter täglicher Klinkerleistung auf.

21*

Bei dem *Miag*-Schwebegas-Wärmetauscher wird eine lange Verweilzeit des Rohmehls und eine Beteiligung des Gegenstromprinzips angestrebt. Sein wesentlicher Teil ist (Bild 83d) ein großer, die Stufe IV bildender konischer Schacht mit einem Öffnungswinkel von 14°. In ihn fällt das durch die Doppelzyklone der Stufe I und den Einfachzyklon der Stufe II vorerwärmte Mehl oben ein, wird von dem Kreislaufzyklon der Stufe III durch ein in seiner Höhe verstellbares Tauchrohr nach oben angesaugt und wieder in das obere Drittel des Schachtes fallen gelassen. Das von oben „regnende" Mehl wandert als dichter und heißer werdende Rohmehlwolke langsam entgegen dem Gasstrom zum Ofeneinlauf. Nach einem Bericht von H. Schlüter [S 23] hat der aus anderen Gründen nur kurze Zeit in Betrieb gebliebene Ofen 320 t/24 h mit einem Wärmeverbrauch von 850 kcal/kg Klinker hergestellt. Ein 1969 in Betrieb genommener Ofen leistet mehr als 1000 t/24 h.

Der Krupp-*Gegenstrom*-Wärmetauscher besteht (Bild 83e) aus einem selbsttragenden ausgemauerten Schacht mit Einschnürungen nach dem Modell einer Eieruhr, in dem das Material nach der ersten Doppelzyklonstufe in den folgenden 4 Stufen nacheinander an den Verengungen des Schachtes verwirbelt und in der Schwebe gehalten und in dem folgenden zylindrischen Teil vom Gas getrennt und niedergeschlagen wird, und dann mit 750 bis 800 °C in den Ofen eintritt. Nach den Berichten von W. Hohenhinnebusch und W. Dercks [H 44] und von W. Triebel [T 17] 1969 sind inzwischen 12 großtechnische Anlagen bis zu 850 t/d in Betrieb, 8 weitere bis zu 1000 t/d im Bau. Im Vergleich mit anderen SWT-Öfen ist der spezifische Brennstoffbedarf zwar etwas höher, der elektrische Arbeitsaufwand jedoch niedriger.

Auch die Firma F. L. *Smidth*, die das erwähnte erste tschechoslowakische Patent (s. 5.1.3) auf einen Zyklonwärmetauscher besitzt, hat 1968 einen 2000 t SWT-Ofen mit 4 Zyklonstufen im doppelten Strang gebaut.

R. Vogel [V 17] beschreibt 1966 die mit seinen Mitarbeitern in 7 jähriger Arbeit geschaffenen Unterlagen über die Bewegung und Wärmeübertragung in einem *Schachtvorwärmer* und ihre Bemühungen, die Bildung von Strähnen und deren Auflösung zu Gutwolken durch eine geeignete Schachtgeometrie und bestimmte Einbauten wechselweise zu erzwingen; das hat zu einem vierstufigen Schachtvorwärmer mit zweistufiger Schachtanordnung in selbsttragenden Bauweise geführt. Frankenberger [F 10] erwähnt außerdem den im Gegenstrom arbeitenden Schachtvorwärmer der Prerauer Maschinenfabrik (Tschechoslowakei), ferner den Sonderfall der fünfstufigen Zyklonwärmetauscher von Humboldt, mit dem in Dotternhausen aus Ölschiefer als Tonkomponente und Kalkstein Zementklinker gebrannt wird (s. 5.1.2). Die besonderen Betriebsbedingungen behandelt H. Rechmeier [R 30] 1970.

5.2.4 Langer Trockenofen

Neuerdings gewinnt der lange Trockenofen mehr an Bedeutung. Den kurzen Trockendrehofen ohne Vorwärmer oder Einbauten, wie Bild 84 ihn zeigt, hat es immer gegeben, nur hat man ihnen früher zur Ausnutzung der Enthalpie der heißen Abgase einen Abhitzekessel nachgeschaltet (s. 5.1.1). Im langen Trockenofen ist man bestrebt, die

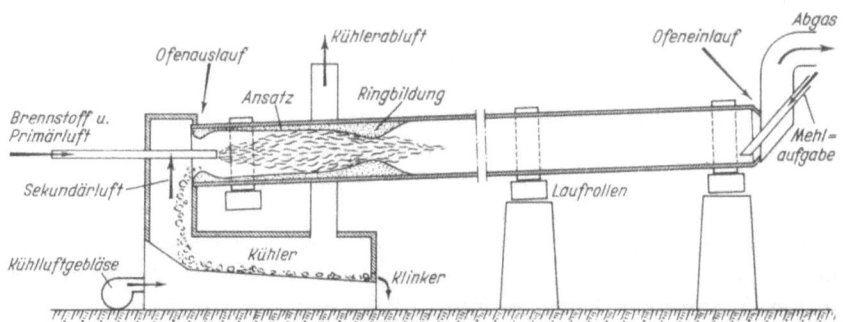

Bild 84. Drehofen nach dem Trockenverfahren, hier mit einer stärkeren Ansatz- und Ringbildung vor und hinter der Flamme.

Wärmeübertragung durch hitzebeständige Einbauten in Form von Stauringen, Kreuzen, Waben, Taschen und Leitblechen zu verbessern, wie sie auch in Naßöfen üblich und dort beschrieben sind. Der lange Trockenofen, auch mit 1 oder 2 vorgeschalteten Zyklonen, entspricht dem Wunsch nach einem einzigen Brennaggregat, das gegen Alkalien und Chloride und gegen Schwankungen des Mengenstroms wenig empfindlich ist und daher geringerer Wartung bedarf. Ein Bericht aus USA [U 3] erwähnt 1966, daß in einem gasgefeuerten Ofen von 4,9 und 6,7 m Dmr. und 171 m Länge Schaufeln am inneren Ofenmantel das Rohmehl zur Kettenzone transportieren helfen, die 175 t rostfreie Ketten besitzt. Kreuzeinbauten hätten sich nicht bewährt. — R. BOHMAN [B 41] berichtet 1965 über einen ursprünglich als Naßofen betriebenen Drehofen von 135 m Länge, aus dem der eingebaute Schlammvorwärmer und ein Teil der Ketten entfernt wurden, die Kreuzeinbauten dagegen beibehalten wurden. Ein Doppelzyklon wurde dem Drehofen vorgeschaltet. Die Umstellung dieses Ofens erhöhte die Ofenleistung um 35% und senkte den Wärmeverbrauch um 35% bei einem Wärmeaufwand von 870 kcal/kg Klinker. Die Enthalpie der heißen Ofenabgase kann man zum Trocknen des Rohmaterials ausnutzen [W 29].

Die Liste von 1968 [F 10] enthält 4 Öfen von der Firma F. L. Smidth, die früher bevorzugt Naßöfen gebaut hat, mit 1100 bis 2500 t täglicher Klinkerleistung, je einen von Fellner und Ziegler (1200 t), von Allis Chalmers (1700 t), von Polysius (1500 t Leistung in 1200 m Höhe, das entspricht 1800 t bei NN).

5.2.5 Naßofen

Trotz der großen Fortschritte des bisher behandelten Trockenverfahrens wird man eine Kreide mit hohem Wassergehalt, wie sie z. B. in Nordeuropa vorkommt, auch künftig naß aufbereiten, vor allem dann, wenn man Begleitstoffe, wie z. B. Flintsteine, ausscheiden muß. Es werden daher viele Drehöfen auch in Zukunft nach dem Naßverfahren betrieben und bis zu einer Länge von 232 m und 3500 t Klinkerleistung gebaut. Auch in USA und UdSSR bleibt man deshalb in vielen Fällen beim Naßverfahren, in der UdSSR mit einem Standardtyp von 5 × 190 m, zumal in vielen Fällen der Brennstoff örtlich preiswert ist. Für Naßöfen [F 10] lassen sich nicht so einfache Beziehungen aufstellen wie für SWT-Öfen (s. Bild 86), weil ihre Leistung entscheidend durch die rheologischen Eigenschaften des Zementschlammes und wärmetauschenden Einbauten bestimmt wird. Bei zu geringem Durchsatz neigen sie zum Verstauben, bei zu hohem Durchsatz zu Anbackungen in der Kettenzone. Nach H. Kühl [k 55] hat die von ihm 1911 vorgeschlagene und von Rigby eingeführte *Schlammeinspritzung* den Wärmeverbrauch verbessert. Andere Lösungen waren der Einbau von Ketten oder eines Schlammvorwärmers. *Calcinator* (Miag) und *Concentrator* (Krupp), wie W. Gilbert [G 9] und G. Ruppert [R 43] sie beschrieben haben, waren rotierende Rosttrommeln mit Füllkörpern, in denen der Schlamm mit den Ofenabgasen getrocknet wurde. – Der in den Ofen eingebaute *Schlammvorwärmer* von F. L. Smidth besteht aus kreuzweise angeordneten, mit Füllkörpern gefüllten Kammern, mit denen der Schlammstrom aufgeteilt und intensiv mit dem Abgas in Berührung gebracht wird. Wichtiger und häufiger sind die nach einem bestimmten System eingebauten *Kettenvorhänge*, denen neben der Verteilung des Schlamms über einen großen Querschnitt noch die Aufgabe zukommt, das im feucht gewordenen Zustand klebrige Rohmaterial daran zu hindern, einen Schlammring oder Ansätze zu bilden. Über Versuche und Erfahrungen an Drehöfen mit Einbauten berichten W. R. Dersnah [D 8] 1956 aus USA und E. Plassmann [P 15] 1957 aus der Bundesrepublik.

P. Weber [W 30] hat 1959 bei seinen Versuchen mit Naßöfen die Feststellungen der Arbeiten von H. Gygi [G 38] aus den Jahren 1936 und 1952 bestätigt gefunden. Weber unterscheidet in seinem Bericht über 5 Naßöfen mit einem Wassergehalt des Rohschlamms von 32,5 bis 38,8% in der Trockenzone von Naßöfen drei Bereiche:

a) In dem Bereich der *Schlamm*vorwärmung wird der Schlamm bis zum Taupunkt des darüberstreichenden Abgases, das sind 70 bis 75 °C, aufgewärmt, ohne daß eine Veränderung seines Wassergehalts eintritt, weil zwar etwas Wasser verdampft, aber im selben Maße auch Dampf aus dem Abgas unter Freiwerden von Wärme zu Wasser kondensiert. Das Ende dieses Bereichs lag bei seinen Versuchen 5,5 bis 11,5 m vom Ofeneinlauf entfernt. —

b) In dem folgenden Bereich der *eigentlichen* Trocknung gibt das als vorgewärmter Schlamm eintretende Brenngut bei konstanter Temperatur zwischen 70 und 100 °C sein Wasser bis auf 4% ab,

c) im dritten Bereich unter Anstieg seiner Temperatur auf 130 °C auch das kapillar und adsorptiv gebundene *restliche Wasser*.

Die drei Bereiche zeichnen sich auf den Temperaturkurven des Brennguts, besonders deutlich aber in der Beziehung zwischen Trockengeschwindigkeit und Wassergehalt ab. Innerhalb der Trockenzone b liegt außerdem ein auffälliger Knickpunkt bei einer Feuchtigkeit des Brennguts von 13 bis 15%, d. h. etwa beim Übergang des noch fließbaren Schlammes zur teigig-plastischen Konsistenz. Im Schlammbereich ist die mit der Temperatur zunehmende Trockengeschwindigkeit von durchschnittlich 80 bis 110 kg Wasser/t · m³ um ein Mehrfaches größer als im plastischen Bereich. H. GYGI erklärt das damit, daß sich die Ketten im nassen Bereich ganz mit flüssigem Schlamm überziehen und dadurch eine sehr viel größere Oberfläche für die Verdampfung schaffen, während sie in dem feuchten Bereich nur noch einen regenerativen Wärmeaustausch zwischen Abgas und Brenngut bewirken können. — Die Verklebung der Ketten ist nach den allgemeinen Erfahrungen bei einem Wassergehalt von 25 bis 17% am größten.

Die schon im Bereich a beginnende Kettenzone reichte bei den von WEBER untersuchten langen Naßöfen mit zwei Ausnahmen bis zu einer Feuchtigkeit des Brennguts von 7 bis 10%. — Nach VDI-Richtlinie 2094 (1967) bemißt man die Lage und Länge des Ketteneinbaus so, daß das Brenngut beim Verlassen der letzten Kette noch etwa 10% Feuchtigkeit hat; das ist nötig, damit die Kette nicht verzundert. — In dem Bereich mit niedriger Feuchtigkeit des Brennguts waren und sind in der Regel nur noch Kreuze oder gar keine Einbauten vorhanden, damit die dort entstehenden Granalien nicht zerrieben werden. Das Gesamtgewicht der eingebauten Ketten gibt WEBER mit 40 bis 102 t an.

Die Kettenzone soll nach A. J. DE BEUS und G. J. NARZYMSKI [B 26] 1966 bei einer dem 1- bis 1,6fachen Ofendurchmesser D entsprechenden Entfernung vom Ofeneinlauf beginnen und bis zu 20 bis 30% der Ofenlänge reichen. Für die heißeste Zone wird temperaturbeständiger z. B. Ni-Cr-Mo-Stahl empfohlen.

5.2.6 Vergleich der Brennverfahren

Die Entwicklung der verschiedenen Ofensysteme ist durch Betriebsversuche des Arbeitsausschusses *„Wärme und Energie"* im VDZ wesentlich gefördert worden. In den Bericht von E. SCHOTT [S 31] 1954 waren noch Trockenöfen mit Abhitzekesseln einbezogen. Der Bericht von E. PLASSMANN [P 15] 1957 über Naßdrehöfen wurde im vorigen Abschnitt erwähnt. Den Stand des Jahres 1964 mit einem Ausblick auf künftige Möglichkeiten gibt der nachstehende behandelte Bericht von R. MÜNK [M 56] 1963 wieder. Auf zwei neue deutsche Berichte über den Umbau von zwei Naßwerken auf das Trockenverfahren von H. MAIER [M 2] und U. DROSIHN [D 18] ist bereits hingewiesen worden. In den beiden Berichten von G. RUPPERT [R 44] 1955 und 1958 über die Besonderheiten des Lepol- und des SWT-Verfahrens hat auch die Beurteilung der Mahlbarkeit und Hydraulizität des Klinkers eine Rolle gespielt.

F. GILLE und W. RUHLAND [G 14] haben 1963 auf Grund von Versuchen mit 9 Lepol- und 8 *SWT-Klinkern* die größere Feinporigkeit des *Lepol-Klinkers* als Ursache für sein günstigeres Mahlverhalten und auch für den etwas höheren Gehalt an freiem Kalk verantwortlich gemacht, da dieses Porensystem — das sich aber in der Sinterzone verändern läßt — den Stoff- und Wärmeaustausch erschwert, während A. HOGA [H 41] 1964 aus denselben Versuchen gefolgert hat, daß der Arbeitsbedarf zum Zerkleinern beider Klinkerarten mit zunehmendem Gehalt an freiem Kalk abnimmt, und daß Zement aus SWT-Klinker mit einer spezifischen Oberfläche von 3600 cm^2/g nach BLAINE gegenüber Lepol-Klinker eine um 12,5% höhere Festigkeitswertzahl nach KÜHL besitzt. (Die Festigkeitswertzahl ist die Summe aus 6 Werten, und zwar denen der Druckfestigkeit nach 3, 7 und 28 Tagen und den 5 fachen entsprechenden Werten der Biegezugfestigkeit.) Dem hat H. RITZMANN [R 23] 1965 Ergebnisse eigener Versuche von zwei neuzeitlichen, besser vergleichbaren Werken gegenübergestellt, wo ein solcher Unterschied zwischen den beiden Klinkerarten nicht erkennbar war.

In seinem Überblick über Gestaltung und Betriebsführung der damals als groß geltenden Trockendrehöfen hat R. MÜNK [M 56] 1963 die Wärmebilanz von 5 nach dem Lepol(Rost)-Verfahren und 7 nach dem SWT-Verfahren arbeitenden Werken verglichen und als *theoretisch* erreichbare Grenze des Wärmeverbrauchs 550 kcal/kg Klinker bei einer Temperaturdifferenz an der *Systemgrenze* von 127 °C errechnet. Der Begriff Systemgrenze stammt von H. EIGEN [E 3] 1959, der ein *Hauptwärmesystem* HWS mit Calcinier-, Sinter- und Kühlzone und ein *Nebenwärmesystem* NWS mit Trockenzone unterscheidet und als Systemgrenze 550 °C bezeichnet, weil etwa dort die Calcinierung von $MgCO_3$ und $CaCO_3$ beginnt. Der Temperaturunterschied müsse an dieser Systemgrenze möglichst klein sein, weil sonst hochwertige Wärme in minderwertige Wärme übergeführt wird, welchen Vorgang er durch einen *Verlustmultiplikator* gekennzeichnet hat. Auf die Grenzen dieser Betrachtungsweise haben P. WEBER [W 30] 1959, H. ZUR STRASSEN [M 56]

5.2.6 Vergleich der Brennverfahren

1959 und F. TOEPEL [T 11] 1962 hingewiesen. Bild 85 nach H. ZUR STRASSEN 1963 zeigt den charakteristischen Verlauf der Temperaturkurven von Gas und Brenngut nach dem von MÜNK (s. oben) als theoretisch erreichbar angegebenen Wärmebedarf als Enthalpie-Temperatur-Diagramm. Die Temperaturkurve bleibt ab 500 °C bei der Tonentwässerung das erste Mal hinter der des Rauchgases zurück, das zweite

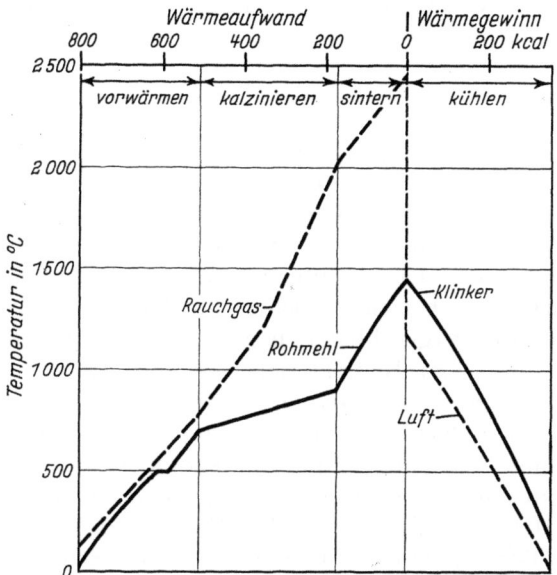

Bild 85. Temperaturverlauf von Gas und Brenngut in einem Ofen mit einem Wärmeverbrauch von 550 kcal/kg Klinker im Enthalpie-Temperatur-Diagramm. Nach H. ZUR STRASSEN [M 56].

Mal im Bereich von 700 bis 900 °C bei der Zersetzung der Carbonate (s. auch 2.5.2). Zur Berechnung des Wärmeübergangs hat R. FRANKENBERGER [F 11a] 1969 einen Beitrag geliefert.

Das Verhältnis von Ofengröße zu Leistung hat R. FRANKENBERGER [F 9] 1967 auf Grund vorliegender Daten und verschiedener Arbeiten, u. a. denen von S. TRAUSTEL [T 15] 1961 und R. VOGEL [V 16] 1965 in folgende Beziehung zum Brennstoffwärmestrom Q_{Br} gebracht. Für diesen Wärmestrom Q_{Br}, der stündlich mit dem Brennstoff in den Drehofen eingebracht werden kann, und dem lichten Durchmesser (äußerer Durchmesser $-0{,}4$ m) der Sinterzone D_i gilt für alle Drehöfen: $Q_{Br} = 0{,}75 \cdot 10^6 \cdot D_i^3$ kcal/h (vereinfacht).

Die Werte für $D_i = 2{,}6$ m liegen um 2,6% niedriger und für $D_i = 4{,}8$ m um 0,17% höher als nach der Regressionsgeraden, die 0,803 statt 0,75 und 2,953 statt 3 als Exponent von D_i enthält, und die ein Bestimmtheitsmaß B von 0,89 besitzt. 43% der Werte weichen um mehr als $\pm 15\%$ von der Regressionsgeraden ab. Für den Schwebegas-Wärmetauscherofen besteht folgende einfache Beziehung zwischen dem Durchsatz M in t/24 h (M = Brenngut-Massenstrom) und dem Innenvolumen des Drehofens:

$$M = 1{,}755 \, V_i.$$

Für das Verhältnis von Länge L zum *lichten* Durchmesser D_i von SWT-Öfen gilt etwa die Beziehung $L : D_i = 17$, die vorzugsweise beim Dopolofen angewendet wird, oder

$$L = 12{,}7 \cdot D_i^{1,2},$$

die sich nach R. FRANKENBERGER [F 9] ergibt. Bei diesen Berechnungen ist nach der bisherigen Gepflogenheit $D_i = D_a - 0{,}4$ m, die Höhe des Futters also zu 20 cm angenommen.

Bild 86 zeigt die tägliche Klinkerleistung von SWT-Öfen und von langen Trocken- und Naßöfen in Abhängigkeit vom *Außen*durchmesser ihrer Sinterzone nach Betriebsuntersuchungen, Angaben der Literatur und Referenzlisten. Danach erreichen die SWT-Öfen etwas höhere Leistungen als die vergleichbaren langen Naßöfen. Die Leistung der Naßöfen ist stark vom Rohmaterial bestimmt. Da Feuerungs- und damit auch Klinkerleistung mit der dritten Potenz, die den Wärmeverlust bedingende Oberfläche aber nur mit dem Quadrat des Durchmessers zunimmt, errechnete FRANKENBERGER für den Übergang von einem Ofen mit 3 m auf einen mit 5 m Dmr. eine Senkung des Wärmebedarfs um 110 kcal/kg Klinker. — (Der VDZ-Tätigkeitsbericht 1967/68 enthält 6 SWT-Öfen, deren Klinkerleistung von 960 auf 2770 t zunimmt, während ihr Wärmeverbrauch von 765 auf 717 kcal/kg Klinker abnimmt.) — Er folgert weiter, daß man mit dem 4 stufigen Wärmetauscher die Belastung eines Drehofens um etwa 20 bis 30% steigern kann, ohne daß die Abgastemperatur wesentlich zunimmt. —

P. WEBER [W 29] hat 1967 gezeigt, daß und wie sich die bei den Trockendrehöfen anfallende Enthalpie des Abgases und der Kühlerabluft ohne nachteilige Beeinflussung des Ofens in Mahltrocknungs- oder Trocknungsanlagen *verwerten* läßt. Wenn man 90 °C als Abgastemperatur der Trockenanlage und 20% Falschlufteintritt annimmt, dann muß man beim Lepol-Ofen von etwa 3,5% Rohmaterialfeuchtigkeit an zuheizen, beim Rohmehlvorwärmer erst über etwa 12,5% Feuchte; beim langen Trockendrehofen mit Einbauten reicht die Abwärme zum Trocknen von Rohmaterial mit 15,5% Feuchtigkeit aus. Da sich trockenes Ofenabgas zwischen 150 und 300 °C schlecht entstauben läßt, muß man, wenn nur ein Teil der Abgase zum Trocknen verwendet werden kann, den restlichen heiß bleibenden Teil entweder in einem Verdampfungskühler durch Wasserverdampfung unter gleichzeitiger Erhöhung des Taupunkts auf 150 °C abkühlen, oder ihn in

5.2.6 Vergleich der Brennverfahren

einem besonderen bei etwa 330 °C arbeitenden Elektrofilter entstauben. Bau und Arbeitsweise von Verdampfungskühlern für Elektrofilter be-

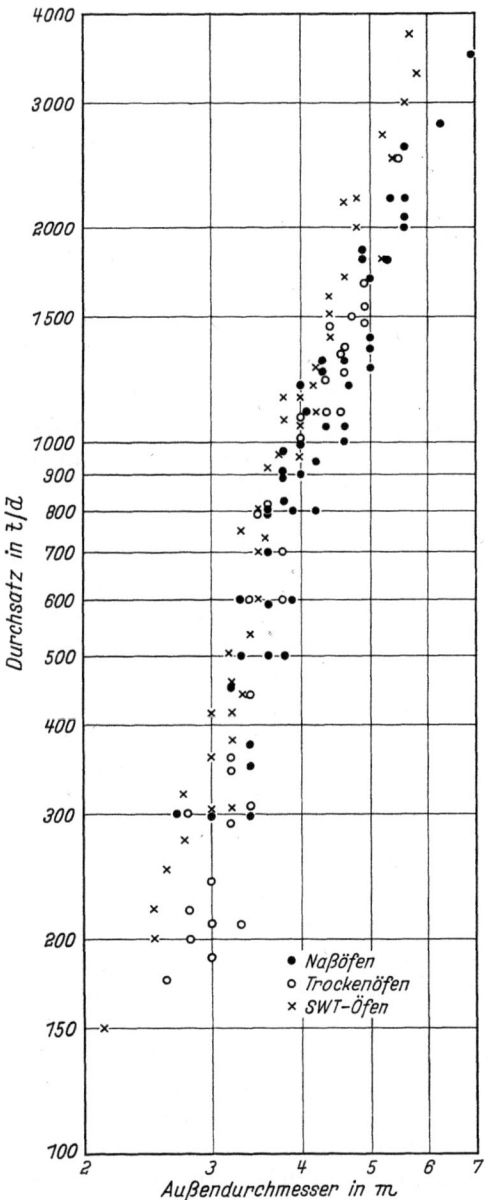

Bild 86. Tägliche Klinkerleistung von Drehöfen in Abhängigkeit vom Außendurchmesser der Sinterzone. Nach R. FRANKENBERGER.

handelt K. ARRAS [A 18a] 1970. Unbeschadet dieser technischen Möglichkeiten sollte man nach Ansicht von WEBER die Trockendrehöfen so weiterentwickeln, daß sie *ohne* Abgasverwertung auskommen und das Trocknen mit Fremdbeheizung durchführen. Damit vermeidet man die Schwierigkeiten eines solchen Verbundbetriebs, der die angegebenen befriedigenden Ergebnisse nur dann erzielt, wenn Ofen und Trockenanlage gleichzeitig mit etwa gleichbleibender Leistung betrieben werden, was häufig nicht möglich ist.— Nach R. FRANKENBERGER [F 10] 1968 ist der spezifische Wärmeverbrauch in den letzten Jahren vor allem durch geringere spezifische Wandverluste vermindert worden, und zwar als eine Folge der größeren Ofenabmessungen.

Den Abschluß dieses Vergleichs bildet die Tab. 57 mit einer Übersicht über den Aufwand an Wärme und elektrischer Energie nach den Unterlagen des VDZ. Darin zeigt sich der Vorrang der Drehöfen in der Tagesleistung. Der nicht aufgeführte theoretische Wärmebedarf ist zu 390 bis 440 kcal angenommen. Zu der Wasserverdampfung, die beim Naßofen die höchste Wärmemenge, beim SWT- und langen Trockenofen fast keine Wärme beansprucht, treten die Wärmeverluste durch Abgas, die beim Lepol-Ofen am geringsten sind, ferner die für Abluft, Ofenwände und Klinker, die bei den vier Drehofenarten ähnlich oder gleich sind. Die Summe des Wärmeaufwands aus den Spalten 1 bis 5 ist dementsprechend beim Schachtofen, beim Drehofen mit Rost- oder mit Mehlvorwärmer gleich, etwas größer beim langen Trockenofen und wesentlich größer beim langen Naßofen.

Die beiden letzten Werte der Summenspalte 1 bis 5, besonders die des langen Trockenofens, erhalten einen gewissen Ausgleich durch die Werte der Spalte 6 für den Aufwand an elektrischer Energie, der den spezifischen Stromverbrauch in kWh/t für den Antrieb von Ofen, Vorwärmer, Kühler, Ventilatoren, aber nicht für die Entstaubung und für den Transport umfaßt. Der Aufwand an elektrischer Energie ist mit 6 bis 18 kWh/t Klinker im Vergleich zu dem für das Mahlen in der Größenordnung von 40 bis 70 kWh/t ziemlich niedrig. — Um den *elektrischen* Aufwand dem gesamten Wärmeaufwand der Spalte „1 bis 5" vergleichbar zu machen, sind in Spalte 6 entsprechende sechsmal so große Werte in kcal/kg Klinker in Klammern beigefügt. Sie machen deutlich, daß der elektrische Aufwand in den Fällen, wo diese Beziehung zutrifft, zusätzliche Kosten zum Brennstoffaufwand in der Größenordnung von rd. 5% bei dem langen Trocken- und Naßofen, und bis zu rd. 10% bei den anderen Öfen erfordert. Der Umrechnung liegt der Erfahrungswert zugrunde, daß 1 kWh etwa ebenso viel *kostet* wie 6000 kcal. Deshalb sind 6 kcal/kg, das sind 6000 kcal/t, in der Tabelle gleichgesetzt 1 kWh/t Klinker. Dieser *Umrechnungswert* mit seiner hohen Kalorienzahl ist im wesentlichen *wirtschaftlich*, und zwar

5.2.6 Vergleich der Brennverfahren

Tabelle 57. *Aufwand an Wärme (1—5) und elektrischer Energie (6) zum Brennen von Zementklinker*
Nach Unterlagen des Vereins Deutscher Zementwerke, Stand 1969

Ofenart	Leistung	1	2	3	4	5	1 bis 5	6
		Wasser-verdampfung	Abgas-verlust (Ofen)	Abluft-verlust (Kühler)	Wand-verlust	Klinker-abwärme	Summe 1 bis 5 + theoretischer Wärmebedarf[1]	Aufwand an elektrischer Energie
	t/24 h	kcal/kg Klinker						kWh/t Klinker (kcal/kg Klinker)[2]
Schachtofen	bis 300	80—160	20—200	—	5—20	20—60	750—1000	12—16 (72—96)
Lepolofen	bis 1700[3]	80—160	40—80	0—120	80—160	10—50	750—1000	10—14 (60—84)
SWT-Ofen	bis 4000	bis 6	140—220	0—120	60—180	10—50	750—1000	12—18 (72—108)
Langer Trockenofen	bis 2500[3]	bis 6	140—300	0—120	80—170	10—50	800—1200	6—10 (36—60)
Langer Naßofen	bis 3600[3]	400—650	120—250	0—70	80—170	10—50	1200—1450	10—14 (60—84)

[1] Theoretischer Wärmebedarf: 390—440 kcal/kg Klinker; mittlerer Wert 420 kcal.
[2] Umgerechnet nach der Beziehung 1 kWh/t ≙ 6 kcal/kg Klinker.
[3] Neuere Werksberichte und Angebote geben höhere Werte an.

dadurch bedingt, daß der Strom in der Regel von einem fremden Betrieb zum durchschnittlichen Marktpreis gekauft werden muß, und insofern auch thermochemisch dadurch begründet, als jede Umwandlung einer Energieform in eine andere mit Wärmeverlusten an die Umgebung verbunden ist.

Als durchschnittlichen *Wasserverbrauch* je t Zement nennt das Merkblatt MT 27 des VDZ 1964 für das Trockenverfahren 0,4 m³, das Halbnaßverfahren 0,6 m³, das Naßverfahren 1,3 m³. Für eine ggf. nötige Kühlung des Ofenmantels sind 0,8 bis 1,0 m³ Wasser anzusetzen, die man durch Rückkühlen auf 0,1 bis 0,35 m³ senken kann.

5.2.7 Kühlen

Das Kühlen von Klinker hat man bei Einführung des Drehofens als eine notwendige, aber vom Ofenbetrieb losgelöste Nachbehandlung betrachtet und sich dazu des unter dem Drehofen liegenden *Trommelkühlers* bedient, früher durchweg Kühltrommel, heute *Rohrkühler* genannt. Der Kühler ist ebenso wie vorher der Vorwärmer ein Bestandteil des Ofensystems. Moderne Anlagen besitzen entweder einen *Rostkühler*, der sich eng an das untere Ofenende anschließt, oder einen *Planeten*kühler, der auf das Auslaufende unmittelbar aufgesetzt ist. Auf diese Weise ist die beim Trommelkühler unvermeidbar große Menge an Falschluft wesentlich verringert worden.

E. Goes [G 19] hat 1958 das vom VDZ aufgestellte Merkblatt „Rostkühler für Drehöfen" WE 4 (Dezember 1957) näher erläutert, das sich vor allem auf Arbeiten von P. Weber [W 33, 35] 1956 und 1958 stützt. Die Besonderheiten einiger Kühler hat G. Weislehner [W 45] 1960 beschrieben. — Ein Kühlen des Klinkers bis auf eine Temperatur *unter* 80 °C würde viel Luft mit wenig verwertbarer Wärme liefern. — Die Temperatur der aus Rostkühlern kommenden *Sekundärluft* liegt zwischen 600 und 900 °C, wobei 900 °C wegen der thermischen Beanspruchung der Eisenteile als obere Grenze gilt. Temperaturen von mehreren hundert Grad sind bei *ein*maligem Luftdurchgang durch das Klinkerbett nur mit einer hohen Klinkerschicht zu erreichen (s. Bild 87). Der zweimalige Luftdurchgang senkt außerdem die Kühlluft von 2,0 bis 2,5 Nm³ auf 1,5 bis 2,0 Nm³ je kg Klinker. Ein Naßofen mit einem Bedarf von 1,3 bis 1,5 Nm³ Sekundärluft kann dann fast die gesamte Kühlluft aufnehmen. Das ist wichtig, weil der Naßofen keine zwingende Verwendung für heiße Abluft hat. Bei den wärmesparenden Öfen mit einem Bedarf von nur 0,9 bis 1,0 Nm³ Sekundärluft erhält man für den Fall des *ein*maligen Luftdurchgangs noch 1,1 bis 1,5 Nm³ *Abluft* mit in der Regel 120 bis 300 °C, über deren Verwendung im vorigen Abschnitt Näheres ausgeführt ist. Die materialbedingte obere Temperaturgrenze für die Sekundärluft behindert die Entwicklung eines reinen Schachtkühlers. Als Wirkungsgrad der heutigen Schub- und Wanderrostkühler gibt R. FRANKENBERGER [F 10] 1968 $65 \pm 5\%$ an.

Der *Rostkühler* ist in USA entwickelt worden und hat sich dort so schnell verbreitet, weil man in vielen Werken mit MgO-Gehalten im Zement von mehr als 2% bestrebt war, durch möglichst schnelles Abkühlen die Bildung großer Kristalle von Periklas-MgO (s. 3.4.4) zu verhindern. In Europa hat der Rostkühler erst mit der Entwicklung der wärmesparenden Öfen Fuß gefaßt, sich dort aber schnell durchgesetzt (s. unten). — Mit der Einführung des *Planeten*kühlers hat man den Kühlvorgang maschinell unmittelbar mit dem Drehofen verbunden; besondere Kühltrommeln und -roste werden entbehrlich; man kann Platz sparen und den Ofen auf niedrigere Fundamente legen. Ein Vorläufer war die mit Zelleneinbauten versehene Kühlzone des früheren *Solo-Ofens* (Polysius). Demgegenüber erwiesen sich die auf den Ofenmantel außen aufgesetzten Rohre als günstiger. Diesem Prinzip entsprach der *Concentra*-Kühler (Krupp). Neuere Bauarten s. unten.

Von den verschiedenen *Bauarten* des *Rostkühlers* ist der *Fuller-*Schrägrostkühler [B 16, M 56, W 45] am ältesten. In dem Treppenrost wechseln feststehende Roststufen mit beweglichen Roststufen ab. Bei der sogenannten *Duo-Therm*-Schaltung mit der Unterteilung in zwei oder drei Kammern durchläuft bereits vorgewärmte Luft ein zweites Mal den heißen Klinker und dient als Sekundärluft. Für Öfen mit mehr als 1000 t Tagesleistung stellt die Firma den Fuller-Combi-Kühler [M 56] (Bild 87) her, bei dem auf einen schmalen, kurzen Schrägrost ein breiterer Horizontalrost folgt. K. BECKARD [B 16] nennt 1967 als Höhe des Klinkerbetts für den ersten Rost 600 mm und 250 mm für den Nachrost. — Der *Recupol-Kühler*, früher *Polytherm*-Kühler (Polysius) entspricht in seinem Bau dem Lepol-Rost (s. 5.2.2). Er ist unterteilt in eine Verblase- oder Vorkühlzone, in der ein starker Luftstrom mit schneller Kühlung zugleich eine Fließbettwirkung unter Bildung eines Klinkerteppichs bewirkt, und in eine Nachkühlzone. — Der 1947 eingeführte *Folax*-Rostkühler (F. L. SMIDTH) ist ein horizontaler Schubrost, der unterhalb des Rostes ebenfalls in zwei oder drei Luftkammern unterteilt ist und in ähnlicher Weise arbeitet, wie es oben beschrieben wurde. Für große Leistungen wird der Folax-Kühler als Zweistufenkühler gebaut.

Der *Unax*-Kühler (F. L. SMIDTH) ist ein *Planetenkühler* mit um das Auslaufende des Ofens angeordneten Kühlerrohren. Durch Wärmeaustausch in den Kühlrohren gibt der Klinker seine Wärme im Gegenstrom unmittelbar an die Sekundärluft des Ofens ab. Diese Bauart wurde bereits 1922 eingeführt und wird im Zusammenhang mit den langen Trockendrehöfen (s. 5.2.4) wieder weiter entwickelt. — Ebenfalls unmittelbar mit dem Ofenmantel verbunden ist der *Doppelstrom*-Kühler von HUMBOLDT; er nimmt am Ofenende in einem Kühlervorraum den

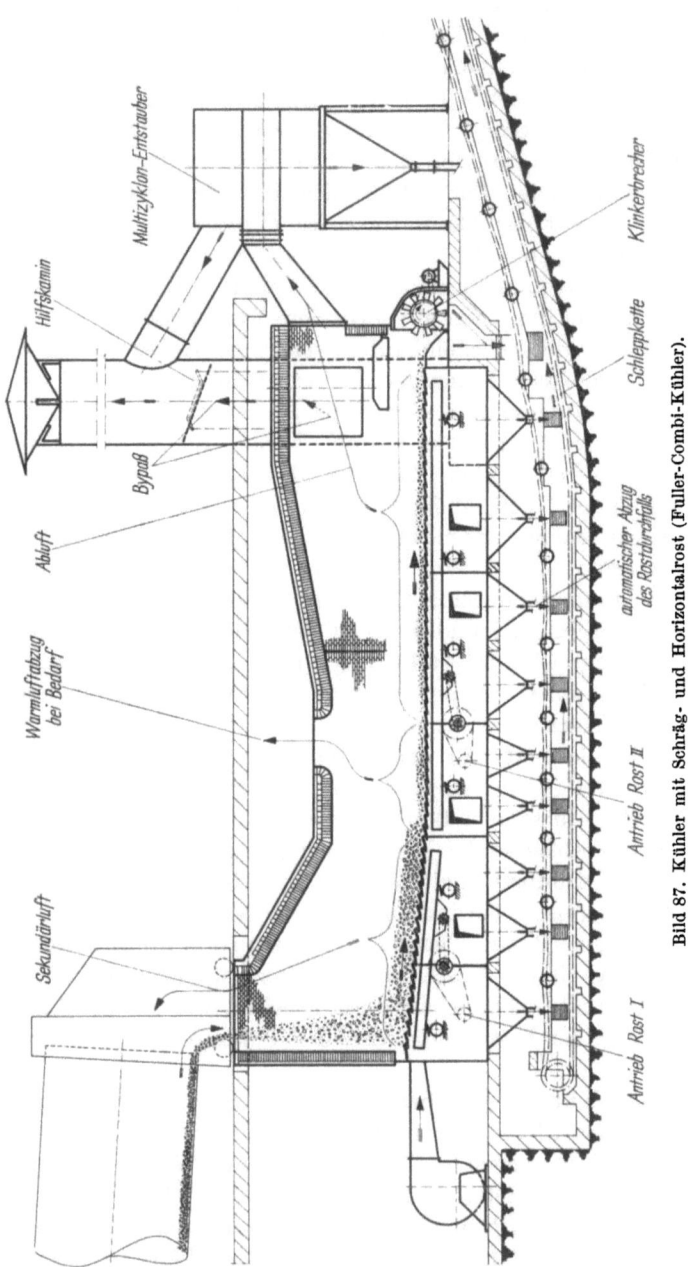

Bild 87. Kühler mit Schräg- und Horizontalrost (Fuller-Combi-Kühler).

Klinker auf und verteilt ihn auf die einzelnen Kammern. Darin wird der Klinker gegen den Strom der angesaugten Sekundärluft in Richtung auf den Ofeneinlauf befördert. Auch den von R. Vogel und Mitarbeitern [V 18] 1964 vorgeschlagenen *Zyklon*kühler, der als konische Kühltrommel direkt an den letzten fliegend gelagerten Ofenschuß angeflanscht ist, darf man dieser Art von Kühlern zurechnen.

W. Goertz [G 16] 1966 und U. Haese [H 5] 1967 haben die Möglichkeiten gezeigt, wie man durch Messungen und Regelungen am Rostkühler, z. B. Bestimmung des Klinkerlitergewichts, Veränderung der Höhe des Klinkerbetts oder der Rostgeschwindigkeit, die Sekundärluft in Menge und Temperatur und damit den Ofengang regeln und automatisieren kann.

5.2.8 Theoretischer Wärmebedarf und Verbrennung

Der theoretische Wärmebedarf zum Brennen von Zementklinker aus seinen Rohstoffen bewegt sich zwischen 390 und 440 kcal, also in einem sehr engen Bereich; als Mittelwert kann man 420 kcal je kg Klinker annehmen. Um die Aufstellung von Wärmebilanzen und um die Ermittlung der Grunddaten haben sich ab 1932 H. Elsner von Gronow, H. E. Schwiete, dieser zuletzt mit G. Ziegler [S 56] 1956, ferner H. zur Strassen [S 105] 1957 (in zusammengefaßter Form), außerdem H. Gygi [G 38] 1952 besonders bemüht. Den Zahlen in Tab. 58 b und c liegen Angaben nach Landolt-Börnstein [L 7], D'Ans-Lax [D 4] sowie R. Barany und K. K. Kelley [B 5] 1961 zugrunde. Die Berechnung des *theoretischen Wärmebedarfs* beruht auf einer Reihe von Grundwerten, im wesentlichen der Reaktionswärme und der spezifischen Wärme, die laufend ergänzt und berichtigt werden und deshalb einen immer größeren Grad von Zuverlässigkeit erhalten. Sie gelten für Reaktionen, die zu einem Gleichgewicht führen, was bei Klinker infolge der Schnelligkeit des Brennens und Abkühlens nur bedingt gilt.

Dem Berechnungsbeispiel in Tab. 58 für den theoretischen Wärmebedarf liegt die Reaktionsfolge des früheren Bildes 10 unter 2.2.1 zugrunde. Es geht unter a von der Klinkeranalyse aus und verwendet die von H. zur Strassen [S 105] angegebenen Faktoren. Unter b liegen ihm die Klinkerphasen zugrunde, die sich nach der Berechnung von R. H. Bogue aus der Klinkeranalyse ergeben; es verwendet die dafür vom Bureau of Mines angegebenen realen Reaktionsenthalpien. Unter c sind die bekannteren realen Reaktionsenthalpien für die einzelnen Reaktionen beim Klinkerbrand, und zwar für die *endothermen* (wärmeverbrauchenden) Reaktionen der Kaolinitdehydratation und der Entsäuerung von $CaCO_3$ und $MgCO_3$ und für die *exothermen* (wärmeabgebenden) Reaktionen bei der Bildung der Klinkerphasen berücksichtigt. Die gute Übereinstimmung der Ergebnisse aus den drei Rechnungen beruht darauf, daß alle Rechenfaktoren auf dieselben Grundwerte zurückgehen und alle Stoffmengen von der Analyse des fertigen

Tabelle 58. *Berechnung des theoretischen Wärmebedarfs (reale Reaktionsenthalpie) aus der Klinkeranalyse (a), den Klinkermineralien (b) und aus den Reaktionswärmen (c) ohne Berücksichtigung der Aschen- und Sulfataufnahme*[1]

a) Berechnung aus der Klinkeranalyse

Chemische Analyse		Faktoren nach ZUR STRASSEN	kcal/kg	100 kg Klinker sind entstanden aus	
				Rohmehl mit kg	unter Abgabe von kg
CaO	66,8	+7,65	+511	119,3 $CaCO_3$	52,5 CO_2
MgO	1,2	+6,48	+ 8	2,5 $MgCO_3$	1,3 CO_2
Al_2O_3	5,9	+4,11	+ 24	8,0 Kaolin	z. T. 2,1 H_2O
		Se.	+543		
Fe_2O_3	2,3	−0,59	− 1	2,3 Eisenoxidzusatz	
SiO_2	22,5	−5,12	−115	14,5 aus Gestein (nicht als Kaolinit) 7,0 aus Kaolinit 1,0 Quarz-Zusatz	
Se. 98,7 Alk. 1,3 als Sulf.			+427	154,6 kg Rohmehl	
Se. 100,0					

b) Berechnung aus den Klinkerphasen

Klinkerphasen nach BOGUE		Reale Reaktionsenthalpie kcal/kg	kcal/kg
C_3S	57,5	+4,37	+251
C_2S	21,2	+3,15	+ 67
C_3A	11,8	+6,03	+ 71
C_4AF	7,1	+4,05	+ 29
MgO	1,2	+6,54	+ 8
	98,8		+426

[1] Nach H. E. SCHWIETE und G. ZIEGLER [S 56] senkt die Aschenaufnahme den Wärmeaufwand um rd. 3,4 kcal/kg Klinker, nach H. ZUR STRASSEN [S 105] erhöht ihn die Sulfataufnahme um rd. 5 kcal, wobei Maximalwerte von 20 kcal/kg möglich sind.

5.2.8 Theoretischer Wärmebedarf und Verbrennung

c) Berechnung aus den Reaktionswärmen nach Bild 10 (s. 2.2.1)

Nr.	Reaktionen	Menge in kg je kg Klinker	Reale Reaktionsenthalpie kcal/kg	kcal je kg Klinker
1	Dehydratation von Kaolinit	0,150	+109[1]	+ 16
1—6	Decarbonatisierung			
	zu CaO	0,668	+757[2]	+506
	(von $CaCO_3$)	(1,193)	(+424)[2]	
	zu MgO	0,012	+654	+ 8
			W-Ausgaben	+530
8	Bildung von C_3S	0,575	−118	− 68
	C_2S	0,212	−174	− 37
	C_3A	0,118	− 6	− 1
	C_4AF	0,070	− 20	− 1
			W-Einnahmen	−107
			Differenz	+423

[1] Al_2O_3 ist an SiO_2 und H_2O als Kaolinit $2\,SiO_2 \cdot Al_2O_3 \cdot 2\,H_2O$ gebunden angenommen; für die Dehydratation ist der von BARANY angegebene Wert angenommen.

[2] 753,2 kcal für CaO würden dem bekannten Wert von 422,4 kcal für $CaCO_3$ entsprechen (s. unten).

Klinkers ausgehen, aus der die Zusammensetzung des Rohmehls zurückgerechnet worden ist, und daß deshalb der Einfluß von Asche, Alkali und Sulfat unberücksichtigt geblieben ist. Fußnote 1 gibt Richtwerte für den dadurch entstehenden Fehler an. Weiterhin ist angenommen worden, daß das gesamte im Klinker vorhandene Al_2O_3 aus dem Tonmineral Kaolinit $2\,SiO_2 \cdot Al_2O_3 \cdot 2\,H_2O$ stammt, während es sich vielleicht um Montmorillonit oder Illit handelt oder Gemische aus den Tonmineralien, und daß das darüber hinausgehende SiO_2 im Kalkmergel ungebunden vorkommt. Der gewählte Multiplikator von 109 kcal unter c ist von BARANY und KELLEY für Kaolinit angegeben.

Wie die Rechnung c zeigt, erfordern die drei Zersetzungsvorgänge je kg Klinker einen Aufwand von rd. 530 kcal, während bei der Bildung der 4 Klinkerphasen rd. 110 kcal frei werden, wodurch sich der Gesamtbedarf auf rd. 420 kcal beläuft. — Die in der Tab. 58c verwendeten *realen Reaktionsenthalpien* sind die Differenzen der Ergebnisse, die man erhält, wenn man z. B. im Kalorimeter die Lösungswärmen einmal an den Ausgangsstoffen und dann an den daraus entstandenen Reaktionsprodukten bestimmt. Diese Differenz entspricht nach dem *Gesetz von Hess* über die *Konstanz der Wärmesummen* auch der Wärmemenge, die bei der Umkehr der Reaktion nötig ist oder entsteht. *Real* heißt sie deshalb, weil sie zwar die Rückkehr aller Oxide und auch die des gasförmigen CO_2 in die angegebene Ausgangstemperatur von 20 oder 25 °C einschließt, aber *nicht* die Rückkehr des gasförmigen Wasserdampfes in flüssiges Wasser.

Einige Sammelwerke, z. B. das Taschenbuch von D'ANS/LAX [D 4] enthalten auch die für die Zementchemie in Frage kommenden *Standard-Bildungs-Enthalpien*, neuerdings als ΔH_B^0 in kJ/Mol angegeben, wobei die früher übliche Kalorie 4,1868 Joule und umgekehrt 1 Joule nur 0,2388 cal entspricht. Diese Werte bezeichnen die *molare* Bildungsenthalpie des betreffenden Stoffes aus den *Elementen*, deren Standard-Bildungs-Enthalpie willkürlich gleich Null gesetzt wird, im Normzustand als Standardwerte bei 25 °C, das sind 298° Kelvin. Aus den Standardwerten lassen sich die Reaktionsenthalpien dadurch errechnen, daß man die des verschwindenden Stoffes negativ, die der entstehenden Stoffe positiv einsetzt. Als Beispiel ergibt sich für die:

Decarbonatisierung von $CaCO_3$

$$\Delta H = - \Delta H_{B\,CaCO_3}^0 + \Delta H_{B\,CaO}^0 + \Delta H_{B\,CO_2}^0,$$
$$= +1206 - 635{,}1 - 393{,}51 \text{ (in kJ/Mol)},$$
$$= +177{,}4 \; kJ/Mol \quad \text{oder} \quad 42{,}4 \; kcal/Mol.$$

Da das $CaCO_3$-Mol eine Masse von 100,09 g oder 0,1001 kg hat, ergibt sich

$$\Delta h = 424 \; kcal/kg \; CaCO_3 \; \text{(s. Tab. 58)}.$$

Da ΔH bzw. Δh positiv ist, handelt es sich um einen *endo*thermen Vorgang.

In der Chemie ist heute oft folgende Schreibweise für diese *endo*therme Reaktion, die eines Wärme-*Aufwands* bedarf, üblich:

$$CaCO_3 \rightarrow CaO + CO_2 + 42 \; kcal.$$

Die Schreibweise für die umgekehrte *exo*therme Reaktion der Carbonatisierung, bei der Wärme abgegeben, d. h. frei wird, lautet dann

$$CaO + CO_2 \rightarrow CaCO_3 - 42 \; kcal,$$

Die thermochemische Grundlage für die Verbrennung von Kohle, Öl und Erdgas in den Zementöfen bilden die in Tab. 59 aufgenommenen Werte für die Verbrennungswärmen von C, CO, H_2, S und CH_4 nach den Angaben von E. SCHMIDT [S 25], die darauf beruhende Verbandsformel und Richtwerte für den unteren Heizwert von Brennstoffen.

5.2.8 Theoretischer Wärmebedarf und Verbrennung

Tabelle 59. *Verbrennungswärme und Heizwert*

A. *Verbrennungswärme (Reaktionsenthalpie) in kcal/kg (bzw. kcal/Nm³).* Nach E. SCHMIDT [S 25]

von	zu	kcal/kg	zu	kcal/kg (kcal/Nm³)
Kohlenstoff C	CO	2470	CO_2	8100
Kohlenoxid CO			CO_2	2410
Kohlenoxid CO	bezogen auf 1 kg C		CO_2	5630
Wasserstoff H_2	H_2O flüssig	33980	H_2O gasförmig	28640
Schwefel S			SO_2	2210
Kohlenwasserstoff			$CO_2 + H_2O$	13267
Methan CH_4			(flüssig)	(11930)

B. Auf den Werten von A fußt die *Verbandsformel* für die Berechnung des Heizwerts aus der Elementaranalyse der Steinkohle. Sie lautet für den unteren Heizwert Hu der ofenfertigen Rohkohle (im Gegensatz dazu steht der *obere* Heizwert und die wasser- und aschefreie *Rein*kohle, *waf* abgekürzt)

$$Hu = 8100\,c + 29000\,(h - o/8) + 2500\,s - 600\,w;$$

darin sind c = Gehalt an Kohlenstoff, h = Wasserstoff, o = Sauerstoff, s = Schwefel, w = H_2O in 1 kg Kohle. Mit dem letzten Wert 600 w wird die Verdampfungswärme des Wassers abgezogen, das dampfförmig bleibt.

C. *Unterer Heizwert (roh) von Brennstoffen in kcal/kg oder kcal/Nm³*
Richtwerte nach Stahleisen-Kalender 1967

Steinkohle (Ruhrkohle) für Drehöfen (Eßkohle, Fettkohle)	kg	6700— 7300
Anthracit	kg	6800— 7200
Koksgrus Schwelkoks	kg	6000
Petrolkoks Grudekoks	kg	7300
Heizöl mineralisches EL und S (extra leicht und schwer)	kg	9700—10000
Steinkohlenteeröl	kg	9000
Erdgas (deutsche und niederländische Fundstellen)	Nm³	6700— 7800
Koksofenferngas (Ruhrgas)	Nm³	4100
Hochofengichtgas	Nm³	800— 900

Tab. 60 enthält unter A die Berechnungswerte für Luft- und Rauchgasmengen von Fettfeinkohle, Eßkohle und Heizöl je 1000 kcal Heizwert und drei auf den unteren Heizwert der waf (s. Tab. 59) Reinkohle bezogene Zahlenbeispiele für die Luftverhältniszahlen 1,0, ferner 1,1 und 1,2 nach den Angaben von W. GUMZ [G 34], unter B den üblichen Schwankungsbereich der Luftverhältniszahl, unter C die übliche Menge an CO_2 im Ofenabgas.

Ebenso wie beim Schachtofen (s. 5.2.1) ist das Anreichern der Verbrennungsluft mit *Sauerstoff* auch bei der Drehofenflamme überlegt und versucht worden. R. A. GAYDOS [G 5] erzielte 1965 bei Betriebsversuchen mit gas-, öl- und kohlegefeuerten Drehöfen durch Verwendung einer Lanze bessere Ergebnisse. Diese Vorteile sind aber nicht

Tabelle 60. *Berechnungsunterlagen für Gasmengen.*

A. *Luftmenge; Rauchgasmenge je 1000 kcal[1] und Zahlenbeispiel für Abgasmengen ohne CO_2 (siehe C)*

Brennstoff	Spez. Luftmenge L_{min}	Spez. Rauchgasmenge V_{min}	Zahlenbeispiel			
			Unterer Heizwert Reinkohle waf oder Heizöl	Rauchgasmenge in Nm^3		
	Nm^3 je 1000 kcal Heizwert			$n = 1,0$ L_{min}	$n = 1,1$	$n = 1,2$
Fettfeinkohle	1,005	$1,1460 + (n-1) 1,1005$	8300	9,51	10,42	11,33
Eßkohle	1,1055	$1,1437 + (n-1) 1,1055$	8400	9,61	10,66	11,71
Heizöl	1,1274	$1,1914 + (n-1) 1,1274$	9600	11,42	12,48	13,54

B. *Luftverhältnis(zahl) n*
für Kohlenstaub- und Ölfeuerung 1,08 bis 1,2
für Gasfeuerung 1,05 bis 1,2

C. Die *Abgasmenge* von Zementöfen ist im Durchschnitt um 0,275 Nm^3/kg Klinker größer als die Rauchgasmenge.
1 kg CO_2 ergibt 0,51 Nm^3 CO_2, weil
1 kMol oder 44 kg CO_2 22,4 Nm^3 erfüllen.
Regel von AVOGADRO und Loschmidtsche Zahl
(22,4 Nl enthalten $6,023 \cdot 10^{23}$ Moleküle).
Die nach Tab. 58 aus dem Rohmehl für 1 kg Klinker entstehenden
0,538 kg CO_2 ergeben 0,274 Nm^3 CO_2.

[1] Des unteren Heizwerts der Reinkohle. Angaben von W. GUMZ [G 34].

so groß, wie sich aus der theoretischen Rechnung ergibt. Die Wirtschaftlichkeit hängt vom Preis des Sauerstoffs ab. Als weitere Bedingungen fordert R. FRANKENBERGER [F 8] 1967, daß die Umdrehungsgeschwindigkeit des Ofens regelbar, d. h. zu steigern sein muß, damit der Temperaturwechsel des Ofenfutters beschleunigt und die Höchsttemperatur unverändert zwischen 1450 und 1550 °C gehalten werden kann, daß ferner der Kühler die erhöhte Klinkermenge aufnehmen kann und für die erhöhte Abluftmenge eine Verwendung möglichst in der Sauerstoffgewinnungsanlage geschaffen wird, die dann aus preislichen Gründen im Zementwerk selbst vorhanden sein sollte.

5.3 Feuerfestes Futter, Brenngut und Gasphase

5.3.1 Anforderungen an das Futter und Futterarten

Das feuerfeste Futter in den unbewegten und bewegten Teilen der Ofenanlage muß die temperaturempfindlichen Stahlteile der Konstruktion vor zu starkem Erwärmen und Verzundern und die Feuerräume vor Temperaturverlust schützen. — Im *Drehofen* folgen die Zonen zunehmender thermischer Beanspruchung unmittelbar aufeinander. Das Brenngut steht mit dem Ofenfutter in ständiger Berührung und geht mit ihm chemische Reaktionen ein. Die schützende Reaktionszone auf der Oberfläche der Steine oder der feuerfesten Masse soll nur einen möglichst dünnen Ansatz bilden, der nicht zu einem Ansatzring auswachsen soll. Da die ff. Zustellung eines großen Ofens viele hundert Tonnen beträgt, sind Einbau und Instandsetzung auch Fragen der Organisation, des Transports und der mechanischen Hilfsmittel, wie D. OPITZ [O 5] 1966 dargelegt hat. Er gibt 1969 [O 6b] den Verbrauch an ff. Futter für den Drehofen mit 0,9 kg je t Klinker, einschließlich Vorwärmer, Ofenkopf und Kühler mit 1,1 kg je t an.

Die Sinterzone ist thermisch am stärksten beansprucht. Gelegentlich fördert man daher den Wärmeabfluß aus der Sinterzone durch Berieseln des Ofenmantels mit Wasser oder durch Anblasen mit Preßluft, erreicht damit aber nach H. ZUR STRASSEN [S 104] 1952 nur, daß der Ansatz stärker anwächst und den Ofenquerschnitt verringert. In den anderen Teilen des Drehofens, der Vorwärm- und Calcinierzone, aber auch in allen Vorwärmern und Kühlern hat neben dem Schutz der Konstruktion das Isolieren den Vorrang. Das Futter muß daneben stets ein gewisses Maß an Temperaturschwankungen aushalten können ohne abzuplatzen. R. FRANKENBERGER [F 8] nimmt für normalen Betrieb mit 1 U/min einen Wechsel der Temperatur des Futters in der Sinterzone zwischen 1400 und 1570 °C innerhalb von 60 Sekunden an, wobei die Wärmeaufnahme des unbedeckten Futters 40 Sekunden und die Wärmeabgabe an das Brenngut 20 Sekunden dauert. — Das Gesamtgebiet der feuerfesten Stoffe bzw. der Keramik behandeln F. HARDERS und S. KIENOW [H 18], ferner SALMANG/SCHOLZE [S 4].

Die feuerfesten Steine [I 5] eines Drehofens sind im allgemeinen 160, 180, 200, in größeren Öfen 220, auch 240 mm hoch. S. LEVINE [L 33] nennt 1966 in seinem zusammenfassenden Bericht über die Erfahrungen und Entwicklungstendenzen in USA für Öfen mit mehr als 6 m Dmr. sogar *Steinhöhen* von 300 mm und mehr. Das VDZ-Merkblatt WE 9 (1966) des VDZ befürwortet wegen der Austauschbarkeit eine Steinlänge von 198 mm und bezeichnet, da das schichtweise Abplatzen mit der Steinhöhe geringer wird, eine Steinhöhe von 180 mm als vorteilhaft. D. OPITZ [O 5] hat 1966 gezeigt, daß und wie sich mit den zur Zeit gebräuchlichen und den in dem Merkblatt WE 9 festgelegten Einheitsformaten jeder Ofen von 2 bis 6 mm Dmr. zustellen läßt.

Die Steine bestehen in der Sinterzone aus hochfeuerfestem Material; es sind in der Regel Magnesitchromsteine mit 10 bis 15% Chromerz und dementsprechend – nach Angaben von H. MAJDIC und H. E. SCHWIETE [M 4] 1962 – 5 bis 10% Cr_2O_3 und 60 bis 80% MgO in Form von Periklas neben mindestens 10% komplexen Spinellen $MgO \cdot (Al, Cr, Fe)_2O_3$, 3 bis 10% Magnesioferrit $MgO-Fe_2O_3$ und einigen Prozent *Merwinit* $3 CaO \cdot MgO \cdot 2 SiO_2$, die entweder gebrannt, d. h. keramisch gebunden sind, oder ungebrannt chemisch mit $MgCl_2$-Lösung wie Sorelzement (s. 4.1.4) gebunden und deshalb dann billiger sind, oder preisgünstigere Sinterdolomitsteine, deren Anteil den Bedarf der Bundesrepublik an Sinterzonenfutter jetzt zu mehr als der Hälfte deckt, seltener sind es noch Schamottesteine mit erhöhtem Tonerdegehalt von 70 bis 80% Al_2O_3 [L 33]. Das Chromerz soll den an sich spröden Magnesiastein soweit auflockern, daß er sich bei mechanischer Beanspruchung etwas deformieren kann ohne zu brechen [K 28]. Ihre Veränderungen im Drehofen sind später behandelt.

Tab. 61 enthält von den im Betrieb von Drehöfen für Zement und Kalk üblichen feuerfesten Steinen Zahlenwerte wichtiger Eigenschaften. Sie zeigt in der 7. Zahlenspalte mit den Klammerwerten, daß die vergleichsweise hohe Wärmeleitzahl der Magnesitsteine bei Zunahme der Temperatur von 800 auf 1000 °C stärker abnimmt. – Die *basischen* Steine neigen nach dem VDZ-Merkblatt WE 9 zur Hydratation, quellen dann und verlieren Form und Festigkeit. Magnesitsteine sind nur bei *Lagerung* in warmer Feuchtigkeit gefährdet. Dolomitsteine dürfen nur in trockener Luft gelagert werden. Beim *Vermauern* von Magnesitchromsteinen verwendet man häufig Fugenbleche anstatt Mörtel als Zwischenlagen, die die Steine erst bei mehr als 1000 °C zu einem festen Block verbinden. Nach N. SUNDIUS und A. M. BYSTRÖM [S 115] 1964 gehen die Bleche beim Erhitzen in ein grobkörniges Aggregat aus Wüstit FeO und Magnetit Fe_3O_4 über, das die Fugen ausfüllt und die Verbin-

5.3.1 Anforderungen an das Futter und Futterarten

Tabelle 61. *Eigenschaften feuerfester Steine[1] für Zementwerke*
Nach VDZ-Merkblatt WE 10 (1968), Auszug

Nr.	Bezeichnung	Chemische Zusammensetzung in Gew.-%						Rohdichte g/cm³	Wärmeleitzahl bei 800 °C kcal/(m·h·grd) (1000°C)[3]	Druckfeuerbeständigkeit t_a[4] nach DIN 51064 °C
		Al_2O_3	SiO_2	Fe_2O_3	MgO	CaO	Cr_2O_3			
1.	Schamottesteine A	30—42	50—53	2—3		bis 1	—	1,8—2,3	1,0—1,2 (=)	1300—1450
2.	Tonerdereiche Steine[2] Hochtonerdehaltige Steine	57—80	12—35	1—2		bis 1	—	2,4—2,8	1,4—1,9 (—0,2)	1500—1650
3.	Dolomitsteine				80—97	2—3		2,6—2,8	1,7—2,6 (—0,3)	1550—1760
4.	Magnesitsteine	1—5	2—3	1—8	80—92	2—3	0—5	2,8—3,1	3,5—4,5 (—1,2)	1550—1700
5.	Magnesitchromsteine	3—9	2—4	3—10	65—78	1—3	5—17	2,9—3,1	2,3—2,5 (—0,3)	1500—1650
6.	Feuerleichtsteine	23—70	26—70	1—2		bis 1	—	0,8—1,5	0,4—0,5 (=)	1230—1450

[1] Die ihnen in ihrer chemischen Zusammensetzung entsprechenden feuerfesten Massen haben ähnliche Eigenschaften.
[2] Die Gruppe „Tonerdereiche Steine" liegt in Zusammensetzung und Eigenschaften zwischen den Gruppen 1 und 2.
[3] Die Klammerwerte bezeichnen das Gleichbleiben (=) oder das Abfallen der WLZ (—0,3) bei einer Temperaturerhöhung von 800 auf 1000 °C.
[4] t_a = Temperatur beim Beginn des Schrumpfens (s. Bild 76, S. 298).

dung zwischen den Steinen herstellt. Die beiden Oxide verbreiten sich in den benachbarten Oxiden der Steine. Über die neuerliche Verwendung von Zweikomponenten-Kunstharzkleber bei Öfen bis zu 6 m Dmr. haben P. BARTHA und W. NACHTWEY [B 6] 1968 sowie R. NAREDI [N 3] 1969 und J. TH. WEYER 1969 [W 59] berichtet M. KÜNNECKE und H. NAEFE 1969 [K 57] empfehlen großformatige Keilsteine und insbesondere Riegelsteine sowie hartgebrannte Magnesitsteine. Ein Firmenhinweis (Zement-Kalk-Gips 22 [1969] S. 334/5) berichtet über den Einbau von *Zweischichten*-Steinen nach dem Combinal-System in drei Großöfen von 2000 bis 3000 t Klinkerleistung auf 20 bis 37 m Länge, deren Arbeitsseite aus Hartschamotte oder einer Hochtonerdequalität, deren Isolierseite aus Leichtschamotte besteht.

In Drehöfen kann man das Arbeitsfutter der Vorwärm- und Calcinierzone mit Feuerleichtsteinen oder Isoliersteinen *hintermauern* oder nur mit Feuerleichtsteinen zustellen, und das Magnesitchromfutter der Sinterzone mit Schamotteplättchen isolieren. K. KONOPICKY und H. E. SCHWIETE [K 46] haben 1967 Klassifikation und Eigenschaften wärmedämmender Steine zusammenfassend dargestellt. D. OPITZ [O 6a] hat 1967 gezeigt, daß man die Manteltemperatur der *Einlaufzone* von kurzen Trockendrehöfen durch den Einbau eines ff. Futters mit geringerer Wärmeleitzahl von 170 bis 190 °C auf 110 bis 150 °C und dementsprechend auch den Wandwärmeverlust senken kann. Die Wandtemperatur der mit Magnesitchromsteinen zugestellten *Sinterzone* wird durch Zunahme der Ansatzschicht von 0,1 auf rd. 0,4 m von 200 bis 450 °C auf 60 bis 250 °C vermindert.

In zunehmendem Maße werden nach E. STRUZIK [S 111] 1966 und 1969 — in Deutschland vom Jahre 1963 an — Ofenköpfe (bis 1966 etwa 100), Wände und Gewölbe, Öfen, Vorwärmer und Kühler durch Aufspritzen von *feuerfester Masse* instandgesetzt, aber auch ganz aus feuerfestem Beton, sogenannten *Feuerbeton* (s. 4.4.3) hergestellt. Der Feuerbeton enthält im Gegensatz zu den mit Ton gebundenen ff. Massen in der Regel Tonerdezement als Bindemittel, der zunächst hydraulisch erhärtet, beim Erhitzen anfangs unter Wasserabgabe an Festigkeit verliert, um sich dann erneut, aber keramisch zu verfestigen, wie später dargelegt ist. Mit ff. Massen und mit „Feuerbeton" hat man auch schon die oberen Zonen von Naß- und Trockendrehöfen zugestellt [L 33, S 111], worüber auch R. NAREDI [N 3] 1969 weitere technische Einzelheiten mitgeteilt hat. Die Arbeiten u. a. von K. NEKRASOV [N 11] haben gezeigt, daß auch Portlandzement mit Zusätzen von Schamotte einen bis zu 1200 °C beständigen feuerfesten Beton ergibt. Die Verwendung einer Stampfmasse oder von Steinen aus Klinkerbeton [k 55] hat sich nur als Notmaßnahme für wenige Monate Standzeit bewährt.

5.3.2 Bildung von Ansatz und Ansatzringen (Granulationsmodell)

Die Bildung von Ansatz und Ansatzringen läßt sich am besten mit dem Modell der Granulation beschreiben, was K. KONOPICKY [K 45] 1951 als erster getan hat. Das Vorhandensein einer flüssigen aluminatisch-ferritischen Schmelze in dem Brenngut ist die Voraussetzung sowohl für das Wachsen der erwünschten Calciumsilicatkristalle, besonders das des Tricalciumsilicats, aber auch für das Entstehen der Klinkerkörner und ihrer Homogenität, wenn man von dem Lepolofen absieht. Die vom Brenngut selbst produzierte Schmelze macht die feinen Teile feucht und verklebt sie miteinander.

Der *Rollvorgang* im Ofen mit seiner großen Massenbewegung übt wie bei der Wassergranulation auf jedes entstandene Agglomerat unendlich viele kleine Druckstöße aus. Diese Druckstöße verteilen die bindende Schmelze auf das ganze zunächst noch lose Aggregat und „walken" oder „modellieren" es zu einem homogenen, dichten und runden Korn, in dem alle Teile schnell und möglichst bis zum Gleichgewicht miteinander reagieren können. Sie bringen die durch Aneinanderrücken der Teile überflüssig werdende, zu weiterer Bindung fähige Schmelze an die Oberfläche des Korns. Bei der Sintertemperatur des Klinkers ist die Schmelze wahrscheinlich tropf- und fließfähig wie Wasser und verhält sich als sehr dünne Schicht sicher ähnlich pseudofest wie Wasser als dünner Überzug auf Feststoffen oder in Kapillaren (s. 2.3.6). Der Rollvorgang wirkt gleichzeitig der Klebkraft der Schmelze insofern entgegen, als er die auf der Futteroberfläche bereits festhaftenden Teilchen und kleine Ansatzstücke abreibt und entweder in das Klinkerkorn einarbeitet oder in die Futteroberfläche eindrückt. Auf diese Weise wird aus der *Rollbahn* des Klinkers die erwünschte vielfältig beanspruchbare Ansatzschicht auf dem Futter. Sie hat *dann* die günstigste Beschaffenheit, wenn das feste Gerüst, das das ff. Futter besitzt, erhalten bleibt und dessen Poren mit einer viskosen, an der Oberfläche „feuchten" Schmelze erfüllt sind, die schon in wenigen cm Abstand von der Oberfläche völlig fest ist. Man kann versucht sein, sie mit einem Stempelkissen zu vergleichen, das im trockenen Zustand und an trockenen Stellen Feuchtigkeit aufnehmen, aber im überfeuchteten Zustand oder unter Druck abgeben kann. — Diese Modellvorstellung wird durch die Annahme von V. R. PFRUNDER und G. WICKERT [P 12] 1968 bestätigt, wonach aus den in einem Drehofen oft gebildeten großen Kugeln aus Klinker die Schmelzmasse „ausgesaigert" (ausgequetscht, ausgewalkt) wird und in das Ofenfutter übergeht. Während der Silicatmodul im übrigen Klinker nur 3,2 betrug, nahm er mit von 30 bis 100 cm wachsendem Kugeldurchmesser bis 7,6 zu.

Häufig tritt der Fall ein, daß die *Menge* an Schmelze zunimmt und damit der Überzug über die Körner dicker und fließfähiger wird, oder daß die Schmelze z. B. durch einen höheren Eisenoxidgehalt oder durch höhere Temperatur — oft infolge eines verzögerten Nachschubs an Brenngut — dünnflüssiger und auf eine dieser beiden Arten beweglicher wird; dann gelangen größere Mengen der klebenden Schmelze an die Oberfläche der Klinkerteile; diese rollen dann nicht mehr ordnungsgemäß ab, sondern haften so fest an dem Ofenfutter, daß die überdies geminderte kinetische Kraft der bewegten Klinkermasse die Haftfestigkeit nicht mehr zu überwinden vermag. Der Ansatz stürzt dann auch nicht mehr von selbst zusammen, wie das in manchen Betrieben kontinuierlich oder in einem zeitlichen Rhythmus der Fall ist, und bildet einen Ansatzring, der beseitigt werden muß (s. 5.3.5). Das oft überraschend schnelle *Weiterwachsen* eines Ansatzrings beruht wahrscheinlich in erster Linie darauf, daß sich das Brenngut dahinter staut, und daß vor allem aus der dickeren Ansatzschicht die Wärme nicht mehr ordnungsgemäß nach außen abfließen kann, wodurch die Temperatur des Ansatzrings und sein Gehalt an schmelzflüssig bleibenden Teilen zunimmt. Hinter einem solchen Ansatzring bilden sich dann leicht die eben beschriebenen großen Kugeln. — G. ROSENBLAD [R 32] hat 1954 durch Shelltest-Messung die radialen Deformationen des Ofenmantels nachgewiesen. Bei einem neuen deformationsfreien Ofen wurde mit einer auf den Ofenmantel in größeren Zeitabständen drückenden Quetschvorrichtung erreicht, daß der Ansatz abfällt. K. KONOPICKY [K 45] hat 1951 an Mischungen aus Sand mit Wasser und auch mit Öl im Drehrohr bei Zimmertemperatur gezeigt, daß nur in dem ganz *engen* Bereich von 16,5 bis 18,5% Wasser oder von 27 bis 27,5% Öl ein Ansatz entsteht. Die Zementklinker bewegen sich mit ihrem Gehalt an flüssiger Schmelze innerhalb einer schmalen von etwa 70% C_3S + 30% Schmelze ausgehenden gegen 90% C_2S + 10% Schmelze hinziehenden Zone und haben in C_3S-reichen Klinkern nur eine schmale Variationsbreite von 26 bis 32% flüssiger Phase. Auf Grund seiner Versuche hält er nachstehenden Summenwert oder *Ansatzwert* AW = Schmelzanteil + 0,2 C_2S + 2 Fe_2O_3 als Kennzahl für geeignet (s. 2.1.2 u. 2.1.4, Tab. 7 und 11). Unterhalb des Ansatzwertes von 30 ist kein Ansatz zu erwarten; mit einem Summenwert von 33 läßt sich Klinker ohne Schwierigkeiten brennen und über 40 ist mit übermäßiger Kugel- und Ansatzbildung zu rechnen. Für die wirksame Kraft bei dem Klebvorgang hält er die Neigung zur Sammelkristallisation, die das Entstehen der Festigkeit der Klinkerkörner auch ohne das Vorhandensein von Schmelze erklärt; er glaubt, daß im Zementdrehofen die Sammelkristallisation des C_2S eine wesentliche Ursache ist, welcher Auffassung R. ALEGRE und P. TERRIER [A 13a] 1959 ebenfalls zustimmen. In dem Index 2 des Fe_2O_3-Gehalts kommt zum Ausdruck, daß Fe_2O_3 das Schmelzintervall und die Viskosität solcher Schmelzen in erhöhtem Maße vermindert.

A. MAJDIC und H. E. SCHWIETE [M 3, 4] haben 1959 und 1962 an 11 für den Zementklinker charakteristischen eutektischen Schmelzen, davon drei Dreistoffschmelzen, vier Vierstoffschmelzen und einer Fünfstoffschmelze mit CaO, SiO_2, Al_2O_3, Fe_2O_3, ferner MgO, Na_2O und K_2O sowie einem Zementklinker gezeigt, daß diese Schmelzen als Kitt zwischen zwei Stäben im Durchschnitt

bei Temperaturen von	800—1050	bei 1150	1250—1450 °C
Zugfestigkeiten von	2—4	21	0—1 kp/cm²,

d. h. ein Maximum der Haftfestigkeit bei einer bestimmten Viskosität besaßen. Klinker mit durch Zusätze veränderter flüssiger Phase besaß auf 9 verschiedenen Magnesit-, Chrommagnesit- und Forsteritsteinqualitäten (Forsterit = MgO · SiO_2) die höchste Haftfestigkeit unterhalb 1200 °C, und zwar bis zu 50 kp/cm², die dann aber in beiden Richtungen stark absank, bei 1425 °C bis auf etwa 0,1 kp/cm², bei 800 °C bis auf 9 kp/cm².

Hochbasische Schmelzen sowie Rohmehle und Klinker benetzten geschliffene kristallographisch gleichorientierte Platten aus Korund leicht, aus Magnesit aber wenig oder gar nicht. Um schnell einen Ansatz auf frischen Magnesitsteinen zu erhalten, ist ein Gehalt an Fe_2O_3 günstiger als der an Alkalien. — Die stark verflüssigende Wirkung des Fe_2O_3 wird auch in anderen Berichten hervorgehoben. Den Einfluß des Chemismus auf die Menge und das Verhalten der Schmelzphase bei der Ansatzbildung bringen auch G. MUSSGNUG [M 60] 1948 und E. VOGEL [V 15] 1959 zum Ausdruck. — Aus dem Granulationsmodell wird verständlich, warum jede Änderung oder Unregelmäßigkeit des Brennguts, Brennstoffs oder der Ofenverhältnisse die Bildung von Ansatz hemmen oder fördern kann.

5.3.3 Einfluß der Asche

Die Asche der Kohle vermehrt die Menge des Brennguts und verändert seine chemische Zusammensetzung, und zwar beides um so mehr, je größer ihr Anteil in der Kohle und je höher der Wärmebedarf des Ofens ist. Deshalb muß man sie bei der Einstellung der Rohmischung berücksichtigen und kann z. B. für zwei Öfen, von denen der eine mit Kohle, der andere mit Öl oder Gas gefeuert wird, in der Regel nicht dasselbe Rohmehl verwenden. Es kann wirtschaftlich sein, eine *aschereiche* Kohle zu verwenden, wenn sie verhältnismäßig billig ist und die Zusammensetzung der Asche gleichmäßig ist. Wärmewirtschaftlich ist eine aschearme Kohle mit hohem Heizwert günstiger. Die Asche vermehrt den Schmelzanteil des Brennguts. Meist fällt sie wahrscheinlich in Form schmelzflüssiger Aschetröpfchen auf das Brenngut nieder.

Als Alkali- und Sulfatkreislauf noch nicht bekannt waren, d. h. vor der Einführung der wärmesparenden Öfen, hat man oft von Ascheringen gesprochen und damit sowohl den Auslaufring („vorderer" Aschering) *unter* der Ofendüse verstanden, als auch den Sinterring am Ende der Flamme („hinterer" Aschering). Die Erfahrung an alten Drehöfen besagte ferner, daß man den schwer zugänglichen hinteren Sinterring um so weniger zu fürchten brauchte, je stärker sich der (vordere) Auslaufring regelmäßig bildete. Damals verließ noch das meiste Alkalisulfat den Ofen mit den Abgasen. Bei den heutigen Öfen findet nach Versuchen von K. Hogrebe und W. S. Lehmann [H 43] 1956 mit radioaktiven Lanthan-Isotopen und von P. Weber [W 30] die wesentliche Ascheaufnahme etwa im Bereich des Sinterrings statt.

Im allgemeinen ist die Asche der Steinkohle und des Kokses, wie man aus Tab. 24 unter 2.4.1 — dort nur für Kraftwerksschlacken — und Bild 23 erkennt, vorwiegend toniger Natur und kalkarm, die der für den Drehofen weniger in Frage kommenden Braunkohle reich an Kalk. Die Asche der Steinkohle nähert sich — von ihrem Gehalt an Fe_2O_3 abgesehen — der Zusammensetzung der Schamotte und gibt deshalb im allgemeinen ohne Zusatz zähflüssige Schmelzen. Bemerkenswert sind die verhältnismäßig hohen Gehalte an Alkalien von 3 bis 4% und von 1 bis 5% Sulfat in der Asche der Ruhrkohle, die die Zusammensetzung der Gasphase des Drehofens beeinflussen. Auch Chloride können vorkommen (s. unten). Der nicht angegebene Sulfidschwefel stammt vorwiegend aus dem in der Kohle vorkommenden Schwefelkies (Pyrit) FeS_2 — oft auch das gesamte Eisen — sowie auch aus organisch gebundenem Schwefel. Handelsübliche Steinkohle enthält 0,8 bis 1,5% S. Auf die Wirkung von Alkali und Sulfat wird im nächsten Abschnitt eingegangen.

E. Vogel [V 15] hat 1960 den Einfluß von Steinkohlenasche auf die chemische Zusammensetzung des Brennguts unter Mitwirkung des Flugstaubs in Bild 88 im $\triangle$-System $SiO_2-CaO-R_2O_3$ anschaulich gemacht. Der Schmelzpunkt der Mischungen aus der Asche A und dem Rohmehl fällt zunächst von 1260 °C bis auf den Tiefstpunkt B von 1150 °C ab und steigt dann wieder an. Alle Mischungen aus 60% Klinker und 40% Asche liegen mit ihrem Schmelzpunkt noch tiefer als die reine Asche, woraus die schmelzfördernde Wirkung der Asche deutlich wird. — H. Winkler und A. Petzold [W 65] haben 1966 und 1967 mit Laborversuchen gezeigt, daß die hochviskosen Schmelzen der *Stein*kohlenaschen wesentlich langsamer in Poren und Risse des Klinkers eindringen als die dünnflüssigen Schmelzen der *Braun*kohlenaschen, eine typische Zonenbildung mit einer Anreicherung von Belitkristallen beobachtet und eine reaktionsbeschleunigende und mineralisierende Wirkung der Aschen schon bei 1200 °C festgestellt.

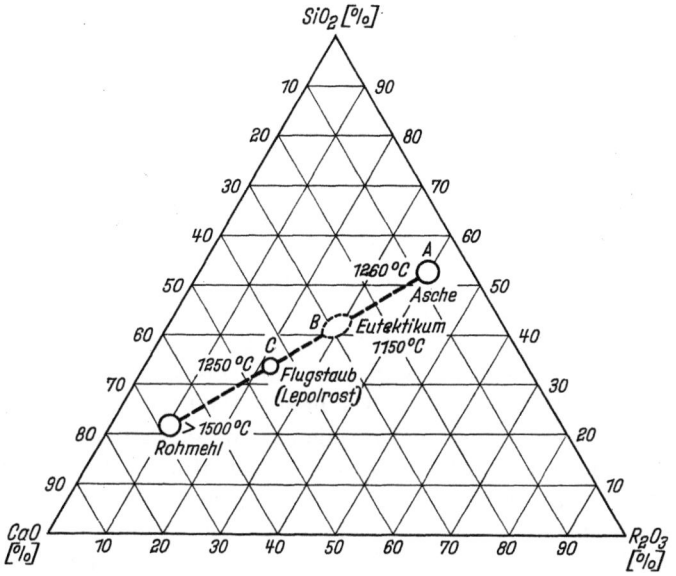

Bild 88. Lage von Rohmehl (Klinker)-Asche-Gemischen im Δ-System $SiO_2 - CaO - R_2O_3$. Nach E. VOGEL [V 15].

Als Maßnahmen zur Beseitigung des „Überflusses" an Schmelze werden empfohlen: Verwendung von ascheärmerer Kohle, Erhöhen des Kalkgehalts oder des Gehalts an Kieselsäure und an Kalk: Die „sofortige Kompensation" der Steinkohlenasche, wodurch es gar nicht erst zu dünnflüssigen Schmelztröpfchen kommen kann, strebt der Vorschlag an, Kalksteinmehl der Ofenkohle zuzugeben. R. ALÈGRE [A 11] hat 1958 auf diesem Wege in zwei Fällen Ansatzringe beseitigt, die 6,7 und 6,3% K_2O enthielten (und daneben aus den üblichen Komponenten bestanden), von denen 40 bis 50% von der Asche und 50 bis 60% vom Klinker herrührten. Durch Zusatz von 16,5% CaO, im anderen Fall von 14% CaO auf den Aschegehalt bezogen, hat er den Aschering zum Verschwinden gebracht, was auch J. HENDRICKS [H 24] 1958 aus eigener Erfahrung bestätigt.

5.3.4 Alkali- und Sulfatkreislauf

Für die Bildung der Sinterringe zwischen Calcinierzone und Sinterzone werden häufig auch die in diesem Ofenbereich herrschenden *Temperatur-* und *Verbrennungsverhältnisse* verantwortlich gemacht. F. MATOUSCHEK [M 20] folgert 1953 aus fünfjährigen Feststellungen an einem

Lepol-Ofen, daß die Ringbildung in erster Linie von einer unvollständigen Verbrennung der Kohle herrührt, wie sie ein forcierter Betrieb zur Folge hat. Eine höhere Klinkerleistung *ohne* Ringbildung sei eher mit Kohle von höherem als mit Kohle von niederem Heizwert zu erreichen. Die Ansicht vom günstigen Einfluß des höheren Heizwerts bejaht A. VIRELLA [V 12] 1956, die von der Vorrangstellung der Temperatur auch J. FOREST [F 5a] 1966. Das „*Überziehen*" der Ofenleistung stört das Gleichgewicht des Brenngeschehens und den Granulationsvorgang.

Von größerem Einfluß für das Entstehen von Ansätzen und Ansatzringen ist die dauernde Anwesenheit von Alkalien und von Sulfat in der Gasphase der Drehöfen. Erst nach Einführen der wärmesparenden Öfen hat man erkannt, daß durch das Verdampfen und Kondensieren der leichtflüchtigen Alkalichloride und -sulfate ein Alkalikreislauf und ein damit eng zusammenhängender Sulfatkreislauf besteht. C. GOES [G 17] und P. WEBER [W 30, 31] haben 1960 und 1961 als *inneren* Kreislauf das Verdampfen und Kondensieren innerhalb des Ofensystems selbst bezeichnet und in den *äußeren* Kreislauf auch den im Filter abgeschiedenen alkalireichen Flugstaub einbezogen, soweit er, was die Regel ist, dem Ofen wieder zugeführt und nicht durch einen *Bypass* abgeschieden wird, wie das die schematische Darstellung in Bild 89 nach P. WEBER [W 31] 1964 für einen Drehofen mit Vorwärmer zeigt.

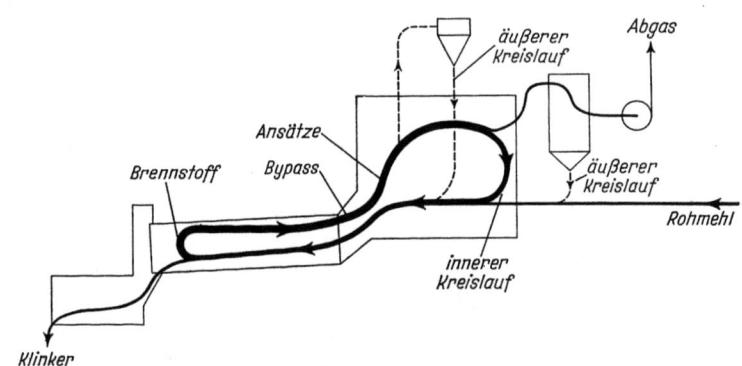

Bild 89. Alkalikreislauf beim Zementdrehofen mit Vorwärmer (Schema). Nach P. WEBER [W 31].

Über die Herkunft von *Schwefel* und *Alkalien* in *deutschen Rohstoffen* und Rohmehl und in den dort verwendeten Brennstoffen gibt S. SPRUNG [S 91] 1964 für *Schwefel* an: Ton bis zu 0,22% S, Kalkstein bis zu 0,17% S, Ruhrkohle im Mittel 1,1% S, Erdöl aus Mexiko und dem Iran 1,5 bis 5,2% S, Saharaöl, deutsches Erdöl und einige amerikanische Öle weniger als 1% S. Die *Alkalien* stammen vorwiegend aus Rohmehl und Kohlenasche. Deutsches Rohmehl kann 0,05 bis 0,6% Na_2O und

5.3.4 Alkali- und Sulfatkreislauf

0,5 bis 2,0% K_2O enthalten, wobei der Gehalt an K_2O in % in der Regel das Fünf- bis Achtfache des Na_2O, manchmal sogar das 30 fache beträgt, Kohlenasche enthält 0,6 bis 4,7% ($Na_2O + K_2O$). Tone und Kalksteine anderer Länder enthalten teilweise wesentlich höhere Gehalte an Schwefel und Alkalien (s. unten). Gehalte an Fluor s. 2.1.7, Alkali im Zuschlag s. 3.1.7. Das Verdampfen der Alkalien aus Brenngut und Klinker beginnt nach P. WEBER [W 31] 1964 schon bei rd. 800 °C, kann sich also bis in den Kühler hinein fortsetzen, ihr Kondensieren beginnt unter 900 °C; im Bereich der Flammengase sind Alkalien und Schwefelverbindungen gasförmig. Schmelzpunkte und Siedepunkte der wichtigsten in Frage kommenden Alkalisalze enthält Tab. 62. Alkalisulfate haben selbst im Sinterbereich einen sehr niedrigen Dampfdruck [G 17]. Sie werden daher zum großen Teil unverdampft mit dem Klinker aus dem Ofen abgeführt.

Tabelle 62. *Schmelz- und Siedepunkte verschiedener Alkalisalze (kristallwasserfrei) in °C* [R 28]

		Schmelzpunkt		Siedepunkt	
		Kalium	Natrium	Kalium	Natrium
Chloride:	KCl, NaCl	770	801	1411	1440
Fluoride:	KF, NaF	857	990	≈1500	1704
Carbonate:	K_2CO_3, Na_2CO_3	891	850	—	—
Sulfate:	K_2SO_4, Na_2SO_4	1074	884	—	—

Beim Brennen werden, wie C. GOES [G 17] 1960 die Reaktionen des Kreislaufs deutet, die Alkalien wahrscheinlich zunächst durch Calcium aus ihren Verbindungen verdrängt; neben den silicatischen Klinkerbestandteilen entstehen teilweise mit dem CO_2 aus der Entsäuerung des $CaCO_3$ niedrig schmelzende Alkalicarbonate, die an die Oberfläche der Granalien diffundieren und dort verdampfen. Die vermutlich als Ionen in der Gasphase vorliegenden Alkalien setzen sich mit den Anionen des Ofengases zu Sulfaten, Carbonaten und Chloriden um. Diese können sich auf das kalte Brenngut niederschlagen, wandern damit wieder in die Sinterzone und verdampfen entsprechend dem sich einstellenden Gleichgewicht teilweise abermals. — SO_3 aus $CaSO_4$ im Rohmehl und SO_2 im Ofengas fördern die Bildung der schwer flüchtigen *Alkalisulfate* und damit das *Verbleiben* des Alkalis im Klinker, während Wasserdampf im Ofengas die Bildung der leicht flüchtigen Alkalihydroxide und damit das Verbleiben des Alkalis in der Gasphase fördert. Ein Teil der Alkalien geht als $KC_{23}S_{12}$ oder KC_8A_3 und NC_8A_3 in die Klinkerphasen ein.

Die *unangenehmen* betrieblichen Wirkungen des Kreislaufs sind *Ansätze* an der Übergangsstelle vom Drehofen zum Rostvorwärmer, zum und im Wärmetauscher, vom Drehofen zum Kühler, ferner die Ansatzringe im Ofen. Ein Anreichern von Alkali im Klinker ist nicht erwünscht. Es kann die Festigkeit von alkaliempfindlichen Zuschlagstoffen beeinträchtigen und kann in Form von Sulfat, besonders von Carbonat, Erstarren und Erhärten des Zements ungünstig beeinflussen (s. 2.3.3 und 3.1.7). Nach S. SPRUNG [S 91] 1964 werden vom Lepol- und Schwebegasofen 83 bis 93% der Alkalien mit dem *Klinker* ausgetragen. Im Lepol- und Wärmetauscherofen liegt der innere Alkalikreislauf zwischen 65 bis 80% der Alkalien und der innere Schwefelkreislauf zwischen 73 bis 88%. Nach C. GOES [G 17] 1960 beträgt der Alkalikreislauf im Drehofen meist das 1,2- bis 1,5fache der Alkalimenge im Klinker. – Ein interessanter Sonderfall ist der von G. MUSSGNUG [M 63] 1962 beschriebene Alkali*chlorid*-Kreislauf bei Verwendung von ballastreicher Kohle mit 0,3 bis 0,4% Cl, der den Betrieb eines Wärmetauscherofens nach kurzer Zeit blockierte. Innerhalb von 3 bis 4 Wochen reicherte sich das Alkali im inneren Kreislauf auf das Vier- bis Fünffache an, im äußeren Kreislauf auf das Doppelte; das Chlor erreichte im inneren Kreislauf sogar den 100fachen Wert und im äußeren Kreislauf den dreifachen Wert. Das Alkalichlorid wurde in der Sinterzone fast völlig verdampft, im Wärmeaustauscher fast völlig niedergeschlagen und verursachte in dessen unterster Stufe eine starke Ansatzbildung. Die Ansatzstücke enthielten schon nach 3 Tagen rd. 22%, nach 1 Monat sogar rd. 50% KCl. Als mit der Schaffung eines *Bypass* (= Nebenweg) ein Teilstrom von 10% der Drehofenabgase vor dem Wärmetauscher abgezweigt und darin durch Abkühlen das Alkalichlorid ausgeschieden wurde, bildeten sich die den Betrieb störenden Ansatzstücke nicht mehr. – Auch bei Kaliumcarbonat und Kaliumsulfat hat sich das Abführen eines Teils der Ofengase durch einen Bypass als möglich und zweckmäßig erwiesen. Im äußersten Fall muß man den feinsten Ofenstaub völlig ausscheiden, ihn anderweitig, z. B. als Düngemittel verwenden oder ihn auslaugen. Nach C. GOES [G 17] 1959 kann man durch das Ableiten von 15% des Gas-Staub-Gemisches an der Übergangsstelle zwischen Vorwärmer und Drehofen die Alkalimenge im Ofen und damit im Klinker um 3 bis 20% erniedrigen; nach den Angaben von E. BADE [B 1b] 1962 kann man 15% durch Herausnahme des Elektrofilterstaubs, 40% durch eine anschließende Laugung, über deren betriebliche Anwendung W. E. TRAUFFER [T 14] 1966 berichtet, und 80% durch eine damit kombinierte Flotation entfernen. N. N. JURGANOV und Mitarbeiter [J 14] konnten 1966 durch Auslaugen den Alkaligehalt des Klinkers von 1,3 auf 1,0% senken; J. H. BERGSTROM [B 21] hat dabei Setzmittel (Seporan, Orzon) erfolgreich verwendet.

P. WEBER [W 31] bezeichnet 1964 als Alkalikreislauffaktor das Verhältnis des Alkaligehalts im Brenngut am Ofeneinlauf zu dem im Roh-

5.3.4 Alkali- und Sulfatkreislauf

mehl. Als Kreislauffaktor des K_2O in 7 SWT-Öfen hat er einen mittleren Wert von 2,88, in 11 Lepol-Öfen nur 1,22 gefunden. Der Restalkaligehalt als Quotient von Alkaligehalt im Klinker zu dem im Rohmehl betrug bei den SWT-Öfen 0,92, bei den Lepol-Öfen 0,72. V. I. VIKTORENKO und B. V. VOLKONSKIJ [V 11] fanden 1965 für SWT-Öfen niedrigere Werte von 2,8 bis 1,7 für den Kreislauffaktor und 0,92 bis 0,60 für den Restalkaligehalt. Mit ihrem alkalireichen Roh- und Brennstoff bildeten sich Ansätze aus Kaliumcarbonat, Alkalichlorid und Calciumsulfat bei 1000 °C Gastemperatur am Ofeneinlauf auf den Wänden der Zyklone 4 und 3, bei 900 °C im Ofen nahe dem Ofeneinlauf. Für den SO_3-Gehalt im Brenngut und Ansatz gibt er folgende Werte an:

	4. Zyklon	10 m	25 m	40 m	45 m
		vom Ofeneinlauf			
SO_3 im Brenngut	3,0	1,5	1,0	1,5	1,5%
SO_3 im Ansatz	6,0	7,0	5,5	5,0	4,5%

Nach G. WITOLS [W 79] 1959 bestanden die in demselben Bereich liegenden „Sulfatringe" mit 11 und 13% SO_3 aus einer zunächst hellen, dann dunkler werdenden, unter Zunahme des Sulfatgehalts hart werdenden und bleibenden Masse. Sie ließen sich durch Übergang zu einem schwefelarmen Öl, aber auch durch verbesserte Brennbedingungen, z. B. durch Erwärmen des Öls auf 160 °C, verhindern.

F. TROJER [T 18] berichtet 1961 über Zerstörungen von Magnesitchromsteinen durch Alkalisulfidphasen und -sulfatphasen im Futter eines Drehofens, der wechselweise Grau- und Weißzement herstellte. Infolge des sehr hohen Silicatmoduls entstand kein Ansatz auf dem Futter, dagegen eine erhebliche Menge an $KFeS_2$-Phase, die sich kaltseitig in den Porenräumen ablagerte, beim Stillstand des Ofens oxydierte und zur *Zerstörung* der Steine führte. Diese Phase tritt nicht selten auch im Klinker auf, vor allem, wenn der Klinker reduzierend gebrannt wird wie beim Weißzement oder nach dem Gips-Schwefelsäure-Verfahren. TROJER [T 18] hat 1966 $KFeS_2$ synthetisch hergestellt und daran die mineralogisch wichtigen Daten bestimmt.

N. SUNDIUS und O. PETERSON [S 114] haben 1960 das in „Sulfatringen" vorkommende grüne Mineral als Doppelverbindung von Sulfat und Silicat mit folgender Zusammensetzung beschrieben: Silicat: $Ca(Na_2, K_2)SO_4 = 1,75 : 1$ und es auch durch Zusammenschmelzen der Oxide und Sulfate erhalten. Y. ONO und Mitarbeiter [O 4] hatten schon früher einen „*Sulfatspurrit*" festgestellt und 1965 dessen Zusammensetzung im Ansatzring als $3 (2 CaO \cdot SiO_2) \cdot 2 CaSO_4$ angegeben. – A. M. HERR, W. HENNIG und H. SCHOLZE [H 32] hatten 1968 während des Brandes und bei der DTA von Zementrohmehl die Bildung von Spurrit der Zusammensetzung 2 (2 CaO · SiO$_2$) · CaCO$_3$, also eines Silicocarbonats, festgestellt, außerdem eine erhöhte Bildungsgeschwindigkeit durch Flußmittel. Spurrit kommt auch als natürliches Mineral vor; seine Synthese war W. EITEL 1923 bei 120 at, B. COURTAULD 1964 bei 1 at CO$_2$-Druck gelungen. — F. BECKER und W. SCHRÄMLI [B 17] haben 1969 die Phasenverteilung in einem Ansatzring von etwa 3 m Breite und 0,8 m Dicke untersucht, der sich in einem 103 m langen Drehofen am oberen Ende der Brennzone, 20 m vom Ofenauslauf, gebildet hatte. Von der Ringoberfläche zur Ofenwandung hin nahm der Gehalt an Freikalk von 16 bis 20 auf rd. 70% zu, der an C$_3$S von 60 auf fast 0% ab, und der an β-C$_2$S von etwa 30 auf 20% ab, die Menge an Spurrit von wenigen Prozent auf 50% zu. Weder CaF$_2$ noch Alkalien oder SO$_3$ waren in dem Ring angereichert. Die Verfasser sehen damit die Ansicht bestätigt, daß *Spurrit*, dem sie die Zusammensetzung von 4 CaO · 2 SiO$_2$ · CaCO$_3$ geben, eine *Übergangsphase* bei der Alitbildung ist, und nehmen an, daß sich Spurrit durch eine Festkörperreaktion zwischen CaCO$_3$ und den SiO$_2$-haltigen Phasen bildet. Durch Einbau weiterer Ketten in den Ofen wurde die Entsäuerung des Brennguts verstärkt, und der Ring löste sich auf.

Somit ist die Mitwirkung des Sulfats und Alkalis bei der Bildung von Ansatzringen unzweifelhaft. Sie wirken wahrscheinlich auch in manchen langen Trockenöfen bei dem Entstehen der Mehlringe mit. Alkalisulfat wird offenbar als Schmelzanteil in den Ansatz aufgenommen und darin festgehalten. Bemerkenswert ist die Feststellung von E. VOGEL [V 13] 1958, daß beim Erhitzen eines Ansatzes aus der Heißkammer eines Lepol-Ofens, also nicht aus dem Ofen, mit 10,1% SO$_3$ und 8,4% K$_2$O *zwei* nicht miteinander mischbare Schmelzen entstehen, und zwar eine stark viskose Silicatschmelze und eine schwach viskose Sulfatschmelze. Die dünne Sulfatschmelze wird man wahrscheinlich für das oben erwähnte Durchdringen eines Futtersteins verantwortlich machen dürfen, was auch im nächsten Abschnitt erwähnt ist.

5.3.5 Ansatzringe und ihre Beseitigung

D. OPITZ [O 6c] 1969 und das Merkblatt WE 8 des VDZ von 1968 unterscheiden vor der Sinterzone Mehl- und Schlammringe, dann Sinter- und zuletzt Klinkerringe. Auf Bild 84 (S. 325) sind Sinterring und Klinkerring zu erkennen. *Sinterringe* entstehen und bestehen vorwiegend aus dem Brenngut, der Asche und Bestandteilen der Gasphase. Sie sind die bekanntesten und am meisten beschriebenen Ringe und liegen etwa zwischen dem Eintritt des Brennguts in die Sinterzone und dem oberen Flammenende, je nach Ofengröße 8 bis 16 m vom Auslauf

5.3.5 Ansatzringe und ihre Beseitigung

entfernt. Manchmal lassen sich die Ringe durch Verlegen der Flamme *ausbrennen* oder durch 5- bis 6maliges Aufheizen und anschließendes Abkühlenlassen zum Einsturz bringen, was durch eine verfahrbare Ofendüse erleichtert wird. Sonst muß man sie mit einem Druckwasserstrahl aus einem etwa 10 bis 12 m langen Rohr und einer Düse von etwa 12 bis 14 mm Dmr. in mehrstündigem Abstand *abschrecken*. Dieses Verfahren ist bei den Klinkerringen (s. unten) weniger schwierig; das Strahlrohr kann dann kürzer sein und braucht eine Düse von nur 4 bis 8 mm Dmr. zu besitzen.

Erfolgreicher und einfacher ist das Herausschießen der Ringe mit einer Industriekanone. Der Ring wird dabei an mehreren Stellen durchschossen und bricht zusammen. Bewährt hat sich die Remington-*Kanone*. Die zur Zertrümmerung eines Rings erforderliche Schußzahl beträgt im allgemeinen für einen 3 bis 5 m langen Ring 500 bis 2000, im Mittel 1000 Schuß.

Das u. a. von F. W. PLANK [P 14] 1965 beschriebene *Cardox*-Verfahren wird bei den großen Drehöfen bevorzugt angewendet. Dabei wird der Ansatzring von außen angebohrt und mit einer Gasladung gesprengt. Man stellt zunächst die genaue Lage des Rings im Ofen durch Messen der Manteltemperatur fest, die unter dem Ring um 100 °C und mehr niedriger sind. Dann bohrt man durch Ofenmantel, Futter und Ansatz in einer bestimmten Anordnung Öffnungen, in die man ein Cardox-Rohr einführt. Manche Ofenmäntel enthalten solche Öffnungen bereits. Das Cardox-Rohr enthält, wie sein Name andeuten soll, eine hochverdichtete CO_2-Füllung (carbon dioxide), in die ein Gassatz eingebettet ist, der elektrisch gezündet wird.

Der *Einlaufring* kommt sowohl in Naß- als auch in langen Trockenöfen vor. Als Schlammring des Naßofens entsteht er mit Wasser als Klebmittel nach demselben Mechanismus wie der Sinterring mit der flüssigen Schmelze. Die in diesem Bereich kondensierenden Alkalisulfate werden das am Ende des Trockenvorgangs noch mechanisch festgehaltene Restwasser sicher viskoser, d. h. klebkräftiger und gleichzeitig schwerer verdampfbar machen. Beim Trockenofen werden die „feuchten" Kondensate der Alkalisulfate und -chloride das Kleben allein bewirken. In beiden Fällen helfen Kettenvorhänge und Einbauten, wie sie früher beschrieben sind (s. 5.2.4 und 5.2.5). Notfalls muß man in einem Bypass den äußeren Alkalikreislauf verringern (s. S. 354) oder auf die Rückführung des feinsten Staubes verzichten.

Der Klinker- oder *Auslaufring* bildet sich an der Grenze zwischen Sinterzone und Kühlzone, d. h. wenige Meter vom Ofenauslauf entfernt. Da er meist unterhalb des vorderen Endes der Düse, d. h. da liegt, wo die Flamme ihn nicht mehr erreichen kann, wird man sein Entstehen dem Flugstaub aus dem Klinkerkühler ganz oder teilweise zuschreiben dürfen, den die Sekundärluft mitbringt und der nach W. LIESEGANG und K. LUSCHE [L 37] 1964 verhältnismäßig grobkörnig sein kann. Die Flugstaubmenge ist von der Geschwindigkeit und Klinkerbeschaffenheit abhängig. Nach P. WEBER [W 31] enthält die Sekundärluft auch dampfförmige Alkalien und Sulfate. Die Tatsache, daß dieser vordere Ring manchmal täglich abgestoßen werden muß, macht es wahrscheinlich, daß am Düsenende vorübergehend oder dauernd kleine Verwirbelungen eintreten, die Einzelteile in einer turbulenten Strömung zunächst oder überhaupt ganz in die umgekehrte Richtung zum Ofenende hin treiben und deren Ablagern auf dem Ring bewirken. Zum Beseitigen der Auslaufringe genügt manchmal das Verlegen der Flamme. Auch das beim Sinterring beschriebene Verfahren mit Druckwasser ist anwendbar. Sonst muß man den Ring mit einer Stahllanze abstoßen; C. SCHÖNECK [S 30] beschreibt 1963 die mit einem wassergekühlten Hohlmeißel von 4 m Länge und 210 mm Dmr. ausgestattete Atlas-Copco-Ramme PH 180 K; der Hohlmeißel wird über einer Zahnstange durch einen Haspel vor- und rückwärts bewegt.

5.3.6 Veränderungen der ff. Steine im Ofen

Über die Veränderungen und Neubildungen in der Kontaktzone zwischen Klinker und den verschiedenen Arten von feuerfestem Futter berichten S. M. BRISBANE und E. R. SEGNIT [B 56] 1957. Auf saurer *Schamotte* mit 82% SiO_2 und 14% Al_2O_3 haben sich in der Vorwärmzone als Reaktionsprodukte *Wollastonit* und *Pseudowollastonit* $CaO \cdot SiO_2$ sowie *Kaliophilit* $K_2O \cdot Al_2O_3 \cdot 2 SiO_2$ gebildet; der Ansatz auf den in der Calcinierzone und Sinterzone eingebauten *hochtonerdehaltigen* Steinen mit 52 und mit 67% Al_2O_3 war wie Klinker zusammengesetzt, im Kontakt damit hatten sich Gehlenit $2 CaO \cdot Al_2O_3 \cdot SiO_2$, daneben Anorthit (Kalkfeldspat) $CaO \cdot Al_2O_3 \cdot 2 SiO_2$ und Glas — nach KIENOW und SEEGER (s. unten) auch Feldspatvertreter und β-Korund — gebildet. Den höchsten Alkaligehalt fanden sie nur in der Zone bis zu 1 cm unter der Oberfläche. (F. KÖBERICH [K 40] spricht 1941 bei Schamottesteinen von einer bis zu 3 und 4 mm dicken Kaliglasur.) In dem chemisch gebundenen *Magnesitchromstein* lag die Zone mit dem höchsten Alkaligehalt 5 bis 7 cm, in dem keramisch gebundenen Chrommagnesitstein nur 1 bis 3 cm tief.

F. TROJER [T 20] hat 1957 die für die einzelnen Zonen typischen Kristallgesellschaften eines Magnesitsteins angegeben. Nur die untergeordnete Sesquioxid- und Silicatphase nimmt an den Kristallverdrängungen und Kristallbildungen teil, nicht aber der Periklas. Fe_2O_3 wandert noch mehr als Al_2O_3 über eine hochbasische Schmelzphase in Richtung zur kalten Seite und reichert sich im Bereich von etwa 22 mm

Tiefe an. — Nach S. KIENOW und M. SEEGER [K 28] 1966 entsteht im normalen Drehofenbetrieb eine 4 bis 5 mm dicke gebleichte Zone, in der die Periklase durch Sammelkristallisation wachsen, wie das F. TROJER [T 20] 1956 anschaulich gezeigt hat; in sehr heiß betriebenen Öfen dringen die Schmelzen 8 bis 13 mm tief in die Steine ein und beeinträchtigen deren Festigkeit. Sind Alkali und Sulfat gemeinsam vorhanden, dann können die nach E. VOGEL [V 15] (s. 5.3.3) sehr leichtflüssigen Alkalisulfatschmelzen durch die Steine bis zu den Hintermauerungsplaketten auf der kalten Steinseite vordringen und Korrosionen des Ofenmantels hervorrufen. Chromoxid Cr_2O_3 wird wahrscheinlich als Alkalichromat weggeführt.

F. KÖBERICH [K 40] hat 1941 über große Kristalle von *Magnetit* Fe_3O_4 in oktaedrischer Form und *Eisenglanz* Fe_2O_3 in hexagonaler Form im verzunderten Mantelblech eines Lepol-Ofens berichtet. Er fand den Hohlraum zwischen Mantel und Futter mit gelbem Kaliumsulfat angefüllt und schreibt die hellgrüne Verfärbung dem Kaliumchromat zu (s. unten).

Über den starken *Angriff* der Alkalien auf die Metallkonstruktion von Wänden und Decken der Heißkammer eines Lepol-Rostes berichtet S. ZACCARINI [Z 1] 1963. — Die vorzeitige *Abnutzung* von Magnesitchromsteinen durch Abplatzen und Rissigwerden als Folge des Wanderns der flüssigen Phase des Steins zur kälteren Seite hin erklären D. HUMS, K.-J. LEERS und K. NIESEL [H 56] 1968 mit dem Unterschied im Ausdehnungsverhalten der veränderten Oberschicht und der infiltrierten Schicht und mit Gleitvorgängen, bei denen die festen Teile in einer „umhüllenden Steinmatrix" gleiten, während R. DERIE [D 6] 1969 sie auf die geschwächte poröse Oberflächenstruktur zurückführt, die gegen thermische und mechanische Schocks weniger widerstandsfähig ist.

5.4 Ofenstaub, Entstaubung, Emission und Immission

5.4.1 Ofenabgase und behördliche Anforderungen

In der Bundesrepublik Deutschland ist am 1. Juni 1960 das sogenannte „Luftreinhaltegesetz" in Kraft getreten (Gesetz zur Änderung der Gewerbeordnung und Ergänzung des Bürgerlichen Gesetzbuches). Danach ist mit der Neufassung von § 16 und § 18 der Gewerbeordnung und der von § 906 BGB der Kreis der genehmigungspflichtigen Betriebe und Anlagen erweitert und deren Überwachung verschärft worden, so daß auch nachträgliche Auflagen über die Konzessionsbedingungen hinaus möglich sind. Nach Gründung der VDI-Kommission „Reinhaltung der Luft" im Jahre 1955 ist die VDI-Richtlinie 2094 „Auswurfbegrenzung Zementwerke" aufgestellt worden. In ihrer Fassung von

1967 sind bei Neuanlagen die in den Abgasen enthaltenen staubförmigen *Emissionen* auf 150 mg/Nm³ begrenzt, für den Fall eines Trockenofens mit einem spezifischen Wärmeverbrauch von 800 kcal/kg Klinker und 2 Nm³ Abgas sind das 0,3 g/kg Klinker oder 0,03% der Klinkerleistung, mit früher verglichen eine außerordentlich niedrige Menge.

Als Grenzwerte für staubförmige *Immissionen* sind in der „Technischen Anleitung für Reinhaltung der Luft" des Bundesministers für Gesundheitswesen vom 8. 9. 1964 festgelegt:

	Als *Jahres*mittelwert	Als *Monats*mittelwert
Industrielle Ballungsgebiete	0,85 g/m² · Tag	1,3 g/m² · Tag
Allgemeine Gebiete	0,42 g/m² · Tag	0,65 g/m² · Tag

Diese Grenzwerte haben zu den von der Gewerbehygiene festgelegten MIK- und MAK-Werten (das sind Grenzwerte für *maximale Immissions-* bzw. *Arbeitsplatz-Konzentration*) keine direkte Beziehung. Die MIK- und MAK-Werte (Staub 21, 1961, S. 535/38) beziehen sich auf die einzelnen Stoffe, die die menschliche Gesundheit schädigen können, wenn sie als Gase, Dämpfe oder Aerosole eingeatmet werden oder auf andere Weise in den menschlichen Körper gelangen. Sie werden in mg je m³ Luft oder mg des Stoffes je m³ Luft, auch in ppm = parts per million angegeben. Die MAK-Werte sind größer als die MIK-Werte, weil der arbeitende Mensch der beeinträchtigenden Konzentration nur innerhalb der Arbeitszeit und auch dann meist nur zeitweise ausgesetzt ist, während die MIK-Werte nicht nur für Industriegebiete, sondern auch für die Wohnbezirke, d. h. für eine Dauerbelastung gelten. Für SO_2 gelten z. B. nach der VDI-Richtlinie 2108 vom November 1961 als MIK-Wert für Dauereinwirkung 0,5 mg SO_2/m³ Luft (etwa 0,2 cm³), als MAK-Wert 13,0 mg SO_2/m³ Luft (etwa 5,0 cm³).

SO_2 und SO_3 nehmen in Großstädten immer mehr zu und sind Hauptbestandteile des *Smog* (aus *smoke* = Rauch und *fog* = Nebel); sie schädigen auch den Menschen. In Nordrhein-Westfalen ist seit 1963 ein Smogwarndienst eingerichtet [S 109]. Die Ofenabgase von Zementöfen enthalten aber kein SO_2 oder SO_3 (s. 5.3.4), auch keine krebserzeugenden (cancerogenen) Gase, wie H. BÖNIG [B 36] gezeigt hat.

Auch die bei Arbeitern im Bergbau und im Steinbruch vorkommende *Silikose* tritt als Auswirkung der Arbeit im Zementwerk oder bei der Verarbeitung von Zement gar nicht mehr oder nur in Ausnahmefällen auf. Das rührt daher, daß Rohmehl in der Regel keinen oder nur wenig Quarz enthält. Dagegen kann der Umgang mit Zement bei dazu veranlagten Menschen eine Chromatallergie hervorrufen (s. 2.1.8).

Für die *Ballungsgebiete* der Industrie sind höhere Immissionswerte (s. oben) zugelassen, weil dort mehrere Betriebe, auch solche verschie-

5.4.1 Ofenabgase und behördliche Anforderungen

denartiger Industriezweige an den Immissionen beteiligt sind und dann zwangsläufig eine Anreicherung von immittiertem Staub, besonders bei gleichbleibendem Wind und trockenem Wetter stattfindet. Mit diesen Fragen befaßt sich die *Landesanstalt* für Immissions- und Bodennutzungsschutz, die in einigen Industriebezirken des Landes *Nordrhein-Westfalen* mit rd. 5000 Meßstellen den Staubniederschlag feststellt. Nach den Berichten von H. STRATMANN und E. HELPERTZ [S 108] für die Jahre 1963/64, 1964/65 und 1965/66 lagen im Gebiet der westfälischen Zementindustrie die Grenzwerte nur an wenigen Punkten über 1,31 g/m² · Tag, an den übrigen wurden die Grenzwerte für Ballungsgebiete in der Regel nicht, manchmal sogar die für allgemeine Gebiete nicht überschritten.

Bei der Beurteilung der Immissionen ist zu beachten, daß sich der feinste Staub in der Außenluft nicht mehr wie ein spezifisch schwererer Festkörper in einem Gas verhält, sondern daß er mit der Umgebungsluft ein *Aerosol* bildet, in dem die feinsten Teile mit weniger als 0,5 μm infolge ihrer großen Oberfläche über große Entfernungen weggeführt werden, daß der Niederschlag des emittierten Staubes von den örtlichen geographischen Gegebenheiten abhängt und eine brauchbare Beziehung zwischen Emissions- und Immissionswerten noch nicht gefunden worden ist.

Nach G. FUNKE [F 21] hat sich der mittlere Staubauswurf der Zementöfen in der BR Deutschland in dem Zeitraum 1950 bis 1967 von 3,5 auf 0,15% der Produktion vermindert, während gleichzeitig der mittlere Gehalt an Alkalien im *emittierten* Staub von 5 auf 11% zugenommen, der mittlere CaO-Gehalt von 40 auf 35% abgenommen hat. Der mittlere Alkaligehalt wird wegen der Zunahme an SWT-Öfen wahrscheinlich nicht ansteigen (s. unten). C. GOES [G 17] hat gezeigt, daß der Alkaligehalt im Staub eines Elektrofilters nach einem *Lepolofen* mit der Annäherung an den Kamin von rd. 10 auf rd. 30% K_2O und von rd. 2 auf red. 6% Na_2O ansteigen kann; danach besteht der Staub an dieser letzten Stelle vor dem Eintritt der Abgase in den Kamin zu fast 70% aus löslichen Salzen, wenn man die Alkalien als an Sulfat gebunden ansieht. Diese starke Zunahme gilt aber nicht für die heute bevorzugten *SWT-Öfen*, weil deren Abgase in der Regel erst durch Mahltrocknungsanlagen geleitet werden, ehe sie über die elektrische Entstaubung und den Kamin ins Freie gelangen (s. 5.2.6, WEBER [W 29]). Als Folge dieser Entwicklung sind bei der landwirtschaftlichen Beurteilung des Staubs die löslichen Alkalisalze in den letzten Jahren stärker beachtet worden als das CaO, das nur noch in feinster Verteilung im Ofenstaub vorkommt und dann sofort Gelegenheit hat, mit dem kondensierten Wasser und dem CO_2 des Gases zu reagieren.

In manchen Zementwerken muß heute oft mehr Staub abgeschieden werden, als das Zementwerk dem Ofen wieder als Brenngut zuführen möchte, weil die darin angereicherten Salze im Klinker und Zement in dieser Höhe nicht immer erwünscht sind. Die umfangreichen Entstaubungseinrichtungen eines neuzeitlichen Zementwerks (s. 5.4.4) erfordern heute rund 15 bis 20% der Kosten für maschinelle Investitionen. An den *Kosten* für die Herstellung von 1 t Zement ist der Aufwand für die Entstaubung (Betriebs- und Investitionskosten) mit rd. 2 DM beteiligt.

Um die Klärung aller mit dem Staub zusammenhängenden Fragen haben sich, soweit sie die Zementindustrie angehen, in der Bundesrepublik E. RUHLAND und W. KÖHLER, H. IHLEFELDT, G. FUNKE in vielen Veröffentlichungen und Vorträgen besonders verdient gemacht, die beiden letzten besonders um das Meßwesen (s. 5.4.3).

5.4.2 Schwefel- und Fluorverbindungen im Ofenstaub

Die *gasförmigen* Bestandteile des Ofenabgases enthalten, wie schon gesagt wurde und wie aus den nachstehende behandelten Untersuchungen hervorgeht, keine giftigen Bestandteile. Deshalb ist es bisher nicht nötig gewesen, für die Zementwerke MIK-Werte etwa für die gasförmigen Schwefelverbindungen H_2S, SO_2 oder SO_3 oder auch für Fluor F festzulegen. E. VOGEL [V 15] ist 1959 auf Grund des Schrifttums den verschiedenen *Möglichkeiten* zur Bildung flüchtiger Verbindungen beim Zementbrennen nachgegangen. Außer den bekannten Alkalisalzen sind diese Verbindungen aber im Ofenabgas entweder in unbedeutender Menge oder nicht mehr vorhanden. Vom Standounkt der Reinhaltung der Luft war nur zu untersuchen, in welcher Form die Schwefeloxide, die Alkalien sowie die Fluoride im Ofenstaub vorliegen. Da dabei keine schädlichen Bestandteile gefunden wurden, brauchte bisher nur der oben angegebene MIK-Wert für Feststaub ähnlich wie bei den Feuerungen der Kraftwerke festgelegt zu werden. Aus dem *Schwefel* der Kohle und ggf. des Brennguts entsteht zwar wie bei den Großfeuerungen der Kohlenkraftwerke Schwefeldioxid. Das Angebot an gasförmigem K_2O und Na_2O aus dem Brenngut, das noch dazu in einer sehr reaktionsfähigen Form vorliegt, auch das an Kalk, ist aber so groß, daß daraus nach folgenden Reaktionen

$$2\,SO_2 + O_2 \rightarrow 2\,SO_3 \quad \text{und} \quad SO_3 + K_2O \rightarrow K_2SO_4$$
$$\text{oder} \quad SO_3 + CaO \rightarrow CaSO_4$$

Kalium-, Calcium- und Natriumsulfat entstehen, die als schwerflüchtige Bestandteile mit dem Klinker den Ofen verlassen. Die Schwefelbilanz des Zementofens ist also beim Zementbrennen infolge der Gegenwart von Alkali- und Calciumoxid wesentlich günstiger als bei Steinkohlen- und Braunkohlenfeuerungen [S 107] (s. unten).

5.4.2 Schwefel- und Fluorverbindungen im Ofenstaub

Sofern das Alkaliangebot aus Rohmehl und Brennstoff die zur Bindung vorhandene SO_3-Menge übersteigt, ist es zweckmäßig, dem Rohmehl Gips oder Anhydrit zuzusetzen, wie das schon aus den Feststellungen von G. MUSSGNUG [M 58] 1936 über die Sulfatbindung hervorging und aus den Versuchen von C. GOES [G 17] zu folgern ist. Die Bindung der Alkalien an Sulfat anstatt an C_3A vermindert nach neueren Versuchen des VDZ offenbar auch die Neigung des Zements zur *Klumpenbildung*, weil sich zunächst Syngenit $K_2Ca(SO_4)_2 \cdot H_2O$ statt eines nadelförmigen Ettringits bildet, worauf J. FOREST [F 5 b] schon 1962 hingewiesen hat. Den Zusammenhang zwischen SO_2-Emission und dem Alkali-Sulfat-Verhältnis in der Ofengasphase hat S. SPRUNG [S 91] 1964 auf Grund von Untersuchungsergebnissen an zwölf nach den drei neuzeitlichen Brennverfahren arbeitenden Öfen mit Bild 90 erkennbar gemacht.

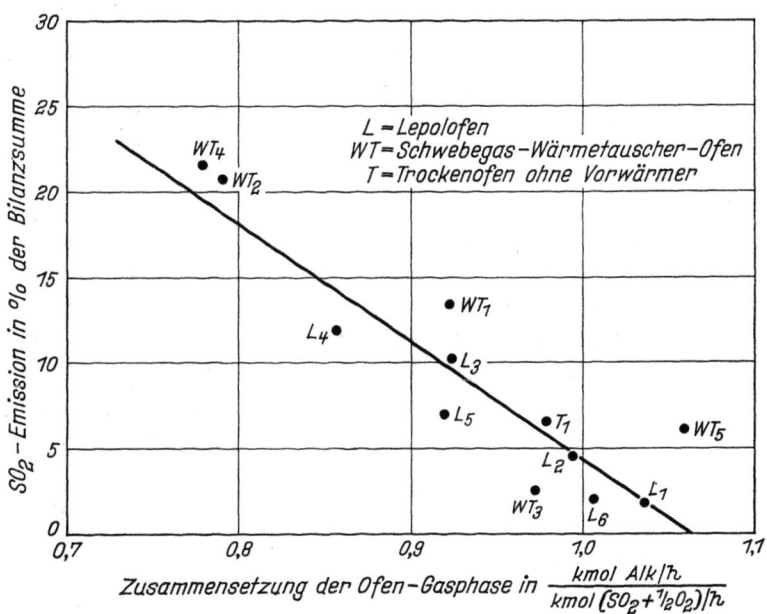

Bild 90. Abhängigkeit der SO_2-Emission von der Zusammensetzung der Ofen-Gasphase. Nach S. SPRUNG [S 91] (durch spätere Messungen ergänzt).

Sobald das Verhältnis Alkali:Sulfat den Wert 1 erreicht oder überschritten hat, sobald also alles Sulfat durch Alkali gebunden werden kann, sinkt auch die als SO_2 ausgeworfene Schwefelmenge unter 5% der gesamten Schwefelausgaben. Damit ist durch betriebliche Messungen nachgewiesen, daß die Reaktion zwischen SO_2 und den verdampften Alkalioxiden die SO_2-Emission des Zementofens bestimmt. Werden, wie SPRUNG weiter gezeigt hat, die im Verhältnis zum Lepol-Ofen viel heißeren Ofenabgase eines SWT-Ofens anschließend, wie es in der Regel geschieht, durch eine Mahltrocknungsanlage geleitet, dann wird auch eine ausnahmsweise hohe SO_2-Konzentration im Abgas wesentlich vermindert, z. B. in dem von ihm angegebenen Falle von etwa 1300 mg SO_2/Nm^3 im Direktbetrieb auf 160 mg/Nm^3. SO_3 verbindet sich im Mahltrockner, begünstigt durch den hohen Wasserdampfgehalt von etwa 10 bis 20% im Gas, auch bei den verhältnismäßig niedrigen Temperaturen der Mahltrocknung mit dem Calcit $CaCO_3$ des Rohmehls zu $CaSO_4$ stärker, als das aus seinen Laborversuchen erkennbar wurde. Die VDI-Richtlinie 2094 gibt für das Abgas von Drehöfen mit Vorwärmern und Abgasverwertung sowie Schachtöfen SO_2-Konzentrationen von weniger als 500 mg SO_2/Nm^3, also im Vergleich zu den bei Steinkohlenkraftwerken mit im allgemeinen über 1000 mg SO_2/Nm^3 sehr geringe Werte an.

Nach Versuchen von B. LÜNSER und H. HOHMANN [L 64] 1968 setzte sich das SO_2 der Ofengase zu 58 bis 93%, auf den Gesamtgehalt an SO_2 im Gas bezogen, mit dem Calcit des Rohmehls von *Granalien* zu Calciumsulfit bzw. Calciumsulfat um, verbesserte die Grünfestigkeit der Granalien und erhöhte den Alkali- und Sulfatgehalt des daraus bei 1400 °C erbrannten Klinkers.

Wenn umgekehrt die Aufgabe gestellt ist, die Alkalien auszutreiben, d. h. in die Gasphase überzuführen, was nach den in den meisten Industrieländern gültigen Bestimmungen nur dann erlaubt ist, wenn man sie vor dem Eintritt in den Kamin außerhalb des *äußeren* Staubkreislaufs niederschlägt, dann erweist sich nach den Laborversuchen von H. WOODS [W 85b] 1942 mit Rohmehlen bei 1100 bis 1350 °C das Kaliumoxid flüchtiger als das Natriumoxid, ein Zusatz von Flußspat CaF_2 als wenig und von Calciumchlorid $CaCl_2$ als besonders wirksam, was mit Tab. 62 unter 5.3.4 in Einklang steht.

Auch der Gehalt an *Fluor* in den Zementrohstoffen und Brennstoffen hat Labor- und Betriebsversuche erforderlich gemacht, da gasförmige oder wasserlösliche Fluoride bei dauernder Einwirkung Menschen, Tiere und Pflanzen nachhaltig schädigen können. Bisher sind nur MAK-Werte festgelegt, und zwar:

	Max. Arbeitsplatz-Konzentration	
	cm^3/m^3	mg/m^3
Fluor F_2	0,1	0,2
Fluorwasserstoff HF	3	2
Fluoride als Schwebstoffe (als F^- berechnet)	—	2,5

S. SPRUNG und H. M. v. SEEBACH [S 93] haben 1968 nach vorangegangenen gemeinsamen Feststellungen mit H. LEHMANN und F. W.

5.4.2 Schwefel- und Fluorverbindungen im Ofenstaub

LOCHER [L 20] geprüft, ob und welche Fluorverbindungen, wie sie z. B. P. HERMANN und I. RAPP [H 31] in Kupolöfen und Siemens-Martin-Öfen, und auch H. BOHNE [B 42] und K. F. WENTZEL [W 48] — unter Hinweis auf Schäden an Waldbeständen — in Abgasen von Ring- und Tunnelöfen eines Werks der keramischen Industrie bestimmt haben, auch in den Abgasen von Zementöfen vorkommen. Die Fluorgehalte in Roh- und Brennstoffen sind gering und betragen in

Tonen (aus Glimmer und Tonmineralien): 0,02 bis 0,3% F^-,
Carbonaten: 0,006 bis 0,06% F^-,
Kohle: bis zu 0,02% F^-,
flüssigen Brennstoffen: etwa 0,002% F^-.

SPRUNG und v. SEEBACH stellten an 11 Zementöfen neben Abgasuntersuchungen vollständige Fluorbilanzen auf und fanden, daß zwischen 88 und 98% des gesamten Fluors an Calciumoxid gebunden wird, weil im Vergleich zu den Alkalioxiden das CaO in einer um mehr als das 50fache größeren Konzentration vorliegt. Hierzu kommt, daß die in der Ofengasphase enthaltenen Alkalioxide in erster Linie mit Schwefeldioxid und Sauerstoff zu Alkalisulfat bereits bei Temperaturen reagieren, bei denen Alkalifluoride nach dem chemischen Gleichgewicht noch nicht beständig sind. Infolgedessen stehen dann Alkalioxide für eine Umsetzung mit gasförmigen Fluoriden praktisch nicht mehr zur Verfügung. Die Fluoreinbindung erwies sich, wie Bild 91 zeigt, als linear

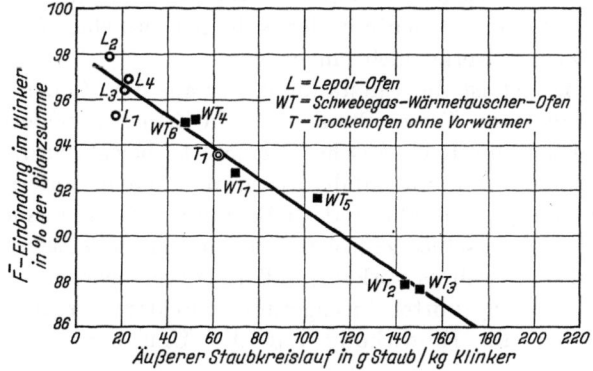

Bild 91. Abhängigkeit der Fluor-Einbindung im Klinker vom äußeren Staubkreislauf. Nach S. SPRUNG und H. M. VON SEEBACH [S 93].

abhängig von dem äußeren Staubkreislauf. Das ist ein Zeichen dafür, daß das Fluor ausschließlich in fester Form in den Ofenstäuben, wahrscheinlich als Calciumfluorid, und in der Restschmelze des Klinkers gebunden ist, und daß demnach keine gasförmigen Fluorverbindungen emittiert werden. — Diese Feststellung bezieht sich jedoch nur auf das heute übliche Rohmehl, dem nicht, wie es früher öfter geschah, zur Erleichterung des Sinterns Flußspat zugesetzt worden ist.

5.4.3 Ofenstaub und Landwirtschaft

Nach dem zweiten Weltkrieg hat H. Ihlefeldt [I 4] das heute übliche Verfahren zur Staubmessung im Ofengas entwickelt, das inzwischen weiter verbessert worden ist. Die Messung des Staubniederschlags, also der Immission, hat G. Funke [F 18] 1961 beschrieben. In NRW werden die bereits erwähnten Messungen mit dem Auffanggerät nach Bergerhoff durchgeführt. Die Entwicklung kontinuierlich arbeitender Staubmeßgeräte zur Dauerüberwachung der Abgase und Abluft war nach L. Düwel [D 20] bis 1968 noch nicht so weit fortgeschritten, daß ein abschließendes Urteil über deren Brauchbarkeit abgegeben werden konnte. P. Zeisel [Z 4] hat 1966 über solche Geräte berichtet.

Bei der Erörterung der Immissionswirkung hat man zunächst oft übersehen, daß es in der Nachbarschaft eines Zementwerks *zwei Arten* von Staub gibt. Der Staub in unmittelbarer Nähe des Werks besteht oft aus reinem Zement oder Klinker, dafür ist die Bezeichnung Zementstaub zutreffend; solcher Staub kann sich als Belag auf Blättern von Feldfrüchten und Bäumen und auf Nadeln von Waldbäumen verfestigen und eine dichte Kruste bilden. Seinem Entstehen und Ausbreiten kann man mit technischen Mitteln wirksam begegnen; deshalb kommen solche Krustenbildungen heute in der Nähe neuzeitlicher, fachmännisch betriebener Zementwerke nicht mehr vor.

Viel schwieriger ist die Entstaubung der aus den Zementöfen kommenden heißen Gase. Dieser Staub ist kein Zement, sondern besteht, wie anschließend durch chemische Grenzwerte belegt wird, aus Rohmehl, löslichen Salzen, Calciumhydroxid und einem untergeordneten Anteil an Klinkerphasen. Man hat zu Beginn der Staubversuche immer wieder auf den Unterschied zwischen Zementstaub und *Zementofenstaub* hinweisen müssen, weil es vorkam, daß Laborversuche mit reinem Zement als Bestäubungsmittel durchgeführt und dann irrtümlich als repräsentativ für die Einwirkung auf die Umgebung angesprochen wurden.

Heute befassen sich die amtlichen Bestimmungen, z. B. die Richtlinie VDI 2094, im wesentlichen nur mit dem Staub, den das gereinigte Abgas von Öfen und Trocknern und die gereinigte Abluft von Mahleinrichtungen und Kühlern noch enthält. In der Richtlinie VDI 2094 sind dafür die Grenzwerte der Tab. 63 genannt.

In dieser Tabelle zeigen die Werte für die Metalloxide und das CO_2, daß sich *Roh*gasstaub aus unverändertem Rohmehl und allen denk-

5.4.3 Ofenstaub und Landwirtschaft

Tabelle 63. *Grenzwerte für die chemische Zusammensetzung von Rohgasstaub*

SiO_2	Al_2O_3	Fe_2O_3	Mn_2O_3	Gesamt-CaO	MgO	Glühverlust hauptsächlich CO_2
10—25	3—12	1—4	0,07—0,3	30—52	0,7—2,5	5—35%

Sulfatschwefel als SO_4	Sulfidschwefel S	Kaliumoxid K_2O	Natriumoxid Na_2O
0,3—10,0	0,03—0,4	0,5—10	0,1—2,5%

baren Zwischenstufen über CaO bis zu den fertigen Klinkerphasen zusammensetzt, die Werte für K_2O, Na_2O und SO_2 zeigen, daß er eine große Menge an löslichen Alkalisalzen enthalten kann. SPRUNG hat diesen Tatbestand in einer Dreistoffdarstellung wiedergegeben und darin die Befunde der Untersuchungen von A. TH. CZAJA (s. unten) mit Rohgasstäuben eingetragen. Daraus geht hervor, daß die nach dem Mnium-Test angreifenden Stoffe bei einem Gehalt des Ofenstaubs an Klinkerphasen von 20% beginnen, daß aber alle Stäube mit weniger als 20% Klinkerphase und gleichzeitig alle Stäube mit mehr als 30% löslichen Salzen neutral sind. In den *Rein*gasstäuben, die den Ofen mit dem Abgas verlassen, ist die chemische Zusammensetzung stärker zu den löslichen Salzen verschoben. T. LITYNSKI und J. GODEK [L 43] haben 1965 nähere Angaben über den K_2O- und CaO-Gehalt von Stäuben in polnischen und ausländischen Zementwerken gemacht.

A. TH. CZAJA [C 13] hat sich zunächst eingehend mit der bereits erwähnten Krustenbildung auf Blättern und Nadeln befaßt und dabei eine „glasig-kristalline innere" Schicht und eine darauf „aufgebackene körnelige äußere" Schicht unterschieden. Er hat die durch Zementofenstaub hervorgerufenen zellphysiologischen Wirkungen, insbesondere das Diffusionsvermögen in das Zellinnere und die Ätzwirkung gegenüber den Chloroplasten sowie die Oberflächenalkalität in pH und die Carbonatisierung des Staubs an der Luft untersucht und 1962 [C 14] als Testpflanze das einzellige Moos mnium punctatum verwendet. Mit einigen, und zwar den erwähnten *klinkerhaltigen* Stäuben wurde der Zellinhalt der ersten Zellreihen schon nach 8 Stunden zerstört, während *reiner* Rohmehlstaub eine solche schädigende Wirkung auf lebende Pflanzenzellen *nicht* ausübte. Der mit *Salzen* angereicherte Staub hatte zu Anfang eine geringe alkalische Wirkung, die schon nach kurzer Zeit in eine schwachsaure Wirkung überging, und vermochte in 6 Stunden sämtliche Zellen des Blättchens zu plasmolysieren. Das deutet auf eine *normale* physiologische Reaktion hin, die von den löslichen und auch osmotisch wirksamen Mineralbestandteilen des Ofenstaubs ausgeht.

S. Sprung [S 92] hat 1966 als Ergebnis seiner Untersuchung vorgeschlagen, den Ofenstaub nach der Dauer seiner alkalischen Reaktion in 4 Gruppen zu unterscheiden, wonach bei Feuchtlagerung an der Luft die Gruppe 1 den pH-Wert von 10 *sofort* und die folgenden Gruppen 2, 3 und 4 des Staubes ihn *erst* nach 1, 3 oder 28 Tagen *unter*schreiten. Die Gruppen 4 und 3 der Stäube hatten einen pH-Ausgangswert zwischen 11 und 12, der nur eintritt und so lange über pH = 10 bleibt, wenn der Staub mehr als 6 bis 10% an Klinkerphasen enthält; diese Stäube stammten vorwiegend aus der *Vor*reinigung des Elektrofilters oder waren Durchschnittsproben, sind also nicht repräsentativ für den Staub, der den Kamin mit dem Reingas verläßt. Dem Reingasstaub entsprechen angenähert die Stäube der Gruppen 2 und 1; sie stammten vorwiegend aus der *Nach*reinigung des Elektrofilters. Man kann daher damit rechnen, daß der bei neuzeitlichen Öfen mit dem Reingas emittierte Staub in Gegenwart von Feuchtigkeit nur schwach alkalisch mit pH-Werten unter 10 reagiert.

F. Scheffer, E. Przemeck haben zunächst 1961 mit W. Wilms [S 12], dann abschließend 1969 mit P. Wetzold [S 11] über ihre in den Jahren 1960–1965 durchgeführten Feldversuche auf 2 Lößböden und 2 Sandböden mit Rotklee, Zuckerrüben, Weizen, Roggen und Raps bei Mengen von 1,5 g je m^2 und Tag eines Zementofenstaubs mit rd. 33% $CaCO_3$, 20% Alkalisulfat und 20% CaO berichtet. Die Beurteilung der Emissionswirkung hat sich im wesentlichen auf Calcium und Kalium konzentriert, weil die Mengen an Na, Mg und Mn zu gering sind. Da Calcium und Kalium dem Boden durch die Nutzpflanzen und durch Auswaschung laufend entzogen werden, trägt der Staub dazu bei, das entstehende Defizit zu decken. Eine länger dauernde Überdosierung über dieses erwünschte Maß hinaus kann die Ertragsfähigkeit des Bodens beeinträchtigen. Eine *Überkalkung* ändert das landwirtschaftliche Verhalten des Bodens aber wenig; die entstehende basische Verschiebung läßt sich durch saure Düngung, z. B. mit schwefelsaurem Ammoniak als N-Düngemittel und mit Superphosphat als P-Düngemittel ausgleichen. Einer *Kalium*-Überdüngung kann man auf so einfache Weise nicht entgegenwirken; ein an Chlor gebundenes Kalium könnte, wie die Verfasser ausführen, nachteilig auf chlorempfindliche Pflanzen, z. B. auf Kartoffeln und eine Reihe von Früchten des Gartenbaus einwirken, das an Sulfat gebundene Kalium könnte dagegen Chlor bevorzugende Pflanzen, wie z. B. Zuckerrüben, beeinträchtigen; mit einem Ansteigen des Kaliums im Boden müßte man das Magnesium erhöhen, um ein gleichbleibendes Verhalten des Bodens zu sichern. — Zu diesen Hinweisen ist zu bemerken, daß die für eine Kaliumüberdüngung typischen Beeinträchtigungen des Ertrags, die bei den hohen Immissionsmengen dieser Versuche erkennbar wurden, bisher noch *nicht* in der Nähe von Zementwerken beobachtet wurden oder in der Literatur bekannt geworden sind. Die zulässige Grenze für Immissionen beträgt in Ballungsgebieten als Jahresmittelwert höchstens 0,85 mg/m² und Tag, während bei den Versuchen 1,5 g je m² und Tag aufgestäubt wurden. Die Versuche ergaben weiter, daß die Einwirkung auf Pflanze und Boden bei täglicher oder zweitägiger Bestaubung wesentlich geringer ist als bei stoßweiser Bestaubung und daß sich dabei keine Krusten auf den Blättern bilden. Über einige Besonderheiten dieser Göttinger Versuche und über frühere Untersuchungen hat H. PAJENKAMP [P 1] 1961 zusammenfassend berichtet.

Zum Schluß seien noch die von P. COHRS und G. TRAUTWEIN [C 9] 1959 durchgeführten Versuche über die Wirkung von Zementofenstaub auf *Tiere* erwähnt. Dem Futter für 17 Schafe, 2 Rinder und 16 Kaninchen wurde Zementstaub zugesetzt. Innerhalb von 3 Monaten traten keine klinischen Erscheinungen und Gewichtsverluste ein; durch intranasale Aufnahme von Zementofenstaub wurde in 4 bzw. 9 Monaten keine wesentliche Beeinträchtigung des Allgemeinbefindens bewirkt. Da selbst bei hohen Konzentrationen keine wesentlichen Gesundheitsstörungen bei Schaf und Rind aufgetreten sind, folgern sie, daß die reine Zementstaubeinwirkung keine besondere Bedeutung als krankheitsauslösende Ursache besitzt.

5.4.4 Entstaubungseinrichtungen

Die Entwicklung der Entstaubungsanlagen ist in den letzten 20 Jahren schnell fortgeschritten. Eine 1968 erschienene Sonderausgabe [E 13] vermittelt eine Übersicht über den heutigen Stand.

Gewebefilter verwendet man zum Entstauben von Mühlen, Mahltrocknungs- und Trocknungsanlagen und von allen Förder-, Verlade- und Packanlagen, nur in Sonderfällen zum Entstauben von Drehofenabgasen, weil sie zu heiß sind und das Gewebe auch chemisch stärker angreifen. H. KOHN [K 43] gibt 1965 als Höchsttemperaturen für Baumwolle 80 °C, für Wolle 100 °C und für Chemiefasern 140 °C an. Aus USA wird über Erfolge bei Anwendung von Glasfiltergewebe berichtet.

Bei den *Fliehkraftentstaubern* erhalten nach dem entsprechenden VDZ-Merkblatt St 6 die Staubteilchen eine Zentrifugalbeschleunigung von einem Vielfachen der Erdbeschleunigung und wandern nach außen und nach unten, während das gereinigte Gas den Abscheideraum durch ein in der Zyklonachse angeordnetes Tauchrohr nach oben oder unten verläßt. Hochwertige Fliehkraftentstauber scheiden Körner bis herab zu 30 bis 20 μm ab. Deshalb reichen sie in der Regel zur Entstaubung der Abluft von Rostkühlern aus. Außerdem dienen sie als Vorabscheider von Elektro- und Gewebefiltern, ferner als Zwischenabscheider beim Lepolofen mit doppelter Gasführung. *Großzyklone* mit über 1500 mm Dmr. haben einen geringen Kraftbedarf, aber auch einen niedrigen Entstaubungsgrad. Wirksamer entstauben die mittleren Zyklone mit 400 bis 1500 mm Dmr., die in Gruppen bis zu 100 parallel geschaltet werden. *Kleinstzyklone* mit bis zu 400 mm Dmr. ordnet man zu Multizyklonen bis zu 450 Einheiten an und bevorzugt sie beim Entstauben der Klinkerabluft, sie sind anfällig gegen Ansätze und Verstopfungen.

Im *Elektrofilter*, das den Zyklonen in der Abscheidung des feinsten Staubes überlegen ist, wird der Staub der Abgase nach dem Cottrell-Verfahren in einem elektrischen Feld durch eine isoliert aufgehängte Sprühelektrode elektrostatisch aufgeladen und wandert zu den Niederschlagselektroden, die durch eine Abklopfvorrichtung periodisch gereinigt werden. Die Sprühelektroden werden mit Gleichstrom von 30 bis 100 kV Spannung dicht unterhalb der Überschlagsgrenze gespeist. Nach G. FUNKE [F 19, 21] 1965 und 1968 wird das Elektrofilter trotz seiner hohen Investitionskosten und seines hohen Platzbedarfs zum Entstauben nicht nur von Öfen und Trocknern, sondern auch von Mühlen für Rohmehl und Zement verwendet, fast nur als Trockenfilter, nur beim Schachtofen auch als Naßfilter. Alle Abgase durchlaufen bei rd. 200 °C ein Maximum des Staubwiderstands, d. h. ein Minimum an Abscheidung. Feuchtes Abgas bleibt dann mit seinem Maximum noch unterhalb des kritischen Staubwiderstands von rd. 10^{11} Ohm · cm, während trockenes Abgas mit nur 20 °C Taupunkt zwischen etwa 100 und 300 °C diese kritische Grenze überschreitet. Solche Abgase müssen deshalb entweder über 300 °C oder unterhalb von 100 °C entstaubt werden (s. a. Verdampfungskühler unter 5.2.6). Bei Abgasen unter 100 °C, besonders denen von Naßöfen, muß das Filter, um Kondensationen von Wasserdampf zu vermeiden, möglichst in einem geschlossenen Raum stehen. Betonkammern müssen neben einer Überdeckung der Bewehrung von wenigstens 5 cm außen und innen gleichmäßig und gut wärmeisoliert sein, Blechgehäuse mit einem Anstrich gegen Korrosion geschützt und Wärmebrücken vermieden werden; ggf. müssen auch Sprühelektrode und Niederschlagselektrode korrosionsbeständig sein. Man nimmt an, daß bei den auch mechanisch stark beanspruchten dünnen Blechen neben der Elementbildung auch die interkristalline Spannungsrißkorrosion wirksam ist, die aber bei beruhigtem St 37 weniger auftreten soll als bei üblichem Baustahl. A. NARJES [N 6] und E. Voos [V 21] haben 1963 und 1964 die betrieblichen Besonderheiten von Anlagen beschrieben, mit denen man ohne Gefahr einer Verpuffung (Explosion) das Abgas einer Kohlenmahlanlage elektrisch entstauben kann.

Wie H. SPIELHAGEN [S 83] 1965 berichtet, kann man staubhaltige Ofenabgase oder Abluft auch in einem *Schüttschichtfilter*, früher auch

Kiesbett- oder Mischbettfilter genannt, entstauben. Es besteht z. B. aus einer bis zu 150 mm dicken Schüttschicht von nahezu gleichgroßen, runden Quarzkörnern, bedarf geringer Anlagekosten, aber sorgfältiger Wartung. Gegenüber dem älteren MB-Filter hat nach G. FUNKE [F 19] 1970 das GFE-Drallschichtfilter viele Vorteile.

Die von W. KÖHLER [K 42] 1966 angegebene Menge von 10 bis 16 m³ Abgas und Abluft je kg erzeugten Zements, von denen etwa ein Drittel aus den Brenneinrichtungen, zwei Drittel von Mühlen, Förder-, Pack- und Siloeinrichtungen stammen, soll abschließend die Bedeutung zeigen, die eine wirksame Entstaubung für den störungsfreien Betrieb und die Sauberkeit eines Zementwerks nach innen und außen besitzt.

5.4.5 Verringerung der Geräuschemission

Zu den Emissionen eines Zementwerks gehören auch die Geräusche der Mühlen, Öfen, Gebläse und sonstigen Anlagen. G. FUNKE [F 20, 21] zeigt 1965 und 1968 anhand der von ihm seit 1960 in den einzelnen Betriebsabteilungen von Zementwerken und in deren Nachbarschaft gemessenen Werte, daß die Lautstärke vieler Maschinen über 90 DIN-phon liegt und daß der in der VDI-Richtlinie 2058 ,,Beurteilung und Abwehr von Arbeitslärm", Fassung Juli 1960, genannte Richtwert für Industriegebiete von 50 DIN-phon (bei Nacht), die etwa 50 dB (A) entsprechen (s. unten), noch in einer Entfernung von 300 m vom Zementwerk überschritten werden; er weist auf die Möglichkeiten hin, die Lautstärke an ihrer Entstehungsstelle oder durch bauliche Maßnahmen zu vermindern, z. B. durch Schalldämpfer und Lärmkapseln, schalldämmende Wände, Decken, Türen und Fenster, schallschluckende Auskleidung und Schwingungsisolierung. Maßnahmen an den Maschinen selbst sind nur in wenigen Fällen möglich.

Die in Deutschland bisher übliche Lautstärke in phon war ein Maß für die Schallempfindung und bewegte sich von Null phon, der sogenannten Hörschwelle, bis zu 120 phon, der Schmerzschwelle. An die Stelle des DIN-phon nach DIN 5045 wurde nach DIN 45633, Blatt 1 (November 1966) in Anlehnung an die ISO-Normung der Schallpegel L_A gesetzt. Der Schallpegel L_A wird in dB nach der Bewertungskurve A gemessen. Die Maßeinheit wird dB(A) (dB = Dezibel) genannt. Die Zahlenangaben der DIN-Lautstärke entsprechen unterhalb 60 DIN-phon dem Schallpegel L_A. Oberhalb 60 DIN-phon treten kleinere Abweichungen nach oben auf, die bei mittleren und höheren Frequenzen unbedeutend sind, bei niedrigeren Frequenzen aber mehrere DIN-phon betragen können.

Auch *Erschütterungen* aus *Sprengarbeiten* im Steinbruch der Zementwerke können zu einer Belästigung der Nachbarschaft und zu Beschädigungen von Gebäuden führen. Behördliche Vorschriften für zulässige Schwinggeschwindigkeiten aus Sprengerschütterungen liegen bisher noch nicht vor. Nach H. BAULE [B 11] 1966 sollte eine Schwinggeschwindigkeit von 5 bis 10 mm/s bei normal gebauten Häusern nicht überschritten werden. Stahlbetonindustriebauten können 30 bis 40 mm/s Schwinggeschwindigkeit ertragen, ohne Schäden zu zeigen.

5.5 Mahlfeinheit, Mahlwiderstand und Mahlhilfen

5.5.1 Wesen der Zerkleinerung

Das Mahlen der Rohstoffe und des Klinkers zu einem feinen Mehl oder Schlamm ist nötig, damit das Rohmehl schnell zu einem gleichmäßigen Klinker ohne freien Kalk sintert und damit der Zement ordnungsgemäß erhärtet (s. 2.2.7). Der Stromaufwand für das Mahlen erfordert über die Hälfte bis zu zwei Drittel des gesamten Stromverbrauchs eines Zementwerks, der 1968 in der BRD durchschnittlich bei 96 kWh/t Zement gelegen hat. Der Anteil für die Zementmahlung ist fast immer wesentlich größer als der für das Mahlen von Rohmehl. Nach der späteren Tab. 66 steigt der spezifische Stromverbrauch für das Mahlen von Klinker ohne oder mit Hüttensand zu Zement mit zunehmender Feinheit im Mittel von 25 auf 65 kWh/t Zement an. Deshalb ist die Frage, worauf der hohe Mahlwiderstand von Klinker beruht und wie man den Mahlaufwand vermindern kann, auch zu einem Teilgebiet der Zementchemie geworden.

Die Zunahme der Oberfläche eines Stoffes, insbesondere des Zements, durch Verringern der Korngröße und deren Bedeutung für den Zement zeigen die nächsten Bilder. Nach Bild 92 entstehen aus einem Würfel mit 1 cm Kantenlänge von 1 cm³ Inhalt mit 6 Flächen von je 1 cm² durch drei Schnitte, davon zwei senkrechte (sagittal und quer) und einen horizontalen, sechs Schnittflächen von der Größe einer Würfel-

Tabelle 64. *Würfelkante, Würfelzahl und Oberfläche beim Zerkleinern*

a) Abnahme der Würfelkante in mm					
	von	10 auf 5	2,5	1,25	0,63 mm
	das sind	$10 \cdot 2^0$ auf $10 \cdot 2^{-1}$	$10 \cdot 2^{-2}$	$10 \cdot 2^{-3}$	$10 \cdot 2^{-4}$ mm
b) Zunahme der Würfel*zahl*					
	von	1 auf 8	64	512	4096
	das sind	2^0 auf 2^3	2^6	2^9	2^{12}
c) Zunahme der Oberfläche in cm²					
	von	6 auf 12	24	48	96 cm²
	das sind	$6 \cdot 2^0$ auf $6 \cdot 2^1$	$6 \cdot 2^2$	$6 \cdot 2^3$	$6 \cdot 2^4$ cm²

5.5.1 Wesen der Zerkleinerung

fläche. Die Größe der 3 Trennflächen gibt einen Begriff von der aufzuwendenden Energie, die für eine Halbierung der Korngröße nötig ist. Tab. 64 zeigt die Veränderungen auch bei weiterem Zerkleinern. Erst mit der 7. Halbierung der anfänglichen Würfelkante von 10 mm erreicht man die Größe der gröberen Körner in einem Zement mit $10 \cdot 2^{-7}$ oder $10 : 128 = 0{,}078$ mm oder 78 µm. Das Produkt aus a in

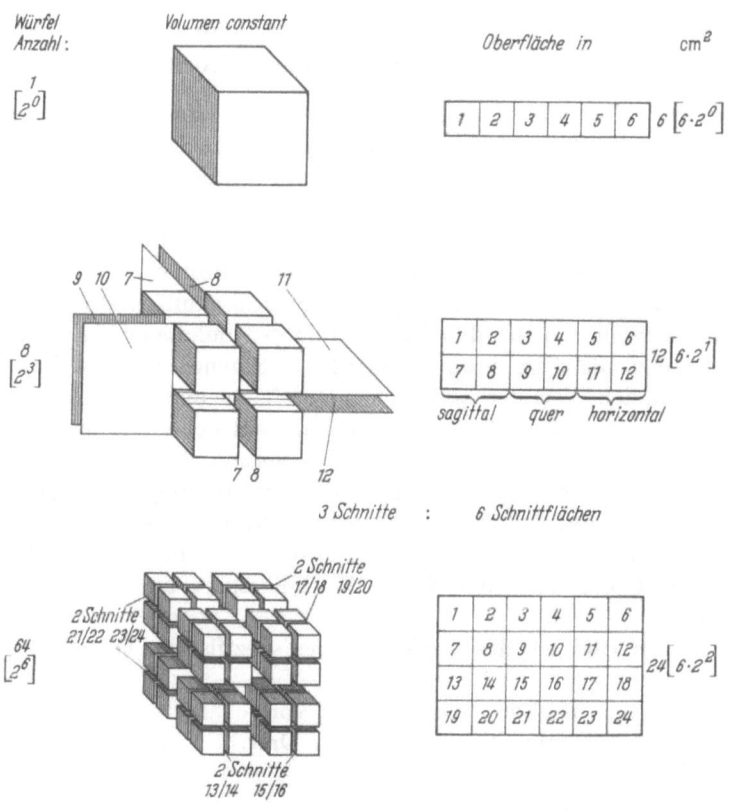

Bild 92. Zunahme von Würfelanzahl und Oberfläche beim Zerkleinern.

mm und c in cm² nach Tab. 64 ergibt 60. Setzt man die Würfelkante der Teilchen in µm ein, wie es bei Zementkörnern üblich und zweckmäßig ist, statt in mm, dann erhöht sich der Wert des Produktes auf 60000. Diese Zahl bedeutet, daß die Würfel mit nur 1 µm Kantenlänge, die durch ständiges genaues Halbieren aus 1 Würfel mit 1 cm³ Inhalt entstehen würden, eine Gesamtoberfläche von 60000 cm² besitzen. Da man die Feinheit fester Stoffe in cm²/g angibt, d. h. auf die Menge in g bezieht, muß man die 60000 cm² durch die Dichte von 3,15 g/cm² bei

Klinker oder 2,65 g/cm² bei Quarz dividieren. Man erhält dann für 1 g Zement der Korngröße 1 µm als spezifische Oberfläche 19000 cm²/g oder rd. 20000 cm²/g (für 1 g Quarz 22600 cm²/g). Aus diesem konstanten Produkt läßt sich somit leicht ausrechnen, daß ein *Einkornzement* mit einer

Korngröße von	2	3	4	5	6	7	8	µm
eine spez. Oberfläche	9500	6330	4750	3800	3170	2710	2380	cm²/g
oder abgerundet	10000	6670	5000	4000	3340	2860	2500	cm²/g

rechnerisch haben müßte, wobei sich die abgerundeten Zahlen auf den Ausgangswert 20000 cm²/g beziehen. Aus diesem Rechenbeispiel läßt sich folgern, daß es für jeden Blaine-Wert von Zement eine „*repräsentative*" *Korngröße* gibt, mit der man eine anschauliche Vorstellung zum mindesten für die Mahlleistung erhalten kann. Die Beziehung zu den hydraulischen Eigenschaften ist schwieriger (s. unten).

Die Teilchenzahl von 1 g Zement liegt schon unterhalb von 8 µm Dmr. im Bereich von 10^9, d. h. einer Milliarde, und steigt bei einer Halbierung auf weniger als 4 µm auf den $2^3 = 8$fachen Wert (s. Tab. 64). Bezieht man den Wert der spezifischen Oberfläche auf kugelige Teilchen, dann erhält man eine größere Teilchenzahl, weil sich das Volumen eines Würfels mit der Kantenlänge 1 zu dem Volumen einer Kugel mit dem Durchmesser 1 wie 1,91 : 1 verhält, d. h. rund doppelt so groß ist. Umgekehrt verhält sich die Anzahl der Würfel zu denen der Kugeln wie 1 : 1,91. Die Zunahme der Teilchenzahl mit abnehmendem Durchmesser ergibt sich auch aus Bild 93 für 1 Kieskorn und für Fein- bzw. Feinstsand.

In diesem Bild ist das Verhältnis der spezifischen Oberfläche von jeweils 1 g

	Kieskorn von 9 mm Dmr.	Sand von 1 mm Dmr.	und 0,1 mm Dmr.
mit einer Oberfläche von	2,6	23,1	231 cm²/g

auf dem Untergrund der spezifischen Oberfläche von 1 g Zement der üblichen Oberfläche von 2500, 3600 und 4900 cm² dargestellt. Das kleine Häufchen Zement in der Mitte kann somit eine spezifische Oberfläche, anfangend bei 2000 cm² oder etwa (45 cm)² bis zu 6000 cm², das sind (78 cm)² oder die Fläche von 4 großen Taschentüchern, erreichen. Es braucht zum Anmachen rd. 0,3 g oder cm³ Wasser und zur völligen Hydratation 0,4 g oder cm³ Wasser. Diese 0,4 cm³, in Bild 93 als 6 Pünktchen dargestellt, hätten als gleichmäßiger Überzug auf der Fläche von 1 cm² eine Schichtdicke von 4 mm. Als Überzug auf der Oberfläche von Zement mit 4000 cm²/g spezifischer Oberfläche wäre dieser Überzug

5.5.2 Bestimmung der Mahlfeinheit von Rohmehl und Zement

nur 1 μm dick. Man ist damit zwar noch weit von einer molekularen Wasserschicht entfernt, die im Bereich von Å, d. h. 0,1 nm liegt. Wenn man aber beachtet, daß sich die Oberfläche der Festteilchen durch die

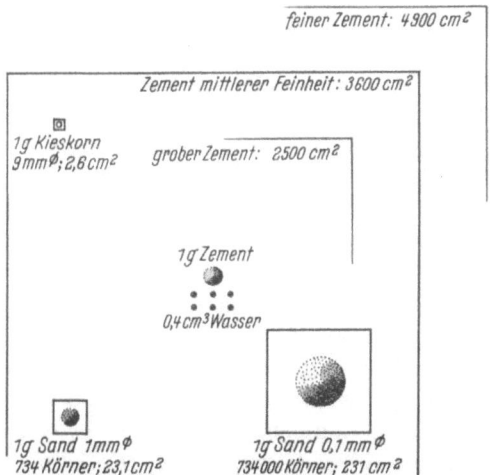

Bild 93. Oberfläche in cm² von 1 g Zement mit verschiedener Kornfeinheit und 1 g Kies und Sand verschiedener Korngröße.

Hydratation auf das rund Tausendfache erhöht, dann läßt sich nicht nur die Grünstandfestigkeit, sondern auch die bleibende hydraulische Festigkeit durch die Festigkeit der dünnen Wasserfilme erklären (s. 2.3.6).

Beim Zerkleinern eines Kalkmergels oder Klinkers in einer Mühle entstehen gleichzeitig Körner *verschiedener* Größe. Mit zunehmender Mahldauer verschiebt sich das Kornband in die Richtung zum kleinen, feinen Korndurchmesser. Die Kornverteilung entspricht aber nicht, wie unter 3.3.7 gesagt ist, einer symmetrischen Gaußschen, auch nicht einer logarithmischen Normalverteilung, sondern der noch stärker asymmetrischen, empirisch entwickelten [B 10, S 71] Rosin-Rammler-Sperling-Verteilung. Erst in einem solchen R-R-S-Netz wird die Darstellung der Häufigkeit der Einzelkörnungen zu einer Glockenkurve, die als Summendarstellung in eine Gerade übergeht.

5.5.2 Bestimmung der Mahlfeinheit von Rohmehl und Zement

Mit der Prüfung der Mahlfeinheit verfolgt man im Betrieb den Fortschritt und das Ergebnis der Mahlung. Beim Zement liefert die Mahlfeinheit außerdem einen wesentlichen Anhalt für die Voraussage der technischen Eigenschaften, besonders der Festigkeit. Übliche Verfahren zu seiner *Bestimmung* enthält Heft 33 (1967) der Schriftenreihe des VDZ. In herkömmlicher Weise bestimmt man die *Mahlfeinheit* durch Absieben des Mehls mit Siebmaschinen oder auch von Hand auf Maschensieben, z. B. auf den beiden Sieben 0,063 DIN 4188 und 0,09 DIN 4188, und erhält damit als Rückstand die Gewichtsmengen, die größer als etwa 60 µm und als etwa 90 µm sind und den ihnen entsprechenden Durchgang. Oft verwendet man bei Luftstrahlsiebung noch das Sieb 0,04 DIN 4188 und das noch feinere, nicht genormte 15-µm-Sieb. Ältere Veröffentlichungen enthalten die damit etwa identische Bezeichnung *Rückstand* auf dem 4900-Maschen-Sieb (0,09 µm), dem 10000-Maschen-Sieb (0,06 µm) und auf dem 16000-Maschen-Sieb (0,04 µm). Das ist jeweils die heute nicht mehr genau zutreffende Anzahl an Maschen je cm^2.

Die Siebanalyse reicht bei *Rohmehl* aus, weil es dabei nur darauf ankommt, daß die Sinterreaktion in der zur Verfügung stehenden Zeit das gesamte Korn erfaßt und mit den benachbarten Körnern eine homogene Verteilung der Klinkerphasen herbeiführt. Grobe Teile über 100 bis 200 µm sind in einem Rohmehl aus 2 und mehr Komponenten meist schädlich, weil sie aus Körnern von reinem Kalkstein oder Quarz bestehen, die beim Brennen nicht aufgeschlossen werden können. Ein Rohmehl muß daher in der Regel um so feiner gemahlen werden, je mehr Komponenten es enthält und je mehr sich diese Komponenten in Zusammensetzung und Mahlbarkeit voneinander unterscheiden. Der Anteil an feinstem Korn ist beim Rohmehl unwesentlich. — Rohmehl wird, wie H. SCHNEIDER [S 27] 1968 zusammenfassend berichtet hat, in Mahltrocknungsanlagen vorwiegend mit *Rohrmühlen* hergestellt, denen häufig beheizte Hammermühlen vorgeschaltet sind, ferner in *Federkraftmühlen*, die größere Abgasmengen durchsetzen können. Sehr feuchte und schmierende Rohstoffe lassen sich vorteilhaft in der aus der Erzaufbereitung übernommenen *Kaskadenmühle* oder von der *Aerofallmühle* [M 13] mahlen, die z. B. mit einem Durchmesser von mehr als 8 m und einer Breite von weniger als 2 m 165 t Rohmehl je Stunde mit 14 bis 16% Rückstand auf dem Sieb 0,09 DIN 4188 aus Rohmaterial mit rd. 15% Feuchtigkeit herstellt, wie U. DROSIHN [D 18] 1970 beschreibt. Da sie nur wenige Mahlkörper enthält und das in große Höhe mitgenommene Mahlgut zugleich als Brech- und Mahlkörper wirkt, spricht man auch von *autogenem* Mahlen. B. MARÉCHAL [M 13] hat sie u. a. 1966 beschrieben. Nach einer Mitteilung von 1969 (mit vielen Literaturhinweisen) kann man durch Autogenmahlung mit Trocknung Flintsteine und deren Bruchstücke aus dem Mahlgut ausscheiden. Ähnlich arbeitet die *Hydrofall*mühle beim Naßverfahren.

Im Gegensatz zum Rohmehl wirken im *Klinker* gröbere Körner nicht schädlich, sie sind nur als Zement ohne Wert, weil sie sich infolge ihrer

5.5.2 Bestimmung der Mahlfeinheit von Rohmehl und Zement

geringen spezifischen Oberfläche nur „oberflächlich" an der Hydratation beteiligen und für längere Zeit wie ein Zuschlagkorn verhalten. Deshalb beschränkt DIN 1164 die Menge der Körner über 0,2 mm (Rückstand auf dem Prüfsiebgewebe 0,2 DIN 4188) auf höchstens 3%.

Im Zement ist die Kornfraktion von 0 bis 30 μm für das Erhärtungsvermögen entscheidend, was J. WUHRER [W 87] 1949 an der Festigkeit windgesichteter Fraktionen gezeigt hat. Die feinste Fraktion von 0 bis 3 oder bis 5 μm hat man früher oft als überfeint und unzuverlässig bezeichnet, wie H. KÜHL [k 55] näher dargelegt hat. W. CZERNIN [C 18] hat 1954 nach Versuchen mit entfeintem Zement der feinsten Fraktion einen geringeren Festigkeitsbeitrag zugesprochen, wie das auch W. KAYSER [K 10] 1965 bei den in Abschn. 3.3.6 erwähnten Versuchen von den 28- und 90-Tageswerten der feinsten Fraktion von 0 bis 4 μm festgestellt hat. Demgegenüber hebt der VDZ-Bericht 1965/66 als wesentliches Merkmal des damaligen Z 475 den Kornanteil von 0 bis 3 μm zwischen 10 und 20% hervor. Aus einer Kurventafel ergibt sich, daß in Zement mit einer

spez. Oberfläche von	3000	4000	5000 cm²/g
der Anteil der Kornklasse 0 bis 30 μm	50—70	65—85	80—100%

betrug. Man darf annehmen, daß ein Teil der *älteren* Beobachtungen auf die bekannten systematischen Fehler der früheren Prüfung auf Druckfestigkeit in dem zunächst zu trocknen, dann zu nassen Normenmörtel zurückzuführen sind, daß sich manchmal Schwachbrand in dem feinsten Korn *angereichert* hat oder daß bei einem Zement als Ausgangsstoff das Feinstkorn unzulässig große Mengen an *Gips* enthielt. Nach J. P. BOMBLED [B 44] 1965 hatte z. B. in einem Portlandzement der Klinker einen Blaine-Wert von 2740 cm²/g, der Gips von 8250 cm²/g. Man kann sich auch vorstellen, daß eine Reaktion dieser feinsten Körnung schon während des Anmachens den Wasserbedarf erhöht und einen Teil des Erhärtungsvermögens aufgezehrt hat, zumal auch C_3S im feinsten Korn angereichert wird, wie Abschn. 5.5.3 zeigt. Wesentlich ist aber, daß sich die feinsten Körnungen, besonders wenn sie nicht durch einen Sichter sofort aus der Mühle entfernt werden, zu feinsten Blättchen zusammenballen („verschweißen", s. unten) können. Die alten Zementmühlen mit geringer Leistung, hoher Temperatur und geringer Entlüftung litten, wie u. a. R. MÜHLHÄUSER [M 53] 1954 berichtet, oft darunter, daß die Kugeln sich mit einem Filz von feinen *Blättchen* überzogen. Man half sich dann meist durch Zugabe von Sand oder Hüttensand am Mühleneinlauf, mit denen man die Kugeln wieder „blankscheuern" konnte.

Neuerdings werden die *Zementmühlen* nicht mehr, wie es früher allgemein üblich war, im Durchlauf, sondern bevorzugt im Umlauf, d. h. mit Sichteranlagen betrieben, wie es heute nach H. SCHNEIDER [S 27] bei allen Mühlen über 2,8 m Dmr. der Fall ist. Mit Sichtermühlen wird die Hälfte des Zements in der BRD hergestellt. Die zur Zeit größte Mühle der BRD hat 4 m Dmr. bei 12 m Länge und eine Antriebsleistung von 2700 kW. Die größten Zementmühlen leisten bis zu 100 t Zement je Stunde. Nach R. NAREDY [N 2] 1964 ist die *Umlaufmahlung* jenseits einer Feinheit von 3000 bis 3200 cm^2/g der im Durchlauf arbeitenden Verbundmühle überlegen. Sie läßt sich leichter auf einen anderen Zement umstellen, liefert eine gleichmäßigere Feinheit ohne gröbere Teilchen, besonders ohne das sogenannte „Spritzkorn", was bei der *Verbundmühle* in die Fein- oder Feinstkammer hinüberspritzt. Der damit hergestellte Zement neigt außerdem viel weniger zum *Falschbinden*. M. PAPADAKIS [P 2] läßt 1964 die Überlegenheit der Umlaufmühle nur für Sonderfälle gelten.

Nach B. BEKE [B 18] 1963 soll von der Kornfraktion 3 bis 30 µm ein Massenzement 40 bis 50% und ein frühhochfester Zement über 70% enthalten. Das stimmt mit den oben angegebenen Werten überein, wenn man ihnen noch rd. 5 bis 10% für die Körnung 0 bis 3 µm hinzurechnet. Mit L. OPOCZKY [B 18] hat er 1967 eine Carbonatbildung besonders des Alit nachgewiesen und 1969 gezeigt, daß die Agglomeration mit der Bildung von Sekundärteilchen von röntgenographisch nachweisbaren Strukturveränderungen begleitet ist und β-C$_2$S am stärksten zum Haften und Agglomerieren neigt. — Viele Betriebe überwachen die Zementmühle durch Bestimmen der Fraktion 0 oder 3 bis 30 µm mit einem Windsichter, z. B. mit dem Steigrohrsichter oder dem Bahco-Sichter. Diese *Windsichter* eignen sich auch zum Bestimmen der anderen Kornfraktionen. Zum Zerlegen des Zements in seine einzelnen Fraktionen dienen aufwendigere Geräte, z. B. der Walther-Sichter und der Holderbank-Sichter. Es lassen sich damit Kornfraktionen bis herab zu 0 bis 3 µm scharf abtrennen. — Der Alpine-Sichter hat sich nach W. PAUL [P 6] als automatisch arbeitendes Gerät von großer Genauigkeit bei der betrieblichen Überwachung bewährt. Der darin durch Windsichten bestimmte Rückstand über 30 µm schwankt bei den meisten Zementen zwischen 25 und 45% und beträgt bei den feinsten Zementen 5 bis 10%.

Die genaueste Kornanalyse liefert die *Sedimentationsanalyse* nach ANDREASEN, bei der man den Zement in einer mit ihm nicht reagierenden Flüssigkeit, z. B. in Chinolin, Cyclohexanon oder Cyclohexanol oder in Gemischen aus dem letzten mit dem zweiten oder mit Isoamylalkohol aufschlämmt und während des Absitzens aus einer bestimmten Höhe in bestimmten Zeitabständen Proben entnimmt und dann die Menge der entsprechenden Kornfraktion — die sich aus der Sinkgeschwindig-

5.5.2 Bestimmung der Mahlfeinheit von Rohmehl und Zement

keit nach der Stokesschen Formel ergibt — durch Abdampfen der Flüssigkeit bestimmt [B 10]. Auf dem Sedimentiervorgang fußt auch die in ASTM aufgenommene Prüfung der Mahlfeinheit mit dem *Turbidimeter* nach WAGNER, bei dem die Abnahme der Trübung optisch gemessen wird. Die damit erhaltenen Werte betragen in etwa die Hälfte bis zwei Drittel der Blaine-Werte.

Nach ASTM C 150-68 entsprechen dem Mindestwert für das Mittel einer Prüfung von 2800 cm²/g nach BLAINE ein Turbidimeterwert von 1600 cm²/g und dem Mindestwert für eine Einzelprüfung von 2600 cm²/g nach BLAINE ein Turbidimeterwert von 1500 cm²/g. Die Reichweite von Handsiebung (bis 60 µm), Luftstrahlsieb (bis 20 µm), Zentrifugalsichter (bis 4 µm) und Sedimentation (bis 1,5 µm) zeigt nebst den Abweichungen Bild 94. Die Ergebnisse mit dem Sichter stimmen mit den Werten der Sieb- und Sedimentationsanalyse gut überein.

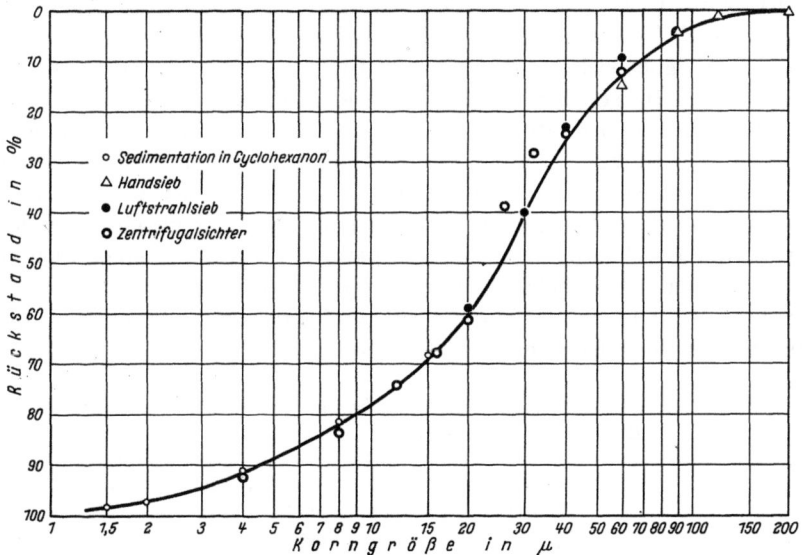

Bild 94. Bestimmung der Korngrößenverteilung eines PZ 275 durch Sedimentation, Sieben und Sichten. Nach VDZ Tät. Ber. 1962.

In die meisten Zementnormen ist, wie in Abschn. 1.2.1 angegeben — manchmal noch neben der Siebanalyse — die Bestimmung der *spezifischen Oberfläche* in cm²/g nach R. L. BLAINE aufgenommen, deren Mindestwert nach DIN 1164 mindestens 2200 cm²/g betragen muß, in Sonderfällen aber auch bis herab zu 2000 cm²/g betragen darf. Bei dieser Durchströmungsprüfung wird ein Pulverbett aus rd. 3 g Zement mit vorgegebener Porosität in einer konischen Zelle hergestellt und die Zeit registriert, die eine bestimmte Luftmenge mit abfallendem Druck zum Durchlaufen des Betts braucht. Das Gerät ist eine Vereinfachung des Geräts von F. M. LEA und R. W. NURSE [L 10] 1939, das zum Eichen des Blaine-Geräts dient, sofern man dafür nicht eine Standard-Zement-Probe bevorzugt. In der BRD liefert die Amtliche Materialprüfungsanstalt Steine und Erden in Clausthal drei Zemente mit verschiedener Feinheit, und zwar den

Feinheitsstandard als (nach der neuen DIN 1164)	„grob" PZ 350	„mittel" HOZ 350	„fein" PZ 550
mit spez. Oberfläche von	rd. 2750	rd. 3500	rd. 5100 cm^2/g

Für Betriebszwecke und andere Überwachungsprüfungen wird häufig das auf eine Probemenge von 110 bis 120 g vergrößerte Dyckerhoff-Gerät verwendet, bei dem die Durchlaufzeit mit einer Elektrode registriert wird. H. LEHMANN und W. BECKER [L 14] haben dafür 1967 ein einfaches Eichverfahren mit einer Kapillare angegeben. Zur täglichen Kontrolle eignet sich für dieses große Blaine-Gerät auch ein Glasfrittetiegel. J. P. BLANC [B 30] hat 1968 über ein automatisch arbeitendes Permeabilimeter berichtet, das die spezifische Oberfläche des Zements in dem sehr kurzen Abstand von 4 Minuten, also quasikontinuierlich, mißt und aufzeichnet. Es arbeitet nach dem Prinzip des Blaine-Geräts, jedoch mit 270 g Zement für eine Messung und mit gleichbleibendem Druck der durchlaufenden Luft. Es kann zur Regelung eines Sichters durch Verändern der Selektordrehzahl oder der Luftmenge herangezogen werden. — Richtzahlen für die Beziehung zwischen Siebrückstand und spezifischer Oberfläche enthält Tab. 65.

Tabelle 65. *Beziehung zwischen Siebrückstand und spezifischer Oberfläche* Richtzahlen nach Zement-Taschenbuch 1970/71

	Rückstand auf dem Sieb 0,09 DIN 4188 %	Spezifische Oberfläche nach BLAINE cm^2/g
PZ 350	bis 10	2200—4000
HOZ 350	bis 6	3000—4000
PZ 550	bis 1	4000—6000

Bei dem im allgemeinen nur wissenschaftlichen Zwecken dienenden *BET-Verfahren* nach BRUNAUER-EMMET-TELLER wird die Oberfläche des Feststoffs mit einer monomolekularen Schicht von in der Regel Stickstoff belegt. Es gibt höhere Werte als das Blaine-Verfahren, weil auch die bei dem Durchströmungsversuch nach BLAINE nicht wirksame innere Oberfläche belegt und somit erfaßt wird. Das Verhältnis des

BET-Werts zu dem Blaine-Wert ist für den Traß kennzeichnend und dort erwähnt (2.4.5).

Für Zerkleinerungsarbeit und Energieausnutzung hat H. M. VON SEEBACH [S 58] 1969 nach Unterlagen des VDZ die Zahlen der Tab. 66

Tabelle 66. *Zerkleinerungsarbeit und Energieausnutzung bei der Mahlung von Zement.* Nach H. M. v. SEEBACH [S 58]

Mahlgut (neue DIN)	Spezifische Oberfläche O_m nach BLAINE cm²/g	Zerkleinerungsarbeit A_m		Energieausnutzung $\Delta O/A$
		kWh/t	J/g[1]	cm²/J
PZ 350	2500—3000	20—30	72—108	23—42
PZ 450	3500	30—50	108—180	19—32
PZ 550	5000	50—80	180—288	17—28

[1] 1 J/g (Joule je g) ist eine Wattsekunde je g, daher ist:
1 kWh/t = 10^3 W · 3600 sec/10^6 g = 3,6 J/g.

angegeben. Die letzte Spalte zeigt, daß mit steigender Feinheit des Zements die Ausnutzung der aufgewandten Energie abnimmt. Das zeigt Bild 95 (S. 382). R. NAREDI [N 2] hat sich 1964 auf Grund der vorangegangenen Arbeit von P. SYLVAN [S 118] erneut darum bemüht, aus dem Ergebnis der Feinheitsmessung eine allgemeingültige Beziehung zur Festigkeit zu erhalten, kommt aber zu der Auffassung, daß man eine tatsächliche Verbesserung eines Zements nur durch eine Festigkeitsprüfung nachweisen kann. — H. RITZMANN [R 24] hat 1968 unter Bezug auf die Arbeit von SYLVAN eine lineare Abhängigkeit mit geringer Streuung zwischen der Festigkeit und der hydratisierten Menge von 3 Zementen gefunden. Die hydratisierte Menge hat er aus der Hydratationstiefe von 10 Kornklassen, deren erste Fraktion 0 bis 5 µm und deren letzte Fraktion größer als 200 µm war, ausgerechnet. Als Hydratationstiefe hat er die von H. ZUR STRASSEN [S 106a] 1959 angegebenen Werte verwendet, wonach die Hydratation in dem Zementkorn unabhängig von der Korngröße des Zements und der chemischen Zusammensetzung

in	1 Tag	3 Tagen	7 Tagen	28 Tagen
um	0,5	2	3	5 µm

fortschreitet.

5.5.3 Mahlwiderstand von Klinker

Nach A. SCHMID [S 24] 1953 gibt von den üblichen gesteinstechnischen Prüfverfahren nur die Abschleifhärte und der Widerstand gegen Schlag einen Aufschluß über das Mahlverhalten eines Klinkers. Als geeignet erwies sich der aus dem Hardgrove-Gerät zur Prüfung von Koks von H. G. ZEISEL [Z 2] 1953 entwickelte *Mahlbarkeitsprüfer*, jetzt Bauart Tonindustrie. Wie Bild 95 zeigt, schreitet die Zerkleinerung, gemessen an der Zunahme der spezifischen Oberfläche, bei allen

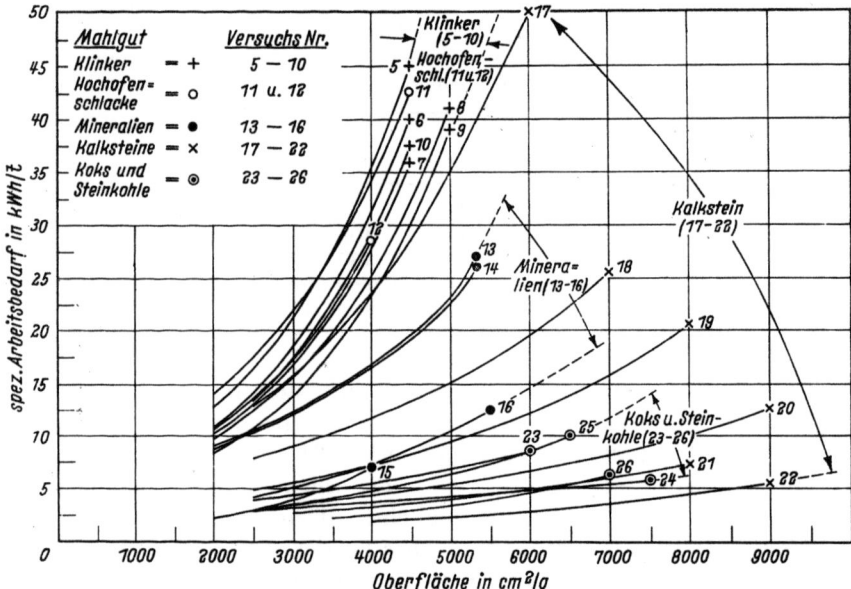

Bild 95. Zunahme des spezifischen Arbeitsbedarfs in kWh/t mit der spezifischen Oberfläche in cm^2/g nach BLAINE von Koks- und Steinkohle, Kalkstein und anderen mineralischen Stoffen, Hochofenschlacke und Klinker. Nach Versuchen von H. G. ZEISEL [Z 2] mit der geänderten Hardgrove-Maschine.

untersuchten Stoffen mit dem Kraftverbrauch bzw. mit der Mahldauer zunächst schnell vorwärts, um dann beim eigentlichen Feinmahlen offenbar nach einem Exponentialgesetz zu verlaufen. Die Kurven für Kalkstein verteilen sich über einen weiten Bereich, der auch die Kurven von Flußspat, Schwerspat und Quarz einschließt, während die für Klinker und Hochofenschlacke in einem nur engen Bereich ungünstigen Verhaltens mit einem hohen spezifischen Arbeitsbedarf in kWh/t liegen. G. ACKMANN [A 3] hat 1956 an Modellklinkern, deren Zusammensetzung den Bereich üblichen Klinkers überschritt, gezeigt, daß durch langsames Abkühlen die Grundmasse des Klinkers zwar leichter, die Calciumsilicate, besonders das Dicalciumsilicat, aber schwerer mahlbar werden. Um das Mahlverhalten zu verbessern, müßte man einen an Grundmasse reichen Klinker bis 1250 °C herab sehr langsam, dann erst sehr schnell abkühlen, dem natürlich allein schon wärmewirtschaftliche Erfordernisse entgegenstehen. In Frankreich haben R. ALÈGRE und

P. TERRIER [A 13b] 1960, M. VÉNUAT [V 5] 1961 und J. P. BOMBLED [B 44] 1965 gefunden und bestätigt, daß C_3S weniger hart und leichter mahlbar ist als C_2S und daß die Feinstanteile eines gemahlenen Klinkers mehr C_3S und freies CaO und die gröberen Anteile mehr C_2S enthalten. Nach seinen Versuchen war im Gemisch mit Klinker Hüttensand schwerer, Flugasche leichter mahlbar als Klinker. Auch G. TOGNON [T 12] hat 1957 eine „Selektivität" der Vermahlung insofern festgestellt, als sich die Summe aus C_3A und C_4AF im Feingut anreichert, während in verschiedenen Mahlabschnitten eine regelmäßige Abnahme des C_3S im Feingut und eine C_2S-Anreicherung im Grobgut zu beobachten war, die auch H. RITZMANN [R 24] 1968 bestätigt fand. Man ist, wie an anderer Stelle gesagt, beim Klinkerbrennen in der Variationsbreite der chemischen Zusammensetzung so stark beengt, daß man sie, nur um die Mahlbarkeit zu verbessern, nicht ändern kann. Nach den in Abschn. 5.2.6 erwähnten Versuchen von F. GILLE und W. RUHLAND [G 14] 1963 ist der Mahlwiderstand eines Klinkers mit vielen *Poren* und einem höheren Gehalt an *freiem Kalk* wesentlich kleiner als der eines dichten Klinkers. Das Quellen von freiem Kalk beim Hydratisieren durch Luftfeuchtigkeit wird wahrscheinlich die Zerkleinerung fördern.

Die wissenschaftliche Behandlung der *Zerkleinerung* in einer Mühle hat sich als schwierig erwiesen. A. SMEKAL [S 71] hat dazu 1953 folgende wesentliche Thesen aufgestellt und begründet. Danach wird die Zerkleinerung größerer Körner bis in den Bereich von etwa 10 µm herab durch das Vorhandensein von *Fehlstellen* erleichtert und damit beschleunigt. *Unter* 10 µm beginnt ein *neues* Festigkeitsverhalten, weil sich auch der sprödeste Stoff quasiplastisch und bruchfrei verhalten muß, wenn die Kontaktfläche unter die Größenordnung der kerbstellenfreien Gebiete fällt. Auch bei den härtesten Körpern tritt durch Druck und Temperatur auf engstem Raum eine *Mikroplastizität* auf, die zum Amorphisieren und *Verschweißen* der feinsten Teilchen führen kann. Es gibt beim Mahlen kein Mahlungsgleichgewicht und keine Art von Rekristallisation. H. RUMPF [R 41] 1966 hat mit einer Reihe von Mitarbeitern Testapparaturen für die *Einzelzerkleinerung* von Stoffen, auch von Klinker, Kalkstein und Quarz entwickelt und gezeigt, daß die Energieausnutzung bei der Zerkleinerung von Einzelkörnern des Klinkers 5 bis 10mal höher ist als bei der technischen Zerkleinerung, worüber er u. a. 1966 [R 41] berichtet hat.

Mit dem Bruchvorgang bei der Zerkleinerung hat sich auch A. JOISEL [J 9b] 1963 kritisch auseinandergesetzt. P. A. REHBINDER und G. S. CHODAKOW [R 4] haben 1962 eine *Amorphisierung* des Quarzes durch Feinmahlen festgestellt und darauf dessen chemische Aktivität zurückgeführt, was H. LEHMANN und K.-H. LINDNER [L 19] 1966 bestätigen. R. RASCH [R 1b] weist 1963 darauf hin, daß die durch mechanische

Einflüsse ausgelösten mechanochemischen Reaktionen meist mit exothermen Sekundärreaktionen verbunden sind, zu denen auch die Sekundär-Kornbildung beim Mahlvorgang gehört, und daß z. B. die mechanochemische Zerkleinerungsarbeit für Quarz auf Zementfeinheit bis zu zwei Zehnerpotenzen mehr betragen kann als die physikalische Zerkleinerungsarbeit bis zur gleichen Kornfeinheit.

K. M. ALEXANDER [A 14] hat 1961 gezeigt, daß ultrafeines kieselsäurehaltiges Gestein, sogar Quarzit wie eine Puzzolane reagiert (s. 2.4.5, Bild 25 besonders). — Ferner sei auf Arbeiten von W. BATEL 1964 [B 10] über die Korngrößenmeßtechnik hingewiesen. Mahlung von Hüttenzement und Darstellung des Festigkeitszuwachses s. 3.3.6.

5.5.4 Mahlhilfen

Mit der Verbesserung des Mahlens von Zement durch Mahlhilfen befassen sich zwei neuere zusammenfassende Aufsätze von H. SCHNEIDER [S 28] 1969 und H. M. VON SEEBACH [S 58] 1969, auf die sich die nachfolgenden Angaben im wesentlichen beziehen. — M. VÉNUAT [V 3] hat 1967 einen Überblick über den damaligen Stand der Frage gegeben. — Nach dem ersten Bericht sind Mahlhilfen seit etwa 40 Jahren bekannt. Sie werden in Deutschland aber erst seit 15 Jahren regelmäßig verwendet, und zwar für Zement mit mehr als 3500 cm^2/g spezifische Oberfläche. 1968 wurde 10% des in der BRD hergestellten Zements mit Mahlhilfen gemahlen, die am zweckmäßigsten in die Feinkammer der Mühle eingesprüht werden. Die Hersteller von Mahlhilfsmitteln müssen durch ein Prüfzeugnis nachweisen, daß das Zusatzmittel die Korrosion der Bewehrung in Beton nicht fördert (s. Abschn. 4.3.6). Unter den in Patenten und im Schrifttum erwähnten Stoffen finden sich viele heute nicht mehr oder nur als Betonverflüssiger, als Luftporenbildner dienende Stoffe. Mit den meisten solcher und der eigentlichen Mahlhilfen wird vor allem erreicht, daß das oben erwähnte Verschweißen der feinsten Teilchen zu Blättchen nicht mehr eintritt, das beim Herstellen der feinstgemahlenen Zemente bis zu Verkrustungen der Mahlkugeln führen konnte.

E. ZIEGLER [Z 6] hat 1956 Klinker in gesättigtem Dampf von polaren und unpolaren Flüssigkeiten, z. B. auch von H$_2$O, in kürzerer Zeit auf eine bestimmte Mahlfeinheit bringen können und auch viel feiner mahlen können als in trockener Luft. Das erklärt auch den gelegentlich zu beobachtenden Leistungsrückgang von Mühlen bei strengem Frostwetter mit geringer Luftfeuchte. — Die Wirkung von H$_2$O kann, wie schon angedeutet, auch daher rühren, daß oberflächennahe Kristalle von CaO sofort nach dem Bruch in Ca(OH)$_2$ umgewandelt werden, sich dadurch stark vergrößern und die Bildung dauerhafter Risse und Spalten fördern. Wasser als Mahlhilfe wirkt aber auf die Festigkeit von PZ 475 nachteilig. Lohnend sind Mahlhilfen vor allem bei PZ 475. J. L. VON EICHBORN [E 2] hat 1967 die Verminderung der Schleiffestigkeit von Quarz und Klinker in Dämpfen bestätigt. Nach S. KIESSKALT und B. DAHLHOFF [K 29] 1965 üben die Mahlhilfen ihre Wirkung vor allem auf die Reibzerkleinerung aus.

Das Ergebnis neuerer Laborversuche des VDZ mit Propylen- und Äthylenglykol und mit Aminacetat im Mahlbarkeitsprüfer Bauart Tonindustrie zeigt Bild 96. Auch bei anderen Versuchen hat der Zusatz

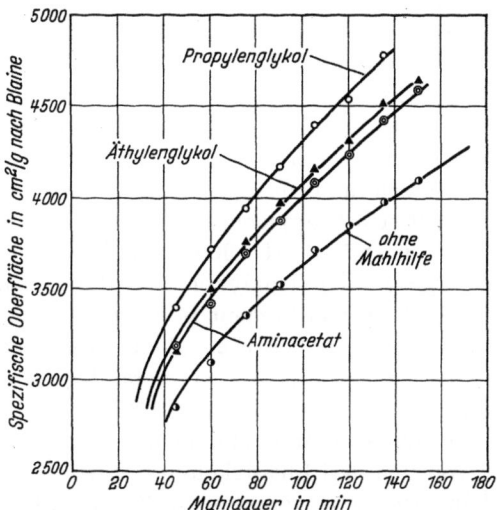

Bild 96. Zunahme der spezifischen Oberfläche in cm²/g nach BLAINE beim Mahlen von Zement in der Laborkugelmühle ohne und mit 3 Mahlhilfsmitteln. Nach H. SCHNEIDER [S 28].

von jeweils 0,1% des Mahlhilfsmittels HEA-2 (wesentlich Triäthanolamin), von reinem Triäthanolamin und von Propylenglykol eine zunehmend günstige Wirkung gehabt. Bei Betriebsversuchen fand H. SCHNEIDER [S 28] die in Tab. 67 angegebenen zum Teil erheblichen Steigerungen der Mühlenleistung.

Tabelle 67. *Durchschnittliche Steigerung der Leistung von Zementmühlen durch Mahlhilfen.* Nach H. SCHNEIDER [S 28]

Zement (neue DIN)	Spezifische Oberfläche cm²/g	Steigerung des Durchsatzes %	Zusatzmenge %
PZ 350	2400—3000	bis 10	0,01—0,03
PZ 450	3000—4000	10—30	0,02—0,06
PZ 550	4000—5500	25—50	0,04—0,1

Im Gegensatz zu der vorteilhaften Wirkung bei PZ wurden beim Mahlen von Hüttenzement nur geringe Verbesserungen erreicht; im allgemeinen nimmt die Wirkung der Mahlhilfe mit steigendem Anteil an dem überwiegend amorphen glasigen Hüttensand ab. — Die *flüssigen* Mahlhilfen werden am zweckmäßigsten in die Feinmahlkammer verdüst. In Durchlaufmühlen darf man, da sie einen größeren Anteil an Feinstkorn haben als die Umlaufmühle, eine größere Leistungssteigerung erwarten, worauf bisherige Ergebnisse hindeuten. Die Mahlhilfen verringern das Verkleben der Feinstteilchen. Infolgedessen trennen die Sichter schärfer, und das Mahlgut fließt leichter. Dadurch wird das Transportieren, Füllen und Leeren von Behältern vereinfacht. Es wird also eine ähnliche Wirkung wie bei den hydrophoben Zementen für die Bodenvermörtelung erreicht. Sie geht aber nicht so weit, daß das Zementkorn völlig umschlossen ist und erst nach dem Aufreißen der Hülle ungehindert hydratisieren kann. — Gefordert wird selbstverständlich, daß Erstarren und Festigkeit nicht geändert werden. In dieser Hinsicht verhält sich Propylenglykol günstiger als Äthylenglykol.

H. M. VON SEEBACH [S 58] hat 1969 beim Vergleich der Wirkung von Cyclohexan C_6H_{12}, Äthylenglykol $C_2H_4(OH)_2$ und Butylamin $C_4H_9NH_2$ auf die Mahlung von Zement in einer Labormühle gefunden, daß die Dämpfe dieser organischen Flüssigkeiten die Festigkeit und das Bruchverhalten von Zementklinker nicht verändern. Das hat er beim Feinmahlen von 2 Kornklassen, und zwar 1,25 bis 1,41 und 0,125 bis 0,160 mm in einem evakuierbaren Mahlgefäß ohne und mit Dämpfen von Wasser und von den drei Flüssigkeiten festgestellt. Was jedoch die Haftkräfte des Klinkerpulvers, gemessen als Zugfestigkeit einer lockeren Pulverschüttung anbetrifft, so wurden sie durch Dämpfe von Cyclohexan und Wasser *nicht* in einer statistisch gesicherten Form geändert, dagegen aber durch Dämpfe von Äthylenglykol und Butylamin wesentlich vermindert. Cyclohexan wird somit auf der Oberfläche der Klinkerkörner nur physikalisch, d. h. reversibel angelagert (*physisorbiert*), während Äthylenglykol und Butylamin *chemisorbiert* werden. VON SEEBACH folgert daraus, daß nur solche Dämpfe die Haftkräfte vermindern, die auf der Kornoberfläche chemisch gebunden wurden. Hierin sieht er eine Möglichkeit, die Wirkung einer Mahlhilfe zu beurteilen. In einer Stellungnahme machen B. BEKE und L. OPOCZKY [B 18] den Rehbinder-Effekt (Verhinderung der Rückbildung von Mikrorissen) dafür verantwortlich, während VON SEEBACH der Verminderung der Haftkräfte auch bei relativ großem Klinkerkorn die vorrangige Bedeutung beimißt. — Mahlung von Hüttenzement und Darstellung des Festigkeitszuwachses s. 3.3.6. — Somit sind auch auf dem Gebiet der Zerkleinerung Chemie, Physik und Verfahrenstechnik nötig, um die grundsätzlichen Zusammenhänge betrieblichen Geschehens klarzulegen. Erst durch ihr Zusammenwirken werden die Wege erkennbar, auf denen ein technischer Fortschritt möglich ist.

Literaturverzeichnis

I.1 bis 4. Bücher und zusammenfassende Abhandlungen (Zementchemie und Betontechnologie).
II. Arbeiten über Einzelgebiete.
III.1 bis 11. Normblätter, Richtlinien, Merkblätter.

Abkürzungen: Zemente *S. 1, 17*[1]; Moduln *S. 41*; Klinker- und Hydratphasen *S. 42, 45, 58, 90*; Organisationen und Zeitschriften s. Lit. III.1—11; CCA = Cement and Concrete Association (London); CERILH = Centre d'Étude et de Recherche de l'Industrie des Liants Hydrauliques (Paris); PCA = Portland Cement Association (Skokie, Ill., USA); ferner fremde Normen: *S. 19*; RILEM *S. 18*; ISO *S. 203*; CEB *S. 245*.

Zeitschriften: Bauwirtsch. = Bauwirtschaft; Bet. u. Stahlbeton = Beton- und Stahlbetonbau; ZKG = Zement-Kalk-Gips; J. PCA Res. Dev. Lab. = Journal of the Portland Cement Association, Research and Development Laboratories; Proc. ACI = Proceedings of the American Concrete Institute.

I. Bücher und zusammenfassende Abhandlungen

(Zementchemie und Betontechnologie)

I.1 Deutsch-sprachig

c 15. CZERNIN, W.: Zementchemie für Bauingenieure, 2. Aufl., Wiesbaden/Berlin: Bauverlag 1964.
d 9. Deutscher Zement 1852—1952 (VDZ-Festschrift), bearb. v. KEIL, F., Düsseldorf: Selbstverlag oder: VDZ 1952.
g 21. GRAF, O.: Die Eigenschaften des Betons, 2. Aufl., neubearb. v. ALBRECHT, W., SCHÄFFLER, H., Berlin/Göttingen/Heidelberg: Springer 1960.
h 50. HUMMEL, A.: Beton-ABC, 12. Aufl., Berlin: Ernst & Sohn 1959.
k 16. KEIL, F.: Hochofenschlacke, 2. Aufl., Düsseldorf: Verlag Stahleisen 1963.
k 55. KÜHL, H.: Zementchemie, 3. Aufl., Berlin: VEB Verlag Technik 1956 (Bd. I: Grundlagen), 1958 (Bd. II: Wesen und Herstellung), 1961 (Bd. III: Erhärtung und Verarbeitung); ferner: Der Baustoff Zement, Berlin: VEB Verlag Bauwesen 1963.
s 59. SEIDEL, K.: Handbuch für das Zementlabor, Wiesbaden/Berlin: Bauverlag 1964; — s. a. I.4, [j 8] und [m 27].

I.2 Englisch-sprachig

b 31. BLANKS, R. F., KENNEDY, H. L.: The Technology of Cement and Concrete, Vol. I, Concrete Materials, New York/London/Sidney/Toronto: John Wiley 1955.
b 40. BOGUE, R. H.: The Chemistry of Portland Cement, 2. Aufl., New York: Reinhold 1955.

---

[1] Die kursiv gesetzten Seitenzahlen beziehen sich auf das vorliegende Buch.

e 8. EITEL, W.: Silicate Science (5 Bände), Vol. 5: Ceramics and hydraulic binders, New York/London: Academic Press 1966.
l 9. LEA, FREDERICK, M.: The Chemistry of Cement and Concrete, 3. Aufl., London: Edward Arnold 1971.
p 19. POWERS, T. C.: The Properties of Fresh Concrete, New York/London/Sidney/Toronto: John Wiley 1968.

III., IV., V. Intern. Symposion „Chemistry of Cement", Proceedings.
sy 52. (III) London 1952, Proc., London: Cem. Concr. Ass. 1964.
sy 60. (IV) Washington 1960, Proc. Vol. I u. II, Washington: Nat. Bur. Stand 1962; Tagungsber. d. Zementind., H. 20 (1961).
sy 68. (V) Tokio 1968, Proc. Vol. I bis IV, Tokio: Cem. Assoc. Japan 1969. ZKG 22 (1969) 423—438.
t 2. TAYLOR, H. F. W.: The Chemistry of Cements, Vol. I u. II, London/New York: Academic Press 1964.

I.3 Französisch

p 4. PAPADAKIS, M., VÉNUAT, M.: Fabrication et Utilisation des Liants Hydrauliques, 2. Aufl., Paris: Selbstverlag 1966.

I.4 Russisch

j 8. JEWSTROPJEW, K. S., TOROPOW, N. A.: Einführung in die Silikatchemie, Orig. Moskau 1957; dtsch. Bearb. HINZ, W., Wiesbaden/Berlin: Bauverlag u. VEB Verlag Technik 1958.
m 27. MČEDLOV-PETROSJAN, O. P., BABUSKIN, V. I., MATVEEVL, G. M.: Thermodynamik der Silikate, Orig. Moskau 1962; dtsch. Bearb. PETZOLD, A., Berlin: VEB Verlag Bauwesen 1966.

II. Arbeiten über Einzelgebiete

(alphabetisch geordnet)

A 1. ABRAMS, D. A.: Struct. Mat. Res. Lab., Lewis Inst., Bull. 1, Chicago 1918.
S. 170
A 2. ABT, R.: Beton 19 (1969) 240—243. *S. 289*
A 3. ACKMANN, G.: Schriftenr. Zementind. H. 20 (1956). *S. 382*
A 4. AIGNESBERGER, A., KRIEGER, H., ..., REY, RH., SCHRÄMLI, W.: ZKG 21 (1968) 415—419; 22 (1969) 297—305. *S. 284*
ALBECK, J., s. [S 47].
A 5. ALBRECHT, W.: Betonstein-Ztg. 32 (1966) 568—573; — s. a. Lit. I.1 [g 21]. *S. 281*
A 6. —: Beton 17 (1967) 173—178 *S. 193*
A 7. —, auch mit WISOTZKY, TH.: Straße u. Autobahn 18 (1967) 308—316, 358—361. *S. 190, 283*
A 8. —, MANNHERZ, U.: Zusatzmittel, Anstrichstoffe usw., 8. Aufl., Wiesbaden/Berlin: Bauverlag 1968. *S. 185, 281*
A 9. —, SCHÄFFLER, H.: DAfStb H. 158 (1964) 39—60. *S. 151*
A 10. —, auch mit SCHMID, H.: DAfStb H. 142 (1960), H. 167 (1964). *S. 154*
A 11. ALÈGRE, R.: Rev. Mat. Constr. Nr. 509 (Febr. 1958) 33—44. *S. 351*
A 12. —: Rev. Mat. Constr. Nr. 544 (Jan. 1961) 1—12. *S. 235*
A 13a. —, TERRIER, P.: Rev. Mat. Constr. Nr. 523 (1959) 89—95. *S. 348*
A 13b. —, TERRIER, P.: Rev. Mat. Constr. Nr. 536 (Mai 1960) 109—112. *S. 383*
A 14. ALEXANDER, K. M.: Proc. ACI 57 (1960/61) 557—569; — s. a. [H 47].
S. 110, 126, 127, 384

A 15. ALEXANDER, K. M., auch mit WARDLAW, J., TAPLIN, J. H.: Proc. ACI 56 (1959/60) 377—390; Nature (London) 187 (Juli 1960) Nr. 4733, 230 bis 232; Austral. J. Appl. Sci. 13 (1962) 277—284. *S. 164*
ALEXANDRE, J., s. [V 8], — AMAFUJI, M., s. [O 4].
A 16. ANSELM, W.: ZKG Sonderausg. Nr. 1 u. 3 (1952, 1953). *S. 314*
A 17. ARNDS, W.: Betonstein-Ztg. 28 (1962) 112—121. *S. 171, 218*
A 18a. ARRAS, K.: ZKG 23 (1970) 106—112. *S. 332*
A 18b. ASCHAN, N.: Mag. Concr. Res. 18 (1966) 153—160; Ref. ZKG 20 (1967) 119—120. *S. 151*
A 19. AURICH, H.: Bauwirtschaft 21 (1967) 563—567 u. 586—589; Beton 19 (1969) 397—402 u. 447—451; — s. a. [H 35, R 12]. *S. 159*
BABUŠKIN, V. I., s. Lit. I.4 [m 27].
B 1a. BACHE, H. H., ISEN, J. C.: Proc. ACI 65 (1968) 445—450. *S. 170*
BACK, K., s. [C 1a].
B 1b. BADE, E.: ZKG 15 (1962) 403—408. *S. 354*
B 2. BÄUMEL, A., ENGELL, H. J.: Arch. Eisenhüttenwes. 30 (1959) 417—428; — BÄUMEL, s. a. [N 9]. *S. 261*
B 3. BAJZA, A., FRANO, J., SKALNY, J.: ZKG 21 (1968) 400—403. *S. 201*
B 4. BALAZS, G., KELEMEN, J., KILIAN, J.: Proc. ACI 57 (1960/61) 239. *S. 104*
B 5. BARANY, R., KELLEY, K. K.: U.S. Dep. Interior, Bur. Mines, Rep. Invest. (1961) Nr. 5825, 1—13; Chem. Zbl. (1963) 5733. *S. 337*
B 6. BARTHA, P., NACHTWEY, W.: ZKG 21 (1968) 347—350. *S. 346*
BARTL, M.: Stavivo 47 (1969) Nr. 9. *S. 289*
B 7. BASALLA, A.: ZKG 15 (1962) 136—140. *S. 234*
B 8. —: Wärmeentwicklung im Beton. Zement-Taschenbuch 1964/65, Wiesbaden/Berlin: Bauverlag 1963, S. 275—304. *S. 233, 234*
B 9. —: Baupraktische Betontechnologie, Wiesbaden/Berlin: Bauverlag, 1965. *S. 200*
B 10. BATEL, W.: Einführung in die Korngrößenmeßtechnik, 2. Aufl., Berlin/Göttingen/Heidelberg: Springer 1964. *S. 375, 379, 384*
B 11. BAULE, H.: Nobel-Hefte (Sept./Nov. 1966) 170—179. *S. 372*
B 12. BAUM, G.: Beton 12 (1962) 570; — s. a. [W 18]. *S. 261*
B 13. BAUMANN, P.: Proc. ACI 45 (Nov. 1948) 229ff. *S. 153*
B 14. BAYER, O.: Chemie in unserer Zeit 2 (1968) H. 2 (April) 61/62. *S. 108*
B 15. Bayer. Staatsmin. d. Innern, Mitt.: Kurzber. Bauforsch. 6 (1965) 150—152. *S. 259*
B 16. BECKARD, K.: Vortr. auf d. Internat. Konf. Zement im Trockenverfahren, Prag 26./28. 4. 67 (unveröffentlicht). *S. 335*
B 17. BECKER, F., SCHRÄMLI, W.: Cement Lime Manufact. 42 (1969) 91—94. *S. 356*
BECKER, W.: DAfStb H. 162 (1964); s. [K 47]; — s. a. [L 14].
B 18. BEKE, B., OPOCZKY, L.: ZKG 20 (1967) 267—270; 22 (1969) 541—546, 575. *S. 378, 386*
B 19. BELLWINKEL, A.: ZKG 14 (1961) 41—55; 21 (1968) 49—55. *S. 310*
B 20a. BENZ, G. H.: Einpreßmörtel für Spannkanäle, 6. Aufl., Illertissen: Chem. Fabrik Grünau 1968. *S. 154*
BERENS, L. W., s. [S 38].
B 20b. BERIO, A.: RILEM Bull., New Series, Nr. 31 (Juni 1966) 158—166; Ref. Betonstein-Ztg. 33 (1967) 402/403. *S. 243*
B 21. BERGSTROM, J. H.: Rock Prod. 70 (Oktober 1967) H. 10, S. 74—81 *S. 354*
B 22. BERNDT, K.: Die Montagebauarten des Wohnungsbaues in Beton, Wiesbaden/Berlin: Bauverlag 1969. *S. 2*

B 23. BERNEJ, I. I.: Stroitelnye Materialy 10 (1964) H. 2, S. 27—30. *S. 34*
B 24. BERNHARDT, C. J.: Betongtekniske Publikasjoner (1968) Nr. 10, S. 37—40.
S. 279
B 25. BERTERO, V. V.: Proc. ACI 64 (1967) 84—96. *S. 228*
BESSEY, G. E. *S. 239*
B 26. DE BEUS, A. J., NARZYMSKI, G. J.: Rock Prod. 69 (Mai 1966) H. 5, S. 77 bis 80, 156. *S. 327*
B 27. BICZÓK, I.: Betonkorrosion-Betonschutz, 3. Aufl., Budapest 1964; 2. dtsch. Ausgabe, Wiesbaden/Berlin: Bauverlag 1968. *S. 261, 271*
B 28. BIEHL, K.: Zement 16 (1927) 115—123, 139—146. *S. 294*
B 29. BIGARÉ, M., GUINIER, A., MAZIÈRES, C., REGOURD, M., YANNAQUIS, N., EYSEL, W., HAHN, TH., WOERMANN, E.: Rev. Mat. Constr. Trav. Publ. 598/9 (1965) 325—334; 600 (1965) 394—404; — s. a. [W 83]. *S. 69*
BIRGER, A. J., s. [M 54].
B 30. BLANC, J. P.: ZKG 21 (1968) 344—346. *S. 380*
b 31. BLANKS, R. F., KENNEDY, H. L.: s. Lit. I.2.
B 32. BLAUT, H.: Statistische Verfahren für die Gütesicherung von Beton, Wiesbaden/Berlin: Bauverlag 1968. *S. 212*
BLAZY, P., s. [M 13].
B 33a. BLÜMEL, O. W.: Zement u. Beton H. 38 (Febr. 1967) 8—13; H. 47 (Dez. 1969) 26/27; — s. a. [J 12, T 24]. *S. 187*
B 33b. —, FREY, H.: Betonstein-Ztg. 34 (1968) 616—618. *S. 181*
B 34. BLUNK, G.: Bau u. Bauind. 16 (1963) 816—819. *S. 284*
BODOR, E., s. [C 11b].
B 35. BÖCHHEIMER, F.: Zement u. Beton (1967) Nr. 39, S. 7—10. *S. 8*
B 36. BÖNIG, H.: ZKG 18 (1965) 593/594. *S. 360*
B 37. BÖRNER, H.: Tonind.-Ztg. 75 (1951) 99—111. *S. 162*
B 38. —: ZKG 21 (1968) 145—158. *S. 84*
B 39. BÖRNER, K., KIRSTE, R.: ZKG 1 (1948) 7—12. *S. 308*
BÖRNSTEIN, s. LANDOLT-BÖRNSTEIN [L 7].
b 40. BOGUE, R. H., s. Lit. I.2 u. [L 31].
B 41. BOHMAN, R.: ZKG 18 (1965) 625—630. *S. 322, 323, 325*
B 42. BOHNE, H.: Staub 24 (1964) 261—265. *S. 365*
B 43. BOISO, J.: Rock Products 57 (Dez. 1954) 68—71. *S. 318*
B 44. BOMBLED, J. P.: Rev. Mat. Constr. (1965) Nr. 593, S. 61—75; Ref. ZKG 18 (1965) 594—597; — s. a. [P 3]. *S. 377, 383*
B 45. —: ZKG 22 (1969) 317—319. *S. 147, 150*
B 46. BOMKE, E.: ZKG 11 (1958) 377—381. *S. 321*
BONGERT, H., s. [W 37].
B 47. BONZEL, J.: Beton 14 (1964) 108—114, 150—157; — s. a. [W 15—W 18].
S. 192
B 48. —: Zement-Taschenbuch 1964/65, Wiesbaden/Berlin: Bauverlag 1963, S. 305—346. *S. 284, 285*
B 49. —: Beton 17 (1967) 221—224, 263—267. *S. 179, 184, 185*
B 50. —, DAHMS, J.: Beton 14 (1964) 429—436. *S. 198, 214, 215*
B 51. —, LOCHER, F. W.: Beton 18 (1968) 401—404, 443—445. *S. 271*
BORNEMANN, P., s. [K 47].
B 52. BOZENOV, P. I., CHOLOPOVA, L. I.: Cement, Leningrad 31 (1965) Nr. 6, S. 9/10. *S. 54*
BRAND, W., s. [H 54].
B 53. BRANDENBERGER, E.: Chemie des Ingenieurs, 2. Aufl., Berlin/Heidelberg/New York: Springer 1966. *S. 256*

B 54. BRANISKI, A.: ZKG 10 (1957) 176—184; 14 (1961) 17—26; Rev. Mat. Constr. Nr. 560 (1962) 142—153; ZKG 20 (1967) 96—101. *S. 63*
B 55a. —: ZKG 18 (1965) 164—171. *S. 63, 64, 108*
B 55b. BRIESEMANN, D.: Betonstein-Ztg. 35 (1969) 593—603. *S. 260, 297*
BRINKERHOFF, CL. H., s. [L 41].
B 56. BRISBANE, S. M., SEGNIT, E. R.: Trans. Brit. Ceram. Soc. 56 (1957) 237 bis 252. *S. 358*
B 57. VAN DEN BROECK, J.: Rev. Mat. Constr. Nr. 454 (1953) 217—222; Nr. 455/6 (1953) 254—259; Nr. 457 (1953) 295—298. *S. 122*
BROWNYARD, T. L., s. [P 22].
B 58. VAN BRUGGEN, J. P.: Bautechnik 27 (1950) 241—245. *S. 205*
BRUNAUER, ST., s. [K 4, K 5]. *S. 177, 380*
B 59. BRUX, G.: ZKG 12 (1959) 196—208. *S. 153*
B 60. —: Vacuum-Concrete-Verfahren und Anwendungsgebiete, Düsseldorf: Beton-Verlag 1966. *S. 156*
B 61. BUB, H.: Betonstein-Ztg. 34 (1968) 105—114. *S. 261*
B 62. —: Betonstein-Ztg. 34 (1968) 160—176, 266—273. *S. 215*
B 63a. BUCK, A. D., DOLCH, W. L.: Ref. ZKG 20 (1967) 238/9. *S. 92*
B 63b. BUDNIKOV, P. P., ELINSON, M. P.: Baustoffind. 10 (1967) 315—318. —, SPYNOVA, L. G., NIKANJEZ, I. I.: Silikattechnik 20 (1969) 42—47. *S. 125, 159*
B 64a. BÜHRER, R.: DAfStb H. 112 (1953 u. 1961). *S. 155*
B 64b. BUETTNER, D. R., HOLLRAH, R. L.: Proc. ACI 66 (1969) 737—740. *S. 222*
B 65. BUKOWIECKI, A.: Schweiz. Arch. 31 (1965) 273—293. *S. 260, 261, 265*
B 66. —: Schweiz. Bauztg. 86 (1968) 856—859. *S. 261, 262*
B 67. BUTT, JU. M., KOLBASOV, V. M., SAVIN, E. S.: Stroitelnye materialy 11 (1965) H. 3, S. 33—35. *S. 92, 239*
B 68. —, KUATBAEV, K. K., ROJZMAN, P. A.: Wiss. Z. Hochsch. Bauwes. Leipzig (1967) Nr. 4, S. 13—18. *S. 239, 263, 275*
BUYER, K., s. [H 42].
B 69. BUZZI, S.: ZKG 22 (1969) 10—15, 352—356. *S. 143*
BYSTRÖM, A. M., s. [S 115].
CALDWELL, A. G., s. [M 25].
C 1a. CAMBEFORT, H.: Injection des sols, Paris 1964, Bodeninjektionstechnik, Übers. K. BACK, Wiesbaden/Berlin: Bauverlag 1969. *S. 153*
C 1b. CANNON, R. W.: Proc. ACI 65 (1968) 969—979. *S. 124*
C 2. CARLSON, R. W.: Proc. ACI 34 (1937/38) 497—515. *S. 234*
C 3. CATHARIN, P.: ZKG 14 (1961) 370—378; 16 (1963) 481—492. *S. 197*
C 4. —: Tonind.-Ztg. 90 (1966) 471—476. *S. 197*
C 5. —: Tonind.-Ztg. 90 (1966) 554—559. *S. 236*
C 6. Centre experimental de recherches et d'études du bâtiment et des travaux publics: Korrosion von in Beton oder Putz eingebettetem Eisen bzw. Kupfer. Pro metal H. 107 (Okt. 1965). *S. 265*
LE CHATELIER, H. *S. 14, 68, 105, 106*
C 7. CHATTERJI, S., JEFFERY, J. W.: Mag. of Concrete Res. 19 (1967) H. 60, S. 185—189; s. a. 15 (1963) H. 44, 83—86. *S. 92, 228*
CHODAKOW, G. S., s. [R 4].
C 8. CLAUSEN, C. F.: J. PCA Res. and Dev. Lab. 4 (1962) H. 1, S. 33—45. *S. 305*
C 9. COHRS, P., TRAUTWEIN, G.: Arch. f. experim. Veterinärmed. 13 (1959) 403—421. *S. 369*
COLE, W. F., s. [T 3].

C 10. CONRAD, D.: Beton 16 (1966) 202—205. *S. 215*
C 11a. COPELAND, L. E., KANTRO, D. L., s. Lit. [I.2, t 2]. *S. 96*
C 11b. —, BODOR, E., CHANG, T. N., WEISE, C. H.: J. PCA Res. and Dev. Lab. 9 (1967) 61—74; PCA Bull. 211 (1967). *S. 88, 89*
—, s. a. [K 4, P 23].
C 12. CUSTODIS, A.: Erdöl u. Kohle 19 (1966) 362—364. *S. 274*
C 13. CZAJA, A. TH.: Qualitas Plantarum et Materiae Vegitabilis 7 (1960) 184 bis 212. *S. 367*
C 14. —: Staub 22 (1962) 228—232; s. a. Mnium-Test in Tätigkeitsbericht VDZ, 1962, S. 67/8; — s. a. [S 12]. *S. 367*
c 15. CZERNIN, W., s. Lit. I.1, s. a. [E 6]. *S. 159, 218*
C 16. —: Tonind.-Ztg. 57 (1933) 1144—1146. *S. 34*
C 17. —: ZKG 4 (1951) 13/4. *S. 219*
C 18. —: ZKG 7 (1954) 160—167. *S. 377*
DAHLHOFF, B., s. [K 29].
D 1. DAHMS, J.: Beton 18 (1968) 131—136, 177—182; — s. a. Lit. III.2, ACI-COMM 506 [B 50, W 19, W 73a]. *S. 193*
D 2. —: Beton 18 (1968) 361—365. *S. 195*
D 3. D'ANS, J., EICK, H.: ZKG 7 (1954) 449—459. *S. 26, 119*
D 4. D'ANS, LAX: Taschenbuch für Chemiker und Physiker, 3. Aufl., Bd. I, Berlin/Heidelberg/New York: Springer 1967. *S. 337, 340*
DARQUES, V., s. [J 4], — DAS, S. S., s. [L 15].
D 5. DAVIS, R. E., HANNA, W. C., BROWN, E. H.: Proc. ACI 43 (1946/47) 21—48; — s. a. GONNERMAN, H. F.: Proc. Amer. Soc. Testing Mat. 34, Vol. II (1934) 244. *S. 43*
DELLYES, R., s. [S 3], — DEMOULIAN, E., s. [F 6], — DERCKS, W., s. [H 44].
D 6. DERIE, R.: ZKG 22 (1969) 265—270. *S. 359*
D 7. DERJAGIN, B. V.: Chemie in unserer Zeit 3 (1969) 128/9. *S. 107*
D 8. DERSNAH, W. R.: Pit and Quarry 49 (Nov. 1956) 94—104, 134 u. (Dez. 1956) 118—122; Ref. ZKG 10 (1957) 142—146. *S. 326*
DESCH, C. H., s. Lit. I.2 [I 9].
d 9. Deutscher Zement 1852—1952 (F. KEIL), VDZ-Festschrift, s. Lit. I.1. *S. 12, 15*
D 10. DIJKSTERHUIS, P. R., DE JONGH, W. K., VERHAREN, H. A.: ZKG 22 (1969) 1—4. *S. 143*
D 11. DITTRICH, R.: Fortschr. Ber. Straßen- u. Tiefbau 5 u. 6 (1950). *S. 219*
D 12. DJABAROV, N. B.: ZKG 21 (1968) 225—230. *S. 11, 162, 267*
DÖLBOR, F. C., s. [S 39, S 43a].
D 13. DOERFFEL, K.: Beurteilung von Analysenverfahren und -ergebnissen, 2. Aufl., Berlin/Heidelberg/New York: Springer 1965. *S. 212*
DÖRR, F. H., s. [S 106b], — DOLCH, W. L., s. [B 63a].
D 14. DOMININGHAUS, H.: Kunststoffe I und II, Düsseldorf: VDI-Verlag 1969. *S. 284*
D 15. DOSCH, W.: ZKG 18 (1965) 226—232. *S. 141*
D 16. —, ZUR STRASSEN, H.: ZKG 18 (1965) 233—237; 20 (1967) 392—401. *S. 90, 91*
D 17. DREIZLER, I.: ZKG 19 (1966) 216—222; — s. a. [L 52]. *S. 134*
D 18. DROSIHN, U.: ZKG 23 (1970) 449—461. *S. 311, 328, 376*
D 19. —: ZKG 17 (1964) 425—435. *S. 311*
D 20. DÜWEL, L.: Staub 28 (1968) 119—127. *S. 366*
D 21. DURIEZ, M.: RILEM-Colloque international sur le comportement des betons, Palermo 1965. *S. 124*
D 22. —, LEZY, R.: Inst. Technique du Bâtiment et des Travaux Publics (Paris), Annales Nr. 9 (1956) 138. *S. 104*

DUTZ, H., s. [L 16].
D 23. DYCKERHOFF, H.: ZKG 1 (1948) 93—95. *S. 183*
D 24. DYCKERHOFF, K.: ZKG 11 (1958) 196—211. *S. 55, 56*
DYCKERHOFF, W. *S. 69, 75*
E 0. ECKHARDT, A., KRONSBEIN, W.: DAfStb H. 102 (1950). *S. 290*
E 1. EFES, Y.: Dipl.-Arbeit TH Aachen 1966; nach U. LUDWIG [L 61]. *S. 148*
E 2. VON EICHBORN, J. L.: Naturwiss. 54 (1967) 165/6. *S. 385*
EICK, H., s. [D 3].
E 3. EIGEN, H.: ZKG 9 (1956) 454—456; 11 (1958) 392—396; 13 (1960) 458—466; Tonind.-Ztg. 85 (1961) 91—94. *S. 314, 328*
E 5. EIPELTAUER, E.: ZKG 16 (1963) 9—12; — s. a. [S 16]. *S. 255*
E 6. —, SCHILCHER, W., CZERNIN, W.: ZKG 17 (1964) 543—546. *S. 172*
E 7. EISENMANN, J.: Straße u. Autobahn 18 (1967) 418—426. *S. 189*
e 8. EITEL, W., s. Lit. I.2.
E 9. Eidgen. Materialprüfungs- und Versuchsanstalt: Schweiz. Arch. 23 (1957) 65—70, 115—121, 146—156. *S. 205*
EMMET, P. H. *S. 177, 380*
E 10. ENDELL, J.: ZKG 17 (1964) 266; dgl. mit MÜLLER, J.: Ber. Dt. keram. Ges. 41 (1964) 565—569. *S. 67*
E 11. —, WAGENKNECHT, P.: Aufbereitungs-Techn. 9 (1968) 77—81. *S. 314*
ENGEL, O., s. [M 56], — ENGELL, H. J., s. [B 2], — ENGLERT, G., s. [W 81]
E 12. ENIŠERLOVA, S. G., DOVŽIK, O. I., RATINOV, V. B.: Izvestija vysš. uč. zav. Stroitelstvo i architektura 10 (1967) Nr. 5, 3—6. *S. 264*
E 13. Entstauber für die Zement- und Kalkindustrie. ZKG Sonderausg. Nr. 13 (1968). *S. 369*
E 14. ERLIN, B., GREENING, N. R.: J. PCA Res. and Dev. Lab. 10 (Mai 1968) 58—61. *S. 134*
E 15. ERYTHROPEL, H.: Mitt. Verein Großkesselbetr. (1963) Nr. 86, S. 310—316; Ref. Tonind.-Ztg. 89 (1965) 287; Techn. Mitt. Haus d. Technik 59 (1966) 427—431. *S. 125*
E 16. ESENWEIN, P.: Schweiz. Bauztg. 86 (1968) 170—174; — s. a. [S 19]. *S. 224, 253*
E 17. v. EUW, M.: CERILH, Publ. Techn. Nr. 185; Rev. Mat. Constr. Nr. 624 (Sept. 1967) 321—326. *S. 143*
EVERETT, L. H., s. [G 37], — EYSEL, W., s. [B 29, W 83].
F 1. FANINGER, G.: ZKG 21 (1968) 430—434. *S. 169*
F 2. FELDMAN, R. F., SEREDA, P. J.: RILEM-Colloquium München 1./3. April 1968 (interner Bericht). *S. 221*
F 3. —, RAMACHANDRAN, V. S., SEREDA, P. J.: J. Amer. ceram. Soc. 48 (1965) H. 1, S. 25—30; Mag. Concrete Res. 18 (1966) H. 57, S. 185—196. *S. 92*
FINSTERWALDER, K., s. [H 22, H 37], — FINSTERWALDER, U. *S. 159*
FISCHER, H., s. [S 8].
F 4a. FISCHER, W. A.: Stahl u. Eisen 84 (1964) 217. *S. 84, 253*
FISCHER, R., s. [W 39], — FLETCHER, K. E., s. [M 43].
F 4b. FLINT, E. P., MCMURDIE, H. F., WELLS, L. S.: J. Res. nat. Bur. Stand. Vol. 21 (1938) Nr. 5, S. 617—637. *S. 90*
F 5a. FOREST, J.: Rev. Mat. Constr. Nr. 607/608 (April/Mai 1966); Publ. Techn. Nr. 173. *S. 352*
F 5b. —: Rev. Mat. Constr. (Febr. 1962) Nr. 557, S. 35—41. *S. 363*
F 6. —, DEMOULIAN, E.: Rev. Mat. Constr. Nr. 577 (Okt. 1963) S. 312—317; Ref. ZKG 17 (1964) 564—566. *S. 129*
Forschungsinstitut für Hochofenschlacke DAfStb H. 170 (1965); — s. a. [L 2].

F 7. FORUM, C. S.: Beton- u. Stahlbetonbau 60 (1965) 163—168. *S. 165, 168*
FOSTER, C. W. *S. 100*
F 8. FRANKENBERGER, R.: ZKG 20 (1967) 140—145. *S. 317, 343*
F 9. —: ZKG 20 (1967) 453—458. *S. 329, 330*
F 10. —: ZKG 21 (1968) 73—80. *S. 321—326, 332, 335*
F 11a. —: Schriftenreihe d. Zementind. H. 36 (1969). *S. 329*
F 11b. FRANJETIĆ, Z.: Beton-Schnellhärtung. Schwerbeton, Leichtbeton, Silikatbaustoffe, Wiesbaden/Berlin: Bauverlag 1969. *S. 237*
FRANO, J., s. [B 3].
F 12. FRANZ, G.: Beton 18 (1968) 5—9. *S. 285*
F 13. —, GAILFUSS, K.-P.: VDI-Z. 110 (1968) 1048—1053; s. a. (1962) 757—761; (1964) 763—769; (1966) 759—763. *S. 4*
F 14. FREUND, H.: Handbuch der Mikroskopie in der Technik, Frankfurt/M.: Umschau-Verlag; OBENAUER, K.: Eisenhüttenschlacken, Bd. II, Tl. 2, S. 459—518 (1954); TROJER, F.: Portland-Zement-Klinker und seine Rohstoffe, Bd. IV, Tl. 3, S. 335—389 (1965); OBENAUER, K.: Mikroskopie des Mörtels und Betons, Bd. IV, Tl. 3, S. 391—456 (1965). *S. 133*
FREY, H., s. [B 33b].
F 15. FRIKELL, G.: ZKG 18 (1965) 299—304. *S. 32, 34*
F 16a. FUCHS, J.: Chemiker-Ztg. 83 (1959) 153—155. *S. 266*
F 16b. FUJII, K., KONDO, W., WATANABE, T.: ZKG 23 (1970) 72—79. *S. 103*
F 17. FUNK, H.: Symp. Washington 1960, Vol. I, S. 291—295; — s. a. Lit. I.2 [sy 60]. *S. 106*
F 18. FUNKE, G.: Schriftenreihe d. Zementind. H. 26 (1961). *S. 366*
F 19. —: ZKG 18 (1965) 94—106; 23 (1970) 101—105. *S. 370, 371*
F 20. —: ZKG 18 (1965) 491—495. *S. 371*
F 21. —: ZKG 21 (1968) 209—219. *S. 361, 370, 371*
G 1. GAEDE, K.: DAfStb H. 126 (Erg. zu H. 109); — s. Lit. III.4. *S. 26*
G 2. —: DAfStb H. 128 (1957); H. 168 (1965). *S. 196*
G 3. —, SCHMIDT, E.: DAfStb H. 158 (1964). *S. 196*
GAILFUSS, K.-P., s. [F 13].
G 4. GALAN, A.: Proc. ACI 64 (1967) 678—684. *S. 197*
G 5. GAYDOS, R. A.: J. PCA Res. and Dev. Lab. 7 (Sept. 1965) H. 3, S. 49—56; PCA Bull. 188; Ref. ZKG 19 (1966) 88/9. *S. 317, 341*
GEBAUER, J., s. [L 36], — GEBHARDT, M., s. [N 12].
G 6a. GENGENBACH, P. A.: Pneumatische Förderung von Frischbeton, Düsseldorf: Beton-Verlag 1969. *S. 155*
G 6b. Die Entwicklungsgeschichte der Erde. Taschenbuch der Geologie, Leipzig: Kosmograph Verlag 1959. *S. 248*
GIBBELS, H., s. [R 27].
G 7. GEORGIEVA, D., GEORGIEVA, Z.: Stroitelni materiali i silikatna promišlenost 7 (1966) Nr. 4, S. 4—10. *S. 276*
G 8. GILBERT, J. H.: Modern Concrete 30 (1966) Nr. 1, S. 42; vgl. a. Ref. Betonstein-Ztg. 30 (1964) 201/2. *S. 227*
G 9. GILBERT, W.: Cem. Cem. Manuf. 9 (1936) 115f., 139f., 207f. *S. 326*
G 10. GILLE, F.: ZKG 5 (1952) 142—151; — s. a. [K 22—K 25].
  S. 55, 69, 134, 224, 225
G 11. —: Schriftenr. Zementind. (1952) 31—40. *S. 133*
G 12. —: Beton 10 (1960) 328—330. *S. 268*
G 13. —: Beton 12 (1962) 467—470. *S. 273*
G 14. —, RUHLAND, W.: ZKG 16 (1963) 170—176. *S. 328, 383*
GILLOTT, J. E., s. [S 116].
G 15. GLAUSER, A.: ZKG ab 15 (1962) 529 bis 21 (1968) 220 (7 Berichte). *S. 39*

GÖHRING, CHR. s. [R 20, 21].
G 16. GÖRTZ, W.: ZKG 19 (1966) 433—442. *S. 143, 337*
G 17. GOES, C.: Schriftenreihe d. Zementind. H. 24 (1960); s. a. Tonind.-Ztg. 84 (1960) 125—133. *S. 352—354, 361, 363*
G 18. —: ZKG 16 (1963) 23—27. *S. 310*
G 19. GOES, E.: ZKG 11 (1958) 333—339. *S. 334*
G 20. GOLDSTEJN, L. JA.: Cement (russ.) 28 (1962) 9/10. *S. 77, 226*
GONNERMAN, H. F., s. [D 5], — GRADE, K., s. [S 34].
g 21. GRAF, O., s. Lit. I.1. *S. 218*
G 22. —: Straße u. Autobahn 3 (1952) 72—77. *S. 187, 289*
G 23. —, WALZ, K.: Zement 28 (1939) 445—511, bes. 478. *S. 220*
G 24. GRANKOVSKIJ, I. G.: Baumaterialien, Einzelstücke und Formstücke, Bd. III u. IV, Kiew: Verlag Budyvelnik 1965. *S. 156*
G 25. GREENING, N. R.: PCA Res. and Dev. Lab. 9 (Mai 1967) H. 2, S. 22—36; — s. a. [E 14, G 35, S. 63]. *S. 139, 185*
G 26. —, LANDGREN, R.: J. PCA Res. and Dev. Lab. 8 (Sept. 1966) H. 3, S. 34 bis 50. *S. 289*
GRIESHAMMER, G., s. [S 51].
G 27. GRODDE, K.-H., SCHWARZ, H., STRIEBEL, W.: Erdöl-Erdgas-Ztschr. 81 (1966) 414—423. *S. 29, 30*
GRUDEMO, A. *S. 88, 136*
G 28. GRÜN, W., GRÜN, H. R.: ZKG 14 (1961) 514—520. *S. 110*
G 29. —, GRÜN, E.: Bauwirtschaft 22 (1968) Nr. 6, S. 137—140. *S. 163*
G 30. GRZYMEK, J.: Silikattechnik 6 (1955) 296—302. *S. 308*
G 31. — u. Mitarbeiter: Silikattechnik 20 (1969) 112—116. *S. 76*
GÜNZLER, J., s. [S 35], — GÜNTHER, K., s. [S 40].
G 32. GUILLAUME, L.: Travaux 50 (1967) Nr. 392, S. 73—78. *S. 188*
GUINIER, A., s. [B 29]. *S. 69, 141*
G 33. GUMZ, W., KIRSCH, H., MACKOWSKY, M.-TH.: Schlackenkunde, Berlin/Göttingen/Heidelberg: Springer 1958. *S. 124*
G 34. —, HARDT, L.: Kurzes Handbuch der Brennstoff- und Feuerungstechnik, 3. Aufl., Berlin/Göttingen/Heidelberg: Springer 1962. *S. 341, 342*
G 35. GUSTAFERRO, A. H., GREENING, N. R., KLIEGER, P.: J. PCA Res. and Dev. Lab. 8 (Jan. 1966) Nr. 1, S. 10—36; PCA-Bull. 190. *S. 228*
G 36. GUTT, W.: Build. Res. Station, Current Paper CP 90/68, Dez. 1968, Symp. Tokio 1968, s. Lit. I.2 [sy 68]; — s. a. [W 46]. *S. 61, 307*
G 37. —, KINNIBURGH, W., NEWMAN, A. J.: EVERETT, L. H., GUTT, W.: Mag. Concr. Res. 19 (1967) H. 59, S. 71—94. *S. 290*
GUTTMANN, A. *S. 55, 118*
GUYE, F. *S. 60*
G 38. GYGI, H.: Diss. ETH Zürich 1937; — s. a. Lit. I.2 [sy 52], S. 750—789. *S. 326, 337*
H 1. HADLEY, D. W.: PCA Bull. 139 (1961); Ref. ZKG 16 (1963) 148—150. *S. 169*
H 2. —: J. PCA Res. and Dev. Lab. 10 (Jan. 1968) Nr. 1, S. 17—33. *S. 92, 169*
H 3. HAEGELE, W.: ZKG 20 (1967) 271—274. *S. 142*
H 4. HAEGERMANN, G.: Vom Caementum zum Zement. Bd. I, Tl. A, aus: Vom Caementum zum Spannbeton, Wiesbaden/Berlin: Bauverlag 1964; s. a. ZKG 23 (1970) 1—11. *S. 4, 12—15, 18, 207*
H 5. HAESE, U.: ZKG 20 (1967) 152—156. *S. 337*
H 6. HAHN, TH.: Tonind.-Ztg. 89 (1965) 131/2; — s. a. [B 29, W 83]. *S. 68*
H 7. HALLAUER, O.: Beton 19 (1969) 23—27, 206 (Ergänzung WEIGLER); — s. a. [W 73]. *S. 299, 300*

H 8. HALSTEAD, P. E., MOORE, A. E.: J. appl. Chem. 12 (Sept. 1962) 413.
S. 228
H 9. HAMPE, B.: Bauingenieur 33 (1958) 6—10. *S. 234*
H 10. HANSEN, T. C.: Mater. Res. Stand. 6 (1966) Nr. 1, Särtryck Reprint 41, Stockholm. *S. 221*
H 11. —, MATTOCK, A. H.: Proc. ACI 63 (Febr. 1966) 267; PCA Bull. D 103.
S. 220
H 12. HANSEN, W. C., s. Lit. I.2 [sy 52], S. 598—632. *S. 29*
H 13. —: Proc. ACI 56 (1959/60) 881—883. *S. 169, 170*
H 14. —, s. Lit. I.2 [sy 60], Vol. I, S. 387. *S. 148*
H 15. —: Mater. Res. Stand. 2 (Juni 1962) Nr. 6, S. 490—493. *S. 106*
H 16. —: Amer. Soc. Testing Mater. Proc. 63 (1963) 932—945. *S. 163*
H 17. HANSON, J. A.: Proc. ACI 65 (Juli 1968) 535—543. *S. 192*
H 18. HARDERS, F., KIENOW, S.: Feuerfestkunde, Berlin/Göttingen/Heidelberg: Springer 1960. *S. 344*
H 19. HATA, S., SANARI, T.: ZKG 21 (1968) 509—511; s. a. SANARI, T., KADOWAKI, T.: ZKG 23 (1970) 343—347. *S. 310*
H 20. HAYDEN, R.: Zement 29 (1940) 433—435. *S. 32*
H 21. HECHT, H.: Die Prüfung keramischer Roh- und Werkstoffe, Handbuch der Werkstoffprüfung 3. Bd., 2. Aufl., Berlin/Göttingen/Heidelberg: Springer 1957, S. 202—309. *S. 194*
H 22. HEILMANN, H. G., HILSDORF, H., FINSTERWALDER, K.: DAfStb H. 203 (1969). *S. 192*
HELMS-DERFERT, H., s. [S 89, W 20].
H 23. HELMUTH, R. A., TURK, D. H.: PCA Res. and Dev. Lab. 9 (Mai 1967) H. 2, S. 8—21; PCA Bull. 215; — s. a. [P 24]. *S. 219*
HELPERTZ, E., s. [S 108].
H 24. HENDRICKS, J.: Rev. Mat. Constr. Nr. 511 (April 1958) 105/6. *S. 351*
H 25. HENDRICKSON, J. G.: Highway Res. Board Proc., Bd. 40 (1961). *S. 180*
H 26. HENK, B.: Betonwerkstein. Zement-Taschenbuch 1960, S. 225—241; s. a. Richtl. f. Betondachsteinfarben des Bundesverb. Dtsch. Beton- und Fertigteilindustrie, Bonn 1958. *S. 53*
H 27. HENKEL, F.: DAfStb H. 168 (1965). *S. 199*
H 28. —: ZKG 18 (1965) 253—258; 22 (1969) 5—9. *S. 142*
H 29. —, ROST, F.: DAfStb H. 118, S. 41—51, s. Lit. III.4; s. a. Betonstein-Ztg. 19 (1953) 356—358. *S. 106, 228*
HENNIG, W., s. [H 32], — HENNICKE, H. W., s. [L 12].
H 30. HENTZSCHEL, W., SCHICHT, E.: Baustoffindustrie 11 (1968) 279—282.
S. 276
H 31. HERMANN, P., RAPP, I.: Techn. Überwachung 8 (1967) 235—237. *S. 365*
H 32. HERR, A. M., HENNIG, W., SCHOLZE, H.: Tonind.-Ztg. 92 (1968) 491—494.
S. 355
H 33. HERRMANN, A.: Silikat-Journal 3 (1964) 441—466. *S. 255*
H 34. HEUFERS, H.: Beton 16 (1966) 119—124; 17 (1967) 161—172. *S. 159*
H 35. —, AURICH, H.: Betonstein-Ztg. 32 (1966) 265—283. *S. 221*
H 36. HIGGINSON, E. C.: Proc. ACI 58 (Sept. 1961) 281—298. *S. 242*
HILL, G., s. [S 37], — HILLE, J., s. [W 84].
H 37. HILSDORF, H., FINSTERWALDER, K.: DAfStb H. 184 (1966); — s. a. [H 22, R 35]. *S. 155, 222*
H 38. HIME, W. G., MIVELAZ, W. F., CONNOLLY, J. D.: Analytic. Techn. for Hydraulic Cement and Concr. Nr. 395 (1966) 18—29; PCA Bull. 194.
S. 139, 185
HINRICHSEN, C. F., s. [K 27b], — HINZ, W., s. Lit. I.4 [j 8].

H 39. HÖLLER, P., SLICKERS, K.: Arch. Eisenhüttenwes. 38 (1967) 831—839.
S. 137
H 40. HOCHSTETTER, R.: Tonind.-Ztg. 91 (1967) 450—453. *S. 239*
H 41. HOGA, A.: ZKG 17 (1964) 41—48; — s. a. [R 23]. *S. 321, 328*
H 42. HOGNESTAD, E., nach BUYER, K.: V. Intern. Spannbeton-Kongr., Paris 1966, S. 267/8. *S. 227*
H 43. HOGREBE, K., LEHMANN, W. S.: ZKG 9 (1956) 133—139. *S. 350*
H 44. HOHENHINNEBUSCH, W., DERCKS, W.: ZKG 22 (1969) 66—74; s. a. Ref. ZKG 22 (1969) 285. *S. 324*
HOHMANN, H., s. [L 64].
H 45. HOLLAND, H.: Diss. TH Clausthal, 1965; — s. a. LEHMANN, H., HOLLAND, H.: Tonind.-Ztg. 90 (1966) 2—20. *S. 255*
HOLLRAH, R. L., s. [B 64b], — HORNAIN, H., [T 4, T 5].
H 46. HOSEK, J.: Proc. ACI 63 (1966) 1411—1424. *S. 284*
HOUOT, R., s. [M 13].
H 47. HSU, TH. T. C., SLATE, F. O., STURMAN, G. M., WINTER, G. M., OLSEFSKI, ST.: Proc. ACI 60 (1963) 209—224, 465—486, 575—588, 1787—1824 Diskussion m. K. M. ALEXANDER u. Schlußbemerkungen. *S. 155, 163, 164*
H 48. HUBERTI, G.: Die erneuerte Bauweise, Bd. I, Tl. B, aus: Vom Caementum zum Spannbeton, Wiesbaden/Berlin: Bauverlag 1964. *S. 4*
H 49. HÜNERBERG, K.: AZ Handbuch für Asbestzementrohre, Berlin/Heidelberg/ New York: Springer 1968. *S. 34*
h 50. HUMMEL, A., s. Lit. I.1, auch [R 37]. *S. 146, 158*
H 51. —: Aufbau und Eigenschaften von Beton und Mörtel, Zement-Taschenbuch 1970/71, Wiesbaden/Berlin: Bauverlag 1970, S. 101—179. *S. 11, 162, 194*
H 52. —: Betonkalender, II. Teil, Berlin: Ernst & Sohn 1970, S. 29. *S. 302, 303*
H 53. —, WESCHE, K.: DAfStb H. 124 (1956). *S. 290, 296*
H 54. —, WESCHE, K., BRAND, W.: DAfStb H. 146 (1962). *S. 295*
H 55. HUMMELSHOEJ, G. E.: Betonstein-Ztg. 33 (1967) 442/3; Fertigteile im Bauen 10 (1969) 14—16. *S. 242*
H 56. HUMS, D., LEERS, K.-J., NIESEL, K.: Tonind.-Ztg. 92 (1968) 212—216.
S. 359
HUSMANN, K., s. [M 41].
I 1. IDORN, G. M.: Lit. I.2 [sy 68] Vorbericht. *S. 204, 205, 229*
I 2. —: Proc. ACI 65 (1968) 246/7 *S. 134, 165, 168*
I 3. —: Zement u. Beton (1960) Nr. 18, S. 1—11. *S. 12, 82, 186, 268*
I 4. IHLEFELDT, H.: Schriftenreihe d. Zementind. H. 18 (1955). *S. 366*
I 5. ILINA, N. V., SOCHACKAJA, G. A., ŠADRINA, M. N., KOROLEVA, E. P.: ZKG 19 (1966) 596/7. *S. 344*
ISBERNER, A. W., s. [K 36], — ISEN, J. C., s. [B 1a], — IWAI, T., s. [S 43b].
JABAROW, N., s. [Z 7].
J 1. JACOBS, J.: Beton 18 (1968) 395—399. *S. 189*
J 2. JAMBOR, J.: ZKG 16 (1963) 177—186. *S. 126*
J 3. JANSSENS, P.: Rev. Mat. Constr. Nr. 416 (Mai 1950) 153—162. *S. 52*
J 4. JARRIGE, A., DARQUES, V.: Rev. Mat. Constr. Nr. 594 (März 1965) 144 bis 148. *S. 126*
J 5a. JASMUND, K.: Die silicatischen Tonminerale, 2. Aufl., Weinheim: Verlag Chemie 1955. *S. 251*
J 5b. JEFFERY, J. W.: Chem. and Ind. 31 (1955) Nr. 53, S. 1756—1763; — s. a. [C 7]. *S. 55, 69, 169*
J 6. JASPERS, M. J. M.: Rev. Mat. Constr. Nr. 633/634 (Juli 1968) 244—256; ZKG 21 (1968) 518—520. *S. 277*

J 7. JERZSZOW, L. D.: Cement. Wapno. Gips 22 (1967) 353—355. *S. 60, 61*
j 8. JEWSTROPJEW, K. S., TOROPOW, N. A., s. Lit. I.4.
J 9a. JOHNSTON, C. D., SIDWELL, E. H.: Proc. ACI 66 (1969) 748—755. *S. 195*
J 9b. JOISEL, A.: ZKG 16 (1963) 13—22. *S. 383*
J 10. —: Les retraits du beton, Paris 1965; CERILH Publ. Techn. Nr. 189 (Mai 1968). *S. 217*
DE JONGH, W. K., s. [D 10].
J 11. JOOSTING, R.: Schweiz. Bauztg. 86 (1968) 881—883. *S. 186*
J 12. JUNG, F.: Diss. Graz 1961; — s. a. BLÜMEL, O. W., JUNG, F.: Betonstein-Ztg. 28 (1962) 286—291, 363—378. *S. 288*
J 13. —: ZKG 20 (1967) 107—110. *S. 199, 218*
J 14. JURGANOV, N. N., SAFONOV, N. A., BRODKINA, E. R.: Cement (russ.) 32 (1966) H. 1, S. 10/11. *S. 354*
K 1. KADLECEK, V., SPETLA, Z.: Beton 15 (1965) 459—464; Baustoffindustrie 9 (1966) 70—74. *S. 192*
KADOWAKI, T., s. [H 19].
K 2. KAESCHE, H.: Arch. Eisenhüttenwes. 36 (1965) 911—922; Dt. Betonverein, Jahresber. d. Vorstands 1967, S. 48. *S. 261, 264*
K 3a. KAISER, W.: Die technologischen Eigenschaften von Zementsuspensionen... Otto-Graf-Institut, Stuttgart 1969. *S. 153, 154*
K 3b. KALLAUNER, O., MATOUSEK, M.: Silikattechnik 12 (1961) 401/2; Ref. Tonind.-Ztg. 87 (1963) 60. *S. 93*
KAMINSKY, W. A., s. [L 1], — VAN KAMPEN, s. [M 48].
K 4. KANTRO, D. L., COPELAND, L. E., WEISE, C. H., BRUNAUER, ST.: J. PCA Res. Dev. Lab. 6 (Jan. 1964) Nr. 1, S. 20—40. *S. 71, 88*
K 5. —, WEISE, C. H., BRUNAUER, ST.: Highway Res. Board, Spec. Report Nr. 90 (1966) 309—327; PCA Bull. Nr. 209; — KANTRO, s. a. [C 11a].
S. 232
KARL, S., s. [W 40].
K 6. KARSCH, K. H., SCHWIETE, H. E.: ZKG 16 (1963) 165—169. *S. 234*
KASTANJA, P. A., s. [S 41], — KATO, K., s. [Y 1].
K 7. KAWADA, N., NEMOTO, A.: ZKG 20 (1967) 65—71; s. a. 347—349 (STEIN, STEVELS, DE JONGH). *S. 88*
—, s. a. [M 9].
K 8. KÅWERT, K.: ZKG 21 (1968) 287—292; 22 (1969) 457—461.
S. 24, 59, 168, 228
K 9. KAYATZ, K.: ZKG 17 (1964) 183—187; 18 (1965) 45—51; — s. a. [M 56].
S. 313, 317
K 10. KAYSER, W.: Diss. Karlsruhe 1965. *S. 209, 210, 377*
K 11. KAZIMIR, J.: Stavivo 46 (1968) 165—167. *S. 169*
K 12. KEIL, F.: Zement 28 (1939) 729—732. *S. 152*
K 13. —: Tagungsber. d. Zementind. H. 7 (1952) 213—224. *S. 186*
K 14. —: Straße u. Autobahn 4 (1953) 376—379; VDI-Z. 96 (1954) 387/8.
S. 157, 186
K 15. —: Tagungsb. Zementind., H. 20 (1961) 55/6. *S. 310*
k 16. —, s. Lit. I.1; — s. a. [d 9, L 46, N 4].
K 17. —, ZKG 18 (1965) 64—66. *S. 206*
K 18. —: Beton 16 (1966) 27—35, 77—83. *S. 21, 100, 184, 230, 271*
K 19. —: ZKG 20 (1967) 551—554. *S. 15*
K 20. —: ZKG 20 (1967) 201—213. *S. 108, 230, 231, 284*
K 21. —: in: Handbuch der Werkstoffprüfung, 3. Bd., 2. Aufl., Berlin/Göttingen/ Heidelberg: Springer 1957, S. 345—356 u. 514—519. *S. 112, 132*
K 22. —, GILLE, F.: Zement 27 (1938) 113—117, 157—161, 171—173. *S. 152*

K 23. KEIL, F., GILLE, F.: Zement 28 (1939) 429—434; Schriftenr. Zementind.
H. 15 (1954) 31—44. *S. 117, 259*
K 24. —, —: Zement 30 (1941) 529—535. *S. 204*
K 25. —, —: ZKG 2 (1949) 148—152. *S. 227*
K 26. —, MATHIEU, H.: ZKG 11 (1958) 81—86; 17 (1964) 279—298. *S. 203*
K 27a. KELLER, H.: Bau u. Bauind. 22 (1969) 112—115. *S. 124*
KELLEY, K. K., s. [B 5], — KENNEDY, H. L., s. Lit. I.2 [b 31].
K 27b. KERN, E., HINRICHSEN, C. F.: Beton- u. Stahlbetonbau 64 (1969) 217 bis 219; — s. a. [W 41]. *S. 284*
K 28. KIENOW, S., SEEGER, M.: ZKG 19 (1966) 555—560; — s. a. [H 18].
S. 344, 359
K 29. KIESSKALT, S., DAHLHOFF, B.: Chem.-Ing.-Techn. 37 (1965) 277—283.
S. 385
K 30. KIMURA, S.: ZKG 20 (1967) 229—232. *S. 200*
KIND, V. V., s. [Z 8], — KINNIBURGH, W., s. [G 37].
K 31. KIPP, R.: Straßenbau-Technik 19 (1966) 283—288. *S. 27*
KIRSCH, H., s. [G 33], — KIRSTE, R., s. [B 39].
K 32. KITAJEV, É. N.: Asbestos Bull. Jan./Febr. 1963, nach H. KLOS: [K 37]; s. a. Stroitelnye Mater. (russ.) 8 (1962) H. 1, S. 35—38. *S. 35*
K 33. KLATT, H.: ZKG 11 (1958) 144—154. *S. 312*
K 34a. KLEBER, W.: Einführung in die Kristallographie, 7. Aufl., Berlin: VEB Verlag Technik 1964; KLOCKMANN-RAMDOHR: Lehrbuch der Mineralogie, 14. Aufl., Stuttgart: Ferd. Enke 1963. *S. 132, 135, 140*
K 34b. KLEINSCHMIDT, H.-J.: DAfStb H. 170 (1965). *S. 261*
K 35. KLIEGER, P.: Amer. Soc. Testing. Mat. STP Nr. 169-A (1966) 530—542; PCA Bull. Nr. 199; Ref. ZKG 20 (1967) 237/8; — s. a. [G 35]. *S. 7, 185*
K 36. —, ISBERNER, A. W.: PCA Res. Dev. Lab. 9 (1967) H. 3, S. 2—22; — s. a. [G 35]. *S. 292*
KLOCKMANN-RAMDOHR, s. [K 34a].
K 37. KLOS, H.: Asbestzement, Wien/New York: Springer 1967. *S. 33, 34*
K 38. KNOBLAUCH, H., SCHWIETE, H. E., ZIEGLER, G.: Forsch.-Ber. Nordrhein-Westf. Nr. 748 (1959). *S. 100*
KNOEFEL, D., s. [S 87].
K 39. KOCH, A., STEINEGGER, H.: ZKG 13 (1960) 317—324; — s. a. STEINEGGER, H.: ZKG 23 (1970) 67—71. *S. 277*
K 40. KÖBERICH, F.: Zement 30 (1941) 439—443; 454—458. *S. 358, 359*
K 41. KOENNE, W.: ZKG 14 (1961) 158—160. *S. 94*
K 42. KÖHLER, W.: wasser, luft u. betrieb 11 (1967) 155—157. *S. 371*
KÖRBER, F. *S. 80, 113*
K 43. KOHN, H.: Tonind.-Ztg. 89 (1965) 97—109. *S. 369*
KONDO, W., s. [F 16b].
K 44. KONO, H.: ZKG 12 (1959) 549—554. *S. 312*
K 45. KONOPICKY, K.: ZKG 4 (1951) 240—245. *S. 40, 41, 48, 347, 348*
K 46. —, SCHWIETE, H. E.: 4. Beiheft zur Tonind.-Ztg., Goslar 1967. *S. 346*
K 47. KORDINA, K.: DAfStb H. 162 (1964); H. 181 (1966); — s. a. [R 35]. *S. 303*
K 48a. —, ROY, V., WAUBKE, N. V.: Mater.-Prüf. 9 (1967) 81—85. *S. 197*
K 48b. —, WAUBKE, N. V.: DAfStb H. 212 (1970). *S. 260*
K 49. KRAMER, W.: Symp. Washington 1960; s. Lit. I.2 [sy 60]; — s. a. [K 54].
S. 118
K 50. KRÄMER, H., ZUR STRASSEN, H.: Diskussion. Symp. Washington, 1960, S. 32/3; s. Lit. I.2 [sy 60]. *S. 224*
K 51. KRAUTKRÄMER, J. u. H.: Werkstoffprüfung mit Ultraschall, 2. Aufl., Berlin/Heidelberg/New York: Springer 1966. *S. 197*

K 52. KREMSER, H.: Betonstein-Ztg. 24 (1958) 459—461; s. a. Tiefbau 12 (1970) 312—316 (Trasshochofenzement). *S. 123*
KRIEGER, H., s. [A 4], — KRÖNERT, W., s. [S 38, S 42].
K 53. KRONSBEIN, W.: Zement 38 (1941) 503—505, 518/9; ZKG 5 (1951) 123—127; — s. a. DAfStb H. 102 (1950), s. [E 0]. *S. 124*
KRUMM, E., s. [W 74].
K 54. KÜHL, H.: Tagungsber. Zementind. H. 8 (1953), Erörterungsbeitrag. *S. 120*
k 55. —, s. Lit. I.1.
K 56. KÜHNE, H.: Chem.-Ing.-Techn. 21 (1949) 227—229. *S. 76*
KÜLSKE, S., s. [S 109].
K 57. KÜNNECKE, M., NAEFE, H.: ZKG 22 (1969) 271—275. *S. 346*
K 58. KUENNING, W. H.: Proc. ACI 63 (1966) 1305—1392. *S. 285*
K 59. —: Highway Res. Rec. (1966) Nr. 113, 43—87. *S. 271, 274, 276*
K 60. KÜNZEL, W.: Sichtbeton im Hoch- und Ingenieurbau, 2. Aufl., Düsseldorf: Beton-Verlag 1965; — s. a. RAPP, G.: Technik des Sichtbetons, Düsseldorf: Beton-Verlag 1969. *S. 8*
K 61. KUHS, R.: Tonind.-Ztg. 83 (1959) 388—394. *S. 97—99*
K 62. KUPZOG, E., LEERS, K. J., RAUSCHENFELS, E.: Tonind.-Ztg. 90 (1966) 155—161. *S. 296*
K 63. KURCZYK, H.-G., SCHWIETE, H. E.: Tonind.-Ztg. 84 (1960) 585—598.
S. 88, 93, 96
L 1. LABAHN, O., KAMINSKY, W. A.: Ratgeber für Zementingenieure, 4. Aufl., Wiesbaden/Berlin: Bauverlag 1970. *S. 304*
L 2. Laboratorium der westf. Zementindustrie und Forschungsinstitut für Hochofenschlacke: DAfStb H. 170 (1965). *S. 261*
L 3 a. LACH, V.: ZKG 23 (1970) 57—61. *S. 300*
L 3 b. LAFUMA, H.: Expansive Cements, London 1952, S. 581—597; s. Lit. I.2 [sy 52]. *S. 227*
L 4. LAHL, W.: ZKG 18 (1965) 78—83; — s. a. [S 43a]. *S. 143*
L 5. LAMPRECHT, H. O.: Betonstein-Ztg. 28 (1962) 557—566. *S. 186, 279*
L 6. —: Bauwirtschaft 21 (1967) 374—377. *S. 189*
LAMMINGER, s. [M 48], — LANDGREN, R., s. [G 26].
L 7. LANDOLT-BÖRNSTEIN: Zahlenwerte und Funktionen, 6. Aufl., Bd. IV, Teil 4a, Berlin/Heidelberg/New York: Springer 1967. *S. 337*
L 8. LEA, F. M.: Mag. Concr. Res. 17 (1965) H. 52, S. 115/6. *S. 125, 275*
l 9. —, DESCH, C. H., s. Lit. I.2. *S. 216, 217*
L 10. —, NURSE, R. W.: J. Soc. Chem. Ind. 58 (1939) 277; s. a. Cement Lime Manuf. 24 (1951) 17—21. *S. 380*
L 11. —, WATKINS, C. M.: Nat. Building Studies, Res. Paper Nr. 30 (London 1960); nach Proc. ACI 59 (April 1962) 623. *S. 279*
L 12. LEERS, K. J., HENNICKE, H. W.: Tonind.-Ztg. 91 (1967) 211—218; — s. a. [H 56, K 62, L 18]. *S. 197*
L 13. LEHMANN, H.: Tagungsber. d. Zementind. H. 5 (1951) 7—22. *S. 251*
L 14. —, BECKER, W.: Tonind.-Ztg. 91 (1967) 204—206. *S. 380*
L 15. —, DAS, S. S., PAETSCH, H. H.: Tonind.-Ztg., 1. Beiheft 1954. *S. 130*
L 16. —, DUTZ, H.: Tonind.-Ztg. 83 (1959) 219—238; Ref. S. 495; — s. a. Lit. I.2 [sy 60], I, S. 513—518. *S. 108, 138*
L 17. —, KURPIERS, P., MATHIAK, H.: Tonind.-Ztg. 91 (1967) 208—211. *S. 150*
L 18. —, LEERS, K. J.: Tonind.-Ztg. 87 (1963) 29—41. *S. 295*
L 19. —, LINDNER, K. H.: Tonind.-Ztg. 90 (1966) 393—398. *S. 55, 383*
L 20. —, LOCHER, F. W., v. SEEBACH, H. M.: Tonind.-Ztg. 89 (1965) 49—54.
S. 365

L 21a. LEHMANN, H., MÄLZIG, G.: Tonind.-Ztg. 84 (1960) 414—417; 89 (1965) 437—451. *S. 300*
L 21b. —, MITUSCH, H.: Feuerfester Beton aus Tonerde-Schmelzzement, Schriftenreihe Steine u. Erden, Bd. 3, Goslar: Hübener 1959. *S. 293, 298*
L 22. —, OHNEMÜLLER, W.: Tonind.-Ztg. 84 (1960) 457—471. *S. 180*
L 23. —, ROESKY, W.: Tonind.-Ztg. 89 (1965) 337—350. *S. 120*
L 24. —, SALGE, H.: Tonind.-Ztg. 93 (1969) 437—445. *S. 142*
—, s. a. [H 45]; — LEHMANN, W. S., s. [H 43].
L 25. LELLEP, O.: Diss. Braunschweig 1930. *S. 307, 309, 311*
L 26. LENHARD, H.: Zement 31 (1942) 339—345, 361—365. *S. 158, 171*
L 27a. LENTZ, A. E., MONFORE, G. E.: PCA Res. Dev. Lab. 4 (1962) Nr. 2, S. 33 bis 39; 7 (1965) Nr. 2, S. 39—46; 8 (1966) Nr. 3, S. 27—33. *S. 199*
L 27b. LENTZ, CH. W.: Highway Res. Board Spec. Rep. 90 (1966) 269—283. *S. 108, 219*
L 28. LEONHARDT, F.: Spannbeton für die Praxis, 2. Aufl., Berlin: Ernst & Sohn 1962. *S. 4*
L 29. —, RÖHNISCH, A.: Beton- u. Stahlbetonbau 62 (1967) Nr. 6, S. 147/8. *S. 154*
L 30. LERCH, W.: Amer. Soc. Testing Mat. Proc. 46 (1946) 1252—1292. *S. 95*
L 31. —, BOGUE, R. H.: Ind. Engng. Chem. 26 (1938) 837—847. *S. 96*
L 32. LEUPOLZ, V.: Betonstein-Ztg. 33 (1967) 114—118, 157—163. *S. 237*
L 33. LEVINE, S.: Rock Prod. 69 (1966) H. 3, S. 67—82; Ref. ZKG 19 (1966) 593—595. *S. 344, 346*
L 34. LIEBER, W.: ZKG 19 (1966) 124—127; — s. a. [S 86]. *S. 121*
L 35. —: ZKG 20 (1967) 91—95. *S. 93, 100, 150*
L 36. —, GEBAUER, J.: ZKG 22 (1969) 161—164. *S. 100*
L 37. LIESEGANG, W., LUSCHE, K.: ZKG 17 (1964) 410—416. *S. 358*
LINDER, R. *S. 8*
LINDNER, K. H., s. [L 19].
L 38. LIPSKI, E.: Straße u. Autobahn 15 (1964) 139—142. *S. 191*
L 39. LISIECKI, K. H.: Wiss. Z. Hochsch. Arch. Bauwes. Weimar 15 (1968) Nr. 1, S. 93/4. *S. 165*
L 40. LITVIN, A.: J. PCA Res. Dev. Lab. 10 (Mai 1968) 49—61. *S. 289*
L 41. —, BRINKERHOFF, CL. H.: J. PCA Res. Dev. Lab. 8 (1966) H. 1, S. 2—9. *S. 162*
L 42. —, SHIDELER, J. I.: ACI Publ. SP-14 (1966) 165—184; PCA Res. Dev. Lab. Bull. D 111. *S. 8*
L 43. LITYNSKI, T., GODEK, J.: ZKG 18 (1965) 534/5. *S. 367*
L 44a. LJUBIMOVA, T. JU., REHBINDER, P. A.: Doklady Akademii nauk SSSR 163 (1965) 1439—1442. *S. 156*
L 44b. LJUNGQVIST, P. R.: Betonstein-Ztg. 35 (1969) 741/2. *S. 273*
L 45. LOCHER, F. W.: ZKG 9 (1956) 204—210; 10 (1957) 221—231; Stellungnahme F. W. MEYER-GROLMANN 231—238. *S. 276*
—, s. a. [B 51, L 20, R 19].
L 46. —: Schriftenr. Zementind. H. 25 (1960); Tagungsber. VDZ H. 19 (1960) 7—20; — s. a. KEIL, F., LOCHER, F. W.: ZKG 11 (1958) 245—253. *S. 118, 119*
L 47. —: ZKG 14 (1961) 573—580. *S. 72*
L 48. —: ZKG 17 (1964) 175—182; 20 (1967) 402—407. *S. 88, 106, 176*
L 49. —: ZKG 19 (1966) 395—401. *S. 277, 290—292*
L 50. —: Beton 17 (1967) 17—19, 47—50. *S. 271*
L 51. —: Beton 18 (1968) 47—50, 82—84. *S. 278*
L 52. —, DREIZLER, I.: Zement; Ullmanns Encyklopädie der technischen Chemie, 3. Aufl., Bd. 19, München: Urban & Schwarzenberg 1969, S. 1—34. *S. 295*

L 53. LOCHER, F. W., PISTERS, H.: ZKG 17 (1964) 129—136. S. 271
L 54. —, RICHARTZ, W.: ZKG 15 (1962) 10—16. S. 137
L 55. —, SPRUNG, S.: Beton 20 (1970) 63—65, 99—104. S. 266
L 56. —, WUHRER, J., SCHWEDEN, K.: Tonind.-Ztg. 90 (1966) 547—554.
 S. 210, 211
L 57. LOESCHE, E. G.: ZKG 19 (1966) 295—299. S. 314—316
L 58. LOPATNIKOVA, L. JA., GUSEVA, V. J.: Cement (russ.) 32 (1966) H. 6, S. 6/7.
 S. 148
L 59. LUDERA, L.: ZKG 12 (1959) 575—581; 14 (1961) 212—216. S. 299
L 60. LUDWIG, R.: Tonind.-Ztg. 90 (1966) 466—471. S. 312
L 61. LUDWIG, U.: ZKG 21 (1968) 81—90, 109—119; 175—180; — s. a. [S 40, S 41, S 44—51]. S. 97, 102
L 62. —, SCHWIETE, H. E.: Straße u. Autobahn 13 (1962) 77—86. S. 189
L 63. LÜHR, H. P., WESCHE, K.: Straße u. Autobahn 20 (1969) 243—255; — s. a. LÜHR [S 49]. S. 191
L 64. LÜNSER, B., HOHMANN, H.: Wiss. Z. Hochsch. Arch. Bauwes. Weimar 15 (1968) 661—666. S. 364
L 65. LÜTH, E.: Straßenbau-Technik 52 (1961) 328; Ref. Tonind.-Ztg. 86 (1962) 65. S. 27
LUSCHE, K., s. [L 37].
L 66. LUTZMANN, E.: Bauzeitung 20 (1966) 338—340, 400—402. S. 124
L 67. LYONS, J. S.: Rock Prod. 68 (Okt. 1965) H. 10, S. 92 u. 94. S. 312
MACKOWSKY, M. TH., s. [G 33]. S. 112
MÄLZIG, G., s. a. [L 21a].
M 1. MÄNGEL, S.: Betonstein-Ztg. 34 (1968) 512—514; — s. a. [W 55, W 56].
 S. 285
M 2. MAIER, H.: ZKG 23 (1970) 462—468. S. 311, 321, 328
M 3. MAJDIČ, A., SCHWIETE, H. E.: ZKG 12 (1959) 89—101. S. 349
M 4. —, SCHWIETE, H. E.: ZKG 15 (1962) 45—51. S. 344, 349
M 5. MAJUMDAR, A. J.: Build. Res. Stat. Watford (1968), Current Papers 17/68; s. a. Silicates ind. 32 (1967) H. 9, S. 297—307; — s. a. [R 10, R 11].
 S. 295
M 6. MALHOTRA, V. M., ZOLDNERS, N. G.: J. Materials 2 (März 1967) H. 1, S. 160 bis 184. S. 193
M 7. MALINOWSKI, R.: Versuche mit beschleunigter Erhärtung von Beton mit Auflast in geschlossenen Formen, Göteborg: Scand. Univ. Books (Schwedisch) 1966. S. 242
M 8. MALISSA, H.: Elektronenstrahl-Mikroanalyse, Wien/New York: Springer 1966. S. 141
M 9. MANABE, T., KAWADA, N.: Proc. ACI 56 (1959) 639—650; Ref. ZKG 13 (1960) 164—167. S. 101, 148
M 10. MANDRY, W.: Über das Kühlen von Beton, Berlin/Göttingen/Heidelberg: Springer 1961. S. 234
MANNHERZ, U., s. [A 8].
M 11. MANNS, W., SASSE, H. R.: Beton 16 (1966) 63—67; — MANNS, s. a. [W 57].
 S. 197
M 12. —, SCHATZ, O.: Betonstein-Ztg. 33 (1967) 148—156. S. 267
M 13. MARÉCHAL, B., auch mit BLAZY, P., HOUOT, R.: ZKG 19 (1966) 361—368; 23 (1970) 331; 22 (1969) 550—553. S. 376
M 15. MARKESTAD, A. S.: Cement Concr. Assoc. Techn. Rep. TRA/383, London 1964. S. 275
M 16. MARKESTAD, A., RUDJORD, A.: ZKG 18 (1965) 13—23. S. 18
M 17. MARTIN, H.: Bauwirtschaft 21 (1967) 952—955. S. 164

M 18. MARTIN, H.: Radex-Rdsch. (1967) 486—509; Inž. stavby 16 (1968) 540
bis 545. *S. 165, 262*
MARTINI, O., s. [S 69], — MATHIEU, H., s. [K 26, W 21].
M 19. MATIC, V.: RILEM Bull. Nr. 6, Neue Serie, März 1960, S. 33—38. *S. 296*
M 20. MATOUSCHEK, F.: Rev. Mat. Constr. Nr. 392 (1948) 150/1; Nr. 427 (1951) 115—117; ZKG 4 (1951) 67—69; Radex-Rdsch. (1951) 62—64; Tonind.-Ztg. 77 (1953) 160—162. *S. 351*
M 21. —: ZKG 10 (1957) 124—127. *S. 265*
M 22. —: ZKG 16 (1963) 505—518; 19 (1966) 375. *S. 122, 167*
M 23. —: ZKG 18 (1965) 296—298. *S. 86*
M 24a. —: Radex-Rdsch. (1968) 53—60. *S. 273*
M 24b. —: ZKG 23 (1970) 80—87. *S. 40*
MATOUSEK, M., s. [K 3b], — MATTOCK, A. H., s. [H 11], — MATVEEV, G. M., s. Lit. I.4 [m 27], — MAZIÈRES, C., s. [B 29].
M 25. MCCOY, W. J., CALDWELL, A. G.: Proc. ACI 47 (1950/51) 693—708. *S. 170*
M 26. MCGARY, F. L.: Proc. ACI 63 (1966) 247—265. *S. 265*
m 27. MČEDLOV-PETROSJAN, O. P., s. Lit. I.4; — s. a. [M 54].
MCMURDIE, H. F., s. [F 4b].
M 28. MEDVEDEV, V. M., BUBNOVA, L. S., VASILEV, N. M.: Wiss. Forsch.Inst. f. Beton u. Stahlbeton, Moskau: Strojizdat 1965, S. 118—131. *S. 280*
M 29. MEHMEL, A.: Vorgespannter Beton, 2. Aufl., Berlin/Göttingen/Heidelberg: Springer 1963. *S. 4*
M 30. —: Bauing. 42 (1967) 77—83. *S. 195*
M 31. —: Über die Ermittlung der Betondruckfestigkeit im Bauwerk. Mitt. Inst. Massivbau TH Darmstadt, Mai 1966, H. 12; s. a. Betonstein-Ztg. 32 (1966) 150—158. *S. 196*
M 32. MEHTA, P. K.: J. Amer. ceram. Soc. 50 (1967) 204—208. *S. 228*
M 33. MEIXNER, A.: Tonind.-Ztg. 86 (1962) 30—35. *S. 124*
M 34. MELCHER, H.: Beton 16 (1966) 15—18. *S. 7*
M 35. MENZEL, C. A.: Proc. ACI 31 (1934/35) 125—148; s. ferner Proc. ACI 32 (1935/36) 51—63, 621—640. *S. 239, 240*
M 36. METZNER, R.-K.: Vorträge Betontag 1969, S. 423—438. *S. 288*
M 37. MEYER, A.: Tonind.-Ztg. 88 (1964) 389—396. *S. 212, 215*
M 38. —: ZKG 18 (1965) 574—579. *S. 203, 215*
M 39. —: Betonstein-Ztg. 33 (1967) 212—219; Bauwirtschaft 21 (1967) 291—298.
S. 199, 236
M 40. —: Betonstein-Ztg. 32 (1966) 66—81. *S. 203*
M 41. —, WIERIG, H. J., HUSMANN, K.: DAfStb H. 182 (1967). *S. 247, 261, 267*
MICHAËLIS, W. *S. 14, 39—41, 105, 106, 237*
M 42. MIDGLEY, H. G.: Build. Res. Station (1968) Current Papers 19/68. *S. 295*
M 43. —, FLETCHER, K. E.: Trans. Brit. Ceram. Soc. 62 (1963) Nr. 11, S. 917 bis 937. *S. 70*
MIHAJLOV, N. V., s. [R 3, R 5].
M 44. MINETTI, H.: Mitt.-Blatt Gütegem. Betonstraßen Nord Nr. 9 (1965). *S. 189*
M 45. MIRONOV, S. A.: Ann. Inst. Techn. Bât. Travaux Publ. 19 (1966) Nr. 225, S. 1011—1023. *S. 243*
MISCH, P., s. [W 22], — MITUSCH, H., s. [L 21b].
M 46. MIYAZAWA, K., TOMITA, K.: ZKG 19 (1966) 82—85. *S. 52, 54, 224*
M 47. MÖLL, H.: Der Spannbeton, Bd. I, Teil B, aus: Vom Caementum zum Spannbeton, Wiesbaden/Berlin: Bauverlag 1964. *S. 4*
M 48. MÖLLER, H. J., VAN KAMPEN, LAMMINGER: Bauwirtschaft 21 (1967) 315 bis 317; Betonstein-Ztg. 33 (1967) 119—121. *S. 180*
M 49. MOLL, H. L.: DAfStb H. 169 (1964); — s. a. [R 8, R 9]. *S. 261*

M 50. Monfore, G. E.: J. PCA Res. Dev. Lab. 10 (Sept. 1968) Nr. 3, S. 43—49; Ref. ZKG 22 (1969) 283/4. *S. 32*
M 51. —, Ost, B.: J. PCA Res. Dev. Lab. 8 (Mai 1966) Nr. 2, S. 13—20.
S. 93, 101, 236, 282
—, s. a. [L 27a, O 7, O 8], — Moore, A. E., s. [H 8], — Moreau, M., s. [T 6], — Morgenstern, W., s. [V 18].
M 52. Mrakovics, K.: Transact. Hungar. Inst. Build. Mat. Res. 2 (1963) 53—59.
S. 92
M 53. Mühlhäuser, R.: Tonind.-Ztg. 78 (1954) 371. *S. 377*
M 54. Mčedlov, Petrossian, O. P., Piterski, A. M.: Baustoffind. 10 (1967) 165—169; — s. a. Birger, A. J.: Betonstein-Ztg. 33 (1967) 30—34.
S. 156
M 55. Müller, H. R.: Schweiz. Bauztg. 87 (1969) 403—407. *S. 261, 262*
Müller, J., s. [E 10], — Müller, P., s. [S 48a], — Müller-Hesse, H., s. [S 52].
M 56. Münk, R.: ZKG 16 (1963) 380—389. *S. 322, 323, 328, 329, 335*
M 57. Mussgnug, G.: Mitt. Forsch.-Anst. GHH-Konzern 4 (1935) 24—32.
S. 75, 114
M 58. —: Zement 25 (1936) 253—259, 268—272; ZKG 7 (1954) 177—185.
S. 96, 97, 363
M 59. —: Mitt. Forsch.-Anst. GHH-Konzern 7 (1939) 67—76; Stahl u. Eisen 71 (1951) 294—297. *S. 67*
M 60. —: ZKG 1 (1948) 41—46. *S. 39, 41, 349*
M 61. —: ZKG 6 (1953) 46—53; s. a. GHH Techn. Ber. 1951/54.
S. 55, 56, 68, 85, 86
M 62. —: ZKG 10 (1957) 95—99. *S. 312*
M 63. —: ZKG 15 (1962) 197—204. *S. 354*
Nachtwey, W., s. [B 6].
Nacken, R. *S. 218*
Naefe, H., s. [K 57].
N 1. Nagano, R.: ZKG 19 (1966) 478—486; Ref. Tonind.-Ztg. 92 (1968) 287/8.
S. 277
N 2. Naredi, R.: ZKG 17 (1964) 302—313. *S. 147, 378, 381*
N 3. —: ZKG 22 (1969) 251—256. *S. 346*
N 4. Narjes, A., Keil, F.: ZKG 12 (1959) 129—136. *S. 243, 308*
N 5. —: ZKG 13 (1960) 409—418; s. a. Rock Prod. 65 (1962) 81—83; Cement Lime Manuf. 36 (1963) 1—10. *S. 317*
N 6. —: ZKG 16 (1963) 357—363. *S. 370*
N 7. Nasser, K. W., Neville, A. A.: Proc. ACI 64 (Febr. 1967) Nr. 2, S. 97 bis 103. *S. 222*
N 8. Naumann, F. K.: Beton- u. Stahlbetonbau 64 (1969) 10—17. *S. 261*
N 9. —, Bäumel, A.: Arch. Eisenhüttenwes. 32 (1961) 89—95.
S. 261, 264, 290, 296
N 10. Neese, E.: ZKG 21 (1968) 293—296; Tonind.-Ztg. 92 (1968) 121—126.
S. 238
N 11. Nekrasov, K. D.: Die Hitzebeständigkeit von Beton und Stahlbeton im Bauwesen, Moskau 1966; deutsche Ausgabe bearb. v. Lentz, L.: Hitzebeständiger Beton, Wiesbaden/Berlin: Bauverlag 1961; s. a. Betonstein-Ztg. 34 (1968) 26—30; Tonind.-Ztg. 93 (1969) 245—249. *S. 299—301, 346*
Nemoto, A., s. [K 7].
N 12. Neuhaus, A., Gebhardt, M.: Tonind.-Ztg. 93 (1969) 95—100. *S. 238*
Neville, A. A., s. [N 7], — Newman, A. J., s. [G 37], — Nicolay, J., s. [W 42].

N 13. Niël, E. M. M..G.: Symp. Tokio 1968; — s. a. Lit. I.2 [sy 68] sowie [S 53].
S. 281
N 14. Niesel, K., Thormann, P.: Tonind.-Ztg. 91 (1967) 362—369; — Niesel, s. a. [H 56]. *S. 71*
N 15. Nilsson, S.: Cement och Betong 40 (1965) 345—360; Ref. ZKG 19 (1966) 452—456. *S. 284*
N 16. N. N.: Bâtir Nr. 102 (1961) 21—23; Ref. von Mathieu, H.: Beton 12 (1962) 363/4. *S. 301—303*
N 17. N. N.: Cement Lime Manuf. 40 (1967) H. 1, S. 1—6. *S. 294*
N 18. Noll, W.: Angew. Chem. 62 (1950) 567—572. *S. 254*
N 19. Nurse, R. W.: J. appl. Chem. 2 (1952) 708—716; — s. a. [L 10].
S. 60, 63, 70
Obenauer, K., s. [F 14]. *S. 133*
O 1. Odler, I., Skalny, J.: ZKG 21 (1968) 397—399. *S. 61*
Oelsen, W. *S. 80, 113*
O 2. Ohnemüller, W., Schimmel, G.: Tonind.-Ztg. 91 (1967) 370—373; —
Ohnemüller, s. a. [L 22]. *S. 82, 86*
Okomura, T., s. [O 4].
O 3. Oleson, C. C., Verbeck, G.: PCA Bull. 217 (1967). *S. 184*
Olsefski, St., s. [H 47].
O 4. Ono, Y., Amafuji, M., Okumura, T.: J. Res. Onoda Cement Comp. 17 (Dez. 1965) Nr. 66, S. 16—30; — Ono, s. a. [Y 1]. *S. 355*
O 5. Opitz, D.: ZKG 19 (1966) 568—576. *S. 343, 344*
O 6a. —: ZKG 18 (1967) 177—185. *S. 346*
O 6b. —: ZKG 22 (1969) 262—264. *S. 343*
O 6c. —: ZKG 22 (1969) 132—135. *S. 356*
Opoczky, L., s. [B 18, S 58].
O 7. Ost, B., Monfore, G. E.: J. PCA Res. Dev. Lab. 5 (Mai 1963) 23—26; Ref. Betonstein-Ztg. 30 (1964) 597; — Ost, s. a. [M 51]. *S. 264*
O 8. —, Monfore, G. E.: PCA Res. Dev. Lab. 8 (1966) Nr. 1, S. 46—52; Ref. ZKG 19 (1966) 309/10. *S. 264*
O 9. Otterbein, H.: ZKG 10 (1957) 57—60. *S. 136*
O 10. —: ZKG 19 (1966) 497/8. *S. 136*
O 11. Otto, H.: Straßenbau-Technik 14 (1961) H. 20, S. 1005—1009. *S. 27*
Otto, P., s. [S 48b].
Paetsch, H. H., s. [L 15].
P 1. Pajenkamp, H.: ZKG 14 (1961) 88—95. *S. 369*
P 2. Papadakis, M.: Rev. Mat. Constr. Nr. 581 (Febr. 1964) 59—61. *S. 378*
P 3. —, Bombled, J. P.: Rev. Mat. Constr. Nr. 549 (Juni 1961) 289—299. *S. 312*
p 4. —, Vénuat, M., s. Lit. I.3.
P 5. Patchen, F. D.: Petrol. Transact. AIME 219 (1960) *S. 31, 239*
P 6. Paul, W.: Heidelberger Portländer (1969), H. 2, S. 38/9. *S. 378*
P 7. Paulmann, G.: Schriftenr. d. Bauberatung Zement, Düsseldorf: Beton-Verlag 1967. *S. 27, 28*
P 8. Peckworth, H. F.: Concrete Pipe Handbook, Chicago 1965; Kap. XV, Selbstheilung. *S. 180*
P 9. Peltier, R.: Ann. Inst. Techn. Bât. Travaux Publ. 22 (1969) Nr. 259/260, S. 1157—1170. *S. 214*
P 10. Peterson, O.: ZKG 20 (1967) 61—64; — s. a. [S 114]. *S. 142*
P 11. Petzold, A., Röhrs, M.: Beton für hohe Temperaturen, Düsseldorf: Beton-Verlag 1965; — Petzold, s. a. [m 27, W 65]. *S. 299*
P 12. Pfrunder, V. R., Wickert, G.: ZKG 21 (1968) 516/7. *S. 347*
P 13. Pisters, H.: ZKG 19 (1966) 467—472; — s. a. [L 53]. *S. 65*

P 14. PLANK, F. W.: ZKG 18 (1965) 486—490. *S. 357*
P 15. PLASSMANN, E.: ZKG 10 (1957) 41—46. *S. 326, 328*
PRZEMECK, E., s. [S 11, S 12].
P 16. PÖRSCHMANN, H.: Baustoffind. 9 (1966) 364—366. *S. 242*
PITERSKI, A. M., s. [M 54], — POBELL, F., s. [W 80].
P 17. PÖSCH, H.: Beton 16 (1966) 53—60. *S. 34, 35*
P 18. Polysius teilt mit H. 4 (1963) H. 7 (1967) *S. 318, 323*
p 19. POWERS, T. C., s. Lit. I.2. *S. 172—183*
P 20. —: PCA Res. Dev. Lab. Bull. 29 (1949). *S. 100, 172—176*
P 21. —: PCA Res. Dev. Lab. Bull. 90 (1958); Ref. ZKG 12 (1959) 156—161.
S. 100, 104, 172—176
P 22. —, BROWNYARD, T. L.: Proc. ACI 43 (1947) 101—132. *S. 100, 172, 239*
P 23. —, COPELAND, L. E., MANN, H. M.: J. PCA Res. Dev. Lab. 1 (Mai 1959)
Nr. 2, S. 38—48; PCA Bull. 110 (1959). *S. 176*
P 24. —, HELMUTH, R. A.: Proc. Highway Res. Board 32 (1953) 285—397; PCA
Bull. 46 (1953). *S. 100, 173, 181*
P 25. —, STEINOUR, H. H.: Proc. ACI 51 (1955) 497—514, 785—810. *S. 165*
P 26. PRICE, W. H.: Proc. ACI 47 (1951) 417—432. *S. 86*
P 27. PRÜSSING, C.: Zement 12 (1923) 255—259. *S. 75*
P 28. PUCHER, A.: Lehrbuch des Stahlbetonbaues, 3. Aufl., Wien: Springer 1961.
S. 3
Q 1. QUITTKAT, W.: Diss. Clausthal 1963; s. a. Tonind.-Ztg. 89 (1965) 351—365.
S. 68, 131, 307
Q 2. —: ZKG 20 (1967) 361—369. *S. 143*
RACKWITZ, R., s. [R 36].
R 1a. RADCZEWSKI, O. E.: Die Rohstoffe der Keramik, Berlin/Heidelberg/New
York: Springer 1968. *S. 251*
RAMACHANDRAN, V. S., s. [F 3], — RAMDOHR, P., s. [K 34a], — RAPP, G.,
s. [K 60], — RAPP, I., s. [H 31], — RASCH, CHR., s. [R 37].
R 1b. RASCH, R.: Ber. Dt. keram. Ges. 40 (1963) 635—638; Ref. Tonind.-Ztg.
88 (1964) 50. *S. 383*
RAUSCHENFELS, E., s. [K 62].
R 2. RAUTENBERG, H.: Betonstein-Ztg. 34 (1968) 408—414. *S. 53*
RECHMEIER, H., s. [R 30], — REGOURD, M., s. [B 29].
R 3. REHBINDER, P. A., auch mit MIHAJLOV, N. V.: Physikalisch-chemische
Mechanik, Moskau: Izdat „Znanie" 1958; Grundzüge der physikalisch-
chemischen Theorie des Betons und Ausblick auf die Technologie des Be-
tons auf Basis der Schlußfolgerungen dieser Theorie, Moskau: Verlag
Nauka 1956; — s. a. [L 44a]. *S. 110*
R 4. —, CHODAKOW, G. S.: Tonind.-Ztg. 88 (1964) 97—98; Silikattechnik 13
(1962) 200—208. *S. 383*
R 5. —, UREV, N. B., MIHAJLOV, N. V., z. T. mit KHUTOSTSOV, G. M.: Doklady
Akademii nauk SSSR 164 (1965) 626—628; 170 (1966) 648—651. *S. 110*
R 6. REHM, G.: Betonstein-Ztg. 29 (1963) 651—661. *S. 296*
R 7. —: Betonstein-Ztg. 34 (1968) 258—264; Beton 19 (1969) 159—161. *S. 261*
R 8. —, MOLL, H. L.: DAfStb H. 169 (1964). *S. 261, 263*
R 9. —, MOLL, H. L.: DAfStb H. 170 (1965). *S. 261*
R 10. REHSI, S. S., MAJUMDAR, A. J.: Mag. Concr. Res. 19 (Dez. 1967) Nr. 61,
S. 243—246; Ref. ZKG 21 (1968) 267. *S. 225*
R 11. —, MAJUMDAR, A. J.: Indian Concrete Journal 43 (1969) 221—226; Ref.
ZKG 22 (1969) 43. *S. 125*
R 12. REICHARD, T. W.: U.S. Dep. Commerce, Nat. Bur. Standards (März 1964),
s. AURICH, H.: Beton 16 (1966) 5—14. *S. 221*

R 13a. REICHEL, W.: YTONG-Handbuch, Wiesbaden/Berlin: Bauverlag 1970.
S. 162
R 13b. REINSDORF, S.: Bauplan. u. Bautechn. 14 (1960) 167—174. *S. 283*
R 14. —: Bauplan. u. Bautechn. 16 (1962) 230—234. *S. 26*
REY, TH., s. [A 4].
R 15. RICHARDS, J. D.: Mag. Concr. Res. 17 (1965) Nr. 51, S. 69—76. *S. 275, 276*
R 16. RICHARTZ, W.: Chem.-Ing.-Techn. 38 (1966) 1099—1105; — s. a. [L 54].
S. 290
R 17. —: Beton 19 (1969) 203—206, 245—248. *S. 103*
R 18. —: ZKG 22 (1969) 447—456. *S. 93, 243, 264*
R 19. —, LOCHER, F. W.: ZKG 18 (1965) 449—459.
S. 32, 62, 88, 89, 103, 136, 172, 173
R 20. RIEDEL, W., GÖHRING, CHR.: Wiss. Z. Hochsch. Arch. Bauwes. Weimar 15 (1968) 655—660. *S. 290*
R 21. —, GÖHRING, CHR., SPRENGER, H.: Baustoffind. 10 (1967) 272—276.
S. 276
R 22. RILEM-Richtlinien für das Betonieren im Winter, s. Lit. III,8.
S. 181, 199, 242, 243
R 23. RITZMANN, H.: ZKG 18 (1965) 24—26, 84/85 (HOGA, A.). *S. 319, 328*
R 24. —: ZKG 21 (1968) 390—396. *S. 100, 381, 383*
R 25. RIVAS, J.: Diss. TH Aachen 1966. *S. 120*
R 26. ROBERTS, M. H.: Mag. Concr. Res. 14 (1962) H. 42, S. 143—154.
S. 243, 264
RÖHNISCH, A., s. [L 29].
R 27. RÖHRS, M., GIBBELS, H.: Baustoffind. 6 (1963) 376—379; — RÖHRS, M., s. a. [P 11]. *S. 299*
R 28. RÖMPP, H.: Chemisches Wörterbuch, 7. Aufl., herausgeg. v. E. ÜHLEIN, Stuttgart: Franckh 1969. *S. 75, 107, 108, 111, 246, 253, 294, 353*
ROESKY, W., s. [L 23].
R 29. ROHRBACH, R.: Tonind.-Ztg. 77 (1953) 157—160. *S. 308, 309*
R 30. —: ZKG 22 (1969) 293—296; — RECHMEIER, H.: ZKG 23 (1970) 249—253.
S. 309, 324
R 31a. ROSA, J.: ZKG 18 (1965) 460—470. *S. 125, 226*
R 31b. ROSENBERG, A. M.: Proc. ACI 61 (1964) 1261—1269. *S. 93*
R 32. ROSENBLAD, G.: ZKG 7 (1954) 130—136. *S. 348*
R 33. ROSTÁSY, F. S.: ZKG 13 (1960) 93—103. *S. 219*
ROTH, R., s. [S 34], — ROY, V., s. [K 48a], — RUDJORD, A., s. [M 16].
R 34. RÜSCH, H.: Beton- u. Stahlbetonbau 53 (1958) 56—60. *S. 212, 213*
R 35. —, KORDINA, K., HILSDORF, H.: DAfStb H. 146 (1962). *S. 164, 197*
R 36. —, SELL, R., RACKWITZ, R.: DAfStb H. 206 (1969). *S. 215*
R 37. —, SELL, R., RASCH, CHR., GRASSER, E., ferner HUMMEL, A., WESCHE, K., FLATTEN, H.: DAfStb H. 198 (1968). *S. 221*
R 38. RÜSSEMEYER, H.: Aufbereitungs-Techn. 10 (1969) 198—201. *S. 159*
R 39. RUETZ, W.: DAfStb H. 183 (1966). *S. 221*
RUHLAND, W., s. [G 14].
R 40. RUMPF, H.: Staub 19 (1959) 150—160. *S. 311, 312*
R 41. —: ZKG 19 (1966) 343—353. *S. 383*
R 42. —, TURBA, E.: Ber. Dt. keram. Ges. 41 (1964) 78—84. *S. 311, 312*
R 43. RUPPERT, G.: Zement 25 (1936) 644—647; — s. a. [M 56]. *S. 326*
R 44. —: ZKG 8 (1955) 421—427; 11 (1958) 212—216. *S. 328*
S 1. SACHS, L.: Statistische Auswertungsmethoden, 2. Aufl., Berlin/Heidelberg/New York: Springer 1969. *S. 212*

S 2. SADRAN, G.: Vortrag Zementtechn. Kolloquium, TH Aachen 1967.
S. 297
S 3. —, DELLYES, R.: Rev. Mat. Constr. H. 606 (1966) 93—106. *S. 203*
SALGE, H., s. [L 24].
S 4. SALMANG, H., SCHOLZE, H.: Die physikalischen und chemischen Grundlagen der Keramik, 5. Aufl., neubearb. v. H. SCHOLZE, Berlin/Heidelberg/ New York: Springer 1968. *S. 251, 344*
SANARI, T., s. [H 19], — SASSE, H. R., s. [M 11, W 58].
S 5. SATAVA, V.: ZKG 20 (1967) 343/4. *S. 83, 255*
S 6. SAUL, A. G. A.: Mag. Concr. Res. 2 (1951) Nr. 6, S. 127—135. *S. 242*
S 7. SCHÄFER, A.: DAfStb H. 167 (1964). *S. 135, 186*
S 8. SCHÄFER, K.: Dechema-Monographie „Haftsysteme und Haftfestigkeit", Bd. 51, S. 1—13; dort auch FISCHER, H.: Zusammenfassung der Tagungsergebnisse (Tutzing 1964), S. 179—183. *S. 108*
S 9. SCHÄFFLER, H.: Betonstein-Ztg. 35 (1969) 81—88; — s. a. Lit. I.1 [g 21] u. [A 9]. *S. 170, 171*
S 10. —: Betonstein-Ztg. 23 (1957) 305—313; 24 (1958) 343—348. *S. 240*
SCHATZ, O., s. [M 12].
S 11. SCHEFFER, F., PRZEMECK, E., WETZOLD, P.: Zur Kenntnis der Wirkung von Zementofenstaub-Immissionen auf den Boden. Landwirtschaftl. Forschung 22 (1969) 326—345; — s. a. PRZEMECK, E.: ZKG 23 (1970) 119—124. *S. 368*
S 12. —, —, WILMS, W.: Staub 21 (1961) 251—254, 475—476. *S. 368*
SCHICHT, E., s. [H 30].
S 13. SCHICHT, R.: Die Lagerstätten der keramischen Rohstoffe, Handbuch der Keramik, Freiburg: Schmid 1967. *S. 250*
S 14. SCHIELE, E.: Tonind.-Ztg. 90 (1966) 249—260. *S. 84*
S 15. SCHIKORR, G.: Werkstoffe u. Korrosion 15 (1964) 46—51; Ref. Tonind.-Ztg. 88 (1964) 55/6; ZKG 17 (1964) 212. *S. 260, 261, 265*
S 16. SCHILCHER, W., EIPELTAUER, E.: Zement u. Beton, Wien, Nr. 32 (1965) 1—8; — SCHILCHER, s. a. [E 6]. *S. 177*
S 17. SCHIMMEL, G.: Elektronenmikroskopische Methodik, Berlin/Heidelberg/ New York: Springer 1969; — s. a. [O 2]. *S. 135*
S 18. SCHIMMELWITZ, P.: Diss. TH Darmstadt 1963. *S. 277*
S 19. SCHLÄPFER, P., ESENWEIN, P.: Bericht Nr. 109 (1937); — s. a. SÜSSMUTH, K.: ZKG 23 (1970) 91—94; sowie VDZ, Analysengang, Lit. III.10. *S. 59*
S 20. SCHLOEMER, H.: ZKG 12 (1959) 102—110. *S. 70, 308*
S 21. SCHLOTMANN, B.: Beton 14 (1964) 436—438; 15 (1965) 56/7. *S. 211*
S 22. —: Bauwirtsch. 20 (1966) 1049—1052. *S. 197*
S 23. SCHLÜTER, H.: Vortrag 17. 2. 1967 (unveröffentlicht). *S. 324*
S 24. SCHMID, A.: Schriftenr. Zementind. H. 14 (1953) 7—29. *S. 381*
SCHMID, H., s. [A 10].
S 25. SCHMIDT, E.: Thermodynamik, 6. Aufl., Berlin/Göttingen/Heidelberg: Springer 1956. *S. 340, 341*
—, s. a. [G 3].
S 26. SCHNEIDER, F.: Bauwirtsch. 17 (1963) 828—831. *S. 297*
S 27. SCHNEIDER, H.: ZKG 21 (1968) 63—72. *S. 376, 378*
S 28. —: ZKG 22 (1969) 193—201. *S. 384, 385*
S 29. SCHÖNECK, C.: ZKG 11 (1958) 345—357. *S. 315*
S 30. —: ZKG 16 (1963) 481/2. *S. 358*
SCHÖNROCK, H. H., s. [W 22], — SCHOLZE, H., s. [H 32, S 4].
S 31. SCHOTT, E.: ZKG 7 (1954) 69—78. *S. 327*
SCHRÄMLI, W., s. [A 4, B 17, S 94].

S 32. SCHREMMER, H.: Straßenbau-Technik 13 (1960) 90—94. *S. 273*
S 33a. SCHRÖDER, F.: Tonind.-Ztg. 85 (1961) 39—44. *S. 118*
S 33b. —: Tonind.-Ztg. 86 (1962) 254—260. *S. 249, 253*
S 34. —, SMOLCZYK, H. G., GRADE, K., VINKELOE, R., ROTH, R.: DAfStb H. 182 (1967). *S. 261*
SCHROTH, G., s. [S 35], — SCHULZE, J., s. [V 18].
S 35. SCHULZE, W., GÜNZLER, J.: Bauzeitung 21 (1967) 352—356. *S. 283*
S 36. SCHWARZ, O.: Mitt. Verein Großkesselbetr. (1967) H. 109, S. 250—261.
S. 125
SCHWARZ, H., s. [G 27], — SCHWEDEN, K., s. [L 56], — SCHWERDTFEGER, I., s. [V 19].
S 37. SCHWIETE, H. E., z. T. mit HILL, G.: ZKG 9 (1956) 351—357; 11 (1958) 181—196; — SCHWIETE, s. a. [K 38, K 46, K 63, L 62, M 3, M 4].
S. 251, 312
S 38. —, BERENS, L. W., KRÖNERT, W.: Tonind.-Ztg. 92 (1968) 1—6.
S. 84, 136
S 39. —, DÖLBOR, F.: Forsch.-Ber. Nordrhein-Westfalen Nr. 1186 (1963).
S. 96, 116, 148
S 40. —, GÜNTHER, K., LUDWIG, U.: Schriftenr. Straßenbau u. Straßenverk.-Techn. (1968) H. 75. *S. 28*
S 41. —, KASTANJA, P. A., LUDWIG, U.: Forsch.-Ber. Nordrhein-Westfalen Nr. 1441 (1965); — s. a. KASTANJA, P. A.: Diss. TH Aachen 1969.
S. 112, 122, 124, 126, 128, 142
S 42. —, KRÖNERT, W., WETZEL, K.: Inst. f. Gesteinshüttenkunde, Aachen 1967.
S. 94
S 43a. —, LAHL, W., DÖLBOR, F. C.: Tonind.-Ztg. 85 (1961) 26—32. *S. 116*
S 43b. —, IWAI, T.: Forsch.-Ber. Nordrhein-Westfalen Nr. 1549 (1965). *S. 91*
S 44. —, LUDWIG, U.: Forsch.-Ber. Nordrhein-Westfalen Nr. 979 (1961).
S. 123, 126
S 45. —, —, s. Lit. I.2 [sy 68]. *S. 91*
S 46. —, —: Tonind.-Ztg. 90 (1966) 562—574; ZKG 20 (1967) 555—561.
S. 129, 130, 136, 276
S 47. —, —, ALBECK, J.: ZKG 22 (1969) 225—234. *S. 102*
S 48a. —, —, MÜLLER, P.: Betonstein-Ztg. 32 (1966) 141—149, 238—243.
S. 295
S 48b. —, —, OTTO, P.: Diss. TH Aachen 1967. *S. 122*
S 49. —, —, LÜHR, H. P.: Forsch.-Ber. Nordrhein-Westfalen Nr. 1720 (1967).
S. 117, 277, 290
S 50. —, —, SCHROTH, G.: Betonstein.-Ztg. 35 (1969) 7—16. *S. 284*
S 51. —, —, WÜRTH, K. E., GRIESHAMMER, G.: ZKG 22 (1969) 154—160.
S. 120
S 52. —, MÜLLER-HESSE, H.: ZKG 9 (1956) 386—389. *S. 224*
S 53. —, NIÈL, E. M. M. G.: Forsch.-Ber. Nordrhein-Westfalen Nr. 1392 (1964); ZKG 19 (1966) 402—411; 18 (1965) 157—163. *S. 97, 139, 148*
S 54. —, ZUR STRASSEN, H.: Zement 25 (1936) 843—847, 861—865, 879—882.
S. 54
S 55. —, TSCHEISCHWILI, L.: Forschungsarb. a. d. Straßenwesen, Bd. 21, Berlin 1939. *S. 151*
S 56. —, ZIEGLER, G.: ZKG 9 (1956) 257—262, 97—100 (Kalk); Ber. Dt. keram. Ges. 35 (1958) 193—204 (dyn. Differenzkalorimetrie). *S. 130, 337, 338*
—, s. a. [K 6, K 38, K 46, K 63, L 62, M 3, M 4].
S 57. Séailles-Dyckerhoff-Verfahren. Cem. Lime Manuf. 19 (1946) Nr. 5, S. 75 bis 77; 20 (1947) Nr. 1, S. 1—7. *S. 75, 76*

S 58. v. SEEBACH, H. M.: ZKG 22 (1969) 202—211, — Diskussion BEKE, B., OPOCZKY, L., S. 575; — s. a. [L 20, S 93]. *S. 381, 384, 386*
SEEGER, M., s. [K 28], — SEEKAMP, H.: DAfStb H. 162 (1964), — SEGMÜLLER, E., s. [W 43, W 44].
s 59. SEIDEL, K., s. Lit I.1.
S 60. —: ZKG 8 (1955) 1—6. *S. 149*
S 61. —: DAfStb H. 134 (1959). *S. 186, 271, 273, 290*
S 62. SELIGMANN, P.: PCA Res. Dev. Lab. 10 (1968) H. 1, S. 52f. *S. 140*
S 63. —, GREENING, N. R.: PCA Res. Dev. Lab. 4 (1962) H. 2, S. 2—9; Highway Res. Rec. Nr. 62 (1964) 80—105; PCA Bull. 185. *S. 93, 101*
SELL, R., s. [R 36, R 37], — SEREDA, P. J., s. [F 2, F 3, S 81].
S 64. SHIDELER, J. J.: Proc. ACI 48 (1951/52) 537—559. *S. 264*
S 65. —, s. Lit. III.2, ACI-Comm. 517; —, s. a. [L 42, T 10]. *S. 240*
S 66. SHORT, A.: Betonstein-Ztg. 32 (1966) 11—17; s. a. Zement u. Beton, Wien (1967) Nr. 41, S. 1—7. *S. 159*
S 67. SHU-TIEN, LI: Proc. ACI 62 (1965) 689—706. *S. 227*
S 68. —: Proc. ACI 64 (1967) 654—661. *S. 228*
SIDWELL, E. H., s. [J 9a].
S 69. SILLE, G., MARTINI, O.: Baustoffind. 7 (1964) 232—237. *S. 299*
S 70. SILLEM, H.: ZKG 21 (1968) 56—62. *S. 143*
SKALNY, J., s. [B 3, O 1], — SLATE, F. O., s. [H 47], — SLICKERS, K., s. [H 39].
S 71. ŠMEKAL, A.: Ref. ZKG 6 (1953) 96; Ref. Chem.-Ing.-Techn. 25 (1953) 206. *S. 375, 383*
S 72. SMOLCZYK, H.-G.: ZKG 14 (1961) 277—284; 18 (1965) 238—246; — s. a. [S 34]. *S. 90, 91, 119, 120*
S 73. —: ZKG 14 (1961) 391—399; Betonstein-Ztg. 30 (1964) 573—579. *S. 71, 249, 253, 297*
S 74. —: Betonstein-Ztg. 31 (1965) 465—470; 32 (1966) 18—25. *S. 278, 279*
S 75a. SNATSCHKO-JAWORSKI, J. L.: Geschichte der Bindemittel von der Frühzeit bis zur Mitte des 19. Jahrhunderts, Moskau/Leningrad: 1963. *S. 15*
S 75b. SNYDER, J.: Highway Res. Board NCHRP-Report Nr. 16, Washington 1965. *S. 190*
SOCROUN, G., s. [T 5].
S 76. SÖLTER, W.: Kelle u. Retorte, Rhein.-Westf. Kalkwerke (1969) H. 1, S. 10/1. *S. 12*
S 77. SOLACOLU, S.: ZKG 11 (1958) 125—137. *S. 39, 40, 116*
S 78. SOLOVEVA, O. V.: Über die stoffliche Zusammensetzung und die Aufblähbarkeit von tonigen Gesteinen. „Keramsit und Aggloporit als Baustoffe". Moskau: Verlag Nedra 1966, S. 17—26. *S. 161*
SOMMER, H., s. [S 89], — SONNTAG, J., s. [W 60].
S 79. SOPORA, H.: Silikattechnik 10 (1959) 361—363. *S. 116*
S 80. SORETZ, ST.: Betonstein-Ztg. 33 (1967) 52—63. *S. 260*
S 81. SOROKA, I., SEREDA, P. J., s. Lit. I.2, [sy 68]. *S. 110, 201*
S 82. DE SOUSA COUTINHO, A.: Laboratorio Nacional de Engenharia Civil, Memoria Nr. 279, Lissabon 1966. *S. 163*
SPETLA, Z., s. [K 1].
S 83. SPIELHAGEN, H.: ZKG 18 (1965) 107—113. *S. 370*
SPLITTGERBER, H., s. [W 81].
S 84. SPOHN, E.: ZKG 2 (1949) 215—218. *S. 315*
S 85. —: ZKG 14 (1961) 105—108. *S. 317*
S 86. —, LIEBER, W.: ZKG 18 (1965) 483—485. *S. 91, 92*

S 87. SPOHN, E., WOERMANN, E., KNOEFEL, D.: ZKG 22 (1969) 55—60.
S. 39, 41
SPRENGER, H., s. [R 21].
S 88. SPRINGENSCHMID, R.: Straßen- u. Tiefbau 21 (1967) 739—746; Zement u. Beton, Wien, Nr. 47 (Dez. 1969) 19—25; Beton 20 (1970) 47—54; — s. a. [W 23]. *S. 189, 190*
S 89. —, HELMS-DERFERT, H.: Beton 13 (1963) 546—552; — s. a. mit SOMMER, H.: 19 (1969) 442—446. *S. 27*
S 90. —: Forschungsarb. a. d. Straßenwes. Neue Folge, H. 73 (1968) 82—95.,
S. 190
S 91. SPRUNG, S.: Schriftenr. Zementind. H. 31 (1964); — s. a. [L 55].
S. 352, 354, 363
S 92. —: Tonind.-Ztg. 90 (1966) 441—449. *S. 368*
S 93. —, v. SEEBACH, H. M.: ZKG 21 (1968) 1—8. *S. 364, 365*
S 94. STAHEL, A., SCHRÄMLI, W.: ZKG 22 (1969) 407—413. *S. 223*
S 95. STANTON, T. E.: Trans. Amer. Soc. Civil Eng. 107, Paper No. 2129, S. 53—126; s. a. Zement 29 (1940) 566—569; — STANTON, T. E., u. Mitarbeiter: Proc. ACI 38 (1942) 209—236. *S. 165*
S 96. STEEGE, H.-D.: Transportbeton-Handbuch, 2. Aufl., Wiesbaden/Berlin: Bauverlag 1967. *S. 7*
S 97. STEIN, H. N.: J. appl. Chem. 11 (Dez. 1961) 474—492. *S. 236*
S 98. —, STEVELS, J. M.: Silicates ind. 32 (1967) 337—343; s. a. ZKG 20 (1967) 347—349. *S. 88, 236*
S 99. STEINBACH, W.: Betonstein-Ztg. 33 (1967) 462—469. *S. 280*
S 100. STEINEGGER, H.: ZKG 20 (1967) 234—236; — s. a. [K 39]. *S. 150*
S 101. STEINOUR, H. H.: PCA Bull. Nr. 98 (1958); — s. a. [P 25]. *S. 29, 146*
STEVELS, J. M., s. [S 98].
S 102. STÖCKL, S.: DAfStb H. 185 (1966). *S. 195*
S 103. STRÄTLING, W.: Zement 29 (1940) ab S. 311 in Fortsetzungen bis S. 477; — s. a. STRÄTLING, W., ZUR STRASSE, H.: Z. anorg. Chem. 245 (1940) 257 bis 278. *S. 252*
S 104. ZUR STRASSEN, H.: ZKG 5 (1952) 356—361. *S. 343*
S 105. —: ZKG 10 (1957) 1—12. *S. 337, 338*
S 106a. —: Zement u. Beton, Wien 16 (1959) 32—34. *S. 100, 381*
S 106b. —: ZKG 11 (1958) 137—143; Tagungsber. d. Zementind. H. 21 (1961) I. Tl., S. 71—87; — ferner DÖRR, F. H.: Untersuchungen im System $CaO-Al_2O_3-SiO_2-H_2O$. Diss. TH Mainz 1955. *S. 91*
—, s. a. [D 16, K 50, M 56, S 54, S 103].
S 107. STRATMANN, H.: Mitt. Verein. Großkesselbetr. H. 52 (Febr. 1958) 1—7.
S. 362
S 108. —, Schriftenr. Landesanst. f. Immissions- u. Bodennutzungsschutz d. Landes Nordrhein-Westf. H. 2 (1966); H. 5 (1967); H. 9 (1967). *S. 361*
S 109. —, KÜLSKE, S.: Schriftenr. Landesanst. f. Immissions- u. Bodennutzungsschutz d. Landes Nordrhein-Westf. H. 2 (1966) 7—12. *S. 360*
S 110. STRIEBEL, W.: Erdoel-Z. (1961) 614—623; — s. a. [G 27]. *S. 29, 30*
STRUCK, W.: DAfStb H. 162 (1964).
S 111. STRUZIK, E.: ZKG 19 (1966) 561—567; ZKG 22 (1969) 279—282. *S. 346*
S 112. STUTTERHEIM, N.: Proc. ACI 56 (1959/60) 1027—1045. *S. 116*
S 113. SUBBOTINA, I. V.: Izvestija vysš. uč. zav. Stroitelstvo i architektura 9 (1966) Nr. 11, S. 57—61. *S. 156*
SÜSSMUTH, K., s. [S 19]. *S. 59*
S 114. SUNDIUS, N., PETERSEN, O.: Radex-Rdsch. H. 2 (1960) 100—103. *S. 355*
S 115. —, BYSTRÖM, A. M.: ZKG 7 (1964) 78—82. *S. 344*

S 116. SWENSON, E. G., GILLOTT, J. E.: Mag. Concrete Res. 19 (1967) Nr. 59, S. 95—104. *S. 169*
S 117. SYČEV, M. M., KORNEEV, V. I.: Cement (russ.) 31 (1965) Nr. 5, S. 6/7. *S. 61*
S 118. SYLVAN, P.: ZKG 17 (1964) 299—301. *S. 381*
S 119. SZABO, G.: Die Grundlagen einer neuen Festigkeitstheorie, 2. Aufl., Wiesbaden/Berlin: Bauverlag 1970; s. a. Betonstein-Ztg. 33 (1967) 164—167. *S. 196*
S 120. SZADKOWSKI: Betonstein-Ztg. 34 (1968) 394—407. *S. 53*
T 1. TANAKA, T.: Rock Prod. 60 (1957) 100—106, 107—117, 163—166, 196; s. a. ZKG 11 (1958) 50—55, ferner Tonind.-Ztg. 83 (1959) 104. *S. 118*
TAPLIN, J. H., s. [A 15].
t 2. TAYLOR, H. F. W., s. Lit. I.2.
T 3. TAYLOR, W. H., COLE, W. F.: Nature 201 (29. 2. 1964) 918/9. *S. 104, 238*
TELLER, E., s. BET-Verfahren. *S. 177, 380*
T 4. TERRIER, P., HORNAIN, H.: Rev. Mat. Constr. Nr. 618 bis 621 (März bis Juni 1967); CERILH Publ. Techn. Nr. 180; — TERRIER, s.a. [A 13 a, A 13 b]. *S. 134*
T 5. —, HORNAIN, H., SOCROUN, G.: Rev. Mat. Constr. Nr. 630 (März 1968) 109—115; CERILH Publ. Techn. Nr. 192. *S. 72, 142*
T 6. —, MOREAU, M.: Rev. Mat. Constr. Nr. 584 (1964) 129—137; Nr. 613/614 (Okt. u. Nov. 1966); CERILH Publ. Techn. 176. *S. 142, 154*
T 7. THOMTON, H. T.: Techn. Memor. No. 6-383 US Army Eng. Waterways Exp. Station (Mai 1967). *S. 197*
T 8. THORMANN, P.: Tonind.-Ztg. 92 (1968) 7—11; — s. a. [N 14]. *S. 55—57*
T 9. TIMM, FR. C. W.: DRP 263050, Kl. 80b, vom 15. 12. 1911. *S. 307, 311*
T 10. TOENNIES, H. T., SHIDELER, J. J.: Proc. ACI 60 (1963) 617—632; — s. a. PCA Bull. D 64; ZKG 18 (1965) 644—647. *S. 267*
T 11. TOEPEL, F.: ZKG 15 (1962) 227—231. *S. 329*
T 12. TOGNON, G.: Revista di Ingegneria (Febr. 1957) Nr. 2. *S. 383*
T 13. TOGNON, G. B., mit CAVALLERI, A.: Italbianco, Bergamo 1964. *S. 52*
TOMITA, K., s. [M 46], — TOROPOW, N. A., s. Lit. I.4 [j 8].
T 14. TRAUFFER, W. E.: Pit and Quarry 59 (Juli 1966) H. 1, S. 158—160, 165—172. *S. 143, 354*
T 15. TRAUSTEL, S.: ZKG 14 (1961) 365—370. *S. 329*
T 16. TREADAWAY, K. W. J., RUSSELL, A. D.: Build. Res. Stat. Current Paper CP 82/68. *S. 264*
T 17. TRIEBEL, W.: ZKG 22 (1969) 397—401. *S. 324*
TRÖMEL, G. *S. 141*
T 18. TROJER, F.: Radex-Rdsch. H. 2 (1960/61) 546—552; Ber. Dt. keram. Ges. 43 (1966) 101/2; — s. a. [F 14]. *S. 52, 55, 62, 77, 355*
T 19. —: ZKG 21 (1968) 124—130. *S. 163*
T 20. —: Radex-Rdsch. H. 6 (1956) 286—293. *S. 358, 359*
T 21. —: Die oxydischen Kristallphasen der anorganischen Industrieprodukte, Stuttgart: Schweizerbart 1963. *S. 132*
T 22. —: Zement u. Beton, Wien Nr. 29 (Juni 1964) 1—5. *S. 106, 133*
T 23. —: ZKG 19 (1966) 207—215. *S. 70, 133, 136*
T 24. —, BLÜMEL, O. W.: ZKG 22 (1969) 175—178. *S. 133, 169*
T 25. TSUMURA, S.: ZKG 19 (1966) 511—518. *S. 100*
TURBA, E., [R 42], — TURK, D. H., s. [H 23].
U 1. Ullmanns Encyklopädie der techn. Chemie, 3. Aufl., Bd. 15, München/Berlin: Urban & Schwarzenberg 1964, S. 410. *S. 77, 253*
U 2. U.S. Bureau of Reclamation: Concrete Manual, 4. Ausg. 1942. *S. 220*

U 3.	UTLEY, H. F.: Pit & Quarry 58 (April 1966) Nr. 10, S. 114—119.	*S. 325*
V 1.	VALENTA, O.: RILEM — Intern. Symp. Durability of Concrete, Prelim. Rep. 1961, Bd. I, S. 58—87.	*S. 164*
V 2.	VÉNUAT, M.: Rev. Mat. Constr. (Nov./Dez. 1967) Nr. 626/627, 394—446; CERILH Publ. Techn. Nr. 187; — s. a. Lit. I.3 [p 4].	*S. 281*
V 3.	—: Rev. Mat. Constr. Nr. 622/623 (Juli/Aug. 1967); CERILH Publ. Techn. Nr. 184.	*S. 384*
V 4.	—: Rev. Mat. Constr. Nr. 597 (Juni 1965) 283—297; Ref. ZKG 19 (1966) 133—136.	*S. 149*
V 5.	—: Rev. Mat. Constr. Nr. 550/551 (1961) 333—351, Nr. 552, S. 393—406; Nr. 553, S. 434—443; CERILH Publ. Techn. Nr. 122 (1961).	*S. 383*
V 6.	—: CERILH Publ. Techn. Nr. 186 (1967); Nr. 189 (1968).	*S. 219*
V 8.	—, z. T. mit ALEXANDRE, J.: Rev. Mat. Constr. (Nov. 1957, Okt. bis Dez. 1962, April u. Mai 1965); CERILH Publ. Techn. Nr. 177 (1966).	
		S. 124, 126
V 9.	VERBECK, G.: PCA Res. Dev. Lab. Bull. 73 (Aug. 1956).	*S. 172*
V 10.	—: J. PCA Res. Dev. Lab. 7 (1965) Nr. 3, S. 57—63; — s. a. [O 3].	
		S. 100—102
	VERHAREN, H. A., s. [D 10].	
V 11.	VIKTORENKOV, V. I., VOLKONSKIJ, B. V.: Cement (russ.) 31 (1965) H. 6, S. 12—14.	*S. 355*
	VINKELOE, R., s. [S 34].	
V 12.	VIRELLA, A.: Rev. Mat. Constr. Nr. 490/491 (1956) 173—177.	*S. 352*
	VIVIAN, H. E., s. Lit. I.2 [sy 60, sy 68]; — s. a. [V 2].	*S. 281*
V 13.	VOGEL, E.: Silikattechnik 9 (1958) 361—364, 449—452, 502—505.	
		S. 356
V 14.	—: Silikattechnik 4 (1953) 469/70.	*S. 319*
V 15.	—: Silikattechnik 11 (1960) 476—478, 512—514, 572—574.	
		S. 319, 349—351, 359, 362
V 16.	VOGEL, R.: Wiss. Z. Hochsch. Arch. Bauwes., Weimar 12 (1965) H. 1, S. 57—67, H. 3, S. 283—293.	*S. 329*
V 17.	—: Silikattechnik 17 (1966) 273—278.	*S. 324*
V 18.	—, SCHULZE, J., MORGENSTERN, W.: Silikattechnik 15 (1964) 37—42, 90 bis 97.	*S. 337*
V 19.	—, SCHWERDTFEGER, I.: ZKG 21 (1968) 120—123.	*S. 321*
	VOLKONSKIJ, B. V., s. [V 11].	
V 20.	VOLOSTNOV, S. A., KUPREJCUK, I. P.: Cement (russ.) 35 (1969) H. 5, S. 4—6.	*S. 30*
V 21.	Voos, E.: ZKG 17 (1964) 526—528; 18 (1965) 44 (Berichtigung).	*S. 370*
	WAGENKNECHT, P., s. [E 11].	
W 1.	WAGNER, O.: Betonstein-Ztg. 34 (1968) 115—119.	*S. 259*
W 2.	WALLRAF, M.: ZKG 9 (1856) 186—194; Tonind.-Ztg. 81 (1957) 41—45.	
		S. 136
W 3a.	WALZ, K.: Beton 10 (1960) 483—490; — s. a. [G 23].	*S. 6*
W 3b.	—: Beton 12 (1962) 420—423, 463—466.	*S. 18*
W 4.	—: Beton u. Stahlbet. 53 (1958) 163—169; Bau u. Bauindustrie 21 (1968) 122—129, 240—243.	*S. 157, 179*
W 5.	—: Beton 16 (1966) 339—340.	*S. 200, 201*
W 6.	—: Beton 11 (1961) 557—558.	*S. 220*
W 7.	—: DAfStb H. 123 (1956).	*S. 184*
W 8.	—: DAfStb H. 127 (1957).	*S. 272*
W 9.	—: Beton 17 (1967) 369—373, 403—406.	*S. 191*
W 10.	—: Beton 10 (1960) 164—169.	*S. 186*

W 11. WALZ, K.: Rüttelbeton, 3. Aufl., Berlin: Ernst & Sohn 1960.　*S. 155, 156*
W 12. —: ZKG 8 (1955) 315—319.　*S. 149*
W 13. —: ZKG 8 (1955) 308—314.　*S. 188, 218*
W 14. —: Bet. u. Stahlbet. 49 (1954) 205—211.　*S. 153*
W 15. —, BONZEL, J.: Beton 12 (1962) 115—120, 157—160.　*S. 288*
W 16. —, —: Beton 11 (1961) 35—48.　*S. 199*
W 17. —, —: Straßen- u. Tiefbau 22 (1968) 761—768.　*S. 191*
W 18. —, —, BAUM, G.: Beton 15 (1965) 59—65, 107—114.　*S. 221*
W 19. —, DAHMS, J.: Beton 11 (1961) 752—756, 813—818.　*S. 205, 243*
W 20. —, HELMS-DERFERT, H.: Beton 16 (1966) 155—159.　*S. 190*
W 21. —, MATHIEU, H.: Beton 11 (1961) 411—420.　*S. 153*
W 22. —, MISCH, P., SCHÖNROCK, H. H.: Schriftenr. Zementind. H. 30 (1962) 43—48, 66; Beton 12 (1962) 215—217; Bau u. Bauind. 16 (1963) 203/4 (Epoxid).　*S. 284*
W 23. —, SPRINGENSCHMID, R.: Beton 12 (1962) 507—512.　*S. 184, 190*
W 24. —, WISCHERS, G.: Beton 11 (1961) 179—192.　*S. 9*
W 25. —, —: Beton 14 (1964) 293—299, 327—333, 375—383.
　　S. 158, 221, 237, 267
W 26a. —, —: Beton 19 (1969) 403—406, 457—460.　*S. 191*
　WARDLAW, J., s. [A 15].
W 26b. WASCHEIDT, H.: Betonstein-Ztg. 34 (1968) 444—450.　*S. 5*
W 27. WATANABE, K., SASAKI, T., MAKI, J.: Kolloid-Z. 189 (1963) 59—63; s. a. ZKG 14 (1961) 101—105; — WATANABE, s. a. [F 16b].　*S. 151*
　WATKINS, C. M., s. [L 11].
W 28. WAUBKE, N. V.: Tonind.-Ztg. 92 (1968) 11—14; — s. a. [K 48a, K 48b].
　　S. 152, 197
W 29. WEBER, P.: ZKG 20 (1967) 214—221; — s. a. [M 56].　*S. 325, 330, 361*
W 30. —: ZKG Sonderausgabe Nr. 9 (1960).
　　S. 72, 319, 321, 326, 328, 350, 352
W 31. —: ZKG 17 (1964) 335—344.　*S. 352—354, 358*
W 32. —: ZKG 20 (1967) 6—10.　*S. 143*
W 33. —: ZKG 9 (1956) 200—203.　*S. 334*
W 34. —: ZKG 16 (1963) 465—471.　*S. 318*
W 35. —: ZKG 11 (1958) 94—100.　*S. 334*
W 36. —: Polysius teilt mit H. 3 (1963) 2—15.　*S. 310*
W 37. WEBER, R.: Rohrförderung von Beton, 2. Aufl., Düsseldorf: Betonverlag 1963; desgl. Fördern u. Heben 18 (1968) 937—947; — s. a. BONGERT, H.: Bau u. Bauind. 19 (1966) 721—728.　*S. 8, 155*
W 38. WEHNER, B.: Straße u. Autobahn 19 (1968) 13—17.　*S. 191*
W 39. WEIGLER, H., FISCHER, R.: Beton 18 (1968) 33—46; — WEIGLER, s. a. [H 7].　*S. 302*
W 40. —, KARL, S.: Betonstein-Ztg. 34 (1968) 225—236.　*S. 190*
W 41. —, KERN, E.: Betonstein-Ztg. 31 (1965) 279—286.　*S. 197*
W 42. —, NICOLAY, J.: Betonstein-Ztg. 34 (1968) 16—25.　*S. 27*
W 43. —, SEGMÜLLER, E.: Beton 17 (1967) 293—299, 331—337 (chem. Angriff).
　　S. 271, 275
W 44. —, SEGMÜLLER, E.: Betonstein-Ztg. 35 (1969) 302—308.　*S. 288*
　WEISE, C.　*S. 118*
　WEISE, C. H., s. [C 11b, K 4, K 5].
W 45. WEISLEHNER, G.: ZKG 13 (1960) 530—533.　*S. 334, 335*
W 46. WELCH, J. H., GUTT, W.: Symp. Washington 1960, S. 59, s. Lit. I.2 [sy 60].
　　S. 60, 70
　WELLS, L., s. [F 4b].

W 47. WENDEBORN, H. B.: ZKG 2 (1949) 1—9; s. a. mit MEYER, K.: ZKG 4 (1951). 4—7. *S. 307, 308*
W 48. WENTZEL, K. F.: Staub 25 (1965) 121—125. *S. 365*
W 49. WESCHE, K.: RILEM Bull., New Series, H. 32 (Sept. 1966) 291—293. *S. 279*
W 50. —: ZKG 8 (1955) 118—128. *S. 227*
W 51. —: Betonstein-Ztg. 26 (1960) 463. *S. 218*
W 52. —: Bet.- u. Stahlbet. 62 (1967) 256—260. *S. 160*
W 53. —: Betonstein-Ztg. 33 (1967) 267—279. *S. 196*
W 54. —: Stahl u. Eisen 76 (1956) 27—30. *S. 158*
W 55. —, MÄNGEL, S.: Bet.- u. Stahlbet. 64 (1969) 96—100. *S. 153, 171*
W 56. —, MÄNGEL, S.: Beton 19 (1969) 107—111. *S. 196*
W 57. —, MANNS, W.: DAfStb H. 186 (1966). *S. 26*
W 58. —, SASSE, H. R.: Beton 18 (1968) 214—216. *S. 159*
—, s. a. [H 53, H 54, L 63, R 37].
WETZEL, K., s. [S 42], — WETZOLD, P., s. [S 11].
W 59. WEYER, J. TH.: ZKG 22 (1969) 276—278. *S. 346*
WICKERT, G., s. [P 12], — WIEDEMANN, W., s. [W 80].
W 60. WIEDERHOLT, W., SONNTAG, J.: Korrosion von Metallen im Bauwesen, Ber. a. d. Bauforsch. H. 44, Berlin 1965. *S. 265*
W 61. WIERIG, H. J.: Die Widerstandsfähigkeit des Betons gegen Feuerbeanspruchung, Zement-Taschenbuch 1966/67, Wiesbaden/Berlin: Bauverlag 1965, S. 269—304; s. a. DAfStb H. 162 (1964); — s. a. [M 41]. *S. 299, 301*
W 62. —: Beton 18 (1968) 94—101. *S. 144, 147*
W 63. WILLIAMSON, G. R.: Proc. ACI 61 (1964) 151—154. *S. 195*
WILMS, W., s. [S 12].
W 64. WILSON, J. G.: Sichtflächen des Betons, Wiesbaden/Berlin: Bauverlag 1967. *S. 8*
W 65. WINKLER, H., PETZOLD, A.: Wiss. Z. Hochsch. Arch. Bauwes., Weimar 13 (1966) 223—228; 14 (1967) 47—53. *S. 350*
WINTER, G., s. [H 47].
W 66. WIRSCHING, F.: ZKG 19 (1966) 487—492. *S. 255*
W 67. WISCHERS, G. Schriftenr. d. Zementind. H. 28 (1961). *S. 173—175, 241*
W 68. —: Beton 13 (1963) 23—30, 86—90. *S. 153*
W 69. —: Beton 14 (1964) 22—26, 65—73. *S. 234*
W 70. —: Beton 17 (1967) 101—103, 139—142. *S. 240*
W 71. —: Beton 17 (1967) 183—186. *S. 160*
W 73a. —, DAHMS, J.: Beton 20 (1970) 135—139, 195—201. *S. 199*
W 73b. —, HALLAUER, O.: Beton 16 (1966) 207—211, 249—253. *S. 157*
W 74. —, KRUMM, E.: Beton 13 (1963) 463—466. *S. 199*
—, s. a. [W 24, W 25, W 26a].
WISOTZKY, TH., s. [A 7].
W 75. WITTEKINDT, W.: ZKG 5 (1952) 203—205. *S. 283*
W 76. —: ZKG 13 (1960) 565—572. *S. 277*
W 77. —: ZKG 8 (1955) 26—29. *S. 189*
W 78. —: Erdöl u. Kohle 7 (1954) 148—151, 203—207. *S. 29, 125*
W 79. WITOLS, G.: ZKG 12 (1959) 18—20; s. a. ZKG 15 (1962) 205—207. *S. 355*
W 80. WITTMANN, W., POBELL, F., WIEDEMANN, W.: Z. angew. Physik 19 (1965) 281—284. *S. 140*
W 81. WITTMANN, F., mit SPLITTGERBER, H., u. ENGLERT, G.: Mat.-Prüf.-Amt f. d. Bauwes. TH München, Ber. Nr. 80 (Dez. 1968) 129—131, 132/3. *S. 107*

W 82. WOERMANN, E.: Symp. Washington 1960 (s. Lit. I.2 [sy 60]); Tagungsber. d. Zementind. H. 20 (1961) 13—21; — s. a. [B 29, S 87]. *S. 317*
W 83. —, HAHN, TH., EYSEL, W.: ZKG 16 (1963) 370—375; 20 (1967) 385—391; 21 (1968) 241—251; 22 (1969) 235—241. *S. 69*
W 84. WOLF, F., HILLE, J.: Silikattechnik 18 (1967) 1—8, 55—57. *S. 77*
W 85a. WOODS, H.: Concrete and Concrete-Making Materials STP No. 169-A (1966) 230—238; PCA Bull. 198. *S. 265*
W 85b. —: Rock Prod. 45 (1942) 66—68; zit. nach GOES, C. [G 17]. *S. 364*
W 86. WÜRTENBERGER, K.: Tonind.-Ztg. 62 (1938) ab 787 mit Fortsetzungen bis 1141. *S. 240*
WÜRTH, K. E., s. [S 51].
W 87. WUHRER, J.: ZKG 3 (1950) 148—151; — s. a. [L 56]. *S. 377*
W 88. —: ZKG 13 (1960) 181—192. *S. 68*
W 89. —, HOFFMANN, F.: ZKG 18 (1965) 386—394; ferner WUHRER, J.: Nat. Lime Assoc. Wash. 1965 u. Schriftenr. Bundesverb. Deutsche Kalkind. H. 8 (1966) 259. *S. 84*
YANNAQUIS, N., s. [B 29].
Y 1. YAMAGUCHI, G., mit KATO, K., u. mit ONO, J.: Semento Gijutsu Nenpo 16 (1962) 27—29; ZKG 19 (1966) 390—394. *S. 70*
Z 1. ZACCARINI, S.: Ind. ital. del Cemento 33 (1963) H. 3, S. 187—192. *S. 359*
Z 2. ZEISEL, H. G.: Schriftenr. Zementind. H. 14 (1953) 31—72. *S. 382*
Z 3. —: ZKG 15 (1962) 391—398. *S. 310*
Z 4. ZEISEL, P.: ZKG 19 (1966) 519—527. *S. 366*
Z 5a. Zementsand-Formverfahren, Literaturzusammenstellung, Verein Dt. Gießerei-Fachleute Nr. 241 (1965). *S. 11*
Z 5b. VDZ: Zement-Taschenbuch 1970/71, s. Lit. III.10. *S. 419*
Z 6. ZIEGLER, E.: Schriftenr. d. Zementind. H. 19 (1956). *S. 384*
ZIEGLER, G., s. [K 38, S 56].
Z 7. ZLATANOW, V., JABAROW, N.: Concr. Build. Concr. Prod. (1961) 512; Ref. Betonstein-Ztg. 28 (1962) 132. *S. 227*
ZOLDNERS, N. G., s. [M 6].
Z 8. ZUKOV, JU. A., KIND, V. V., KUNCEVIC, O. V.: Cement (russ.) 32 (1966) H. 6, S. 4—6. *S. 168*

III. Normblätter, Richtlinien, Merkblätter

(Ausländische Zementnormen, s. S. 19)

III.1 AASHO-Road-Test

(AASHO = American Association of State Highway Officials), s. SPRINGENSCHMID, [S 90]. *S. 190*

III.2 ACI-Committee

(ACI = American Concrete Institute)

212. Admixtures for concrete. Proc. ACI 60 (1963) 1481—1524; dtsch. Bearb. s. WALZ, K.: Beton 14 (1964) 209—213, 250—255. *S. 281, 289*
304. Preplaced aggregate concrete for structural and mass concrete. Proc. ACI 66 (1969) 785—797. *S. 153*
403. Guide for use of epoxy compounds with concrete. Proc. ACI 59 (1962) 1121 bis 1142. *S. 190, 283—287*
506. Recommended practice for shotcreting. Proc. ACI 63 (1966) 219—246; dtsch. Bearb., s. DAHMS, J.: Beton 16 (1966) 497—500. *S. 8*

515. Guide for the protection of concrete against chemical attack by means of coatings and other corrosion-resistant materials. Proc. ACI 63 (1966) 1305 bis 1392; dtsch. Bearb., s. WEIGLER, H., SEGMÜLLER, E., s. [W 43].
S. 271, 275
517. Recommended pratice for atmospheric pressure steam curing of concrete. Proc. ACI 66 (1969) 629—646; — s. a. [S 65]. *S. 240*

III.3 ASTM

(= American Society for Testing and Materials); Methods and Specifications (Stand. Spec.)

C 91-68.	Masonry cement.	*S. 16*
C 109-64.	Test for compressive strength of hydraulic cement mortar.	*S. 216*
C 114-67.	Chemical analysis of hydraulic cement.	*S. 139*
C 143-69.	Slump of portland cement concrete.	*S. 151*
C 150-68.	Portland cement (Stand. Spec.).	*S. 21, 22, 42, 49, 232, 379*
C 151-68.	Autoclave expansion of portland cement, s. [M 38].	*S. 204, 223*
C 175-68.	Air-entraining portland cement (Stand. Spec.).	*S. 7*
C 227-69.	Potential alcali reactivity of cement aggregate combinations (mortar bar method).	*S. 166, 168*
C 243-65.	Bleeding of cement pastes and mortars.	*S. 145*
C 265-64.	Calcium sulfate in hydrated portland cement mortar.	*S. 97*
C 289-66.	Potential reactivity of aggregates (chemical method).	*S. 166*
C 451-68.	False set of portland cement (paste method).	*S. 148*
C 452-68.	Potential expansion of portland cement mortars exposed to sulfate.	*S. 95*
C 595-68.	Blended hydraulic cements. (Stand. Spec.)	*S. 21, 22, 23, 129*

III.4 DAfStb

(= Deutscher Ausschuß für Stahlbeton)

Heft 102 [E 0]	*S. 290*	Heft 167 [S 7, A 10]	*S. 135, 186; 154*
Heft 109 [G 1]	*S. 26*	Heft 168 [H 27, G 2]	*S. 199; 196*
Heft 112 [B 64a]	*S. 155*	Heft 169 [R 8, M 49]	*S. 261, 263; 261*
Heft 118 [H 29]	*S. 106, 228*	Heft 170 [R 9, K 34b, L 2]	*S. 261*
Heft 123 [W 7]	*S. 184*	Heft 181 [K 47]	*S. 303*
Heft 124 [H 53]	*S. 290, 296*	Heft 182 [M 41, S 34]	*S. 247, 261, 267*
Heft 126 [G 1]	*S. 26*	Heft 183 [R 39]	*S. 221*
Heft 127 [W 8]	*S. 272*	Heft 184 [H 37]	*S. 155, 222*
Heft 128 [G 2]	*S. 196*	Heft 185 [S 102]	*S. 195*
Heft 134 [S 61]	*S. 186, 271, 273, 290*	Heft 186 [W 57]	*S. 26*
Heft 142 [A 10]	*S. 154*	Heft 198 [R 37]	*S. 221*
Heft 146 [H 54, R 35]	*S. 295; 164, 197*	Heft 203 [H 22]	*S. 192*
Heft 158 [G 3, A 9]	*S. 196; 151*	Heft 206 [R 36]	*S. 215*
Heft 162 [K 47, W 61]	*S. 299, 301, 303*	Heft 212 [K 48b]	*S. 260*

III.5 Deutscher Beton-Verein e.V.

Prüfung von Fugenmassen im Betonfertigteilbau, Vorl. Richtl. (Fassung Juni 1967). Betonstein-Ztg. 33 (1967) 498—500. *S. 2*

III.6 DIN-Normblätter

105. Mauerklinker. *S. 287, 305*
272. Magnesia-Estriche; Estriche aus Magnesiamörtel (1963). *S. 252*
273. Steinholz (Estrich aus Magnesiamörtel). Bl. 2 u. 3: Magnesiumchlorid, Füllstoffe (1963). *S. 252*

274. Asbestzement-Wellplatten, Bl. 1 (Entwurf 1970). *S. 33*
488. Betonstahl (in Neubearbeitung). *S. 4*
1045—1048. Bestimmungen des Deutschen Ausschusses für Stahlbeton; Teil A, B, C und D (in Neubearbeitung).
DIN 1045 künftig mit Richtlinien Transportbeton. *S. 3, 193, 195*
DIN 1048 künftig: Prüfverfahren für Beton, auch auf Biegezugfestigkeit und W/Z-Wert. *S. 179, 192—194*
1053. Mauerwerk; Berechnung und Ausführung (1962). *S. 11*
1060. Baukalk (1967). *S. 10, 84, 105, 253*
1100. Hartbetonbeläge, Hartbetonstoffe (1941—1968), s. a. Arbeitsblatt 10 (1962) der Arbeitsgemeinschaft Industriebau e. V. (AGI). *S. 9*
1101/2. Holzwolle-Leichtbauplatten (1970). *S. 162, 252*
1164. Portland-, Eisenportland-, Hochofen- und Traßzement; Bl. 1 bis 8 (1970) *S. 16—24, 222, 263*
1168. Baugipse, Bl. 1 bis 3 (1955 und 1960). *S. 11, 105, 253—255*
4030. Beurteilung betonangreifender Wässer, Böden und Gase (1969). *S. 268—279*
4102. Brandverhalten von Baustoffen und Bauteilen, Bl. 2 und 4 (jetzt 1970). *S. 303*
4164. Gas- und Schaumbeton (1951). *S. 162*
4188. Siebböden; Drahtsiebböden für Prüfsiebe (1962 und 1969). *S. 86, 150*
4207. Mischbinder (1963; in Neubearbeitung). *S. 16, 124*
4208. Anhydritbinder (1962). *S. 11, 255*
4210. Sulfathüttenzement (1959—1970). *S. 25, 116*
4226. Betonzuschlagstoffe aus natürl. Vorkommen (Entwurf 1968). *S. 162, 166, 182*
4227. Spannbeton (Bemessung und Ausführung) (1960). *S. 5*
4240. Kugelschlagprüfung von Beton ... (1962; in Neubearbeitung). *S. 196*
5033. Farbmessung; Normvalenz-System (1964). *S. 52*
17014. Wärmebehandlung von Eisen und Stahl; Fachausdrücke (1959). *S. 13*
18550. Putz. Baustoffe und Ausführung (1967) m. Beibl. *S. 11*
18151(52). Hohlblocksteine (Vollsteine) aus Leichtbeton (1960). *S. 9*
19800/01. Asbestzement-Druckrohre ... auch -Leitungen (1956). *S. 34*
19830/31. Asbestzement-Abflußrohre ... (1961). *S. 34*
19841. Asbestzement-Abflußrohre ... (1961). *S. 34*
45633. Präzisionsschallpegelmesser (1968). *S. 371*
50014. Werkstoff- usw. -Prüfung Normalklimate (1959). *S. 218*
51043. Traß, Bl. 1 bis 3 (1931; in Neubearbeitung), s. ZKG 23 (1970) 393/4, Entwurf April 1970. *S. 24, 25, 123*
51060. Feuerfeste keramische Roh- und Werkstoffe, Begriffe (1959). *S. 300*
51064. Bestimmung der Druckfeuerbeständigkeit an ff Steinen (DFB) (1963). *S. 297, 298, 345*
51603. Flüssige Brennstoffe; Heizöle (1966). *S. 280*
52100—52113. Prüfung von Naturstein, *S. 180, 182*
u. a.: 100 Richtlinien zur Prüfung und Auswahl (1951); 102 Dichte, Rohdichte, Reindichte ... (1965); 104 Frostbeständigkeit (1965); 106 E Verwitterungsbeständigkeit (1964); 111 Kristallisationsversuch (1956); 113 Bestimmung des Sättigungswertes (1965).

III.7 Forschungsgesellschaft für das Straßenwesen

Luftporenbildende Zusatzstoffe zu Straßenbeton, Vorl. Merkbl. (1953). *S. 185*
Schlagversuch an Splitt, Vorl. Merkbl. (1966). *S. 163*

Bau griffiger bituminöser Fahrbahndecken, Vorl. Merkbl. (1966). *S. 163*
Bau von Betonfahrbahnen, Richtl. (1963; s. a. Vorschläge f. d. Ausführung v.
Betonfahrbahndecken n. d. Stand 1968). *S. 187f.*

III.8 ISO, RILEM

(ISO = International Standard Organisation, Genf; RILEM = Réunion International des Laboratoires et des Recherches sur les Matériaux et les Constructions, Paris)

ISO-Empfehlung
Nr. R 679. Method of testing strength of cements (RILEM/CEMBUREAU method).
S. 18, 203, 223
Betonieren im Winter. RILEM-Richtlinien, Düsseldorf 1965; Beton 14 (1964) 411—427, s. [R 22]. *S. 181, 199, 242*

III.9 VDI

(= Verein Deutscher Ingenieure)

Richtl. 2031. Feinheitsbestimmungen an technischen Stäuben (1962). *S. 376*
Richtl. 2058. Beurteilung und Abwehr von Arbeitslärm (1960). *S. 371*
Richtl. 2094. Auswurfbegrenzung Zementwerke (1967). *S. 327, 359, 364, 366*
Richtl. 2108. MIK-Werte für Schwefeldioxid (1961). *S. 360*
Handbuch „Reinhaltung der Luft".

III.10 VDZ

(= Verein Deutscher Zementwerke), auch **BDZ** (= Bundesverband der Deutschen Zementindustrie)

Analysengang für Zemente, 2. Ausg. 1970. *S. 59, 136*
Mahlfeinheit von Zement, Richtl. f. d. Bestimmung. Schriftenr. d. Zementind.
H. 33 (1967). *S. 376*
Mikroskopie des Zementklinkers. Bilderatlas (1965). *S. 54, 134*

Tätigkeitsbericht	1962	1963/64	1965/66	1967/68
erwähnt Seite	367 [C 14], 379	216	64, 290, 377	58, 64, 166, 182, 319, 330

Zement-Taschenbuch	1960	1964/65	1966/67	1970/71
erwähnt Seite	53 [H 26]	233/4, 284/5 [B 8] [B 48]	299, 301 [W 61]	(8), 11, 162, 194 [H 51]

Jahresbericht 1969/70 des BDZ (s. o.). *S. 7, 17, 19*

VDZ-Merkblätter:
WE 4. Rostkühler für Drehöfen (1957). *S. 334*
WE 8. Beseitigen von Ansatzringen in Drehöfen (1968). *S. 356*
WE 9. Feuerfeste Steine für Zement-Drehrohröfen (1966). *S. 344*
WE 10. Katalog feuerfester Steine f. d. Zementindustrie (1968). *S. 345*
MT 27. Wasserverbrauch der Zementwerke (1964). *S. 334*
St 6. Fliehkraftentstauber (1963). *S. 369*

Röntgenfluoreszenz-Anlagen, Bedingungen für einen störungsfreien Betrieb in Zementwerken; Vorl. Merkbl. (Dez. 1967). *S. 143*
Stahlleichtbeton, Vorl. Merkbl. f.: I. ... Leichtzuschläge (1968); II. Zusammensetzung und Eignungsprüfung (1969) (s. Beton 19 (1969) 541—544); III. Herstellung und Verarbeitung (in Vorbereitung). *S. 159*

Bauwerke aus Stahlbeton mit leichten Zuschlagstoffen, Vorl. Richtl. f. d. Ausführung. Beton 16 (1966) 354—356. *S. 159*
Herstellung geschlossener Betonoberflächen, Merkbl.; Anmerkungen von G. WISCHERS (1967) [W 70]; — s. a. Lit. III.2, ACI-Comm. 517. *S. 240—242*
Mineral- u. Teeröle, Verhalten v. Beton gegen ...; Vorl. Merkbl.; Beton 16 (1966) 461—463. *S. 279*
Schutzüberzüge auf Beton bei sehr starken Angriffen nach DIN 4030 E; Vorl. Merkbl.; Beton 19 (1969) 71—75. *S. 285*
Zementeinpressungen im Bergbau, Vorl. Merkbl. (1969); Beton 20 (1970) 19—22. *S. 154*

III.11 Sonstiges

Transportbeton; Vorl. Richtl., jetzt in: DIN 1045-1970, s. Lit. III.6. *S. 7*
Ziegel-Bauberatung: Merkblatt Ausblühungen und Kalkauslaugungen (1967). *S. 287*
API-Standard 10 A: Specification for oil-well cements; 10 B: Testing. *S. 28, 30*
Concrete Manual, 4. Ausg. 1942 (U.S. Bureau of Reclamation). *S. 220*
BS 1881:1952. Methods of testing concrete (BS, s. a. *S. 19*). *S. 151*

Sachverzeichnis

AASHO-Road-Test 190
Abbinden, s. a. Erstarren 146—152
Abbindewärme, s. a. Hydratationswärme 229—236
Abgas, s. a. chemischer Angriff und Ofen 273, 342
Abkühlen von Schmelzen 73, 115
Abkürzungen 1, 41, 45, 58, 90, 387
Absanden 26, 120
Absaugen, Vakuumbeton 156
abschlämmbare Bestandteile 162
Abschrecken, s. a. Klinker 73, 115
Absondern, Wasser 145
Absorption, s. a. Chemisorption 177, 246
Abstandsfaktor 181, 190
Abwasser 82, 268, 270, 273
Acetylen 75, 157, 161, 287
Adhäsion 32
adiabatisch, Kalorimeter 233—235
Adsorption, s. a. Physisorption 29, 92, 107, 177
AEA-Beton, -Zement 7, 184
Äquivalentdurchmesser 251
Aerogel 111
Aerosol 361
Äthylen 287
— -glykol 59, 385, 386
AFm-Phase, s. Monosulfat 90, 91, 119
AFt-Phase, s. Trisulfat 90, 91, 119
Afwillit 87
Agglopörit 159, 161
Aggressivität, s. chemischer Angriff
Aglite 159
Alaun 82
Albertzement 40
Albit 250
Alcazement 294
Alcoazement 294
Alit, s. a. C_3S 55, 59, 62, 63, 68—71, 78, 113, 133, 134, 141, 142, 219, 224
Alkali in Rohstoff, Rohmehl, Zement 59, 352, 353

Alkali-aluminat 59, 148, 353
— -belit 59, 148
— -carbonat 59, 148, 169, 281
— -Dolomit-Reaktion 133, 169, 269
— -fluorit 364
— -Kieselsäure-Reaktion 165—168, 269
— -kreislauf 351—356
— -oxid 59, 168, 169
— -salze 276, 120
— -silicatgel 165, 166
— -Sulfat-Phase 59, 142, 353—356, 359
— -Sulfid-Phase 55, 62, 77, 355
— -treiben 165
— -verhältnis K_2O/Na_2O 169
— -Zuschlag-Reaktion 165—170, 269
—, Gesamt- 58, 168
alkalische Anregung 115, 119
Allergie 65
Altern, Altersstabilisierung 108, 219
aluminatische Phase, s. Schmelzphase
Aluminat-treiben 227
— -zement, s. Tonerdezement
Aluminium 155, 161, 265
— -hydroxid 90, 120, 269, 295
Aluminozement 40
Aminacetat 385
Ammoniumsalze 117, 118, 269, 275
amorph 106
Amorphisierung 55, 126, 383
Amphibol 33
amphoter 117
Analyse, s. chemische Zusammensetzung
Anfärben 155
Angriffsgrad 258, 270, 271
Anhydrit 20, 38, 96, 253—255
—, künstlicher 97
— -binder 11, 255
— -portlandzement 77
Anmachen, Anmachwasser 144, 199, 246
Anorthit 250, 358
Ansatz(ringe) 323—326, 343, 347—351
—, Beseitigung 351, 356—358

Ansatzwert 41, 48, 50, 348
Anschliff, An-Dünnschliff 69, 133
Anstett-Probe 277
Anstriche 285—289
Anthracit 341
Apatit 61
API-Standard 28, 31
aquaplaning 191
Aräometer 151, 154
Aragonit 249, 253
Arbeitslärm 371, 372
Asbest, Asbestzement 31—35
— -platten, Rohre 34
Asche, Kohle 349—351
Aschen-binder 124
— -ringe, s. Ansatz 351
ASTM, s. Lit. III.3
Asphaltbeton 13
Auflösungsvermögen 135
Ausblühen 287—289
Ausbreitmaß 7, 151
Ausfällen, Theorie 105
Ausfallkörnung 157, 228
Ausgußbeton 153
Auslaugen, Ca(OH)$_2$ 288
Aussinterung 287—289
Austrocknen 182, 195
Autobahn 187—191
Autoklav-behandlung 31, 85, 162, 226
— -härtung 31, 34, 237—240
— -prüfung 19, 22, 77, 223—226
—, Mikro- 83, 226
Automation 142, 143

Bakterien tötender Zusatz 281, 289
Ballungsgebiet 360
Barium-oxid, Bariumsalze 58, 94, 170
— -zement 63, 64
Baryt, Schwerspat BaSO$_4$ 9, 30, 253, 302
Basalt(lava) 126, 127, 158
Basset-Verfahren 75
Baugips 11, 83, 104, 105, 253—255
Baukalk 10, 84, 104, 105, 116, 253
BAUMANN-GULLY, Säuregrad nach 272
Bauxit 75, 228, 294, 298
Bayer-Verfahren 76
Bayerit 295
Belit, s. a. C$_2$S 68—71, 75, 78, 109, 113, 141, 142, 219, 224
Belüftung 29
Benetzungswärme 102
Bentonit 30, 146, 154, 251

Berechnungsverfahren 37—51, 71
Bergbau 153, 154
Beschleuniger 281, 282
Bestimmtheitsmaß 18, 40, 216, 329
Beton, Behälter für Öl 280
—, Bewehrung 3, 165
—, Deckung 4, 260—262, 264—266, 268, 270, 302
—, Dichtungsmittel 281
—, Fahrbahnplatten 189—191
—, Fertigteile 2
—, Gesamtluftgehalt, Frostschutz 184
—, Kennwerte 179
—, Konsistenz 7, 145, 150—152
—, Mischen 2, 153
—, Porosität 158, 201, 279
—, Rohdichte 10, 160, 201
—, Rohre 157, 180
—, Schiffe 159
—, Sichtfläche 145, 288
—, Strukturmodell 157
—, Verflüssiger 146, 282
—, Zusatzmittel 281, 289
Betonarten, Einkornbeton 9, 159
—, Feuerbeton 297—301
—, Gasbeton 10, 161
—, Grobbeton 157
—, Gußbeton 170
—, Hartbeton 9
—, Holzbeton 162
—, Isolierbeton 162
—, Leichtbeton 9, 158—162
—, Massenbeton, massige Bauteile 233, 234
—, Normalbeton 8, 10, 157, 158, 160
—, Pumpbeton 8, 154, 155
—, Reaktorbeton 9, 63
—, Rüttelbeton 144, 156
—, Schaumbeton 10, 162
—, Schwerbeton 9, 10
—, Schüttbeton 158
—, Sichtbeton 8, 145, 288, 289
—, Spannbeton 4, 260, 262, 263
—, Spritzbeton 8
—, Stahlbeton 3, 4, 259, 260
—, Stahlleichtbeton 9, 10, 159—161, 221, 267
—, Strahlenschutzbeton 9, 63
—, Straßenbaubeton 187—191, 289
—, Transportbeton 7, 153
—, Waschbeton 8
Beton-straße 187—191
— -technologie 36

Sachverzeichnis

Betonwaren 2
BET-Verfahren 88, 127, 128, 177, 380
Bicarbonat, jetzt Hydrogencarbonat 246
Bims, Hüttenbims 9, 115, 158
Bindemittel, hydraulische 15
Bindezeit 149
Bindung, Stahl und Zementstein 165, 262
Bitumen 13
Blähschiefer, Blähton 159, 161
Blättchenbildung 377, 384
Blaine-Wert 114, 127, 128, 379—382
Blei im Zementstein 94, 265
— -nitrat 276
Blutalbumin 12
Bluten 145
Boden, bindiger 27
—, Verfestigung 27
—, Wirkung auf Beton 270, 272
Böhmit 295
Boguesche Berechnung 38, 39
Bohrkern 195, 196
Bohrspülung 28
Bor 94
Boudouardsche Reaktion 317
Brandverhalten 265, 266, 303
Braunkohle, Asche, Schlacke 112, 113, 124, 350, 351
Brechungsexponent 148
Brennstoff 341
Brenntemperatur, Kalk, Gips 253
Brownmillerit C_4AF, s. Schmelzphase 39, 54, 59, 71
Brucit 85, 134, 169, 226, 253
Butylamin 386
Bypass 321, 352, 354, 357

caementum 13
C_3A, C_4AF, s. Schmelzphase
Calcit 91, 92, 94, 132, 169, 247—250, 253
Calcium-Aluminat (-Ferrit), s. Schmelzphase 42, 43
— -Silicat s. Anorthit, Gehlenit
— -Sulfat (-Hydrat) s. Mono- u. Trisulfat 90, 119, 227
— -carbid 75, 161
— -carbonat, s. Calcit
— -Carbo-Aluminat 91
— -chlorid 92—95, 134, 190, 263, 264, 282, 289
— —, Begrenzung 263

Calcium-ferrit und Hydrat s. Schmelzphase 41, 43
— -Hydrogencarbonat 246, 247
— -hydroxid 88, 94, 108, 134, 142
— -oxid 43, 56—58, 85, 222, 226, 328, 383
— -silicat, s. Alit, Belit 68—71
— -sulfat, s. a. Baugips, Kalksulfat
— —, Löslichkeit 94, 96
— —, Modifikationen 20, 253—255
Carbidkalk 10
Carboaluminat 91
Carbonatisierung 5, 26, 81, 91, 105, 167, 239, 261, 266—268, 269
—, Eindringtiefe 267
—, künstliche 267, 268
CCX-Berechnungsverfahren 71
Celit 68, 69
Chalcedon 108, 167, 168
Chemie, physikalische 36
chemische Einwirkungen, s. chemischer Angriff auf Beton
chemische Zusammensetzung, Analyse 71, 72, 136, 141, 142
— —, Asbest 33
— —, Bauxit 294
— —, Eisenportlandzement 64
— —, ff. Steine 345
— —, Hochofenschlacke 112
— —, Hochofenzement 64
— —, Kalksulfat 20
— —, Kieselgur 112
— —, Klinker 58
— —, —, Mittelwert Al_2O_3, Fe_2O_3 48
— —, Klinkerphasen 42
— —, Kraftwerkschlacke 112
— —, Luft 246
— —, Ölschieferabbrand 309
— —, Portlandzement 64, 112
— —, Puzzolane 112
— —, Rohgasstaub 367
— —, Strontiumzement 63
— —, Sulfathüttenzement 64
— —, Ton, blähbarer 161
— —, Tonerdezement 293, 294
— —, Tonminerale 251
— —, Traßzement 64
— —, Vermiculit 161
— —, weißer Zement 51
— —, Ziegelmehl 112
chemischer Angriff auf Beton, Abgas, Abwasser 268, 270, 273, 274
— — — —, Ammoniumsalze 269, 270, 275

chemischer Angriff auf Beton, Angriffsgrad 258, 270, 271
— —, Betondeckung, s. a. Betondeckung 270
— —, Boden, Einwirkung 270, 272
— —, Chlor, gechlortes Wasser, chlorhaltiges Gas 265, 266
— —, Chlorid, Eindringtiefe 279
— —, Haldenwasser 270
— —, Huminsäure 276
— —, Industrielaugen 276
— —, Kohlendioxid, Kohlensäure 269, 273
— —, Magnesiumsalze 269—276
— —, Meerwasser 278, 279
— —, Moorwasser 270, 272
— —, Natriumsulfat 269, 277
— —, Öl 279, 280
— —, Prüfung 276—278
— —, Reaktionsgleichungen 269
— —, saures Wasser, Säure 271—273
— —, Schutzmaßnahmen 285—287
— —, Sulfid, Sulfat 269, 272—276
— —, Zuschlag s. Alkali-Zuschlag-Reaktion
Chemisorption 30, 177, 386
Chinolin 378
Chlor, gechlortes Wasser, chlorhaltiges Gas 265, 266
Chlorcalcium, s. Calciumchlorid
Chlor(id), Begrenzung im Zement 263
—, Bindung 93, 243, 264
— im Klinker und Zement 58, 60
— im Zementstein 93—95, 264
Chlortreiben 93
Chromatallergie 65
Chrom-erz, Chromoxid in ff. Futter 344, 345
— -verbindungen 62, 65, 66
Chrysotilasbest 32, 33
ciment fondu 293
Citadur 293
clusters 107
CM-Gerät 157
Coelestin 63
Colcrete-Verfahren 153
Colorzement 53
concrete 13
Cristobalit 56
CSH-Phase 87—89, 108, 109, 222, 230, 231
—, C/S-Verhältnis 87, 88, 230, 238
— —, Reaktionsgleichung 87

C_2S, C_3S, s. a. Belit, Alit 42—46, 50, 68—71, 75, 78, 109, 113, 133, 134, 219
Cyclohexan 386
Cyclohexanol, Cyclohexanon 378

DAC, Ätzmittel 69, 133, 259
Dampf-behandlung 81, 240—244
— -druck 238
— -druckhärtung 81, 111, 237—240
DDK, s. a. dynamische ... 88, 130
Decarbonatisierung 67, 131, 321, 323, 338—340
Dehydratation 67, 339
Di-Ammonium-Citrat 289
Diaspor 295
Diatomeenerde, s. a. Kieselgur 30, 112, 113
Dicalcium-aluminathydrat 120
— -silicat, s. Belit und C_2S 70
Dichte (= Reindichte), Carbonate 253
—, Eisenerz 9
—, Hüttensand 132
—, Klinker(phasen) 132, 134
—, Puzzolane 129
—, Schmelzgranulat 129
—, Schwerspat 9, 253
—, Sulfate 253
—, Stahl(kugeln) 9
—, Wasser, Eis 180
—, Zemente 64
Dickit 252
Differential-Thermo-Analyse 130
Diffusion 81, 95, 100, 176, 290
Dimethylammoniumcitrat 69, 133, 259
disperse Systeme 107
Dissoziationsdruck 83
Dolomit(isierung) 169, 253, 254, 269, 345
Doppelspat 132, 249
Drehofen, s. Ofen 304—307
Dreistoffsystem 78, 113, 351
Druck-Ausgleichs-Verfahren 185
— -festigkeit s. Festigkeit
— -feuerbeständigkeit 298
— -verdichtung 92, 200, 201, 203—205
DTA, s. a. Differential-Thermo-Analyse 130
Dünnschliff 133
Duroplaste 287
dynamische Differenzkalorimetrie 88, 130
Dyckerhoff-Halliburton-Zement 29

Eigenfeuchte, Zuschlag 157
Eindringmaß 7, 148, 150, 151
Eindringtiefe, Carbonatisierung 267
—, Chlorid 279
—, Hydratation 100, 381
Einkornbeton 9, 158
Einpreßhilfe 146, 154, 283
Einpreßmörtel 154
Einspannung 194
Eisen-glanz 359
— -oxid 41, 48, 54, 66, 67, 112, 349
— -oxidschwarz, Farbe 189
— -portlandzement, s. Zement 16, 23
— -sulfid 82, 273
Eislinsen 182
Elastograph 197
elektrischer Aufwand 333, 372
— —, Umrechnung auf Wärme 332
Elektrofilter 370
Elektrokorund 9
Elektronen-mikroskop 135, 136
— -strahl-Mikro-Analyse 142
Emission, Staub, Geräusch 359—372
endotherme Reaktion 131, 337, 340
Energieausnutzung, Mahlung 381
Entdolomitisierung 169, 269
Enthalpie-Temperatur-Diagramm 329
Entsäuerung(sgrad) 67, 131, 319, 321, 323, 338—340
Entschwefelung 115
Entstaubung 369—371
Epitaxie 165
Epoxidharz 190, 192, 273, 283—287
Erdalkaliverbindungen 94, 253
Erdgas 341
Erhärten, Beschleunigen 236—244, 281, 282
—, selbständiges 14, 111
—, Theorie 104—111
—, unter Druck 200—202
Erhitzungsmikroskop 135
Erschütterungen 371, 372
Erstarren 146—152
—, Beginn 97, 149, 150
—, Beschleuniger 149, 281, 282
—, Einfluß der Temperatur 97
—, elektrische Messung 151
—, falsches 96, 101, 147
—, Normsteife 144, 149
—, schnelles 46, 96, 146
—, SO_3-Bedarf 99
—, Störungen 147, 148
—, Umschlagen 96

Erstarren, Verlauf 152
—, Verzögerer 149, 282, 283
Erzzement 40
Estrich 10
Estrichgips 255
Eternit 32
Ettringit, s. a. Trisulfat 82, 90, 91, 119
Eutektikum 78
exotherme Reaktion 131, 337, 340

Farbe, Farbpigment 53, 189
—, Klinker und Zement 51, 52, 54, 60
Fasern, Faserstoffe 32, 103, 104
Faserstruktur 88, 89, 103
Fassadenplatten, Verankerung 265
Fehlerrechnung 212
Fehlstellen 197, 383
Feinheit 18, 20, 86, 150, 376—381
Feinmörtel 10
Farbpigmente 53
Feinsand, Feinstsand, Feinstkorn, Feinststoff 145, 146, 155, 162, 184, 202, 203
Feldspat 250
Felit 68, 69
Fernordnung 73
Ferrarizement, Ferrozement 40
ferritische Phase, s. Schmelzphase 42, 44
Festigkeit, Abfall, Anstieg 198, 229, 241, 266
—, Asbestfasern 33
—, Beton höchster Festigkeit 200, 201
—, Biegezugfestigkeit 192
—, Bodenverfestigung 28
—, Bohrkern 195
—, Dauerstandfestigkeit 193
—, Druckfestigkeit 155, 163, 193
— —, Tonerdezement 295
—, Druckfeuerbeständigkeit 298
—, Druckwiderstand, Granalien 312, 314
—, Einfluß von Gestalt, Lagerung, Porosität 173, 193—195, 198, 201, 202, 205
—, — von Temperatur 199, 205, 241, 242
—, Einfluß von sehr niedriger Temperatur 199
—, Einspannung, Endflächenreibung 194, 195
—, Festigkeitsgradient (Zuwachsrate) 198, 229

Festigkeit, Festigkeitsformeln 170, 171
—, Gründstandfestigkeit 144
—, Haftfestigkeit Stahl/Beton 165
—, Kaltdruckfestigkeit 299, 300
—, Klinkerphasen 43, 44
—, Leichtbeton 159, 160
—, Normenfestigkeit 16, 17
—, Oberflächenfilm 106
—, Prüfkörper, Abmessungen 193, 194
—, Prüfung, s. a. Prüfung 192—205
—, Querdehnung 194
—, Ringzugfestigkeit 193
—, Schlagfestigkeit 193
—, Schnellprüfung 203—205
—, Spaltzugfestigkeit 192
—, Trockenfestigkeit 195
—, Umrechnungsfaktoren 193
—, Vergleich Beton/Mörtel 203
—, Vergleichsfestigkeit 207
—, Voraussage 204, 205, 243
—, Zementstein 173, 201, 202, 205
—, Zugfestigkeit 192
—, Zuschlag(stoff) 163
—-Zuwachs-Diagramm 206—210
Festigkeitsklassen 3, 17
Festkörperreaktion 73
Fette, Fettsäuren, Wirkung auf Beton 279, 280
— —, Wirkung im Zement 27, 139, 183, 185
Feuchte 80, 91, 176, 218, 219, 244, 245, 267
feuerfestes Ofenfutter 297—301, 343 bis 346
— —, Anwendungsbereich 301, 345
— —, chemische Zusammensetzung 345
— —, Dolomitsteine 254, 345
— —, Druckfeuerbeständigkeit 298, 345
— —, Feuerbeton 297—300, 346
— —, feuerfeste Masse 346
— —, Feuerleichtstein 345, 346
— —, Gasdurchlässigkeit 130
— —, Kaltdruckfestigkeit 299
— —, keramische Verfestigung 299, 300
— —, Klinkerbeton 346
— —, Magnesitchromsteine 344—346
— —, Magnesitsteine 344—346
— —, Rohdichte 345
— —, Schamotte 250, 298, 344—346
— —, Sinterdolomit, s. Dolomitstein
— —, Stabilisator 300

feuerfestes Ofenfutter, Temperatur 301, 341, 343, 345
— —, Veränderungen im Ofen 358, 359
— —, Verbrauch 343
— —, Wärmeleitzahl 345
feuerfester Ton 251
Feuerwiderstand, Stahl- und Spannbeton 303
Filtrieren, Rohschlamm 319
Flachprismen, s. a. Prüfung 277
Flammphotometer 136
Flammstrahlen 191
Flickmörtel 190, 191, 283
Flint, Flintstein 166—168, 249, 326
Fluate 60, 283
Flugasche 21, 30, 123, 129, 142, 146, 155, 226
Fluor(ide), Fluate 58, 60, 283, 364, 365
Flußmittel 49
Flußspat 52, 60, 366
Forschungseinrichtungen 129—144
Folienabdruckverfahren 187
Forsterit 349
Fraktile 214
freier Kalk, Freikalk 43, 56—58, 85, 222, 226, 328, 383
Friedelsches Salz 91, 93, 264
Frost, Schutzmaßnahmen 182, 183, 199, 200
—-beständigkeit 179—187
—-Tausalz-Widerstand 7, 179, 183
—-Tau-Wechsel 183, 228
—-verhalten 180—182, 199, 200
Füllungsgrad, Zementstein 173
Fugen, Fugenmassen 2, 188, 189
Fulgurit 32
Futter, s. feuerfestes Futter

Gaize 24, 112
Gallerte 111
Gas, Heizwert 341
—-beton 10, 130, 161
—-durchlässigkeit 129, 130
Gaußsche Normalverteilung 213, 375
Gebirgstemperatur 28
Gehlenit(hydrat) 68, 90, 113, 120, 290, 295, 358
Gel, Gelbildung 107—109, 129
—, elektrische Ladung 107
—-poren 135, 172—173
—-modell, -struktur 107, 172—176
—-zement 30
geologische Formationen 248

Geräuschemission 371, 372
Germanat 62
Geschichtliches 4, 12—15, 39, 40, 68, 115, 116, 202, 203, 304—307
Gesteinsmehl, ultrafein 126, 127
Gibbsit 90, 295
Gilsonit 30
Gießharzbeton 285
Gips, s. a. Kalksulfat 11, 20, 38, 96 bis 99, 101, 253—255
— -Schwefelsäure-Verfahren 62, 76, 253
— -treiben, s. a. Sulfattreiben 95, 106, 228, 272
Glas als Zuschlag 167
glasiger Zustand 72, 74
Glaswolle 32
Gleichgewicht 39, 73, 77—82
Gleitbeiwert 191
Gleitschalungsfertiger 189
GOST-Norm 18
Granalien 304, 307, 309, 311—314
—, Druckwiderstand 312, 314
—, Korngröße 316, 317
—, Porosität 316
Granat 90, 91
Granulation 47, 313, 347, 348
Granulierteller 313
Griffigkeit 163, 191
Grobbeton 157
Grobmörtel 10
Grobsand 162
Grobstruktur, Beton 157, 158
Grobzuschlag 162
Größenordnungen, Betonstoffe 135
Grossular 91
Grundmasse, s. a. Schmelzphase 69
Gußbeton 170

Härte nach MOHS: Carbonat, Sulfat 253
— von Wasser 246, 247
Haftbrücken 284
Haftfestigkeit, Haftung 108, 163—165
Halbhydrat, s. a. Kalksulfat 96, 147, 253—255
Hallenbäder 266
Halliburton-Zement 29
Halloysit 251
Hartbeton 9
Hartbrand, Kalk 68, 84
Hauenschildsche Reaktion 317
Haufwerksporosität 9, 158
Haydit 159

Heizöl, Heizwert 341
Hellbezugswert 52
Heraklith 162, 252
Hildebrandit 87
Historisches, s. Geschichtliches
Hochdruckkonsistometer 29
Hochofen 75, 114, 294
Hochofenschlacke 26, 67, 86, 112—117
—, Anfall und Anteil 114, 115
—, Basengrad, basische, saure 112, 114, 116, 117
Hochofen-stückschlacke 115, 163, 193, 273
— -zement 16, 23, 64, 115, 120, 188, 267, 289—293, 302
Holz-beton 162
— -schalung 234, 288
— -wolle-Leichtbauplatten 162, 252
Homogenisieren 148, 245
Hornblende 33
HS-Zement-Typ 16, 24, 270, 274, 277, 291
Hütten-bims 115, 158
— -kalk 115
— -sand, s. a. Hochofenschlacke 114 bis 121
— —, Abschrecken 73
— —, Al_2O_3-Gehalt 117, 210, 291, 292
— —, Anregung 119
— —, Begrenzung im Zement 21, 23, 26
— —, Bewertung 116, 207—211
— —, Feinheit, Festigkeit 210, 211
— —, Festigkeitsmaximum 118
— —, Haldensand 118
— —, Hydratation 119, 120
— —, Mahlwiderstand 382, 383
— —, Magnesiagehalt 116, 117, 226
— —, Mikroskopie 132
— —, Ordnungszustand 117, 118
— —, Quellen, Wasserbindung 120, 121
— —, Sulfatwiderstand, Grenzwert 117
— —, Sulfidschwefel 264, 290
— -steine 267
— -zement 21, 23, 115, 116, 120, 168, 232, 264, 289—293
— -zementklinker 35, 67, 86
Huminsäure 276
Hydrargillit 80, 295
Hydratation 80—82, 105
—, Aluminathydratation 110
—, Eindringtiefe 100, 381

Hydratation, frühe Hydratation 99
—, Geschwindigkeit 120
—, Hüttensand 119, 120
—, Hydrolyse 81, 82, 105
—, Kalkbindung 120, 125—129, 252
—, Kalksulfat, Einfluß 101
—, Klinkerphasen 87 (Reaktionsgleichungen), 100
—, maximale 175
—, Reaktionsfolge 100—103
—, Reaktionsgleichungen 87
—, Silicathydratation 110
— von technischem Klinker 175
—, Tonerdezement 295
—, Verlauf 102, 174
—, vollständige 174, 230
Hydratationsprodukte 80—111, 172, 237
—, aluminatische, ferritische, s. Schmelzphase
—, hydrothermale 31, 81, 238, 239
—, silicatische, s. CSH-Phase 87—89
—, spezifische Oberfläche 239
—, Struktur 88, 89, 103, 134, 138, 139, 237
Hydratationswärme 229—236
—, Begrenzung, s. a. Norm 22, 24, 232
—, Bestimmung, adiabatisch 234
—, —, Erstarrungsprobe 150
—, —, Thermosflasche 235
—, —, Wärmeflußkalorimeter 236
—, Gips 255
—, Hüttenzement 232
—, Klinkerphasen 45, 80, 230
—, Zemente 232
—, — mit Kalksulfat 102, 103
—, — mit Zusätzen 282
Hydraulefaktor 35, 72, 108
hydraulische Kennzahl 207
hydraulischer Modul 39, 41, 50
hydraulische Stoffe 21, 111—129
Hydrogel 36, 82, 108
Hydrogencarbonat 246
Hydrogranat 90, 91, 120, 295
Hydrolyse 81, 82, 105
hydrophil 26
hydrophober Zement 26—28
Hydrosol 82
hydrothermale Behandlung und Synthese 31, 81, 237—240
Hydroxide der Erdalkalien, Löslichkeit 94
Hygrometer 245

Illit 251, 312, 339
Immission 359—372
Impfen 73
Imprägnierung 190, 283
Index, s. Modulrechnung 38—41
Indikatoren 258
Infrarotspektrographie 138, 139, 148
inerter Stoff 21, 110
Injektionsmörtel 31, 153
innere Oberfläche, Porigkeit 83, 122, 380
instabile (metastabile) Modifikation 73, 79, 80, 81
intermediäre Phase 106
Iporit 10, 162
irreversibler Vorgang 104, 105, 108, 177
ISO-Prüfverfahren 203
Isolierbeton 162
Istrabrand 293

Joule, Umrechnung auf 340, 381

Kaliophilit 358
Kalisalze, s. a. Alkalisalze 250, 251
Kalium-Calcium-Aluminat 59, 353
—-belit, Kalium-Calcium-Silicat 59, 353
—-sulfat, s. Alkali-Sulfat-Phase 142
Kalk, s. a. Baukalk und freier Kalk 83, 131
—-auslaugung 288
—-bindemittel, hydraulisches 15, 116
—-bindung 38, 120, 126, 252
—-brennen 84
—-depot 175
—-fahne 288
—-hydrat im Rohmehl, s. a. Calciumhydroxid 131
—-Kieselsäure-Reaktion 85, 239
—-(stein)mergel 19, 35, 249, 250
—-sättigungsgrad 40, 41, 50
—-salze, s. Calcium- und Kalksulfat
—-sandstein 237—239
—-silikatbeton 13, 238
—-sinter 288
—-standard 40, 41, 50
—-stein, s. a. Calcit 131, 169, 248—253
—-steinmehl, s. Calcit
—-(stein)mergel 249, 250
—-sulfat, s. a. Sulfat
— —, Baugips, s. dort 255
— —, Begrenzung, Zementnorm 20
— —, — im Zuschlag 95, 163

Kalk-sulfat, Einfluß auf Bemessung 95—99
— —, — — Beziehung zum C_3A-Gehalt 99
— —, — — Hydratation 94—103
— —, Gipsstein 254
— —, Hydratstufen, Wirkung 139, 147, 148, 253—255
— — als Rohstoff für Klinker 76
— —, Wirkung auf Stahl 265
— —, Zusatz zum Rohmehl 363
— -treiben 19, 59, 222, 223, 226, 300
— -tuff 246
— -zerfall, Zerrieseln 71, 76, 118
Kalorimeter 234—236
Kaltdruckfestigkeit 299, 300
Kaltwasserprobe 223
Kalzium, s. Calcium und Kalk
Kaolin, Kaolinit 51, 66, 250—252, 338, 339
Kapillarporen 81, 135, 172—179
Kapillarwasser 176
Karbonatisierung 239, 266—268
Karbonatit 61
Kavitation 191
Keenes Zement 252
Kennblatt, -buchstabe, -farbe 16, 17
keramische Verfestigung 299, 300
Keramsit 159, 161
Kernfeuchte 157
kernmagnetische Resonanz 139, 140
Kies 179
— -abbrand, s. Pyrit(abbrand) 77
Kiesel-flußsäure 283
— -gur 30, 112, 113, 122, 154
— -kalk 55, 56
— -säure 106, 167
— — -haltiges Gestein 110, 164
— — -gel 107—109, 111
— — -modul 39, 41, 50, 56
Klassifizierung 3, 17
Kleinprismen 204, 225, 277
Klima 218, 219
—, Einfluß auf Rosten 263
Klinker, s. a. Zement
—, abgeschreckter, s. schnell gekühlter
— aus besonderen Verfahren 75
— aus Hochofenschlacke 67, 68
— aus Kalk 68
—, C_3A-Gehalt 291, 292
—, chemische Zusammensetzung 46, 50, 58
—, — —, mittlere 49, 50

Klinker, Farbe, farbiger 54
—, geschmolzener 75, 77, 226
—, kieselsäurereicher 55
—, magnesiareicher 125, 226
—, Minerale, s. Phasen
—, Moduln 38—41
—, Lage im △-System 78, 79, 113
—, Litergewicht 40, 314
—, Mahlwiderstand 382, 383
—, Mikroskopie 69, 132—134
—, Name, Herkunft 305
—, Phasen, s. a. Schmelzphasen
—, —, Berechnung 42
—, —, Bildung 66, 67, 78, 79
—, —, Dichte 132, 134
—, —, Eigenschaften 45
—, —, Festigkeitsbeitrag 44—46
—, —, Grundmasse 69, 134
—, —, Hydratation(swärme) 45, 80, 87, 230, 231
—, —, MgO-Aufnahme 224
—, —, mikroskopisch, röntgenographisch 69, 133, 134, 138, 141, 142
—, —, Reaktionsenthalpie, reale 337 bis 341
—, —, Schwindbeitrag 219
—, phosphathaltiger 60, 61
—, Porigkeit 328
—, Reaktionsverlauf 67
—, reduzierender Brand 133, 317
—, Saatklinker 310
—, schnell gekühlter (abgeschreckter) 52, 223, 243, 244, 335, 382
— als Schüttgut 35
—, Sintertemperatur 67
—, Struktur 69
—, Sulfatbedarf 99
—, Sulfat im Klinker 96
—, Zerfall 75, 76
— -beton 346
— -brand 66, 67, 79
— -depot 110
Klumpenbildung 59, 363
KMR, s. a. kernmagnetische ... 139, 140
Koagulation 111, 167
Koagulationsstruktur 156
Kochprobe 20, 223
Kohle und Verbrennung 341, 342
Kohlendioxid, Kohlensäure 245—248, 256, 272, 273
—, angreifende (kalklösende) 256, 269, 270, 272, 273

Kohlendioxid, Behandlung von Beton 162, 267, 268
—, Begrenzung im Zement 222
Koks, Koksgrus 341
Kolloid-teilchen 36, 88, 107, 108
— -theorie 105
— -zement 153
Komplexon 136
Kondensation 82, 108, 176, 245
Konsistenz 7, 144—146, 149—152
Konsistometer 29, 151
Konstruktionsleichtbeton jetzt: Stahlleichtbeton
Korn-durchmesser 373
— -größe, repräsentative 88, 374
— -porosität 9, 158
— -verteilung 379
Korrelationskoeffizient 216
Korrosion 3, 5, 120, 259—266
—, Betondeckung 4, 260—266, 268
—, Elektrofilter 370
—, Inhibitoren 264
—, Metalle (nicht Stahl) 265
—, Rißbreite 263
—, Rosten 260—263
—, Schutzüberzüge 264
—, Spannungsrißkorrosion 5, 259—263
—, Sulfidgehalt 263, 264
—, Wasserstoffversprödung 263
Korund 298, 358
Kraft, Maßeinheit 18, 19
— -verbrauch 333, 372
— -werkschlacke, -asche 112, 113, 350, 351
Krakelrisse 242
Kreide 249, 326
Kreislauf H_2O, CO_2 244—248
Kriechen 221, 222
Kristallgitter, Kristallisation 73, 105, 109, 140
Kristallisationsdruck 228
Kristallisationsversuch 180
Kristall-theorie 105
— -wasser 82, 107
kritische Dicke 181, 225
kritischer Sättigungspunkt 181
Kryolith 52
Kühlen von Beton und Zuschlag 234
Kühler, s. Ofenkühler 334—337
Kühlzement 40
Kugelschlagversuch 196, 266
Kunstharz, Kunststoff als Schutz 190, 191, 283—287

Kunstharzfasern, Struktur 32, 108, 287
Kupfer im Zementstein 265

labiles Gleichgewicht 73
Lackmus 258
Lärm 371, 372
Lageplan, Zementwerk 37
Lagern, Frischbeton 152, 153
—, Prüfkörper 195
—, Zement 148
Lanthanisotope 350
latent hydraulisch 119
Lautstärke 371
Lava 158
Leca 159
Le-Chatelier-Probe 19, 223
Lehm, s. a. abschlämmbare Bestandteile 250
Leichtbeton 9, 10, 158—162
—, Druckfestigkeit 10, 159
—, Kriechen 221
—, Rohdichte 10, 160
—, Schwinden 221
—, Wärmeleitzahl 10, 160
Leichtspannbeton 160
Leinöl 190, 280
Lepolverfahren 317—320
Ligninsulfonat 282
Litergewicht, Klinker 40, 314
Lithiumverbindungen 61, 170
Lochfraß 261
Löffelbinder 147
lose verladener Zement, Anteil 17
Löslichkeit, Erdalkalisalze 94, 96
Löß 250
Lösungsvorgang 84, 105
Lösungswärme 232, 236
long-time-study, s. LTS
Loschmidtsche Zahl 342
low-alcali-cement 59, 168
low-heat-cement 16
LP-Beton, LP-Zement, s. a. Luftporen 7, 181—185
LTS-Versuche 21, 39, 48, 71, 183, 184, 230, 271
Luft, Zusammensetzung 246
— -feuchte 80, 91, 176, 218, 219, 244, 245
— -poren 6, 7, 146, 166, 172, 179, 181 bis 185, 282
— —, Bildner 185, 282
— —, Messung 135, 185, 187, 190

Luftverhältnis(zahl) 341, 342
Lumnite 293
LWL-Zement 30
Lytag 159
Lyogel 111

Magnesia, s. Magnesiumoxid
magnesiareicher Klinker 125, 226
Magnesiatreiben 19, 59, 85, 134, 223 bis 226
Magnesit 94, 252, 253, 298
— -binder 162, 252, 254
— -futter 344—346
Magnesiumcarbonat, s. Magnesit
— -chlorid 94, 190
— -hydroxid 96, 168, 274
— -oxid 19, 54, 58, 59, 74, 85, 86, 134, 223—227, 252—254, 279
— —, Höchstgrenze 19, 223
— -salze, chemischer Angriff 269, 270, 274
— —, Löslichkeit 94
— -silicat 349
— -sulfat 94, 269, 270, 274—276
Magnetit 346, 359
Mahlanlage 36
Mahlbarkeit 381—383
Mahlfeinheit 18, 20, 86, 150, 376—386
—, Bestimmung, BET und Blaine, s. a. Oberfläche 88, 379, 380
—, —, Sedimentieren 378, 379
—, —, Sieben, Sichten 376
—, —, Turbidimeter 379
—, Feinstkorn 377
—, Kornverteilung 379
—, spezifische Oberfläche, s. Oberfläche
Mahlhilfe 30, 147, 384—386
Mahlung, autogene 376
—, Bauarten von Mühlen 376, 378
—, Blättchenbildung 377, 384
—, Durchlaufmahlung 378
— von Rohmehl 376
—, Sichter-, Umlaufmahlung 378, 384
— von Zement 378
Mahlwiderstand 381—383
MAK-Wert 360, 364
Makromolekül 287
Manganoxid 58, 61
Marmor 249
— -versuch nach HEYER 256, 270, 273
— -gips 255
Maßeinheiten 18, 135
Massenbeton, massige Bauteile 233, 234

Materialprüfung 36
Mauermörtel, -werk 11, 287, 288
Maurerekzem 65
Meerwasser 94, 168, 290
Mehlkorn, s. a. Feinstkorn 184
Mehrstufenmischverfahren 153
Melaminharzlösung 284
Melilith 295
Mergel 249
Merwinit 344
Meßlinienverfahren 135, 187
Metakaolin 252
metastabile Modifikation 73, 89
Methylorange 258, 273
MIK-Wert 360, 362
Mikroautoklav 83, 226
Mikroplastizität 383
Mikroskopie 36, 132—136
Mikrosonde 141
Mikrorisse, s. a. Risse 155, 164
Millival, Härte des Wassers 247
Mineralisieren 162
Mischbetten 143
Mischbinder 16
Mischen, 1, 153
Mischkristalle 90
Mittelwert 211
Modellklinker 97, 98, 382
Modifikationen C_3S, C_2S 69—71, 78
—, $CaCO_3$ 89, 253
—, Kalksulfate 253, 255
Modulrechnung 38—41, 50
Mörser 13
Mörtel, 10—13
— -kleinzylinder 203—205
Mössbauer-Effekt 140
Molererde 24, 112, 113, 122, 127, 128, 168
Monomere 108, 219, 287
monomolekulare Bedeckung 177, 380
Monosulfat (AFm-Phase) beim Erhärten 82, 90—92, 101, 119, 228
— bei Sulfatwirkung auf Beton 106, 269, 274, 278
Montmorillonit 251, 312, 339
Moorwasser 270
MS-Zement nach ASTM 21, 22
Mühlen, Bauarten 376, 378
mühlenwarmer Zement 148, 149
Mullit 252

Nachbehandlung, Filme 2, 188, 217, 288

Nachverdichten 155
Nadelgerät 149, 150
Nahordnung 72
Nakrit 252
Natriumbelit 59
—-benzoat 264
—-nitrit 264
—-Sulfat-Lösung 277, 291
Natur-bims 158
—-zement 19, 35
Netzrisse, s. a. Schwinden 289
Netzwerkstruktur 74, 108, 119
Netz(werk)bildner, Netz(werk)wandler 117, 167
Nickel im Zementstein 265
Nicolsches Prisma 132, 249
NMR, s. kernmagnetische Resonanz 139, 140
Normalbeton 8, 10
Normalverteilung 213, 375
Norm DIN 1164, s. Lit. III.6
—, Begrenzung, CO_2, Glühverlust 20, 222
—, —, Chlorid 263
—, — für HS-Typ 16, 24, 291
—, —, Hüttensand, Menge 23
—, —, Magnesiumoxid 19, 223
—, — für NW-Typ 16, 232
—, —, obere Begrenzung, s. Festigkeit
—, —, spezifische Oberfläche 18, 20, 379
—, —, Sulfat 20
—, —, unlöslicher Rückstand 20, 222
—, Erstarren 149
—, Festigkeit(sklassen) 15—17
—, Normsteife 149
—, Prüfmörtel, -verfahren 202, 203
—, Raumbeständigkeit 223
—, Zementarten 16—25
Normzement und zugelassener Zement
—, Begrenzung, s. Norm DIN 1164
—, Bezeichnung 14, 16—26
—, chemische Zusammensetzung 64
—, Hydratationswärme 232
—, Wärmedehnzahl von Mörtel 302
NW-Zement-Typ 16, 24, 232

Oberfläche, Amorphisierung 55, 126, 383
—, Behandlung 285
—, Energie 107, 110, 185, 186, 280
—, innere 83, 122, 380
—, Reaktion 81, 85, 100

Oberfläche, reale 108
—, Spannung, s. Oberflächenenergie
—, spezifische, BET, Zementstein 88, 226, 239, 380, 381
—, —, —, Bestimmung 88, 380
—, —, Blaine, Zement, Ableitung 372 bis 375
—, —, —, Begrenzung 18, 20, 379
—, —, —, Bestimmung 379
—, —, —, deutsche Zemente 150, 380
—, —, —, Einfluß auf Festigkeit 86
—, —, —, — — Schwinden 219
—, —, —, Mahlaufwand 381—385
—, —, —, Zementsuspension 154
—, —, Vergleich BET/Blaine 127, 128
—, —, — Blaine/Siebrückstand 150, 380
Obsidian 168
Ocratverfahren 283
Öl, Heizwert 341
—, Verunreinigung im Zement 139, 183, 185
—, Wirkung auf Beton 279, 280
Ölschiefer(schlacke), Ölschieferzement 24, 77, 122, 309
oilwell cement 28—31
Ofen, Abgas 306, 342, 354, 360
—, —, Wirkungen 360
—, Abhitzeverwertung 307, 330
—, Anlage 36, 37
—, Abluft, s. Kühler 330, 336
—, Ansatz(ring), s. a. Ansatz 323—326, 347—351
—, Aufwand, s. Wärmeaufwand 333
—, Brennstoff 341
—, Drehofen, Deformation 348
—, —, Drehzahl 321
—, —, Einbauten 325—327, 357
—, —, Entwicklung 77, 304—307
—, —, Ketteneinbau, Kettenzone 325 bis 327, 357
—, Flammofen 294
—, Futter, s. a. feuerfestes Futter 343 bis 346
—, Halbtrockenverfahren 304
—, Kühler, s. a. Ofenkühler 334—337
—, langer Trockenofen 304, 325
—, Leistung 304, 330, 331, 333
—, Lepolofen 304, 309, 317—320
—, Mehlvorwärmer 320
—, Naßofen, Naßverfahren 304, 306, 326, 327
—, Ringofen 305

Ofen, Rohmehl, Berechnung 37—51
—, —, Granulation 311—314
—, Rohschlamm 36, 305, 306, 318, 319, 326, 327
—, Rostvorwärmer 317
—, Schachtofen 304, 305, 314—317
—, Schlammvorwärmer 326
—, Schwebegaswärmetauscherofen 309, 310, 320—324
—, Shell-Test 348
—, Sinterband, Sinterrost 307—309
—, Staub, s. Ofenstaub 359—371
—, Steuerung 143
—, Systemgrenze (Eigen) 328
—, Temperatur 67, 306, 318, 327, 329, 343, 382
—, Trockenverfahren 304, 306, 307
—, Verbrennung, s. a. Wärme 337—343
—, Verdampfungskühler 330, 331, 370
—, Vergleich der Verfahren 327—334
—, Verluste beim Klinkerbrennen 333
—, Vorwärmer 317, 326
—, Wärmefragen, s. a. Wärme 337 bis 343
—, Wanderrost 307—309
—, Wirbelbett 310
—, Zahl der Zyklonstufen 309, 321, 324
—, Zonen des Drehofens 326, 327, 329
Ofenkühler 334—337
—, Abluft 330, 336
—, Planetenkühler 335
—, Rostkühler 334—336
—, Verdampfungskühler 330, 331, 370
—, Zyklonkühler 337
Ofenstaub 359—371
—, Alkaligehalt 361, 367, 368
—, Auswurfmenge 361
—, Entstaubungseinrichtungen 369 bis 371
—, —, Elektrofilter 370
—, —, Gewebefilter, Fliehkraft- entstauber 369, 370
—, —, Kostenaufwand 362
—, —, Schüttschichtfilter 370, 371
—, —, Zyklone 369, 370
—, Feldversuche 368
—, Fluor 364, 365
—, Kaliumwirkung 368
—, Messung 361, 366
—, MIK-, MAK-Werte für SO_2 und Fluor 360, 364
—, pH-Wert 367, 368
—, Rohgasstaub, Grenzwerte 367

Ofenstaub, Sulfid, Sulfat 362, 367
—, Wirkung auf Pflanze und Tier 367 bis 369
—, Zusammensetzung, chemische 367, 368
Opal 108, 166—168
Orthoklas 250

Papiersäcke 245
Passivierung, Stahl 261
Pectacrete-Zement 26—28
Pellet(isieren) 311
Penetrometer 150
Peptisation 167
Periklas 85, 134, 223—227, 335, 344
Perlit 159
Perm, Maßeinheit 129, 130
permanente Härte, Wasser 246, 247
Petrolkoks 341
Pfützenversuch 288
Phasenrechnung 38—51
Phenolphthalein 240, 258
Phosphorverbindungen 58, 60, 61
Photosynthese 247
Physisorption 30, 177, 386
pH-Wert 94, 243, 257—259, 261, 290
Plagioklas 250
Plastizität 154
Plastometer 150
PM-Binder 16
pneumatische Förderung 155
Polarisationsmikroskop 132
Polyäthylen 287
Polykondensation, Polymerisation 108, 219, 226, 284, 287
Polymorphismus 69
Polyvinylacetat PVA, -chlorid PVC 265, 286, 287
Poren, s. a. Luftporen
—, im Zementstein 135, 172—174
—, schützende Luftporen ferner 185 bis 187
—, Wasserporen, -säcke 146
Porensystem, Eigenschaften 81, 245
Porosität, Änderung bei Tonerdezement 130, 295
—, Einfluß des Zements 291
—, Folge des Brennens 83, 84, 328, 383
—, Granalien 312
—, Messung in Baustoffen 129, 130
—, Prüfkörper 110, 201, 203—205

Portlandit, s. Calciumhydroxid 142, 226, 253
Portlandzement, s. a. Klinker und Zement 14, 16, 17, 19, 64, 112, 113, 232, 302
— für Feuerbeton (Stabilisatoren) 300, 301
— mit Sondereigenschaften 24
Posidonien-Ölschiefer 309
Pottasche, s. Alkalicarbonat 281
Powers-Gerät 151
Pozmix 30
Pozzuoli 12, 122
Prepakt-Verfahren 153
Proctor-Versuch 28
Produktionsverlauf 37
Propylenglykol 385, 386
Prüfung 192—211
—, Flachprismen 277
—, Kleinprismen 204, 277
—, Mörtelkleinzylinder 204
—, Prüfkörper, Prüfmörtel 202—204
—, Raumbeständigkeit 19, 20, 223
—, Schnellprüfung 203—205, 243
—, Schwinden 218—221
—, Sulfatwiderstand 276—278
—, zerstörende 192—196
—, zerstörungsfreie 196—198
Pseudomorphose 106, 125, 226
p.s.i. = pound/square inch = 0,07 kp/cm² 18
Pufferwirkung 259
Pulverpräparat 132, 133
Pumpbeton 1, 146, 154, 155
Putz-mörtel 10
— und Mauerbinder 16
Puzzolane 12, 112, 113, 121—129, 252
—, Begriff 23
—, Bewertung 125—129, 207—211
—, Feinheit 127—128
—, Kalkbedarf, Kalkbindung 121, 125 bis 129, 252
— als Pigment 123
—, Vorkommen 121, 122
—, Zusammensetzung 112, 113
— als Zuschlagstoff 164, 168
Pyrit, Schwefelkies 77, 82, 273, 350

Quantometer 137
Quarz, Quarzit, Quarzmehl, Quarzsand
—, Modifikationen 298, 299
—, Reaktion mit Kalk 31, 82, 86, 108, 126, 127, 167, 209

Quarz, Reaktion bei höherer Temperatur 31, 239, 240
—, Rohmehlbestandteil 55, 56
—, Zuschlag, besonders für Feuerbeton 298, 299, 302
Quellen, Quellzement 95, 110, 216, 227 bis 229
Querdehnung 194
Querrisse 188
Querstrom 319

Rammpfähle 193
Rauchgas 319, 342
Raum-beständigkeit 19, 222, 227
— -erfüllung 171, 204
— -gewicht, s. Rohdichte
Reaktionen des Betons 269
Reaktionsenthalpie 130, 337
Reaktionsfolge, Klinkerbrand 66, 67
Reaktionsgeschwindigkeit 83—86
Reaktionsgleichungen 67, 87, 105, 269
Reaktorbeton 9, 63
Recarbonatisierung 68, 131, 254
Reduktion 54, 62, 114, 133
Refcon 294
Regressionsanalyse 212, 330
Rehbinder-Effekt 280, 386
Reife 243
Reindichte, s. Dichte
relative Feuchte, s. Feuchte 244, 245
Rennverfahren 75
Resonanzfrequenzverfahren 197
reversibler Vorgang 104, 105, 108
RFA 137, 142, 143
Rieselversuch 288
Riffelung, Fahrbahndecke 191
RILEM 18
Rißbreite 263
Risse, s. a. Treiben
—, Krakelrisse 242
—, Mikrorisse 155, 164
—, Netzrisse 289
—, Schalenrisse 234
—, Schwindrisse 217, 289
—, Schrumpfrisse 188, 218
—, Spaltrisse 234
—, Treibrisse, s. Treiben
—, Verbundrisse 155
Röntgenbeugungsanalyse 140, 141
Röntgenfluoreszenzanalyse 137, 142
Rohdichte, Beton 10, 153, 160, 201
—, Kalk 84
—, Prüfmörtel 202

Rohmehl 36, 67, 85, 86, 143, 306
—, Moduln, s. Modulrechnung 38—41
Rohschlamm 36, 305—307, 319, 326
Rolandshütte, Tonerdeschmelzzement 294
Rollvorgang 313, 347
Romanzement 14
Rostangriff, Rostschutz 260—263, 290
Rotationsviskosimeter 29, 154
RRS-Netz, RRS-Verteilung 213, 375
Rückprallhammer 196
Rüttelbeton 144, 256
Rüttelwalzverfahren 156
Ruß 189

Saatklinker 310
Säcke, s. a. Kennfarbe 27, 245
Sättigungsgrad, -wert 180
Säuregrad nach BAUMANN-GULLY 272
Salpeter, Mauer- 287
Salz-lager 254
— -säuredämpfe 265
Sammelkristallisation 83, 85, 348
Sand, Grob-, Fein-, Feinst- 162
Santorinerde, s. a. Puzzolane 12, 121
Sauerstoff-anreicherung 75, 317, 341, 343
— -brückenbindung 74, 106
Säureangriff 271, 273
Schachtbau 154
Schachtofen, s. Ofen 314—317
—, Schachtofenklinker 58, 317
Schalenrisse, Beton 234
Schallpegel 371
Schalöl, s. a. Öl 288
Schamotte 250, 298, 344—346
Schaumbeton 10, 130, 162, 267
Schieferton 158, 159
Schlackenzement 116
Schlagfestigkeit 193
Schmelze 72, 77, 115
Schmelzgranulat 123, 124, 128, 129, 142
Schmelzkalk 84, 253
Schmelzpunkt 72
—, Alkalisalze 353
Schmelzphase, aluminatische, ferritische, C_3A, C_4AF bzw. $C_2(A, F)$ einschließlich Hydrate und Sulfathydrate, s. a. Klinkerphasen
—, Aufgabe beim Sintern 47, 48, 347 bis 349
—, Berechnung 38, 39, 42, 45—47

Schmelzphase, Einfluß auf Eigenschaften 44—46, 120, 219, 290
—, Entstehung 66, 68, 78, 79
—, Farbwirkung 52, 54
—, Hydratationswärme 45, 80, 230
—, Hydratphasen 89—91
—, Menge, Mittelwert 47, 48
—, Reaktion mit Sulfat, s. Trisulfat
Schmieröl 139, 183, 185, 279, 280
Schnellbinden 146
Schnellerhärtung 236—244
Schnellmischer 153, 154
Schnellprüfung 203—205, 243
Schockbeton 1
Schornstein 274
Schrumpfen, s. a. Risse 188, 218
Schrumpfmeßtopf 200, 218
Schüttbeton 158
Schüttdichte 8, 159
Schutzanstrich, -überzug 265, 280, 285 bis 287
Schwarzmehlverfahren 317
Schwebegaswärmetauscherofen 320 bis 324
Schwefelkies, Pyrit 77, 82, 273, 350
Schwefelverbindungen in Stückschlacke und Ofenstaub 163, 362—364
— in Rohstoff und Brennstoff 352
Schwefelsäure aus Kalksulfat 76, 77
Schwellast 197
Schwemmsteine, Porosität 130
Schwerbeton 9, 10
Schwerspat, Baryt $BaSO_4$ 9, 30, 253, 302
Schwindausgleichzement 227
Schwinden, s. a. Risse 158, 162, 216 bis 221, 267, 289
Séailles-Verfahren 75, 76
Secar 294
Sedimentation 144, 145, 154, 379
selbständig erhärten 14, 111
Selbstheilung, Risse 180
Selbstspannzement 228
Selbstvakuumierung 156
Serpentin(asbest) 33
Setzmaß 151
shale = Schieferton
Shalit 159
Shell-Test 348
Sichtbeton, -flächen 8, 145, 288, 289
Sieblinien 157
Siedepunkt, Alkalisalze 353
Silicagel 226

Silicatgel 82
Silicatmodul 39, 40, 41, 50, 55, 347
Siliciumcarbid 9
Silicofluorid 283
Silicone 285, 286
Silikose 360
Sillimanit 252, 298
Sinterband 307—309
Sintern, Sintertemperatur 67, 79
Siporex 10, 161
skidding 191
slip form paver 189, 190
slump test 151
Smog 360
Soda, s. a. Alkalicarbonat 148, 281
Sorelzement 252
Sorption 30, 177, 386
Sorptionsmessung 172, 177
Spalt-risse 234
— -zugfestigkeit 192
Spannbeton 4, 260
Spannstahl 4, 5, 260
Spannungsrißkorrosion 5, 259—263
Spektralanalyse 136—140
spezifische Oberfläche, s. Oberfläche 374f.
— Wärme 199
SPF-Verfahren 310
Spinell 116, 225, 226, 344
Sprengerschütterungen 372
Spritzbeton 8
Spurrit 355, 356
stabile Modifikation 73, 79, 80, 83
Stabilisatoren 70, 74, 125, 227
Stärkemehlprodukte 29
Stahl-beton 3, 4
— -fasern 32
— -leichtbeton 9, 10, 159—161, 221, 267
Standard-abweichung 204, 211—216
— -Bildungs-Enthalpie 340
statistische Auswertung 211—216
— Sicherheit 214
Staub, s. Ofenstaub 359—371
Steife, s. Konsistenz 150—152
Stein-holz 252
— -kohle 112, 341, 350
— —, Asche 349—351
— —, Flugasche 24, 124, 125
— —, Heizwert 341
— -kohle, Schlacke 112, 113, 349—351
— -mehl, s. a. Feinstsand 110, 126, 127
— -salz 190
— -wolle 32

Steuerung, betriebliche 143, 144
Strahlenschutzbeton 9, 63
Straßenbau 187—191, 289
Straßenbauzement 25, 187, 188, 219
Strontiumoxid, -salze 58, 63, 64, 94
Struktur von Wasser 106, 107
Stuckgips 255
Stückschlacke 115, 163, 193
Suevit-Traßzement 24
Sulfat, s. Kalksulfat
—, Angriff 272—276
— im Klinker 58, 59, 61, 96
— im Zuschlag 163
— -hüttenzement 25, 26, 64, 116, 120, 196, 232, 267
sulfatische Anregung 116, 119
Sulfat-kreislauf 351—356
— -reaktion auf Beton 269
— -spurrit 355
— -treiben 95, 106, 228, 272
— -widerstand 16, 24, 45, 290, 292
Sulfid 23, 62, 273, 290, 309
Syngenit 363
Summenhäufigkeit 212—215
Systemtotzeit 143

Tamponagezement 28
Tape-Verfahren 137
Taupunkt 370
Tausalz 190, 264
Tausalzwiderstand 179, 190
Teerbeton 13
Temperatur, Futter 343
—, Klinkerbildung 67, 79
—, Lepolrost 318
—, Ofen 326, 327, 329
—, Ofenkühler 334
—, SWT-Vorwärmer 321
Temperaturgradient, Betonplatten 189
temporäre Härte, Wasser 246, 256
tempern 73
Tetracalcium-Aluminat-Ferrit, s. Schmelzphase 42, 43
Thermoanalyse 130, 131
Thermoplaste 287
Thermosflaschenversuch 235
Thermowaage 130
Thixotropie 147, 251
Thurament 25
Thymolblau 258
Tiefbohrzement 28—31
—, API-Standard 28, 31
—, Gebirgstemperatur 28

Tiefbohrzement, Zementschlämme 30
Titanverbindungen 58, 60
Titrator, automatisch 142
Tobermorit(gel), s. a. CSH-Phase 87 bis 89, 108, 109
Ton, Tonminerale 27, 135, 250—252, 339
—, Blähbarkeit 158—161
— -erde, Herstellung 75, 76
— — -hydrat 90, 120, 269, 295
— — -modul 39, 41, 45, 50
— — -(schmelz)zement Absanden 120
— — —, Bezeichnung, Herstellung 293, 294
— — —, chemische Widerstandsfähigkeit 275
— — —, Festigkeit 295
— — —, Hydratation(swärme) 140, 232
— — —, pH-Wert 296
— — —, Stahlbeton 259, 260, 296, 297
— — —, Umwandlung 90, 130, 269, 295, 296
— — —, Verwendung 282, 296—301
— — —, Wärmedehnzahl 302
— -mergel 249
— -schiefer 158, 159
topochemische Reaktion 105, 119
Torkretbeton 8
Tragschicht, vermörtelte 28
Transportbeton 7, 153
Traß 12, 25, 30, 112, 113, 121—123, 127, 128, 146, 155
— -hochofenzement 24, 267
— -kalk 123
— -zement 24, 64, 232
Treiben, s. a. Risse
—, Aulminattreiben 227
—, Chlortreiben 93
—, Kalktreiben 15, 59, 222, 223
—, Magnesiatreiben 19, 59, 85, 134, 223 bis 225
—, Sulfattreiben 95, 228
Treibmittel, Gasbeton 161
Trennsäulen 277, 278
Triäthanolamin 385
Tricalciumaluminat C_3A, s. a. Schmelzphase 42, 44—46, 227, 231
—, Einfluß auf den Sulfatbedarf 97—99
—, Reaktion mit Sulfat, s. Trisulfat 90
— -silicat, s. Alit und C_3S
Tridymitstruktur 106

Tripel 24, 112, 122
Trisulfat, AFt-Phase, Ettringit
  beim Erhärten 82, 90—92, 101—103, 119, 228
— bei Sulfatwirkung auf Beton 106, 269, 274, 278
Trockenbeton 7
Tropfstein 246
Tuffstein, Kalktuff 246
—, Trachyt 121, 126, 127
Tunnelbau 8, 153
Turbidimeter 379
Turbomischer 153
Turrit 238

Überwachungsprüfung 3
ultrafeines Gesteinsmehl 110, 126, 127
Ultrarotspektrographie 138
Ultraschallprüfung 152, 197
Umschlagen 148
Umwandlungstemperatur 70
unlöslicher Rückstand 58, 222
unterkühlte Schmelze 73

Vakuumbeton 156
Variationsbreite, Klinker 51
Variationskoeffizient 212—216
Vaterit 249, 253
Verbandsformel, Heizwert 341
Verbrennung, s. a. Wärme 341—343
—, Luftverhältniszahl n 342
—, Mengen an Luft, Rauchgas, Abgas 342
—, Primär-, Sekundärluft 306, 334, 336
Verbund, Spannbeton 5
— -festigkeit 156
— -risse 155
Verdampfen, Verdampfungsdruck 83, 176
Verdichten 152, 155, 171
— durch Druck 92, 200, 201, 203—205
Verdichtungsmaß 151
Verdünnungsabfall 170, 198
Verfärbung 54 (Klinker), 287—289 (Beton)
Verfestigung, keramische 299, 300
Verkieselung 123, 167
Verladeanlage 36, 37
Vermiculit 161
Vernetzung 107, 108
Verschweißen 383
Versintern 180
Verunreinigungen 139, 183, 185

Vibrationsviskosimeter 151
Vicat-Gerät 149
Viehställe, Korrosion 259
Vierstoffsystem 39
Viskosität 112
Voraussage 114
Vorlagerung 156, 242
Vorspannung, Quellzement 228

Wärme, spezifische 199
— -aufwand 84, 328, 329, 332, 333
—, Umrechnungswert für kWh 332
— -bedarf, theoretischer 84 (Kalk) 332, 333, 337—340
— -behandlung 236, 237, 240—244, 267
— —, elektrische 243
— -beständigkeit 301, 302
— -bilanz 328
— -dehnzahl 189, 241, 302
— -entwicklung 229—236, 282
— -flußkalorimeter 101, 103, 236, 282
— -leitzahl 160, 242, 345
— -übertragung, Öfen 319
— -verbrauch, s. -aufwand
— -verlust 332, 333
— -verwertung 307, 330, 334
Wahrscheinlichkeitsnetz 212, 213
Wanit 32
Waschbeton 2, 8
Wasser, abgesondertes 145
—, angreifendes, s. chemischer Angriff 270—276
—, Anmachwasser 144, 199, 234, 246
—, Bindung 81, 139, 175, 229
—, Dichte, gefrierendes 180
—, Härte 246, 247, 256
—, Kristallwasser 82, 107
— als Mahlhilfe 384
—, nicht verdampfbares 120, 175
—, Oberfläche, Energie 185, 186
—, pH-Wert 257—259
—, Poren (Wassersäcke) 146
—, pseudofestes 145
—, Sattdampftemperatur 238
—, Struktur (Polywasser) 106, 107
—, verdampfbares 175
—, Verdampfen 83, 176, 177
—, Verfärbung (Chromat) 66
—, Wassergleiten 191
—, Wasserhaltevermögen 146, 154
—, Wasserkreislauf 244
—, weiches Wasser 272
—, Wirkung auf Feststoffe 144, 145

Wasser, Zwischenschichtwasser 222
— -aufnahme, Sättigungswert 180
— -bedarf, Normsteife 144
— -eindringtiefe 179
— -glas 111, 166
— -lagerung 195
— -löslichkeit 94 (Erdalkalisalze), 96 (Gips)
— -stoffbrückenbindung 74, 106, 108, 280
— -stoffionenkonzentration, s. pH-Wert 258
— -stoffversprödung 263
— -undurchlässigkeit 177—180
— -verbrauch 334
— -Zement-Wert 5, 170—179
Weichbrand, Kalk 68, 84
Weltproduktion, Zement 19
weißer Zement 51, 52, 55
Weißkalk, s. a. Baukalk 105
Wiederholstreubereich 204, 215
Wellenbereiche, Forschungsmittel 138
Winterbau 181, 199
Wölbungsspannungen 189
Wolkenbildung an Sichtflächen 289
Wollastonit 358
Wüstit 344

XR-Berechnungsverfahren 71

Ytong 10, 161

Zellulose, Verzögerer 29
Zement, s. a. Klinker, Norm DIN 1164
—, Asbestzement 31—35
—, Begrenzungen, s. Norm, besonders 16—24
—, Begriffe, Bezeichnung 15—26
—, chemische Zusammensetzung, s. dort 64, 112
—, Entwicklung 12—15
—, Erstarren, s. dort 146—152
—, Erzeugung 19, 115
—, farbiger 53, 54
—, Feinheit, s. Mahlfeinheit
—, Feinstkorn 377
— für Feuerbeton (Stabilisatoren) 300
—, fungicider 281, 289
—, Hydratationswärme 232
—, Korngröße, Betonstoffe 135
—, Kornverteilung 378—380
—, Mahlfeinheit, s. a. Oberfläche 18, 20, 86, 150

Zement, Normzement, s. Norm DIN 1164
—, — anderer Länder 17—19
—, — mit Sondereigenschaften 24, 46, 57, 58, 232, 291
—, Sulfatgehalt, s. a. Kalksulfat 20
—, Tiefbohrzement 28—31
—, Verunreinigungen 139, 183, 185
—, warmer 148, 149
—, weißer 46, 51, 52, 55, 58
—, (behördlich) zugelassener 24, 25
Zementation (Zementieren) 13, 28, 153
Zement-bazillus = Ettringit, Trisulfat
— -chemie 35, 36, 372
— -dachstein 268
— -gel, s. Gelmodell
Zementit 13
Zement-leimtheorie 171
— -mörtel 10, 130 (Porosität)
Zementoid 119
Zement-paste 1, 144, 156
— -schlämme 28, 145, 146, 290
— -sandformverfahren 11
— -Schwefelsäure-Verfahren 76
— -technik 36, 37
— -stein (erhärtete Zementpaste) 1, 170—187
— —, Dichtigkeit 110, 173
— —, Festigkeit 173, 201, 202, 204, 205
— —, Frostwiderstand 182—184
— —, Struktur 81, 104, 108, 109
— —, Wasserundurchlässigkeit 177 bis 180
— —, Wirkung auf Stahl und andere Metalle 263—266
Zerfallen, Zerrieseln 71, 76, 118

Zerkleinerung 372—376
Zerkleinerungsarbeit 381
Ziegel-mauerwerk, Ausblühen 287, 288
— -mehl 12, 112, 113, 122
— -splitt 9, 158, 298
Zinkverbindungen 93, 100, 265
Zucker 29, 282
Zugfestigkeit, s. a. Festigkeit 192
Zulassung, behördliche 24, 25
Zusammensetzung, s. chemische Zusammensetzung
Zusatzmittel 280—284, 289
Zuschlag(stoff), abschlämmbare Bestandteile 162
—, alkali-reaktiv 164—170
—, bunte 53
—, Druckfestigkeit 8, 158, 163
—, Eigenfeuchte 157
—, Eignung 162—170
—, Feuerbeständigkeit 298—300, 345
—, Frostbeständigkeit 182
—, Glas 167
—, Griffigkeit 163
—, Haftung, Haftfestigkeit 163—165
—, Hochofenstückschlacke 163, 290, 302
—, Hüttenbims 115, 158
—, Kalkstein 273, 298, 302
—, Kieselsäuregehalt 110, 164
—, Körnung 135, 160, 162
—, Porosität 158
—, Puzzolane 164, 168
—, Quarz, Quarzit 193, 302
—, Rheinkiessand 179
—, Schwefelverbindungen 95, 163
—, Verbund 163—165
Zustandsdiagramm 78, 113, 351
Zwischenschichtwasser 222

721/28/70 — III/18/203

MIX
Papier aus verantwortungsvollen Quellen
Paper from responsible sources
FSC® C105338

If you have any concerns about our products,
you can contact us on
ProductSafety@springernature.com

In case Publisher is established outside the EU,
the EU authorized representative is:
Springer Nature Customer Service Center GmbH
Europaplatz 3, 69115 Heidelberg, Germany

Printed by Libri Plureos GmbH
in Hamburg, Germany